Fachberichte Simulation

Herausgegeben von D. Möller und B. Schmidt
Band 12

K. H. Fasol,
K. Diekmann (Hrsg.)

# Simulation in der Regelungstechnik

Springer-Verlag
Berlin Heidelberg New York London
Paris Tokyo Hong Kong Barcelona 1990

**Herausgeber der Reihe**

Dr. D. Möller
Physiologisches Institut
Universität Mainz
Saarstraße 21
6500 Mainz

Prof. Dr. B. Schmidt
Lehrstuhl für Operations Research
und Systemtheorie
Universität Passau
Postfach 2540
8390 Passau

**Herausgeber des Bandes**

Prof. Dr. techn. K. H. Fasol
Dr.-Ing. K. Diekmann

Ruhr-Universität Bochum
Lehrstuhl für Regelungssysteme
und Steuerungstechnik
Postfach 10 21 48
4630 Bochum 1

ISBN-13:978-3-540-52942-2    e-ISBN-13:978-3-642-84261-0
DOI: 10.1007/978-3-642-84261-0

# Vorwort

Das Wort "simulieren" kommt vom lateinischen "simulare", was
dort "nachahmen, heucheln, vortäuschen" bedeutet. Bis heute
wird im allgemeinen Sprachgebrauch das Wort vorwiegend in diesem negativen Sinn verwendet: Ein Simulant täuscht bewußt und
zielgerichtet eine Krankheit vor. Auch in den Naturwissenschaften ist noch in der frühen Neuzeit die leichtfertige Verwendung dieses Begriffes anzutreffen, wenn die Theorien eines
Wissenschaftlers von seinen Gegnern abwertend als Simulationen
bezeichnet wurden. Ein Musterbeispiel sind die Erkenntnisse
des Nikolaus Kopernikus über das heliozentrische Weltsystem
(1514). Erst durch die Arbeiten von Tycho Brahe (1599) und
seines Schülers Johannes Kepler (1618) wurde bewiesen, daß die
"Simulationen" des Kopernikus zwar unvollkommen aber richtig
waren. Kontrovers war nicht nur hier die Berechnung an sich,
sondern ausschließlich das zugrunde gelegte Modell, welches
häufig durch das Weltanschauungsbild desjenigen festgelegt
wurde, in dessen Dienst der Wissenschaftler stand. Im Laufe
der Zeit wurde das von den Gegnern einer Theorie benutzte
Negativum "was diese Simulationen (Vortäuschungen des Wirklichen) beweisen wollen" jedoch zu einem Positivum für deren
Verteidiger "was unsere Simulationen (Nachbildungen des Wirklichen) beweisen".

Die Frage, ob Simulationen Vortäuschungen oder Nachbildungen
der Wirklichkeit sind, stellte sich in einer anderen Form er-
neut, als die ersten Simulationen an Rechenanlagen durchgeführt werden konnten. Die Nachbildung des Wirklichen war jetzt
so schnell und so gut, daß dem Betrachter in der Tat ein realer Prozeß vorgetäuscht werden konnte. Kombiniert mit den
wirklichen Bedien- und Beobachtungselementen eines Prozesses
entstanden z.B. in der Kraftwerkstechnik und in der Luft- und
Raumfahrt Simulatoren, die das Prozeßverhalten "täuschend echt
nachbilden" konnten. Die Täuschung bezieht sich hier nicht auf
die Ergebnisse der Nachbildung, sondern darauf, daß der Mensch
nicht mehr entscheiden kann, ob die Ergebnisse am Prozeß oder
am Rechner erzielt wurden.

Die interdisziplinäre Simulationstechnik wird im Bereich der
ingenieurwissenschaftlichen Ausbildung meist dem Gebiet der
Regelungstechnik zugeordnet. Begründen kann man dies damit,
daß sich die Regelungstechnik sehr intensiv mit der allgemeinen Systemtheorie (Modellbildung) beschäftigt und dabei offen
für alle Fachrichtungen der Ingenieurwissenschaften arbeitet.

Die Regelungstechnik unterstützt mit ihren Arbeiten in den
Bereichen der Analyse, der Synthese und der Simulation die Lösung der Probleme auch anderer Arbeitsgebiete.

Dennoch kann man die Simulation nicht als eigenständiges For-
schungsgebiet sondern lediglich als Arbeitswerkzeug der Regelungstechniker bezeichnen. Dieses Werkzeug wurde ursprünglich
vom Anwender nur passiv genutzt und erst in den letzten Jahren
wurde der Anwender auch zum Hersteller von Simulationsprogrammen. Verbunden ist dieser Wandel mit dem Übergang von der
Simulation am Analogrechner zur Simulation am Digitalrechner.
Am Analogrechner konnte der Regelungstechniker nur die Möglichkeiten nutzen, die ihm der Erzeuger des Rechners bot;
dieser fühlte sich als richtungsweisend ("We are the simulation people" lautete damals der Werbeslogan eines Herstel-
lers). Zwar versuchten die Hersteller auf die Bedürfnisse der
Anwender einzugehen, jedoch war es unmöglich, die damaligen
Bauteile den vielfältigen Aufgaben der Regelungstechnik anzupassen. Daher mußten umgekehrt die Modelle und die Aufgaben an
die vorgegebene Hardware angepaßt werden.

Auch an der Entwicklung der ersten digitalen Simulationsprogramme waren die Regelungstechniker noch nicht aktiv beteiligt. Mathematiker entwickelten die Programme zur Lösung mathematischer Aufgaben, z.B. numerische Integrationsverfahren,
und faßten diese zu fertigen Softwareprodukten zusammen. Fer-
tige Simulationsprogramme zwangen die Ingenieure wiederum zur
Anpassung ihrer Aufgaben; jetzt an die gegebene Software, was
jedoch meist ohne Probleme möglich war. Die Simulation blieb
zunächst eine eigenständige Aufgabe innerhalb der Regelungstechnik und wurde meist nur zur Überprüfung der errechneten
Ergebnisse benutzt. Die vollständige Integration der Simulationstechnik in nahezu alle andere regelungstechnische Aufgaben begann erst relativ spät, dann jedoch mit starker Intensi-
tät. Der Regelungstechniker paßt sich jetzt nicht mehr den ihm
verfügbaren Werkzeugen an sondern er schafft sich seine aufga-
benspezifischen Werkzeuge.

Im Teil A des Buches soll diese Integration anhand der Möglichkeiten bei der Modellbildung, der Reglerauslegung, der
Parameteroptimierung und der Prozeßüberwachung gezeigt werden.
Es wird gezeigt, wie die Simulationen zu einem Bestandteil der
Verfahren werden, wobei die Schnittstellen zwischen den Simulationsprogrammen und den Verfahrensprogrammen für den Benutzer nicht mehr erkennbar sind. Die Simulation wird in flexi-
bler Weise den regelungstechnischen Aufgabenstellungen angepaßt.

Ein Hauptgrund für diese vollständige Integration liegt darin,
daß die Regelungstechniker im Rahmen ihrer Verfahrensprogram-

mierung auch die für sie am besten geeigneten Simulationsprogramme entwickelten. Der Regelungstechniker wurde zum Hersteller von Simulationsprogrammen. Viele der so entstandenen regelungstechnischen Programmpakete haben mittlerweile einen hohen
Standard in Bezug auf Verfahrenstechnologie und auf Bedie-
nungsfreundlichkeit erreicht. Im Teil B werden einige dieser
Softwarewerkzeuge vorgestellt, um exemplarisch zu zeigen, welcher Stand der Integration der Simulationstechnik in die Regelungstechnik derzeit erreicht ist. Dies schließt natürlich
immer noch die hybride Simulationstechnik ein. Die zukünftige
Weiterentwicklung dieser Programmpakete besonders in  Richtung
auf Expertensysteme ist außer Frage gestellt.

Im Teil C  des Buches  wird auch auf eine andere wesentliche
Aufgabe aufmerksam gemacht, auf den Einsatz der Simulationstechnik in der regelungstechnischen Ausbildung. Anhand eines
realisierten Beispiels  sollen in dieser Richtung Denkanstöße
gegeben werden.

Im letzten Teil dieses Buches wird schließlich die Verknüpfung
der regelungstechnischen Aufgabenstellungen mit der Simulationstechnik gezeigt. An einer Reihe von Fallstudien aus verschiedenen technischen und einem extrem nichttechnischen Anwendungsbereich der Regelungstechnik wird die zwar untergeordnete, aber doch sehr wesentliche Bedeutung der Simulationstechnik bei der Bearbeitung regelungstechnischer Probleme dargestellt.

Dafür, daß in diesem Buch Simulationen als Nachbildungen und
nicht als Vortäuschungen des Wirklichen beschrieben werden
konnten, danken die Herausgeber allen Autoren der Einzelbei-
träge für ihre bereitwillige und effektive Mitarbeit.

Um bei der Gestaltung des Bandes Einheitlichkeit zu erreichen
wurden alle Beiträge neu geschrieben und auch manche Zeichnung
wurde neu hergestellt; eine nicht unerhebliche Arbeit. Besonderer Dank gilt daher unseren Mitarbeiterinnen  Frau G.Fischer
und Frau E.Striebeck für diese  sehr zeitaufwendige Erstellung
des druckfertigen Manuskriptes.


Bochum, im März 1990                    K.H. Fasol,  K. Diekmann

# Inhaltsverzeichnis

Inhaltsverzeichnis                                        IX

## D    Simulation in der regelungstechnischen Anwendung

# Autorenverzeichnis


Prof. Dr.-Ing. Wolfgang **Bär**
Institut und Lehrstuhl für Regelungstechnik
Universität  Erlangen-Nürnberg
Postfach 3429, D-8520 Erlangen

Dr.-Ing. Nikolaus F. **Benninger**
Abt. K3 ESM, Robert Bosch GmbH
Postfach 300240,  D-7000 Stuttgart 30

Prof. Dr.techn. Felix **Breitenecker**
Institut für Analysis, Technische Mathematik
und Versicherungsmathematik
Technische Universität Wien
Wiedner Hauptstraße 8-10,  A-1040 Wien

Prof. Dr.-Ing. Rudolf **Brockhaus**
Institut für Flugführung
Technische Universität Carolo Wilhelmina
in Braunschweig
Rebenring 18,  D-3300 Braunschweig

Prof. Dr.-Ing. Francois E. **Cellier**
College of Engineering and Mines,
Dept. of Electrical & Computer Engineering
University of Arizona
Tucson,  Arizona 85721,  USA

Dr.-Ing. Johannes **Dastych**
Lehrstuhl für Elektrische Steuerung und
Regelung,  Fakultät für Elektrotechnik
Ruhr-Universität Bochum
Postfach 102148,  D-4630 Bochum 1

Dr.-Ing. Klaus **Diekmann**
Lehrstuhl  für  Regelungssysteme und
Steuerungstechnik, Fakultät für Maschinenbau
Ruhr-Universität Bochum
Postfach 102148,  D-4630 Bochum 1

Dipl.-Ing. X. **Ding**
Universität - Gesamthochschule Duisburg
FB9, Meß- und Regelungstechnik
Bismarckstraße 81, D-4100 Duisburg 1

Prof. Dr.techn. Karl Heinz **Fasol**
Lehrstuhl  für  Regelungssysteme und
Steuerungstechnik, Fakultät für Maschinenbau
Ruhr-Universität Bochum
Postfach 102148,  D-4630 Bochum 1

Prof. Dr.-Ing. Paul M. **Frank**
Universität - Gesamthochschule Duisburg
FB9, Meß- und Regelungstechnik
Bismarckstraße 81, D-4100 Duisburg 1

Dr.-Ing. Bernhard **Gebhardt**
Lehrstuhl für Regelungssysteme und
Steuerungstechnik, Fakultät für Maschinenbau
Ruhr-Universität Bochum
Postfach 102148,   D-4630 Bochum 1

Dr.-Ing. Günter **Gehre**
Lehrstuhl für Regelungssysteme und
Steuerungstechnik, Fakultät für Maschinenbau
Ruhr-Universität Bochum
Postfach 102148,   D-4630 Bochum 1

Prof. Dr.-Ing. Ernst D. **Gilles**
Institut für Systemdynamik und Regelungstechnik
Universität Stuttgart
Pfaffenwaldring 9,   D-7000 Stuttgart 80

Prof. Dr.-Ing. Adolf H. **Glattfelder**
Gebrüder Sulzer AG
CH-8401 Winterthur

Prof. Dr.-Ing. Robert **Haber**
Fachbereich Anlagen- und Verfahrenstechnik
Fachhochschule Köln
Betzdorfer Straße 2,   D-5000 Köln 21

Prof. Suhada **Jayasuriya**, Ph.D.
Department of Mechanical Engineering
Texas A&M University
College Station,   Texas 77843,   USA

Prof. Dr.-Ing. H. Peter **Jörgl**
Institut für Maschinen- und Prozeßautomatisierung
Technische Universität Wien
Gußhausstraße 27,   A-1040 Wien

Dipl.-Ing. Roland **Knof**
Lehrstuhl für Regelungssysteme und
Steuerungstechnik, Fakultät für Maschinenbau
Ruhr-Universität Bochum
Postfach 102148,   D-4630 Bochum 1

Prof. Dr.-Ing. Manfred **Köhne**
Institut für Mechanik und Regelungstechnik
Universität - Gesamthochschule  Siegen
Postfach 101240,   D-5900 Siegen

Dr.-Ing. Ulrich **Konigorski**
Abt. K9 EBN, Robert Bosch GmbH
Postfach 300240,   D-7000 Stuttgart 30

Dipl.-Ing. Lothar **Lang**
Institut für Systemdynamik und Regelungstechnik
Universität Stuttgart
Pfaffenwaldring 9,   D-7000 Stuttgart 80

Dr.-Ing. Gerhard **Lappus**
Lehrstuhl und Laboratorium für Steuerungs-
und Regelungstechnik
Technische Universität  München
Postfach 202420,   D-8000 München 2

Douglas **May**, M.Sc.
Department of Mechanical Engineering
Texas A&M University
College Station, Texas 77843, USA

Dr. D.P.F. **Möller**
Drägerwerk AG, Medizintechnik
Moislinger Allee 53-55, D-2400 Lübeck 1

Dipl.-Ing. Thomas **Naujoks**
Institut und Lehrstuhl für Regelungstechnik
Universität Erlangen-Nürnberg
Postfach 3429, D-8520 Erlangen

Dr.-Ing. C. Magnus **Rimvall**
Corporate Research and Development
General Electric
Schenectady, New York 12301, USA

Prof. Dr.-Ing. Walter **Schaufelberger**
Projektzentrum IDA, ETH Zürich
ETH-Zentrum, CH-8092 Zürich

Dr.-Ing. Christian **Schmid**
Lehrstuhl für Elektrische Steuerung und
Regelung, Fakultät für Elektrotechnik
Ruhr-Universität Bochum
Postfach 102148, D-4630 Bochum 1

Prof. Dr.-Ing. Bernd **Schmidt**
Lehrstuhl für Operations Research und Systemtheorie
Universität Passau
Postfach 2540, D-8390 Passau

Prof. Dr.-Ing. Günther **Schmidt**
Lehrstuhl und Laboratorium für Steuerungs-
und Regelungstechnik
Technische Universität München
Postfach 202420, D-8000 München 2

Dr.-Ing. Harald **Sölter**
Institut für Flugführung
Technische Universität Carolo Wilhelmina
in Braunschweig
Rebenring 18, D-3300 Braunschweig

Dipl.-Kfm. Peter **Spiegl**
Dr. Städtler Unternehmensberatung
Münchenerstraße 342, D-8500 Nürnberg 50

Prof. Dr.-techn. Inge **Troch**
Institut für Analysis, Technische Mathematik
und Versicherungsmathematik
Technische Universität Wien
Wiedner Hauptstraße 8-10, A-1040 Wien

# A  Simulation als Werkzeug zum Reglerentwurf

**Simulation als vielseitig nutzbares Werkzeug - Eine Übersicht**

G. Lappus,  G. Schmidt

Dieser Beitrag gibt eine Einführung in das Gebiet der Simulationstechnik. Übersichtsartig skizzieren wir einige zentrale Aspekte, wie
- die grundsätzliche Vorgehensweise,
- die mathematische Modellierung,
- wichtige numerische Methoden,
- gebräuchliche Simulationssprachen,
- Rechner für Simulationszwecke,
- Prozeß- und Benutzerschnittstellen,
und erläutern einige grundlegende Begriffe. Ein Ausblick auf aktuelle Entwicklungen, wie die Unterstützung der Simulationstechnik durch Werkzeuge aus dem Bereich der Künstlichen Intelligenz, schließt die Übersicht ab. Eine vertiefende Diskussion mancher der hier angerissenen Themen erfolgt in den weiteren Beiträgen dieses Buches.

## 1  Einleitung

Simulationstechniken werden heute im Laufe eines jeden Automatisierungsprojektes eingesetzt, sei es bei der Planung und Auslegung eines komplexen Meßdatenerfassungs-, Steuerungs-, Regelungs-, Bedien- und Überwachungssystems für eine neue verfahrenstechnische Großanlage oder bei der Dimensionierung eines vorhandenen kleinen Präzisions-Servo-Systems. Simulation kann isoliert für die Bearbeitung nur jeweils einer Teilaufgabe oder eingebettet in ein umfassendes CAD bzw. CACSD System (Computer Aided Control System Design) eingesetzt werden. Aspekte dieser Integration der Simulation in eine intelligente Entwicklungsumgebung werden ausführlich im nachfolgenden Beitrag von F.E.Cellier und  C.M.Rimvall über den rechnerunterstützten Entwurf von Regelungssystemen diskutiert. Daher wollen wir unsere Betrachtungen hier vor allem auf die Simulation im engeren Sinn konzentrieren.

Ganz allgemein bezeichnet Simulation ein experimentelles Vorgehen, um gewisse funktionelle Eigenschaften eines meist dynamischen Systems mit Hilfe eines Modells zu untersuchen. Es wird also nicht das (Original-) System selbst, sondern ein geeignetes Modell verwendet.  Dieses Modell wird als Simulator bezeichnet.

Das zu untersuchende System kann bereits existieren oder sich auch erst in Planung befinden. Simulation stellt stets eine effiziente und kostengünstige, oft sogar die einzig mögliche Methode dar, Systeme detailliert zu planen und/oder ihr Verhalten gründlich und umfassend zu untersuchen. Es ist heute selbstverständlich, daß kein technisches System, sei es eine verfahrenstechnische Produktionsanlage, eine Montagestraße in der Automobilindustrie, ein einzelnes Kraftfahrzeug oder ein integrierter Schaltkreis, realisiert wird ohne vorausgehende simulationstechnische Analyse.

Simulationstechniken im heutigen Sinn wurden wohl zuerst im Bereich der Steuerungs- und Regelungstechnik vor ca. 50 Jahren eingesetzt. Im Laufe der Jahre hat sich hieraus eine enge Wechselbeziehung zwischen Automatisierungstechnik und Simulationstechnik entwickelt. Hierzu sei bemerkt, daß klassische, elektronische PID-Regler auf Operationsverstärkern und Analogrechnertechniken basierten. Die heutigen vielfältigen Anwendungen der Simulationstechnik im Bereich der Automatisierungstechnik können wir nach der vorhandenen (on-line) oder nicht existierenden (off-line) Kopplung des Simulators an einen realen Prozeß und der zeitlichen Dauer einer Simulation bezogen auf die Zeitabläufe im realen System (in Echtzeit bzw. schneller als in Echtzeit, also zeitgerafft) einteilen:

> **Off-line Anwendungen (schneller als in Echtzeit)**: Prozeßanalyse, Entwurf und Test von Automatisierungssystemen (CAD, CACSD), Durchführbarkeitsstudien, Fehleranalyse, Entwicklung von Steuerungsstrategien für den Normalbetrieb und für Notfallsituationen, etc.;

> **Off-line Anwendungen (in Echtzeit)**: Prozeßbedienerschulung;

> **On-line Anwendungen (in Echtzeit)**: Simulatoren als integrierte Bestandteile moderner Verfahren zur Prozeßüberwachung und -steuerung, wie z.B. als Zustandsbeobachter, Kalman Filter oder bei Fehlererkennung und Fehlerdiagnose, etc.;

> **On-line Anwendungen (schneller als in Echtzeit)**: Simulatoren als integrierte Bestandteile moderner Verfahren zur Prozeßsteuerung und -überwachung, wie z.B. Vorhersage kritischer Anlagenzustände, Dynamische Optimierung, Prädiktive Regelung, Fehlererkennung mittels Fehlermodellen, etc.

Simulation entwickelte sich im Laufe der Zeit aber weit über den anfänglichen Applikationsbereich hinaus zu einem eigenständigen Fachgebiet. Simulation kann heute als eine fachübergreifende Grundlagendisziplin zur Lösung von Problemen in praktisch allen technischen und auch nicht-technischen Gebieten betrachtet werden. Als Beispiele sind alle Ingenieurwissenschaften, sowie die Informatik, Physik und Chemie anzuführen. Zu den außertechnischen Anwendungsbereichen zählen die Architektur, die Agrarwissenschaften, die Biologie und Medizin, sowie die Wirtschaftswissenschaften, die Soziologie und Politologie.

Bemerkenswert ist, daß in allen Anwendungsbereichen Simulation nicht nur ein Analysewerkzeug darstellt, sondern auch zur Weiterentwicklung des jeweiligen Fachgebietes beiträgt. Diese wechselseitige Befruchtung zeigt sich besonders deutlich auf dem Sektor der Computerentwicklung. Neue, leistungsstärkere Rechner werden u.a. mit Simulationsmethoden entwickelt, die, auf diesen neuen Rechnern eingesetzt, wiederum zur Entwicklung von noch leistungsfähigeren Rechnern herangezogen werden. Etwas verallgemeinernd können wir das Gesamtgebiet des "computer aided ..." zu diesem interessanten Interaktionsbereich zählen.

Im allgemeinen bedeutet Simulation aber nicht ausschließlich Simulation mit Rechnern. Als Simulatoren können auch kleine physikalische Modelle verwendet werden. Ein typisches Beispiel ist die strömungsdynamische Untersuchung eines Auto- oder Flugzeugmodells in einem Windkanal. Ein anderes Beispiel, nämlich ein analoges, physikalisches Modell, ist ein Netzwerk aus Widerständen, Spulen und Kondensatoren, mit dem das Verhalten eines mechanischen Masse-Feder-Dämpfer Systems simuliert werden kann. Heute basieren jedoch die meisten Simulatoren auf einem mathematischen Modell. Dies ist ein Satz von Gleichungen, der in abstrahierter und formalisierter Weise Struktur und funktionale Eigenschaften des Originalsystems beschreibt. Diese Gleichungen werden dann auf einem Rechner implementiert, um zu entsprechenden Lösungen zu gelangen.

Als Rechner werden sowohl einzelne Analogrechner und Digitalrechner, als auch rein digitale und hybride (d.h. gemischt analoge und digitale) Rechnersysteme verwendet. Die Benutzung von Einzel-Digitalrechnern ist heute vorherrschend. Jedoch werden auch alle anderen Rechnerformen eingesetzt, insbesondere dann, wenn sehr hohe Rechenzeitanforderungen bestehen oder wenn ein analoges Modell für ein analoges System gewünscht wird. Wir werden unsere Betrachtungen aber auf die digitale Simulation beschränken.

Zum Abschluß dieser Einleitung wollen wir noch auf einen für die Entwicklung der Simulationstechnik wichtigen Trend hinweisen. Während in der Vergangenheit Simulation meist mit relativ kleinen Systemen befaßt war, gewinnen heute große Systeme mit komplexer Struktur und hoher Dimension zunehmend an Bedeutung. Um die Gesamtleistungsfähigkeit (Produktivität, Produktquali-

tät, Wirtschaftlichkeit, Umweltverträglichkeit, etc.) einer
Fabrik oder Anlage heute noch zu verbessern, ist es in der
Regel nicht ausreichend, mehr oder weniger künstlich entkoppelte und meist stark vereinfachte Teilsysteme zu betrachten.
Vielmehr müssen Struktur und Dynamik der Gesamtsysteme modelliert und untersucht werden. Solche Gesamtsysteme sind z.B.
verfahrenstechnische Anlagen, die aus vielen verkoppelten
Teilsystemen (Batchreaktoren, Speicherbehältern, Destillationskolonnen, etc.) und einem verteilten Prozeßbeobachtungs-
und Prozeßbediensystem und zumeist hierarchisch strukturierten
Leitsystemen mit komplexen Softwarestrukturen und Kommunika-
tionssystemen bestehen. Moderne Simulationstechniken müssen es
uns also ermöglichen, solche gemischt ereignisdiskret/kontinu-
ierlichen, dynamischen Systeme mit ihren verkoppelten Mate-
rial-, Energie- und Informationsflüssen zu erfassen.


## 2        Grundsätzliche Vorgehensweise

Die Simulation mit Rechnern stellt stets einen mehrstufigen
Lösungsprozeß dar (Schmidt, 1980). Dies veranschaulicht Bild
2.1. Im allgemeinen müssen alle Stufen durchlaufen werden,
egal welches konkrete Problem betrachtet wird. Zunächst muß
eine detaillierte Analyse des zu untersuchenden Systems und
der durch Simulation zu klärenden Fragestellungen erfolgen.
Das Ergebnis dieses Prozesses ist ein an die Problemstellung
angepaßtes mathematisches Modell. Im Anschluß ist dieses mathematische Modell auf einem Rechner zu implementieren. Damit
erhält man das Rechnermodell oder den Simulator. Die Programmierung ist abhängig vom Typ des mathematischen Modells, gewissen Anwendungsanforderungen und der Verfügbarkeit von numerischen Verfahren, Rechnerhardware und Software.

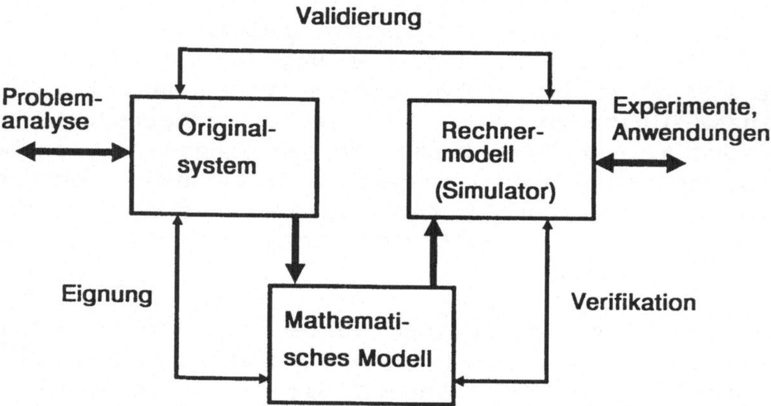


Bild 2.1. Schema zur Vorgehensweise bei der
          Lösung  eines Simulationsproblems

Das Rechnermodell muß natürlich verifiziert werden, d.h. es muß überprüft werden, ob das Rechnermodell dem mathematischen Modell entspricht. Noch wesentlich wichtiger ist die abschließende Validierung des Rechnermodells gegenüber dem Originalsystem. Für diesen Test werden - sofern verfügbar - Meßdaten von Experimenten mit dem Originalsystem verwendet. Falls solche Daten nicht bereitstehen, müssen wir uns mit einem Vergleich zwischen Ergebnissen von Simulationsläufen und einfachen, analytischen Lösungen aus dem mathematischen Modell begnügen. Alle diese Tests sind notwendig, um die sog. Modell-Glaubwürdigkeit sicherzustellen (McLeod,1982). Falls eine dieser Überprüfungen unbefriedigende Resultate liefert, muß man meist zur Problemanalyse zurückkehren und versuchen, die Kenntnisse über den realen Prozeß zu vertiefen, Modellierungsfehler zu verringern und/oder numerische Approximationen zu verbessern. Erst nachdem alle Vorbereitungsschritte, insbesondere die Validierung, erfolgreich absolviert wurden, kann man beginnen, den Simulator in Experimenten oder Applikationen einzusetzen.


## 3       Mathematische Modelle

### 3.1     Grundlagen

Das mathematische Modell des betrachteten Systems und Problems ist eine formalisierte, abstrakte Beschreibung der Struktur und der inneren und äußeren Beziehungen des Systems. Obwohl eine gemeinsame, fachübergreifende Simulationsmethodologie existiert, ist es doch zweckmäßig, zwischen der Simulation von technischen und nicht-technischen Systemen zu unterscheiden. Die meisten technischen Systeme basieren auf bekannten physikalischen Gesetzmäßigkeiten. Die Erstellung eines mathematischen Modelles ist  - zumindest theoretisch gesehen - einfach und geradlinig. Im Gegensatz hierzu enthalten Modelle nicht-technischer Systeme meist hypothetische Elemente. Daher erfordern solche Systeme eine andere Vorgehensweise bei der Modellierung; die Überprüfung der Modellierungshypothesen wird oft die dominierende Aufgabe (Validierung). Interaktionsprobleme zwischen Mensch und Maschine führen auf gemischt technische und nicht-technische Aufgabenstellungen. Die Simulation solcher Systeme (z.B. Berheide, 1982) ist in einigen Anwendungsgebieten, wie z.B. der Flugzeug- und Fahrzeugtechnik, seit langem eingeführt und üblich. Ähnliche Mensch-Maschine-Probleme gewinnen aber auch in fortschrittlichen Automatisierungskonzepten zunehmend an Bedeutung. Wir wollen uns hier auf rein technische Systeme beschränken.

Bei der Modellierung ist es wichtig, ein bezüglich der Ergebnisse der Problemanalyse adäquates Modell zu erstellen. Betrachten wir hierzu das einfache Beispiel einer Gasströmung durch eine Rohrleitung. Offensichtlich werden für ein und dasselbe System sehr unterschiedliche Modelle benötigt, um den durchschnittlichen Gasfluß und Gasdruck in der Leitung oder den Einfluß von Rohrwandreibungseffekten oder die Bewegung einzelner Moleküle zu erfassen und zu simulieren.

Grundsätzlich können wir Modelle auf zwei unterschiedlichen Ebenen entwickeln, nämlich mikroskopische und makroskopische Modelle. Obwohl natürlich beliebige Zwischenformen existieren, ist die Modellierung in eine dieser beiden extremen Richtungen heute von vorwiegender Bedeutung. Beide Wege können zu hochdimensionalen Modellen mit komplexer Struktur führen.

Unser beschränktes Verständnis für dynamische Effekte und konkurrierende, parallele Abläufe in solchen Systemen setzt aber auch Grenzen für die Komplexität eines noch sinnvoll nutzbaren Simulationsmodells. Natürlich können uns auch endliche Rechnerresourcen zu einer Beschränkung der Modellgröße zwingen. Zur Vermeidung einer Fehleinschätzung dieser Grenzen ist aber zu erwähnen, daß heute Modelle mit einigen zehntausend Zustandsgrößen erfolgreich eingesetzt werden.

Nur am Rande sei hier vermerkt, daß wir auch bei vermeintlich einfachen, nichtlinearen Systemen an Grenzen stoßen können. Dies betrifft Systeme mit einem sog. chaotischen Verhalten, das den Einsatz von Simulatoren für die Vorhersage des Systemzustandes zumindest im konventionellen Sinn als fragwürdig erscheinen läßt (Sugarman, 1983).

Im Bereich der Automatisierungstechnik erweist sich die Erstellung von zwei unterschiedlich komplizierten Modellen für eine Problemstellung oft als sehr nützlich. Ein stark vereinfachtes Entwurfsmodell wird z.B. zur Auslegung einer Regelung herangezogen, während ein realitätsnahes, umfassendes Validierungsmodell oder Rechenmodell zur Überprüfung und Implementierung der entworfenen Regelungseinrichtung dient. Das Entwurfsmodell geht meist durch Linearisierung und pragmatische Vereinfachungen aus dem Validierungsmodell hervor.

Die übliche Einteilung von Systemen in kontinuierliche und ereignis-diskrete Systeme enthält bereits einen Modellierungsaspekt. Günstiger erscheint uns eine modellbezogene Klassifizierung:
- kontinuierliche Modelle,
- ereignisdiskrete Modelle,
- gemischt kontinuierlich/ereignisdiskrete Modelle.

Ein kontinuierliches Modell ist ein Modell, bei dem sich die Modellvariablen kontinuierlich mit der Zeit, der ebenfalls

kontinuierlichen unabhängigen Variablen, ändern. Zeitdiskrete
(Abtast-) Modelle können als ein Sonderfall betrachtet werden.
Im Gegensatz hierzu sind ereignisdiskrete Modelle durch diskrete Änderungen (aufgrund von Ereignissen) der Modellvariablen gekennzeichnet.

Die bevorzugte Klassifizierung nach Modellen wird sofort verständlich, wenn z.B. ein Flaschenabfüllvorgang in einer Mün-
chener Brauerei betrachtet wird. Wir können sowohl die einzelnen Flaschen betrachten und damit ein ereignisdiskretes Modell
entwickeln als auch mit Flaschenströmen (einige Tausend Flaschen pro Stunde!) ein kontinuierliches Modell erstellen. Die
zweckmäßige Modellierung ein und desselben technischen Systems
ergibt sich oft nur aus der jeweiligen Aufgabenstellung.


### 3.2    Kontinuierliche dynamische Modelle

Die Erstellung eines kontinuierlichen, dynamischen Modells
beruht auf den Prinzipien der Abstraktion, Dekomposition und
Aggregation. Im allgemeinen werden wir versuchen, ein strukturiertes Modell zu erstellen, das sich bevorzugt aus schwachge-
koppelten Teilmodellen zusammensetzt. Diese Vorgehensweise
erfordert die Bestimmmung von entsprechenden Teilsystemgren-
zen, sowie die Festlegung der jeweils internen und externen
Variablen. Die Beziehungen zwischen den internen und externen
Größen müssen beschrieben werden.

Zur Erstellung eines mathematischen Teilmodelles für ein rea-
les Teilsystem kann ein theoretisch orientiertes Vorgehen oder
ein experimenteller Weg benutzt werden. Die theoretisch orien-
tierte Vorgehensweise basiert auf der Anwendung der physikalischen oder chemischen Grundgesetze, z.B. den Newton oder
Lagrange Gleichungen, den Kirchhoff'schen Sätzen oder allgemeinen Erhaltungssätzen (Masse, Energie, etc.). Das Ergebnis
ist eine detaillierte Beschreibung der internen und externen
Systemeigenschaften. Der experimentelle Weg basiert auf Methoden der Systemidentifikation (Eykhoff, 1974). Die resultierenden "black-box"- Modelle beschreiben in der Regel nur die Beziehungen zwischen den Eingangs- und Ausgangsgrößen des Systems. Daher ist der theoretisch fundierte Weg zu bevorzugen.
In der Praxis wird man meist ein gemischtes Vorgehen wählen:
Die Modellstruktur wird durch physikalische Modellierung festgelegt, die Modellparameter werden anschließend durch Identifikationsverfahren bestimmt.

Zur bewußten Strukturierung des zu entwerfenden Modells können
zwei grundlegende Prinzipien verwendet werden, nämlich eine
Dekomposition bezüglich des Ortes und der Zeit. Für viele
Systeme ist eine örtliche Zerlegung und Strukturierung nahe-

liegend, wenn bereits einfach abgrenzbare, örtlich getrennte,
technische Teilsysteme existieren. Eine zeitliche Zerlegung
kann jedoch auch sehr nützlich sein. Diese Methode hilft,
Gesamtmodelle zu erstellen, die sich aus einzelnen Teilmodellen zusammensetzen, deren Dynamik sich auf unterschiedlichen
Zeitskalen bewegen. Ein typisches Beispiel ist ein Tokamak
Fusionsreaktor. Bei der Modellierung der Bewegungen des Plasmatorus treten deutlich voneinander getrennte Zeitskalen auf:
schnelle Störungen ereignen sich im Bereich von Mikrosekunden,
die generellen Bewegungen des Plasmatorus liegen im Bereich
von Millisekunden, das Gesamtexperiment läuft im Bereich von
Sekunden ab.

In der Regel ist es notwendig, das zunächst abgeleitete und
meist noch zu detaillierte, mathematische Modell zu vereinfachen, da ein weniger kompliziertes Modell hilft, die wirklich
interessierenden Systemeigenschaften besser zu verstehen. Eine
Vereinfachung kann auch aus Rechenzeitgründen erforderlich
werden. Für diese Modellvereinfachung können technisch-physi-
kalische Überlegungen oder die aus der Literatur bekannten
Modellreduktionsverfahren benutzt werden (siehe z.B. im Teil B
den Beitrag über die RASP-Pakete und dort Kapitel 2 über
REDU_RP; Gehre (1990)); auch Aggregationsverfahren können verwendet werden. Bemerkenswert ist, daß viele dieser Methoden
eng verbunden sind mit der Zerlegung eines Modells in örtlich
oder zeitlich strukturierte Teilmodelle, z.B. die Methode der
singulären Perturbation oder die modalen Zerlegungsverfahren.

Die Anwendung eines der Modellierungsverfahren führt zu einem
mathematischen Modell, das im allgemeinen aus einem Satz verkoppelter Differentialgleichungen und algebraischer Gleichungen besteht. Zur Vereinheitlichung der Beschreibung benutzen
wir hier eine Zustandsdarstellung.

Für ein <u>konzentriert-parametrisches</u> Modell erhalten wir

$$d\underline{x}(t)/dt = \underline{f}(\underline{x}(t), \underline{u}(t)) \ ,$$

$$\underline{x}(0) = \underline{x}^0 \ ,$$

$$\underline{0} = \underline{g}(\underline{x}(t), \underline{u}(t)) \ .$$

$\underline{x}(t) \ \epsilon \ R^n$ ist der Zustandsvektor, $\underline{u}(t) \ \epsilon \ R^m$ umfaßt die Eingangsgrößen, $\underline{f}$ und $\underline{g}$ sind algebraische Vektorfunktionen, t ist
die Zeit.

Für ein <u>verteilt-parametrisches Modell</u> ergibt sich typischerweise folgende Standardform (zur Abkürzung der Darstellung
beschränken wir uns auf ein örtlich eindimensionales Modell)

$$\delta \underline{x}(z,t)/\delta t = \underline{f}(\underline{x}(z,t),\ \delta \underline{x}(z,t)/\delta z,\ \delta^2 \underline{x}(z,t)/\delta z^2,\ \underline{u}(z,t)),$$

$$\underline{x}(z,0) = \underline{x}^o(z),$$

$$\underline{0} = \underline{g}_1(\underline{x}(z,t),\ \delta \underline{x}(z,t)/\delta z,\ \underline{u}(z,t)) \quad \text{für } z = 0,$$

$$\underline{0} = \underline{g}_2(\underline{x}(z,t),\ \delta \underline{x}(z,t)/\delta z,\ \underline{u}(z,t)) \quad \text{für } z = L.$$

$z \in (0,L)$ ist die Ortskoordinate, t ist die Zeit, der Zustand $\underline{x}(z,t)$ und der Eingangsgrößenvektor $\underline{u}(z,t)$ sind nun zeit- und ortsabhängig. $\underline{g}_1$ und $\underline{g}_2$ beschreiben die Randwertfunktionen in allgemeiner Form (Ray und Lainiotis, 1978).

Je nach Problemstellung können sich natürlich auch gemischte Modelle ergeben, die sich aus partiellen und gewöhnlichen Differentialgleichungen zusammensetzen.

Die primäre Aufgabe der Simulation besteht also offensichtlich in der numerischen Lösung eines Anfangswertproblems, d.h. die Ermittlung von $\underline{x}(t;\underline{x}_o)$. Die numerische Lösung eines Zweipunkt-randwertproblems kann in diesen allgemeinen Rahmen einge-schlossen werden, wenn eine vorausgehende Transformation auf ein iterativ zu lösendes Anfangswertproblem unterstellt wird.


**Beispiel**
(Kontinuierliches, konzentriert-parametrisches Modell)
Bild 3.1 zeigt ein einfaches elektromechanisches System, das z.B. einen einzelnen Antrieb in einem Produktionsprozeß nach-bildet.

Ein mathematische Modell lautet

$$dx_1/dt = (-Rx_1 - K_1 x_2 + u)/L, \qquad\qquad x_1(0) = 0,$$

$$dx_2/dt = (K_2 x_1 - K_3\ \text{sign}(x_2))/\Theta, \qquad x_2(0) = 0,$$

$$dx_3/dt = x_2, \qquad\qquad\qquad\qquad\qquad x_3(0) = \alpha^o.$$

Hierin ist $\underline{x} = [i,\ d\alpha/dt,\ \alpha]^T$ der Zustandsvektor, u ist die Eingangsgröße, $K_1$, $K_2$ und $K_3$ sind Konstante.

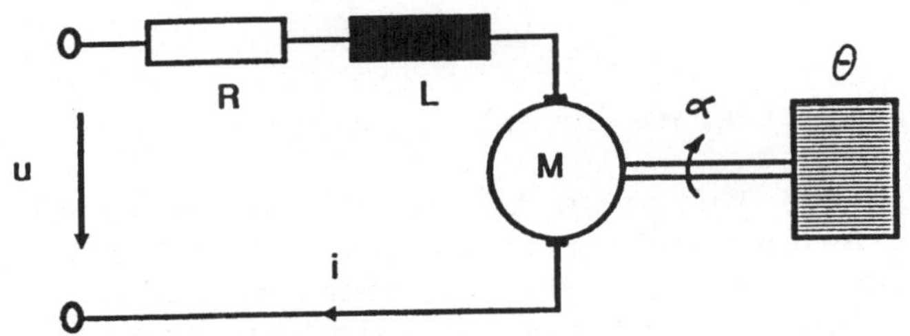


Bild 3.1. Beispiel: Elektromechanisches System.

**Beispiel**

(Kontinuierliches, verteilt-parametrisches Modell)
Bild 3.2 zeigt ein Temperaturregelungsproblem, das z.B. den
Aufheizvorgang in einem langen Metallstab in einem Fertigungs-
prozeß darstellen kann. Das mathematische Modell kann wie
folgt angegeben werden.

$$\delta x(z,t)/\delta t = -K_1 x(z,t) + K_2(\delta^2 x(z,t)/\delta z^2) \ ,$$

$$x(z,0) \quad = x^0(z) \ ,$$

$$x(0,t) \quad = u(t) \ ,$$

$$0 \quad = (\delta x(z,t)/\delta z)_{z=1} \ ,$$

$$u(t) \quad = K(w - x(z_m,t)) \ .$$

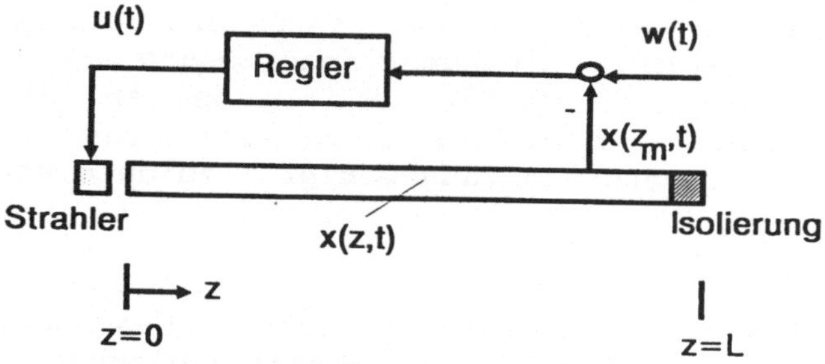

Bild 3.2. Beispiel: Regelung der Temperatur
in einem langen Stab.

Für die Beschreibung des mathematischen Modells können natürlich auch andere Darstellungsformen benutzt werden, wie z.B.
Differenzengleichungen oder ggf. Übertragungsfunktionen im
Laplacebereich. Auf diese Darstellungsformen und auf die Kon-
vertierung zwischen verschiedenen Formen wird in Folgekapiteln
noch näher eingegangen werden, da insbesondere Übertragungsfunktionen eine nicht unwesentliche Rolle beim Entwurf von
Regelungssystemen spielen. In diesem Abschnitt wollen wir uns
aber auf die Zustandsdarstellung beschränken, da sie besonders
gut geeignet ist, grundsätzliche Aspekte der Simulationstechnik aufzuzeigen.


## 3.3    Ereignisdiskrete dynamische Modelle

Ereignisdiskrete Phänomene treten in vielen technischen Prozessen auf. Beispiele hierfür sind der Verkehrsfluß auf Stra-
ßennetzen, der Transport von Nachrichtenpaketen in Kommunika-
tionsnetzwerken, der Material-, Teile- und Informationsfluß in
Produktions- oder Fertigungsprozessen. Je nach den Anforderun-

gen und der gewünschten Modellierungstiefe kann eine ereignisdiskrete Modellierung erforderlich werden, um entweder die
mikroskopischen Effekte in solchen Systemen genau zu beschreiben oder um ein stark aggregiertes, makroskopisches Modell zu
erhalten.

Im Gegensatz zu kontinuierlichen Modellen, die auf Differentialgleichungen basieren und gelegentlich einige Diskontinui-
täten einschließen, beruhen ereignisdiskrete Modelle auf einer
seriellen und/oder parallelen Abfolge diskreter Ereignisse.
Solche Ereignisse sind zum Beispiel die Ankunft eines Autos,
einer Nachricht oder eines Teiles, das Einschalten oder Ab-
schalten einer Maschine, die Beendigung einer Aufgabe. Solche
Ereignisse, deterministisch oder stochastisch in ihrer zeitlichen Abfolge, können eine Zustandsänderung bewirken indem
gewisse System-"Aktivitäten" gestartet oder beendet werden.

Obwohl die Simulation mit ereignisdiskreten Modellen seit
langem eingeführt ist und vielfach genutzt wird, existiert bis
heute keine universelle, allgemeine Beschreibungsform für
solche Modelle. Hier besteht (noch) ein erheblicher Unterschied zu kontinuierlichen Modellen. Dieses Defizit ist einerseits auf das Problem zurückzuführen, konkurrierende, diskrete Ereignisse mathematisch zu beschreiben und zu behandeln,
und andererseits auf die atemberaubende Komplexität, die solche Modelle bereits mit einigen wenigen, nicht-trivialen,
wechselseitigen Abhängigkeiten aufweisen können. Daher wird in
vielen Fällen kein mathematisches Modell als Zwischenstufe
(siehe Bild 2.1) formuliert, sondern es wird direkt ein
Rechnermodell aufgestellt, das zwangsläufig (und bedauerlicherweise) natürlich von der jeweils verwendeten Simulationssprache abhängt. Die Beschreibung eines ereignisdiskreten Modells ist daher auch mit dem "world view" der jeweils verwendeten Simulationssprache eng verbunden; insbesondere ist hier
zwischen einer transaktions-orientierten und einer ereignis-
orientierten Betrachtungsweise zu unterscheiden (Schmidt B.,
1982; Pritsker, 1984; Pegden, 1986).

Eingeschränkte Klassen ereignisdiskreter Modelle können jedoch
in allgemeiner Form mit Hilfe von  Petri Netzen beschrieben
werden. Ein typisches Beispiel diskutiert Dahmen (1983), der
ein sog. Evaluationsnetz benutzt.

Im folgenden werden einige typische Merkmale ereignisdiskreter
Modelle dargestellt wobei die von Ho und Cassandras (1983)
vorgeschlagene Beschreibung gewählt wird. Diese Autoren leiten
für eine Klasse ereignisdiskreter Modelle eine Zustandsbeschreibung ab, die - mit geeigneten Erweiterungen - vielleicht
auch für Simulationszwecke nützlich werden könnte.

Ein ereignisdiskretes Modell setzt sich im einfachsten Fall aus folgenden Elementen zusammen:
- Maschinen (Servers),
- Warteschlangen (Queues),
- Kunden (Teile, Entititäten).

Maschinen mit ihren vorgeschalteten Warteschlangen können ein beliebiges Netzwerk bilden. Die Entititäten laufen durch dieses Netzwerk. Es wird angenommen, daß sich vor jeder Maschine $M_i$ ($i=1,..,I$) eine Warteschlange $Q_i$ befindet. Maschinen oder Warteschlangen können ggf. auch fiktive Elemente mit der Kapazität Null oder der Bearbeitungszeit Null sein. Um die formale Darstellung zu vereinfachen, nehmen wir hier an, daß alle Entititäten zu einer einzigen Klasse gehören. In diesem Modell kommen Entititäten an den Maschinen an, werden dort bearbeitet und laufen dann im Normalfall weiter zur nächsten Warteschlange $Q_k$ vor der Maschine $M_k$. Wir benötigen offensichtlich noch Flußsteuerungselemente:

Das "full output" Ereignis, d.h. wenn in Schlange $Q_k$ kein freier Platz ist, muß ein Teil zunächst in der vorangehenden Maschine $M_i$ blockiert bleiben, bis in der folgenden Warteschlange ein Platz frei wird.

Das "no input" Ereignis, d.h. wenn ein Teil die Maschine $M_i$ verläßt, so kann normalerweise das nächste Teil nachrücken. Falls aber in der Warteschlange $Q_i$ kein Teil ist, so bleibt die Maschine ungenutzt, bis ein neues Teil eintrifft.

Bei diesem Ansatz werden folgende Eingangsgrößen verwendet:

Bedienzeit $s_i(n)$, d.h. die Bearbeitungszeit in Maschine i für das n-te ankommende Teil,

Kapazität $b_i$ einer Warteschlange,

Zieladresse $d_i^{\,m}(n)$, d.h. die Angabe wohin das Teil n weiterlaufen soll, wenn es an Maschine $M_i$ fertig ist.

Die Zeit wird nun in so kleine Stufen diskretisiert, daß angenommen werden kann, daß Ereignisse nur zu diskreten Zeitpunkten auftreten. Das Zeitinkrement sei auf eins normiert. Mit dem Zustandsvektor

$$\underline{x}(t) = [v_1,..,v_I,c_1,..,c_I]^T$$

ergibt sich eine Zustandsbeschreibung im klassischen Sinn, d.h., wenn der momentane Zustand $\underline{x}(t)$ und die Eingangsgrößen bekannt sind, so kann der resultierende Zustand $\underline{x}(t+1)$ berechnet werden. Hierbei ist $v_i(t)$ die bis zur aktuellen Zeit t akkumulierte Gesamtzeit, in der die Maschine $M_i$ aktiv war, d.h. nicht durch ein "no input" oder ein "full output" Ereignis blockiert war. $c_i(t)$ ist der jeweils aktuelle Bestand in der Warteschlange $Q_i$ (und der zugehörigen Maschine $M_i$) zur Zeit t.

**Beispiel**
(Ereignisdiskretes Modell)

Bild 3.3 zeigt eine Fertigungsstraße (oben) und ein stark aggregiertes, ereignisdiskretes Modell in Blockdarstellung (unten).

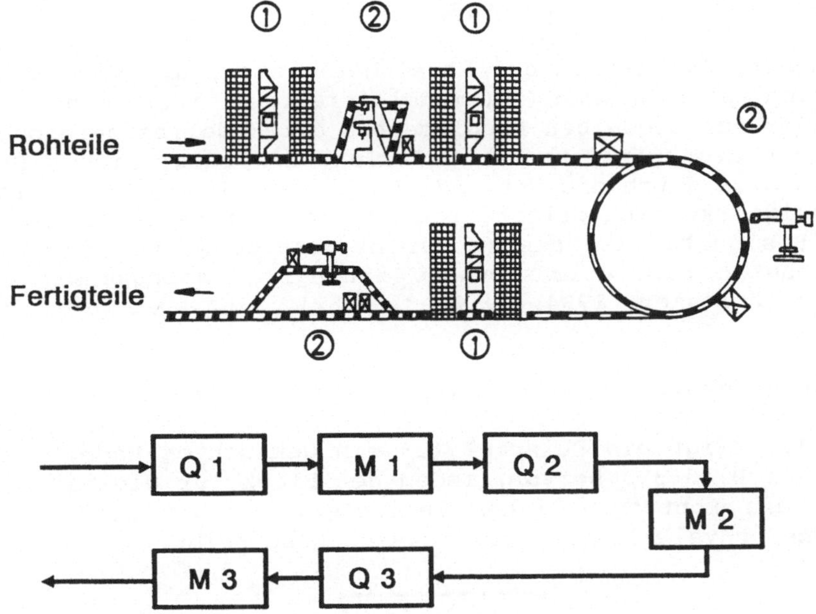


Bild 3.3. Beispiel: Fertigungsstraße mit 3 Zwischenlagern (1) und 3 Bearbeitungszellen (2). Darunter ein aggregiertes, ereignisdiskretes Modell mit 3 Warteschlangen $Q_i$ und 3 Maschinen $M_i$.

Auf weitere Details dieses Modellierungsansatzes wird hier nicht eingegangen. Die Vorgehensweise ist jedoch bemerkenswert durch ihre Ähnlichkeiten mit kontinuierlichen Modellen.

## 3.4    Gemischt ereignisdiskret/kontinuierliche Modelle

Viele reale Systeme bestehen aus Teilsystemen unterschiedlicher Natur. Je nach den dominierenden Systemeigenschaften benutzen wir rein kontinuierliche oder rein diskrete Modelle. Falls jedoch eine exaktere Modellierung erforderlich ist, so muß eine gemischte Vorgehensweise gewählt werden. Solche Mo-

delle sind in der Regel entweder kontinuierliche Modelle mit
eingebetteten, ereignisdiskreten Teilmodellen oder es sind
ereignisdiskrete Modelle mit eingebetteten, kontinuierlichen
Teilmodellen.

Der erste Typ ist gut bekannt und wird oft bei der Simulation
regelungstechnischer Aufgaben eingesetzt; diskrete Ereignisse
folgen z.B. aus statischen Nichtlinearitäten, wie Schaltern,
oder aus Zustandsbegrenzungen. Am Rande ist zu vermerken, daß
Notwendigkeit und Zulässigkeit dieser üblichen Modellierungs=
weise nicht unumstritten sind und im Einzelfall geprüft werden
müssen (z.B. Tavernini, 1989).

Der zweite Typ ist in der Regel geeigneter, um große Systeme,
wie Fertigungsanlagen, zu modellieren. Im allgemeinen stoßen
wir hier auf dieselben Probleme bei der Modellbeschreibung wie
bei rein ereignisdiskreten Modellen. Ein zusätzliches Problem
ergibt sich durch die Notwendigkeit, nebenläufige, voneinander
abhängige, kontinuierliche und diskrete Prozesse zu beschreiben. Bis heute sind hierzu nur pragmatische, von der jeweils
verwendeten Simulationssprache abhängige Lösungsansätze verfügbar (Pritsker, 1984; Cellier, 1982).

**Beispiel**
(Gemischt ereignisdiskret/kontinuierliches Modell)

Bild 3.4 zeigt ein Beispiel für ein gemischtes Modell. Dieses
geht aus Bild 3.3 hervor, indem der Block für die Maschine M1
durch ein kontinuierliches Teilmodell ersetzt wird, das die
interne, physikalische Arbeitsweise beschreibt.

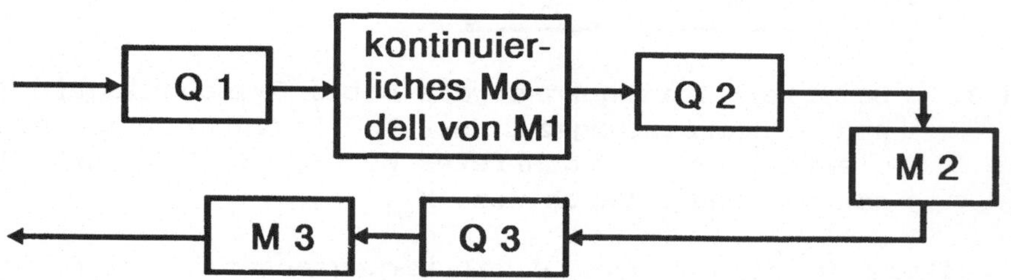


Bild 3.4. Beispiel: Gemischt ereignisdiskret/kontinuierliches
Modell der Fertigungsstraße aus Bild 3.3


## 3.5    Rechnerunterstützte Modellierung

Die grundlegende Vorgehensweise zur Erstellung eines neuen
Modells für einen Simulator ist zeitaufwendig und teuer, insbesondere für die heute im Mittelpunkt des Interesses stehenden großen Systeme. Die Entwicklung eines umfassenden Modells

kann mehrere Mannjahre Aufwand erfordern. Jedoch sind Modellierungshilfen zum Teil bereits verfügbar oder in Entwicklung.

**Vordefinierte Teilmodelle:** Betrachtet man nur einen speziellen Anwendungsbereich, so sieht man, daß die meisten Systeme aus relativ wenigen Standardelementen oder Standardteilsystemen aufgebaut sind. Diese können in verallgemeinerter Form modelliert werden. Durch Verwendung solcher vordefinierten Teilmodelle läßt sich der Aufwand bei der Modellierung größerer Systeme drastisch verkleinern; die Modellierung reduziert sich auf die Beschreibung der Verbindungsstruktur der Teilmodelle und auf ihre Parametrierung. Sogenannte Spezialsimulationsprogramme (siehe Kapitel 5) basieren meist auf solchen Modellierungshilfen. Vordefinierte Modelle finden wir z.B. für mechanische Mehrkörpersysteme (Kortüm, 1982), elektrische oder elektronische Systeme (Waldschmidt, 1983) und Gastransportnetze (Lappus und Schmidt, 1984).

**Modellbank:** Standardisierte Teilmodelle für Teilsysteme aus verschiedenen Anwendungsgebieten können auch in einem umfassenden Katalog gesammelt und in einer Datenbank abgelegt werden. Mit Hilfe einer derartigen Modellbank reduziert sich das Modellieren eines Systems auf eine geeignete Zerlegung in Teilsysteme, für die entsprechende Teilmodelle verfügbar sind. Die Teilmodelle sind aus der Datenbank zu entnehmen und entsprechend der vorliegenden Systemstruktur miteinander zu koppeln. Rechnergestützte Hilfen für die beiden letzten Aufgaben sind heute verfügbar (Vansteenkiste, 1983; Standridge und Pritsker, 1982). Prinzipielle Schwierigkeiten liegen in der möglichst zu vereinheitlichenden Form der Teilmodellbeschreibung und in adäquaten Schnittstellenfestlegungen.


**4      Numerische Methoden in der Simulation**

Folgen wir dem in Bild 2.1 dargestellten Vorgehen bei einer Simulation, so ist nach der Modellierungsphase das mathematische Modell auf einem Rechner zu implementieren, um den eigentlichen Simulator zu erhalten. Diese Programmieraufgabe ist natürlich von der jeweils verfügbaren Hardware- und Softwareumgebung abhängig. Die primäre Aufgabe ist jedoch die hiervon unabhängige Wahl zuverlässiger numerischer Lösungsverfahren. Insbesondere benötigen wir

- Algorithmen zur numerischen Integration gewöhnlicher und partieller Differentialgleichungen,

- Algorithmen zur Auflösung meist großer linearer und nichtlinearer Gleichungssysteme.

Mit diesem kurzen Kapitel können und wollen wir keine Einführung in die numerischen Methoden geben (diese werden in vielen
Lehrbüchern beschrieben, siehe z.B. Lapidus und Seinfeld
(1971)), sondern die Aufmerksamkeit des Lesers auf die zentrale Bedeutung numerischer Verfahren für die Simulation lenken.
Diese Tatsache kann auch keine noch so ansprechende, bunte
Bildschirmgrafik überspielen! Um den Leser anzuregen, bei der
Durchführung einer Simulationsstudie gezielt nach geeigneten
numerischen Lösungsverfahren zu suchen, wollen wir schlagwort-
artig einige Aspekte und Verfahren aufzählen, ohne sie hier
näher zu erläutern.


## 4.1   Numerische Integration gewöhnlicher Differentialgleichungen

Im Bereich der Simulation wird man numerische Integrationsverfahren normalerweise nicht neu entwickeln und programmieren,
sondern möglichst auf bewährte Standard-Routinen zurückgreifen. Die Selektion eines für das jeweilige Problem gut geeigneten Verfahrens ist damit eine wichtige Aufgabe. Zur Einteilung der numerischen Integrationsverfahren dienen u. a. folgende Klassifizierungen:

- explizite und implizite Verfahren,
- Einschritt- und Mehrschrittverfahren,
- Verfahren mit fester und variabler Schrittweite.

Das gewöhnliche Runge-Kutta-Verfahren vierter Ordnung ist
beispielsweise ein explizites Einschrittverfahren mit fester
Schrittweite; das Verfahren nach Gear ist ein implizites Einschrittverfahren mit variabler Schrittweite.

Bei der Auswahl eines Verfahrens sind vor allem folgende ver-
fahrens- und modellabhängige Kriterien zu beachten:

- numerische Stabilität,
- Genauigkeit,
- Rechenzeitaufwand,
- Echtzeitanforderungen.

Die Eignung eines Verfahrens ist insbesondere auch hinsichtlich folgender Modelleigenschaften zu prüfen:

- Steifigkeit der Differentialgleichungen (unterschiedliche
  Dynamikbereiche),
- Unstetigkeiten in den Modellgleichungen.

Erfahrungsgemäß läßt sich feststellen, daß ausgefeilte, "theoretisch gute" Integrationsverfahren im Bereich der Simula-

tionstechnik manchmal nicht einsetzbar sind oder ihre Vorteile verlieren aufgrund von Echtzeitanforderungen, Steifigkeiten und Unstetigkeiten. Dagegen lassen sich mit relativ "primitiven" expliziten oder impliziten Verfahren bereits oft ausreichend genaue Ergebnisse mit vertretbaren Rechenzeiten erzielen. Die Genauigkeit muß natürlich stets in Relation zu den unvermeidlichen Modellierungsfehlern (Struktur und Parameter) beurteilt werden.


## 4.2 Numerische Integration partieller Differentialgleichungen

Partielle Differentialgleichungen weisen im Unterschied zu gewöhnlichen Differentialgleichungen eine größere Vielfalt auf. Diese ist bedingt durch unterschiedliche Gleichungstypen (parabolisch, hyperbolisch, elliptisch) und durch die Abhängigkeit von speziellen Modelleigenschaften (Lösungsgebiet, Randbedingungen). Für die numerische Integration stehen wiederum Standard-Routinen zur Verfügung, die aber in der Regel auf spezielle Problemstellungen zugeschnitten sind. Im Bereich der Simulationstechnik werden folgende Verfahren eingesetzt:

- Finite-Differenzen-Methoden,
- Finite-Elemente-Methoden,
- Charakteristiken-Verfahren,
- Spektral-Verfahren,
- Mehrgitter-Verfahren.

Die ersten vier Methoden beruhen alle auf einer prinzipiell ähnlichen Vorgehensweise, nämlich der exakten oder angenäherten Transformation der gegebenen partiellen Dgln. in ein System gewöhnlicher Dgln. mit anschließender numerischer Integration der resultierenden gewöhnlichen Dgln. Die relativ neuen Mehrgitterverfahren (Hackbusch und Trottenberg, 1982) wurden speziell für den Einsatz auf Mehrrechnersystemen entwickelt (siehe Kapitel 6).


## 4.3 Numerische Lösung linearer und nichtlinearer Gleichungssysteme

Das klassische Problem der Gleichungsauflösung spielt auch bei simulationstechnischen Anwendungen eine wichtige Rolle, zumal viele Integrationsverfahren letztlich auch auf diese Aufgabenstellung führen. Mit Blick auf die Anforderungen bei der Simulation großer Probleme besteht hier ein noch nicht ganz gedeckter Bedarf an schnellen, auf Multirechnersystemen einsetzbaren Algorithmen.

## 5    Simulationssprachen

Für die Programmierung eines Simulationsproblems können wir
entweder eine höhere Standard-Programmiersprache oder eine
spezielle Simulationsprache verwenden.

Im ersten Fall benutzen wir eine der üblichen Hochsprachen
(FORTRAN, PASCAL, ADA, etc.) und Routinen, z.B. numerische In-
tegrationsroutinen, aus einer Programmbibliothek (z.B. RASP).
Dieses Vorgehen hat den Nachteil, daß nahezu das gesamte Simulationsproblem jeweils neu programmiert werden muß, also
einschließlich der nicht-problemspezifischen Module, wie z.B.
Dateneingabe, Datenausgabe und Simulationsablaufsteuerung. Ein
weiterer, im Bereich technischer Anwendungen aber meist uner-
heblicher Nachteil ist die vorauszusetzende Kenntnis einer
Programmiersprache. Dieser Weg ist nur für Sonderfälle empfehlenswert, z.B. für die Erstellung eines Spezialsimulationspro-
grammes für ein bestimmtes Anwendungsgebiet. Liegt solch ein
Spezialsimulationsprogramm einmal vor, dann reduziert sich die
Programmierung auf eine einfache, meist graphentheoretisch
fundierte Eingabe der Struktur und der Parameter des mathematischen Modells.

Wenn wir jedoch ein Standardsimulationsproblem zu lösen haben,
ist der Einsatz einer Simulationssprache empfehlenswert. Der
Begriff "Simulationssprache" wird üblicherweise auch dann
verwendet, wenn keine Sprache im engeren Sinn, sondern vielmehr ein "Simulationsprogrammsystem" vorliegt. Für die Benutzung einer Simulationssprache sprechen folgende Vorteile:

   Der weniger erfahrene Benutzer wird bei der Durchführung
   einer Simulation wirksam unterstützt.

   Der routinierte Anwender wird von immer wiederkehrenden
   Programmieraufgaben befreit.

Heute sind für fast jedes Problem und jeden Computer (vom PC
bis zum Großrechner) Dutzende von universellen Simulationssprachen verfügbar. Das Problem besteht meist darin, eine
geeignete Sprache auszuwählen. Den verschiedenen Typen mathematischer Modelle entsprechend finden wir Simulationssprachen
für vorwiegend kontinuierliche Modelle, z.B.

   CSMP-III  (IBM, 1972),
   SIMNON    (Elmqvist, 1975),
   DARE-P    (Wait und Clarke, 1976),
   ACSL      (Michell and Gauthier, 1981),
   DSL/VS    (IBM,1984),
   CSSL-IV   (Nilsen, 1984),  .....

und für vorwiegend ereignisdiskrete Modelle, z.B.

    GASP-IV   (Cellier und Blitz, 1976)
    SLAM II   (Pritsker, 1984),
    SIMAN     (Pegdon, 1986),
    GPSS/H    (Wolverine Software, 1989),
    GPSS/PC   (Minuteman Software, 1989), .....

Eine vergleichende Übersicht über eine größere Zahl von speziell für regelungstechnische Anwendungen erweiterte Sprachen (CACSD) geben Cellier und Rimvall (1988). Beispiele sind u.a. MATRIX-X (Integrated Systems, 1984) und CTRL-C (Little, 1984) sowie u.a die im Teil B noch vorgestellten Sprachen CADACS, PILAR und FSIMUL. Eine umfassende Zusammenstellung der kommerziell verfügbaren Simulationssprachen wird jährlich in der Zeitschrift SIMULATION (USA) veröffentlicht.

Betrachten wir kontinuierliche Simulationssprachen etwas näher, wobei wir uns hier auf einige grundsätzliche Aspekte beschränken können, da verschiedene Simulationssprachen exemplarisch im Teil B dieses Buches detailliert besprochen werden.

Die gemeinsame Wurzel der heute weit verbreiteten Simulationssprachen ist (noch) ein Vorschlag des Simulation Council (Augustin, 1967) für eine "CSSL" (Continuous System Simulation Language). Solch eine CSSL ist ein Programmiersystem, das im wesentlichen aus folgenden Elementen besteht:

Standard-Programmiersprache als Trägersprache,

Routinen zur numerischen Integration von zumeist gewöhnlichen Differentialgleichungen (einschließlich einer kompakten Form zur Beschreibung der Differential- bzw. Integralgleichungen),

Zusatzroutinen (Blöcke, Operatoren) zur Dateneingabe, Ergebnisausgabe und Modellierung spezieller Funktionen,

Ablaufsteuerung für typische Simulationsprobleme.

Simulationssprachen unterscheiden sich - neben Anzahl und Art der verfügbaren Integrationsverfahren und der mehr oder weniger nützlichen Zusatzroutinen - vor allem in folgenden drei Punkten.

**(a)** Bei den sog. gleichungsorientierten Sprachen erfolgt die Beschreibung des mathematischen Modells in Form von Differential- oder Integralgleichungen, algebraischen Gleichungen und logischen Beziehungen. Bei blockorientierten Sprachen wird die

Modellbeschreibung mit Hilfe fester, parametrierbarer oder frei definierbarer Funktionsblöcke eingegeben (siehe z.B. im Teil B den Beitrag von B.Gebhardt über FSIMUL). Blockorientierte Sprachen bieten heute meist eine gute, grafikgestützte Benutzeroberfläche, jedoch sind sie etwas schwerfällig zu handhaben, wenn das mathematische Modell nicht bereits in einer geeigneten Blockstruktur vorliegt. Unter diesem Aspekt sind gleichungsorientierte Sprachen universeller einsetzbar.

(b) Bei einigen Sprachen müssen die Gleichungen des mathematischen Modells in prozedural korrekter Reihenfolge vom Benutzer angegeben werden. Andere Sprachen, die hier dem CSSL-Vorschlag folgen, erlauben eine deskriptive, d.h. nicht-prozedurale, Beschreibung. Solche - häufig, aber nicht ausschließlich blockorientierten - Sprachen sind für ungeübte Anwender einfacher zu benutzen; jedoch wird ein Preprozessor benötigt, der die zunächst in willkürlicher Folge vorgegebenen Gleichungen oder Blöcke in eine prozedural korrekte Reihenfolge umsetzt. Praktische Erfahrungen zeigen, daß diese bequeme, aber auch zeitaufwendige, automatische Sortierung Probleme verursachen kann, wenn sie unter ungünstigen Umständen versagt und dies dem Benutzer nicht meldet.

(c) Die meisten Simulationssprachen basieren auf einem Compiler, z.B. FORTRAN, andere benutzen einen Interpreter, z.B. BASIC. Erstere bieten Vorteile hinsichtlich der Programmausführungszeiten. Jedoch ist der für die Durchführung eines Simulationslaufes nötige Gesamtzeitaufwand relativ groß, weil hierbei viele Arbeitsschritte absolviert werden müssen (Editor, Preprocessor, Compiler, Linker, Loader). Der zweite Weg führt auf einen direkt ausführbaren Simulator. Dies ist vorteilhaft für eine interaktive Simulation, siehe Kapitel 7. Interpreter sind aber in der Regel zu langsam für die Simulation großer Probleme. Die Vorzüge beider Ansätze verband Korn (1983,1987) in den Simulationssprachen DESIRE und DESCTOP. Ein im Sprachumfang reduzierter, schneller Compiler wird für die (automatische) Compilierung der zeitkritischen Teile des Simulationsprogramms verwendet, das im übrigen interpretativ abgearbeitet wird. Fast ebenso gute Interaktionsmöglichkeiten bieten Simulationssprachen, wie INTERSIM (Lappus, 1989) oder CTMS (Tavernini, 1989), die Borland's Turbo Pascal System mit einem äußerst schnellen Compiler sowie mit einem integrierten Quellcode-Debugger und Editor als Trägersprache verwenden.

Heute laufen verschiedene Entwicklungen bei Simulationssprachen, die über den CSSL-Vorschlag von 1967 hinausgehen. Hervorzuhebende, in Richtung auf die bereits wiederholt angesprochene Simulation großer Systeme gehende Trends sind:

Strukturierte Simulationssprachen mit erweiterten Datenstrukturen, insbesondere Vektor-Matrix-Strukturen (Cellier
und Rimvall, 1989).

Simulationssprachen, die modulare Modelle umfassend unterstützen (Supermacros, Superblöcke, etc.).

Konsequente Trennung der Modell- und Experimentbeschreibung.

Mit dem Aufkommen preiswerter Multiprozessorsysteme (siehe
Kapitel 6) besteht natürlich auch ein wachsender Bedarf an
adäquaten Simulationssprachen.


## 6  Rechner für Simulationszwecke

Fortschritte in der Simulationstechnik waren von jeher eng mit
der Entwicklung der Rechnertechnik verbunden. Schnelle Prozessoren und große Arbeitsspeicher sind essentiell für die Simulation umfangreicher Probleme. Preiswerte, aber dennoch hinreichend leistungsfähige Rechner sind notwendig, um Simulation
zu einem alltäglichen, am Arbeitsplatz verfügbaren Standard-
Werkzeug zu machen.

Heute können die meisten Anforderungen durch kommerzielle
Standardrechner erfüllt werden. Dies gilt sogar für eine Reihe
zeitkritischer (Echtzeit-) Simulationsprobleme, die für lange
Jahre analogen Rechnern vorbehalten waren. Im Bereich der
Simulationstechnik wird die Rechengeschwindigkeit häufig
anhand der maximalen Frequenz $f_m$ charakterisiert, mit der
sinusförmige Schwingungen mit einem maximalen Fehler kleiner
gleich 0.1 % simuliert werden können (Korn und Wait, 1978).
Für typische Analogrechner liegt $f_m$ im Bereich von 1 kHz, in
Sonderfällen bis zu 10 kHz. Für schnelle Digitalrechner ergibt
sich heute ebenfalls ein Wert von $f_m$ gleich 1 kHz, d.h. daß
zumindest kleinere, zeitkritische Simulationsprobleme mit
Hilfe vorhandener Digitalrechner gelöst werden können. Es
folgt eine kurze Übersicht über Rechnertypen für Simulationszwecke. Kheir (1988) behandelt Hardware- und Realisierungsfra-
gen in großer Ausführlichkeit.


## 6.1  Minirechner, Superminirechner, Großrechner

Diese Maschinen sind die traditionellen Arbeitsgeräte, für die
zunächst die meiste Simulationssoftware verfügbar war. Im
Laufe der Jahre wurden diese Rechner zunehmend schneller infolge von technologischen (VLSI) und strukturellen Entwicklun-

gen (Pipelinetechniken, interner Multiprozessoreinsatz). Für
den Anwender sind sie in der Regel wie ein gewöhnlicher Ein-
prozessorrechner zu handhaben. Im Hinblick auf die Bearbeitung
von alltäglichen, kleineren Simulationsproblemen haben diese
Rechner meist den Nachteil, daß sie als Multi-User-Systeme
keine interaktive Simulation im engeren Sinn (siehe Kapitel 7)
zulassen.

## 6.2    Personal Computer, Workstations

Auf dem Gebiet der Simulation mit kleinen Arbeitsplatzrechnern
hat sich ein enormer Forschritt ergeben. Personal Computer
(PC) und Workstations sind heute ebenso leistungsfähig wie
Minirechner, aber in der Anschaffung (Hardware und Software)
und im Unterhalt wesentlich preiswerter. Außerdem bieten sie
exzellente Grafikmöglichkeiten, für die früher spezielle Gra-
fiksysteme und -bildschirme erforderlich waren. PC oder Workstation sind heute das ideale Gerät für schnell durchzuführende, interaktive Simulationen. Mit der zunehmenden Verbreitung
dieser Rechner wurde auch praktisch jede Simulationssoftware
hierfür verfügbar.

## 6.3    Multiprozessorsysteme

Unter einem Multiprozessorsystem wollen wir hier ein Rechnersystem verstehen, bei dem der Anwender das Vorhandensein mehrerer Einzelprozessoren oder Rechner bei der Programmierung
des Simulationsproblems berücksichtigen muß, um zu guten Ergebnissen zu gelangen. In den SCS-Kongreßberichten (The Society for Computer Simulation, USA) der letzten Jahre werden
zahlreiche Anwendungsbeispiele erläutert und spezifische Fragen des Multiprozessoreinsatzes diskutiert.


**(a)** Zusatz-Vektorrechner stellen schnelle, parallel arbeitende
Arithmetikfunktionen zur Verfügung. Heute gibt es solche Einheiten für PC's bis hin zu Großrechnern. Berühmt gewordene
Hersteller solcher "Superrechner" sind u.a. Floating Point
Systems (FPS) und Cray. Im Hinblick auf die Lösung von Simulationsaufgaben muß aber beachtet werden, daß diese Rechner mit
ihrer SIMD-Struktur (single instruction, multiple data) nur
für vektorisierbare Probleme gut geeignet sind. Typische Einsatzgebiete sind dreidimensionale Strömungsprobleme im Bereich
der Flugzeugtechnik oder der Wettersimulation, sowie mechanische Verformungsprobleme (z.B. Simulation des Crashverhaltens
eines Autos).

**(b)** Strukturierte Multiprozessorsysteme sind vom MIMD-Typ (multiple instructions, multiple data) und daher für die Simulation großer Gesamtmodelle sehr vielversprechend, sofern sich diese aus schwach verkoppelten Teilmodellen zusammensetzen. Typische kommerzielle Multiprozessorsysteme sind Inmos' Transputer und Intel's iPSC. Voraussetzungen für die effiziente Nutzung von MIMD-Rechnersystemen sind ein adäquat strukturierbares Simulationsmodell und parallele Algorithmen (Hossfeld, 1983). Ein prinzipielles Problem ist die (zu minimierende) Kommunikation zwischen den Prozessoren. Um einen überproportionalen Overhead zu vermeiden, müssen Entwurf und Realisierung der Kommunikationsstruktur mit großer Sorgfalt erfolgen. Ein Beispiel für eine Parallelrechnersimulation beschreiben Schmidt u.a. (1987).

**(c)** Dedizierte Multiprozessorsysteme wurden speziell für Simulationszwecke entworfen. Zwei bekannte Beispiele sind AD 100 und SIMSTAR. Bemerkenswert ist, daß letzterer mit seinen digitalen und analogen Recheneinheiten ein fortschrittliches Hybridrechnersystem bildet. Beide Systeme sind sehr leistungsfähig, aber relativ teuer.

Im Zusammenhang mit der Rechnerhardware ist auch auf die Bedeutung von lokalen und globalen Netzen für die Simulationstechnik hinzuweisen. Die Verbreitung moderner Kommunikationsnetzwerke nimmt stetig zu. Dies beginnt bei lokalen Netzen (LAN), die es uns ermöglichen, mit geringen Kosten ein Multirechnersystem bereits mit PC's aufzubauen. Dies betrifft auch Weitverkehrsnetze (WAN), die es uns z.B. gestatten, prozeßgekoppelte Simulationen aus der Ferne (remote) durchzuführen oder unseren PC mit einem fernen Superrechner zu verbinden. WAN's werden auch essentiell für die Nutzung zukünftiger zentraler Modellbanken werden.

## 7  Simulatorschnittstellen

Für die erfolgreiche und effiziente Durchführung einer Simulation sind die Schnittstellen des Simulators zur Außenwelt von hoher Bedeutung. Dies betrifft einerseits die oft benötigte Prozeßkopplung und andererseits die Kommunikations- und Interaktionsmöglichkeiten zwischen Simulator (Rechner) und Benutzer.

Für eine interaktive Simulation im engeren Sinne (Posch und Swik, 1979; Korn, 1983) sollte der Simulator folgende Möglichkeiten bieten:

Interaktive Eingabe der Modellbeschreibung; ein aktueller Trend geht in Richtung grafikgestützter Eingaben.

Interaktive Steuerung des Ablaufes eines Simulationsprogramms; d.h. der Benutzer sollte - gestützt auf eine online Ergebnisausgabe - die Möglichkeit haben, die Programmausführung jederzeit zu unterbrechen und mit ggf. geänderten Parametern oder modifizierten Modellgleichungen fortzuführen.

Grafische Ergebnisausgaben und geeignete Nachbearbeitungssoftware sind für den Benutzer hilfreich bei der Auswertung und Präsentation der Simulationsergebnisse (Standridge und Pritsker, 1983).

Die wohl augenfälligste Entwicklung in der Simulationstechnik vollzog und vollzieht sich bei den verfügbaren Grafikmöglichkeiten. Dies wurde durch preiswerte Hardware (Grafikprozessoren) und durch eine gewisse Standardisierung der Grafikgrundsoftware (z.B. Grafisches-Kern-System GKS, WINDOWS, etc.) ermöglicht. Diese Fortschritte gestatten es uns, die Art der Ergebnisdarstellung zu ändern, nämlich von der Darstellung einfacher Zeitverläufe einzelner Variablen hin zu Bildern mit bewegten Symbolen, die physikalische Elemente oder Teilsysteme repräsentieren. Darüber hinaus können wir heute auch szenische Ergebnispräsentationen (Animation) direkt vom Rechner zu akzeptablen Kosten erhalten. Diese Grafikmöglichkeiten tragen sehr zur Veranschaulichung und damit zum Verständnis der Simulationsergebnisse bei. Am Rande wollen wir bemerken, daß viele rechnerproduzierte Trickfilme und auch Computerspiele auf Simulationen mit dieser Art der Ergebnisdarstellung basieren.

Für prozeßgekoppelte Simulatoren benötigen wir ein adäquates Prozeßinterface mit analogen und digitalen Ein- und Ausgängen. Dieses Interface muß natürlich auch von der Simulationssprache entsprechend unterstützt werden. Beim Entwurf eines prozeßgekoppelten Simulators ist den aus der Automatisierungstechnik wohlbekannten Effekten, wie Quantisierung, Abtastung, Skalierung, etc. eine hinreichende Aufmerksamkeit zu widmen.

Schließlich wollen wir noch darauf hinweisen, daß Interaktionsprobleme zwischen Prozeß, Simulator und Benutzer eine zentrale Rolle spielen in höchst anspruchsvollen Simulationseinrichtungen, wie Trainingssimulatoren für Flugzeugpiloten, Schulungssimulatoren für Prozeßbediener und großen Entwicklungssimulatoren im Bereich der Kraftfahrzeugindustrie. Diese Simulatoren zählen zu den fortschrittlichsten und aufwendigsten Simulationseinrichtungen, die heute verfügbar sind.

# 8      Ausblick

Zum Abschluß dieser kurzen Übersicht wollen wir noch auf
einige aktuelle Entwicklungen hinweisen, die sich voraussicht-
lich im Laufe der nächsten Jahre verfestigen und - nach einer
gewissen Konsolidierungsphase - integrierte Bestandteile der
Simulationstechnik werden dürften.


## 8.1     Simulationsumgebung

Der umfassende Einsatz von Simulationstechniken bei der Bearbeitung großer Automatisierungsprobleme ist heute noch relativ
aufwendig und teuer. Wie später im Beitrag von Cellier und
Rimvall gezeigt wird, liegt dies unter anderem an der noch
unzureichenden Integration von Simulationswerkzeugen und regelungstechnischen Analyse- und Entwurfswerkzeugen in eine gemeinsame, intelligente CAD-Umgebung. Aber auch innerhalb des
Teilgebietes Simulation ist die Integration meist noch unvollständig. Werkzeuge für verschiedene, im Laufe einer Simulation
anfallende Aufgaben (z.B. Modellierung, Validierung, Simulationsdurchführung) sollten in einer gemeinsamen Simulationsumgebung (siehe den Beitrag von W.Schaufelberger in Teil B) zusammengefaßt werden, die insbesondere auch eine flexible Nutzung und Verwaltung von Teilmodellen und Teilsimulatoren unterstützt.

Diese mächtigen, für die Bearbeitung großer Problemstellungen
notwendigen Werkzeuge bergen aber auch die Gefahr in sich, für
die Lösung kleiner Aufgaben ineffizient zu werden. Dies zeigt
sich deutlich an einigen existierenden CACSD-Systemen mit
ihren mehr als tausend-seitigen Handbüchern. Für am Arbeitsplatz schnell durchzuführende kleine Simulationen werden sich
einfach bedienbare, nicht-integrierte Simulationssysteme be-
haupten, die von Ingenieuren (mit heute selbstverständlich
vorhandenen Programmierkenntnissen) fast wie ein Taschenrechner benutzt werden können.


## 8.2     Künstliche Intelligenz und Simulation

Zu den eingangs erwähnten Anwendungsbereichen der Simulationstechnik zählt auch das rasch wachsende Gebiet der Künstlichen Intelligenz mit einer Reihe neuer, anspruchsvoller
Simulationsaufgaben. Als ein Beispiel sei hier nur die Simulation neuronaler Netze genannt. Umgekehrt gehen vom Bereich der
Künstlichen Intelligenz auch starke Impulse für die Weiterentwicklung der Simulationstechnik aus. So kann man hier als ein
Beispiel die Simulation mittels neuronaler Netze nennen. Ein
anderes typisches Beispiel ist die objekt-orientierte Simula-

tion. Eine gute Übersicht über beide Aspekte dieser Wechselbeziehung vermitteln verschiedene SCS-Kongreßberichte der letzten Jahre. Für die Zukunft können wir erwarten, daß Simulation
durch Hilfsmittel aus dem Bereich der Künstlichen Intelligenz
wirksam unterstützt werden wird (De Swaan, 1983; Kerckhoffs
und Vansteenkiste, 1985).

Konkrete Ergebnisse zeichnen sich bei wissens-basierten Modellierungssystemen ab. Die Grundstruktur eines solchen Werkzeugs
zur Modellerstellung ist schematisch im Bild 8.1 dargestellt.
Die Wissensbasis enthält Modellierungsprimitive, wie z.B.
strukturelle Regeln, physikalische Grundgesetze, etc. Die
Modellbasis beinhaltet vordefinierte Teilmodelle. Die Datenbasis enthält Parameterwerte und experimentell aufgenommene
Daten, die u.a. zur Identifikation der Modellparameter herangezogen werden können. Gestützt auf diese Module und mit Hilfe
einer formalisierten Modellbildungssprache und einer Inferenzmaschine kann der Anwender ein Simulationsmodell interaktiv
entwickeln und validieren.

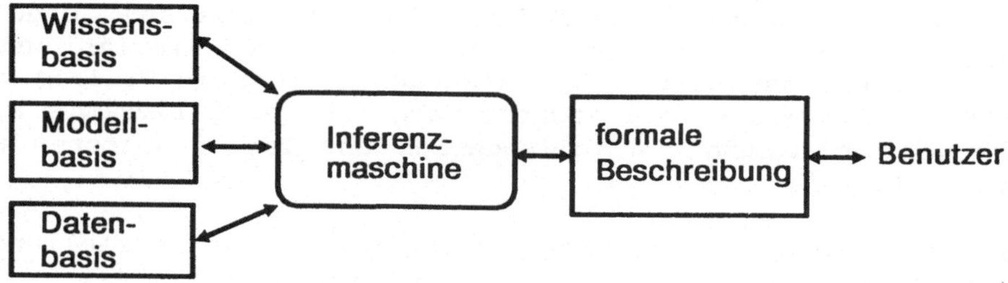


Bild 8.1.   Grundstruktur eines wissens-basierten
            Modellierungssystems

Konkrete Ergebnisse sind auch für die wissens-basierte Durchführung einer Simulation zu erwarten. Solch ein System wird
den Anwender bei der Auswahl geeigneter numerischer Verfahren,
bei der Festlegung der Simulationsexperimente und bei der
Selektion signifikanter Simulationsergebnisse unterstützen.


## 8.3    Qualitative Simulation

"Etwas Wissen ist besser als kein Wissen, und qualitatives
Wissen ist wesentlich besser als fehlerhaftes, quantitatives
Wissen", schreibt P.A. Luker (1989) in einem der Qualitativen
Simulation gewidmeten Heft der Zeitschrift SIMULATION. Dieser
Satz charakterisiert die Qualitative Simulation, die ebenfalls
dem Bereich der Künstlichen Intelligenz entspringt (qualitative reasoning, naive physics). Qualitative Simulation steht
nicht im Widerspruch zur traditionellen, quantitativen Simula-

tion, sondern ergänzt diese dort, wo es erforderlich ist. Dies kann zu einem ein stark aggregiertes Modell sein, das nur qualitative Aussagen schnell liefern soll, und dies können zum anderen Teilmodelle sein, deren Verhalten wir nicht exakt, sondern nur qualitativ beschreiben können, wie z.B. die Reaktionen eines Prozeßbedieners.


## Literaturhinweise

[ 1] Augustin, D.C. u.a. (1967). The SCi Continuous System Simulation Language (CSSL), _Simulation,_ 9, 281-303.

[ 2] Berheide, W. (1982). SAINT - Eine Modellbildungs- und Simulationsmethode zur Analyse von Mensch-Maschine-Systemen, in: _Simulationstechnik_ (M. Goller, ed.), Springer Verlag, Berlin.

[ 3] Cellier, F.E., Blitz, A.E. (1976). GASP-V: A Universal Simulation Package, in: _Proceedings of the 8th AICA Congress on Simulation of Systems_ (L. Dekker, ed.), North Holland Publ., Amsterdam.

[ 4] Cellier, F.E., Rimvall, C.M. (1988). Computer-Aided Control Systems, Techniques and Tools. Appendix A of _Systems Modeling and Computer Simulation_ (N.A. Kheir, ed.), Marcel Dekker, New York.

[ 5] Cellier, F.E., Rimvall, C.M. (1989). Matrix Environment for Continuous System Modeling and Simulation, _Simulation_, Vol. 52, 142-149.

[ 6] Dahmen, N. (1983). FORCASD - An evaluation Net Oriented Program System for Modeling and Simulation, in: _First European Simulation Congress_ (W. Ameling, ed.), Springer Verlag, Berlin.

[ 7] De Swaan, A. (1983). Expert Systems in the Simulation Domain. _Mathematics and Computers in Simulation_, Vol. 25, 10-16.

[ 8] Elmqvist, H. (1975). _SIMNON - An Interaktive Simulation Program for Nonlinear Systems_. User's Manual, Lund Institute of Technology, Lund.

[ 9] Eykhoff, P. (1974). _System Identification_, Wiley & Sons, London.

[10] Hackbusch, W., Trottenberg, U., eds. (1982). _Multigrid Methods_, Springer Verlag, Berlin.

[11] Ho, Y.C., Cassandras, C. (1983). A New Approach to the Analysis of Discrete Event Dynamic Systems, _Automatica_, Vol. 19, 149-167.

28             Simulation als vielseitiges Werkzeug

[12] Hossfeld, F. (1983). *Parallele Algorithmen*, Springer Verlag, Berlin.

[13] IBM (1972). Continuous System Modelling Program III (CSMP III). Program Reference Manual, IBM Canada Ltd., Don Mills, Ontario.

[14] IBM (1984). Dynamic Simulation Language]VS (DSL/VS). Language Reference Manual, IBM Corp., San Jose.

[15] Integrated Systems, Inc. (1984). *MATRIX-X User's Guide*. Integrated Systems,. Inc., Palo Alto, CA.

[16] Kerckhoffs, E.J.H., Vansteenkiste, G.C., eds. (1985). *Working Conference on Artificial Intelligence in Simulation*, University of Ghent, Febr. 25-28.

[17] Kheir, N.A., ed. (1988). *Systems Modeling and Computer Simulation*, Marcel Dekker, New York.

[18] Korn, G.A., Wait, J.V. (1978). *Digital Continuous System Simulation*, Prentice Hall, Englewood Cliffs.

[19] Korn, G.A. (1983). The Invisible Compiler, *IEEE Computer Magazine*, Vol. 16, 55-62.

[20] Korn, G.A. (1987). Control System Simulation on Small Personal-Computer Workstations, *Int. Journal Modeling and Simulation*, Vol. 8.

[21] Kortüm, W. (1982). Zur Simulation der Dynamik von Mehrkörpersystemen, in: *Simulationstechnik* (M. Goller, ed.), Springer Verlag, Berlin.

[22] Lapidus, L., Seinfeld, J.H. (1971). *Numerical Solution of Ordinary Differential Equations*, Academic Press, New York.

[23] Lappus, G. Schmidt, G. (1984). Supervision and Control of Gas Transmission Networks, in: *Encyclopedia of Systems and Control* (M. Singh, ed.), Pergamon Press, Oxford.

[24] Lappus, G. (1989). INTERSIM Bedienungsanleitung, Technische Universität München.

[25] Little, J.N. u.a. (1984). CTRL-C and Matrix Environments for the Computer Aided Design of Control Systems, in: *Proceedings of the 6th Int. Conference on Analysis and Optimization*, Springer Verlag, Berlin.

[26] Luker, P.A. (1989). Guest Editorial - Special Issue on Qualitative Simulation, *Simulation*, Vol 52, Nr.3.

[27] McLeod, J. (1982). *Computer Modelling and Simulation: Principles of Good Practice*, Society for Computer Simulation, La Jolla.

[28] Pegden, C.D. (1986). <u>Introduction to SIMAN</u>, Systems
     Modeling Corp., State College, PA.

[29] Posch, B., Swik, R. (1979). Interaktive Simulation konti-
     nuierlicher dynamischer Systeme auf einem Mini-Prozeß-
     rechner. <u>Elektronische Rechenanlagen</u>, Vol. 21, 13-22.

[30] Pritsker, A.B. (1984). <u>Introduction to Simulation and
     SLAM</u> II, 3. Aufl., Halsted Press, New York.

[31] Ray, W.H., Lainiotis, D.G., eds. (1978). <u>Distributed
     Parameter Systems</u>, Marcel Dekker, New York.

[32] Schmidt, B. (1982). <u>Systemanalyse und Modellbildung</u>,
     Springer Verlag, Berlin.

[33] Schmidt, G. (1980). <u>Simulationstechnik</u>, Oldenbourg Ver-
     lag, München.

[34] Schmidt, G., Meier, R., Lappus, G. (1987). Parallel Simu-
     lation Techniques as Kernel of a Decision Support System
     for Control of Gas Transmission Networks, in: <u>System
     Fault Diagnostics, Reliability and Related Knowledge-
     Based Approaches</u> (S. Tzafestas u.a., eds.),Reidel Publ.
     Co., Dordrecht, Vol. 2, 167-182.

[35] Standridge, C.R., Pritsker, A.A.B. (1982). Using Data
     Base Capabilities in Simulation, in: <u>Progress in
     Modelling and Simulation</u> (F.E. Cellier, ed.), Academic
     Press, London.

[36] Standridge, C.R., Pritsker, A.A.B. (1983). Advanced Con-
     cepts and Capabilities for the Analysis of Simulation
     Output, <u>Mathematics and Computer in Simulation</u>, Vol. 25,
     43-45.

[37] Sugarman, R., Wallich, P. (1983). The Limits to Simula-
     tion, <u>IEEE Spectrum</u>, Nr. 4, 36-41.

[38] Tavernini, L. (1989). A User-friendly Interactive Turbo
     Pascal Simulation Toolkit, <u>Simulation</u>, Vol. 53, 45-55.

[39] Vansteekiste, G.C. (1983). Simulation Methodology for
     Improved Process Interaction, in: <u>First European Simula-
     tion Congress</u> (W. Ameling, ed.), Springer Verlag, Berlin.

[40] Waldschmidt, K. (1983). Simulation in Modern Electronics,
     in: <u>First European Simulation Congress</u> (W. Ameling, ed.),
     Springer Verlag, Berlin.

# Modelle in der Regelungstechnik

K. Diekmann,  K.H. Fasol

## 1    Einleitung

Für Aufgaben des Entwurfs, der Erprobung und der Überprüfung
ist es in der Regelungstechnik wichtig, Informationen über das
Verhalten von Prozessen, Reglern und Regelkreisen zu erhalten.
Diese Informationen können aus verschiedenen Gründen oftmals
nicht direkt aus einer Untersuchung der realen Prozesse und
Regler gewonnen werden. Man versucht dann, das reale Verhalten
durch eine Simulation nachzubilden. In der Simulation werden
die Untersuchungen statt an der realen Anlage an einem Modell
durchgeführt, welches die für die regelungstechnischen Aufgabenstellungen wesentlichen  Prozeß- und Reglereigenschaften
möglichst naturgetreu nachbilden kann. Solche Modelle sind in
der Regel mathematische Beschreibungsformen oder bei rein
statischen Zusammenhängen Tabellen, Kennlinien oder Vertei-
lungsfunktionen.

In den vergangenen Jahrzehnten sind für eine Vielzahl von
Prozessen Modelle erstellt worden, welche auf unterschiedlichen Beschreibungsformen beruhen. Die Wahl dieser Beschreibungsformen hängt einerseits von den Möglichkeiten der physikalischen Interpretation und den Eigenschaften des Prozesses
ab und andererseits von der späteren regelungstechnischen Verwendung. Ziel dieses Beitrags soll es aber nicht sein, alle
Beschreibungsformen herzuleiten oder aufzustellen, um sie dann
zu vergleichen. Ausgehend von den Realisierungsmöglichkeiten,
die die Rechner als die Simulatoren bieten, sollen Modellformen erarbeitet werden, die die derzeitigen Vorstellungen von
einem Modell enthalten und die für die zukünftigen Modelle
offen sind. Dies bedeutet, daß zunächst einmal die möglichen
Modellformen der Zukunft kritisch diskutiert werden müssen, um
danach zu prüfen, wie die Modelle der vergangenen Jahrzehnte
in  diese Vorstellungen hineinpassen.

Ein mehr dem heutigen ingenieurgemäßen Denken entsprechender
Modellaufbau wird als eine hierarchische Struktur vorgeschlagen, wobei das Wort Struktur nicht als zukunftweisend angesehen werden kann. In der untersten Stufe dieser Modellstruktur
befinden sich die bekannten regelungstechnischen Operationen
und Beschreibungsformen, die dann in den oberen Stufen zunächst zu Komponenten (Standardgliedern), dann zu einzelnen
Regelkreisen und danach zu verbundenen Regelsystemen verknüpft
werden können. Die Strukturierung ist nach oben hin offen.

Die Standardisierung der möglichen Modellformen ist die Zielsetzung verschiedener Arbeitsgruppen, z.B. des VDI/VDE-GMA
Ausschusses 5.6 "MSR-Rechnerwerkzeuge". Aber selbst wenn es in
Zukunft einmal gelingen sollte, eine Art von Modellbibliothek
aufzubauen, wird die organisatorische Behandlung durch die
Simulationsprogramme sehr unterschiedlich sein. Dies wird
durch die Beiträge im Teil B dieses Buches verdeutlicht. In
diesem Beitrag soll daher versucht werden, einige Mindestan-
forderungen an die organisatorische Behandlung der Modelle zu
stellen.

Die sehr wichtige Frage der Modellerstellung wird relativ kurz
am Ende dieses Beitrags angesprochen. Es wird gezeigt, wann
die theoretische Modellbildung und wann die experimentelle
Prozeßanalyse sinnvoll eingesetzt werden können. Beispiele für
die theoretische Modellbildung befinden sich in den Fallstudien im Teil D des Buches.


## 2    Möglichkeiten der Modellrealisierung an Rechnern

In der Regelungstechnik werden Simulationen an Analog- und
vorwiegend an Digitalrechnern oder in Verbindung beider Rechnerarten in Hybridrechnern durchgeführt. Um die Möglichkeiten
bei der Modellbildung abschätzen zu können, müssen zunächst
die Möglichkeiten der Modellrealisierung an den Rechnerarten
untersucht werden.


### 2.1    Simulationen am Analogrechner

Der Analogrechner besteht aus einer Vielzahl von verschiedenen
Bauelementen, die zu beliebigen Netzwerken zusammengeschaltet
werden können, um dann die physikalischen Prozeßgrößen als
Spannungen nachzubilden. Für die Realisierung eines Modells
muß man wissen, welche Bauelemente man benötigt, wie man sie
untereinander verschaltet und mit welchen Werten deren Ein-
stellgrößen belegt werden. Die Auswahl und die Zuordnung der
Bauelemente wird für jedes Modell durch eine Rechenschaltung
und durch eine Potentiometerliste festgelegt, wie sie in Bild
1.1 als Beispiel für ein Feder-Dämpfer-Masse System gezeigt
werden.

In der Rechenschaltung wird der mathematische Zusammenhang
zwischen den einzelnen Modellzustandsgrößen wiedergegeben,
wobei jedes Bauelement eine mathematische Funktion realisiert.

Für lineare Modelle werden Integrierer, Summierer, Umkehrer
und Potentiometer als Bauelemente verwendet. Nichtlineare Zu-

sammenhänge können durch Multiplizierer, Begrenzer, Funktionsgeber, Komparatoren etc. aufgebaut werden.

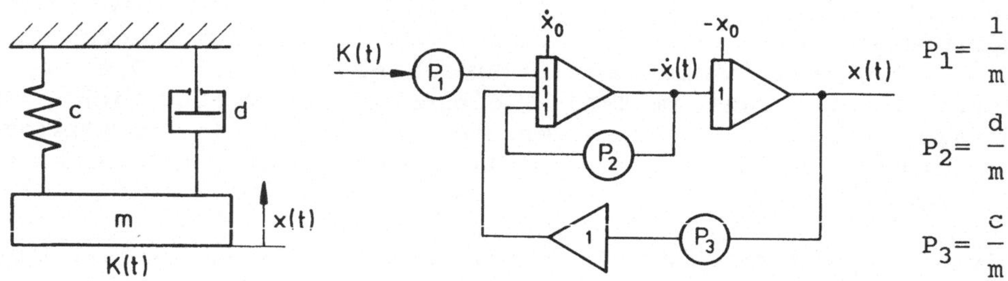

Bild 1.1. Rechenschaltung und Potentiometerliste<br>für ein Feder-Dämpfer-Masse System

Den Aufbau einer Rechenschaltung und somit die Festlegung des
Zusammenhangs zwischen den Modellzustandsgrößen erhält man
durch die Bestimmung von Simulationsgleichungen. Diese Simula-
tionsgleichungen können lineare und nichtlineare mathematische
Gleichungen sein, in denen maximal eine Integration oder eine
Differentiation durchgeführt werden darf. Bei nichtlinearen
Beziehungen ist zu prüfen, ob sie durch die am jeweiligen
Analogrechner vorhandenen Bauelemente realisiert werden kön-
nen.

Das Aufstellen der Simulationsgleichungen und die anschließende Umsetzung in eine Rechenschaltung ist somit der Abschluß
jeder Modellbildung. Es ist also nicht entscheidend, mit welcher Form der Prozeß- oder Reglerbeschreibung man beginnt,
sondern es wird nur verlangt, daß diese Beschreibungsform sich
in Simulationsgleichungen umformen läßt. Selbstverständlich
ist dabei, daß die Anzahl der mathematischen Operationen in
den Simulationsgleichungen sich durch den jeweiligen Analogrechner realisieren lassen.

Anhand der beschriebenen Vorgehensweise bei der Modellrealisierung am Analogrechner können an eine mathematische Modellform folgende Forderungen gestellt werden:

- Es muß der direkt beschreibbare lineare oder nichtlineare
  Zusammenhang zwischen den Modellzustandsgrößen bekannt
  sein.
- In jeder Simulationsgleichung darf maximal eine Integration
  oder eine Differentiation auftreten.
- Die Anzahl der mathematischen Operationen werden durch die
  am Analogrechner vorhandenen Bauelemente begrenzt.
- Nichtlineare Beziehungen müssen auf ihre Realisierungsmög-
  lichkeit hin überprüft werden.

Die genannten Forderungen sind bei Hybridrechnern nicht so stark, wenn einzelne mathematische Operationen auf den Digitalteil ausgelagert werden können.

Die Durchführung von Simulationen am Analogrechner ist in den vergangenen Jahren sehr stark zurückgegangen. Die Gründe hierfür sind vielfältig, z.B. hohe Hardwarekosten, Zuverlässigkeit der Bauteile, zeitintensive Simulationsplanung, mühsames Patching etc.. Simulationen an Hybridrechnern hingegen sind in einigen Anwendungsgebieten auch weiterhin ein unverzichtbares Werkzeug der Regelungstechniker, was durch den Beitrag von I.Troch und F.Breitenecker im Teil B dieses Buches bestätigt wird.

## 2.2    Simulationen am Digitalrechner

Anstelle der realen Bauelemente des Analogrechners treten nun mathematische Zuordnungen in Form von Software. Physikalische Modellzustandsgrößen werden ohne Bezeichnung der Einheit als reine Zahlenwerte dargestellt. Die Kopplung der Modellzustandsgrößen erfolgt in einem Programm. Obwohl der Aufbau solcher Programme (block-, gleichungs- oder modulorientiert) sehr unterschiedlich sein kann, nutzen alle Programme die gleichen mathematischen Möglichkeiten des Digitalrechners aus. Um festzustellen, welche Modellbeschreibungen am Digitalrechner realisiert werden können, müssen die mathematischen Möglichkeiten des Rechners untersucht werden.

Aufgrund der schnellen Entwicklung der Digitalrechentechnik sind den digitalen Simulationsprogrammen bezüglich des Programmumfangs, der Rechengeschwindigkeit und der Rechenmöglichkeiten kaum noch Grenzen gesetzt. Dadurch werden die noch vor etwa 10 Jahren genannten Nachteile in Bezug auf Rechengeschwindigkeit und Speicherumfang durch moderne Personal Computer fast vollständig aufgehoben.

So besitzen Workstations und Personal Computer der 3. und 4. Generation bereits Speichermöglichkeiten, die von einem realen Modell kaum ausgenutzt werden können. Das auf Sparsamkeit und Reduktion ausgelegte Denken der Ingenieure wird sich vollständig verändern: Modelle sind bezüglich der Größenordnung nicht mehr eingeschränkt, da die Grenzen der Speicherkapazität nicht erreicht werden. Auch die Möglichkeiten zur Protokollierung der Modellzustandsgrößen sind aufgrund der großen Festplatten mit ihren schnellen Zugriffszeiten wesentlich vergrößert worden.

Vor einigen Jahren stellte man noch die Rechengeschwindigkeit als einen großen Vorteil des Analogrechners heraus. Welcher extreme Wandel sich hier bei den Digitalrechnern vollzogen hat, wird durch den Vergleich des Zuse Z3 Rechners(1943) mit O.2 Multiplikationen/s mit dem Cray 2 oder Suprenum Rechner mit 300 Millionen bis zu 1 Milliarde Multiplikationen/s deutlich. Die Simulationen sind bereits so schnell, daß die Simulationsergebnisse vom Menschen on-line nicht mehr verarbeitet werden können. Auch hier ändern sich die Forderungen an die Modellbildung vollständig: Modelle können eine nahezu unbegrenzte Anzahl von mathematischen Operationen enthalten, z.B. können so Berechnungen mit mathematischen Reihen in die Modelle aufgenommen werden.

Während bei normalen Rechnern die Operationen seriell abgearbeitet werden, können Transputer parallel arbeiten. Dadurch ist es möglich, in der gleichen Rechenzeit nicht eine Simulation sondern eine Vielzahl von Simulationen durchzuführen. Besonders interessant ist dies für Modelle, die veränderliche Parameter besitzen. Für eine ausgewählte Schar von Parametern erhält man anstelle eines deterministischen Simulationsergebnisses die Einhüllende der wahrscheinlichsten Simulationsergebnisse. Die durch das Modell durchzuführenden mathematischen Operationen können also in Zukunft im Ganzen oder in einigen Teilen parallel aufgebaut sein.

Bislang wurden nur die Vorteile aufgeführt, die sich durch die verbesserte Hardware ergeben können. Natürlich ergeben sich weitere Vorteile auch durch eine verbesserte Software. Um nicht auf die Eigenheiten einzelner Programme eingehen zu müssen, sei hier nur das Stichwort "Künstliche Intelligenz" aufgeführt. Nicht nur die Programme, die die Simulationen verwalten, können intelligent werden, sondern auch die Modelle. Dies bedeutet, daß die Modelle keine festen Strukturen und keine festen Sätze von Parametern mehr haben müssen, sondern im Rahmen einer vom Benutzer vorgegebenen Intelligenz fexibel arbeiten können. Der Benutzer bestimmt zwar die Intelligenz der Modelle, braucht dann aber in der Simulationsdurchführung keine Entscheidungen mehr treffen. Die Möglichkeiten, die sich hierdurch ergeben können, werden in dem nachfolgenden Beitrag von F.E. Cellier und C.M.Rimvall angesprochen.

Faßt man zusammen,

- daß die Modelle von der Größenordnung her nicht mehr eingeschränkt sind,

- daß sie eine fast unbegrenzte Anzahl mathematischer Operationen enthalten können,

- daß sie parallel aufgebaut sein dürfen,

- daß sie über eine bestimmte Intelligenz verfügen können,

dann muß man sich fragen, mit welchen derzeit existierenden Modellformen der Regelungstechnik diese fantastischen Möglichkeiten der Rechentechnik überhaupt ausgenutzt werden können. Gefragt wird nicht nach der Möglichkeit, vorhandene konkrete Beschreibungsformen durch Erweiterungen komplex zu machen. Dies ist keine Schwierigkeit. Gefragt wird nach einer Beschreibungsmöglichkeit, die die komplexen Systemzusammenhänge konkret ordnet und unter Ausnutzung aller Möglichkeiten der Hard- und Software verarbeitet. Modelle sind dann eine nicht strukturierte Zusammenfassung von Wissen und Daten. Die Modellbildung ist dann eine Aufgabe für Informatiker, Mathematiker und Experten.

Wir mußten die zukünftigen Möglichkeiten an dieser Stelle aufzeigen. Wir müssen im folgenden jedoch auch zeigen, welche Modelle real angewendet werden. Dabei werden wir das Rad natürlich nicht ganz zurückdrehen, sondern versuchen, einen vernünftigen Mittelweg zu finden. Ein Vergleich zwischen den Rechnermöglichkeiten und der realen Anwendung läßt sich gut an dem Beispiel der Zahl $\pi$ zeigen, die von den Griechen und Babyloniern mit 3.14 definiert wurde und im Zeitalter des Computers mit 480 Millionen Stellen nach dem Komma festgelegt werden kann. Einigen wir uns auf die Definition von Sir Isaac Newton, der 12 Stellen nach dem Komma für ausreichend hielt.

Der Mittelweg, der im folgenden beschrieben werden soll, darf sich auf keinen Fall von dem ingenieurmäßigen Denken in Strukturen lösen. Systemzusammenhänge sollen so beschrieben werden, wie sie dem Regelungstechniker seit Jahrzehnten vertraut sind. Für die Zukunft bleiben wir jedoch dadurch offen, daß wir diese Beschreibungsformen als die Basisoperationen neben vielen anderen mathematischen Operationen innerhalb des Modells betrachten. Demnach kann sich ein Modell aus einer Vielzahl von Operationen zusammensetzen, wobei jede Operation im regelungstechnischen Sinne sinnvoll und realisierbar sein muß.

Da in diesem Buch speziell die Simulationen in der Regelungstechnik besprochen werden, muß natürlich auch immer geprüft werden, welche Modellphilosophie zu den anderen Werkzeugen der Regelungstechnik paßt und wie die Simulationsergebnisse dort verwertet werden können. Dies bedeutet, daß wir bei der Modellbildung für die Simulation nur solche Modelle aufbauen dürfen, die auch von anderen Verfahren der Regelungstechnik benutzt werden können. Natürlich schließt dies Transformationen zwischen verschiedenen Beschreibungsformen ein, jedoch muß die Transformation in beide Richtungen eindeutig sein.

## 3  Mathematische Operationen und Darstellungen in einem Modell

In diesem Kapitel versuchen wir eine Auflistung der in der Regelungstechnik gebräuchlichsten Modellbeschreibungsformen zu geben. Nach den obigen Ausführungen kann eine solche Form entweder schon ein vollständiges Modell oder auch nur eine Operation in einem Modell sein. Als Beschreibungsformen werden neben den mathematischen Funktionen auch grafische Darstellungen aufgeführt, da diese in zunehmendem Maße bei digitalen Simulationen als intelligentes Entscheidungskriterium (Bereichsüberprüfung) eingesetzt werden. Im folgenden bezeichnen wir die Modelleingangsgröße (Ursache) mit u, die Modellausgangsgröße (Wirkung) mit y und die Modellzustandsgrößen mit $\underline{x}$.

### 3.1  Allgemeine Beschreibungsformen

#### 3.1.1  Funktionen im Zeitbereich

Der einfachste Zusammenhang zwischen einer Ursache und einer Wirkung wird wohl durch eine lineare, statische Funktion der Form

$$y(t) = K * u(t) \tag{3.1}$$

beschrieben, wobei K als Verstärkungsfaktor des Modells bezeichnet wird.

Das dynamische Modellverhalten kann durch eine Differentialgleichung beschrieben werden, wobei man danach unterscheidet, ob es sich um eine Eigendynamik (homogener Anteil) oder um eine von außen aufgezwungene Dynamik (inhomogener Anteil) handelt. Der homogene Anteil der Differentialgleichung lautet

$$y(t) + a_1 \dot{y}(t) + \ldots + a_n \overset{(n)}{y}(t) = 0 \; , \tag{3.2}$$

wobei n die Ordnung der Gleichung ist. Tritt zu diesem homogenen Anteil der inhomogene Anteil, so kann die Differentialgleichung allgemein mit

$$y(t) + a_1 \dot{y}(t) + \ldots + a_n \overset{(n)}{y}(t) = b_0 u(t) + \ldots + b_m \overset{(m)}{u}(t) \tag{3.3}$$

beschrieben werden, wobei $m \leq n$ ist. Zu jeder Differentialgleichung gehört unbedingt die Festlegung aller Anfangsbedingungen.

Obwohl die Differentialgleichung eine der beliebtesten Beschreibungen in der Regelungstechnik ist, eignet sie sich aufgrund der Differentiationen höherer Ordnung nicht für die Realisierung am Analog- oder Digitalrechner. Beim Analogrechner hatten wir als Zielsetzung der Modellbildung die Erstellung der Simulationsgleichungen formuliert. Hierin treten nur Differentiationen erster Ordnung auf. Dies wird auch für die meisten digitalen Simulationsprogramme gefordert. Es muß daher versucht werden, aus einer Differentialgleichung n-ter Ordnung ein Gleichungssystem mit n Differentialgleichungen erster Ordnung abzuleiten.

Dies führt dann zu der bekannten Darstellung im Zustandsraum, welche natürlich auch direkt aus den physikalischen Eigenschaften des Systems bestimmt werden kann. Die allgemeine Darstellung im Zustandsraum lautet für ein Eingrößensystem

$$\dot{\underline{x}}(t) = \underline{A} * \underline{x}(t) + \underline{b} * u(t) \ ,$$

$$y(t) = \underline{c}^T * \underline{x}(t) + d * u(t) \ . \tag{3.4}$$

Man bezeichnet $\underline{A}$ als Zustands- oder Systemmatrix, $\underline{b}$ als Eingangs- oder Steuervektor, $\underline{c}$ als Ausgangs- oder Beobachtungsvektor und d als Durchgangswert, welcher jedoch häufig verschwindet. In der Regelungstechnik wurden für verschiedene Aufgabenstellungen Standardformen der Matrix und der Vektoren entwickelt, so z.B. die Jordansche Normalform, die Regelungs- und die Beobachtungsnormalform als die bekanntesten Formen.

Eine sehr einfache Umsetzung der Zustandsgleichungen in Simulationsgleichungen bietet die Regelungsnormalform, in der die System-Matrix die Froebenius-Form besitzt. In Bild 3.1 ist das entsprechende Blockschaltbild dargestellt, welches direkt in eine Rechenschaltung für den Analogrechner bzw. für ein blockorientiertes digitales Simulationsprogramm umgesetzt werden kann.

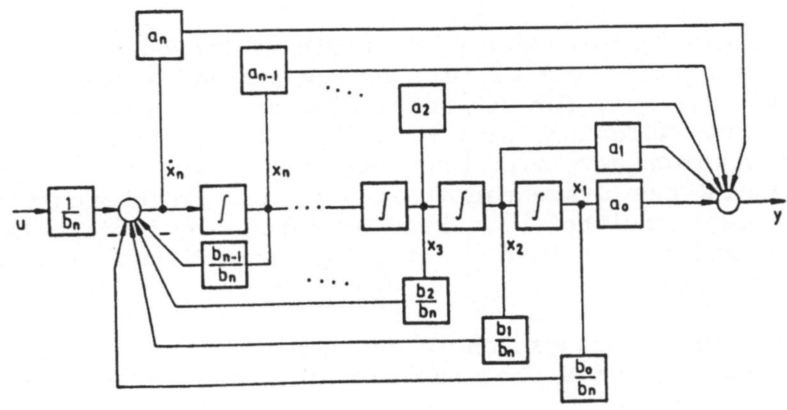

Bild 3.1.  Blockschaltbild der Regelungsnormalform

Die in dem Blockschaltbild durchzuführenden Integrationen
lassen sich am Analogrechner sehr einfach mit Integratoren als
Bauelemente realisieren. In digitalen Simulationsprogrammen
müssen diese Integrationen mit Hilfe numerischer Integrationsverfahren angenähert werden. Je nach dem gewähltem Integrationsverfahren und der gewählten Schrittweite können dabei
kleine oder größere Fehler (Rundungs- und Abbrechfehler) auftreten, die zu falschen oder sogar instabilen Simulationsergebnissen führen können.

## 3.1.2  Funktionen im Bildbereich

Die mathematischen Operationen mit Differentialgleichungen,
sind im Zeitbereich oft umständlich und zeitaufwendig. Deshalb
transformiert man die Differentialgleichungen und die Signal-
beschreibungsfunktionen mit Hilfe der Laplace-Transformation
in den Bildbereich, führt dort die mathematischen Operationen
durch und transformiert das Ergebnis mit Hilfe der inversen
Laplace - Transformation in den Zeitbereich zurück. Da die
meisten regelungstechnischen Verfahren mit der Systembeschreibung im Bild- bzw. im Frequenzbereich arbeiten, ist der Regelungstechniker mit diesen Darstellungsformen  sehr gut vertraut.

Die Laplace-Transformierte der Differentialgleichung Gl.(3.3)
lautet bei verschwindenden Anfangsbedingungen

$$Y(s) + a_1 sY(s) + \ldots + a_n s^n Y(s) = b_0 U(s) + \ldots + b_m s^m U(s) . \qquad (3.5)$$

Die gleiche Transformation läßt sich natürlich auch für die
Darstellung im Zustandsraum durchführen. Beide Bildbereichsbe-
schreibungen unterscheiden sich in ihren Koeffizienten nicht
von den Zeitbereichsdarstellungen, wenn die Anfangsbedingungen
verschwinden.

Obwohl diese Transformation für viele Verfahren der Regelungstechnik ein wichtiges Mittel zur Lösung der Aufgabenstellung
darstellt, ist sie für die reine Simulation, also ohne Einbettung anderer Aufgaben, eine nicht notwendige Umwandlung, da in
der Simulation der zeitliche Verlauf einer Größe berechnet
wird. Wurde das Systemverhalten als Bildbereichsfunktion berechnet oder ermittelt, so kann es durch die inverse Laplace-
Transformation eindeutig in den Zeitbereich umgerechnet werden.

Eine von den Regelungstechnikern sehr häufig benutzte Systembeschreibung ist die Übertragungsfunktion, die bei verschwindenden Anfangsbedingungen das Verhältnis von Wirkung und Ursache angibt. Das Ein-/Ausgangsverhalten kann ohne Berechnung
von Zustandsgrößen direkt angegeben werden. Die der Gl.(3.5)

entsprechende Übertragungsfunktion lautet

$$G(s) = \frac{Y(s)}{U(s)} = \frac{b_o + b_1 s + \ldots + b_m s^m}{1 + a_1 s + \ldots + a_n s^n} \quad . \qquad (3.6)$$

Soll das Systemverhalten einer Übertragungsfunktion simuliert werden, so muß entweder das Simulationsprogramm die Eingabemöglichkeit von Übertragungsfunktionen vorsehen oder man muß die entsprechende Zustandsraumbeschreibung im Zeitbereich herleiten. Die Umrechnung ist über die Gl.(3.5), über die inverse Laplace-Transformation und durch die Aufteilung in die Regelungsnormalform ohne Schwierigkeiten durchführbar. Einfacher ist jedoch die direkte Eingabe der Übertragungsfunktion in das Simulationsprogramm, was in sehr vielen Programmen für verschiedene Standardformen in Form von Modulen oder Blöcken möglich ist.

## 3.1.1  Funktionen im Frequenzbereich

Ist es möglich, ein System mit harmonischen Schwingungen zu erregen, so kann das Amplitudenverhältnis und die Phasenverschiebung zwischen Ein- und Ausgangssignal über verschiedene Frequenzen aufgezeichnet werden. Die grafische Darstellung des so gewonnenen Amplituden- und Phasengangs ist für den Regelungstechniker eine sehr anschauliche und beurteilungsfähige Modellbeschreibung. Dies gilt sowohl für das Bode-Diagramm als auch für die Nyquist-Frequenzgangortskurve, siehe Bild 3.2.

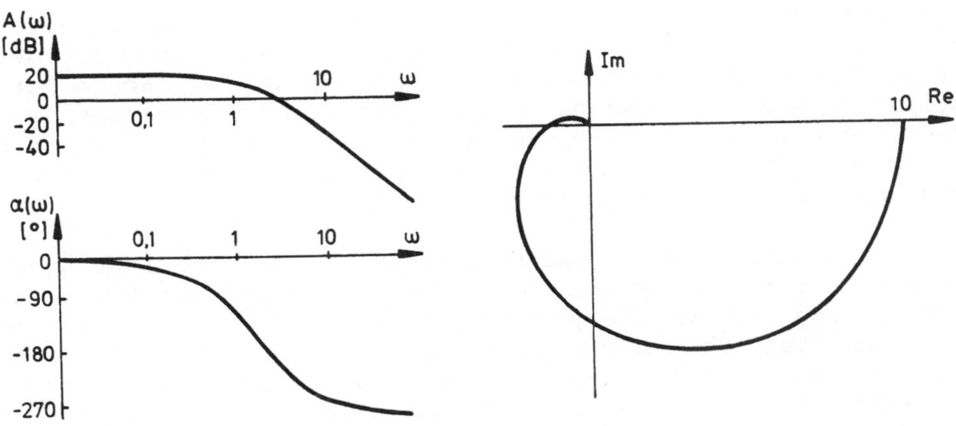

Bild 3.2. Bode-Diagramm und Nyquist-Ortskurve
für ein $PT_3$ Glied

Als Simulationsgleichungen können die Beschreibungen im Frequenzbereich normalerweise nicht direkt verwendet werden. Ausnahme in der digitalen Simulation ist die nicht übliche Programmierung als nichtlineare Kennlinie. Die mit Hilfe von

modernen, leistungsfähigen Frequenzgangmeßplätzen experimentell ermittelten Darstellungen können jedoch über Approxima-
tionsverfahren, z.B. das Verfahren nach Szweda oder das Verfahren nach Gehre und Grübel (1987) bzw. Gehre (1990), in eine
parametrische Funktion umgerechnet werden.

Wesentlich wichtiger sind die Modellbeschreibungen im Frequenzbereich bei den digitalen Simulationen dann, wenn die
Simulation nur ein Werkzeug im Rahmen anderer regelungstechnischer Aufgaben ist. So können die Simulationsergebnisse - in
den Frequenzbereich übertragen - ein Mittel zur Beurteilung
der Reglerauslegung oder zur Überprüfung der aktuellen System-
sicherheit (Stabilität) sein. Dies bedeutet, daß die Simulationstechnik Verfahren unterstützt, die im Frequenzbereich
arbeiten.

## 3.2 Spezielle Beschreibungsformen

Zunächst muß betont werden, daß die Bezeichnung spezielle Beschreibungsformen nicht bedeuten soll, daß diese Formen selten
verwendet werden. Die Bezeichnung 'speziell' ist eine in diesem Beitrag vorgenommene Abgrenzung zu den Beschreibungsformen, die in den 'allgemeinen' Verfahren der Regelungstechnik
benutzt werden.

### 3.2.1 Stochastische Beschreibungsformen

Stochastische Beschreibungsformen werden zur Darstellung stochastischer Systemzusammenhänge verwendet. Das Spektrum der
Darstellungsmöglichkeiten reicht dabei von den einfachen Ver-
teilungs- und Wahrscheinlichkeitsdichtefunktionen über die
Korrelations- und Kovarianzfunktionen bis zur spektralen
Leistungsdichte. Aufgezeichnet werden dabei Systemveränderun-
gen über Systemparameter oder über die Zeit.

Benutzt werden diese Beschreibungsformen in der Regelungstechnik vor allem zur quantitativen Abschätzung von Systemeigenschaften und zur Überprüfung von Veränderungen der Systemeigenschaften. In beiden Fällen ist man nicht an einer speziellen Eigenschaft sondern vielmehr am Gesamtverhalten interessiert (Ausnahme: Die Frequenzprüfung in der spektralen
Leistungsdichte).

In der Simulationstechnik können diese nichtparametrischen Beschreibungsformen nur entsprechend den obigen Ausführungen zur
Darstellung im Frequenzbereich genutzt werden. Werden diese
Beschreibungen durch Simulationen erzielt, können die Ergebnisse der Korrelationsfunktionen und der spektralen Leistungsdichte in allgemeine Beschreibungsformen umgerechnet werden.

## 3.2.2  Partielle Differentialgleichungen

Um die Lösung von regelungstechnischen Aufgaben einfach zu gestalten, ist der Regelungstechniker bemüht, gewöhnliche Differentialgleichungen als Modellbeschreibung zu benutzen. In einigen Fachbereichen, so z.B. der Verfahrenstechnik, sind die Beschreibungen jedoch nicht nur von einer Variablen, der Zeit, sondern von mehreren Variablen, z.B. Zeit und Ort, abhängig. Eine örtliche Abhängigkeit erhält man auch in mechanischen oder elektrischen Leitungssystemen.

Zur Beschreibung von örtlich verteilten Systemeigenschaften benutzt man partielle Differentialgleichungen, deren geometrische Deutung jedoch nur in sehr einfachen Systemen anschaulich ist. Man beschränkt sich daher auf partielle Differentialgleichungen erster und zweiter Ordnung. In der linearen partiellen Differentialgleichung erster Ordnung der Form

$$X_1 \frac{\delta z}{\delta x_1} + X_2 \frac{\delta z}{\delta x_2} + \ldots + X_n \frac{\delta z}{\delta x_n} = Y \qquad (3.7)$$

ist z eine unbekannte Funktion der unabhängigen Variablen $x_1,\ldots,x_n$ und sind $X_1,\ldots X_n$, Y gegebene Funktionen dieser Variablen. Für eine Gleichung mit zwei unabhängigen Veränderlichen, z.B. der Zeit und des Ortes, erhält man für

$$X_1(x,y,z) \frac{\delta z}{\delta x} + X_2(x,y,z) \frac{\delta z}{\delta y} = Y(x,y,z) \qquad (3.8)$$

die Lösung z=f(x,y) als eine Fläche (Integralfläche) im xyz Raum. Die partielle Differentialgleichung zweiter Ordnung sei hier nur für zwei unabhängige Variable x und y mit

$$A \frac{\delta^2 z}{\delta x^2} + 2B \frac{\delta^2 z}{\delta x \delta y} + C \frac{\delta^2 z}{\delta y^2} + a \frac{\delta z}{\delta x} + b \frac{\delta z}{\delta y} + c\,z = f \qquad (3.9)$$

angegeben, wobei die Koeffizienten A, B, C, a, b und f gegebene Funktionen von x und y sind.

Die Behandlung partieller Differentialgleichungen und die Einbindung der Lösungsergebnisse in Simulationen erfordert spezielle mathematische Lösungsansätze, die nur in wenigen digitalen Simulationsprogrammen gegeben sind. Für die Modellierung der Dynamik verfahrenstechnischer Prozesse wird z.Zt. an der Universität Stuttgart eine programmtechnische Systematik aufgebaut, die die Verknüpfung von Elementarmodellen zu Grund-, Apparate- und Anlagenmodellen ermöglichen soll. Hier sind partielle Differentialgleichungen Module der verschiedenen Modellstufen.

### 3.2.3  Nichtlineare Beschreibungsformen

Als nichtlineare Systeme werden solche Systeme bezeichnet, die die Verstärkungseigenschaft

$$y(t) = Op(\, c * u(t)) = c * Op(u(t)) \qquad (3.10)$$

und die Überlagerungseigenschaft

$$y(t) = Op(\, u_1(t) + u_2(t)\,) = Op(u_1(t)) + Op(u_2(t)) \qquad (3.11)$$

nicht besitzen, wobei Op die statische oder dynamische Operation zwischen u und y beschreibt und c eine konstante Größe ist. Die Verletzung dieser Eigenschaften kann durch eine Vielzahl von Gesetzmäßigkeiten in den Naturwissenschaften hervorgerufen werden. Daher sind auch die Wirkungen, mit denen sich Nichtlinearitäten äußern, in bestimmte Beschreibungsformen kaum einzuordnen. Wir können an dieser Stelle nur versuchen, die Beschreibungsformen für die gebräuchlichsten Klassen von Nichtlinearitäten aufzuzeigen. Eine sehr ausführliche Aufstellung von nichtlinearen Beschreibungsformen wurde von Haber und Keviczky (1976) gegeben.

Die einfachste Klasse ist dabei die statische Nichtlinearität, in der der Verstärkungsfaktor K in Gl.(3.1) eine Funktion der Eingangsgröße und/oder deren Ableitung ist. Die Darstellung statischer Nichtlinearitäten erfolgt anschaulich in grafischer Form. In Bild 3.3 sind hierzu einige Beispiele aufgeführt. Die Realisierung solcher Nichtlinearitäten ist besonders in digitalen Simulationen sehr einfach.

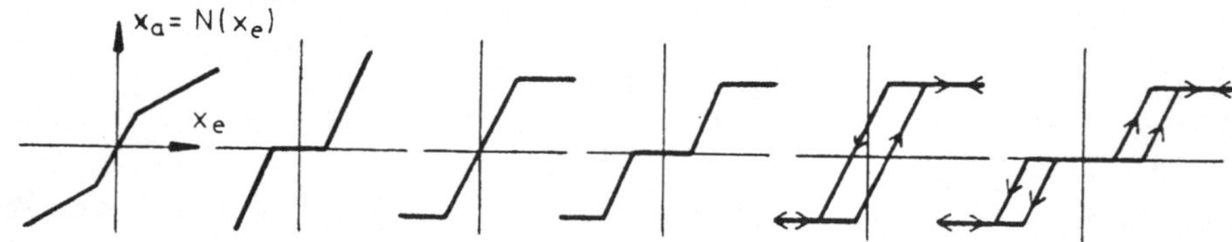


Bild 3.3.  Kennlinien einiger statischen Nichtlinearitäten

Eine Klassifizierung dynamischer Nichtlinearitäten ist aufgrund der Vielfältigkeit kaum noch möglich. Man kann hier nur gemeinsame Charakteristiken von Nichtlinearitäten aufzählen, wobei diese sich jedoch oftmals überschneiden.

Eine große Anzahl von Nichtlinearitäten wird durch die Abhängigkeit der Beschreibungskoeffizienten von den Eingangs-, Zustands- und Ausgangssignalen erzeugt. Man bezeichnet dies häufig als Nichtlinearität in den Parametern. Dabei kann die

Abhängigkeit in einem oder in mehreren Koeffizienten von einem oder mehreren Signalen hervorgerufen werden. Als einfaches Beispiel der Mechanik sei hier die nichtlineare Federkraft in schwingungsfähigen Systemen angeführt. Dies kann z.B. in der Differentialgleichung durch

$$a_2\, y(t) + \dot{a}_1\, y(t) + a_0(y)\, y(t) = 0 \qquad\qquad (3.12)$$

beschrieben werden. Die Umformung der Differentialgleichung in die Zustandsraumbeschreibung würde einen nichtlinearen Koeffizienten in der Systemmatrix erzeugen. Solche Nichtlinearitäten in den Beschreibungskoeffizienten aufgrund der Signalgrößen lassen sich häufig um einen oder mehrere Arbeitspunkte herum linearisieren. Ist dies nicht gewünscht, so lassen sich die nichtlinearen Einflüsse am Analogrechner mit Funktionsgebern und am Digitalrechner mit Zuordnungstabellen oder Zuordnungsformeln realisieren.

Eine andere große Klasse von Nichtlinearitäten wird durch die Verknüpfung der Signalgrößen hervorgerufen. Dabei können die Signalgrößen entweder mit sich selbst oder mit anderen Größen multipliziert oder dividiert werden. Dies zeigt schon, daß die Möglichkeiten der Variationen unbegrenzt sind. Herausgestellt sei hier nur die Gruppe der Hammerstein-Modelle, die die Eingangssignale nichtlinear verbinden, die Gruppe der Wiener-Modelle, welche die Ausgangsgrößen nichtlinear verbinden, und die Kombination beider Gruppen, bekannt als Wiener-Hammerstein Modelle. Erwähnt werden müssen hier natürlich auch die Reihenbeschreibungen von Volterra und Zadeh, die jedoch für die Umsetzung der physikalischen Gesetzmäßigkeiten in Simulationsgleichungen mathematisches Anschauungsvermögen erfordern. Alle Modellbeschreibungen sind in der digitalen Simulationstechnik jedoch leicht zu realisieren.

Häufig werden in Modellen nichtlineare und lineare Elemente miteinander verbunden. Dies ist für die Anwendung regelungstechnischer Verfahren dann ein großes Problem, wenn eine geschlossene Modellbeschreibung verwendet werden muß. Für die Simulationstechnik trifft dies jedoch nicht zu, da die Simulationsgleichungen stets nur aus den Einzelelementen gebildet werden.

### 3.3    Diskrete Beschreibungsformen

Bei digitalen Simulationen werden, bedingt durch die Arbeitsweise der Digitalrechner, alle Signalgrößen nur zu bestimmten Zeitpunkten dargestellt. Zur Vereinfachung der mathematischen Behandlung ist der Abstand zwischen diesen Zeitpunkten äquidistant und wird als Abtastzeit oder Schrittweite T bezeich-

net. Ist die Abtastzeit im Verhältnis zur Modellreaktionszeit
sehr klein, bezeichnet man die diskrete Modellbeschreibung als
quasikontinuierlich. Die Wahl einer geeigneten Abtastzeit wird
bestimmt durch

- die Rechenzeit für einen Simulationsdurchlauf, bzw. falls
  andere regelungstechnische Aufgaben in die Simulation eingebettet sind, durch die Rechenzeit für alle mathematischen
  Operationen,
- durch numerische Aspekte aufgrund von Rundungs- und Ab-
  brechfehlern und
- durch spezielle Forderungen durch andere regelungstechnische Aufgaben, z.B. beim Deadbeat-Regler.

Die Abtastzeit ist somit stets individuell an die Simulationsaufgabe anzupassen.

Sollen die als Signalfolge vorliegenden Simulationsgrößen in
kontinuierlichen Funktionen oder durch kontinuierlich arbeitende Prozesse weiterverarbeitet werden, müssen sie zwischen
den Abtastzeitpunkten gehalten werden. Hierzu werden standard-
mäßig Halteglieder nullter Ordnung verwendet, welche die Ori-
ginalfunktion zwar nur schlecht annähern, jedoch mathematisch
einfach zu handhaben sind.

Eine Beschreibungsform für zwischen den Abtastzeitpunkten
konstant gehaltenen Signalfolgen erhält man mit der Gleichung

$$\bar{f}(t) = \sum_{k=0}^{\infty} f(kT) \; [ \; \sigma(t-kT) - \sigma(t-kT-T) \; ] \qquad (3.13)$$

was eine Summendarstellung von mit f(kt) gewichteten Sprüngen
$\sigma(t)$ ist, welche in den Zeitpunkten kT gesetzt und einen
Schritt später zurückgesetzt werden. Überträgt man diese Zeitfunktion durch Laplace-Transformation in den Bildbereich,
erhält man

$$F(s) = \frac{1 - e^{-Ts}}{s} \; \sum_{k=0}^{\infty} \; f(kT) * e^{-kTs} = H(s) \; F^*(s) \; . \qquad (3.14)$$

$$\underbrace{\qquad\qquad}_{\text{halten}} \qquad \underbrace{\qquad\qquad}_{\text{abtasten}}$$

Da der Haltevorgang für alle Signalfolgen gleich ist, muß im
folgenden nur der Abtastvorgang betrachtet werden. Durch Einführung der Substitution

$$z = e^{Ts} \qquad \text{bzw.} \qquad s = \frac{1}{T} \ln z \qquad\qquad (3.15)$$

erhält man die von z abhängige Bildbereichsfunktion

$$F(z) = \sum_{k=0}^{\infty} f(kT)\, z^{-k} \; . \tag{3.16}$$

Man bezeichnet diese Funktion als die z-Transformierte der Signalfolge.

Entsprechend dem Vorgehen im kontinuierlichen Bereich lassen sich für diskrete Gewichtsfolgen g(kT) durch eine z-Transformation diskrete Übertragungsfunktionen

$$G(z) = \frac{B(z)}{A(z)} = \frac{b_0 z^n + b_1 z^{n-1} + \ldots + b_n}{z^n + a_1 z^{n-1} + \ldots + a_n} \tag{3.17}$$

bilden, die üblicherweise durch Division mit $z^n$ als

$$G(z) = \frac{B(z^{-1})}{A(z^{-1})} = \frac{b_0 + b_1 z^{-1} + \ldots + b_n z^{-n}}{1 + a_1 z^{-1} + \ldots + a_n z^{-n}} \tag{3.18}$$

geschrieben werden. Es muß betont werden, daß die Koeffizienten der diskreten Übertragungsfunktion natürlich nicht mit den Koeffizienten der kontinuierlichen Übertragungsfunktion übereinstimmen. Als einfache Beispiele für diskrete Übertragungsfunktionen werden ein $PT_2$ Glied und ein PID Regler angegeben, welche bereits ein Halteglied nullter Ordnung enthalten.

$$PT_2:\; G(z) = \frac{b_1 z^{-1} + b_2 z^{-2}}{1 + a_1 z^{-1} + a_2 z^{-2}}$$

$$PID:\; G(z) = \frac{b_0 + b_1 z^{-1} + b_2 z^{-2}}{1 - z^{-1}}$$

Die z-Transformation erfolgt über Rechenregeln, die der Laplace-Transformation entsprechen.

Durch die inverse z-Transformation erhält man eine Differenzengleichung, die natürlich auch durch eine Integralapproximation, z.B. nach Euler, aus dem kontinuierlichen Bereich gewonnen werden könnte. Die Differenzengleichung für die allgemeine diskrete Übertragungsfunktion in Gl.(3.18) lautet

$$y(k) + a_1 y(k-1) + \ldots + a_n y(k-n) = b_0 + \ldots + b_n u(k-n). \tag{3.19}$$

Löst man diese Gleichung nach y(k) auf, so erhält man für die Simulation eine einfache Berechnungsgleichung für die Ausgangsgröße, die nur von den bekannten Koeffizienten $a_i$, $b_i$ und den vorhergehenden Ein- und Ausgangssignalen abhängt.

Wenn sich eine Differentialgleichung n-ter Ordnung diskretisieren läßt, dann lassen sich natürlich auch n Differentialgleichungen erster Ordnung diskretisieren. Somit kann man auch eine diskrete Zustandsraumdarstellung bestimmen. Diese hat jedoch für die Simulationstechnik nicht die Bedeutung wie im kontinuierlichen Bereich, weil auch die Differenzengleichung n-ter Ordnung als Simulationsgleichung hervorragend geeignet ist.

In den bisherigen Ausführungen haben wir die Rekonstruktion der Signalfolge über ein Halteglied nullter Ordnung durchgeführt. Wenn diese Beschreibung exakt sein soll, muß umgekehrt an den Prozeß die Forderung gestellt werden, daß sich die abgetasteten Signale nur in den Abtastzeitpunkten verändern und dazwischen konstant gehalten werden. Wenn diese Bedingung nicht eingehalten wird, ergeben sich Abweichungen zwischen dem realen und dem simulierten Systemverhalten. In diesem Fall können dann andere Substitutionen für s, z.B. nach Tustin, angewandt werden.

## 4      Modellkonfigurationen

Im vorherigen Kapitel wurden einige mathematische Operationen zur Beschreibung von Prozeßeigenschaften aufgeführt. Jede dieser Operationen, also z.B. auch der einfache statische Zusammenhang zwischen zwei Größen, kann bereits ein vollständiges Modell für sich sein. Andererseits können diese Operationen Elementarfunktionen des komplexen Modells sein. Um im folgenden nach oben hin offen zu sein, führen wir einen hierarchisch gestuften Modellaufbau ein, wobei die Anzahl der Stufen vom Benutzer oder vom Programm festgelegt wird.

Der Modellaufbau muß jedoch nicht nur festgelegt und eingegeben werden, sondern muß im Simulationsprogramm auch verwaltet werden. Bei dieser Modellverwaltung können Probleme auftreten, wenn Daten mit anderen Programmen kommunizieren. Die Datenkommunikation zu anderen Programmen ermöglicht die Kombination der Simulationstechnik mit anderen regelungstechnischen Aufgaben. Dies kann aber auch dadurch erreicht werden, daß die Modellumgebung entsprechend erweitert wird.

## 4.1     Modellaufbau

Im Zeitalter der Datenbanktechniken liegt es natürlich nahe, auch eine Funktionenbanktechnik einzuführen. In der untersten Stufe befinden sich alle Elementarfunktionen, welche neben den im vorherigen Kapitel beschriebenen regelungstechnischen Beschreibungsformen auch rein mathematische Berechnungsfunktionen sein können. Man muß diese erste Stufe als eine Bibliothek verstehen, die auch mit anderen, existierenden Bibliotheken zusammenarbeiten kann.

Die Breite dieser Stufe ist aufgrund des interdisziplinären Charakters der Regelungstechnik offen bzw. individuell zu begrenzen. Offenheit heißt aber, daß man mit anderen Bibliotheken über Schnittstellen kommunizieren kann. Die Standardisierung solcher Schnittstellen ist die momentane und die zukünftige Aufgabe bei der Erstellung von Simulationssoftware. Die Schwierigkeit für den Regelungstechniker besteht darin, mit anderen Disziplinen zusammenarbeiten zu wollen oder zu müssen, ohne daß diese Disziplinen selbst miteinander arbeiten. Dies bedeutet, daß die Initialisierung zu einem Standard in den meisten Fällen von den Regelungstechnikern ausgehen muß. Oder man beschränkt sein Simulationsprogramm jeweils auf die speziellen Einsätze in einzelnen Disziplinen und entwickelt dann, z.B. für die Verfahrenstechnik, ein sehr leistungsfähiges Programm.

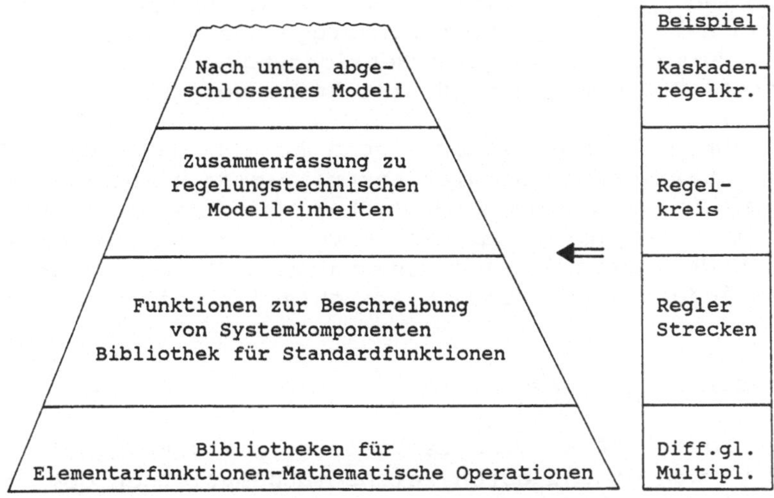


Bild 4.1.  Hierarchischer Modellaufbau

Den Beschreibungskoeffizienten der Elementarfunktionen in der ersten Stufe müssen prozeßspezifische Daten zugeordnet werden. Diese Daten erhält der Regelungstechniker über eine theoretische oder eine experimentelle Prozeßanalyse.

In der zweiten und in den folgenden Stufen muß der Regelungstechniker sein Wissen als Experte anwenden, um bestimmte Funktionen auszuwählen und in geeigneter Weise zu einer Komponente bzw. zu einem Modell zu verknüpfen. Während dies z.Zt. wirklich noch ingenieurmäßige Arbeit ist, kann dies in Zukunft teilweise von Programmen mit künstlicher Intelligenz übernommen werden. Erleichtert wird dadurch nicht nur der Entwurf der Modelle, sondern es wird auch eine Überwachung mit in die Entwurfsphase eingebaut. Dadurch können nicht nur logische Fehler, sondern auch bereits geringste Abweichungen von einer Standardmodellierung festgestellt werden.

In der zweiten Stufe können durch die Verknüpfung der Elementaroperationen Standardfunktionen der Regelungstechnik, z.B. P-, PI-, PID-Regler oder $PT_n$ Glieder, hergestellt und in einer Bibliothek zusammengefaßt werden. Dies bezieht sich natürlich auch auf Standardfunktionen anderer Disziplinen, wie z.B. Rohrleitungen, Pumpen, Verdichter etc.. Die Kompatibilität zu Bibliotheken anderer Programme ist in der zweiten Stufe jedoch nur noch dann möglich, wenn die externe Simulation durch einen reinen Datenaustausch ohne Steuerkommandos erfolgen kann.

Eine mögliche Modellform in der dritten Stufe ist ein in sich selbst abgeschlossener Regelkreis, welcher wiederum mit anderen Regelkreisen oder Verbindungselementen ein geschlossenes Modell in der vierten Stufe bilden kann. Welche und wieviele Stufen man nach oben hin noch hinzufügt, hängt von der Komplexität der Anlage und von der Betrachtungsweise des Anwenders ab. Theoretische Grenzen sind hier keine gesetzt.

Der hier dargestellte hierarchische Modellaufbau wird Benutzern von intelligenten Simulationsprogrammen nicht offensichtlich sein. Er wird sein Wissen über den Prozeß in Form von Daten oder Aussagen in das Programm übergeben, welches dann über den Modellaufbau selbst entscheidet. Intern werden diese Programme jedoch auch streng hierarchisch arbeiten.


## 4.2    Modellverwaltung

Durch den Modellaufbau wird festgelegt, wie die Signale untereinander verbunden und durch welche mathematischen Operationen sie beeinflußt werden. Sehr anschaulich kann dieser Informationsfluß und die Informationsverarbeitung am Analogrechner nachvollzogen werden. Dies ist bei digitalen Simulationsprogrammen meist nicht der Fall. Nachdem der Modellaufbau anhand eines bestimmten Ordnungsschemas, z.B. in Blöcken, Gleichungen oder Modulen, eingegeben wurde, muß jedes Simulationsprogramm ein Organisationsschema aufbauen, welches intern die Art und den Umfang der Datenübergabe und den dazugehörigen Zeitpunkt definiert. Diese Organisations- und Ablaufschemen sind bei den verschiedenen Programmphilosophien sehr unterschiedlich und für den Anwender  - zum Glück -  nicht ersichtlich. Insofern besteht auch keine Notwendigkeit, den internen Simulationsablauf zu diskutieren.

Interessant wird das Struktur-, Parameter- und Signalhandling - im folgenden zusammenfassend als Datenhandling bezeichnet - erst dann, wenn das Simulationsprogamm mit anderen Programmen kommuniziert und Daten austauscht. Die Probleme eines solchen Datenhandlings lassen sich in zwei Bereiche aufteilen:

- Kommunikationsprobleme,
- Beeinflussungsprobleme.

Kommunikationsprobleme können bei der Datenübergabe durch die Datenform, durch die Datenmenge, durch den Übergabezeitpunkt oder durch die Progammsynchronisation auftreten. Die Lösung dieser Probleme ist selbst für erfahrene Programmierer zeit- und fehlerintensiv. Da sie jedoch weder von regelungstechnischer noch von simulationstechnischer Art sind, sollen sie hier nicht diskutiert werden. Unterstellt wird hierbei, daß die Kommunikationsprobleme nicht durch den Modellaufbau entstanden sind.

Von größerer Bedeutung sind für die Simulations- und Regelungstechnik Datenhandlings, die zu einer Beeinflussung des Programmablaufs führen können. Hervorgerufen wird diese Beeinflussung durch Daten, welche im Programm etwas verstellen oder verändern oder welche Programmteile aktivieren oder deaktivieren. Z.B. können von einem Programm der Prozeßleittechnik in einem Simulationsprogramm verschiedene Modellpfade aktiviert werden, um dadurch unterschiedliche Betriebszustände nachzubilden. Allgemein kann die Beeinflussung in einfacher oder in rückgekoppelter Wirkungsrichtung erfolgen. Da sich dieser Beitrag nur mit Simulationsprogrammen beschäftigt und die Art der kommunizierenden Programme nicht festgelegt wird, kann hier nur die Beeinflussung der Simulationsprogramme durch andere Programme diskutiert werden.

In einem Simulationsprogramm können die Eingangssignale, die Modellparameter und die Modellstruktur von externen Programmen bestimmt werden. Dabei ist die Validation der Signale mit Hilfe von Bereichsüberprüfungen relativ einfach. Etwas schwieriger wird dies schon bei der Überprüfung der Modellparameter, besonders dann, wenn mehrere Parameter gleichzeitig verändert werden. Hier sei als einfaches Beispiel die Simulation eines geschlossenen Regelkreises angeführt, in dem sich ein PID-Regler befindet, dessen drei Einstellwerte durch ein externes Optimierungsprogramm bestimmt werden. Eine Überprüfung der Reglerparameter muß in einem dreidimensionalen Raum stattfinden, wobei sich dieser Raum aufgrund von Regelstreckenvarianzen verändern kann.

Wenn das simulierte Modell komplexer als in diesem einfachen Beispiel ist, reicht die Bereichsüberprüfung der Modellparameter nicht aus. Zusätzlich müssen die Simulationsergebnisse überwacht werden, um in kritischen Fällen auf Standardeinstellwerte umschalten zu können.

Eine strenge Überwachung der Simulationsergebnisse ist unbedingt erforderlich, wenn sich innerhalb des Modells einzelne Blöcke, Gleichungen oder Module in der Struktur und in den Parametern verändern können. Dies ist z.B. dann der Fall, wenn in einer Regelkreissimulation struktur- und parameteroptimierte Regler eingesetzt werden. Die Forderung nach einer "stoßfreien" Umschaltung wird dabei bereits von den meisten Simulationsprogrammen erfüllt. Schwieriger ist das Problem der rückgekoppelten Programmbeeinflussung. Eine veränderte Modellstruktur führt zu veränderten Simulationsergebnissen, welche wiederum Reaktionen in den kommunizierenden Programmen hervorrufen können. Dies kann dann zu weiteren Strukturumschaltungen führen, so daß im Extremfall ein instabiler Zustand eintritt. Eine rückgekoppelte Beeinflussung tritt fast immer in vermaschten Regelkreisen auf, wenn diese selbstoptimierend arbeiten. Dies führt nur dann zu einer Gesamtoptimierung, wenn die Optimierung koordiniert und überwacht wird.

Die obigen Ausführungen sollen jedoch nur als Warnung verstanden werden und nicht der Abschreckung dienen. Ausgetestete Programme sind wahrscheinlich intelligent genug, um Umschaltungen nur in "sicheren" Betriebszuständen durchzuführen. Unproblematisch ist meist auch eine Strukturumschaltung mit festen Parametern, z.B. bei konkurrierenden Modellpfaden.


## 4.3    Modellumgebung

Bei den Ausführungen über die Möglichkeiten der Modellrealisierung am Digitalrechner ist bereits herausgestellt worden, daß Simulationsprogramme in der Zukunft zusätzliche regelungstechnische Aufgaben übernehmen können. Dies kann, wie im vorherigen Kapitel erwähnt, durch externe Programme erfolgen, die mit dem Simulationsprogramm kommunizieren. Dieses Vorgehen ist selbstverständlich und braucht hier nicht diskutiert zu werden.

Eine andere Möglichkeit entsteht durch die Integration von Aufgaben in das Modell. Hierzu wurde von Maciejowski(1984) ein "core data model" vorgeschlagen. Dieses Modell muß nicht unbedingt vollständig akzeptiert werden, jedoch ist es eine gute Grundlage für Diskussionen und Denkanstöße. Das core data model besitzt eine Baumstruktur, wobei bestimmte Äste des Baumes durch semantische Beziehungen miteinander verbunden sind, siehe Bild 4.2. Die übergeordnete Einheit ist das System, von dem fünf Äste ausgehen: Definitionen, Eigenschaften, Verbindungen, Klassifikationen und Namen.

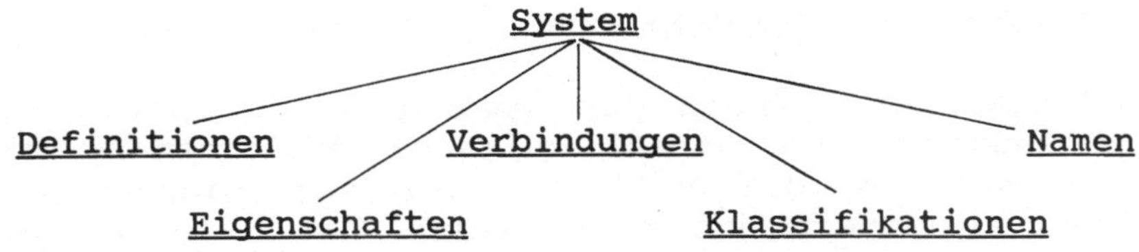


Bild 4.2.  Das Core Data Modell

In den Definitionen sind die mathematischen Beschreibungen, wie z.B. Differential-/Differenzengleichungen, Zustandsraumbeschreibungen und Übertragungsfunktionen, enthalten. Die Eigenschaften enthalten Informationen, die man aus den Definitionen gewinnen kann, wie z.B. Zeit- und Frequenzbereichsdarstellungen oder Stabilitätsaussagen. In den Verbindungen wird festgelegt, mit welchen anderen Modellen kommuniziert wird und über welche Schnittstellen dies geschieht. Anhand der Klassifikationen kann erkannt werden, zu welchen Klassen von Systemen dieses System gehört, z.B. linear oder nichtlinear, zeitvariant oder zeitinvariant, kontinuierlich oder diskret. Selbstverständlich kann man diese Aussagen auch aus der Untersuchung der Definitionen und der Eigenschaften erhalten. Der Name dient allein zur Identifikation des Modells und kann zusätzlich auch beliebige Kommentare und Hinweise enthalten. Ob dieses von Maciejowski (1984) vorgeschlagene Modell reduziert oder erweitert wird, liegt in der Entscheidung der Entwickler von Simulationsprogrammen. Die Modellphilosophie muß davon ungeachtet als zukunftsweisend bezeichnet werden.


## 5      Modellbildung

Jede Diskussion über Modelle muß auch die Diskussion über die Art der Modellbildung beinhalten, denn jedes Modell ist nur so gut, wie es von den Ingenieuren (Experten) bestimmt wurde. Häufig können die Zielvorstellungen über ein Modell nicht erreicht werden, weil detailliertes Wissen über einzelne Zusammenhänge innerhalb des Prozesses fehlt. Das fehlende Wissen muß dann durch Vereinfachungen ausgeglichen oder über andere Verfahren der Modellbildung beschafft werden. Dies zeigt, daß die Modellbildung eine sehr wichtige und leider auch sehr zeitintensive Aufgabe der Simulations- und Regelungstechnik ist.

Ausführliche Darstellungen der Methoden zur Bestimmung eines Modells finden sich u.a. in den Büchern  von Wernstedt (1989), Unbehauen (1985) und Isermann (1988). Hier kann nur ein kurzer Überblick gegeben werden, der als Hintergrundinformation zum Thema der Simulationen in der Regelungstechnik dient.

## 5.1    Theoretische Modellbildung

Die Modellbildung anhand der Anwendung des theoretischen
Wissens entspricht der ingenieurwissenschaftlichen Ausbildung
und wird daher von den Praktikern bevorzugt eingesetzt. Der
Ingenieur, als Experte seines Prozesses, hat klare Vorstellun-
gen über den Wirkungsablauf und die inneren Zusammenhänge im
Prozeß. Er muß dieses Wissen schrittweise in mathematische
Formeln und Formulierungen umsetzen, welche dann im Simula-
tionsprogramm verwertet werden können.

Im ersten Schritt wird der Analytiker den Wirkungsablauf auf-
zeichnen und festlegen, welche Wirkungen durch welche Ursachen
hervorgerufen werden. Er ordnet also den Informationsfluß und
bestimmt, wo eine Informationsverarbeitung stattfindet. Im
zweiten Schritt sollte er in diesen Wirkungsablaufplan in ver-
baler Form alle prozeßrelevanten Informationen und Kommentare
eintragen. Routinierte Ingenieure werden dies jedoch nur in
gedanklicher Form tun und sich im weiteren Vorgehen stets
daran erinnern, welche Bedingungen und Ereignisse an welchen
Stellen auftreten können und dürfen.

Im dritten Schritt müssen nun die einzelnen Zusammenhänge
zwischen den Ursachen und den Wirkungen formuliert werden.
Dies geschieht unter Anwendung von ingenieur- und naturwissen-
schaftlichen Gesetzmäßigkeiten. Bei interdisziplinären Aufgaben können natürlich auch medizinische und geisteswissen-
schaftliche Gesetze verwendet werden. Dieser Schritt erfordert
die genaue Kenntnis der Gesetze  und der Gültigkeitsbereiche
für den realen Prozeß. Ferner müssen alle Kenndaten, alle
Rand- und Anfangsbedingungen bekannt sein. Wird für einen
Prozeß eine solche Prozeßanalyse zum ersten Mal durchgeführt,
ist dieser Schritt meist sehr zeitaufwendig und beinhaltet die
Gefahr einer fehlerhaften Beschreibung.

Im vierten Schritt müssen der Wirkungsablauf und die Wirkungszusammenhänge nur noch programmtechnisch aufbereitet werden.
Neben der Normierung und Skalierung muß das theoretisch erarbeitete Modell  umgeformt werden, damit die Eingabe in das
benutzte Simulationsprogramm möglich wird.

Da das theoretisch erarbeitete Modell alle Eigenschaften und
Bedingungen enthält, kann es als vollständiges Modell bezeichnet werden, welches den Prozeß in allen Zeitpunkten und Zuständen exakt beschreibt. Treten Abweichungen zwischen simu-
liertem und realem Verhalten auf, so ist dies ein Fehler des
Simulationsprogramms, nicht aber des Modells. Das Modell ist
sicher und allgemeingültig. Diese Aussagen sind jedoch nur
noch beschränkt gültig, wenn vereinfachende Annahmen während
der Modellbildung getroffen wurden.

Häufig impliziert der Vorteil der Vollständigkeit aber auch den Nachteil der Komplexität. Da alle möglichen Ereignisse nachgebildet werden können, werden die Modelle sehr umfangreich und unübersichtlich, wobei ein Großteil der Modellpfade nur in Ausnahmesituationen aktiviert wird. Werden z.B. 95% des Betriebes durch 10% des Modellumfangs abgedeckt, so ist zu überprüfen, ob nicht vereinfachende Annahmen für das restliche Modell eingeführt werden können. Für den Entwurf linearer Regler ist in der Regel eine Ordnungsreduktion bzw. eine Modellapproximation erforderlich.

Ein wesentlicher Vorteil der theoretischen Modellbildung ist die Tatsache, daß das Modell bereits vor der Inbetriebnahme des Prozesses erstellt werden kann. Somit können Simulationen wichtige Hilfsmittel für die Auswahl und Auslegung in der Entwurfsphase sein. Die Vorstellungen des Entwurfsingenieurs werden durch die Simulationsergebnisse konkretisiert, wodurch er in seinen Entscheidungen unterstützt wird.

Ein häufig genannter Nachteil der theoretischen Prozeßanalyse ist der zeitliche Aufwand. Besonders in komplexeren Anlagen ist die Abschätzung der Wirkungszusammenhänge und die notwendige Ermittlung aller Kennwerte oftmals sehr mühsam durchzuführen. Übernimmt ein Regelungstechniker die Aufgabe der Modellbildung, so muß er sich zusätzlich in die Verfahrenstheorie einarbeiten. Insofern kann der Zeitaufwand bei einer theoretischen Modellbildung wirklich sehr groß werden. Jedoch müssen die Aufgaben der Abschätzung der Wirkungszusammenhänge und die Einarbeitung in die Verfahrenstheorie auch bei einer experimentellen Analyse durchgeführt werden. Dort genügt es nicht, nur ein paar Kabel anzuschließen und man erhält ein Ergebnis. Das Ergebnis muß sorgsam verifiziert werden, wozu eine gute Prozeßkenntnis notwendig ist.

## 5.2    Experimentelle Modellbildung

Die experimentelle Prozeßanalyse kann nur an einer real existierenden Anlage durchgeführt werden. In einem Experiment werden die Verursachungs- und die Wirkungssignale gemessen und mit Hilfe eines Identifikationsverfahrens der statische und dynamische Zusammenhang zwischen diesen Signalen ermittelt. Die Darstellung des geschätzten Systemverhaltens kann in Abhängigkeit von dem gewählten Analyseverfahren mit einer der in Kapitel 3 aufgeführten Beschreibungsformen erfolgen.

Die experimentelle Modellbildung hat in den letzten 20 Jahren zunehmend an Bedeutung gewonnen, obwohl die Ausgangsbedingungen gegenüber der theoretischen Analyse wesentlich schlechter sind. Während bei einer theoretischen Analyse das ausgezeichnete Expertenwissen ausgenutzt werden kann, erhält die experimentelle Analyse Informationen über den Prozeß ausschließlich durch die gemessenen Signale eines Experiments. Das geschätzte Modell kann also nur so gut sein, wie es das Experiment und die Messung erlauben.

Es ist daher verständlich, daß zunächst einmal eine störungsfreie Meßwerterfassung gefordert wird. Falls dennoch Störungen auftreten, müssen Identifikationsverfahren angewandt werden, die diese Störungen in ihrer Berechnung berücksichtigen und eventuell eliminieren können. Um bei der Identifikation gute Ergebnisse erzielen zu können, muß das Experiment gut vorbereitet und sicher durchgeführt werden. Es können bei der Analyse nur die Prozeßeigenschaften erkannt werden, die auch während des Experiments auftraten. Daraus lassen sich die Forderungen ableiten, daß das System mit allen relevanten Frequenzen erregt werden muß und daß möglichst alle Betriebszustände während des Experiments auftreten müssen. Diese Forderungen bedeuten aber, daß der Prozeß während der Zeit des Experiments nicht im optimalen Zustand betrieben werden kann. Daher ist es erforderlich, daß der Prozeßbetreiber die Analyse unterstützt und eventuelle Kosten durch Fehl- oder Minderproduktion in Kauf nimmt. Häufig kollidieren hier die Interessen der Regelungs- und der Verfahrenstechniker, welche "ihre" Produktion möglichst "auf Linie fahren" möchten.

Wird das Experiment während eines normalen Betriebsablaufs durchgeführt, so kann auf keinen Fall garantiert werden, daß das Modell alle Prozeßeigenschaften enthält. Dennoch wird die spätere Simulation mit einem unvollständigen Modell den normalen Betriebszustand gut nachbilden können und nur bei Abweichungen davon schlechte Ergebnisse erzielen.

In den vergangenen 25 Jahren wurde eine Vielzahl von experimentellen Identifikationsverfahren vorgestellt. Eine systematische Klassifizierung ist nicht möglich, da sich viele Verfahren in den Ordnungsmerkmalen überschneiden. Einige Ordnungsmerkmale sind

- die angewandte Modellform,
- die Möglichkeiten der Prozeßerregung,
- die überlagerten Störungsarten,
- die untersuchten Prozeßeigenschaften,
- die prinzipielle Arbeitsweise,
- die grundlegende Methodik.

Die Wahl des Identifikationsverfahrens ist daher ausschließlich eine Frage des vorliegenden Prozesses und der gewünschten Zielvorstellungen des Anwenders. Es gibt kein global optimales Identifikationsverfahren.

## 6        Zusammenfassung

In diesem Beitrag wurde versucht, einen Überblick über die
existierenden und die eventuell zukünftigen Modellarten für
Simulationen in der Regelungstechnik zu geben. Besonders herausgestellt wurden dabei die Dimensionen, in denen zukünftige
Modelle demnächst aufgebaut sein können. Demnach dürfen wir
die derzeit existierenden regelungstechnischen Beschreibungsfunktionen nur als Elementaroperationen in einem Modell bezeichnen und müssen sie parallel zu normalen mathematischen
Operationen stellen. Aber auch die zukünftigen Modelle werden
sich außer in ihren Dimensionen nicht von den Modellen unterscheiden, auf denen die Grundlagentheorie der Regelungstechnik
aufgebaut ist. Die Modelle werden sich parallel zur Entwicklung der regelungstechnischen Verfahren auf 'große Systeme mit
komplexer Struktur' bzw. 'large scale interconnected systems'
erweitern. Die letzten Jahre haben gezeigt, daß dies ein langer, mühsamer Weg ist.

Aber selbst wenn das Ziel solcher komplexen Modelle in der
Theorie erreicht sein wird, ist die Umsetzung in die Praxis
ein nächster Schritt von gleicher Größe. Der berechtigte
Versuch des Ingenieurs, in jedem Teil des Modells den realen
physikalischen Hintergrund wiederzuerkennen, widerspricht der
abstrahierten Datenmanipulation. Ferner muß ein Ingenieur, der
für die Sicherheit der Anlage verantwortlich ist, jeden
Schritt in einem Modell nachvollziehen können, auch dann, wenn
die Ergebnisse außerordentlich schnell errechnet werden und
fehlerfrei aussehen.

Solange also die Modellbildung die Aufgabe des Ingenieurs
bleibt, werden die seit Jahrzehnten bekannten Beschreibungsfunktionen die Basisoperationen der Modelle sein. Man muß
jedoch versuchen, die Vorteile der immer besser werdenden
Rechentechnik zu nutzen, um den Regelungstechniker bei der
Modellbildung zu unterstützen und die Simulationen optimal
ablaufen zu lassen.


## Literaturhinweise

[ 1] Aris, R. (1979). <u>Mathematical Modeling Techniques</u>. Pitman
     Advanced Publishing Co.

[ 2] Close, C.M., Frederick, D.K. (1978). <u>Modeling and Analy-
     sis of Dynamic Systems</u>. Harper and Row, New York.

[ 3] Doebelin, E.O. (1980). <u>Systems Modeling and Response</u>.
     Wiley, New York.

[ 4]  Fasol, K.H., Jörgl, H.P. (1987).  Dynamic Systems Modelling: Basic Principles and Lumped Parameter Systems; Distributed Parameter Models and Discretization. In: <u>Encyclopedia of Systems and Control</u> (M. Singh, ed.), Pergamon Press, Oxford.

[ 5]  Gehre, G. (1990). Regelungstechnische Modellapproximation im Zeit- und Frequenzbereich. Dissertation. <u>Schriftenreihe Lehrstuhl für Regelungssysteme und Steuerungstechnik, Ruhr-Universität Bochum</u>. H.31.

[ 6]  Haber, R., Keviczky,L. (1976). Identification of nonlinear dynamic systems, <u>4th IFAC Symposium Identification and system parameter estimation</u>, Tbilisi

[ 7]  Himmelblau, D.M., Bishoff, K.B. (1968). <u>Process Analysis and Simulation: Deterministic Systems</u>. Wiley, New York.

[ 8]  Isermann, R. (1988). <u>Identifikation dynamischer Systeme</u>, Springer Verlag, Berlin

[ 9]  Kheir, N.A., ed. (1988). <u>Systems Modeling and Computer Simulation</u>, Marcel Dekker, New York.

[10]  Maciejowski, J.M. (1984), Data structures for control system design, <u>Eurocon 84</u>, Brighton

[11]  Ogata, K. (1970). <u>Modern Control Engineering</u>. Prentice-Hall, Englewood Cliffs, N.J.

[12]  Rivett, P. (1972). <u>Principles of Model Building</u>. Wiley, New York.

[13]  Unbehauen, H. (1985). <u>Regelungstechnik III</u>, Vieweg Verlag, Braunschweig

[14]  Wernstedt, J. (1989). <u>Experimentelle Prozeßanalyse</u>, VEB Verlag Technik, Berlin

[15]  Zeigler, B.P. ed. (1976). <u>Methodology in System Modeling and Simulation</u>. North Holland, Amsterdam

# Rechnerunterstützter Entwurf von Regelungssystemen –
## – Verfahren und Werkzeuge [+)]

F.E. Cellier,  C.M. Rimvall

## 1    Einführung

In nahezu allen Bereichen wissenschaftlicher und ingenieurwissenschaftlicher Entwicklungen  ist das Hilfsmittel der Simulation im Laufe der Zeit von größter Bedeutung und meist sogar unverzichtbar geworden. Korn und Wait (1978) bezeichneten die Simulation treffend als das "Experimentieren mit Modellen". Unter Berücksichtigung dieser Definition  besteht also jedes Simulationsprogramm eigentlich aus zwei Teilen: Einerseits aus einer entsprechend kodierten Beschreibung des Modells, die innerhalb des Simulationsprogramms als Modellrepräsentation bezeichnet wird. Andererseits besteht das Programm auch aus einer entsprechend kodierten Beschreibung der mit dem Modell durchzuführenden Experimente, was als Experimentrepräsentation bezeichnet werden kann.

Wenn man die von vielen Autoren beschriebenen Beispiele für Simulationsstudien betrachtet, gleichgültig ob im zeitdiskreten oder kontinuierlichen Bereich, dann stellt man fest, daß diese Darstellungen vorwiegend aus einer sehr eingehenden Beschreibung eines detailliert ausgearbeiteten Modells bestehen, an dem allerdings relativ einfache Experimente durchgeführt werden. Auch die Fallstudien im letzten Teil dieses Buches folgen im wesentlichen diesem Aufbau. Das Experimentieren besteht immer darin, daß, ausgehend von einem vollständigen und konsistenten Satz von Anfangsbedingungen, die zeitlichen Verläufe einzelner Systemgrößen registriert werden. Dieses Vorgehen wird als Ermittlung des Übergangsverhaltens oder des trajektoriellen Verhaltens des Modells bezeichnet. Man kann den Begriff "Simulation" ja tatsächlich recht einfach der Ermittlung des Übergangsverhaltens gleichsetzen, was auch sehr oft getan wird. Dies ist aber nur solange möglich, als eine reine Lösungsfindung gemeint ist und weniger die Gesamtheit aller modellbezogenen Vorgänge. In der Tat sind auch die meisten der gängigen Simulationspakete kaum mehr als wirkungsvolle Werkzeuge zur Berechnung des Übergangsverhaltens.

---

[+)] Von K.H.Fasol überarbeitete, stark gekürzte und übersetzte Fassung von Cellier, F.E. und Rimvall, C.M. (1987). Computer-Aided Control  Systems  – Techniques and Tools,  in: <u>Systems Modeling and Computer Simulation</u> (N.A.Kheir, ed.). Marcel Dekker, Basel.

Leider stellen sich nur sehr wenige praktische Probleme als
reine Simulationsaufgaben dar. So sind z.B. die Anfangswerte
sehr häufig nicht alle zum selben Zeitpunkt definiert. Solche
Probleme werden allgemein als Randwertprobleme bezeichnet im
Gegensatz zu den vorher erwähnten Anfangswertproblemen. Randwertprobleme  sind im Sinne des Wortes natürlich keine Simulationsprobleme, obwohl sie durch die Methode des invariant
embedding in Anfangswertprobleme umgeformt werden können. Allgemein wird aber für diese Problemklasse eher die sog. shooting technique angewandt bei der man so vorgeht:

1. Annahme eines Satzes von Anfangswerten.
2. Durchführung einer Simulation.
3. Berechnung eines Gütekriteriums wie z.B. der gewichteten
   Summe der Fehlerquadrate zwischen erwarteten und berechneten Randwerten.
4. Die Prozedur kann abgebrochen werden, sollte sich der Wert
   des Gütekriteriums als genügend klein ergeben. Anderenfalls
   werden die unbekannten Anfangswerte als Parameter interpretiert, und das nichtlineare Problem wird durch iterative
   Parameteroptimierung gelöst, so daß das Gütekriterium minimiert wird.

Man sieht also, daß dieses "Experiment" des "shooting" u.U.
eine große Anzahl einzelner Simulationsläufe beinhaltet.

Nehmen wir nun an, um ein anders geartetes Beispiel zu bespre-
chen, die Dynamik  eines elektrischen  Netzes soll simuliert
werden. Die einzelnen elektrischen Komponenten dieses Netzes
hätten verschiedene Toleranzen und es sollte ermittelt werden,
wie sich das Verhalten des Netzes in Abhängigkeit von diesen
Toleranzen ändert. Ein Algorithmus für dieses Problem könnte
etwa so lauten:

1. Es werden nur jene Komponenten des Netzes betrachtet, die
   mit Toleranzen behaftet sind und diese werden als Modellparameter interpretiert. Zunächst werden alle diese Parameter
   mit ihren Minimalwerten angesetzt.
2. Durchführung von Simulationen unter Variation der Parameter
   zwischen ihren kleinsten und größten Werten solange bis
   alle "Worst-case"-Parameterkombinationen erfaßt wurden. Die
   Ergebnisse sämtlicher Simulationen werden gespeichert.
3. Letztlich werden  die Einhüllenden aller möglichen Über-
   gangsverläufe aufgrund der gespeicherten Simulationsergebnisse berechnet und graphisch ausgegeben.

Wie im vorhergehenden Beispiel beinhaltet auch dieses Experi-
ment außerordentlich viele unterschiedliche Simulationsläufe.
Hier sind dies genau $2^n$ Simulationen wenn n  toleranzbehaftete
Komponenten als Parameter vorhanden sind.

Diese beiden Beispiele zeigen, daß die Simulation nicht in einer abgeschlossenen Welt existiert. Eine wissenschaftliche oder technische Studie kann unzählige verschiedene Simulationsläufe und noch vieles andere mehr beinhalten. Leider werden die wenigsten der heute verfügbaren Simulationspakete diesem Bedarf an ausgedehntem Experimentieren gerecht. Wenn auch die Möglichkeiten zur Modellrepräsentation (im Sinne des obigen ersten Absatzes) im Laufe der letzten Jahre ständig verbessert und wirkungsvoller wurden, wurde doch sehr wenig getan, um die softwaremäßigen Möglichkeiten zur Experimentrepräsentation der Simulation auszuweiten (Cellier, 1986). Einige Simulationssprachen, wie z.B. ACSL (Mitchell und Gauthier, 1986) bieten zwar Routinen zur Linearisierung und zur Arbeitspunktbestimmung. Andere, wie etwa DSL/VS (IBM, 1984) bieten eingeschränkte Möglichkeiten zur Frequenzbereichsanalyse wie z.B. die Berechnung des Fourier-Spektrums einer zeitlichen Systemantwort. Uns ist aber kein dzt. verfügbares Simulationssystem bekannt, das ein allgemein anwendbares nichtlineares Programmpaket z.B. für Trajektorienapproximation, Arbeitspunktbestimmung, einen Randwertproblemlöser, usw. als integralen Teil der Software enthält. Ein solches Paket wäre ja auch nur eines von vielen denkbaren nutzbringenden Werkzeugen. Übrigens sind die wenigen verfügbaren, experimentorientierten Softwarewerkzeuge oft auch wenig benutzerfreundlich und sehr spezialisiert, d.h. ihre Anwendbarkeit ist doch eingeschränkt.

Immer wenn wir Softwareingenieure einer solchen Situation begegnen, stellen wir fest, daß mit den Datenstrukturen in der betreffenden Simulationssprache doch etwas nicht in Ordnung sein muß. Tatsächlich führten ja alle Verbesserungen der Modellrepräsentation, wie z.B. die Behandlung von Unstetigkeiten oder die Möglichkeit zur Submodell- (Macro-) Deklaration, zu erweiterten Programmstrukturen, wohingegen die verfügbaren Datenstrukturen immer noch beinahe unverändert sind gegenüber 1967, als die CSSL Spezifikationen (Augustin et al., 1967) zum ersten Mal formuliert wurden.

Wenn wir im Gegensatz zur Simulationssoftware von CAD-Software sprechen, dann denken wir genau an diese erweiterten und verbesserten Möglichkeiten zur Experimentbeschreibung. Die Simulation ist heute einfach nicht mehr der zentrale Teil einer Studie sondern schlicht eines unter den vielen aufrufbaren Softwerkzeugen, die gemeinsam die zum Experimentieren nötige Software bilden. Von nun an wollen wir diese "Computer-aided design software" CAD-Software nennen. Algorithmen für spezielle Anwendungen sollten CAD-Techniken genannt werden und Programme, in denen solche Algorithmen eingebunden werden können, sollen CAD-Werkzeuge (CAD tools) heißen. Da viele der Entwurfswerkzeuge von den jeweiligen Anwendungen abhängen, wollen wir uns hier auf eine spezielle Anwendung konzentrie-

ren. Entsprechend der Zielsetzung dieses Buches, im wesentlichen die Simulation als Werkzeug zum Reglerentwurf darzustellen, wollen wir uns auf den Entwurf von Regelungssystemen
festlegen.

Bis vor sehr kurzer Zeit waren die Datenstrukturen  innerhalb
der Software zum rechnerunterstützten Regelungssystementwurf
(Computer-Aided Control System Design, CACSD) ebenso verbes-
serungswürdig wie jene der reinen Simulationssoftware. Jedoch
auch die Programmstrukturen dieser Werkzeuge waren sehr man-
gelhaft. Der Benutzer wurde durch ein unflexibles Frage-Antwort Protokoll hindurchgeführt. Sobald irrtümlich eine nicht
korrekte Spezifikation  eingegeben worden war, gab es keine
Chance, die Folgen dieses Fehlers zu beseitigen. Die entstandene Abweichung vom entworfenen Weg führte im ungünstigsten
Fall zu einem völligen Softwarezusammenbruch, nach dem der
Benutzer alle vorher eingetragenen Daten verloren geben mußte
und gezwungen war, neu zu beginnen.

Ein wesentlicher Durchbruch konnte mit der Entwicklung von
MATLAB (Moler, 1980) erzielt werden. MATLAB ist ein universel-
les Werkzeug zur Matrix-Manipulation unter einfachster Datenstruktur, die einzige Datenstruktur ist eben jene von Matrizen, und mit einfachster Kodierung. APL bot zwar schon viel
früher dieselben Möglichkeiten wie MATLAB, war aber durch eine
sehr unzugängliche Syntax gekennzeichnet. Der Benutzer mußte
beinahe in derselben Weise denken wie der Rechner das APL-
Programm abarbeitete. Bei MATLAB hingegen "denkt" der Rechner
ebenso wie der Benutzer. Natürlich war MATLAB als einfache
interaktive Sprache für die Matrix-Algebra nicht dazu entwik-
kelt worden, CACSD Probleme zu lösen, es ist aber offensichtlich jene Art von Werkzeugen, die der Regelungstechniker für
die Lösung seiner Probleme braucht. So ist z.B. das Standard
Regulator Problem als "Riccati-Entwurf" in wenigen Zeilen
eines übersichtlichen Codes formulierbar. Es dauerte daher gar
nicht lange, bis etliche CACSD Experten den für sie relevanten
Wert dieses zunächst gar nicht für CACSD entworfenen Werkzeugs
als Basis für ihre Probleme erkannten. Als Folge entstanden
sehr rasch CTRL-C (Systems Control Technology, 1984; Little et
al., 1984) MATRIX$_x$ (Integrated Systems, 1984; Shah et al.,
1985), IMPACT (Rimvall, 1983; Rimvall und Bomholt, 1985; Cellier und Rimvall, 1989), PC-MATLAB (Little, 1985), MATLAB-SC
(Vanbegin und Van Dooren, 1985).

Es wäre einerseits sehr zweckmäßig, wenn eine Matrixnotation,
ähnlich wie in MATLAB, innerhalb einer Simulationssprache für
die Beschreibung linearer Systeme bzw. Subsysteme verwendet
werden könnte. Auch wäre es für Simulationssoftware sehr vorteilhaft, effektivere Integrationsalgorithmen zu verwenden als
die konventionellen expliziten Runge-Kutta-, Adams-Bashforth-

oder Gear-Algorithmen. Dies könnte z.B. ein impliziter Adams-Moulton-Algorithmus sein. Lineare (Sub)-systeme könnten durch den Compiler aufgrund einer Matrixnotation sofort automatisch erkannt werden. Andererseits ist es sicher zutreffend, daß die meisten aktuellen CACSD Programme nur eingeschränkte Simulationsmöglichkeiten bieten. Es wäre daher außerordentlich nützlich, das verfügbare Know how über die Simulation dynamischer Systeme und Prozesse in die CACSD-Software einzubringen. Ein Entwurfsvorgang umfaßt natürlich wesentlich mehr als nur Simulationen, er benötigt diese aber unbedingt neben anderen Möglichkeiten. Daher sollte ein flexibles Interface zwischen CACSD-Programm und Simulationssprache vorhanden sein, so daß innerhalb einer komplexen Entwurfsstudie aussagekräftige Simulationsläufe an bestimmten Stufen des Entwurfs diesen wirkungsvoller machen könnten.

Wir befassen uns nachfolgend  nur mit digitaler Simulation. Jedoch sind CACSD Algorithmen in unveränderter Weise auch auf die im Beitrag von Troch und Breitenecker besprochene klassische hybride Simulation anwendbar. Der dynamische Prozeß wird als Modellrepräsentation am Analogteil verschaltet wogegen die Experimentrepräsentation am Digitalteil der Hybridanlage programmiert wird. Die eingangs zitierte Definition des Begriffes der Simulation (Experimentieren mit Modellen) wird am klassischen Hybridrechner besonders deutlich.


## 2     Entwicklung und Klassifizierung von CACSD Methoden

Historisch gesehen entstanden die ersten CACSD Probleme aus den Bedürfnissen des zweiten Weltkriegs als die Militärs nach wirkungsvolleren Waffen fragten. Die Ingenieure ersetzten als Antwort die bislang manuell bedienten durch automatisch operierende, geregelte Waffensysteme. In den Anfängen der Regelungstechnik, in den 30er  bis in die 50er Jahre, beschäftigten sich die Ingenieure mit isolierten zeitkontinuierlichen Eingrößensystemen (SISO-Systeme). Der Reglerentwurf fand vorwiegend mit graphischen Frequenzbereichsverfahren statt, die vor allem durch W.R.Evans und H.Nyquist repräsentiert wurden. Als man sich aber immer mehr den Mehrgrößensystemen (MIMO-Systeme) zuwenden mußte, erwiesen sich die klassischen Kennlinien- und Ortskurven-Verfahren als nicht mehr ausreichend, und es war in den 60er Jahren vor allem R.Kalman, der mit der Zustandsraumdarstellung in den Zeitbereich zurückführte. Die für SISO-Systeme auch damals schon vorhandenen Zeitbereichsmethoden konnten, dank der bereits verfügbaren Computer, für MIMO-Systeme von zunächst nicht allzuhoher Ordnung übernommen werden. Was waren aber die wesentlichen Entwicklungen der letzten 15 bis 20 Jahren? Zunächst wurden die ziemlich konso-

lidierten Arbeiten durch verschiedenste, parallel laufende
Entwicklungen abgelöst. Für verschiedene Arten von Problemen
wurden sehr unterschiedliche, auf die Probleme zugeschnittene
Lösungswege eingeschlagen. Einer der wesentlichen Nachteile
der früheren Technologien fand sich, ironisch genug, zunächst
in der hochgradigen Automatisierung seiner Algorithmen wieder.
Eine aufgerufene Subroutine antwortete auf eingegebene Parameterwerte eben mit anderen Parameterwerten. Es fehlte daher an
Einsicht, was eigentlich vor sich ging. Häufig ergab es sich,
daß eine für die betreffende Aufgabe ungeeignete Regelungsstruktur gewählt worden war und die Parameteroptimierung für
diese Struktur daher zum Scheitern verurteilt war. Der Regelungstechniker mußte also Strukturentscheidungen statt lediglich Parameterentscheidungen treffen. Keiner der vor 20 Jahren
verfügbaren automatischen Algorithmen war aber zu solchen
Strukturentscheidungen fähig.

Aus diesen Gründen gingen nach der anfänglichen Zeitbereichs-
euphorie viele Wissenschaftler wieder in den Frequenzbereich
zurück bzw. kombinierten Zeit- und Frequenzbereichsverfahren
und schlugen neue Entwurfswerkzeuge vor wie z.B. das verallgemeinerte Nyquist Diagramm (Rosenbrock, 1969) oder neuartige
Systembeschreibungen wie z.B. verschiedene Polynom-Matrizen
Darstellungen (Wolowich, 1974; Wonham, 1974). Andere Autoren
versuchten Algorithmen zu entwickeln, die als Funktion von
Eingangsparametern größere Bereiche von Ausgangsparametern
produzierten, dargestellt durch dreidimensionale Graphen im
Parameterraum. So etwas wird häufig beim Entwurf sog. robuster
Regler getan (Ackermann, 1980), was allerdings meist sehr
großen Rechenaufwand erfordert. Ein etwas günstigerer Weg
könnte auch in der Anwendung der Empfindlichkeitsanalyse bestehen (Cellier, 1986). Neueste Entwicklungen wenden sich
sogar von numerischen Algorithmen wieder völlig ab.

Andere Probleme und Entwicklungen entstanden mit der "optimalen" Regelung großer Systeme bis zur 200. Ordnung. Man versucht, solche Systeme in kleine Subsysteme zu zerlegen und zunächst jedes für sich zu behandeln. Dies führte zur dezentra-
lisierten Regelung (Athens, 1978) und zur hierarchischen Regelung (Siljak und Sundareshan, 1976). Die Verfügbarkeit relativ
billiger Mikrorechner ermöglichte in diesem Zusammenhang die
dezentralisierte Subsystemregelung. Dies aber wiederum stimu-
lierte die Entwicklung spezieller zeitdiskreter Regelalgorithmen, die Entwicklung von Algorithmen zur Regelung stark nichtlinearer Systeme bzw. zur Regelung von linearen zeitvarianten
Systemen wie selbsteinstellende Regler (Åström, 1980), model-
reference adaptiv Regler (Parks, 1966; Monopoli, 1974; Narendra, 1980) und robuste Regler (Ackermann, 1980). Alle diese
Probleme bzw. Algorithmen erfordern unabhängig von der Systemordnung hohe numerische Stabilität und numerische Genauigkeit,

womit sich immer noch  sehr viele Autoren intensiv befassen.
Da jedoch in den einzelnen Kapiteln dieses Buches und auch bei
Darstellung der Fallstudien die Regelungssysteme von nicht
allzuhoher Ordnung sind und andererseits die CACSD- und Simulationswerkzeuge eher in ihren Anwendungsmöglichkeiten exemplarisch beschrieben werden sollen, muß auf alle diese numerischen Probleme hier nicht mehr näher eingegangen werden.

Klassifizierend kann man zusammenfassen, daß es CACSD Methoden
für SISO, MIMO und dezentralisierte Systeme gibt; Methoden für
Frequenzbereich und Zeitbereich; Methoden für kontinuierliche
Systeme im Unterschied zu Methoden für diskrete Systeme; Methoden für lineare und nichtlineare Systeme und schließlich
Verfahren für niedrige, hohe und sehr hohe Ordnungen. Man kann
auch zwischen benutzerfreundlichen und -unfreundlichen Algorithmen und schließlich zwischen numerischen und nichtnumerischen Algorithmen unterscheiden. Letztere machen u.a. auch von
regelbasiertem Vorgehen Gebrauch, worauf im letzten Abschnitt
dieses Beitrags noch kurz eingegangen werden soll.


## 3       Klassifizierung von CACSD Werkzeugen

Entwurfsprobleme können außerordentlich vielseitig sein;
ebenso uneinheitlich sind auch die verfügbaren CACSD Werkzeuge
und es ist daher wesentlich, das richtige Werkzeug für das
jeweilige Problem zu verwenden. Die CACSD Software kann zunächst nach Bibliotheken von Unterprogrammen und speziellen
Entwurfs-Programmpaketen unterschieden werden.  Die erste
Generation der CACSD Tools umfaßte eher den Bibliothekstyp,
während neuere Werkzeuge vor allem dem integrierten Pakettyp
zuzuordnen sind. Diese neueren Werkzeuge sind entweder umfassende Tools oder sie sind Entwurfs-Shells. Werkzeuge der er-
steren Art bemühen sich, für alle denkbaren Fälle passende
Algorithmen bereitzustellen. Dies kann schließlich sehr umfangreiche Pakete mit vielen verschiedenen Eigenschaften und
Anwendungsmöglichkeiten ergeben; KEDDC (Schmid, 1979, 1985)
ist dafür ein Beispiel (siehe den Beitrag von Schmidt und
Dastych in diesem Buch). Entwurfs-Shells bieten uneinge-
schränkte Sätze von Operationen, womit der Benutzer im Rahmen
der CACSD Software seine eigenen Algorithmen kodieren kann.
MATLAB (Moler, 1980) ist dafür ein Beispiel. Natürlich ist
eine Kombination beider Typen möglich und für den Regelungstechniker sehr nützlich.

CACSD Programme sind entweder für den Batch-Betrieb geschrieben, vollständig interaktiv oder beides. Die interaktive Benutzeroberfläche ist für eine rasche Analyse nützlich und
erleichtert beträchtlich das Verständnis der Vorgänge inner-

halb der betreffenden Projekte. Allerdings gibt es viele Ent-
wurfsprobleme, wie z.B. den optimalen Entwurf nichtlinearer
Systeme, die einen überaus großen Rechenaufwand verursachen.
Für solche Probleme eignet sich der Batch-Betrieb am besten.

Maschinencode-orientierte Programme (code-driven) sind kompiliert und implementieren ihre Algorithmen und Operationen im
Programmcode. Sie sind natürlich schneller aber weniger flexi-
bel und weniger leicht zu erweitern. CACSD Programme mit In-
terpretiercode-Orientierung (data-driven) implementieren Algorithmen und Operationen als Datenanweisungen, die während der
Programmbearbeitung interpretiert werden. Sie sind wirkungsvoll für Programmentwicklungen aber weniger für die Anwendung.
Nach Abschluß des Austestens eines neuen Programms kann es
daher vom Interpreter-Code in Maschinencode reimplementiert
werden.

Benutzeroberflächen können vielfältig sein: Orientiert nach
Dialogen, Befehlen, Menues, Formularen, Graphik und Window-
Techniken. Im ersten der genannten Fälle ist der Ablauf des
Programms vollständig festgelegt. Dieser Typ der Benutzeroberfläche ist am leichtesten zu implementieren, ist jedoch unflexibel und für Entwicklungen nicht gut geeignet. CACSD Software
ist auch häufig befehlsgesteuert mit umfangreicher interaktiver HELP-Unterstützung. Die Alternative der Menue-Steuerung
hat manchmal die Nachteile des erforderlichen großen Informa-
tionsaustausches zwischen Programm und Benutzer, der Langsam-
keit und der Terminalabhängigkeit. Formulargesteuerte Benutzeroberflächen sind sehr nützlich in der Entwicklungsphase
aber auch terminalabhängig und daher ebenfalls in der Portabilität eingeschränkt. Graphik-Benutzeroberflächen dienten an-
fänglich lediglich dazu, z.B. Bode-Diagramme oder Trajektorien
als Simulationsergebnisse graphisch auszugeben. Zunächst war
auch dies in höchstem Grade terminalabhängig, neben den zahlreichen Graphik-Treibern hat sich jedoch inzwischen GKS als
Standard etabliert. Sehr aufwendige Graphikdarstellungen, die
hohe Datenübertragungsraten erfordern, sind auf Workstations
(z.B. APOLLO, SUN) möglich und werden inzwischen zu hoher
Vollkommenheit entwickelt. Ebenso wie die graphische Ausgabe
besteht heute vor allem auch die Möglichkeit der graphischen
Eingabe, wie z.B. das Entwickeln von Blockschaltbildern am
Bildschirm. Die so entworfenen Regelungssysteme werden durch
einen Graphikkompiler in kodierte Modellrepräsentation übersetzt (u.a.MATRIX$_X$, Integrated Systems Inc.,1984; Shah et.al.,
1985). Besonders zu erwähnen ist auch HIBLITZ (Elmquist, 1982;
Elmquist und Mattson, 1986) als besonders komfortable graphische Eingabemöglichkeiten. Diese beiden Oberflächen sind jedoch nur zwei Beispiele für eine sehr große Anzahl der heute
verfügbaren Möglichkeiten.

Es verbleibt schließlich noch, die Windowtechnik zu erwähnen, bei der der Bildschirm in verschiedene "Fenster" aufgespalten wird. Jedes Window kann entweder alphanumerische oder graphische Informationen sowie alle der oben erwähnten Kommunikationsmöglichkeiten bieten, wobei sich die einzelnen Windows z.T. auch überdecken können. Im Prinzip werden hier mehrere Bildschirme auf einem realen Bildschirm gleichzeitig dargestellt. Ein solches Windowmanagement verlangt Schirme mit sehr hoher Auflösung.

Die hier eben vorgenommene Klassifikation der CACSD Tools würde nun in konsequenter Weise eine eingehende Einordnung und übersichtliche Besprechung der wichtigsten am Markt verfügbaren Software nach den eben besprochenen Merkmalen verlangen, was jedoch weit über die Aufgabe und Zielsetzung dieses einführenden Beitrags hinausginge. Eine solche detaillierte Übersicht über eine repräsentative Auswahl von CACSD Werkzeugen wird von Cellier und Rimvall (1987) geboten, wo 20 verschiedene CACSD Programmpakete diskutiert und miteinander verglichen werden.

Die vielen, hier angedeuteten unterschiedlichen Typen der Programmorganisationen, der Schnittstellen, des Datenaustauschs, usw., diese so weitgehende augenblickliche Diversifikation im Bereich der CACSD Software läßt hoffen, daß Bemühungen um eine Standardisierung einmal erfolgreich sein werden.


**4      Ausblick**

Wie wird sich das Gebiet der CACSD Software in nächster Zeit entwickeln? Um in Beantwortung dieser Frage zu verstehen was wir erreichen wollen, müssen wir zunächst feststellen, auf welchem Stand wir uns derzeit befinden. Bis vor nicht allzulanger Zeit sprach man nur über Programmentwicklung; darauf lag der Schwerpunkt, Daten waren weniger wichtig. Zwischen dem Programm als abgespeichertem, unveränderlichen Code und den Daten als ein Teil des Speichers, der seinen Inhalt während der Programmbearbeitung ändert, wurde streng unterschieden.

Mit der neueren Generation von CACSD Tools entfernte man sich von dieser Einstellung sehr rasch. Aktuelle CACSD Programme sind tatsächlich Programmiersprachen für sich, d.h. der Anwender ist nicht länger auf den Rechnerhersteller hinsichtlich der Verfügbarkeit der Sprachen angewiesen, sondern er entwickelt seine eigenen, speziell anwendungsorientierten Sprachen. Diese Entwicklung besteht einfach darin, daß von der zu lösenden Aufgabe ein immer geringerer Teil in einem Code festgelegt wird, während ein immer größerer Anteil parametrisiert, d.h.

datengesteuert ist. Die Daten selbst erreichten im Laufe der
Zeit schließlich einen solchen Grad an Komplexheit, daß deren
zweckmäßige Organisation notwendig wurde. Die Schnittstelle
zum Benutzer, früher als unwichtiges Detail angesehen, wurde
zur zentralen Frage dahingehend, ob ein bestimmtes CACSD Werkzeug als gut oder schlecht zu beurteilen ist. Diese Frage
wurde sogar wichtiger als jene nach der Reichhaltigkeit an
angebotenen Algorithmen. Dies resultierte in einem enormen
Zuwachs an Flexibilität der CACSD Tools. Wegen des erhöhten
Aufwands für die Benutzeroberfläche mußte diese Flexibilität
jedoch zunächst mit einer erhöhten Rechenzeit bezahlt werden.
Mit der Verfügbarkeit immer effizienterer Rechner konnte dieses Opfer aber doch leicht erbracht werden. Es traf aber auch
oft zu, daß Kompilieren und Linken eines Simulationsprogramms
zehnmal so lange dauerte als die eigentliche Ausführung des
Programms selbst. Mit der Verfügbarkeit neuer, voll datenge-
steuerter (direct executing) Simulationssprachen wie z.B.
SIMNON (Elmqvist, 1975, 1977) oder DESCTOP und DESIRE (Korn,
1985, 1987, 1989) kann man Simulationsresultate in kürzester
Zeit erhalten. Auch wenn das eigentliche Simulationsprogramm
halb so schnell läuft als bei entsprechender Kompilierung,
entschädigt doch die wesentlich erhöhte Flexibilität (z.B.
Modelländerbarkeit) mit geringerem Zeitaufwand am Terminal.
Solche hochflexiblen Simulationswerkzeuge sind genau das, was
als Bestandteil eines CACSD Pakets gebraucht wird.

Man ist jedoch im Augenblick im Begriff, auch noch weitere
Schritte zu tun. Gemeint sind die Entwicklung von Multiwin-
dow-Oberflächen, von objektorientierter Programmierung, von
sprachenerkennenden Editoren, von CAD Datenbanken, usw. Kann
man dies alles auf der Ebene von Programmiersprachen in Angriff nehmen? Sind das nicht eher Fragen, die auf der Ebene
eines unterlagerten Betriebssystems zu diskutieren sind? Ist
denn die Feststellung der Notwendigkeit einer CAD Datenbank,
um Modelle und Dateien zu speichern, nicht etwa einfach die
Feststellung, daß das betreffende Betriebssystem für diese
Aufgaben nicht ausreicht? Interaktive Sprachen sind doch eigentlich selbst spezielle, wenn auch sehr primitive, anwen-
dungsorientierte Betriebssysteme. Wir sind in der Tat der
Ansicht, daß künftige Programmsysteme die jetzt nocht strikte
Unterscheidung zwischen Sprachen und dem Betriebssytem, in das
sie eingebunden sind, verwischen werden. So z.B. ist jetzt
bereits die ADA Umgebung grundsätzlich nichts anderes als die
teilweise Spezifikation eines Betriebssystems, in das die ADA
Sprache eingebettet ist. Dies trifft auch für CACSD Werkzeuge
zu; es könnte hier einiges vom ADA Konzept oder vergleichbaren
Konzepten übernommen werden. Ein reiches Betätigungsfeld steht
hier notwendigerweise offen.

Welche Möglichkeiten könnten nun zukünftige CACSD Tools bieten? Vor allem ist hier zunehmende Flexibilität hinsichtlich der Datenschnittstellen zu erhoffen bzw. zu erwarten. Die höchste Vollendung datengesteuerten Programmierens wäre eine Sprache, in der es im wesentlichen überhaupt keinen Unterschied mehr zwischen Kodierung und Daten gibt. Jede innerhalb der betreffenden Sprache durchführbare Operation wird als eine Eintragung in eine Datenbank formuliert und kann auf diese Weise jederzeit geändert werden. Eine solche Umgebung wird bereits von LISP geboten. Die einzigen primitiven Operationen in LISP bestehen hauptsächlich im Einfügen oder Entfernen von Eintragungen in Listen, und die Operationen sind selbst wiederum als Listeneintragungen erklärt. Die erste Notierung ist der Operator und alle weiteren sind die Parameter. Deshalb weisen allerdings LISP Programme sehr lange Ausführungszeiten auf, wobei ein numerischer Algorithmus um mehrere Größenordnungen langsamer bearbeitet wird als in einer konventionell kompilierten Sprache. Auch ist LISP in der Spezifikation von Algorithmen oft unhandlich. Trotz allem bietet LISP heute in mehrerlei Hinsicht die größtmögliche Flexibilität, so auch im Hinblick auf nichtnumerische Datenverarbeitung und kann deshalb doch mit einiger Aussicht mit konventionellem Programmieren in Konkurrenz treten. Daher werden Anstrengungen unternommen, einige der speziellen Nachteile von LISP zu reduzieren. So können z.B. inkrementale Compiler die Laufzeit um eine Größenordnung vermindern. Ein LISP Interpreter ist außerordentlich einfach und kann in etwa 600 Zeilen kodiert werden. Im Hinblick darauf ist es sinnvoll, diesen Task teilweise als Hardware zu implementieren. Solche LISP Rechner sind verfügbar und können zumindest einen Teil der Ineffizienz von LISP überwinden.

Im Hinblick auf die Benutzerschnittstelle könnten viele der Probleme mit LISP durch eine neuerliche Veränderung des "Weltbildes" vermieden werden, so etwa durch PROLOG, das im Gegensatz zu LISP ausführungsorientiert ist. Hier versetzt sich der Anwender in die Situation der Daten mit der Frage "Was muß mit mir als nächstes geschehen?" Das ausführungsorientierte Programm muß natürlich sequentiell abgearbeitet werden, weshalb PROLOG zunächst allerdings noch etwas ineffizienter als LISP sein wird. Jedoch kann PROLOG ziemlich leicht in LISP implementiert werden. Die Ergebnisse, die mit PROLOG erzielt werden, sind einerseits kürzere und besser lesbare Programme aber andererseits Verlust an Flexibilität. Diese neuen Sprachen werden jedoch in Kürze eine neue Generation von CACSD Werkzeugen hervorrufen, deren Stärke im nichtnumerischen Entwurf liegen wird. Dies bedeutet den Entwurf parametrisierter Regelungssysteme, wobei während des Entwurfsprozesses einige Parameter als Unbekannte behandelt werden. Vermutlich wird der Bearbeiter dadurch mehr Einblick in die Vorgänge innerhalb seines Systems erhalten. Solche nichtnumerischen CACSD Algorithmen sind noch in ihren ersten Anfängen; wir wissen noch nicht, wohin diese neuen Konzepte führen werden, und wir wissen nicht, wie das Problem der Formelexplosion vermieden werden kann: Wie kann man parametrische Antworten ohne endlose Formulierungen erhalten? Neuere Entwicklungen könnten bei der Beantwortung solcher Fragen helfen (Birdwell et al., 1985).

Auf einem anderen Gebiet könnte die Entwicklung durch diese Konzepte vorangetrieben werden, nämlich durch die Integration von CACSD Software mit Expertensystemen. Dies sind Programme, die Sätze von parametrisierten Regeln anwenden bzw. auswerten, in die entsprechende Parameterwerte eingegeben werden. Die verfügbaren Parameterwerte sind das "Wissen" des Systems. Jede Auswertung kann neues Wissen und schließlich neue Regeln kreieren, die laufend aktualisiert werden. Expertensysteme sollten aber nicht, wie noch häufig angenommen, reine Frage-Antwort Programme mit verhältnismäßig eingeschränkten Möglichkeiten sein, sondern die Benutzerschnittstelle, durch die neues Wissen in die Wissensbasis des Systems eingegeben wird, sollte vom Mechanismus der Regelanwendung und -auswertung vollständig entkoppelt sein. Tatsächlich sind Systeme, auf die diese Beschreibung zutrifft, in Form mancher Sprachen, wie z.B. MATLAB für lineare Algebra, schon viel weiter entwickelt als man annehmen könnte. Ist denn nicht auch ein CACSD Tool ein "Expertensystem" für den Reglerentwurf? Man wird natürlich solche Werkzeuge nicht als Expertensysteme bezeichnen, doch bieten sie bereits mehr Expertensystemtechniken an als an ihnen in der Regel genutzt wird.

Wie kann man also das Konzept der Expertensysteme durch CACSD Software vorteilhaft ausnutzen? Zunächst sollten die dzt. statischen Fehlermeldungen, die Help- und Tutorial-Funktionen der CACSD Tools dynamisch gemacht werden. Ansätze dazu wurden schon früher z.B. durch IBM geboten; IMPACT geht in diese Richtung, und eine andere Möglichkeit wurde von Munro et al. (1986) beschrieben; siehe auch Taylor und Frederick (1984). Cellier und Rimvall (1987) erwähnen eine von Åström und Ljung eben in Ausarbeitung begriffene Funktion, die nicht erst eingetretene Fehler meldet, sondern die schon unmittelbar bei fehlerhaften Eingaben vor deren negativen Auswirkungen warnt. Eine ähnliche Funktion könnte in einen sprachenerkennenden Editor einbezogen werden. So könnte ein CACSD Programm sowohl auf syntaktische als auch auf semantische Korrektheit schon in einem frühen Stadium überprüft werden.

Eine der vielen anderen Möglichkeiten wäre auch die Bildschirmanzeige der Daten zur selbständigen Anwahl der jeweils sinnvollsten Algorithmen. So könnten z.B. die strukturellen Eigenschaften einer Matrix festgestellt und dafür, als Ergebnis dieses Tests, z.B. der günstigste Invertierungsalgorithmus ausgewählt werden. Sehr viel verfügbares Wissen in verschiedener Richtung wird derzeit von vielen CACSD Werkzeugen noch nicht ausgenutzt. Hier liegt ein Anreiz.

Schließlich kann man erwarten, daß aus der Technologie der Expertensysteme sogar neue Regelungsalgorithmen resultieren. Die heute verfügbaren Algorithmen sind für die dezentrale Regelung von Subsystemen hervorragend ausgereift. Sie sind jedoch nicht so sehr geeignet für die globale Steuerung und vor allem die Überwachung komplexer Systeme wie z.B. eines Kernkraftwerks. Eine globale Strategie muß die Prozeßdiagnose und die Entscheidung über notwendige Schritte übernehmen. Dies wird noch vorwiegend von Operateuren beinahe besser vorgenommen, die aber in ihren Köpfen keine Riccatigleichungen lösen können. Sie treffen ihre Entscheidungen aufgrund von qualitativen, d.h. hochgradig diskretisierten Informationen, die mittels eines gedanklichen Prozeßmodells erarbeitet werden, also durch Prozeßsimulation. Diese Möglichkeiten qualitativer Simulation und darauf beruhendem regelbasierten Regelungssystementwurf wurde von Cellier und Zeigler (1987), Vesanterä und Cellier (1989) untersucht.

Zusammenfassend und abschließend kann festgestellt werden, daß CACSD unverändert ein aktives Forschungs- und Entwicklungsgebiet darstellt, aus dem noch viele Ergebnisse erhofft bzw. erwartet werden. Die Simulation innerhalb von CACSD Systemen ist ein unabdingbares, weiterhin verbesserungswürdiges Werkzeug zum Reglerentwurf. Dieser einführende Beitrag und die nachfolgenden exemplarisch besprochenen Werkzeuge könnten die eine oder andere Anregung vermitteln.

## Literaturhinweise


[1]   Ackermann, J. (1980). Parameter space design of robust control systems. *IEEE Trans. Automatic Control AC-25*, pp.1058-1072.

[2]   Agathoklis, P., Cellier, F.E., et al. (1979). INTOPS, educational aspects of using computer-aided design in automatic control, in: *Proceedings of the IFAC Symposium on Computer-Aided Design.* Zürich, Switzerland, August 29-31, 1979 (M.A. Cuenod, ed.), Pergamon Press, Oxford, pp. 441-446.

[3]   Åström, K.J. (1980). Self-tuning regulators-design principles and applications, in *Applications of Adaptive Control* (K.S. Narendra and R.V. Monopoli, eds.), Academic Press, New York.

[4]   Åström, K.J. (1985).   Computer-aided tools  for  control
      system  design,  in:  <u>Computer-Aided  Control  Systems
      Engineering</u> (M.Jamshidi, C.J.Herget, eds.), North-Holland
      Publishing, Amsterdam, pp. 3-40.

[5]   Athens, M., ed. (1978). On large scale systems and decen-
      tralized control, <u>IEEE Trans. Automatic Control, AC-23</u>.

[6]   Augustin, D.C., et al. (1967). The SCi continous systems
      simulation language (CSSL), <u>Simulation, 9</u>, pp.281-303.

[7]   Birdwell, J.D. et al. (1985). Expert systems techniques
      and future trends in a computer-based control system
      analysis and design environment, in: <u>Proceedings of the
      3rd IFAC Symposium on Computer-Aided Design in Control
      and Engineering Systems (CADCE'85)</u>, Kopenhagen, 1985,
      Pergamon Press, Oxford, pp. 1-8.

[8]   Cellier, F.E. (1986). Enhanced run-time experiments in
      continous system simulation languages, in: <u>Proceedings of
      the 1986 SCSC Multiconference</u> (F.E. Cellier, ed.), SCS
      Publishing, San Diego, CA, pp. 78-83.

[9]   Cellier, F.E., Rimvall, C.M. (1983). Computer-aided con-
      trol systems design, Invited Survey Paper, in: <u>Procee-
      dings of the Winter Simulation Conference (ESC'83),</u>
      Aachen, FRG (W. Ameling, ed.), Springer-Verlag, Lecture
      Notes in Informatics, New York, pp. 1-21.

[10]  Cellier, F.E., Rimvall, C.M. (1987). Computer-Aided Con-
      trol Systems. Techniques and Tools, in: <u>Systems Modelling
      and Computer Simulation</u>  (N.A. Kheir, ed.). Marcel Dek-
      ker, Basel, pp. 631-679.

[11]  Cellier, F.E., Zeigler, B.P.(1987). AI's Role in Control
      of Systems: structural and behavioural knowledge, <u>Proc.
      ESM'87, Europäische Simulations Multikonferenz</u>, Wien.

[12]  Cellier, F.E., Rimvall, C.M. (1989). Matrix encironments
      for continous system modeling and simulation, <u>Simulation</u>,
      52:4, pp.141-149.

[13]  Elmquist, H. (1975). SIMNON - <u>An Interactive Simulation
      Program for Nonlinear Systems-User's Manual,</u> Report
      CODEN: LUTFD2/(TFRT-7502). Dept. of Automatic Control,
      Lund Institute of Technology, Lund, Sweden.

[14]  Elmquist, H. (1977). SIMNON-An interactive simulation
      language for nonlinear systems, in: <u>Proccedings Interna-
      tional Symposium SIMULATION '77</u>, Montreux (M. Hamza,
      ed.), Acta Press, Anaheim, CA, pp.85-90.

[15]  Elmquist, H. (1982). A graphical approach to documenta-
      tion and implementation of control systems, in: <u>Procee-
      dings of the 3rd IFAC/IFIP Symposium on Software for
      Computer Control (SOCOCO '82)</u>, Madrid. Pergamon Press.

[16] Elmquist, H. Mattson, S.E. (1986). A Simulator for dynamic systems using graphics and equations for modelling, in: <u>Proceedings of the 3rd Symposium on Computer-Aided Control System Design,</u> Washington , DC.

[17] IBM (1984). <u>Dynamic Simulation Language/VS (DSL/VS). Language Reference Manual,</u> Program Number 5798-PXJ, Form SH20-6288-0, IBM Corp., Cottle Road, San Jose, CA.

[18] Integrated Systems, Inc. (1984). <u>Matrix$_x$ Users's Guide, Matrix$_x$ Reference Guide, Matrix$_x$ Training Guide, Command Summary, and on-line Help.</u> Integrated Systems, Inc., Palo Alto, CA.

[19] Kheir, N.A., ed. (1987). <u>Systems Modeling and Computer Simulation.</u> Marcel Dekker, Basel.

[20] Korn, G.A. (1985). A new interactive environment for computer-aided experiments, <u>Simulation 45(6),</u> 303-305.

[21] Korn, G.A. (1987). Control-System simulation on small personal-computer workstations, <u>Int. J. Modeling and Simulation 8(4).</u>

[22] Korn, S.A. (1989). <u>Interactive Dynamic System Simulation.</u> McGraw Hill, New York

[23] Korn, G.A., Wait, J.V. (1978). <u>Digital Continous System Simulation,</u> Prentice-Hall, Englewood Cliffs, NJ. 212pp.

[24] Little, J.N. (1985). PC-MATLAB, <u>User's Guide. Reference Guide and On-line HELP, BROWSE, and Demonstrations.</u> The MathWorks, Inc., Sherborn, MA.

[25] Little, J.N. et al. (1984). CTRL-C and matrix environment for the computer-aided design of control systems, in: <u>Proceedings of the 6th International Conference on Analysis and Optimization (INRIA),</u> Nice, France, Lecture Notes in Control and Information Sciences, Vol. 63, Springer-Verlag, New York.

[26] Mitchell, E.E.L, Gauthier, J.S. (1986). ACSL <u>Advanced Continous Simulation Language-User/Guide Reference Manual,</u> Mitchell & Gauthier, Assoc., Concord, MA.

[27] Moler, C. (1980). MATLAB <u>User's Guide,</u> Dept. of Computer Science, Univ. of New Mexico, Albuquerque, NM. 40 pp.

[28] Monopoli, R.V. (1974). Model reference adaptive control with an augmented error signal. <u>IEEE Trans. Automatic Control AC-19,</u> 474-484.

[29] Munro, N., Palaskas, Z., Frederick, D.K. (1986). An adaptive CACSD dialogue facility, in: <u>Proceedings of the 3rd Symposium on Computer-Aided Control System Design,</u> Washington D.C.

[30] Narendra, K.S. (1980). Recent developments in adaptive control, in: <u>Methods and Applications in Adaptive Control</u> (H.Unbehauen, ed.). Springer-Verlag, New York.

[31] Parks, P. (1966). Ljapunow redesign of model reference adaptive control systems. <u>IEEE Tans. Autom. Control. 11</u> pp. 362-368.

[32] Rimvall, C.M. (1983). IMPACT, <u>Interactive Mathematical Program for Automatic Control Theory, User's Guide,</u> Dept. of Automatic Control, Swiss Federal Institute of Technology, ETH-Zentrum, Zürich, Switzerland, 208 pp.

[33] Rimvall, C.M., Bomholt, L. (1985). A flexible man-machine interface for CACSD applications, in: <u>Proceedings of the 3rd IFAC Symposium on Computer-Aided Design in Control and Engineering Systems </u>(CADCE'85), Copenhagen, 1985, Pergamon Press, Oxford, pp. 98-103.

[34] Rosenbrock, H.H. (1969). Design of Multivariable control systems using the inverse Nyquist array, <u>Proc. IEE 116</u>, pp.1929-1936.

[35] Schmid, Ch. (1979). KEDDC, <u>User's Manual and Programmer's Manual.</u> Lehrstuhl für Elektrische Steuerung und Regelung, Ruhr-Universität Bochum.

[36] Schmid, Ch. (1985). KEDDC - A computer-aided analysis and design package for control systems, in: <u>Computer-Aided Control Systems Engineering</u> (M. Jamshidi, Herget, C.J., eds.), North-Holland, Amsterdam, pp. 159-180.

[37] Shah, S., et al. (1985). Matrix$_x$ Control Design and Model Building CAE Capability, in: <u>Computer-Aided Control Systems Engineering,</u> (M. Jamshidi, Herget, C.J., eds.), North-Holland, Amsterdam, pp. 181-207.

[38] Siljak, D.D., Sundareshan, M.K. (1976). A multilevel optimization of large-scale dynamic systems, IEEE <u>Trans. Automatic Control AC-21</u>, pp.70-84.

[39] Systems Control Technology (1984). CTRL-C, <u>A Language for the Computer-Aided Design of Multivariable Control Systems, User's Guide.</u> Systems Control Technology, Palo Alto, CA.

[40] Taylor, J.H., Frederick, D.K. (1984). An expert system architecture for computer-aided control engineering. <u>Proc. IEEE 72(12),</u> pp.1795-1805.

[41] Vanbegin, M, Van Dooren, P. (1985). MATLAB-SC, App. B: <u>Numerical Subroutines for Systems and Control Problems,</u> Technical Note N168, Philips Research Laboratories, Bosvoorde, Belgium, 40 pp.

[42] Van den Bosch, P.P.J. (1985). Interactive computer-aided control system analysis and design, in: _Computer-Aided Control System Engineering_, (M. Jamshidi, Herget, C.J, eds.), North-Holland, Amsterdam, pp. 229-242.

[43] Vesanterä, P.J., Cellier, F.E. (1989): Building intelligence into an autopilot using qualitative simulation to support global decision making, _Simulation_, 52:3, pp. 111-121.

[44] Wolovich, W.A. (1974). _Linear Multivariable Systems_, Springer-Verlag, New York.

[45] Wonham, W.M. (1974). _Linear Multivariable Systems: A Geometric Approach_, Springer-Verlag, New York.

# Simulation zur Optimierung des Regelkreisverhaltens

I. Troch

## 1 Einleitung

Der Entwurf einer Regelung oder Steuerung kann sowohl die Errichtung einer neuen Anlage betreffen als auch die Verbesserung einer bereits bestehenden. Hierbei ergibt sich dann häufig die Forderung, innerhalb kurzer Zeit eine Problemlösung zu finden, die den gestellten Anforderungen entspricht und die darüber hinaus konkurrenzfähig, also günstiger als andere ist - und zwar auch bei der oft großen Komplexität heutiger Anlagen.

Auf Zustandsraumdarstellung beruhende Entwurfsverfahren stellen eine Möglichkeit zur Bewältigung derartiger Probleme dar. Methoden, die Optimalitätsforderungen einbeziehen, ermöglichen nicht nur eine geeignete Festlegung von Reglerparametern sondern insbesondere auch die Ermittlung günstiger Regler- bzw. Steuerungsstrukturen. Darüber hinaus zeichnen sie sich durch Kompromißfähigkeit aus, d.h. die Möglichkeit konkurrierende oder gar widersprüchliche Anforderungen bis zu einem gewissen, durch den Ingenieur (bzw. den Problemfachmann) festzulegenden Grad gleichzeitig zu berücksichtigen.

Der mit einem solchen Entwurf verbundene Aufwand ist i.a. nicht unbeträchtlich und hängt sowohl vom Streckenmodell als auch vom verwendeten Verfahren ab. Hier stehen - sieht man von Verfahren ab, die (zumindest derzeit noch) für praktische Anwendungen nicht genügend ausgereift erscheinen - im wesentlichen drei Verfahrensgruppen für einen optimalen Entwurf zur Verfügung, nämlich Maximumprinzip, dynamische Programmierung und Parametrisierung.

Die Wahl der Methode und ihrer numerischen Realisierung hängt nicht zuletzt von der gewählten Art der mathematisch-formalen Beschreibung des ursprünglichen Problems ab. Hier ist folgender Aspekt für die Praxis bedeutungsvoll. Die Modellierung der Strecke, aller einzuhaltenden Beschränkungen und der Qualitätsvorstellungen folgt i.a. durchaus nicht zwangsläufig aus den praktischen Anforderungen, daß man die Grundgesetze der Physik, Chemie usw. richtig anwendet. Einmal liegen praktische Anforderungen oft nur vage formuliert vor und es gibt mehrere Möglichkeiten sie in eine zweckmäßige mathematische Form zu kleiden. Zum anderen erfordert die Frage, welche Systemeigenschaften bzw. Einflußgrößen wesentlich sind und welche für die

konkrete Aufgabe als vernachlässigbar klein angesehen werden
dürfen, viel Erfahrung mit dem konkret vorliegenden System.

Darüber hinaus ist gerade die gewählte Art der mathematischen
Formalisierung entscheidend für den Aufwand, der mit dem Reg-
lerentwurf durch Optimierung verbunden ist, bzw. dafür, ob das
Problem überhaupt mit dem derzeitigen Wissensstand lösbar ist.

Ein Modell, das nicht nur ein gutes Bild des realen dynamischen Prozesses und der an diesen zu stellenden Anforderungen
vermittelt, sondern das darüber hinaus lösungsfreundlich ist
(bis hin zur technischen Realisierung der mathematischen Lösung), kann die Arbeit beträchtlich erleichtern. Es sollten
daher Steuerungsziele und vorhandene Erfahrungen und Möglichkeiten die Modellierung beeinflussen.

Hat man   schließlich mit Hilfe einer adäquaten Problemformulierung und geeigneter Verfahren eine (mathematische) Problemlösung gefunden, so muß diese auf ihre Realisierbarkeit und
insbesondere dahingehend überprüft werden, ob sie das ur-
sprüngliche Problem befriedigend löst. Hierzu gehören vor
allem Empfindlichkeitsanalysen, mit denen Robustheit gegenüber
Parameter- und Modellunsicherheiten ebenso wie jene bezüglich
äußerer Störungen getestet werden. Sehr häufig zeigt es sich
dann (Bild 1.1), daß auf Grund ungünstiger oder unvollständi-
ger Formulierung von Beschränkungen oder Optimalitätsbedingun-
gen das Entwurfsziel nicht ausreichend gut erreicht wurde und
daher der Entwurf mit einem entsprechend verbesserten Modell
zu wiederholen ist.

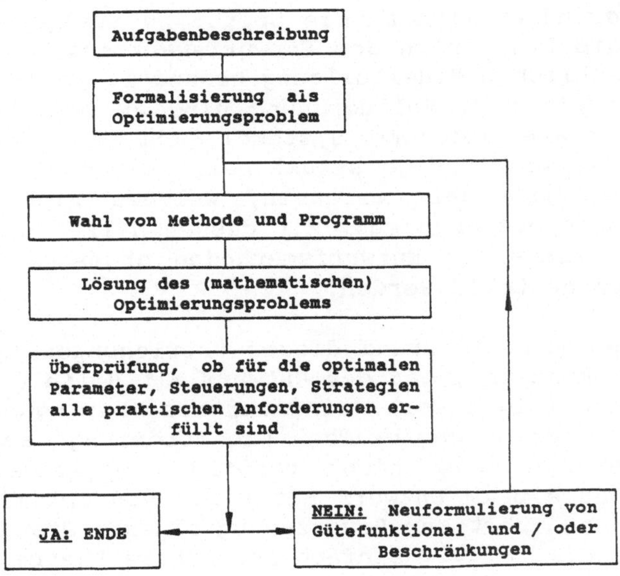


Bild 1.1. Typischer Ablauf einer Regelkreisoptimierung

Nicht zuletzt aus diesem Grund kommt Methoden und numerischen
Verfahren, die die rechnerische Durchführung der Optimierung
schnell und ohne allzu großen Aufwand erlauben, große Bedeutung zu. Dies gilt auch für jene Hilfsmittel - und hierzu gehört vor allem die Simulation -, die eine bequeme Verifikation
und Durchführung der erwähnten Empfindlichkeitsanalysen erlauben, wobei insbesondere die Frage der möglichen Realisierung
einer Kombination von Optimierungs- und Simulationsprogrammen
wichtig ist.

Abschließend sei erwähnt, daß die folgende Darstellung zwar
auf das Entwurfsproblem beschränkt ist, daß jedoch die Kombination von Optimierung und Simulation auch für das Identifika-
tionsproblem Bedeutung besitzt, weil solche erweiterten Programmpakete auch für die Simulation eingesetzt werden können.

Die folgenden Betrachtungen orientieren sich - der Bedeutung
in der Regelungstechnik entsprechend - in erster Linie an
zeit-kontinuierlichen Systemen. Daher bezieht sich der Begriff
Simulation in den meisten Fällen ebenfalls auf kontinuierliche
Simulation (im klassischen Sinn, d.h. auf Untersuchungen im
Zeitbereich). Es ist allerdings zu beachten, daß viele Aussagen - bis auf technische Details - auch für diskrete bzw.
gemischte Systeme in analoger Weise Gültigkeit besitzen.


## 2       Optimierung und Simulation

Zu den grundsätzlich an die Spitze zu stellenden Überlegungen
gehört die Frage nach dem Entwurfswerkzeug, die gemeinsam mit
der eigentlichen Modellbildung behandelt werden sollte. Manche
Methoden wie z.B. Polzuordnung sind an bestimmte Modelltypen
(hier lineare autonome Systeme) gebunden. Daher sollte die
erste Analyse wichtige strukturelle Eigenschaften des Systems
in einem Erstmodell erfassen, welches nicht notwendig aus
Gleichungen bestehen muß. Mit dessen Hilfe können dann die in
Betracht kommenden Entwurfsmethoden abgeschätzt und einander
gegenüber gestellt werden.

Erst wenn man auf Grund dieser Überlegungen zu der Entscheidung gekommen ist, daß der Entwurf mit Hilfe von Optimierungs-
methoden erfolgen soll, sind weitere Überlegungen zur genaueren Modellierung angebracht. Die Forderung nach einem ausreichend genauen aber nicht unnötig komplizierten Modell ist
insbesondere beim Entwurf mit Hilfe von Optimierungskonzepten
wichtig und führt zur Bevorzugung einiger Standardformulierungen, für die relativ einfach anwendbare theoretische Ergebnisse vorliegen.

Simulation wird im Zusammenhang mit dem Entwurfsproblem zumindest an zwei Stellen bedeutungsvoll, nämlich bei der Modellerstellung sowie bei der abschließenden Analyse des geregelten oder gesteuerten Systems.

Beim Modellieren werden folgende Aufgaben durch Simulation wirkungsvoll unterstützt:
- Modellerstellung und -vereinfachung für das dynamische Verhalten des Systems,
- Formulierung von Beschränkungen und Zielvorstellungen.

Wie bereits erwähnt, folgt die mathematisch/formale Beschreibung von Beschränkungen und Zielvorstellungen durchaus nicht immer eindeutig aus der Problembeschreibung. Vielmehr sind die notwendigen vereinfachenden Annahmen wesentliche Entscheidungen des Modellerstellers, insbesondere welche Vorstellungen über eine "gut funktionierende Steuerung/Regelung" als Beschränkungen und welche als Ziel formuliert werden.

Darüber hinaus ist aber auch die konkrete mathematische Formulierung oft auf verschiedene Arten möglich. Man kann eine Abweichung als Absolutbetrag, quadratisch, biquadratisch usw. berücksichtigen. Man kann Maximalwerte oder Integrale über die genannten Größen betrachten, man kann sie aber auch nur in einzelnen Zeitpunkten messen und Maximalwerte oder Summen verwenden. Ersteres ist für kontinuierliche Systeme naheliegend (und für die Anwendung theoretischer Methoden meist sinnvoll), letzteres ist gerade im Hinblick auf den Einsatz digitaler Regler oft problembezogener. Auch haben Glattheitsbedingungen beim Einsatz numerischer Verfahren nicht jene Bedeutung wie bei Einsatz von mehr theoretisch orientierten Verfahren.

Ebenso ergibt sich das Gütefunktional nicht immer zwangsläufig aus der Problemstellung. Oft folgt die Entscheidung, ob man z.B. den Zeitbedarf für einen Übergangsvorgang oder den energetischen Aufwand minimiert, durchaus nicht zwingend aus der Anwendung. Hat man sich dann z.B. für letzteres entschieden, dann sind oft mehrere Arten der Formulierung möglich (wenn auch unterschiedlich zu interpretieren) - man denke in diesem Zusammenhang an die Bezeichnungen energieoptimal und verbrauchsoptimal für Integrale über das Quadrat bzw. über die absoluten Beträge der Steuerungen.

Simulation ermöglicht es, in Aussicht genommene und aus praktischer wie auch aus theoretischer Sicht etwa gleich günstige Formulierungen für Beschränkungen und Gütemaß auf ihre Eignung und Eigenschaften hin zu testen. Dies betrifft insbesondere auch die oft notwendige Gewichtung (die erst nach Normierung erfolgen sollte) mehrerer im Gütemaß vereinigter Zielvorstellungen.

Simulation tritt im Rahmen eines Entwurfs durch Optimierung
dann bei der Durchführung der Optimierung selbst auf. Simulation hat als ein wesentliches Merkmal das "Experimentieren mit
einem Modell". Optimieren bedeutet in der Praxis "Vergleichen
mehrerer Möglichkeiten und Auswahl der besten". Numerische
Optimierungsverfahren benötigen demnach Simulationsläufe zur
Berechnung des zu einem Steuerungskandidaten gehörenden Wertes
des Gütefunktionals sowie zur Überprüfung, ob für diesen Kan-
didaten alle Beschränkungen eingehalten, bzw. alle Bedingungen
an das Systemverhalten erfüllt sind.

Schließlich spielt Simulation eine ganz wesentliche Rolle bei
der Überprüfung, ob die theoretisch/numerisch ermittelte Lösung des mathematischen Modellsystems auch tatsächlich für die
Realisierung geeignet ist.

Simulation erlaubt auf relativ einfache, zeit- und kostengünstige Weise die Durchführung ausgedehnter Empfindlichkeitsanalysen mit dreifachem Ziel, nämlich der Untersuchung des Einflusses von
- Parameterunsicherheiten,
- Störungen,
- Modellvereinfachungen.

Bei diesen Simulationsläufen können alle Systemgrößen - nicht
nur die in Beschränkungen und Zielvorstellungen in besonderer
Weise berücksichtigten - in ihrem zeitlichen Verhalten untersucht werden. Auch ist es hier möglich, ein entsprechend genaueres Modell zu verwenden und so zu prüfen, ob der - aus
Gründen des Aufwandes für ein vereinfachtes Modell erfolgte -
Entwurf auch tatsächlich allen zu stellenden Anforderungen
genügt. Auf diese Weise werden also die - oder zumindest einige - Auswirkungen von Modellvereinfachungen numerisch-experi-
mentell überprüft. Erst bei einem positiven Ergebnis auch
dieser Tests wird man die tatsächliche Realisierung in Angriff
nehmen.


## 3      Problembeschreibung

Im folgenden soll stets davon ausgegangen werden, daß die
gestellte Regelungs/Steuerungsaufgabe lösbar ist, d.h. daß es
mindestens eine Steuerung gibt, für die sämtliche Bedingungen
der Aufgabe erfüllt sind. Dies ist durchaus nicht trivialer-
weise der Fall und ist vor allem mit Steuerbarkeitseigenschaf-
ten des Systems verbunden. Darüber hinaus wird davon ausgegangen, daß die Problemlösung mit Hilfe theoretischer Erkenntnisse unter (möglichem) Rechnereinsatz ermittelt werden soll und
nicht durch Experimentieren an der Anlage.

Unter diesen Voraussetzungen enthält eine regelungstechnische
Problembeschreibung im wesentlichen folgende Grundelemente:

- Systemdynamik,
- Anfangszustand des Systems,
- Beschränkungen der Stellgrößen (Steuerungen),
- Beschränkungen des Zustandes,
- Gewünschter Endzustand und/oder gewünschtes Sollverhalten,
- Ziel der Regelung oder Steuerung.

Sie sind in geeigneter Weise zunächst zu formulieren und  dann
zu formalisieren. Dies bedeutet dreierlei:

- Es muß eine mathematisch/formale Beschreibung gefunden werden, die alle wesentlichen Eigenschaften und Forderungen
  erfaßt.
- Diese Formalisierung soll so erfolgen, daß die anschließende mathematisch/formale Problemlösung mit vertretbarem Aufwand erfolgen kann.
- Die gefundene  formale Lösung muß (mit vertretbarem Aufwand
  und verfügbaren Mitteln) realisierbar sein.

Modellbildung ist im wahrsten Sinn des Wortes eine Kunst: Sie
verlangt viel Wissen und Erfahrung aber auch Intuition. Zwei
widersprüchliche Forderungen stehen einander gegenüber: Einerseits muß das erstellte Modell die Wirklichkeit ausreichend
genau beschreiben, andererseits darf es aber auch nicht unnötig kompliziert sein. Die letzte Forderung führt zur Bevorzugung einiger Standardformulierungen, für die relativ einfach
anwendbare theoretische Ergebnisse vorliegen.

Bei der Modellierung von Strecke, Beschränkungen und Zielvorstellungen wird man in der Regelungstechnik normalerweise von
den bekannten Grundgesetzen der Physik, Chemie usw. ausgehen
und dabei sinnvollerweise jene Einflüsse, die für die konkret
vorliegende Aufgabenstellung als vernachlässigbar klein angesehen werden können, nicht berücksichtigen. Der Begriff klein
läßt sich hierbei jedoch weder absolut noch relativ in Zahlen
angeben - man denke nur an nahe einer Resonanzfrequenz liegen-
de Schwingungen.


## 3.1     Systemdynamik - Streckenmodell

Normalerweise beginnt die Modellbildung mit der Erstellung von
Gleichungen für die Strecke. Als Modelle für die Systemdynamik
werden dabei vor allem gewöhnliche oder partielle Differentialgleichungen, Differenzengleichungen in einer oder in mehreren Dimensionen, Differentialgleichungen mit Totzeit(en)
sowie Integrodifferentialgleichungen in Betracht kommen.

Als Beispiel sei die Regelung der Wasserqualität eines Flusses
erwähnt [37]. Für die Modellierung eines solchen Systems  ohne
Gezeiteneinfluß sind der biologische Sauerstoffbedarf und der
Gehalt an gelöstem Sauerstoff wichtige Kenngrößen, die beide
nicht nur von der Zeit abhängen sondern auch vom Ort, also
Funktionen von vier unabhängigen Veränderlichen sind. Demzufolge wären für die Modellierung partielle Differentialgleichungen heranzuziehen. Um die Problemlösung jedoch zu erleichtern, teilt man den Flußverlauf in mehrere Abschnitte und
betrachtet vereinfachend jeweils "Mittelwerte" der beiden
Kenngrößen. Dadurch kann ein Flußabschnitt in erster Näherung
durch ein System linearer Differentialgleichungen mit Totzeit
(bestimmt durch Strömungsgeschwindigkeit und Länge des betreffenden Abschnittes), bei hinreichend kurzen Flußabschnitten
sogar durch ein System gewöhnlicher, linearer Differentialgleichungen modelliert werden.

Meist möchte man darüber hinaus die Systemstruktur, also den
Aufbau aus Teilsystemen, berücksichtigen. Nimmt man z.B. den
Fall eines zeitkontinuierlichen Systems mit konzentrierten
Parametern, so erhält man auf diese Weise sowohl gewöhnliche
Differentialgleichungen als auch statische Bindungsgleichun-
gen. Leider muß ein derartiges System nicht notwendigerweise
auf die von den meisten Methoden und Programmen geforderte
Standardform eines expliziten Systems gewöhnlicher Differentialgleichungen transformierbar sein - Beispiele hierfür finden sich in der Luft- und Raumfahrt aber auch bei der Modellierung eines Roboters einschließlich seiner Antriebe [30].
Die resultierenden impliziten Differentialgleichungen - oder
Kombinationen aus algebraischen bzw. transzendenten Gleichungen und Differentialgleichungen - sind zwar heute aktuelle
Forschungsthemen, jedoch stehen kaum ausgereifte Methoden oder
gar Programme zur Verfügung. Ist daher der Entwurf innerhalb
kurzer Zeit durchzuführen, so sollte man bereits bei der Modellierung auf derartige Aspekte achten und versuchen, mit
Modellen das Auslangen zu finden, für die entsprechende Software vorhanden ist.

Jedoch müssen nicht notwendig solche Schwierigkeiten mit der
Modellierung der Systemdynamik verbunden sein. Oft ist es
einfach die Frage, ob man sich mit linear(isiert)en Modellen
oder solchen niedrigerer Ordnung begnügt bzw. ob der Aufwand
einer Modellreduktion lohnend ist. Beispiele aus dem Bereich
der Robotik finden sich in [28, 29], bei denen auch die wichtige Rolle der Simulation für diese Modellvereinfachungen
deutlich gemacht wird.

Hier sei als Beispiel die (zeitoptimale) Steuerung einer Verladebrücke Bild 3.1  aus einer Anfangsposition (s = 0) in eine
gegebene Endposition (s = w) erwähnt. Durch Vernachlässsigen

des Verlängerns bzw. Verkürzens des Greifers gelangt man zu
einem relativ einfachen Modell für die Wechselwirkung zwischen
Linearbewegung s und Pendelbewegungen θ des Greifers infolge
der auftretenden Beschleunigungen. Bei einer zufriedenstellen-
den Steuerung bzw. Regelung sind letztere so klein, daß die
Bewegungsgleichungen mit ausreichender Genauigkeit linearisiert werden können [12]. Man erhält dann

$$\ddot{\theta} \;=\; -[(m{+}M)g/(Mh)]\;\theta\;+\;[1/(hM)]\;F$$

$$\ddot{s} \;=\; -(gm/M)\;\theta\;+\;(1/M)\;F$$

Weiters ist zu bedenken, daß bei
entsprechend detaillierter Modellierung auch eine entsprechend
größere Zahl von Parametern identifiziert werden muß, was aufwendige Messungen erfordern kann und
mitunter jedoch gar nicht mit der
wünschenswerten Genauigkeit möglich ist. Hier kann der zunächst
paradox erscheinende Fall eintreten, daß ein strukturell einfa-
cheres Modell mit gut identifi-
zierten Parametern letzlich ein
besseres Simulations- und Entwurfsmodell darstellt als ein
strukturell sehr kompliziertes.

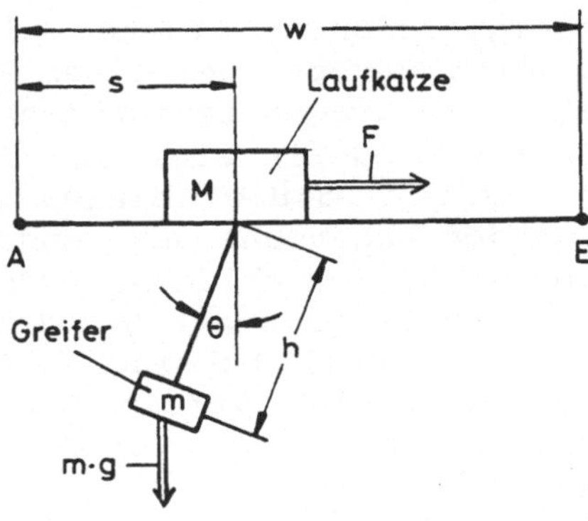


Bild 3.1 Verladebrücke

In diesem Zusammenhang sei aus dem gut bekannten Bereich der
Mechanik das Beispiel der Robotersteuerung erwähnt, wo die
Ermittlung der Trägheitsmomente der einzelnen Glieder für den
zusammengebauten Arm oder die mindestens gleich wichtige Modellierung der Reibungseinflüsse ziemlich aufwendig sind und
man daher häufig von stark vereinfachten Modellen ausgeht.
Eine der Steuerung unterlagerte Regelung hat dann im wesentlichen die Aufgabe, Modellungenauigkeiten auszugleichen [9].

Ein auf einem relativ einfachen Modell basierender Entwurf
wird zwar nicht das absolut beste Resultat ergeben, diesem
jedoch bei geschickter Modellvereinfachung ausreichend nahe-
kommen - wobei der Begriff "bestes Verhalten" meist eine Wer-
tung darstellt, die sich im Laufe der Zeit ändern kann. Wichtig ist es, danach zu trachten, stets auf der sogenannten
sicheren Seite zu liegen. Als Beispiel sei die Steuerung eines
Roboters mit Gleichstrommotoren als Antrieben herangezogen.
Für solche Motoren kann für den Zweck der Robotersteuerung
bzw. Simulation der Zusammenhang zwischen Steuerspannung und
Ankerstrom entweder als ein einziges Verzögerungsglied erster
Ordnung oder aber als zwei in Serie geschaltete derartige

Glieder modelliert werden. Die Simulation zeigt [32], daß das
einfachere Modell stets zu hohe Spitzenwerte des Ankerstroms
liefert. Entwirft man also auf Grund des vereinfachten Modells
(natürlich in Verbindung mit entsprechenden Modellen für den
Arm und die Getriebe), so wird man keine Verletzungen der Beschränkungen für den Ankerstrom zu befürchten haben - freilich
auch nicht die gesamte zur Verfügung stehende Leistung ausnüt-
zen.

Dieses Beispiel zum Thema Ordnungsreduktion ist natürlich
extrem einfach und seine praktische Relevanz scheint zunächst
zweifelhaft. Man muß jedoch bedenken, daß die Rechenzeit für
das Lösen von Anfangswertaufgaben bei gewöhnlichen Differentialgleichungen stärker als quadratisch mit der Ordnung des
Systems wächst. Bei einem Roboter mit den heute üblichen m = 6
Freiheitsgraden bedeutet daher diese Reduktion der Ordnung der
Antriebsmodelle eine Reduktion der  Ordnung des Gesamtmodells
um Sechs. Darüber hinaus sind für Zwecke des Reglerentwurfs
und der Bahnvorhersage sogar linearisierte Modelle der Ordnung
2m (statt der üblichen Ordnung 4m) durchaus ausreichend [29].
Da sowohl bei einer Simulation als auch bei einer Optimierung
dieses Modell mehrfach gelöst werden muß, kann eine solche
"geringfügige" Vereinfachung durchaus für den Gesamtaufwand
und damit für den Erfolg eines Entwurfes durch Optimierung
wesentlich sein.


## 3.2     Beschränkungen und Steuerungsziele

Häufig sind praktische Anforderungen nur vage formuliert und
es gibt daher mehrere Möglichkeiten, sie in eine zweckmäßige
mathematische Form zu kleiden. Auch ist es oft sinnvoll,
durch Modifikationen der Zielvorstellung, also des Gütefunktionals, Zustandsbeschränkungen zu vermeiden. Man denke in
diesem Zusammenhang z.B. an eine Handhabungsaufgabe der Robotik, bei der eine vorgegebene Bahn näherungsweise eingehalten
werden soll, um Kollisionen zu vermeiden. Dann kann man dies
entweder durch die Vorgabe von Schranken für die Abweichung
von der gegebenen Bahn modellieren oder aber durch einen zusätzlichen Summanden im Gütefunktional, der diese Abweichung
klein hält, wie dies z.B. durch das Integral (bzw. den Maximalwert) des Absolutbetrages oder des Quadrates dieser Abweichung geschieht. Auf diese Weise wird eine theoretisch mühsam
zu berücksichtigende Zustandsbeschränkung vermieden. Gleichzeitig entsteht die nicht immer leicht zu beantwortende Frage
der Gewichtung, d.h. der Wahl des Verhältnisses zwischen ur-
sprünglichem Gütefunktional und dem zusätzlichen Summanden.
Man vergleiche diesbezüglich die Bemerkungen zur Vereinigung
mehrerer Zielvorstellungen in einem einzigen Gütefunktional.

Es ist daher zweckmäßig, bereits bei der Problemformulierung
auf die zur Verfügung stehenden Hilfsmittel wie bekannte Verfahren, vorhandene Rechner und Softwarepakete ebenso Bedacht
zu nehmen wie auf vorhandene Kenntnisse und praktische Erfahrungen. Auch sind nur für wenige Problemtypen (hauptsächlich
linear/quadratische Probleme, kurz LQ-Probleme) ausreichend
Methoden zum Entwurf einer optimalen Reglerstruktur entwik-
kelt. Die meisten Verfahren führen auf optimale Steuerungen.
Berücksichtigt man all diese Aspekte - insbesondere die aus
dem Maximumprinzip folgenden Aussagen über die Struktur optimaler Steuerungen - bereits bei der Modellbildung, so kann
nicht nur der Entwurf vereinfacht und der erforderliche Aufwand reduziert, sondern auch eine mit den vorhanden Mitteln
realisierbare Steuerung oder Regelung gefunden werden.

Ähnliches gilt im übrigen auch für die Beschreibung des Endzu-
standes. Meist wird hier Verschwinden der Regelabweichung(en)
im Endzeitpunkt gefordert. Man kann dies nun durch Endbedingungen, z.B. [5], fordern oder aber bedenken, daß exaktes
Nullwerden vom Standpunkt der Praxis in vielen Fällen eine zu
harte Forderung ist. Es genügt vielmehr, daß diese Abweichungen hinreichend klein sind. Dies kann entweder als Unglei-
chungssystem formuliert werden, oder aber durch einen entsprechenden Summanden im Gütekriterium, vgl. [7], wie dies für LQ-
Probleme typisch ist, aber auch in vielen anderen Fällen sinnvoll sein kann. Allerdings bildet auch hier die Frage der
Gewichtung einen wesentlichen Bestandteil der Problemformulierung.

Es wurde bereits auf die "Kompromißfähigkeit" von Optimierungskonzepten hingewiesen. Häufig tritt gerade bei komplexen
oder großen Systemen der Fall auf, daß mehrere Ziele möglichst
gleichzeitig erreicht werden sollen, die ganz oder teilweise
miteinander in Konflikt stehen. Es gibt grundsätzlich mehrere
Möglichkeiten sie in den Entwurf einzubeziehen:
- Vektoroptimierung,
- Hierarchische Optimierung,
- Kombinierte Gütemaße.

Die Formulierung eines Gütevektors führt auf die Untersuchung
von Kompromißlösungen (Mengen effizienter Lösungen) [10, 18].
Sie geben einen guten Überblick über sinnvolle Strategien,
allerdings ist die Anwendung an ziemlich aufwendige theoretische und numerische Untersuchungen gebunden.

Bei einer hierarchischen Vorgangsweise kann zunächst eine
Optimierung bezüglich des am wichtigsten erachteten Zieles
vorgenommen werden. Dann wird eine Toleranzgrenze für dieses
Ziel vorgegeben und neuerlich optimiert. Diesmal bezüglich des
zweitwichtigsten Zieles, wobei nun die Abweichung der im

ersten Schritt optimierten Funktion von ihrem Minimum innerhalb der vorgegebenen Toleranz bleiben muß. Es kommt daher
eine weitere (Zustands)Beschränkung hinzu. Dies wird nun so
lange wiederholt, bis alle Zielvorstellungen abgearbeitet
sind. Auf diese Weise wird das Vektoroptimierungsproblem in
eine Folge gewöhnlicher Optimierungsprobleme transformiert.
Bei einer größeren Zahl von Zielen kann der Aufwand dementsprechend hoch werden und die Bedeutung leistungsfähiger Verfahren für die einzelnen Optimierungsprobleme ist nicht zu
übersehen. Ein wichtiges Kriterium für den Erfolg dieser Methode ist die geeignete Vorgabe der Toleranzen. Hierfür sind
wieder entsprechende Simulationsläufe geeignete Hilfsmittel.

Man kann auch auf andere Weise hierarchisch vorgehen, wie dies
z.B. bei der Ermittlung energie-optimaler Trassen für ein U-
Bahn-Netz geschieht. Durch die Forderung nach einer kurzen
Fahrzeit zwischen aufeinanderfolgenden Stationen und jener
nach möglichst geringem Energieverbrauch entsteht eine Kon-
fliktsituation. Diese kann durch die Vorgabe einer sinnvoll
scheinenden Fahrzeit und anschließender Minimierung des Ener-
gieverbrauches behoben werden, was der oben beschriebenen
Methodik entspricht. Eine andere, ebenfalls hierarchische
Möglichkeit besteht in der Anwendung einer zweistufigen Optimierung, bei der jene Trassen gesucht werden, für die bei
strikt zeitoptimaler Fahrweise der kleinstmögliche Energieverbrauch auftritt [4, 17].

Bei der Vereinigung aller Zielvorstellungen in einem einzigen
Gütefunktional wird eine gewichtete Summe der einzelnen Gütemaße gebildet. Diese Vorgangsweise ist ziemlich häufig anzutreffen, insbesondere gehören viele LQ-Probleme dazu. Als
Beispiel sei der Betrieb eines hydro-energetischen Systems mit
Mehrfachnutzung erwähnt, bei dem der Gewinn aus Energieerzeugung und Zweitnutzung (z.B. durch Bewässerung landwirtschaft-
licher Nutzflächen) maximiert werden soll [20].

Die Schwierigkeit dieser Vorgangsweise besteht in einer geeigneten, d.h. problem-adäquaten Gewichtung der einzelnen
Gütevorstellungen - ein Problem das in gleicher Form bei der
Einbindung von Beschränkungen in das Gütefunktional auftritt.
So sind z.B. bei dem eben erwähnten hydro-energetischen System
die beiden Gewinnkomponenten von so unterschiedlicher Größenordnung, daß eine gewöhnliche Summenbildung nur ein Ziel,
nämlich die Maximierung des Gewinnes aus der Bewässerung wirklich berücksichtigen würde [26].

Man sollte daher in all diesen Fällen zunächst eine Normierung
derart vornehmen, daß die das Gesamtgütemaß bildenden Summanden von gleicher Größenordnung sind. Erst anschließend ist
eine Gewichtung der einzelnen Summanden sinnvoll, die der

Bedeutung, die den einzelnen Zielen beigemessen wird, Rechnung trägt. Auch hierfür sind Simulationsläufe wesentliche Hilfsmittel. Dennoch ist es oft unvermeidlich, eine derartige Optimierung mehrfach durchzuführen, d.h. sie mit mehr oder weniger stark geänderten Gewichten zu wiederholen.

### 3.3    Eine typische Problemformulierung

Nimmt man der Einfachheit halber den Fall eines kontinuierlichen Systems mit konzentrierten Parametern an, dann sieht eine solche Beschreibung typisch so aus:

Beschreibung der Systemdynamik:

$$\dot{x} = f(x,u,t) \tag{1}$$

Anfangszustand des Systems:

$$x(t_0) = x_0 \tag{2}$$

Beschränkungen hinsichtlich der Steuerungen:

$$u \in U \subseteq R^r \tag{3}$$

Beschränkungen bezüglich des Zustandes:

$$x \in X \subseteq R^n \tag{4}$$

Gewünschter Endzustand und/oder gewünschtes Sollverhalten:

$$g(x(t_e),t_e) = 0, \quad t_e \in [t_1,t_2] \tag{5a}$$

bzw.

$$h(x(t)) \in H(t) \subseteq R^n, \quad t \in I = [t_0,t_e] \tag{5b}$$

Gesucht ist eine zulässige, d.h. normalerweise eine stückweise stetige Steuerung u(.), für die unter Einhaltung der Bedingungen (1) - (5) das  Gütefunktional

$$J = J(u) = Min \tag{6}$$

welches typisch von der Form

$$J(u) = F_0(x(t_e), t_e) + \int_{t_0}^{t_e} f_0(x(s), u(s),s) \, ds \tag{7}$$

ist, seinen minimalen Wert annimmt.

Der  Anfangszustand (2) ist in den meisten Fällen vorgegeben, der Endzustand kann vollständig oder teilweise bekannt sein, es können jedoch auch überhaupt keine diesbezüglichen Bedingungen vorliegen. Dies ist dann der Fall, wenn die diesbezüg-

lichen Vorstellungen in das Gütefunktional einbezogen wurden
(erster Summand in (7)). Sinnvollerweise fordert man, daß die
Anfangswertaufgabe (1), (2) für jede zulässige Steuerung u(.)
auf dem gesamten betrachteten Zeitintervall I eindeutig lösbar
ist und diese Lösungen stetig von den Anfangswerten abhängen.
Normalerweise ist außerdem der Anfangszeitpunkt bekannt, der
Endzeitpunkt kann jedoch frei sein, wie z.B. bei der Forderung
nach "Zeitoptimalität".

Die Stellgrößenbeschränkungen sind durch die Menge U charakterisiert, die sowohl von der Zeit als auch vom Zustand x abhängen kann. Die Menge X kann ebenfalls von der Zeit (nicht jedoch von u) abhängen.

Abschließend sei darauf hingewiesen, daß das Modell (1) - (6)
häufig einen Parametervektor a enthält, da Parameterwerte oft
mit Unsicherheiten behaftet sind. Der Entwurf erfolgt dann für
bestimmte Nominalwerte, die anschließende Simulation muß jedoch das Entwurfsergebnis gerade auch in Hinblick auf seine
Robustheit gegenüber solchen Parameterunsicherheiten testen.
Es können solche Parameter jedoch auch in die Optimierung
einbezogen werden, wie dies z.B. bei der Langzeitoptimierung
hydro-energetischer Systeme in der Forderung nach Jahresperio-
dizität zum Ausdruck kommt.


## 4       Methoden der Optimierung

Für Optimierungsaufgaben der Form (1) - (7) stehen im wesentlichen drei methodische Ansätze zur Verfügung:

- Maximum(Minimum)prinzip von L.S.Pontrjagin,
- Dynamische Programmierung von R.Bellmann,
- Parametrisierung der Steuerungen.


## 4.1     Maximumprinzip von L.S. Pontrjagin

Das Maximumprinzip, [1, 5, 8, 24], ist eine Weiterentwicklung
der klassischen Variationsrechnung auf Probleme mit abgeschlossenem Variationsbereich U, wie sie für die Regelungstechnik typisch sind. Die Hamiltonfunktion

$$H(x,p,u,t) = f_0(x,u,t) + p^T f(x,p,t) \tag{8}$$

nimmt entlang einer optimalen Trajektorie bezüglich des Steuervektors u ihren kleinsten Wert an. Auf Grund dieser (notwendigen) Bedingung läßt sich die gesuchte optimale Steuerung
zunächst als Funktion von x und t sowie des adjungierten Zu-

standes p ausdrücken. Letzterer ist Lösung der adjungierten
Differentialgleichungen, die sich durch Gradientenbildung aus
(8) ergeben. Aus den Transversalitätsbedingungen folgen weitere Beziehungen für s und p im Endzeitpunkt, also weitere Randbedingungen. Auf diese Weise erhält man im einfachsten Fall
eine Zweipunkt-Randwertaufgabe zur Ermittlung des optimalen
Zustandes und Ko-Zustandes, woraus dann schließlich durch
Einsetzen die optimale Steuerung selbst folgt.

Diese Rückführung der Optimierungsaufgabe auf eine Randwertaufgabe ist nur dann so einfach möglich, wenn weder singuläre
Steuerungen - d.s. solche, bei denen der Gradient von H bezüglich u auf einem Teilintervall von I identisch verschwindet -
noch Zustandsbeschränkungen (4) auftreten. In all diesen Fällen kommen weitere Bedingungen für eine a priori unbekannte
Anzahl M von Zeitpunkten aus dem Intervall I hinzu. Es entsteht eine (M+2)-Punkt-Randwertaufgabe mit einer erst im Verlauf der Rechnungen zu ermittelnden Anzahl M. Weiters sind
Bedingungen höherer Ordnung bekannt, die eine vielfach eindeutige Ermittlung der gesuchten optimalen Steuerung (seltener
Regelung) ermöglichen.

Leider sind die für die Numerik wichtigen Eigenschaften der
entstehenden Randwertaufgabe sehr ungünstig, da das Differentialgleichungssystem für x und p in jeder Zeitrichtung instabil ist. Für die Lösung der Randwertaufgabe sind daher spezielle Verfahren notwendig, wie z.B. die Mehrzielmethode.

Trotz der ungünstigen numerischen Eigenschaften der Mehr-
Punkt-Randwertaufgabe ist es gelungen, die Bedingungen erster
und höherer Ordnung des Maximumprinzips für die Optimierungsaufgabe in der allgemeinen Form (1) - (7) so in ein Software-
Paket zu integrieren, daß unter Benutzung der Mehrzielmethode
zur Lösung der Mehr-Punkt-Randwertaufgabe die gesuchte optimale Steuerung und die zugehörige Trajektorie gefunden werden
kann (z.B. [21, 22]). Derzeit hat dieses Paket allerdings noch
den Nachteil, daß ziemlich genaue Startwerte sowohl für den
zeitlichen Verlauf des Zustandes als auch für denjenigen des
adjungierten Zustandes benötigt werden. Deren Ermittlung ist
die eigentliche Schwierigkeit bei der Anwendung dieses Verfahrens und erfordert neben theoretischen Kenntnissen eine gute
Systemkenntnis bzw. Simulationsstudien. Der diesbezügliche
Aufwand wird von erfahrenen Fachleuten auf mindestens ein
halbes bis ein ganzes Mannjahr für realistische Probleme geschätzt.

Zu den großen Vorzügen des Maximumprinzips zählen die durch
Auswerten der Minimalbedingung für die Hamiltonfunktion resultierenden Aussagen über die Struktur der optimalen Steuerung,
die wichtige Hinweise für eine "realisierungsfreundliche"

Modellbildung geben. Hierzu gehören Ergebnisse (auf mathematisch vollständig exakte Formulierung wird verzichtet) wie

- Ist die Hamiltonfunktion linear in den Komponenten von u und sind die Steuerungsbeschränkungen (3) einfache Schranken (d.h. ist U ein Parallelepiped), so haben die optimalen Steuerungen Bang-Bang-Form, d.h. sie nehmen nur Werte in den Ecken von U an.
- Ist die Hamiltonfunktion linear in den Komponenten von u und in deren Absolutbeträgen, so sind im Falle einfacher Schranken für u die optimalen Steuerungen 3-wertig ("Bang-Zero-Bang").
- Liegt ein linear/quadratisches Problem (1), (7) vor, so ist eine lineare Zustandsrückführung optimal, die mit Hilfe der Riccati-(Differential)Gleichung bestimmt werden kann.

Es sei erwähnt, daß die oben genannten Aufgabenformen häufig mit den Begriffen "Zeitoptimalität", "Verbrauchsoptimalität" bzw. "Energieoptimalität" identifiziert werden - Bezeichnungen, die manchmal, aber durchaus nicht immer zutreffen.

Derzeit wird das Maximumprinzip vor allem für Aufgaben der eben beschriebenen Art praktisch eingesetzt. Entsprechende Erfahrung mit LQ-Problemen ermöglicht es darüber hinaus, durch geeignete Änderung der Gewichtsmatrizen des quadratischen Gütefunktionals auch bei einer solchen Modellierung Stellgrößenbeschränkungen einzuhalten.


## 4.2    Dynamische Programmierung von R.Bellman

Die dynamische Programmierung, [3, 19], umfaßt einmal ein theoretisches Ergebnis, das dem Maximumprinzip äquivalent ist, und zum anderen ein numerisches Verfahren, das zunächst für n-stufige Entscheidungsprozesse entwickelt wurde und das nach geeigneter Diskretisierung der Zeit auch auf Probleme der Form (1) - (7) angewendet werden kann. Grundlage ist das Ergebnis, daß das Endstück einer optimalen Trajektorie wieder optimal ist. Da außerdem alle Strategien miteinander verglichen werden, erhält man stets ein globales Optimum.

Daher haben beide Ausformungen mit dem Maximumprinzip die Eigenschaft gemeinsam, daß mit ihrer Hilfe das globale Optimum ermittelt werden kann. Die dem Maximumprinzip äquivalente Formulierung mit Hilfe der Bellmanschen Funktionalgleichung ist allerdings i.a. für praktische Anwendungen deutlich aufwendiger als das Maximumprinzip.

Daher sollen sich die folgenden Überlegungen auf die gerade für die Anwendungen wichtige numerische Methode beschränken,

die ebenfalls das (im Rahmen der gewählten Diskretisierung)
globale Optimum liefert und zwar mit einem gegenüber anderen
Verfahren reduzierten Aufwand. Leider ist letzterer für Systeme höherer Dimension noch immer so groß, daß man auf Nähe-
rungsmethoden ausweichen muß. Diese beruhen auf der Erkenntnis, daß Zustandsbeschränkungen für dieses Verfahren insofern
günstig sind, als durch sie der Suchbereich eingeschränkt
wird. Bei Verfahren [23, 27], wie dem adaptiven Suchschlauch
oder den verwandten DDDP-Verfahren legt man daher um eine
Nominaltrajektorie einen stark eingeschränkten Suchschlauch
und bestimmt in diesem das Optimum. Um das Ergebnis wird dann
ein neuer Suchbereich gelegt usw. Der offensichtliche Nachteil
dieser Methode besteht darin, daß nunmehr nur noch ein relatives Optimum gefunden wird, welches von der jeweiligen Start-
trajektorie und der Art der Suchschlauchbildung abhängt [26].


## 4.3  Parametrisierung der Steuerungen

Diese Verfahrensgruppe beruht auf grundsätzlich anderen Überlegungen, denn es wird von Anfang an nur eine Näherung der
mathematisch optimalen Steuerung gesucht. Mit Hilfe geeignet
erscheinender Basisfunktionen $u_k(.)$ wird die Steuerung in der
Form

$$u(t) = \sum_{k=1}^{N} a_k u_k(t) \tag{9}$$

angesetzt, wodurch das Gütefunktional (7) zu einer von den N
Parametern $a_k$ abhängigen Funktion wird. Damit wird die Aufgabe, eine optimale Steuerung zu finden  auf eine Parameteroptimierungsaufgabe zurückgeführt, bei der Nebenbedingungen sowohl
in Form von Gleichungen als auch in Form von Ungleichungen -
entsprechend (5) bzw. (3) und (4) - vorliegen.

Dieses Problem kann daher grundsätzlich mit geeigneten Verfahren der nichtlinearen Programmierung bearbeitet werden [11,
13, 14]. Man erhält auf diese Weise ein relatives Optimum der
Parameteroptimierungsaufgabe, welches vom Verfahren und von
den gewählten Startwerten abhängt. Weiters muß man bei der
Wahl des Verfahrens sowie bei den Genauigkeitsansprüchen bedenken, daß jede Auswertung des Gütefunktionals wegen der
erforderlichen Integration der Anfangswertaufgabe (1), (2)
aufwendig und rechenzeitintensiv ist.

In diesem Zusammenhang sollte ein für die Anwendung wichtiger
Aspekt dieser Approximation der optimalen Lösung des mathema-
tisch/formalen Problems gesehen werden. Es ist dies die Möglichkeit der endlichdimensionalen Beschreibung realisierbarer

Steuerungen - ein Punkt, der im Hinblick auf den Einsatz digitaler Steuerungen besonders interessant ist. Statt zuerst eine optimale Steuerung (mathematische Lösung) zu suchen und sie danach mehr oder weniger genau näherungsweise zu realisieren, kann man unmittelbar und von Anfang an die mit den gegebenen technischen Mitteln beste realisierbare Steuerung berechnen. Will man z.B. Mikroprozessoren einsetzen, so ist es zweckmäßiger, direkt die beste stückweise konstante Steuerung zu berechnen und so die mit der Diskretisierung der optimalen kontinuierlichen Steuerung verbundenen Probleme zu vermeiden.

Für bestimmte Aufgabentypen liefert darüber hinaus das Maximumprinzip die theoretischen Grundlagen für einen Ansatz mit dessen Hilfe sogar das mathematische Optimum bestimmt werden kann, sofern es gelingt, das globale Optimum der resultierenden Parameteroptimierungsaufgabe numerisch zu ermitteln.

Aus dieser Sicht bieten sich daher in erster Linie folgende Approximationen an:

- Bang-Bang-Funktionen (zweiwertige Steuerungen),
- Bang-Zero-Bang-Funktionen (dreiwertige Steuerungen),
- Stückweise  konstante Funktionen,
- Stückweise  lineare  Funktionen,
- Stückweise Polynome (primär zweiten oder dritten Grades),
- Splines,
- Direkte Ansätze für realisierbare Steuerungen auf Grund vorliegender Erfahrungen.

Die Art der Parameterisierung sowie die Wahl der Startwerte für das numerische Verfahren sind von ausschlaggebender Bedeutung für den Erfolg dieser Methode [14, 34]. Dies sei kurz an einem Beispiel skizziert.


**Beispiel: Zeitoptimale Steuerung einer Verladebrücke.**

Die Systemdynamik wurde bereits in Abschnitt 3.1 formuliert. Es handelt sich um ein Problem mit festen Randwerten ohne Zustandsbeschränkungen, jedoch mit einer Steuerungsbeschränkung der Form $| F | \leq F_{max}$. Die zeitoptimale Steuerung ist eine Bang-Bang-Steuerung, so daß eine Parametrisierung mit den Schaltzeitpunkten als Parameter naheliegt. Letztere müssen eine monotone Folge bilden, was auf allgemeine lineare Nebenbedingungen führt. Günstiger ist es, die Längen der Schaltintervalle als Parameter anzusetzen, da die Forderung nach nicht-negativen Längen dieser Intervalle sogenannte einfache Schranken darstellt, die für Optimierungsalgorithmen einfacher zu handhaben sind. Weiters darf man nicht mehr Parameter ansetzen als tatsächlich erforderlich sind, da andernfalls die

Zahl der relativen Minima beträchtlich - und unnötig - erhöht wird. Dies bedeutet z.B. für die Berechnung optimaler vektorieller Bang-Bang-Steuerungen, daß man für jede Komponente des Steuervektors eine eigene Intervallfolge ansetzt. Näheres ist diesbezüglich in [36] zu finden. Auf diese Weise ist es möglich, die zeitoptimale Steuerung der Verladebrücke zu berechnen. Eine solche Bang-Bang-Steuerung stellt bekanntlich hohe Ansprüche an die Genauigkeit der Realisierung; bereits kleine Abweichungen von den berechneten optimalen Intervallängen können dazu führen, daß die Endposition nicht mit verschwindenden Geschwindigkeiten erreicht wird. Daher ist es naheliegend, dieses Problem mit einer anderen Parameterisierung zu lösen, die "realisierungsfreundlicher" ist und z.B. der heute üblichen digitalen Realisierung Rechnung trägt. Setzt man die Steuerung als stückweise konstant an, so ändert sich die benötigte Verfahrzeit nur geringfügig, Bild 4.1, die Lösung ist jedoch wesentlich robuster geworden [14, 36].

Ein weiterer Aspekt betrifft die Existenz einer mehr oder weniger großen Zahl relativer Minima. Daher kommt der Wahl des Startpunktes für das Optimierungsprogramm große Bedeutung zu, da im allgemeinen ein in dessen Nähe gelegenes Optimum gefunden wird. Hier kann man entweder spezielle Verfahren (die man allerdings meist selbst programmieren muß) heranziehen, oder - einfacher - durch Mehrfachoptimieren von verschiedenen Startpunkten aus eine gewisse Abhilfe schaffen. Man ist zwar dann nicht sicher, das globale Optimum der Parameteroptimierungsaufgabe gefunden zu haben, erhält aber auf diese Weise einen recht guten Überblick über den Verlauf der Gütefunktion, was aus der Sicht des Ingenieurs Vorteile hat. Auch dies ist eine Simulation: sie liefert Hinweise auf die erforderliche Realisierungsgenauigkeit und gewisse Robustheitseigenschaften des Optimums.

Abschließend sei darauf hingewiesen, daß mit dieser Methode natürlich auch ein Regler vorgegebener Struktur optimal ausgelegt werden kann. Dieser ist dann i.a. zwar nur für feste Randpunkte wirklich optimal, wird aber bei geeigneter Vorgangsweise auch in einer hinreichend großen Umgebung dieser Punkte eine nahezu optimale Funktionsweise aufweisen. Dieses Vorgehen wurde für PID-Regler bzw. für PID-Zustandsrückführungen für eine zeitoptimale Punkt-zu-Punkt-Steuerung eines Industrieroboters erprobt [35]. Dabei zeigte sich die große Bedeutung einer problembezogenen Vorgabe der Startwerte, weil eine große Zahl relativer Minima auftritt. Die anschließende Sensitivitätsanalyse bestätigte die Robustheitsvermutung für Änderungen von Anfangs- bzw. Endpunkt der Roboterbewegung [7].

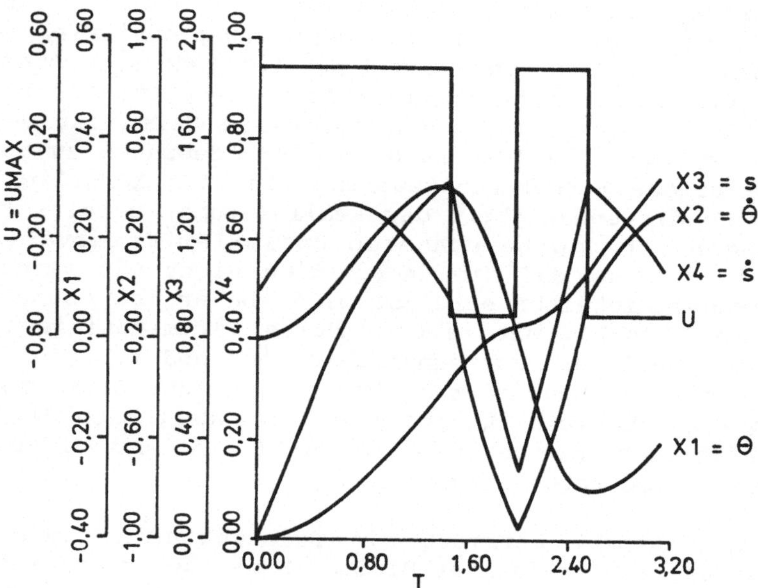



Bild 4.1. Verladebrücke: Zeitoptimale Bang-Bang-Steuerung
und zugehörige Trajektorien.

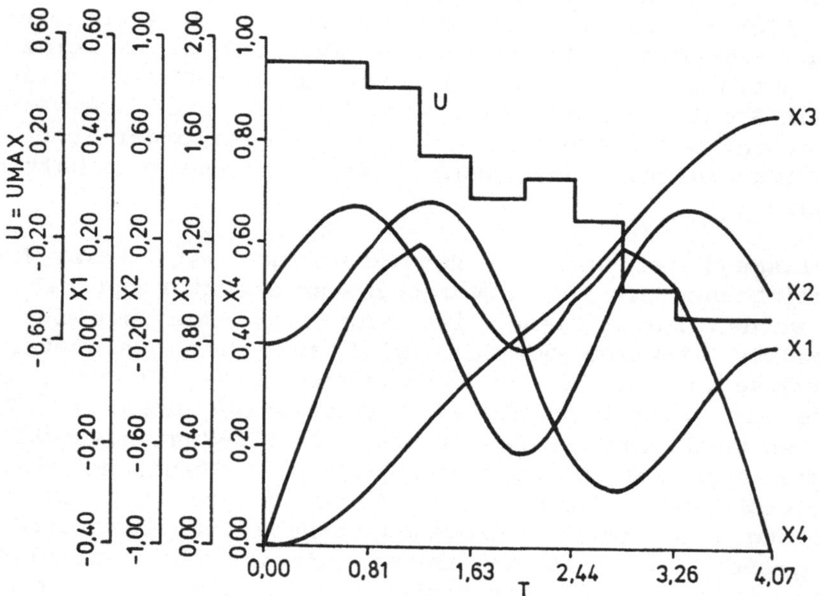



Bild 4.2. Verladebrücke: Zeitoptimale stückweise konstante
Steuerung und zugehörige Trajektorien (beste
für dieses n gefundene Lösung): n = 10, T = 4.07

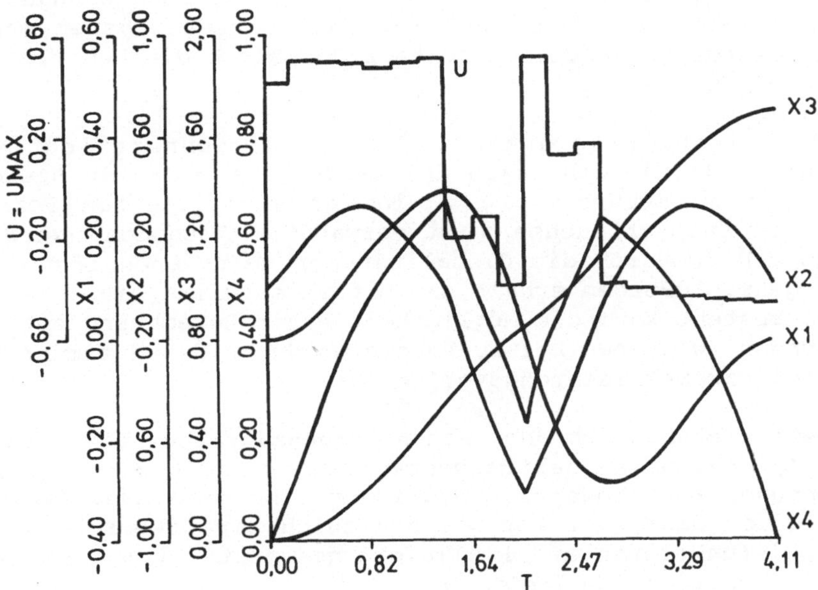


Bild 4.3. Verladebrücke: Zeitoptimale stückweise konstante
Steuerung und zugehörige Trajektorien (beste
für dieses n gefundene Lösung): n = 20, T = 4.11

## 4.4  Vergleich der Verfahren

Maximumprinzip und dynamische Programmierung sind theoretisch
äquivalent und gleichermaßen geeignet, das globale Optimum zu
ermitteln. Die Anwendung beider Verfahrensgruppen ist für
realistische Probleme nicht einfach. Dies ist beim Maximumprinzip in den ungünstigen numerischen Eigenschaften der entstehenden Randwertaufgabe begründet, wogegen die numerische
Ausprägung der dynamischen Programmierung unter dem "Fluch der
Dimensionalität" leidet. Zustandsbeschränkungen bereiten beim
Maximumprinzip ebenso wie das mögliche Auftreten singulärer
Steuerungen zusätzliche Schwierigkeiten, was bei der dynamischen  Programmierung hingegen nicht der Fall ist.

Der große Vorteil des Maximumprinzips liegt sicher nicht zuletzt darin, daß mit seiner Hilfe Aussagen über die Struktur
der optimalen Steuerung oder Regelung gefunden werden können,
ohne diese selbst im Detail zu berechnen, worauf sinnvollerweise bereits beim Modellansatz Bedacht genommen wird. Insbesondere sollte dieser stets dann überdacht werden, wenn die so
erhaltenen Lösungen ihrer Struktur nach nicht mit vertretbarem
(oder dem vorgesehenen) Aufwand realisiert werden können.
Darüber hinaus erhält man Aussagen, inwieweit z.B. bei einer

bereits bestehenden Anlage überhaupt noch Verbesserungen möglich sind bzw. was überhaupt für das konkrete System machbar ist - allerdings jeweils innerhalb der durch die Modellbildung gesetzten Grenzen.

Die dynamische Programmierung ist ein rechnerorientiertes Verfahren, das jedoch wegen des großen Aufwandes an Speicherplatz und an Rechenzeit i.a. in der modifizierten Form des adaptiven Suchschlauches (und verwandter Methoden) verwendet werden muß, wodurch die Globalität der gefundenen Lösung verloren geht. Außerdem erhält man mit ihrer Hilfe eine Steuerung und es besteht kaum die Möglichkeit einer Berechnung optimaler Regelungen (wie etwa bei LQ-Problemen durch das Maximumprinzip bzw. bei Parametrisierungsverfahren).

Parametrisierungsmethoden gehen grundsätzlich vom Gedanken einer Approximation der gesuchten Steuerung in einem geeignet scheinenden Funktionenraum endlicher Dimension aus. Besonders wichtig ist dabei der Aspekt, daß durch eine zweckmäßige Wahl der Basisfunktionen auf Realisierungsaspekte Rücksicht genommen werden kann. Außerdem läßt sich die Genauigkeit durch Erhöhung der Dimension dieses Raumes also durch die Hinzunahme weiterer Basisfunktionen steigern. Gewisse Schwierigkeiten sind vor allem in den derzeit nicht in genügendem Umfang kommerziell erhältlichen Programmpaketen für derartige Parameteroptimierungsaufgaben mit Nebenbedingungen zu suchen.

Grundsätzlich bietet die letztgenannte Methodik auch die Möglichkeit, optimale Regler zu bestimmen. Man hat dann allerdings zu bedenken, daß dieser Regler i.a. von den jeweils gewählten Anfangs- und Endwerten abhängt. Diese Eigenschaft hat er jedoch mit jener Lösung des Problems (1) - (7) gemeinsam, die man mit einer der anderen Methoden erhält (sieht man von einigen Ausnahmen wie etwa LQ-Probleme in Zusammenhang mit dem Maximumprinzip ab). Man sollte daher dies nicht der Methode selbst zum Vorwurf machen, sondern gegebenenfalls versuchen, durch Modifikation des Gütemaßes (z.B. Maximierung über mehrere Anfangswerte) oder durch geeignete "Mittelung" der zu verschiedenen Anfangswerten gehörenden optimalen Regler zu einer insgesamt befriedigenden Lösung zu gelangen.


**5      Kombination von Simulations- und Optimierungsprogrammen**

Simulationssprachen, wie z.B. die vielfach benutzte Sprache ACSL, bieten eine relativ bequeme Möglichkeit ein regelungstechnisches Modell computergerecht zu formulieren und mit Hilfe des Rechnermodells anschließend die Simulationsexperimente durchzuführen.

Solche Simulationssprachen unterstützen sowohl die Modellbildung als auch die interaktiven Simulationsläufe, leider aber
nicht Optimierungen. Für letztere gibt es Spezialroutinen in
den üblichen Programmbibliotheken wie die NAG- oder IMS-libra-
ry. Diese Programme sind für spezielle Zwecke entwickelt und
berücksichtigen besondere Eigenschaften einer Parameteroptimierungsaufgabe. Sie unterscheiden sich in ihrer Anwendbarkeit
je nachdem, ob bezüglich der zu optimierenden Parameter
- das Gütefunktional linear, quadratisch oder nichtlinear,
- die Beschränkungen einfache Schranken, linear oder nichtlinear,
- Gradient bzw. Hesse-Matrix des Gütefunktionals verfügbar
sind. Bedauerlicherweise stehen für die i.a. nichtlinearen
Aufgaben der Regelungstechnik nur sehr wenige Programme zur
Verfügung, so daß man häufig auf Eigen- oder Spezialentwick-
lungen (meist von Forschungseinrichtungen) zurückgreifen wird.

Alle diese Programme besitzen jedoch den nicht zu übersehenden
Nachteil, daß für sie das Modell in einer höheren Programmiersprache, meist in FORTRAN, geschrieben werden muß. Die Integration von solchen Optimierungsroutinen in eine Simulationssprache ist nicht einfach, daher wird häufig auch die Simulation in derselben höheren Programmiersprache durchgeführt, was
Verzicht auf die bei einer Simulationssprache selbstverständ-
liche Unterstützung beim interaktiven Arbeiten und bei der
Dokumentation bedeutet.

Eine andere, ebenfalls oft verwendete Möglichkeit ist das
"parallele" Verwenden beider Möglichkeiten. Sie bedeutet jedoch, daß das Modell zweimal programmiert werden muß, was
neben dem seinem Wesen nach überflüssigen Zusatzaufwand auch
ein erhöhtes Fehlerrisiko bedeutet, sofern dieser doppelte
Aufwand nicht zur Kontrolle der Programmierung benützt wird.

Beide Möglichkeiten sind im Hinblick auf die enge Verflechtung
von Simulation und Optimierung bei regelungstechnischen Problemen keinesfalls befriedigend. Daher soll im folgenden die
Möglichkeit der Integration von Optimierungsroutinen in eine
Simulationssprache genauer untersucht werden.

Betrachtet man Simulation und Optimierung, so ist offensichtlich die Optimierung als übergeordnet anzusehen, da sie jeweils einen Simulationslauf für die Berechnung der Gütefunktion benötigt. Daher wäre der natürliche Weg, die Simulation
als Unterprogramm(paket) der Optimierung zu realisieren. Bedauerlicherweise gibt es jedoch derzeit - und vermutlich auch
in näherer Zukunft - keine Optimierungsprogramme, die einen
ähnlichen Benutzerkomfort bieten wie moderne Simulationssprachen.

Die dritte Möglichkeit ist das Einbinden von Optimierungsprogrammen in Simulationssprachen. Hierfür gibt es grundsätzlich
drei Möglichkeiten:
- Erweitern des Laufzeit-Interpreters um Optimierungsroutinen, was das Modell in Form einer Datenbasis verlangt
- Implementation der Optimierung innerhalb der Modellbeschreibung
- Gemischte Implementationsformen.

Der erste Ansatz ist grundsätzlich der beste, jedoch nur in
Interpreter-orientierten Simulationssprachen wie etwa DARE
oder HYBSYS realisierbar. Die beiden anderen Möglichkeiten
können in allen gängigen Simulationssprachen realisiert werden, erlauben jedoch keine saubere Trennung von Modell- und
Experimentbeschreibung.


**5.1      Integration der Optimierung in das Modell**

Bei Sprachen des CSSL-Standards ist die Modellbeschreibung in
Initialisierung (Initial section), Systemdynamik (Dynamic
section) und Endverarbeitung (Terminal section) gegliedert.
Iterationen können durch einen Sprung aus der Terminal section
zurück in die Initial section realisiert werden. Parameteränderungen sind in diesen beiden Programmteilen möglich, wodurch
eine Optimierung auf Grund des zuletzt berechneten Wertes des
Gütefunktionals möglich wird.  Der große Nachteil dieser an
sich einfachen Vorgangsweise - die in [15] für die Sprache
DYNAMO beschritten wurde - besteht in dem Zwang, die Optimierung direkt in der Terminal oder in der Initial section programmieren zu müssen, wobei vorhandene Optimierungsunterpro-
gramme nicht verwendet werden können, da diese ein Unterprogramm für die Berechnung der Gütefunktion aufrufen können
müssen.


**5.2      Optimierung und Simulation als parallele Aufgaben**

Üblicherweise ist eine Optimierungsroutine als Unterprogramm
aufrufbar, eine Simulationssprache jedoch ein Hauptprogramm.
Umgibt man das Optimierungsprogramm mit einem entsprechenden
Hauptprogramm, so können auf einem Rechner, der Multitasking
mit Datenaustausch zwischen den Programmen erlaubt, beide
gestartet und geeignet synchronisiert werden: Wird ein Simulationslauf durchgeführt, so ist die Optimierung inaktiv; sie
wird bei Beendigung des Simulationslaufes aktiviert und berechnet dann die neuen Parameterwerte. Diese Möglichkeit hängt
von Software und Hardware ab und kann  z.B. auf einer VAX
realisiert werden [2].

## 5.3    Erweiterung des Simulations-Hauptprogramms

Die Erweiterung der Modellbeschreibung um Beschränkungen und
Zielfunktion stellt eine effektive und allgemein verwendbare
Möglichkeit dar. Es ist jedoch wichtig, die Optimierungsrouti-
ne selbst nur dann aufzurufen, wenn auch tatsächlich eine
Optimierung durchgeführt wird und nicht etwa eine Empfindlich-
keitsanalyse.

Dazu muß nun die Struktur des ACSL-Hauptprogramms genauer betrachtet werden (Bild 5.1). ZZSIML ist die kompilierte Modellbeschreibung und ZZEXEC der interaktiv verwendbare Laufzeit-
Interpreter. Beide werden innerhalb einer Schleife abgearbeitet, wobei ein Initialisierungsprogramm ZZDLOC sowie ein
Scheinlauf vor den eigentlichen Simulationsläufen ausgeführt
werden.

Üblicherweise wird das Simulationshauptprogramm als FORTRAN-
Code durch ACSL generiert und anschließend kompiliert. Aber
ACSL bietet darüber hinaus dem Benutzer die Möglichkeit, ein
auf seine speziellen Bedürfnisse abgestimmtes Simulationshauptprogramm selbst zu erstellen und an Stelle der ACSL-Stan-
dardversion zu verwenden, wodurch das Einbinden von Optimierungsroutinen ermöglicht wird. Mit Hilfe einer vom Benutzer
jeweils zu setzenden Marke - INDOPT in Bild 5.2 - wird die
wahlweise Durchführung von Simulations- oder von Optimierungs-
läufen  ermöglicht.

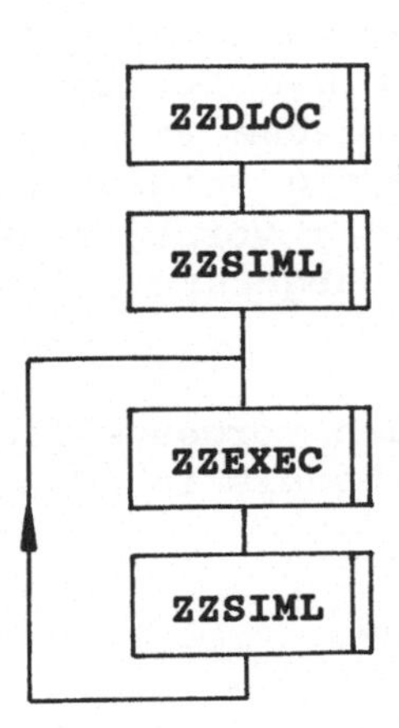
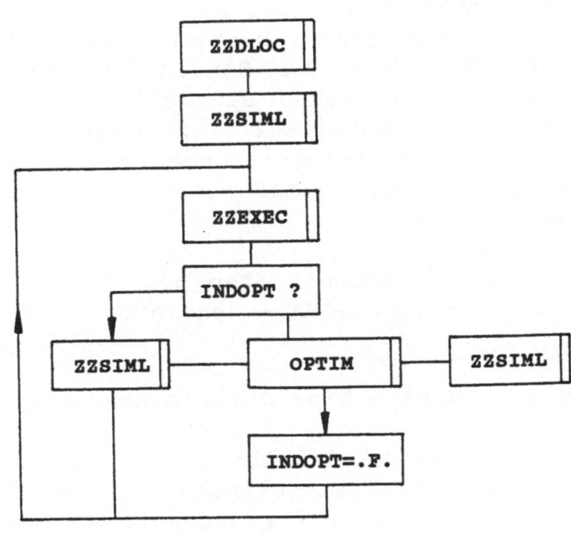

Bild 5.1.
Struktur des Simula-
tions-Hauptprogramms
in CSSL-Sprachen

Bild 5.2. Struktur der Hauptprogramm-
erweiterung für Simulation
und Optimierung in ACSL

Ist die Marke gesetzt, so wird optimiert und die Optimierungs-
routine ruft ihrerseits das Simulationsprogramm ZZSIML für die
Berechnung von Gütefunktional und Beschränkungen auf. Ist die
Optimierung beendet, wird die Marke zurückgesetzt und die
Steuerung an ZZEXEC zurückgegeben. Dieses Vorgehen - so ein-
sichtig und effektiv es ist - bringt für den Benutzer einer
Simulationssprache eine Reihe von Schwierigkeiten:

- Er muß das Simulationshauptprogramm zusammen mit Parameter-
  aufrufen neu programmieren (in FORTRAN),
- er muß unerwünschte  Nebeneffekte verhindern, wie sie z.B.
  durch gleiche Namen für verschiedene Parameter verursacht
  werden.
- Falls  die Differentialgleichungen unstetige rechte Seiten
  aufweisen (z.B. bei Bang-Bang-Steuerungen), so muß für eine
  entsprechende Synchronisation mit der Integration gesorgt
  werden;
- Beschränkungen und Gütemaß müssen programmiert werden.

Am wenigsten nachteilig wird der Regelungstechniker i.a. den
zuletzt genannten Punkt ansehen, obwohl auch hier eine Unterstützung durchaus wünschenswert wäre. Schwerwiegender sind die
drei erstgenannten Punkte, da sie genaue Programmanalysen,
numerische Kenntnisse und einen hohen programmiertechnischen
Aufwand bedeuten, die zudem nicht mit den eigentlichen Interessen eines Regelungstechnikers zusammenfallen.

Dem steht als Pluspunkt der Umstand gegenüber, daß dieser
Aufwand nur einmal zu bewältigen ist und dann ein leistungsfähiges Werkzeug für Simulation und Optimierung zur Verfügung
steht. Wird dieses speziell für regelungstechnische Problemstellungen entwickelt, so können besonders häufig verwendete
Modelle für Beschränkungen und Zielvorstellungen vorprogrammiert werden, so daß sie vom Benutzer nur noch abgerufen werden müssen.

All diese Eigenschaften besitzt das im folgenden vorgestellte
Programmpaket GOMA - Generator of Optimization Models in ACSL.


## 5.4     GOMA - Eine Optimierungsumgebung für ACSL

GOMA wurde an der Abteilung für Regelungsmathematik, Hybrid-
rechen- und Simulationstechnik der TU Wien entwickelt. Es ist
ein Präprozessor für die automatisierte Erstellung von Simula-
tions- und Optimierungsprogrammen in ACSL, der auf dem in 5.3
vorgestellten Konzept beruht. Es gibt derzeit von GOMA sowohl
eine in PASCAL als auch eine in C geschriebene Version. Daher
kann GOMA auf allen Rechnern, die über entsprechende Compiler
verfügen, benützt werden, insbesondere auch auf IBM-kompa-

tiblen PCs (mit entsprechend längeren Laufzeiten). Die Benützung erfolgt interaktiv und erfordert keinerlei FORTRAN-Pro-
grammierung. Auch muß sich der Benutzer im Falle des Auftre-
tens unstetiger Steuerungen nicht um Synchronisationsfragen
sorgen.

GOMA wurde speziell für regelungstechnische Aufgaben
entwickelt und ist daher für Modelle der Form (1) - (5a) mit
Gütefunktional (6) geeignet, bei denen die Beschränkungen (3)
und (4) die Gestalt

$$a_i < h_i(t,x,u) < A_i \qquad\qquad (10)$$

und

$$b_i < u_i < B_i \qquad\qquad (11)$$

aufweisen. Darüber hinaus stellt GOMA eine Reihe von Modellen
für Beschränkungen und Gütefunktional bereit und unterstützt
die Berechnung optimaler Steuerungen durch vorprogrammierte
Parametrisierungen. Es sind lineare Beschränkungen sowie Sum-
men- und Integralmaße für Verletzungen von Bedingungen der
Form (10) oder (11) vorprogrammiert. Die Summenbildung erfolgt
hierbei über die inneren Schaltzeitpunkte bzw. Stützstellen,
Integration erfolgt über das gesamte Zeitintervall. Beide Maße
berücksichtigen nur Verletzungen der Ungleichungen und zwar
mit einer vom Benutzer vorgebbaren Potenz, z.B. wird bei

S 1.5 = X2 - X2A

über die Größe $(X2-X2A)^{1.5}$ in allen jenen Zeitpunkten summiert, zu denen dieser Ausdruck positiv ist. Analog bewirkt

I 2 = -X3

die Integration der Quadrate der negativen Anteile von X3.
Ebenso sind die wichtigsten Parametrisierungen von Steuerungen
(Bang-Bang, stückweise linear, stückweise konstant) vorprogrammiert. Selbstverständlich hat der Benutzer die Möglichkeit, selbst Beschränkungen, Gütefunktionale oder Parametrisierungen im ACSL-Code zu programmieren.

Die Optimierung selbst erfolgt mit Hilfe von Standard-Biblio-
theksprogrammen. Die Auswahl ist diesbezüglich nicht allzu
groß, da bei regelungstechnischen Problemen stets Nebenbedingungen zu erwarten sind, die bezüglich der Parameter nichtlinear sind. Daher wurden die Programme E04VCF der NAG-Biblio-
thek und NCONG der IMSL eingebunden.

Wie bereits erwähnt, erfolgt die Benützung von GOMA  interaktiv, d.h. GOMA fragt die notwendigen Informationen entsprechend dem folgenden Schema ab:

1)  Optimierung von Parametern oder von Steuerungen?
2)  Zahl der Steuerungen bzw. Parameter
3)  Zahl der Diskretisierungs(Knick)punkte für die Steuerung
4)  Art der  Parametrisierung der Steuerung (stückweise kon-
    stant, stückweise linear, bang-bang,....)
5)  Name der Gütefunktion (falls vom Benutzer definiert)
6)  Freie oder feste Endzeit?
7)  Zahl der linearen Beschränkungen
8)  Art der Endbedingungen (Randwerte)
9)  Form der nichtlinearen Beschränkungen
10) Parameterschranken

Die Erfahrungen zeigen, daß der Präprozessor selbst sehr befriedigend arbeitet und auch von Nicht-ACSL-Spezialisten rasch
und erfolgreich eingesetzt werden kann. Als Nachteil muß die
relativ geringe Integrationsgenauigkeit von ACSL angesehen
werden, die sich vor allem bei Optimierungsaufgaben mit einer
großen Zahl relativer Minima oder großen Gebieten mit relativ
flachem Verlauf des Gütefunktionals bei gleichzeitiger etwa
gleich guter Einhaltung der Beschränkungen insofern nachteilig
auswirkt, als die Optimierung sich nicht allzu wesentlich vom
jeweiligen Startpunkt entfernt [7, 35].


**Beispiel: Zeitoptimale Bang-Bang-Steuerung einer Verladebrücke**

Eine solche Verladebrücke wurde bereits vorgestellt und modelliert, das zugehörige ACSL Programm für die Systemdynamik
lautet (unter Verzicht auf Details) mit den Zuordnungen X1 = $\theta$
X3 = s und den entsprechenden Geschwindigkeiten X2, X4 und mit
U = F:

```
PROGRAM CRANE-CRAB
  INITIAL
    CONSTANT ....

  END $"OF INITIAL"
  DYNAMIC
    DERIVATIVE $"MODEL DESCRIPTION"
      X1   =    INTEG ( X2, X10 )
      X2   =    INTEG ( -CA2*X1 + CBETA*U, X20)
      X3   =    INTEG ( X4, X30 )
      X4   =    INTEG ( -CC*X1 + CBETA*U, X40)
    END $"OF DERIVATIVE"
    TERMT ( T .GE. TF )  $"TERMINAL TIME"
  END $"OF DYNAMIC"
END $"OF PROGRAM"
```

Das Modell wurde um zwei nichtlineare Zustandsbeschränkungen
in der vorprogrammierten Standardform erweitert, um auch deren

Anwendung zu verdeutlichen. Die Optimierung soll mit Hilfe stückweise konstanter Steuerungen erfolgen, was auf folgende interaktive Eingabe entsprechend dem oben gegebenen Schema führt (der Vollständigkeit halber sind die Erklärungen rechts wiederholt):

```
M       1           Zahl der Steuerungen bzw. Parameter
SZP     19          Zahl der Diskretisierungspunkte
TYP     LINEAR      Art der Parametrisierung
FO      TF          Name der Gütefunktion
TF      FREE        Freie oder feste Endzeit
LINEAR  0           Zahl der linearen Beschränkungen
TERMIN  4           Zahl und
  X1-X1F            Art der Endbedingungen (Randwerte)
  X2-X2F
  X3-X3F
  X4-X4F
NONLINEAR 2         Zahl und
  I2=-X3            Art der nichtlinearen Beschränkungen
  S4=X4-SW
END
```

Das Ergebnis der anschließenden Optimierung sowie jenes einer zweiten Optimierung unter Verwendung von Bang-Bang-Steuerungen wurde in Bild 4.1 gezeigt.


## 6    Zusammenfassung

Nach einer ausführlichen Darstellung des engen Zusammenhangs zwischen mathematisch/formaler Problembeschreibung und Aufwand bei der Optimierung eines Regelungssystems wurden zunächst die theoretischen Möglichkeiten kurz dargestellt und miteinander verglichen. Legt man nicht unbedingt auf eine exakte Lösung der mathematischen Optimierungsaufgabe wert, sondern stehen Aspekte wie rasches Auffinden einer realisierbaren fast-optimalen Lösung im Vordergrund, so ist Parametrisierung der Steuerungen ein wertvolles Entwurfsinstrument. Dieses bietet darüber hinaus den Vorteil, daß auf praktische Realisierbarkeit der resultierenden optimalen Steuerung ebenso Rücksicht genommen werden kann wie auf die Notwendigkeit von Simulationen bei der Modellbildung und im Rahmen von Sensitivitätsanalysen.

Es wurde insbesondere gezeigt, daß durch die Möglichkeit der Integration dieses Optimierungswerkzeuges in eine Simulationssprache ein benutzerfreundliches Werkzeug zur Verfügung steht, das nicht nur die eigentliche Optimierung unterstützt, sondern vor allem auch die Modellbildung selbst sowie die auf den

Entwurf durch Optimierung (von Parametern oder von Steuerungen) folgende Systemanalyse. Insbesondere ist eine Wiederholung des Entwurfs wie sie häufig durch Modelländerungen bzw. -verbesserungen aufgrund der Analyse des optimierten Systems notwendig wird, ohne großen Zusatzaufwand und Schwierigkeiten möglich.


## Literaturhinweise


[1]   M.Athans und P.L.Falb: Optimal Control. McGrawHill, New York, 1966.

[2]   J.R.Aymot und G.van Blockland: Parameter Optimization with ACSL. Proc.SCSC 1985, SCS-Publ., 63-68.

[3]   R.E.Bellman und S.E.Dreyfus: Applied Dynamic Programming. Princeton University Press, Princeton, 1962.

[4]   F.Berger, I.Troch, E.Wittek: Energie-optimale Tunneltrassen für ein U-Bahn-Netz, msr 27 (1984), 39-40.

[5]   W.G.Boltjanski: Mathematische Methoden der optimalen Steuerung. Akadem. Verlagsges., Leipzig, 1971.

[6]   F.Breitenecker, I.Troch,I.,R.Ruzicka und A.Sauberer,A.: GOMA - An Optimisation Environment for Development of Automatic Control in CSSL-Type Simulation Languages. Proc. 12th IMACS World Congress, Paris 1988, Vol.2, 728-730.

[7]   F.Breitenecker, I.Troch: Designing Feedback Controllers for Robots Using Optimization. Eingereicht.

[8]   A.E.Bryson und Y.C.Ho: Applied Optimal Control. Wiley, New York, 1975.

[9]   K.Desoyer, P.Kopacek und I.Troch: Industrieroboter und Handhabungsgeräte. R.Oldenbourg Verlag, München, Wien, 1985.

[10]  W.Dück, Optimierung unter mehreren Zielen. Vieweg, Braunschweig, 1979.

[11]  R.Fletcher: Practical Methods of Optimization, I,II. Wiley, Chichester, 1980.

[12]  O.Föllinger: Einführung in die Zustandsregelung. VDI-Aussprachetag "Regelungssynthese im Zustandsraum", Frankfurt, Feb.1977.

[13]  P.E.Gill, W.Murray und M.Wright: Practical Optimization. Academic Press, New York, 1981.

[14] M.Gräff: Die Berechnung von optimalen Steuerungen für
dynamische Prozesse durch Parameteroptimierung. Bericht 2
(1986), Abt.Regelungsmath.,Hybridrechen- und Simulationstechnik, TU Wien, 63 pp.

[15] L.Gustafsson und M.Wiechowski: Coupling DYNAMO and Optimization Software. System Dynamics Review 2(1986), 62-66.

[16] P.Hippe: Zeitoptimale Steuerung eines Erzentladers, RT 8
(1970), 346-350.

[17] H.H.Hoang, M.P.Polis, A.Haurie: Reducing Energy Consump-
tion Through Trajectory Optimization for a Metro Network,
IEEE-Trans. AC-20 (1975), 590-595.

[18] C.-L.Hwang, A.S.Masud: Multiple Objective Decision Making
Methods and Applications. Springer, Berlin, 1979.

[19] D.H.Jacobson und D.Q.Mayne: Differential Dynamic Programming. Wiley, New York, 1970.

[20] M.Jamshidi, M Heidari: Application of Dynamic Programming
to Control Khuzestan Water Resources System, Automatica
13 (1977), 287-293.

[21] H.J.Oberle: Numerical Computation of Singular Control
Problems with Application to Optimal Heating and Cooling
by Solar Energy, Appl.Math.Opt. 5 (1979), 297-314.

[22] H.J.Pesch: Optimal Re-Entry Guidance of Space Vehicles
Under Control and State Variable Inequality Constraints.
Prepr. 8th IFAC Workshop on Control Applications of Non-
linear Programming and Optimization, Paris, 1989, 5-14.

[23] I.Pirzl: Speicherplatzverringerung bei der Lösung von
Variationsaufgaben auf Digitalrechenanlagen. Diplomarbeit, TU Wien, 1968.

[24] L.S.Pontrjagin et al.: Mathematische Theorie optimaler
Prozesse. Oldenbourg Verlag, München, 1964.

[25] A.Sauberer, R.Ruzicka, F.Breitenecker und I.Troch: Implementation der Optimierungsumgebung "GOMA" in ACSL. In:
Simulationstechnik - Proc.des 4.Symp., (Ed.: J.Halin),
Inf.Fachber. Nr.150, Springer-Verlag, Berlin, 1987, 222-
231.

[26] A.Schmid und I.Troch: Zur optimalen Bewirtschaftung hydro-energetischer Systeme mit Mehrfachnutzung. RT 28
(1980), 395-403.

[27] H.K.Schulze: Die Methode des adaptiven Suchschlauchs zur
Lösung von Variationsproblemen mit Dynamic-Programming-
Verfahren. Elektron.Datenverarb.3 (1966).

[28] I.Troch, P.Kopacek und K.Desoyer Models for Robots - A
     Simulation Approach. In: Systems Analysis and Simulation
     (Eds.: A.Sydow, M.Thoma, R.Vichnevetsky), Akademie-Ver-
     lag, Berlin, 1985, Vol.I, 307-310.

[29] I.Troch, P.Kopacek und K.Desoyer: Simplified Models for
     Robot Control. In: Robot Control (Eds.: L.Basanez,
     G.Ferrate, G.N.Saridis), Pergamon Press, 1985, 31-37.

[30] I.Troch: There is a Need for Simulation Based on Implicit
     Models. Proc.2nd European Simulation Congress, Antwerpen,
     1986, 157-162.

[31] I.Troch: Simulation and Optimisation. Proc.European Con-
     gress on Simulation (Ed.: V.Hamata), Prag 1987, vol.B,
     315-321.

[32] I.Troch, F.Breitenecker, P.Kopacek und K.Desoyer: Models
     for Control of Robots and Path Prediction - An Expert
     System for Simulation Studies. In: Applied Modelling and
     Simulation of Technological Systems (Eds.: P.Borne, S.G.
     Tzafestas), North-Holland, Amsterdam, 1987, 459-466.

[33] I.Troch: Optimization and Simulation in Control Design.
     In: Systems Analysis and Simulation (Eds.: A.Sydow, S.G.
     Tzafestas, R.Vichnevetsky), Akademie Verlag, Berlin
     (DDR), 1988, Vol.1, 226-231.

[34] I.Troch, F.Breitenecker, M.Gräff: Computing Optimal Con-
     trols for Systems with State and Control Constraints.
     Prepr.IFAC Workshop on Control Applications of Nonlinear
     Programming and Optimization, Paris (1989), 63-75.

[35] I.Troch, F.Breitenecker: Optimal Feedback Control for
     Robots. Prepr.IFAC Workshop on Control Applications of
     Nonlinear Programming and Optimization, Paris (1989),
     115-127.

[36] I.Troch: Parametrisierung - Ein Werkzeug zur Berechnung
     optimaler Steuerungen. Eingereicht.

[37] P.Young, B.Beck: The Modelling and Control of Water Qua-
     lity in a River System. Automatica 10 (1974), 455-468.

# Simulation zur Prozeßüberwachung

K. Diekmann

## 1    Einleitung

Die moderne Digitaltechnik führte in den letzten Jahren zu
einer wesentlichen Veränderung der Prozeßüberwachung großer
Produktionsanlagen. Bislang wurden die in den Leitzentralen
ankommenden Meßsignale auf einer großen Anzahl von herkömmlichen Anzeigeeinschüben oder Protokollschreibern aufgezeichnet. Durch den Einsatz von Rechnern ist es nunmehr möglich,
die ankommenden Signale aufzubereiten und konzentriert auf
mehreren Großbildschirmen darzustellen. Um die Bedienerfreund-
lichkeit zu erhöhen, wird der Prozeß dabei schematisch als
Pictogramm dargestellt und die Meßgrößen an den entsprechenden
Bildstellen angezeigt. Für die gesamte Produktionsanlage wird
eine hierarchisch strukturierte Bildauswahl aufgebaut, mit
deren Hilfe das Bedienungspersonal die aktuellen Meßwerte von
allen Produktionsanlagenteilen schnell und einfach einblenden
kann. Die Prozeßüberwachung mit digital angezeigten Meßgrößen
hat mittlerweile einen sehr leistungsfähigen Standard erreicht
(z.B. Polke, 1989; Eitz und Heining, 1989). Für die Regelungstechnik bietet sich dadurch die Möglichkeit, bekannte und neue
Verfahren einfacher als bisher einzusetzen, weil die Gegenar-
gumente hoher Hardwarekosten fast vollständig entfallen. Die
Meßgrößen liegen  bereits als vom Prozeß entkoppelte, digitale
Signale vor, wodurch keine zusätzlichen Kosten für A/D-Wandler
und für Trennverstärker entstehen. Häufig bietet sich auch die
Möglichkeit, die regelungstechnischen Programme im Leitwartenrechner direkt zu implementieren. Aber selbst wenn dies nicht
möglich sein sollte, sind die Kosten für die Anschaffung eines
zusätzlichen Personal Computers mittlerweile sehr gering.

Die Verfahren der Regelungstechnik, die in diese neue Prozeß-
überwachungstechnik einfließen können, lassen sich prinzipiell
in zwei Gruppen einteilen:
- Verfahren mit direktem Eingriff in den Prozeß, z.B. digitale
  Regler und
- Verfahren, die ausschließlich Zusatzinformationen für das
  Bedienungspersonal bereitstellen.

Zur zweiten Gruppe gehört die Simulationstechnik. Anhand von
zurückliegenden, aktuellen und zukünftigen Simulationen soll
das Bedienungspersonal mehr Informationen über das Prozeßverhalten erlangen, um dadurch gezielter in den Prozeß eingreifen
zu können.

Für die Durchführung von Simulationen benötigt man Modelle, die entweder a priori oder laufend ermittelt werden können. Obwohl die theoretische oder die experimentelle Modellermittlung immer ein wichtiger Baustein der Simulationstechnik ist, hat sie für die Simulation in der Prozeßüberwachung die entscheidende Bedeutung, s. z.B. Gilles (1988). Soll das aktuelle Prozeßverhalten simuliert werden, dann kann die Simulation nur so gut sein, wie es das von der Identifikation bereitgestellte Modell ermöglicht. In diesem Beitrag muß daher auch auf die Leistungsfähigkeit und die Probleme der Identifikation eingegangen werden, um dadurch eventuelle Ursachen für fehlerhafte Simulationen erkennen zu können.

Die Informationen, die das Bedienungspersonal aus den Simulationen erhalten kann, beruhen entweder auf dem Vergleich des nominalen und des aktuellen Prozeßverhaltens oder auf einer Voraussimulation mit einer bestimmten Steuerfolge. Durch die Simulationen können also einerseits Prozeßveränderungen erkannt werden oder es können andererseits Steuerfolgen getestet werden, die optimales Verhalten im zukünftigen Beobachtungszeitraum erzeugen. Werden die Steuerfolgen durch regelungstechnische Verfahren bestimmt, so kann die Effizienz dieser Verfahren durch die Simulation nachgewiesen werden.

Die erfolgreiche Einbindung der Simulation in die Prozeßüberwachung erfordert eine einfache und übersichtliche Mensch-Maschine Kommunikation, s. z.B. Färber, Polke und Steusloff (1985). Exzellente Simulationsergebnisse sind ohne Bedeutung, wenn sie vom Bedienungspersonal nicht akzeptiert werden. Die Bedienung der Simulationsprogramme und die Darstellung und Auswertung der Simulationsergebnisse dürfen keine zusätzlichen Anforderungen an das Personal stellen und müssen der Standardbedienung der modernen Leitwartentechnik angepaßt sein. Man muß bedenken, daß die Simulationen nicht von Theoretikern in aller Ruhe ausgewertet werden, sondern von Experten des speziellen Prozesses, die in Extremsituationen meist unter starkem Entscheidungsdruck handeln.


**2        Einbindung der Simulationstechnik
          in die Prozeßüberwachung**

In großen Anlagen, wie z.B. Kraftwerken, wird die Überwachung und Steuerung des Prozesses durch qualifizierte Verfahrensexperten von einer zentralen Leitwarte aus durchgeführt, wobei dieser zentralen Leitwarte dezentrale Warten oder Prozeßführungsstände untergeordnet sein können. Die Überwachung und Steuerung erfolgt durch eine ständige Beobachtung der aktuellen Prozeßmeßgrößen, welche von den Meßstellen in der Produk-

tionsanlage zur Leitwarte geführt werden müssen. Dort werden
sie auf Anzeigegeräten oder Protokollschreibern dargestellt.

Um die große Anzahl der angezeigten Meßsignale für das Bedienungspersonal überschaubar zu halten, werden in modernen Leitwarten zusätzlich Großbildschirme installiert, auf denen die
vom Leitwartenrechner aufbereiteten Prozeßdaten übersichtlich
dargestellt werden. Dazu wird der Gesamtprozeß in zusammenge-
hörige Prozeßeinheiten gegliedert und für jede Einheit auf
einer Bildschirmseite eine schematische Darstellung mit den
wichtigsten Prozeßdaten entworfen. Die Aufteilung in Bildschirmseiten wird hierarchisch durchgeführt, so daß man von
einer groben Gesamtdarstellung in der Anordnungsspitze ausgehend hinunter zu jedem speziellen Anlagenteil in der Basis
wie mit einer Lupe vergrößern kann. Der Aufruf einer Bildschirmseite erfolgt über beschriftete Funktionstasten, die
sich auf dem Leitwartenpult befinden.

Die Prozeßüberwachung anhand von Großbildschirmen wird aufgrund der guten Übersichtlichkeit und der einfachen Bedienung
vom Leitwartenpersonal vollständig akzeptiert. Die Bereitschaft mit neuer Technologie zu arbeiten, erlaubt es nun, weitere rechnerunterstützte Verfahren der Regelungstechnik einzuführen. Dies muß jedoch in kleinen Schritten und sehr behutsam geschehen, denn es dürfen in keiner Situation Konflikt-
punkte zu den Verfahrensexperten entstehen. Es erscheint daher
sinnvoll, bei der Einführung regelungstechnischer Verfahren
folgende Reihenfolge zu wählen:
- Vermittlung zusätzlicher Informationen über den aktuellen
  Prozeßzustand,
- Vorschlag von optimierten Stellgrößen,
- direkter Eingriff in den Prozeß mit den vorgeschlagenen
  Stellgrößen unter Aufsicht des Bedienungspersonals,
- direkte Prozeßregelung und -steuerung.

Zusätzliche Informationen über den aktuellen Prozeßzustand
können mit Hilfe der Simulationstechnik geschaffen werden.
Dabei geht man von den vorhandenen Prozeßmeßdaten aus und
bestimmt zunächst mit nichtrekursiven oder rekursiven Identifikationsverfahren die aktuellen Parameter eines Prozeßmodells. Mit diesem Modell kann dann das zurückliegende, das
aktuelle oder das zukünftige Prozeßverhalten simuliert werden.
Anhand der Simulationsergebnisse kann das Bedienungspersonal
folgende Informationen gewinnen:
- Vergleich des nominalen und des aktuellen Prozeßverhaltens,
- Reaktion des Prozesses auf bestimmte Stellgrößeneingriffe,
- Zusammenwirken mehrerer Stellgrößenveränderungen zur Optimierung der Prozeßreaktion,
- Optimierung von Standardstellabläufen, z.B. Anfahrvorgänge
  oder Lastveränderungen.

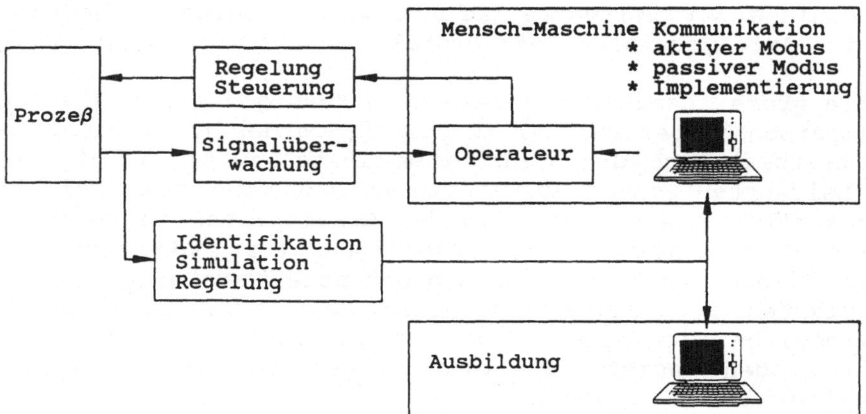


Bild 2.1. Einordnung der Simulationstechnik
in die Prozeßüberwachung

Die Simulationstechnik vermittelt dem Bedienungspersonal somit
eine völlig andere Art der Information und zwar die Beobachtung in die Zukunft hinein. Natürlich wissen die Verfahrensexperten aufgrund ihrer langjährigen Erfahrung auch ohne Simulationen, wie ihr Prozeß wahrscheinlich reagieren wird. Die
Simulationen können somit nur das vorhandene Wissen unterstützen und bekräftigen. Aber genau dies ist als Vorteil zu werten, denn die zu treffenden Entscheidungen werden bei einer
Übereinstimmung von Expertenwissen und Simulationsergebnissen
leichter und sicherer. Die Entscheidungsfreudigkeit des Bedienungspersonals wird wesentlich erhöht, wenn der Rechner
schwarz auf weiß zeigt, was der Mensch sich so auch vorstellt.

Wichtig ist dabei zunächst einmal die Übereinstimmung der
Simulationsergebnisse mit dem Wissen des Hauptverantwort-
lichen. Wenn dieser die Simulationsergebnisse akzeptiert,
werden untergeordnete Mitglieder des Bedienungspersonals ebenfalls versichern, daß auch sie diesen Prozeßverlauf vorherge-
sagt hätten. Die Simulationsergebnisse werden dann eine Anpassung des Expertenwissens auf das oberste Niveau ermöglichen.
Die Simulationstechnik ist somit auch eine Schulung des erfahrenen Personals, obwohl dies wahrscheinlich so nicht ausgesprochen werden darf.

Völlig losgelöst von den bisher genannten Gründen kann die
Simulationstechnik auch für die Ausbildung des Nachwuchsperso-
nals benutzt werden. Es kann sehr anschaulich dargestellt
werden, wie der Prozeß auf welche Stellgrößenänderungen reagiert. In relativ kurzer Zeit kann ein Expertenwissen vermittelt werden, welches im Realbetrieb erst nach mehreren Jahren
erreicht werden kann. Insbesondere Störfälle, die normalerweise ganz selten auftreten, können geprobt werden.

Im folgenden soll nun gezeigt werden, wie die Simulationstechnik in Zusammenarbeit mit der Identifikation und der Mensch-Maschine-Kommunikation Informationen für das Bedienungspersonal vermitteln kann.


## 3 Die Modellbildung

Eine einführende Übersicht über die Verfahren zur Modellbildung wurde bereits in dem Beitrag von K.Diekmann und K.H.Fasol über Modelle der Regelungstechnik gegeben. Diese Ausführungen werden hier durch eine Beurteilung der Leistungsfähigkeit ergänzt, um dadurch Rückwirkungen auf die Simulation in der Prozeßüberwachung abschätzen zu können.

Entsprechend den Aufgaben der Simulation in der Prozeßüberwachung lassen sich die Verfahren der Modellbildung in zwei Gruppen einteilen:
- Modelle für die Simulation des nominalen Prozeßverhaltens:
  Die Simulation soll das Prozeßverhalten nachbilden oder vorhersagen, welches ohne das Einwirken von Störungen und Prozeßveränderungen auftreten würde (Sollverhalten). Die Modelle können vor dem Beginn der Prozeßüberwachung durch eine theoretische Modellbildung oder durch eine experimentelle, nichtrekursive Identifikation erstellt werden.
- Modelle für die Simulation des aktuellen Prozeßverhaltens:
  Die Simulation soll das aktuelle Prozeßverhalten einschließlich der Störungen und der Prozeßveränderungen vorhersagen (Istverhalten). Die Modelle müssen während der laufenden Prozeßüberwachung mit Hilfe von rekursiven Identifikationsverfahren geschätzt werden.

Neben der theoretischen Modellbildung werden daher im folgenden die experimentellen Verfahren nach rekursiver und nichtrekursiver Arbeitsweise getrennt beurteilt.

In dem Beitrag über Modelle der Regelungstechnik wurde die Vorgehensweise bei einer theoretischen Modellbildung bereits eingehend besprochen. Es wurde gezeigt, daß die Analyse ein vollständiges Modell bestimmt, welches unter Umständen sehr komplex sein kann. Unter der Voraussetzung, daß keine vereinfachenden Annahmen getroffen wurden und das Modell durch entsprechende Versuche verifiziert werden konnte, bedeutet dies für die Simulation, daß Fehlerquellen aufgrund der Modellbildung nahezu ausgeschlossen sind. Nicht erfaßt werden jedoch aktuelle Prozeßstörungen.

Bei der experimentellen Modellbildung wurde in dem oben angeführten Beitrag als Nachteil herausgestellt, daß alle Informa-

tionen über den Prozeß nur aus den Signalen gewonnen werden,
die während eines Experiments gemessen wurden. Dies bedeutet,
daß nicht unbedingt alle Prozeßeigenschaften durch das Modell
beschrieben werden müssen. Bei Simulationen muß daher  auf den
Gültigkeitsbereich des Modells geachtet und gegebenenfalls
zwischen verschiedenen Modellen umgeschaltet werden.

Nichtrekursive Analyseverfahren bestimmen aus einem gemessenen
Satz von N Daten ein Modell. Dies bedeutet, daß bei der Modellbildung Informationen über das Prozeßverhalten aus N Daten
gleichzeitig in geschlossener Form verwandt werden. Die nichtrekursive Analyse ermittelt also ein Modell, welches das
Prozeßverhalten für die Gesamtdauer der Messung, nicht jedoch
für jeden Meßzeitpunkt, optimal beschreibt. Deshalb können
zeitveränderliche Prozesse mit nichtrekursiven Verfahren nicht
analysiert werden.

Die Leistungsfähigkeit der nichtrekursiven Analyse ist von dem
gewählten Identifikationsverfahren, den Prozeßeigenschaften
und der Prozeßstörung abhängig. Eine sorgfältige Verifikation
des geschätzten Modells ist daher stets notwendig und zeitlich
auch möglich, weil nichtrekursive Verfahren nur selten on-line
eingesetzt werden. Anhand der Verifikationsergebnisse kann man
die Güte der nachfolgenden Simulationen abschätzen. Instabile
Simulationen sind nur selten auf die nichtrekursiv ermittelten
Modelle zurückzuführen.

Sollen in der Prozeßüberwachung aktuelle Prozeßzustände simuliert werden, so muß eine rekursive Modellbildung durchgeführt
werden. Ausgehend von einem Anfangsmodell werden die Modellparameter nach jeder Abtastung anhand der neuen Meßwerte aktualisiert. Mit einer solchen laufenden Modellanpassung können
Prozeßveränderungen und auch Prozeßstörungen sofort erkannt
und der weitere Prozeßverlauf simuliert werden. Vom Prinzip
her sind daher rekursive Identifikationsverfahren optimal für
den Einsatz in der Prozeßüberwachung geeignet. Das Ablaufsche-
ma einer rekursiven Identifikation wird in Bild 3.1 gezeigt.

| Zeitpunkt | Aufgaben |
|---|---|
| k | Datenerfassung - Datenaufbereitung<br>Identifikation - Modellverifikation<br>Simulation |
| k+1 | Datenerfassung - Datenaufbereitung<br>Identifikation - Modellverifikation<br>Simulation |
| k+2 | .... |

Bild 3.1.  Rekursive Identifikation und Simulation

Man muß jedoch auch auf die Schwächen der rekursiven Verfahren
hinweisen, die bei einer späteren Simulation zu kleinen oder
auch zu katastrophalen Fehlern führen können. In Abhängigkeit
von dem gewählten Verfahren und den Prozeßeigenschaften können
eine biasbehaftete Parameterschätzung, eine schlechte Parame-
terkonvergenz, ein Driften der Parameter oder sogar eine instabile Schätzung auftreten. Die Parameterschätzung muß daher
sorgsam beobachtet und die Schätzergebnisse kritisch betrachtet werden. Erprobte Identifikationsprogramme enthalten daher
neben den eigentlichen Analyseverfahren auch eine Identifika-
tionsüberwachung und -steuerung.

Die Überwachung und Steuerung bezieht sich nicht allein auf
die numerische Modellbestimmung, sondern auch auf die Prozeßmeßdaten, denn es ist möglich, jedes Identifikationsverfahren
durch schlechte Meßdaten instabil werden zu lassen. Im Sinne
der experimentellen Identifikation sind ideale Meßdaten unge-
störte Signale, deren Messung in einem Zeitraum stattfand, in
dem der Prozeß mit allen interessierenden Frequenzen kontinuierlich erregt wurde. Statische und dynamische Prozeßeigenschaften können gut erkannt werden, wenn der Prozeß ständig in
Bewegung ist und gelegentlich auch die Grenzzustände erreicht.

Diese Wunschforderung der Identifikation (rekursiv oder nichtrekursiv) widerspricht natürlich der Wunschforderung des Be-
treibers, welcher den Prozeß stets in einem optimalen Zustand
betreiben möchte. Häufig wird deshalb der Wunsch der Analytiker abgelehnt, die den Prozeß kurzfristig mit einem Sprung
oder einem begrenzten Dirac-Impuls anregen möchten. Prozeßbe-
wegungen treten in diesem Falle nur in Anfahr- und Verände-
rungsphasen oder in Störfällen auf. Dann ist der Prozeß meist
nicht in seinem Normalzustand und es kann folglich nur das
Rand- oder Störverhalten analysiert werden. Bei einem derartigen Gegeneinander der Regelungs- und der Verfahrenstechniker
wird empfohlen, auf eine experimentelle Analyse zu verzichten.

Die o.a. Vor- und Nachteile der verschiedenen Modellbildungs-
arten seien nochmals kurz zusammengefaßt.

<u>Theoretische Modellbildung</u>
Vorteile     - Genaue Prozeßbeschreibung
             - Erfassung aller Sonderfälle
             - Zuverlässige Modelle
Nachteile    - Komplexe Modelle
             - Rechentechnisch komplizierte Zusammenhänge
             - Aktuelle Prozeßvarianzen und -störungen werden
               nicht erkannt
<u>Experimentelle, nichtrekursive Modellbildung</u>
Vorteile     - Modelle basieren auf N Meßdaten
             - Schätzergebnisse können ausreichend verifiziert
               werden
             - Instabile Simulationen sind kaum möglich

Nachteile  - Experimentabhängig
           - Prozeßvarianzen und  -störungen werden  nicht er-
             kannt
<u>Experimentelle, rekursive Modellbildung</u>
Vorteile   - Aktueller Prozeßzustand wird laufend erfaßt
           - Prozeßvarianzen und -störungen können sofort er-
             kannt werden
           - Auswirkung des aktuellen Prozeßzustands oder
             -störung können in die Zukunft simuliert werden
Nachteile  - Überwachung der Meßdaten und des Schätzalgorith-
             mus ist erforderlich
           - Verifikation kann aus zeitlichen Gründen nicht
             möglich sein.

Welche Art der Modellbildung für die Simulation in der Prozeßüberwachung angewandt werden soll, hängt von den Prozeßeigenschaften, der Experimentdurchführung und den Zielsetzungen der
Simulationen ab.


## 4       Simulation des Prozeßverhaltens

Die konventionelle, bewährte Prozeßüberwachung erfolgt durch
die Beobachtung und Auswertung der aktuellen und der vorherigen Meßsignale. Die Informationen aus diesen Meßsignalen und
das Expertenwissen des Bedienungspersonals reichen aus, um den
Prozeß sicher und gut zu führen. Eine Zielsetzung von Simulationen in der Prozeßüberwachung soll daher die Vermittlung von
<u>zusätzlichen</u> Informationen über das Prozeßverhalten sein.
Solche zusätzlichen Informationen können durch den Vergleich
des nominalen Verhaltens (Sollverhalten) und des aktuellen
Verhaltens (Istverhalten) oder durch eine Simulation des zukünftigen Verhaltens geschaffen werden.


## 4.1    Simulation des Soll- und Istverhaltens

Die Simulation des nominalen und des aktuellen Verhaltens
erfolgt mit zwei Modellen. Das Modell für das nominale Verhalten wird mit Hilfe einer theoretischen oder einer experimentellen nichtrekursiven Analyse vor dem Beginn der Simulation
bestimmt, während das Modell für das aktuelle Verhalten durch
eine experimentelle rekursive Analyse während der Simulation
ermittelt bzw. angepaßt wird. Die Verwendung von Modellen, die
mit unterschiedlichen Analyseverfahren ermittelt wurden, kann
zu zwei Problemen führen. Das erste Problem entsteht durch die
für die verschiedenen Verfahren unterschiedlichen Genauig-
keits- und Gültigkeitsbereiche. Hierzu sei auf die Ausführungen im vorherigen Kapitel verwiesen. Das zweite Problem entsteht dann, wenn beide Modelle in unterschiedlichen Simulationsverfahren verwandt werden müssen. Dies ist der Fall, wenn

ein theoretisch ermitteltes kontinuierliches und ein experimentell bestimmtes diskretes Modell vorliegen. Neben der Erhöhung des programmtechnischen Aufwands sind Probleme der Synchronisation und der Verfahrensnumerik zu beachten.

Aufgrund dieser Probleme ist der Vergleich der Simulationsergebnisse stets kritisch durchzuführen, weil Unterschiedlichkeiten sowohl von Prozeßveränderungen als auch von Simulationsungenauigkeiten hervorgerufen sein können. Diese Ausführungen betreffen jedoch meistens nur die Phase der Inbetriebnahme. Nach einer umfassenden Testphase darf das Bedienungspersonal mit diesen Problemen nicht mehr konfrontiert werden.

Anhand einer Simulation des Soll- und Istverhaltens soll das Bedienungspersonal erkennen, ob und wie der Prozeß vom Sollzustand abweicht. Daraus kann dann im nächsten Schritt das Bedienungspersonal oder ein automatisches Diagnoseprogramm Rückschlüsse auf Prozeßfehler ziehen. Dies bedeutet, daß die Simulation nur Grundlageninformationen für den eigentlichen Entscheidungsschritt vermittelt. Sie liefert keine Informationen über die Art der Prozeßfehler und deren Beseitigung.

Dies soll nicht als Nachteil interpretiert werden, vielmehr ist dies bei der Einführung moderner Techniken in die konventionelle Leitwartenführung ein Vorteil. Durch die Simulationen erhält der Prozeßexperte Zusatzinformationen über den Prozeß, die er verwerten oder ignorieren kann. In seiner Handlungsfreiheit wird der Experte nicht eingeschränkt, wodurch auch die in der Praxis ungeliebte Verringerung der Verantwortung vermieden wird.

Erhebliche Abweichungen zwischen dem Soll- und dem Istverhalten werden vom Bedienungspersonal auch ohne Simulationen erkannt. Im Falle von größeren oder plötzlichen Prozeßstörungen wird die Diagnose und Fehlerbehebung sicherlich ohne Betrachtung der Simulationsergebnisse durchgeführt. Eine Bedeutung erlangt die Simulationstechnik jedoch dann, wenn sie auf Abweichungen hinweist, die vom Bedienungspersonal nicht oder nur schlecht erkannt werden können. Dies ist häufig der Fall, wenn die Prozeßveränderung nur langsam über einen größeren Zeitraum hinweg stattfindet, wie dies z.B. bei Verschleiß, Abnutzung, Ermüdung und Umweltbeeinträchtigungen geschieht. Die langsame Veränderung von statischen und dynamischen Eigenschaften ist durch den Menschen deshalb schwer zu erkennen, weil er den Sollzustand nicht in einem Langzeitgedächtnis abspeichern kann, sondern täglich den leicht veränderten Zustand als neuen Sollzustand speichert. Diese fehlerhafte Adaption wird von der Simulation nicht durchgeführt, so daß Abweichungen vom Sollwert qualitativ und quantitativ feststellbar sind.

Der Vergleich zwischen Soll- und Istzustand muß bei langsam
stattfindenden Prozeßveränderungen nicht laufend durchgeführt
werden. Die Analyse und die anschließende Simulation kann in
bestimmten Wartungsintervallen erfolgen, so daß Reparaturen
oder Korrekturen in den normalen Planstillstandszeiten durchgeführt werden können.

Neben den langsamen Prozeßveränderungen werden in geringem
Maße auch normale Prozeßveränderungen vom Bedienungspersonal
"nicht erkannt". Dies liegt - vorsichtig formuliert - an der
Qualifikation und der Motivation in den verschiedenen Dienst-
schichten. Entweder werden Veränderungen aufgrund der fehlen-
den Qualifikation unbewußt falsch eingeschätzt oder sie werden
aufgrund fehlender Motivation bewußt übersehen, um dadurch
Probleme mit dem Prozeß der nächsten Dienstschicht zu überlas-
sen. Hier kann eine laufende Simulation mit dem nominalen und
dem aktuellen Modell den Nachweis erbringen, daß die Prozeßveränderung hätte erkannt werden müssen.


**4.2    Simulation des zukünftigen Verhaltens**

Bei der Simulation des zukünftigen Prozeßverhaltens soll die
Einschränkung getroffen werden, daß das Modell in diskreter
Beschreibungsform vorliegt. Diese Einschränkung ist deshalb zu
treffen, weil bei einer laufenden Prozeßüberwachung der aktuelle Prozeßzustand nur durch rekursive Identifikationsverfahren ermittelt werden kann. Für die Phase der Planung und
der Inbetriebnahme sowie für Schulungszwecke ist natürlich
auch eine Voraussimulation mit einem kontinuierlichen Modell
möglich, jedoch soll dieser Aspekt im Rahmen der Prozeßüberwachung unberücksichtigt bleiben.

Im folgenden wird zunächst an dem Beispiel eines linearen,
zeitinvarianten Eingrößenmodells die rekursive Vorgehensweise
bei einer Voraussimulation gezeigt. Diese Vorgehensweise läßt
sich natürlich auch bei den Beschreibungsformen komplexerer
Prozesse anwenden. Erst nach der Darstellung der rekursiven
Arbeitsweise wird auf die Zielsetzungen der Voraussimulation
eingegangen.

Es sei angenommen, daß der statische und dynamische Prozeßzu-
sammenhang durch die diskrete Übertragungsfunktion

$$G(z) = \frac{Y(z)}{U(z)} = \frac{b_0 + b_1 z^{-1} + \ldots + b_n z^{-n}}{1 + a_1 z^{-1} + \ldots + a_n z^{-n}} \qquad (4.1)$$

beschrieben werden kann. Die Parameter $a_i$ und $b_i$ werden nach
jedem Abtastschritt durch ein rekursives Parameterschätzverfahren ermittelt, so daß eine aktuelle Prozeßbeschreibung ge-

währleistet ist. Durch eine inverse z-Transformation erhält man die Differenzengleichung

$$y(k) = -\sum_{i=1}^{n} a_i y(k-i) + \sum_{i=0}^{n} b_i u(k-i) \ . \tag{4.2}$$

Mit den zum Zeitpunkt k bekannten Signalen u(k-i) und y(k-i) und mit den in den folgenden Gleichungen konstant gehaltenen Parametern $a_i$ und $b_i$ können die Ausgangssignale für die nächsten p Schritte rekursiv berechnet werden, wenn die zukünftigen Eingangssignale vorgegeben werden:

$$y(k+1) = -a_1 y(k) \ \ldots\ldots -a_n y(k-n+1) + b_0 u(k+1) \ \ldots +b_n u(k-n+1),$$

$$y(k+2) = -a_1 y(k+1)\ldots\ldots -a_n y(k-n+2) + b_0 u(k+2) \ \ldots +b_n u(k-n+2),$$

$$y(k+p) = -a_1 y(k+p-1)\ldots -a_n y(k-n+p) + b_0 u(k+p) \ \ldots +b_n u(k-n+p). \tag{4.3}$$

Die Voraussimulation ist in diesem Beispiel sehr einfach, aber auch bei komplexeren Modellen ergeben sich nur selten Schwierigkeiten. Nachdem nun die prinzipielle numerische Vorgehensweise gezeigt wurde, können durch die Vorgabe der zukünftigen Eingangssignale u(k+1) bis u(k+p) verschiedene Aufgaben der Voraussimulation erörtert werden.


## 4.2.1  Konstante Eingangssignale

Wird das zum Zeitpunkt k vorliegende Eingangssignal auch in den nächsten p Schritten vorgegeben, dann kann aus der Simulation der zukünftige stationäre Wert erkannt werden. Anhand dieser Art der Voraussimulation kann das Bedienungspersonal sehen, was geschehen wird, wenn kein weiterer Eingriff erfolgt. Entsprechen die Simulationsergebnisse nicht dem gewünschten Verhalten, kann das aktuelle Eingangssignal verändert und danach eine erneute Voraussimulation mit dem konstant gehaltenen Eingangssignal durchgeführt werden. Die Veränderung des Eingangssignals kann beliebig oft wiederholt werden, bis das Bedienungspersonal das optimale Eingangssignal gefunden hat.

Diese Art der Voraussimulation kann auch ohne explizite Eingaben in das Simulationsprogramm erfolgen, wenn die Prozeßstellgrößen automatisch auch an das Simulationsprogramm weitergegeben werden. Hierbei liegt der Vorteil darin, daß das Bedienungspersonal wie gewohnt ausschließlich den Prozeß betreibt und ohne zusätzlichen Aufwand Informationen über das zukünftige Prozeßverhalten erhält.

## 4.2.2  Festprogrammierte Eingangssignalfolgen

Für mehrmals wiederkehrende Prozeßveränderungen, wie z.B. Inbetriebnahme, Last- oder Chargenwechsel, Planstillstand, etc.,
existieren Anfahr- und Abfahrpläne mit festen Eingangssignal-
folgen. Diese Signalfolgen werden anhand von a priori Untersuchungen oder durch praktische Erprobungen festgelegt. Sie
erzeugen im Nominalzustand ein optimales Übergangsverhalten.

Bei langsamen oder plötzlichen Prozeßveränderungen wird der
Übergangsvorgang zwar immer noch zufriedenstellend, jedoch
nicht mehr optimal verlaufen. Um den optimalen Zustand wieder-
herzustellen, genügt es oftmals schon, wenn einzelne Signale
in der Folge geringfügig geändert werden. Dies ist bei einem
dynamischen Prozeßverhalten für den Menschen eine sehr schwierige Aufgabe, denn er kann nur qualitativ abschätzen, welche
Veränderung in welchem Signal zu einer bestimmten Reaktion
führt. Der Prozeßexperte wird daher die Veränderungen nach dem
Prinzip des "try and error" durchführen, bis er eine neue,
optimale Steuerfolge gefunden hat.

Durch die Simulation kann dieses Vorgehen des Verfahrensexperten sowohl vom Zeit- als auch vom Kostenaufwand reduziert
werden. Er kann in kurzer Zeit mehrere Steuerfolgen testen und
die Simulationsergebnisse vergleichen, ohne das Kosten durch
Fehl- oder Minderproduktion entstehen. Da dadurch die Aufgabe
wesentlich erleichtert wird, kann die Arbeit vom Experten auf
Mitarbeiter übertragen werden, wodurch der Experte von einer
zeitaufwendigen Nebenaufgabe entlastet wird.

Neue Steuerfolgen müssen auch dann entworfen werden, wenn sich
die Steuerungsstrategie verändert. Dies ist z.B. der Fall,
wenn aufgrund gestiegener Energiekosten die Stellgrößenampli-
tuden begrenzt werden. Auch hier ermöglicht die Simulation mit
dem aktuellen Modell eine schnelle und kostengünstige Optimierung. Selbstverständlich können weitere Randbedingungen in
der Simulation berücksichtigt werden.


## 4.2.3  Beliebige Steuerfolgen

Festprogrammierte Steuerfolgen können nur für definierte Übergangsvorgänge verwandt werden. Tritt jedoch z.B. aufgrund
einer Störung eine Abweichung vom Prozeßsollzustand auf, so
muß das Bedienungspersonal eine Steuerfolge finden, welche die
Abweichung möglichst schnell ausgleicht. Eine der häufigst
angewandten Strategien ist dabei eine Folge mit wechselnden
Stellgrößenrichtungen, wie sie als Beispiel in Bild 4.1 gezeigt wird.

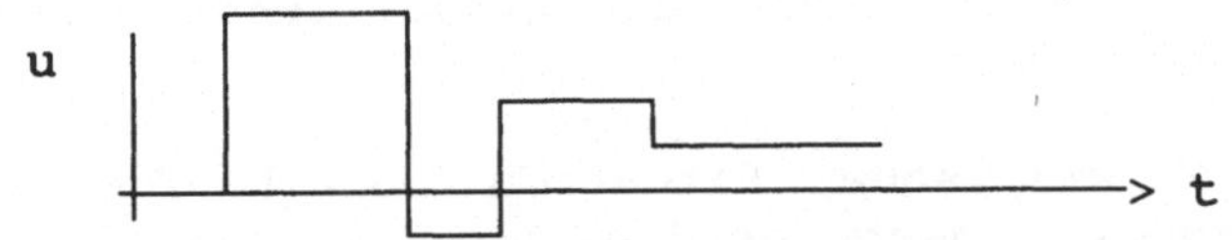



Bild 4.1. Beispiel einer beliebigen Steuerfolge

Man fährt den Prozeß zunächst mit maximaler Energie in die
Nähe des Prozeßsollzustands und steuert dann in die entgegen-
gesetzte Stellrichtung, um den Übergangsvorgang abzubremsen.
Danach regelt man in zwei bis drei Stellschritten auf den
Sollzustand. Diese Regelstrategie ist für den Menschen leicht
zu lernen, zumal sie im täglichen Straßenverkehr häufig genug
erprobt wird. Sie ist aber aufgrund des hohen Stellenergiever-
brauchs kostenintensiv und kann auch gefährlich sein, wenn ein
Überschwingen über den Sollzustand nicht eintreten darf.

Sinnvoller ist eine Stellgrößenwahl mit kleineren Amplituden,
bei der keine Gegensteuerung notwendig ist. In dynamischen
Prozessen ist der Entwurf einer solchen Steuerfolge für den
Menschen sehr schwierig, da er bei unterschiedlichen Eingangsgrößen das Eigenverhalten schlecht abschätzen kann. Hier kann
die Simulationstechnik das Bedienungspersonal in ausgezeichne-
ter Weise unterstützen. Der Benutzer gibt für die Stellgrößen
die Stellzeitpunkte und die Amplituden ein und erhält in
Bruchteilen einer Sekunde den Regelgrößenverlauf in grafischer
Darstellung. Er kann die Stellzeitpunkte und die Amplituden
nun so variieren, bis das gewünschte Übergangsverhalten erreicht wird. Die ausgewählte Steuerfolge kann als direkte
Prozeßführung verwandt werden, wenn das Simulationsprogramm an
den Leitwartenrechner angeschlossen ist.

Der große Komfort, der durch diese Art der Simulation erzielt
wird, erfordert jedoch auch den meisten Aufwand. Das erfahrene
Bedienungspersonal muß in die ungewohnte Bedienung des Simulationsprogramms eingeführt werden. Ferner muß es ausreichend
motiviert werden, das Programm auch zu benutzen. Hier hängt
die Bereitschaft zur Anwendung von der Benutzerfreundlichkeit
des Programms ab, was zu hohen Anforderungen an den Software-
hersteller führt.


## 4.3    Simulation zu Ausbildungszwecken

Die verantwortliche Leitung eines Prozesses wird nur erfahrenen Verfahrenstechnikern übertragen. Die Schichtleiter haben
nach einer soliden Grundausbildung häufig über viele Jahre in
der Leitwarte gearbeitet und kennen fast alle kritischen Zustände des Prozesses. Sie haben gelernt, wie man in diesen
Fällen reagieren muß und besitzen aufgrund ihrer Erfahrung
auch die notwendige Ruhe und Übersicht hierfür. Die Vermitt-

lung von Erfahrung ist daher ein wesentlicher Grund für die
langjährige Ausbildung.

Der Umgang mit kritischen Situation kann häufig jedoch nur
sehr selten im Jahr geübt werden. So kann zum Glück für den
Betrieb und zum Pech für die Ausbildung jahrelang kein Stör-
fall auftreten. Auch wird man einen Prozeß nicht zum Zwecke
der Ausbildung in Unruhe versetzen. Um dennoch neue Schichtleiter auszubilden und bei älteren Schichtleitern die Erfahrung zu festigen, werden, z.B. in der Kraftwerksschule Essen,
besondere Störfälle an einem Simulator nachgebildet, um daran
die Reaktionsfähigkeit aufzubauen. Die Leitwarten werden
naturgetreu nachgebaut, der Prozeß jedoch durch ein Simulationsprogramm ersetzt.

Diese komfortable Aus- und Weiterbildung ist nur mit umfangreichen Simulationsprogrammen und einer kostspieligen Hardware
möglich. In viel kleinerem Rahmen ist eine Schulung des Personals jedoch auch mit den parallel zum Prozeß laufenden Simulationsprogrammen zur Prozeßüberwachung möglich. Der Operateur
arbeitet dabei mit den Modellen des aktuellen Prozeßzustandes
und kann seine Stellgrößen über einen PC eingeben. Die Simulation erfolgt vollständig unabhängig vom normalen Leitwartenbetrieb.

Mit Hilfe der Simulationsprogramme können in relativ kurzer
Zeit viele kritische Prozeßzustände trainiert werden. Der
Operateur kann in wiederholten Versuchen feststellen, welche
Reaktionen sinnvoll sind und zu einer Prozeßberuhigung führen.
Dem Operateur kann ein umfangreiches theoretisches Wissen über
die verschiedenen Prozeßzusammenhänge vermittelt werden. Die
Umsetzung des theoretischen Wissens in die praktische Prozeß-
führung bleibt ein wichtiger Baustein in der Aus- und Weiter-
bildung an der realen Anlage, denn es kann an einem Rechner
nicht geübt werden, in realen Störfällen die Ruhe zu bewahren.


## 5    Simulation zur Unterstützung regelungstechnischer Aufgaben

Die Einführung moderner regelungstechnischer Verfahren in die
bewährte Leitwartentechnik muß sehr behutsam und schrittweise
erfolgen. Wie die Ausführungen im Kapitel über die Einbindung
der Simulationstechnik in die Prozeßüberwachung und im Kapitel
über experimentelle Modellbildung verdeutlichen, muß der
Regelungstechniker den Verfahrenstechniker erst von der Qualität und der Sicherheit neuer Verfahren überzeugen. Dazu können
Simulationen als Hilfsmittel zur Darstellung der Verfahrens-
vorteile eingesetzt werden.

Im Rahmen dieses Beitrags kann nicht auf die verschiedenen regelungstechnischen Verfahren selbst eingegangen werden. Es wird jedoch unterstellt, daß die für den Einsatz in der Prozeßüberwachung ausgewählten Verfahren der Regelungs- und Steuerungstechnik im Vergleich zum Menschen als Regler ein besseres oder zumindest gleiches Prozeßverhalten erzeugen. Dies muß gewährleistet sein, weil die Simulationstechnik in objektiver Weise auch alle Schwächen der regelungstechnischen Verfahren darstellt. Dies ist besonders in der Einführungsphase von entscheidender Bedeutung, weil kleine Schwächen eines neuen Verfahrens wesentlich höher bewertet werden als große Schwächen des Menschen, die meist als einmalige Fehlreaktionen angesehen werden.

Kann die Forderung nach Qualität und Sicherheit von den Verfahren erfüllt werden, dann kann das Prozeßverhalten, welches durch die Ergebnisse dieser Verfahren verursacht wird, parallel zum Prozeßbetrieb simuliert werden. In dieser Stufe haben die Verfahren also noch keinen direkten Einfluß auf den Prozeß selbst. Es soll hier nur gezeigt werden, was die Verfahren anstelle des Menschen machen würden und welche Einflüsse dies auf das Prozeßverhalten hat. Dabei dürfen die Stellvorschläge der Verfahren nicht wesentlich von den Stellvorstellungen des Menschen abweichen, so daß dieser das Gefühl hat, daß er es fast genauso gemacht hätte. Dies erhöht die Bereitschaft zur Einführung eines neuen Verfahrens.

Sicherlich sind interne Verfahrens- oder Prozeßzustandsgrößen für den Regelungstechniker von großer Bedeutung, jedoch würden sie den Verfahrenstechniker in der Einführungsphase verunsichern. Als Simulationsergebnisse sollten deshalb nur solche Größen dargestellt werden, die das Bedienungspersonal aus dem täglichen Leitwartenbetrieb kennt.

Wird vom Bedienungspersonal ein neues Verfahren akzeptiert, so kann es in der zweiten Stufe den Prozeß direkt beeinflussen. In dieser Phase der Erprobung des Verfahrens unter realen Bedingungen sollte aus Sicherheitsgründen die Simulation aus der ersten Stufe fortgesetzt werden. Dadurch kann das Bedienungspersonal erkennen, wie das Verfahren im nächsten Zeitabschnitt arbeiten wird. Die Arbeitsweise wird dadurch transparent. Außerdem können eventuell auftretende Fehleinschätzungen frühzeitig erkannt und vom Bedienungspersonal abgefangen werden. Damit bleibt das Verantwortungsgefühl für den Menschen erhalten, wodurch wiederum vermieden wird, daß ein automatisches Verfahren als Konkurrenz zum Menschen in verfahrenstechnische Sackgassen geführt wird.

Wurde ein neues regelungstechnisches Verfahren zufriedenstellend erprobt, dann kann in der dritten und letzten Stufe die

parallele Simulation wegfallen. Dies ist jedoch mehr ein per-
sonalpolitisches als ein technisches Problem. Durch die fehlende Kontrolle anhand der Simulation wird die Verantwortung
vom Menschen auf das Verfahren verlagert, was eventuell Perso-
naleinsparungen zur Folge haben kann. Es ist an dieser Stelle
zu überlegen, ob die Simulationstechnik als arbeitsplatzerhal-
tende Maßnahme eingesetzt werden sollte.

Zum Abschluß dieses Kapitels muß auch auf die Bedeutung der
Simulationstechnik bei Veränderungen der Einstellwerte der
regelungstechnischen Verfahren eingegangen werden. Nach jeder
Veränderung sollte aus sicherheitstechnischen Gründen zuerst
eine Simulation des Prozeßverhaltens durchgeführt werden.
Oftmals sind es triviale Eingabefehler die zu katastrophalen
Prozeßreaktionen führen. Ein Notstop in einer Simulation ist
dann wesentlich kostengünstiger als in der realen Anlage.


**6      Mensch-Maschine Kommunikation der Simulations-
        programme in der Prozeßüberwachung**

Bei der Einführung der modernen Datentechnik in die Leitwartentechnik spielte die Art der Kommunikation zwischen dem Menschen und dem Computer eine entscheidende Rolle. Das Bedienungspersonal hatte in der überwiegenden Anzahl keine Ausbildung an Rechnern erhalten und war auch nicht motiviert, sich
umfassend in die Datentechnik einzuarbeiten. Trotzdem ist es
gelungen, die Meßwertaufbereitung und -darstellung fast vollständig auf die Digitaltechnik umzustellen.

Ausschlaggebend für diesen Erfolg war die Anpassung der modernen Technik an die Betrachtungs- und Handlungsweise des Bedienungspersonals. Die Bedienung der Digitaltechnik wurde in die
vorhandene Technik im Steuerpult integriert, so daß dem Bedienungspersonal häufig gar nicht bewußt wird, daß mit bestimmten
Funktionstasten ein Rechner angesteuert wird. Aus diesem Grund
befinden sich auch keine Rechnertastaturen auf dem Steuerpult,
sondern nur an solchen Stellen, wo geschultes Personal Prozeß-
eingriffe durchführen kann.

Im folgenden werden einige wichtige Punkte der vorhandenen
Mensch - Maschine Kommunikation aufgeführt, die auch bei der
Einführung der Simulationstechnik beachtet werden sollten:

- keine Programmsteuerungskommandos per Tastatur,
- Programmeingabe über beschriftete Softkeys,
- Auswahl der Darstellungsgrößen über beschriftete Softkeys,
- übersichtliche Darstellung der Meßwerte in Diagrammen mit
  Anzeige der Maßeinheiten,

- quasi-analoge Balken- oder Bilddarstellung der Meßwerte
  mit reduzierten digitalen Zahlenanzeigen,
- Darstellung zusammengehörender Meßdaten einer gerätetechni-
  schen Einheit in einem Bild,
- Auswahl der Anzeigebilder nach eigenem Ermessen.

Die Realisierung der Bedienoberfläche nach diesen Gesichtspunkten sorgt dafür, daß der Operateur auch in kritischen
Situationen den Prozeß leiten kann, ohne zusätzliche Arbeit in
die Programmführung investieren zu müssen. Es ist selbstverständlich, daß auch die Simulationsprogramme eine Bedienoberfläche besitzen müssen, die der Operateur ohne gedanklichen
Mehraufwand schnell benutzen kann. Es muß stets im Vordergrund
stehen, daß die Simulation dem Bedienungspersonal zusätzliche
Informationen und nicht zusätzliche Arbeit schaffen soll.

Wie eine bedienungsfreundliche Programmoberfläche im Einzelnen
erreicht werden kann, ist für diesen Aufsatz nicht relevant.
An dieser Stelle wurden nur einige Forderungen bzw. Anregungen
formuliert, die sich aus den bisherigen Erfahrungen ableiten
lassen. Speziell bei den Simulationsprogrammen muß noch auf
den Grad der geforderten Aktivität durch den Operateur eingegangen werden. Es lassen sich drei Aktivitätsgrade definieren:
- die passive Benutzung,
- die aktive Benutzung,
- die Benutzung durch geschultes Personal.

Bei der passiven Benutzung läuft das Simulationsprogramm ohne
jeglichen Eingriff durch den Operateur ab. Es werden ohne
Unterbrechung die Beobachtungsgrößen parallel zum Betrieb
simuliert. Als Stellgrößen werden nur die bis zum aktuellen
Meßzeitpunkt vorliegenden Meßgrößen verwendet. Das Simulationsprogramm berechnet dann die zukünftigen Beobachtungsgrößen für einen festgelegten Zeitraum, wobei die letzten Stellgrößen konstant gehalten werden. Das Bedienungspersonal
braucht nur über die Funktionstasten auswählen, welche Beobachtungsgrößen es betrachten will. Die Bedienung ist einfach
und erfüllt die oben aufgestellten Bedingungen.

Die aktive Benutzung ermöglicht dem Operateur, die zukünftigen
Stellgrößen frei vorzugeben. Dabei können festprogrammierte
oder beliebige Steuerfolgen eingegeben werden. Diese Eingabe
ist jedoch schon mit einigem Aufwand verbunden, so daß es erforderlich wird, das Personal in die Programmbedienung einzuarbeiten. Nach dem Start des aktiven Modus müssen die Stellgrößen und die dazugehörenden Stellzeitpunkte eingeben werden.
Dies kann über einen Frage-Antwort Dialog, über eine tabella-
rische Eingabe oder über eine grafische Auswahl erfolgen.
Hierbei ist es fast unumgänglich, daß eine Tastatur oder eine
Maus benutzt werden muß. Entsprechend den obigen Ausführungen

ist in jedem Fall jedoch darauf zu achten, daß die Eingabe
schnell und einfach erfolgen kann.

Wird das Simulationsprogramm von geschultem Personal bedient,
so sind die obigen Anforderungen an die Programmbedienung
nicht unbedingt zu erfüllen. In diesem Modus können alle Möglichkeiten, die das Simulationsprogramm bietet, voll ausge-
schöpft werden. Das Programm ermöglicht dann das Spielen mit
Stellgrößen, um optimale Steuerfolgen zu bestimmen. Ein schwe-
discher Konzern nennt daher diesen Modus scherzhaft den "Ph.D.
Mode". Der Modus soll nicht in der laufenden Prozeßüberwachung
eingesetzt werden, sondern nur einem ausgewählten Benutzerkreis für besondere Aufgaben während der Inbetriebnahme oder
bei Wartungsarbeiten verfügbar sein. Er muß daher auch gegen
eine unbefugte Benutzung gesichert sein und für den Notfall
über eine RESET - Taste verfügen. Wenn alle Simulationen automatisch über einen bestimmten Zeitraum gespeichert werden,
kann in diesem Modus auch eine Kontrolle der zurückliegenden
Simulationen durchgeführt werden.

Die in diesem Abschnitt aufgestellten Forderungen nach einer
einfachen Mensch - Maschine Kommunikation sind für erfahrene
Programmierer leicht zu erfüllen. Professionelle Softwareher-
steller bieten schon heute Bedienoberflächen für ihre Programm-
me an, die speziell auf die Wünsche des Kunden zugeschnitten
sind. Mit relativ geringem Aufwand kann auch für die Prozeßüberwachung auf die Anforderungen hin abgestimmte Hard- und
Software entwickelt werden. Es muß bedacht werden, daß das
Bedienungspersonal das gute Produkt Simulationstechnik erst
dann "kaufen" wird, wenn es auch gut "verpackt" ist.


## 7       Zusammenfassung

Die Prozeßüberwachung und -steuerung war über Jahrzehnte die
ausschließliche Aufgabe von Verfahrensexperten. Nur wer die
physikalischen Zusammenhänge im Prozeß genau kannte, konnte
beurteilen, wie der Prozeß auf bestimmte Ursachen hin reagiert
oder ob im Prozeß Veränderungen aufgetreten sind.

Nach dem Einzug der Digitaltechnik in die Prozeßüberwachung
bietet sich nun aber auch die Möglichkeit, durch moderne Methoden der Prozeßanalyse und durch die Simulationstechnik
Aussagen über das Prozeßverhalten und eventuelle Prozeßereig-
nisse zu treffen. Nicht nur qualitativ sondern auch quantitativ kann verglichen werden, wie der Prozeß sich verhalten hat
und wie er sich hätte verhalten sollen. Ferner kann das zukünftige Prozeßverhalten exakt dargestellt werden und ist
somit nicht mehr abhängig von der Erfahrung und der Motivation

des Bedienungspersonals. Die Simulationstechnik ist außerdem ein notwendiges Mittel für den Beweis, daß durch regelungstechnische Syntheseverfahren automatisch bestimmte Steuerfolgen optimale Prozeßführungen ermöglichen.

Trotz dieser nicht anfechtbaren Vorteile sollte die Einführung der Simulationstechnik in die Prozeßüberwachung unter kritischer Beobachtung erfolgen. Der Grund hierfür liegt nicht in der Simulationstechnik selbst, sondern vielmehr in den Verfahren der Analyse und der Synthese, die mit der Simulation verbunden sind. Bewußt wurden daher in diesem Beitrag die Vor- und Nachteile der Analyseverfahren aufgezeigt und strenge Forderungen an Syntheseverfahren gestellt. Die Simulationstechnik kann die Fehler der anderen Verfahren nicht ausgleichen, sondern wird sie sogar noch verdeutlicht darstellen.

Bei auftretenden Fehlern wird das Bedienungspersonal nicht das verantwortliche Programm zur Analyse oder zur Synthese verurteilen, sondern immer die Einheit "Programm" als fehlerhaft bezeichnen. Dies ist auch gerechtfertigt, denn Analyse, Simulation und Synthese treten nach außen hin auch als geschlossene Einheit auf. Ferner sind Analyse und Simulation in der Prozeßüberwachung untrennbare Aufgaben, so daß die einfachere Simulationstechnik der Analyse nicht explizit die Schuld zuweisen sollte. Es ist eindeutig ein Mangel des Simulationsprogramms, wenn dies nicht gesicherte Modelle als Grundlage für ihre Ergebnisse benutzt.

Der Beitrag sollte auch verdeutlichen, welchen Einfluß die "Verpackung" der Simulationstechnik auf die Bereitschaft zur Anwendung durch das Bedienungspersonal hat. Das Simulationsprogramm muß bedienerfreundlich genau die Informationen vermitteln, die das Personal wünscht. Dies muß schnell und ohne großen Aufwand erreichbar sein. Dabei muß berücksichtigt werden, daß die Programme nicht von Simulationstechnikern, sondern von Verfahrenstechnikern bedient werden. Die Eingabe und Darstellung der Simulationsergebnisse muß daher in einer Weise erfolgen, die dem Verfahrenstechniker vertraut ist.

Die Chancen für eine verbreitete Einführung der Simulationstechnik in die Prozeßüberwachung sind gut, denn zur Zeit ist das Bedienungspersonal aufgrund der bislang erzielten Erfolge motiviert, sich mit den modernen Technologien anzufreunden. Erst wenn durch unvorsichtiges Handeln Mißerfolge eintreten, wird durch die immer vorhandene Skepsis ein Rückschlag in der Entwicklung erfolgen. Die Sicherheit der Programme und psychologisches Einfühlungsvermögen sind daher die Grundbausteine in der Aufbauphase.

**Literaturhinweise**

[1]  Eitz, A.W., Heining, U. (1989). Leittechnik im Kraftwerk:
     Entwicklung - Kosten - Nutzen, _atp_, 31, S.416-422

[2]  Färber, G.,   Polke, M., Steusloff, H. (1985). Mensch-
     Maschine Kommunikation, _atp_, Sonderheft NAMUR Statusbe-
     richt, S.50-61

[3]  Gilles, E.D. (1988). Auf dem Wege zu einer modellgestütz-
     ten Prozeßleittechnik, _atp_, 30, S.265-270 u. 326-331

[4]  Polke, M. (1989). Trends der Prozeßleittechnik, _atp_,
     31, S.408-416

# B Softwarewerkzeuge für Simulation und Reglerentwurf

**Simulation mit ACSL in der Regelungstechnik**

I.Troch,   F.Breitenecker

## 1      Einleitung

ACSL (Advanced Continuous Simulation Language) ist eine weit-
verbreitete Simulationssprache zur Simulation und Analyse
(hauptsächlich) kontinuierlicher Systeme, die dem CSSL-Stan-
dard 1986 für kontinuierliche Simulationssprachen genügt. ACSL
steht seit 1975 zur Verfügung, derzeit wird Level 9.xx ausge-
liefert. ACSL bietet viele Implementationen an, angefangen von
PC-XT, PC-AT und McIntosh über Workstations wie VAXStation,
DECStation, SUN, APOLLO, etc. und über Mainframes wie CYBER,
IBM, GOULD, etc. bis zu Vektorrechnern wie CRAY, NAS, etc.
Diese vielfältigen Implementierungen begründen teilweise die
hohe Verbreitung von ACSL, weitere Gründe liegen in einem
gewissen Standard und einer hohen Software-Stabilität.

ACSL ist eine kompilierende, gleichungsorientierte Simulationssprache: Die Modelle für den zu simulierenden Prozeß
können in Form von Systemen von Differentialgleichungen beschrieben und in ACSL-Syntax formuliert werden, diese Beschreibung wird dann von einem Compiler verarbeitet; ein Runtime-Interpreter erlaubt ein interaktives Arbeiten mit dem
(übersetzten) Modell.

ACSL besteht im wesentlichen aus einem Precompiler, einem
Runtime-Interpreter und Libraries. Der Precompiler übersetzt
die Modellbeschreibung (in ACSL-Syntax) in ein FORTRAN-Programm (Source), wobei nach Bedarf aus einer Makro-Library
Teilmodelle geladen werden. Der FORTRAN-Compiler des Rechners
übersetzt das erzeugte FORTRAN-Programm in ein Objektprogramm,
zu dem der Linker die Runtime-Library (mit allen Runtime-Be-
fehlen) und bei Bedarf Teile weiterer Libraries dazulädt. Das
damit erzeugte Binärprogramm ist ein direkt exekutierbares
Programm.

Bild 1.1 zeigt die Programmstruktur; schraffierte Blöcke kennzeichnen Software, die Bestandteil von ACSL sind. Erwähnt sei,
daß im Rahmen dieses Aufbaus beliebige Benutzer-Libraries mit-
verarbeitet werden können, z.B. Teilprogramme (alter) FORTRAN-
Simulationen. Außerdem arbeitet ACSL mit FORTRAN: erkennt der
Precompiler ein Statement der Modellbeschreibung nicht als
ACSL-Statement, so interpretiert er es als FORTRAN-Statement,
das der nachfolgende FORTRAN-Compiler zu verarbeiten hat.

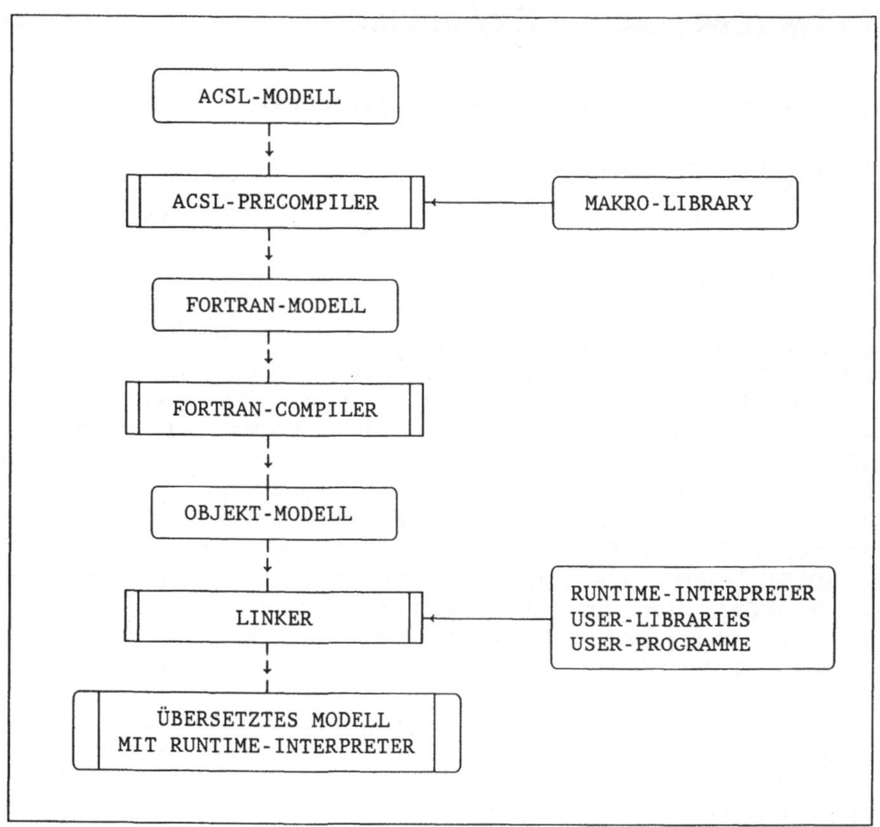

Bild 1.1. Software-Struktur von ACSL

Die Modellbeschreibung wird mit einem Editor als Input-File
(Modell-File) vorbereitet, das dann von einem auf allen ACSL-
Implementationen vorhandenen Command File (.BAT File in MS-
DOS, CCL-Prozedur auf CYBER, etc.) entsprechend Bild 1.1 verarbeitet wird. In diesem Modell-File wird das dynamische Verhalten des Modells durch Angabe der systembeschreibenden Differentialgleichungen, der Anfangswerte und anderer Parameter
beschrieben. Parameter können (statisch) von anderen Parametern abgeleitet werden; teilweise ist eine Beschreibung mit
Übertragungsfunktionen möglich. Zur Beschreibung dienen neben
üblichen FORTRAN-Statements spezielle ACSL-Statements und
ACSL-Schlüsselwörter; deren wichtigstes ist das INTEG-Statement, das eine Integration beschreibt. Beim Formulieren des
Modells sind weitgehende Freiheiten erlaubt: Statements können
in einer beliebigen Spalte beginnen, mehrere Statements können
- durch $-Zeichen getrennt - in einer Zeile stehen, es können
symbolische Labels verwendet werden, etc.

Der Runtime-Interpreter bietet im Rahmen seiner Befehle Module
zur Analyse des Modells an, dazu zählen die Durchführung eines

Simulationslaufs (Integration der systembeschreibenden Differentialgleichungen), das Ändern von Parametern, die (Organisation der) Dokumentation, sowie Methoden zur Modellanalyse
(stationärer Zustand, Linearisierung, Frequenzbereichsmetho-
den).

Ein Beispiel soll nun zeigen, wie einfach ein Modell in ACSL
beschrieben werden kann. Eine der wesentlichen Eigenschaften
von ACSL ist nämlich die automatische Sortierung der Modellbeschreibung, die einerseits ein schnelles und andererseits ein
modulares Modellieren ermöglicht.

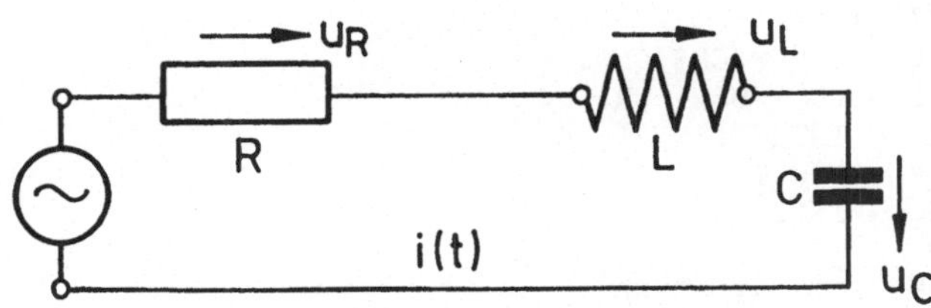


Bild 1.2. Elektrischer Schwingkreis

Bild 1.2 zeigt einen Schwingkreis, aus dem sofort folgende Beziehungen abgeleitet werden können:

$$u_L + u_C + u_R = u_0(t),$$

$$u_R = i.R, \qquad u_L/L = di/dt,$$

$$du_C/dt = i/C, \qquad u_0(t) = u_{s0} \cos(\Omega t).$$

Diese Beziehungen müssen nun nicht in ein System gewöhnlicher
Differentialgleichungen in "normalisierter", sortierter Form
umgewandelt werden, eine grobe Auflösung zu expliziten Gleichungen in unsortierter Form reicht aus (nicht auftreten dürfen allerdings sogenannte algebraische Schleifen, die im nächsten Kapitel besprochen werden):

$$u_L = u_0 - u_C - u_R,$$

$$di/dt = u_L/L,$$

$$u_R = i.R,$$

$$du_C/dt = i/C.$$

Diese Form kann nun direkt in eine ACSL-Modellbeschreibung umgesetzt werden (Bild 1.3). Zu erkennen ist dabei bereits eine
gewisse Struktur im Aufbau der Beschreibung: SECTIONs unterteilen die Beschreibung. Alle echt dynamischen Zusammenhänge
sind in der  DERIVATIVE SECTION  beschrieben; DYNAMIC SECTION

beinhaltet nur die Endbedingung für die Simulation, in impliziter Form allerdings die gesamte Ablaufsteuerung für einen
Simulationslauf; in der INITIAL SECTION werden Konstante festgelegt und statische Zusammenhänge beschrieben.

```
PROGRAM SCHWINGKREIS
INITIAL
  CONSTANT L=1.5E-6, R=1, C=50E-12, USO=10, PI=3.1215
  CONSTANT TEND=8.E-6, CINT=1E-8
  F  = 1 / (2*PI*SQRT(L*C))
  OM = 2*PI*F
END
DYNAMIC
  DERIVATIVE
    U0 = USO * COS(OM*T)
    UL = U0 - UC - UR
    I  = INTEG ( UL/L, 0 )
    UR = R * I
    UC = INTEG ( I/C, 0 )
  END
  TERMT ( T .GT. TEND )
END
END
```

Bild 1.3. ACSL-Modell für elektrischen Schwingkreis

Nach dem Übersetzen des Modells meldet sich üblicherweise der
Runtime-Interpreter und verlangt die Eingabe eines Befehls.
Mit folgenden einfachen Befehlen können nun (einfache) Simula-
tionen durchgeführt werden:

PREPAR T,UL,UC,UR,U0    $t, u_L, u_C, u_R, u_0$    sollen beim nächsten
                        Simulationslauf abgespeichert werden

START                   Durchführung  eines Simulationslaufs

PLOT U0,UR              Zeichnen der gespeicherten Ergebnisse


Bild 1.4 zeigt die Ergebnisse für dieses Beispiel.


## 2    Aufbau der Modellbeschreibung in ACSL

Bereits bei dem einführenden Beispiel war zu sehen, daß die
Modellbeschreibung in einzelne SECTIONs unterteilt ist. Diese
Unterteilung, nochmals verdeutlicht in Bild 2.1, ist im wesentlichen im CSSL68-Standard für Simulationsprachen festgelegt, sie entspricht in etwa dem Aufbau einer expliziten Programmierung der Simulation (Integration) des Modells im Zeitbereich.

Der ACSL-Precompiler erzeugt aus dem ACSL-Modell ein FORTRAN-Programm, das einer direkten Programmierung der Simulation in höherer Programmiersprache (z.B. FORTRAN) entsprechen würde.

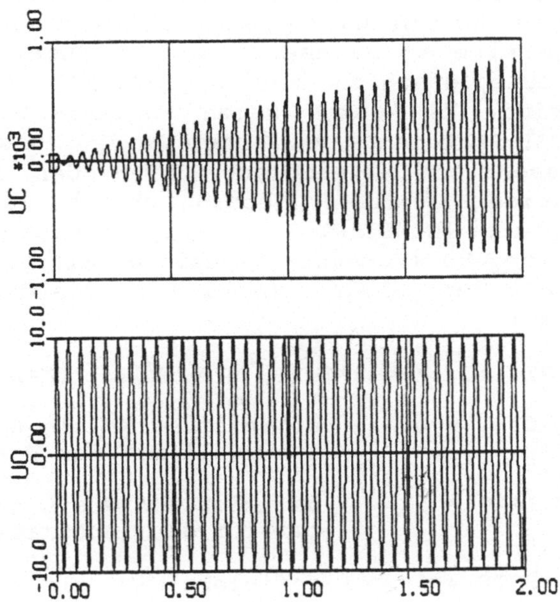

Bild 1.4. Simulationsergebnisse für elektrischen Schwingkreis

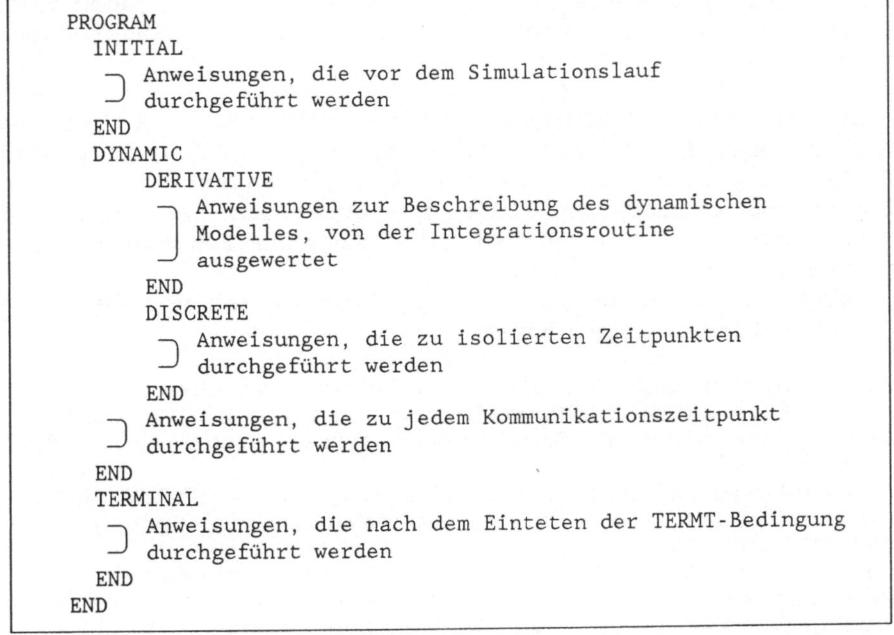

```
PROGRAM
  INITIAL
      Anweisungen, die vor dem Simulationslauf
      durchgeführt werden
  END
  DYNAMIC
      DERIVATIVE
          Anweisungen zur Beschreibung des dynamischen
          Modelles, von der Integrationsroutine
          ausgewertet
      END
      DISCRETE
          Anweisungen, die zu isolierten Zeitpunkten
          durchgeführt werden
      END
      Anweisungen, die zu jedem Kommunikationszeitpunkt
      durchgeführt werden
  END
  TERMINAL
      Anweisungen, die nach dem Einteten der TERMT-Bedingung
      durchgeführt werden
  END
END
```

Bild 2.1. SECTION-Struktur der ACSL-Modellbeschreibung

Vor der eigentlichen Integration des systembeschreibenden
Differentialgleichungssystems sind "Vorarbeiten" zu erledigen,
die in der INITIAL SECTION zusammengefaßt werden. Alle exekutierbaren Anweisungen der INITIAL SECTION werden vor dem Start
der Integration durchgeführt. Dazu zählen nicht nur die Berechnung abgeleiteter Parameter und Anfangswerte, sondern
beliebig komplexe, statische Berechnungen, die vor der Simulation nötig sind. Es können neben FORTRAN-Anweisungen alle
statischen ACSL-Statements verwendet werden, was die Program-
mierarbeit wesentlich erleichtert. Neben den exekutierbaren
Anweisungen werden in dieser Section üblicherweise noch Konstante vereinbart (CONSTANT-Statement) und Steuergrößen für
Integration, Ausgabe (Kommunikationsinterval), etc. mit ACSL-
Schlüsselwörtern festgelegt (obwohl sie irgendwo im Programm
stehen könnten):

* CONSTANT N10=10, AR=12*0.24, LL=.TRUE., IMAX=1

* CINTERVAL CINT = 0.1       definiert CINT als Kommunikations-
                             intervall mit dem Wert 0.1

* ALGORITHM IALG = 5         definiert IALG als Auswahlparame-
                             ter für das Integrationsverfahren

* NSTEPS     NSTP = 10       definiert NSTP als Anzahl von
                             Integrationsschritten pro CINT

Um Lösungskurven zu erhalten, wird das Simulationsintervall
$t_e$-$t_o$ in Teilintervalle $[t_i, t_{i+1}]$ unterteilt; zu jedem Kommu-
nikationszeitpunkt $t_i$ können beliebige Variable abgespeichert
werden.

Die DYNAMIC SECTION entspricht einer Schleife, die bei jedem
Durchlauf über ein Teilintervall $[t_i, t_{i+1}]$ (Kommunikationsin-
tervall) integriert und zusätzliche Aktionen erledigt, bis die
Endbedingung erfüllt ist (oft das Erreichen des Zeitpunktes
$t_e$, aber auch ein zustandsbedingter Abbruch ist möglich), was
das TERMT-Statement überprüft.
Bei jedem Durchlauf der DYNAMIC SECTION werden der Reihe nach
folgende Aktionen unternommen:

- Zuerst werden der Reihe nach alle zusätzlichen Anweisungen
  der DYNAMIC SECTION (Maßstabtransformationen, Berechnung von
  Werten, die nicht in die Dynamik direkt eingehen,..) durchgeführt.
- Als nächstes wird die Abbruchbedingung im TERMT-Statement
  überprüft. Ist sie erfüllt, so erfolgt ein Sprung in die
  TERMINAL SECTION.
- Als dritter Schritt werden nun die Abspeicherungen der interessierenden Größen (im PREPAR-Statement festgelegt)
  durchgeführt (also mit den Werten zum Zeitpunkt $t_i$ !).
- Als vierter Schritt wird die Integration über dem Intervall
  $[t_i, t_{i+1}]$ gestartet.

Das in der Schleife der DYNAMIC SECTION aufgerufene Integra-
tionsprogramm bedient sich zur Bestimmung der rechten Seiten
des Differentialgleichungssystemes eines Unterprogrammes, das
aus der DERIVATIVE SECTION erzeugt wird, die daher die Beschreibung der Dynamik (üblicherweise in Gleichungsform) enthalten muß. ACSL bietet derzeit sieben Integrationsalgorithmen
an, die über den Parameter IALG (festgelegt durch das Schlüsselwort ALGORITHM) ausgewählt werden. Bild 2.2 faßt diese
Routinen zusammen, die Nummer IALG=7 ist für eine eventuelle
Spezialroutine reserviert, die der Benutzer zur Verfügung
stellen kann. Die Schrittweite des Algorithmus ist standardmä-
ßig ein Bruchteil (NSTEPS) des Kommunikationsintervalles.

| IALG | Integrationsalgorithmus |
|---|---|
| 1 | Adams-Moulton, var. Schrittweite, var. Ordnung |
| 2 | Gear's Stiff, var. Schrittweite, var. Ordnung |
| 3 | Euler (Runge-Kutta 1. Ordnung) |
| 4 | Runge-Kutta 2. Ordnung |
| 5 | Runge-Kutta 4. Ordnung (Standardalgorithmus) |
| 7 | eventuelle Benutzer-Integrationsroutine |
| 8 | Runge-Kutta-Fehlberg 2. Ordn. (Prädiktor-Korrektor) |
| 9 | Runge-Kutta-Fehlberg 5. Ordn. (Prädiktor-Korrektor) |

Bild 2.2. Integrationsalgorithmen in ACSL

Das wichtigste ACSL-Statement zur Beschreibung der Dynamik ist
das INTEG-Statement, das sozusagen die Integration zu einer
Grundrechnungsart macht, es hat nur in der DERIVATIVE SECTION
Sinn. Das Gleichheitszeichen "=" hat in der DERIVATIVE SECTION
auch nicht die übliche programmiertechnische Bedeutung der
"Ergibtanweisung", sondern beschreibt ein Eingangs/Ausgangs-
verhalten: die links stehende Variable als "Ausgang" wird
durch eine (komplexe) Verknüpfung von (Eingangs-) Variablen,
die rechts stehen, errechnet. Die Beschreibung der Dynamik
wird entsprechend dieser Eingangs/Ausgangsstruktur automatisch
sortiert.

Diese Besonderheit der Beschreibung erlaubt allerdings keine
sogenannten algebraischen Schleifen, also Konstruktionen, wo
Variable auf beiden Seiten des Gleichheitszeichens vorkommen
(außer in einem INTEG-Statement). Damit sind Anweisungen wie
z.B. A = A+1  klarerweise verboten; derartige algebraische
Schleifen sind leicht erkennbar und in der dynamischen Beschreibung auch kaum sinnvoll. Allerdings tauchen algebraische
Schleifen oft in verkoppelten Gleichungen auf. Vor allem bei
mechanischen Systemen entstehen durch die verallgemeinerten
Momentengleichungen implizite Gleichungen, die nichts anderes
als algebraische Schleifen für zwei Variable sind. Betrachtet
man z.B. die Bewegungen eines zweigliedrigen Roboterarmes
(beschrieben durch Radius $r$ und Winkel $\alpha$), der durch Gleich-
strommotore angetrieben wird (Ankerspannungen $U_r$, $U_\alpha$, Anker-
ströme $I_r$, $I_\alpha$), so werden diese zunächst durch Gleichungen der
Form

$$L_\alpha \dot{I}_\alpha + R_\alpha I_\alpha = U_\alpha - K_\alpha\, \mu_\alpha\, \dot{\alpha}$$

$$L_r \dot{I}_r + R_r I_r = U_r - K_r\, \mu_\alpha\, \dot{r}$$

$$M_\alpha = K_\alpha I_\alpha = f\,(r,\, \dot{r},\, r,\, \alpha,\, \dot{\alpha},\, \alpha)$$

$$M_r = K_r I_r = g\,(r,\, \dot{r},\, r,\, \alpha,\, \dot{\alpha},\, \alpha)$$

beschrieben. Hier ist die implizite Struktur wegen der Modellierung über Teilsysteme nicht sofort zu sehen. Eliminiert man jedoch $I_\alpha$ und $I_r$, so erhält man ein Differentialgleichungssystem der Form

$$F\,(\,r,\, \dot{r},\, r,\, \dot{r},\, \alpha,\, \dot{\alpha},\, \alpha,\, \dot{\alpha}\,) = U_\alpha\,,$$

$$G\,(\,r,\, \dot{r},\, r,\, \dot{r},\, \alpha,\, \dot{\alpha},\, \alpha,\, \dot{\alpha}\,) = U_r\,.$$

Derartige Gleichungen müssen in ACSL entweder in explizite Form umformuliert werden (bei mehr als zwei verkoppelten Robotergliedern nahezu unmöglich), oder bei jedem Integrationsschritt muß zur (internen) Berechnung der rechten Seite des Differentialgleichungssystems ein Gleichungssystem gelöst werden (was ein teilweises Programmieren in FORTRAN erfordert). Im gegenständlichen Fall ist dieses implizite System meist nichtlinear, bei anderen mechanischen Systemen liegt oft ein System vor, dessen implizite Form durch die sogenannte Massenmatrix gegeben ist (die dann bei jedem Integrationsschritt zu invertieren ist). ACSL kann (bis auf eine einfache Ausnahme) keine impliziten Systeme lösen; wie viele andere.

Moderne Sprachentwicklungen versuchen implizite Systeme mit Hilfe fortgeschrittener Integrationsalgorithmen zu lösen; allerdings ist die Frage der syntaktischen Beschreibung problematisch (Widerspruch zur Eingangs/Ausgangsbeschreibung).

Die DISCRETE SECTION dient zur Beschreibung von (meist periodischen) isolierten Vorgängen, die nicht zur eigentlichen Dynamik gehören; diese SECTION wird später näher besprochen.

Ist eine Abbruchbedingung erfüllt, dann erfolgt ein Sprung in die TERMINAL SECTION. Die hier programmierten zusätzlichen Anweisungen arbeiten mit den Werten, die die Variablen zum Zeitpunkt des Abbruches (z.B. $t_e$) haben. Bild 2.3 faßt nochmals dieses Ablaufdiagramm der ACSL-Simulation zusammen.

ACSL-Statements bzw.Befehle erlauben ein einfaches und rasches Modellieren auch komplexer Zusammenhänge. Im Gegensatz zu FORTRAN sind alle implizit definierten Größen vom Typ REAL. INTEGER- und LOGICAL-Größen müssen immer explizit vereinbart werden; Felder werden mit dem ARRAY-Statement definiert. Im wesentlichen können vier Gruppen von ACSL-Statements unterschieden werden:

- Die erste Gruppe sind die ACSL-Schlüsselwörter wie PROGRAM,
  INITIAL, DYNAMIC, DERIVATIVE, TERMINAL (DISCRETE, PROCEDU-
  RAL), die Sections begrenzen; weiters Schlüsselwörter, die
  Parameter, Tabellen und Systemparameter festlegen (CONSTANT,
  TABLE, CINTERVAL, ALGORITHM,...) und die im Prinzip überall
  stehen können.

- Die zweite Gruppe bilden ACSL-Statements, die entweder "statisch" in den Sections INITIAL, DYNAMIC, TERMINAL oder dynamisch in der DERIVATIVE SECTION verwendet werden können.
  Dazu zählen erweiterte trigonometrische und Exponentialfunktionen (ACOS, EXPF,..), arithmetische Standardfunktionen
  (ABS, IABS, AINT,...) und Maximumsbestimmung (AMAX0, AMAX1,
  AMIN0,..) sowie spezielle Makros wie Koordinatenumwandlung.

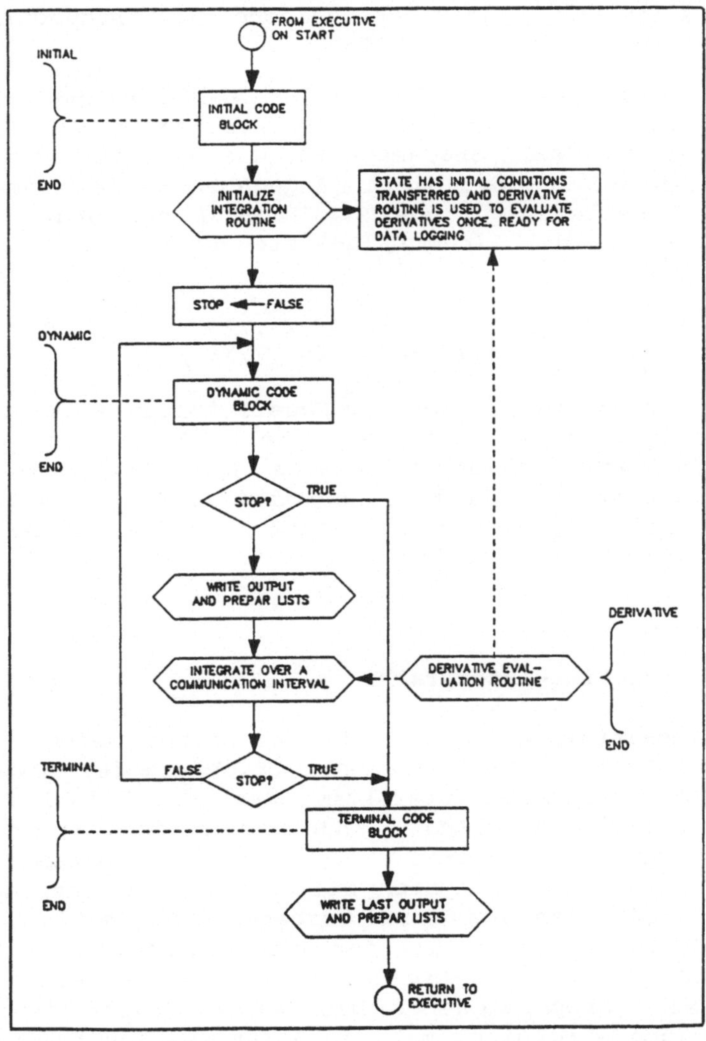


Bild 2.3. Ablaufdiagramm einer ACSL-Simulation

- Die dritte Gruppe sind Statements, die von einem zeitlichen Ablauf abhängig sind. Diese können dynamisch in der DERIVATIVE SECTION und "halbdynamisch" in der DYNAMIC SECTION (Berechnung nur zu den Kommunikationszeitpunkten, nicht zur eigentlichen Dynamik gehörend) verwendet werden. Dazu gehören die Statements PULSE (Rechteckfunktion), RAMP (Zeitrampe), HARM (harmonische Schwingung), STEP (Einheitssprung), LSW und RSW (Schaltfunktionen, die dynamische IF-Abfragen ersetzen können).

- Die letzte Gruppe bilden rein dynamische Statements, die nur in der DERIVATIVE SECTION verwendet werden dürfen, wie die Integrationsoperatoren INTEG, INTVC (Vektorintegration), LIMINT (begrenzende Integration), DBLINT ("doppelte" Integration), der Verzögerungsoperator DELAY, der Ableitungsoperator DERIVT und regelungstechnische Übertragungsfunktionen (TRAN, REALPL, CMPXPL, LEDLAG).

Wichtig für viele Simulationen sind Meßdaten und Kennlinien. Zur Eingabe von Meßdaten und zur Festlegung von Kennlinien bietet ACSL das TABLE-Statement an, das man sinnvollerweise in der INITIAL SECTION definiert. Angegeben werden Name, Dimension der Tabelle (1, 2 oder 3), Anzahl der Stützpunkte und schließlich wie bei einem DATA-Statement zunächst die x- und dann die y-Werte:

```
TABLE   F, 1, 8 / X1,X2,X3,X4,X5,X6,X7,X8, ...
                  Y1,Y2,Y3,Y4,Y5,Y6,Y7,Y8 /
```

Der Ausdruck S=F(x) hat dann im Modell folgende Bedeutung: der Variablen S wird der Wert der Tabelle F an der Stelle "x" zugewiesen, wobei zwischen benachbarten Stützpunkten linear interpoliert bzw. am Rand extrapoliert wird. Das Argument "x" kann ein beliebig komplexer Ausdruck, z.B. S=F(X*SIN(T)-3.) sein.


## 3      Der Runtime-Interpreter

Der Runtime-Interpreter von ACSL beinhaltet Befehle, die das übersetzte Modell "manipulieren". Üblicherweise arbeitet man im Runtime-Interpreter interaktiv, man gibt Befehl für Befehl ein. Bei großen Modellen (lange Simulationszeit) oder bei komplexen Experimenten (Setzen verschiedener vorkonfigurierter Parameter) empfiehlt es sich allerdings, die Runtime-Befehle ganz oder teilweise von einem vorbereiteten Textfile einzulesen. Wichtigster Befehl ist der START-Befehl, der einen Simulationslauf durchführt, Ergebnisse werden als Zeitreihen ausgegeben bzw. abgespeichert. Der Befehl CONTIN arbeitet wie START, jedoch wird nicht mit den Anfangswerten begonnen, sondern mit den Endwerten des letzten Laufes.

Der Befehl OUTPUT V1,V2,..,VN bewirkt, daß während des nächsten Laufes die Variablen V1,V2,..,VN zu jedem Kommunikations-
zeitpunkt in Tabellenform mitgelistet werden. Der Befehl

    PREPAR V1,V2,...,VN

bewirkt, daß die Variablen V1,V2,...,VN beim nächsten Lauf auf
ein File abgespeichert werden. Von diesem File kann man dann
PLOTten oder PRINTen. Der Befehl

    PLOT V1,V2,..,VM

fertigt ein Plot der Variablen V1,V2,...,VN an, jede Variable
wird mit eigener Achse und eigenem Maßstab gezeichnet; alle
Variablen müssen mit einem vorhergehenden PREPAR-Befehl abge-
speichert worden sein. PLOT hat eine Reihe Parameter, z.B.
"SAME" für gleichen Maßstab, "LO"=..., "HI"=..., ("XHI"=...,
"XLO"=...) legt Fenster für beide Achsen fest, "TAG"=... und
"XTAG"=... geben den Achsen Namen, "XAXIS"=... ändert die
Variable auf der x-Achse, u.a.m. Der Befehl

    SET   A1=2.,A2=3.,...,AN=8.E-6

ändert die Werte der Variablen A1,A2,...,AN, indem im COMMON-
Block ZZCOM (siehe Kap. 6) der Wert geändert wird. Sinnvoll
werden damit nur Größen geändert, die mit CONSTANT vereinbart
wurden (alle anderen Größen erhalten ja durch Anweisungen
Werte, ihre Veränderung mit SET ist daher sinnlos). Der Runtime-Interpreter kann nicht "rechnen", d.h. SET A=2.*C ist
unmöglich; möglich ist nur SET A=B.

Gegenstück zu SET ist der DISPLY-Befehl:

    DISPLY  Y1,..,YN

schreibt den augenblicklichen Wert der Variablen bzw. Parameter Y1,..,YN aus. Ist Y1 eine dynamische Größe, so ist dies
jener Wert, mit dem der letzte Simulationslauf endete.

Der Befehl ACTION erlaubt geringfügige Eingriffe in die Struktur des übersetzten Modells:

    ACTION "VAR"=10, "LOC"=Y1, "VAL"=212

bewirkt, daß beim nächsten Simulationslauf die Integration zum
Zeitpunkt 10 (Wert der unabhängigen Variablen VAR) unterbrochen wird und die Variable Y1 (LOC steht für "Location" im
COMMON-Block) auf den Wert 212 (VAL steht für "Value") gesetzt
wird. Dieser Befehl kann auf beliebige Variable, also auch auf
dynamische Zustandsgrößen angewendet werden, wie sinnvoll das
auch immer sein mag.

Der Befehl ANALYZ erlaubt eine Analyse des Modells im Frequenzbereich, angeboten werden Linearisierung, Eigenwerte, Bodediagramme, etc. Dieser Befehl wird näher in den Kapiteln 7 und 8 besprochen.

Die Befehle SAVE und RESTOR speichern bzw. laden einen Experimentierzustand. Mit ihnen können also sinnvolle Parameterkonstellationen abgespeichert werden, damit bei allfälligen Irrwegen wieder bei sinnvollen Werten weitergearbeitet werden kann.

Abschließend seien noch die etwa 100 Systemparameter von ACSL erwähnt; es sind dies Konstante, die die Form einer Zeichung steuern, die Output-Units verändern, etc.


## 4       Modellbildung regelungstechnischer Systeme

ACSL ist dem Wesen nach eine gleichungsorientierte Sprache, die aber auch die Modellbildung mit regelungstechnischen Übertragungsfunktionen unterstützt. Diese selbst sind allerdings als Systemmakros implementiert: der Precompiler wandelt sie in Differentialgleichungen um. Die angebotenen Makros sind:

    REALPL ( Y, P, X, IC )              Verzögerungsglied 1.Ordnung
                                        (Real Pole)

    CMPXPL ( Y,P,Q,X,IC1,IC2 )          Verzögerungsglied 2.Ordnung
                                        (Complex Pole)

    LEDLAG ( OUT,P,Q,IN,IC )            Verzögerungsglied 1.Ordung
                                        mit Differentialanteil

    TRAN ( Y,nz,nn,FZ,FN,X )            Allgemeine Übertragungsfunktion
                                        tion
                                        FZ...Feld mit Koeffizienten
                                            des Zählerpolynoms
                                        FN...Feld mit Koeffizienten
                                            des Nennerpolynoms

Im Falle des Verzögerungsgliedes 2.Ordnung (CMPXPL) erzeugt der Precompiler zunächst zwei Gleichungen:

CMPXPL ( Y,P,Q,X,IC1,IC2 )  ⌉   ⌈  $dz/dt = ( x - y - q.z ) / p$

bzw.                        ⎥—> ⎢  $dy/dt = z$

Y = CMPXPL (P,Q,X,IC1,IC2 )  ⌋   ⌊  $z(0) = ic_1, \ y(0) = ic_2$

Jeder Aufruf dieses Makros (jede Verwendung eines PT2-Gliedes im Modell) erzeugt eine andere Hilfsvariable z, deren Name

üblicherweise unbekannt ist. Jedem Benutzer steht natürlich
die Möglichkeit offen, im Rahmen der Makro-Sprache von ACSL
selbst weitere regelungstechnische Makros zu definieren. Das
folgende Beispiel illustriert die Anwendung dieser regelungstechnisches Makros, die ein sehr rasches Beschreiben von Modellen erlauben und die mit üblichen ACSL-Statements wie
INTEG, DELAY, etc. beliebig mischbar sind. Das lineare Modell
besteht aus (CMPXPL), Meßstrecke (REALPL), Regler (LEDLAG) und
Sollwert (STEP), sowie Strecken- und Reglerparameter. Bild 4.1
zeigt das Blockschaltbild und ACSL-Beschreibung für diesen
einfachen Regelkreis.

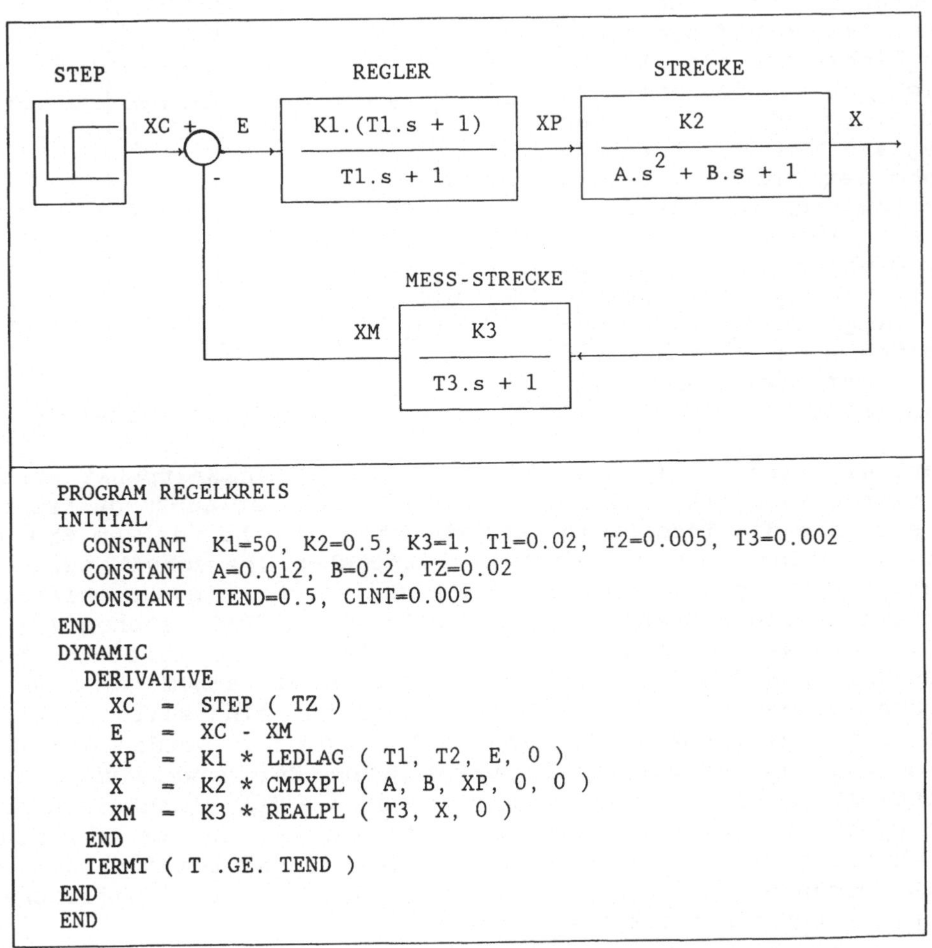


```
PROGRAM REGELKREIS
INITIAL
   CONSTANT  K1=50, K2=0.5, K3=1, T1=0.02, T2=0.005, T3=0.002
   CONSTANT  A=0.012, B=0.2, TZ=0.02
   CONSTANT  TEND=0.5, CINT=0.005
END
DYNAMIC
  DERIVATIVE
    XC  =  STEP ( TZ )
    E   =  XC - XM
    XP  =  K1 * LEDLAG ( T1, T2, E, 0 )
    X   =  K2 * CMPXPL ( A, B, XP, 0, 0 )
    XM  =  K3 * REALPL ( T3, X, 0 )
  END
  TERMT ( T .GE. TEND )
END
END
```

Bild 4.1. Blockschaltbild und ACSL-Beschreibung
         eines einfachen Regelkreises

Die Befehlsfolge

SET K1=20  $  PREPAR T, X, XC  $  START  $  PLOT X, XC

verändert den Parameter K1, legt das Abspeichern von T, X und
XC fest, führt einen Simulationslauf durch und fertigt ein
Plot von X und XC über T an (Bild 4.2).


## 5    Modellierung dis-
kreter Regler

Diskrete Regler gewinnen
immer mehr an Bedeutung.
Auch Simulationssprachen
müssen diesem Trend Rech-
nung tragen und geeignete
Möglichkeiten zur Simula-
tion von kontinuierlichen
Strecken mit diskreten
Reglern bieten. Die Auf-
gabe ist klar: Zu festen
Zeitpunkten ist die dyna-
mische Integration zu un-
terbrechen, und zu diesem
Zeitpunkt ist das diskre-
te Regelgesetz abzuar-
beiten (mit gleichzeiti-
gem Abtasten des Aus-
gangs).

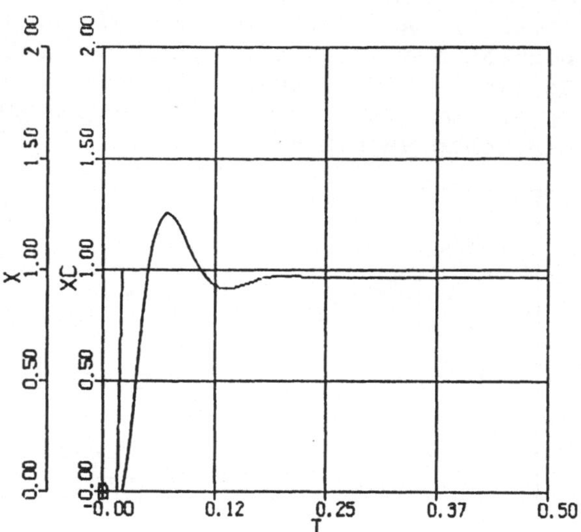

Bild 4.2. Simulationsergebnis

Generell wird ein Prozeß, der zu einem festen Zeitpunkt abzu-
arbeiten ist, als Ereignis bezeichnet. ACSL erlaubt nun Ereignisse, die die Integration unterbrechen. Was bei diesem Ereignis (zu einem festen Zeitpunkt) geschehen (berechnet werden)
soll, wird in DISCRETE SECTIONs definiert, die auf hierarchisch gleicher Ebene wie die DERIVATIVE SECTION stehen (Bild
2.1). Sie werden in der DYNAMIC SECTION üblicherweise nach der
DERIVATIVE SECTION modelliert und müssen mit einem Namen versehen werden. DISCRETE SECTIONS können nun einerseits zu vorgegebenen Zeitpunkten "periodisch" ausgeführt werden (Unterbrechung der Integration, Durchführung der Anweisungen der
DISCRETE SECTION), andererseits können sie für einen einzelnen
Zeitpunkt "angemeldet" ("schedulen") werden, zu dem sie dann
exekutiert werden. Die erste Form des "Schedulens" verwendet
das folgende (nur skizzierte) Beispiel einer kontinuierlichen
Strecke mit einem diskreten Regler:

```
PROGRAM DISCRETE CONTROLLER
 ....
DERIVATIVE
  X = INTEG ( F(X,U), X0 )   (Zustand x hängt von
   ...                        Steuerung u ab)
END
```

```
DISCRETE SAMPLE
  INTERVAL DTSAMP=0.02
  U = R(X)
  .....
END
```

Die Streckendynamik x wird also in der DERIVATIVE SECTION beschrieben; sie verwendet für die Regelgröße u die Update-Werte
des letzten Ausführens der DISCRETE SECTION, die periodisch
die Werte von x abtastet ("sampelt") und daraus die neue Regelgröße u ausrechnet, mit der die Dynamik dann weiterrechnet
(u bleibt bis zum nächsten Auswerten der DISCRETE SECTION nun
klarerweise konstant). Das Schlüsselwort INTERVAL DTSAMP=0.02
legt dabei fest, daß die DISCRETE SECTION zu allen DTSAMP
Zeiteinheiten, beginnend mit $t_0$, ausgeführt werden soll.

Die zweite Möglichkeit ist Anmeldung eines Zeitereignisses
("schedulen"). Das kann mit dem Schlüsselwort

```
SCHEDULE  SAMPLE  .AT.  TK
```

geschehen, worauf dann zum Zeitpunkt TK die DISCRETE SECTION
"SAMPLE" exekutiert wird. Für TK kann im Gegensatz zu INTERVAL
(wo nur eine Konstante angegeben werden darf) eine dynamische
Größe stehen, also z.B. .. .AT.T+TDEL, wobei T die unabhängige
Veränderliche ist; das Ereignis wird zum Zeitpunkt T+TDEL
ausgeführt, d.h. nach TDEL Zeiteinheiten, da T mit dem augenblicklichen Zeitwert belegt ist.

Diese kurz skizzierte Simulation einer Strecke mit diskretem
Regler entspricht nicht ganz der Realität, denn jeder Mikro-
prozessor braucht eine gewisse Zeit, bis er die neuen Stellgrößen berechnet hat. Die Verwendung zweier DISCRETE SECTIONs
behebt diesen Modellfehler, indem die erste als "ADC" und die
zweite zeitverzögert als "DAC" arbeitet:

```
............
DERIVATIVE
  X = INTEG ( F(X,U), X0 )    (Zustand x hängt von
  ...                          Steuerung u ab)
END
DISCRETE ADC
  INTERVAL DTSAMP=0.02
  SCHEDULE DAC .AT. T+0.04
  U1 = R(X)
  .....
END
DISCRETE ADC
  U = U1
END
```

Die erste DISCRETE SECTION "ADC" tastet in Zeitabständen TSAMP
den  kontinuierlichen Zustand  X  ab und  berechnet daraus die

Größe U1 (z.B.Regelgröße); sie "schedult" eine DISCRETE SEC-
TION "DAC" zum Zeitpunkt T+0.004, die U1 auf U speichert,
wobei letztere Größe dann der Dynamik bekannt ist.

Das folgende Beispiel verwendet die eben kurz skizzierte Form
eines Modells einer Mikroprozessorregelung. Der Wasserstand in
einem Behälter (modelliert mit einem PT1-Glied und nachge-
schaltetem Integralglied) soll mit einem Regler mit DT1-Ver-
halten wahlweise kontinuierlich oder diskret geregelt werden.

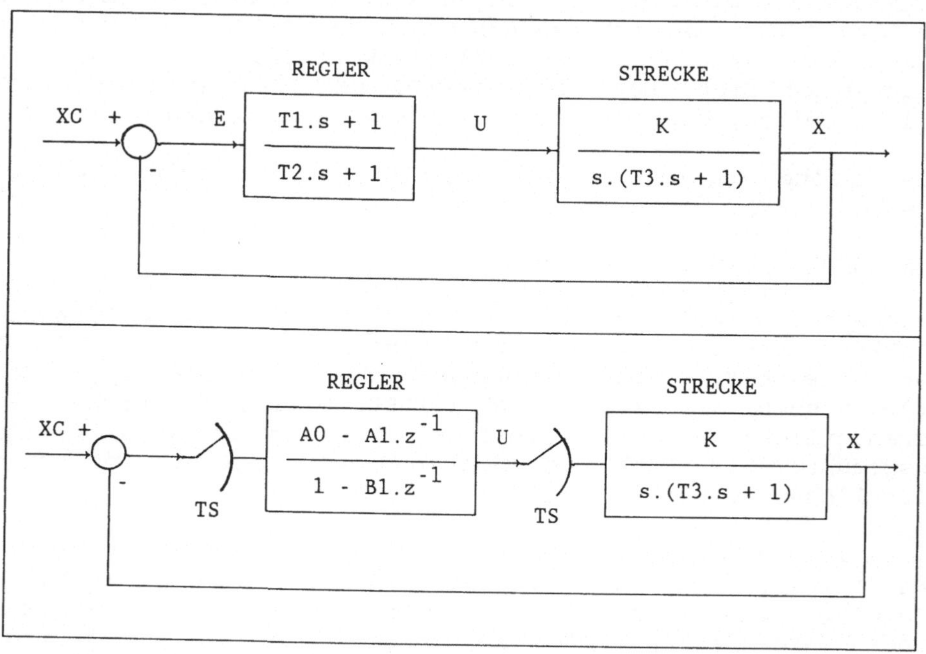


Bild 5.1. Blockschaltbilder  für Regelkreise mit
          kontinuierlichem bzw. diskretem Regler

Bild 5.1 zeigt das Blockschaltbild für beide Reglerarten, wo
im Falle der diskreten Regelung die Koeffizienten des Reglers
über die z-Transformation ausgerechnet werden; Bild 5.2 beinhaltet das entsprechende ACSL-Modell.

In der INITIAL SECTION werden die Strecken- und Reglerparameter beschrieben und die Parameter für den diskreten Regler
berechnet. Die DERIVATIVE SECTION beschreibt die Dynamik der
Strecke und des kontinuierlichen Reglers; ein RSW (REAL
SWITCH) schaltet dabei wahlweise zwischen kontinuierlicher und
diskreter Regelung um (generell ist es in ACSL einfacher, logische Entscheidungen mit Hilfe derartiger Schalter zu formulieren als mit den FORTRAN-Statements IF-THEN-ELSE). Die
DISCRETE SECTION DIGCON sampelt den Zustand und berechnet die

neue Stellgröße, die sie nun wahlweise entweder sofort an die
Dynamik weitergibt oder aber nur zwischenspeichert und dann
die DISCRETE SECTION MCDEL "schedult". Die DISCRETE SECTION
MCDEL gibt dann die zwischengespeicherte Stellgröße zeitverzögert (um TDEL Zeiteinheiten) an die Dynamik weiter.  Bild 5.3
zeigt drei Simulationen mit gleichen Reglerparametern.

```
PROGRAM WASSERSTANDSREGLER
INITIAL
  LOGICAL   LDISC, LDEL
  CONSTANT  LDISC=.FALSE., LDEL=.TRUE.
  CONSTANT  K=5, T1=0.5, T2=0.5, T3=0.5, TD=0.04, XC=1
  CONSTANT  TEND=5, CINT=.01
  B1 = EXP (-TS/T2)  $  A0 = (T1/T2)*EXP(TS/T2-TS/T1)
  A1 = (T1/T2)*EXP(TS/T2)
  UD = 0  $  UDV = 0  $  EP = 0
END
DYNAMIC
  DERIVATIVE
        X    =    INTEG (  REALPL ( T3, K * U ), 0 )
        E    =    XC - X
        UC   =    LEDLAG ( T1, T2, E )
        U    =    RSW ( LDISC, UD, UC )
  END
  DISCRETE  DIGCON
        INTERVAL  TS = 0.1
        UDV =  B1 * UD + A0 * E -A1 * EP
        EP  =  E
        IF  ( LDEL )  GOTO M1
        UD  =  UDV
        GOTO  M2
    M1..CONTINUE
        SCHEDULE  MCDEL  .AT.  T + TD
    M2..CONTINUE
  END
  DISCRETE  MCDEL
        UD  =  UDV
  END
  TERMT  ( T. GE. TEND )
  END
END
```

Bild 5.2. ACSL-Modell für Regelkreis mit kontinuierlichem
            bzw. diskretem Regler


**6      Linearisierung von Modellen in ACSL**

ACSL war in seinen ersten Versionen gänzlich auf Modellanalyse
im Zeitbereich ausgerichtet. Seit geraumer Zeit bietet ACSL
allerdings auch einige einfache Komponenten der Frequenzbereichsanalyse an.

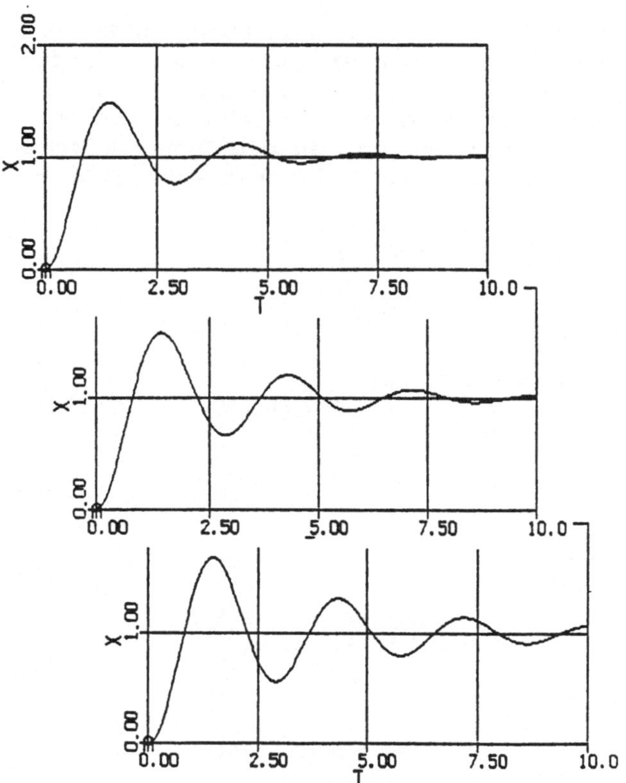

Bild 5.3. Simulationsergebnisse für kontinuierliche Strecke
mit diskretem bzw. kontinuierlichem Regler.
a) kontinuierlicher Regler,   b) diskreter Regler
ohne Zeitverzögerung,    c) diskreter Regler  mit
Zeitverzögerung.

Das Einbinden derartiger Methoden in zeitbereichsorientierte
Simulationssprachen ist wegen deren Struktur generell schwierig. Verwiesen sei hier auf die Struktur der Simulationsumgebung HYBSYS, die an der TU Wien entwickelt wird: HYBSYS verwaltet Modelle in einer Modelldatenbank, "Methoden" erlauben
dann die Analyse des Modells - und hier stehen Integration im
Zeitbereich, Linearisierung,  Reglerentwurf, Optimierung als
gleichberechtigte Methoden nebeneinander.

ACSL bietet mit dem ANALYZ-Befehl Methoden zur einfachen Frequenzbereichsanalyse an. Die wichtigsten Parameter des ANALYZ-
Befehls bis ACSL-Level 8.xx sind:

ANALYZ    "TRIM"      "EIGEN"      "FREEZE"      "CONTRL"
          "JACOB"     "EIGVEC"     "OBSERV"

TRIM berechnet eine stationäre Lösung iterativ, indem die
Ableitungen Null gesetzt werden; nachher haben die Zustände

eben diesen stationären Wert. JACOB berechnet die Jacobimatrix durch numerische Perturbation um den augenblicklichen Wert des Zustandsvektors herum. EIGEN berechnet die Jacobimatrix und deren Eigenwerte, EIGVEC liefert zusätzlich die Eigenvektoren. OBSERV und CONTRL legen Ausgangs- und Eingangsgrößen fest, so daß JACOB dann das linearisierte Gesamtsystem berechnen kann.

Vor einem konkreten Beispiel soll nun die Arbeitsweise dieser Linearisierung näher beleuchtet werden. ACSL übersetzt das Modell, zur Laufzeit ist daher keine Kenntnis über die Struktur des Modells vorhanden. Die Kommunikation zwischen dem übersetzten Modell und dem Runtime-Imterpreter erfolgt über einen (riesigen) COMMON-Block (ZZCOM), der alle im Modell definierten Variablen und alle vom Precompiler erzeugten Hilfsvariablen enthält (wobei letztere oft den wesentlich größeren Teil ausmachen).

Betrachtet man die Beschreibung eines Systems in Zustands- und Ausgangsgleichung (vektorielle Form)

$$\underline{\dot{x}} = \underline{f} \, ( \, \underline{x}, \, \underline{u} \, ) \, ,$$

$$\underline{y} = \underline{g} \, ( \, \underline{x}, \, \underline{u} \, ) \, ,$$

so sind die Zustandsgrößen $x_i$ und die Ableitungsgrößen $f_i$ an wohldefinierten Stellen in diesem COMMON-Block zu finden. Denn ACSL interpretiert jede Variable, die Ausgang des INTEG-Operators ist (oder INTVC, DBLINT) als Zustandsgröße; für den Eingang dieses Operators wird eine Hilfsgröße erzeugt, somit sind die Ableitungsgrößen bekannt. Alle anderen Variablen, die Rechenergebnisse tragen, sind in diesem COMMON an späteren Stellen zu finden. ACSL kann nicht unterscheiden, ob es sich dabei um Hilfsgrößen handelt, oder um Ausgangsgrößen (die nirgends rückgekoppelt werden), oder aber um Eingangsgrößen.

Die DERIVATIVE SECTION selbst wird in eine FORTRAN-Subroutine übersetzt, die die rechte Seite des Systems auswertet, die also $\underline{f}(\underline{x},\underline{u})$ für einen festen Wert x und u berechnet (die Ausgangsgrößen werden mitgerechnet).

Mit diesen Informationen führt ACSL eine Frequenzbereichsanalyse durch. Grundlegend dabei ist das Berechnen der Jacobi-Matrix, die durch numerische Differentiation (zentraler Differenzenquotient) gewonnen wird. Zugrundegelegt wird dabei der Zustand (und der Eingang) zu einem festen (derzeit aktuellen) Zeitpunkt $t_{akt}$:

$$\underline{x}_{akt} = \underline{x}(t_{akt}) \, ,$$

$$\underline{u}_{akt} = \underline{u}(t_{akt}) \, , \quad t_{akt} \, \epsilon \, [t_o, \, t_e] \, .$$

Um diese Zustandswerte herum wird nun (bei konstantem Wert der
Eingänge!) die Linearisierung berechnet:

$$\dot{\underline{x}} = \underline{f}\,(\underline{x},\ \underline{u}_{akt}) \quad \rightarrow \quad \dot{\underline{x}} = \underline{A}\,(\underline{x} - \underline{x}_{akt}) + \underline{f}\,(\underline{x}_{akt},\ \underline{u}_{akt})\ ,$$

$$(a_{ij}) = \left.\frac{\delta f_i}{\delta x_j}\right|_{(\underline{x}_{akt},\underline{u}_{akt})}$$

$$\frac{\delta f_i}{\delta x_j} \approx \frac{1}{2h}\,(f(x_1,..,x_{j+h},..,x_n,u) - f(x_1,..,x_{j+h},..,x_n,u))\ .$$

Die Matrix $\underline{A}$ (die Jacobimatrix) hängt klarerweise  vom aktuellen Zustand (und vom aktuellen Eingang) ab: $\underline{A} = \underline{A}(x_{akt},\ u_{akt})$.
Der aktuelle Zustand ist üblicherweise der Endwert des letzten
Simulationslaufs. Die aus der DERIVATIVE SECTION erzeugte
Subroutine liefert bei dieser Differentiation die Werte von f,
im COMMON-Block ZZCOM sind an fester Stelle die Zustands- und
Ableitungsvariablen zu finden. Die Matrix $\underline{A}$ ist Basis für
weitere Untersuchungen mit dem ANALYZ-Command. Will man das
linearisierte System im Zeitbereich analysieren, so ist die
Größe $f(x_{akt},\ u_{akt})$ gesondert zu berechnen.

Mit dieser Jacobimatrix $\underline{A}$, der Zustandsmatrix des linearisierten Systems, arbeitet auch das TRIM-Command. Es berechnet die
stationäre Lösung des Systems gemäß

$$\dot{\underline{x}} = \underline{f}\,(\underline{x},\underline{u}_{akt}) = \underline{0}\ ,$$

wobei der Eingang als konstant (aktueller Wert) aufgefaßt
wird. Eine Nullstelle dieser nichtlinearen Gleichung wird
dabei auf iterative Weise gewonnen, als Startwert werden üblicherweise die Anfangswerte der Zustandsgrößen verwendet. ACSL
arbeitet in dieser Iteration mit einer Kombination aus Newton-
Verfahren und Verfahren des steilsten Abstiegs, wobei natürlich oftmals die Jacobimatrix zu berechnen ist:

$$\underline{x}_{n+1} = \underline{x}_n + G.\underline{f}(\underline{x}_n,\ \underline{u}_{akt}),\quad G = a.\underline{A}^{-1} + b.\underline{A}^{T}\ .$$

Dabei werden die beiden Parameter a und b, die die beiden
Methoden gewichten, im Verlaufe der Iteration automatisch
gesteuert. Nach der Iteration tragen also die Zustandsvariablen die Werte des stationären Zustandes. Erwähnt sei, daß
damit nur ein möglicher stationärer Zustand x gefunden wird,
für den $f(x,\ u_{akt}) = 0$ gilt. Insbesondere bei komplexen Modellen mit vielen Unstetigkeiten ist dieser Wert nicht sehr verläßlich, denn Unstetigkeiten bringen die Verfahren in Schwierigkeiten. In derartigen Fällen ermittelt man auf sicherere
Art den stationären Zustand, indem man solange im Zeitbereich
simuliert, bis sich eben der stationäre Zustand einstellt.

Der Befehl JACOB berechnet die Jacobimatrix, also die Zustandsmatrix des linearisierten Systems, mit der vorhin beschriebenen numerischen Differentiation um den augenblicklichen Zustand herum. EIGEN berechnet ebenfalls die Jacobimatrix, und zusätzlich ihre Eigenwerte; ist der Parameter EIGVEC
auf TRUE gesetzt, werden zusätzlich die Eigenvektoren berechnet. Oftmals werden unter den Zustandsgrößen auch solche mit-
verwaltet, die keine eigentlichen Zustandsgrößen sind, sie
erzeugen oft eine Zeile (oder Spalte) von Nullen in der Jacobimatrix (wenn die Größe nicht rückgekoppelt wird); derartige
uneigentliche Zustandsgrößen können  mit dem FREEZE-Befehl von
der Berechnung der Jacobimatrix ausgeschlossen werden.

Zur Linearisierung gehört allerdings mehr als die Berechnung
der Jacobimatrix. Gesucht ist zu einem System die Linearisierung des gesamten Systems, also nicht nur die Zustandsmatrix,
sondern auch die Eingangsmatrix $\underline{B}$ sowie  die Matrizen $\underline{C}$ und $\underline{D}$:

$$\underline{\dot{x}} = \underline{f}\ (\underline{x},\ \underline{u})\ ,$$

$$\underline{y} = \underline{g}\ (\underline{x},\ \underline{u})\ ,$$

$$\underline{\dot{x}} = \underline{A}\ (\underline{x} - \underline{x}_{akt}) + \underline{B}\ (\underline{u} - \underline{u}_{akt}) + \underline{f}(\underline{x}_{akt},\ \underline{u}_{akt})\ ,$$

$$\underline{y} = \underline{C}\ (\underline{x} - \underline{x}_{akt}) + \underline{D}\ (\underline{u} - \underline{u}_{akt}) + \underline{g}(\underline{x}_{akt},\ \underline{u}_{akt})\ .$$

Die Matrizen $\underline{B}$, $\underline{C}$ und $\underline{D}$ werden ebenfalls durch numerische
Differentiation gewonnen (Ersatz durch Differenzenquotienten):

$$b_{ij} = \frac{\delta f_i}{\delta u_j}\ , \qquad c_{ij} = \frac{\delta g_i}{\delta x_j}\ , \qquad a_{ij} = \frac{\delta g_i}{\delta u_j}\ .$$

ACSL verwendet dazu wieder numerische Differentiation. Dabei
ist unbedingt anzugeben, welche Größen als Ausgänge und Eingänge fungieren - ACSL kann außer Zustands- und Ableitungsvariablen keine anderen Größen unterscheiden. Die Befehle OBSERV
und CONTRL legen Eingänge und Ausgänge fest (Ausgänge Y und Z,
Eingänge U1, U2, U3):

    ANALYZ   "OBSERV"= Y,Z, "CONTRL"=U1,U2,U3

Die Befehle JACOB und EIGEN liefern nach Festlegung von Ein-
gangs- und Ausgangsgrößen die Linearisierung des Gesamtsystems. Als Eingangsgrößen sind allerdings nur formal unabhängige Variable, i.a. Parameter, erlaubt.

Ein Beispiel aus dem nichttechnischen Bereich soll nun die
Möglichkeiten des ANALYZ-Commands beleuchten. Als System sei
ein gesteuertes Räuber-Beute-System mit den Zuständen $n_1$  und
$n_2$ betrachtet; als Eingänge fungieren zwei (konstante) Kräfte
g und h, der Ausgang ist die Summe der Zustände (Bild 6.1):

$$\dot{n}_1 = a\, n_1 - b\, n_1 n_2 - c\, n_1^2 + f_1 \, ,$$

$$\dot{n}_2 = -d\, n_1 + e\, n_1 n_2 - f\, n_2^2 + f_2 \, ,$$

$$s_{12} = n_1 + n_2 \, .$$

```
PROGRAM  RAEUBER-BEUTE
INITIAL
  CONSTANT  A=2, B=0.5, C=0.02, D=0.2, E=0.4, F=0.04
  CONSTANT  F1=0, F2=0, N10=1, N20=1, TEND=40
END
DYNAMIC
  DERIVATIVE
    N1   =   INTEG (  A*N1 - B*N12 -C*N1*N1 + F1, N10 )
    N2   =   INTEG ( -D*N2 + E*N12 -F*N2*N2 + F2, N20 )
    N12  =   N1 * N2
    S12  =   S1 + S2
  END
  TERMT  ( T .GE. TEND )
END
END
```

Bild 6.1. ACSL-Modell für gesteuertes Räuber-Beute-System

Mit einem START-Befehl wird bis zum Zeitpunkt T = 40 simuliert; um die Zustandsgrößen zu diesem Zeitpunkt wird linearisiert:

START  $  ANALYZ  "JACOB"

Als Ergebnis druckt ACSL die Zustandsmatrix **A** aus (Bild 6.2).
Weitere Informationen liefert der Befehl

ANALYZ  "EIGVEC"=.T., "EIGEN"

mit dem Eigenwerte und Eigenvektoren zu der vorher berechneten
Jacobimatrix ermittelt werden. Bild 6.3 zeigt das Ergebnis;
die Eigenvektoren werden in komplexer Form dargestellt.

```
ROW VECTOR NAMES
        N1        1               N2       2
COLUMN VECTOR NAMES
     Z09998       1            Z09997      2
MATRIX ELEMENTS - ROWS ACROSS, COLUMNS DOWN
        1            2
   1  1.2624300  -0.2915460
   2  0.5884280   0.0214633          ⌉  A
```

Bild 6.2. Gesteuertes Räuber-Beute System.
Linearisierung

```
COMPLEX EIGENVALUES IN ASCENDING ORDER
        REAL
   1  0.17994600
   2  1.10394000

COMPLEX EIGEN VECTORS
                  1                           2
   1  0.2600640   0.          0.8785820   0.
   2  0.9655910   0.          0.4775910   0.
```

**Bild 6.3. Gesteuertes Räuber-Beute System.**
**Linearisierung und Eigenwerte**

Von großem Interesse ist natürlich auch bei diesem Modell der
stationäre Zustand. Der Befehl

    ANALYZ   "TRIM"

berechnet die stationäre Lösung durch Iteration. Bild 6.4
zeigt einige Schritte dieser Iteration: die Ableitungsgrößen
(die von ACSL die Systemnamen Z09998 un Z09997 bekamen) werden
tatsächlich schrittweise kleiner; bei der gewünschten Genauigkeit wird abgebrochen. Ein Vergleich mit den bei diesem Modell
noch analytisch berechenbaren Werten zeigt einen Fehler von
ca. 0.1%. Allerdings hat ACSL nur eine der vier möglichen
stationären Lösungen ermittelt. Es hängt vom Startwert, von
den Iterationsparametern und auch vom Rechner ab, welche stationäre Lösung gefunden wird.

```
STATE VECTOR - ITERATION NUMBER  1
        N1  1.00000000        N2  1.00000000
DERIVATIVE VECTOR - RESIDUAL IS  1.06827000
     Z09998  1.49800000     Z09997  0.19600000


STATE VECTOR - ITERATION NUMBER  2
        N1  0.20861900        N2  1.62796000
DERIVATIVE VECTOR - RESIDUAL IS  0.25339900
     Z09998  0.24733900     Z09997 -0.20034400

          ..........

STATE VECTOR - ITERATION NUMBER  8
        N1  0.54018800        N2  3.99969000
DERIVATIVE VECTOR - RESIDUAL IS  4.9177E-04
     Z09998 -5.0111E-04     Z09997  3.0578E-04


STATE VECTOR - ITERATION NUMBER  9
        N1  0.53997400        N2  3.99780000
DERIVATIVE VECTOR - RESIDUAL IS  9.4441E-06
     Z09998  9.5657E-06     Z09997 -7.2290E-06
```

**Bild 6.4. Gesteuertes Räuber-Beute System.**
**Berechnung des stationärer Zustands**

Zur Linearisierung des Gesamtsystems sind die Eingänge und die Ausgänge anzugeben, der Linearisierungsbefehl berechnet nun die Matrizen **A**, **B**, **C**, **D**:

    ANALYZ   "CONTRL" = F1, F2,   "OBSERV" = S12

Bild 6.5 zeigt das Ergebnis, das teilweise sofort überprüft werden kann. Die Eingänge gehen linear mit Koeffizient 1 in die Zustandsgleichungen ein, also muß die Matrix **B** die Einheitsmatrix sein - was auch der Fall ist; die Ausgangsgleichung summiert die Zustände, also muß die Matrix **C** der Zeilenvektor (1,1) sein - hier liegen Abweichungen im Promillebereich vor; die Eingänge kommen nicht in der Ausgangsgleichung vor, also muß die Matrix **D** die Nullmatrix sein - was auch berechnet wurde.

```
ROW VECTOR NAMES
          N1        1              N2        2
COLUMN VECTOR NAMES
        Z09998      1            Z09997      2
MATRIX ELEMENTS - ROWS ACROSS, COLUMNS DOWN
          1             2
    1 -0.0015643   -0.2700080
    2  1.5997900   -0.0160019        ] A


ROW VECTOR NAMES
          F1        1              F2        2
COLUMN VECTOR NAMES
        Z09998      1            Z09997      2
MATRIX ELEMENTS - ROWS ACROSS, COLUMNS DOWN
          1             2
    1  1.0000000    0.
    2  0.           1.0000000        ] B


ROW VECTOR NAMES
          N1        1              N2        2
COLUMN VECTOR NAMES
        S12         1
MATRIX ELEMENTS - ROWS ACROSS, COLUMNS DOWN
          1             2
    1  1.0013600    1.0001200          C


ROW VECTOR NAMES
          F1        1              F2        2
COLUMN VECTOR NAMES
        S12         1
MATRIX ELEMENTS - ROWS ACROSS, COLUMNS DOWN
          1             2
    1  0.           0.                 D
```

Bild 6.5. Gesteuertes Räuber-Beute System.
Gesamt-Linearisierung

Vermerkt sei, daß ACSL zur Laufzeit keinerlei Information über die Struktur des Modells hat: es ist beim gegenständlichen Beispiel unbekannt, daß die Augangsgleichung linear ist, es ist unbekannt, daß die Eingänge nicht in der Ausgangsgleichung auftauchen. Als Konsequenz ist festzuhalten, daß ACSL auch jedes von Anfang an lineare Modell numerisch linearisiert, wenn man z.B. die Eigenwerte wissen möchte.


**7       Frequenzbereichsanalyse in ACSL**

Ab Level 9.xx (ab Ende 1989)  bietet ACSL erweiterte Möglichkeiten zur Frequenzbereichsanalyse an. Der ANALYZ-Befehl wurde um die Befehle

"BODE", "NYQUIST", "INVNYQ", "NICHOLS", "ROOTLOC", "ZEROS"

erweitert. Damit bietet ACSL erstmals echte Möglichkeiten zur Frequenzbereichsanalyse und nähert sich damit dem Funktionsumfang von regelungstechnischen Analyse- und Syntheseprogrammen, die ihrerseits in letzter Zeit ihr Angebot um die Zeitbereichsanalyse erweiterten (MATRIX$_x$, CNTRL-C, etc.). Grundlage sind weiterhin Zustands- und Ausgangsgleichung in nichtlinearer und linearisierter Form, wobei die Matrizen **A**, **B**, **C** und **D** das linearisierte System beschreiben. Mit Hilfe des linearisierten Systems kann leicht die Übertragungsmatrix angegeben werden:

$$\underline{Y}(s) = [\ \underline{C}\ (\ s.\underline{I} - \underline{A}\ )^{-1}\ \underline{B} + \underline{D}\ ]\ \underline{U}(s) = \underline{G}(s).\underline{U}(s)\ .$$

Wählt man aus dem Eingangsvektor **u** und aus dem Ausgangsvektor **y** jeweils eine Komponente u und y aus, so erhält man die faktorisierte Form der Übertragungsfunktion

$$\frac{Y(s)}{U(s)} = K\ \frac{\prod\limits_{k=1}^{m} (s-z_k)}{\prod\limits_{k=1}^{n} (s-p_k)}\ .$$

Nach dieser Darstellung berechnet nun ACSL Wurzelortskurven (ROOTLOC), Bodediagramme (BODE), Nyqistdiagramme (NYQUIST, INVNYQ), Nicholsdiagramme (NICHOLS) und die Nullstellen der Übertragungsfunktion (ZEROS).

Wesentlich vor Anwendung eines dieser Befehle ist zunächst die Auswahl von Eingangs- und Ausgangsgrößen mit dem CONTRL- bzw. OBSERV-Befehl:

    ANALYZ "OBSERV"=Y,Z, "CONTRL"=U1,U2,U3

Damit ist eine mehrdimensionale Übertragungsfunktion festgelegt. Aus den Eingangs- und Ausgangsgrößen wird nun mit den
Befehlen CINDEX und OINDEX eine Eingangs- und eine Ausgangsgröße ausgewählt. Der Befehl

    ANALYZ "OINDEX"=2, "CINDEX"=3

wählt also als Ausgang Z (zweite Variable der Ausgangsliste)
und als Eingang U3 (dritte Variable der Eingangsliste) aus.

Es sei nochmals festgestellt, daß ACSL auf alle Fälle eine
numerische Linearisierung durchführt, selbst wenn das System
linear ist. Jeder der neuen Befehle beinhaltet die Linearisierung um den augenblicklichen Zustand zur Berechnung der Übertragungsfunktion.

Als Beispiel sei nun eine Strecke dritter Ordung mit einem
Kompensationsglied betrachtet, wie es Bild 7.1 zeigt. In der
zusätzlichen Rückkopplung findet sich eine unbekannte Verstärkung K; neben dem Sollwert R werden direkt vor dem Kompensationsglied und vor der Strecke Eingänge EZ bzw. UZ gewählt,
so daß im offenen Kreis die Antwort der Strecke, des Kompensa-
tors und der gesamtem Strecke ermittelt werden kann.

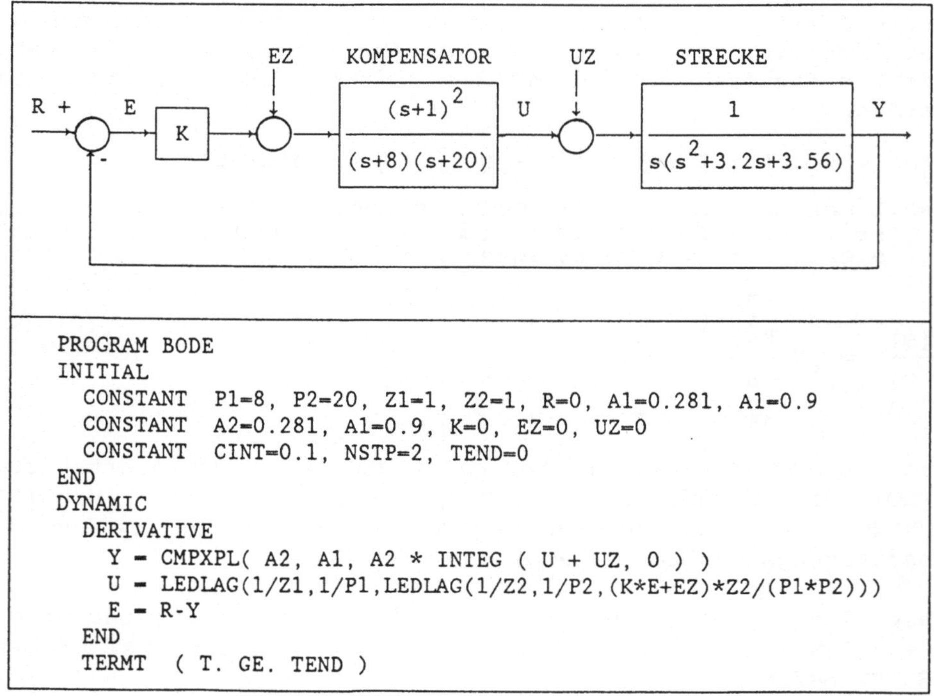


```
PROGRAM BODE
INITIAL
   CONSTANT  P1=8, P2=20, Z1=1, Z2=1, R=0, A1=0.281, A1=0.9
   CONSTANT  A2=0.281, A1=0.9, K=0, EZ=0, UZ=0
   CONSTANT  CINT=0.1, NSTP=2, TEND=0
END
DYNAMIC
   DERIVATIVE
      Y = CMPXPL( A2, A1, A2 * INTEG ( U + UZ, 0 ) )
      U = LEDLAG(1/Z1,1/P1,LEDLAG(1/Z2,1/P2,(K*E+EZ)*Z2/(P1*P2)))
      E = R-Y
   END
   TERMT ( T. GE. TEND )
```

Bild 7.1. Blockdiagramm und ACSL-Modell eines Regelkreises
          mit Kompensationsglied und Rückkopplung

Die Modellbeschreibung in ACSL ist denkbar einfach, die Beschreibung der Dynamik besteht aus drei Zeilen (Bild 6.5). Als Vorbereitung zur Frequenzbereichsanalyse sind zunächst die Zustandsgrößen zu initialisieren, z.B. durch einen Simulationslauf mit Anfangszeit = Endzeit (damit werden nur die Anfangswerte - im gegenständlichen Fall jeweils Null - auf die Zustandsgrößen übertragen). Dann sind Ausgangs- und Eingangsgrößen festzulegen:

    ANALYZ "OBSERV"=Y,U, "CONTRL"=R,EZ,UZ

Um nun zunächst den offenen Kreis zu analysieren, wird K auf Null gesetzt (SET K=0). Mit dem Befehl EIGEN werden die Eigenwerte berechnet, die Matrizen **A**, **B**, **C** und **D** werden mitberechnet. Um die Antwort des gesamten offenen Kreises zu ermitteln (Y/EZ), sind der entsprechende Eingang und Ausgang zu wählen, der Befehl BODE berechnet dann das Bodediagramm (Bild 7.2 zeigt das mit diesem Befehl erzeugte Bodediagramm):

    ANALYZ "OINDEX"=1, "CINDEX"=2, "BODE"

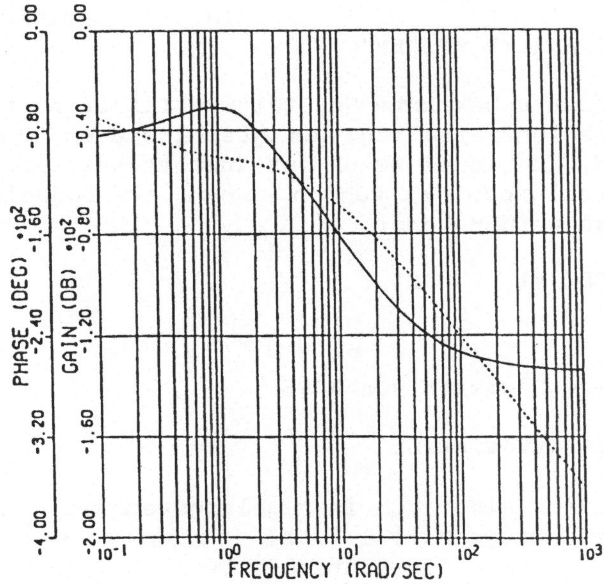


Bild 7.2. Bodediagramm des gesamten offenen
Regelkreises mit Kompensationsglied

Um eine Wurzelortskurve zu erhalten, sind sinnvolle Grenzen in der komplexen Ebene anzugeben, bevor mit ROOTLOC die Wurzelortskurve berechnet wird (Bild 7.3 zeigt die Wurzelortskurve):

    ANALYZ "IMAGMN"=-10, "IMAGMX"=10, "REALMN"=-10, "REALMX"=10
    ANALYZ "ROOTLOC"

Von Interesse sind auch
die bei Bedarf mitgeli-
steten numerischen Werte
der Polstellen, die dann
ein Auswählen eines ge-
eigneten Verstärkungs-
faktors K erlauben.

Wählt man z.B. für den
Faktor K einen festen
Wert ungleich Null, z.B.
K = 1438 (das entspricht
2.62+7.83i), so kann der
geschlossene Kreis ana-
lysiert werden. Mit die-
sen Werten muß der ge-
schlossene Kreis den Ei-
genwert 2.62+7.83i be-
sitzen, was mit den fol-
genden Befehlen leicht
verifiziert werden kann:

SET K=1436 $ ANALYZ "EIGEN".

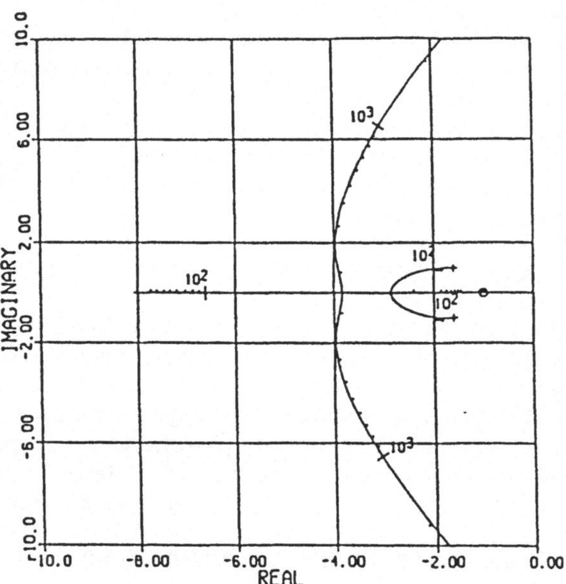


Bild 7.3. Wurzelortskurve

Da nun auch der unbekannte Verstärkungsfaktor K ermittelt ist,
kann das Frequenzverhalten des geschlossenen Kreises analysiert werden, Zu diesem Zweck ist anstatt des Einganges EZ der
Eingang R (Sollgröße) zu wählen, bevor ein Bodediagramm (Bild
7.4) angelegt werden kann:

ANALYZ "CINDEX"=1, "BODE"


## 8      Weitere Elemente von ACSL

### 8.1      Parametervariation

Parameterstudien sind auch in regelungstechnischen Anwendungen
ein wichtiges Analysemittel. ACSL ist auf diesem Gebiet relativ unflexibel, denn der Runtime-Interpreter kann nicht "rechnen". Damit kann auf Ebene des Runtime-Interpreters keine
Parametervariation formuliert werden. Manche Simulationssprachen (z.B.HYBSYS) bieten derartige Variationen an, indem sie
ein Schleifenkommando erlauben:

    A=2,40,2! RUN

Dieser Befehl variiert in einer Schleife mit Inkrement 2 den
Parameter A von 2 bis 40, für jeden Parameterwert wird ein
Simulationslauf durchgeführt.

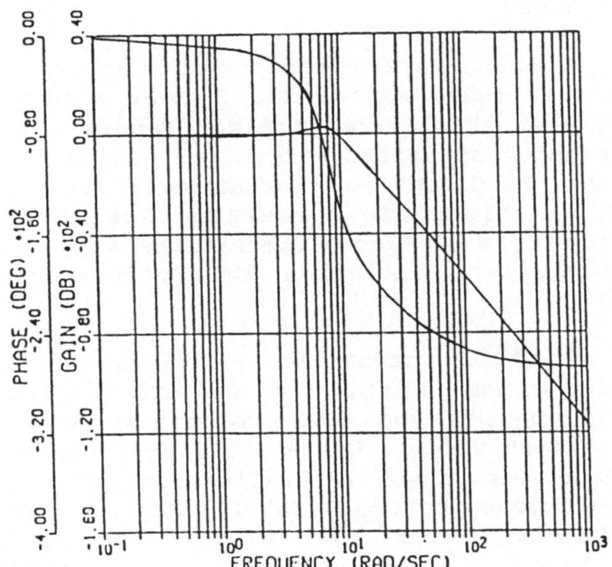

Bild 7.4. Bodediagramm des geschlossenen Regelkreises
          mit Kompensationsglied

In ACSL ist derartiges nicht möglich, die Parametervariation
muß in der Modellbeschreibung mitprogrammiert werden. In der
TERMINAL SECTION wird ein Parameter inkrementiert, dann folgt
ein Sprung in die INITIAL SECTION, wodurch mit dem neuen Parameterwert nochmals simuliert wird:

```
INITIAL
        .....
        A = 2
  VARI..CONTINUE
        .....
END
DYNAMIC
   DERIVATIVE
      ......
   END
   ......
END
TERMINAL
A = A + 2
IF ( A .LE. 40 ) GOTO VARI
END
```

Problematisch allerdings ist die Tatsache, daß mit dieser Art
der Programmierung ein START-Befehl nicht nur einen Simulationslauf startet, sondern eben beliebig viele. Für neue Re-
leases ist eine Verbesserung des Runtime-Interpreters im Ge-
spräch, u.a. auch in Richtung Parametervariation.

## 8.2    Optimierung

Optimierung, insbesondere Parameteroptimierung, stellt ebenfalls ein wesentliches Mittel zum Entwurf eines Regelkreises dar. Mit der eben skizzierten Art der Parametervariation können auch Parameter optimiert werden, allerdings ist die gesamte Optimierung "händisch" zu programmieren. Denn Optimierungsalgorithmen benötigen die Auswertung der Gütefunktion (im gegenständlichen Fall einen Simulationslauf) als Unterprogramm, hier agieren Simulation und Optimierung bestenfalls gleichrangig.

Um dennoch mit ACSL vernünftig optimieren zu können, d.h. verbunden mit einem Zugriff auf Optimierungsprogramme von Bibliotheken, muß das vom ACSL-Precompiler erzeugte FORTRAN-Programm erweitert werden. Dieses FORTRAN-Programm besteht auf höchster Ebene aus einem Initialisierungsprogramm (ZZDLOC), aus dem Simulationsprogramm (ZZSIML) und aus dem Runtime-Interpreter (ZZEXEC), wobei die beiden letzteren Programme in einer Schleife durchlaufen werden. Beim interaktiven Arbeiten dekodiert der Runtime-Interpreter die eingegebenen Befehle und ruft entsprechende Unterprogramme auf (SET, DISPLY, ANALYZ, etc.); der START-Befehl (bzw. der CONTIN-Befehl) verläßt als einziger den Runtime-Interpreter und führt einen Simulationslauf durch Exekution von ZZSIML durch (Bild 8.1).

Dieses FORTRAN-Programm kann nun durch den Aufruf einer Optimierung erweitert werden: abhängig von einer FLAG wird normal simuliert, oder eben ein Optimierungsprogramm aufgerufen, das seinerseits zur Auswertung der Gütefunktion das Simulationsprogramm aufruft (Bild 7.4). Die Datenübergabe zwischen Simulation, Optimierung und übergeordetem FORTRAN-Programm wird dabei über den COMMON-Block ZZCOM erledigt, wobei allerdings Seiteneffekte auftreten können.

Allerdings ist dieses "händische" Ändern des Programms relativ mühsam. An der TU Wien wurde für Zwecke der Parameter- und auch Funktionsoptimierung in ACSL im Rahmen eines Projektes der Preprozessor GOMA entworfen, der diese Arbeit automatisiert (siehe Abschnitt 5.4, S.98, des Beitrags von I.Troch im Teil A). Interaktiv werden die zu optimierenden Parameter und die Gütefunktion vorgegeben, sowie diverse Rand- und Nebenbedingungen. Das modifizierte FORTRAN-Programm wird automatisch erstellt, die gewählten Gütefunktionen werden automatisch in die Modellbeschreibung hineingeschrieben. Sollen Steuerfunktionen optimiert werden, so werden sie parametrisiert und somit auf Parameteroptimierung zurückgeführt, es besteht dann die Wahlmöglichkeit zwischen verschiedenen Parametrisierungen und Interpolationen.

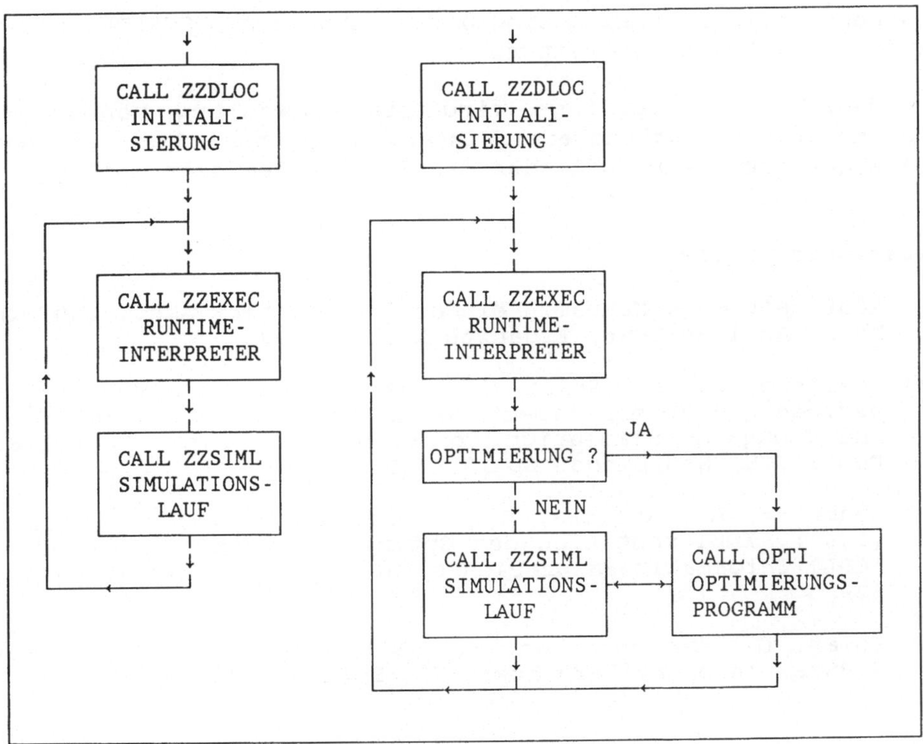


Bild 8.1. Optimierung in ACSL. Erweiterung
des FORTRAN-Programms

## 8.3    Zustandsereignisse

Abschließend sei noch die Verarbeitung von Zustandsereignissen
in ACSL erwähnt. Ein Zustandsereignis beschreibt eine Aktion,
die isoliert bei einer gewissen Bedingung eintritt, bei einem
Regelkreis z.B. das Ausfallen eines Subregelkreises. Derartige
Ereignisse werden wieder in einer DISCRETE SECTION definiert,
die allerdings mit folgendem SCHEDULE-Statement bedient wird:

```
SCHEDULE BREAKDOWN  .XZ.  (100 - TEMP)
```

Diese Anweisung, die nur in einer DERIVATIVE SECTION Sinn
ergibt, überprüft beim Fortschreiten der Dynamik, ob die Variable TEMP (beliebige Zustands-, Ableitungs- oder Hilfsvariable) den Wert 100 überschreitet (genaugenommen wird überprüft, ob (100-TEMP) einen Nulldurchgang hat; .XZ. bedeutet
CROSSING ZERO). Tritt dies ein, so stoppt ACSL die Integration
und versucht, den Zeitpunkt dieses Ereignisses iterativ zu
ermitteln. Wurde schließlich der Zeitpunkt hinreichend genau
ermittelt, so wird das Ereignis wie ein übliches (Zeit-)Ereig-

nis behandelt. Nach Exekution der zugehörigen DISCRETE SECTION
läuft die Integration weiter.

Problematisch allerdings wird die Behandlung von nahezu
gleichzeitigen Zustandsereignissen, hier behindern einander
die Algorithmen zum Auffinden des Zeitpunktes gegenseitig.


**Literaturhinweise**

[1] ACSL Reference Manual. Mitchell & Gauthier Ass., Concord,
    Mass. Auflage 1986, Ergänzte Auflage 1989

[2] Breitenecker, F., Solar, D. (1986). Models, Methods, Ex-
    periments - Modern aspects of simulation languages. Proc.
    2nd European Simulation Conference. Antwerp, Sept.1986,
    Publ. SCS, San Diego. pp.195-199

[4] Sauberer, A., Ruzicka, R.,    Breitenecker, F., Troch, I.
    (1987). Implementation der Optimierungsumgebung "GOMA" in
    ACSL. Informatik-Fachberichte 150. Springer-Verlag. S.323-
    329

[5] Solar, D., Breitenecker, F. (1988). Das Simulationssystem
    HYBSYS. Informatik-Fachber.179. Springer-Verlag. S.172-177

# Simulation in den Systemen CADACS und PSR

Chr. Schmid,   J. Dastych

## 1    Einleitung

Vor 30 Jahren waren noch Bleistift und Papier, Lineal und Analogrechner die einzigen wichtigen Werkzeuge zur Analyse und
Synthese von Regelungssystemen. Die damit verbundenen Methoden
waren so einfach, daß sie neben den dazugehörigen Werkzeugen
von jedem Ingenieur beherrscht werden konnten. Inzwischen ist
eine Vielzahl neuartiger Methoden hinzugekommen, die sich von
der klassischen Technik in der Form, im Umfang und in der
Benutzung prinzipiell unterscheiden. Diese Methoden sind analytisch ausgereifter und ihr Einsatz erfordert intensive Berechnungen. Hierzu wird eine umfangreiche Methodenbibliothek
zur Lösung praktischer Probleme benötigt, deren Handhabung wesentlich aufwendiger ist. In der gängigen Ingenieurpraxis sind
diese Methoden erst dann zum Einsatz reif, wenn geeignete
Werkzeuge entwickelt sind, die das intuitive ingenieurmäßige
Denken und Vorgehen mit digitaler Rechentechnik verbinden.

Die rechnergestützte Analyse und Synthese benutzt den Rechner
als vorrangiges Werkzeug zur Lösung einer Problemstellung. Zur
Bearbeitung praktischer Probleme muß hierzu allerdings eine
breite Palette an Methoden und Werkzeugen angeboten werden,
die sowohl dem Methodenentwickler selbst, als auch dem späte-
ren Anwender zugute kommt. Diese umfaßt das Spektrum der Pro-
zeßmodellierung, der Analyse, des Reglerentwurfs und auch der
Simulation. Wenn man diese im Zusammenhang mit rechnergestütz-
ter Analyse und Synthese von Regelungssystemen ('Computer-
Aided Control System Design', CACSD) betrachtet, dann steht
Simulation nicht unbedingt ausschließlich im Mittelpunkt einer
Untersuchung, sondern stellt - vereinfacht ausgedrückt - ein
Softwaremodul unter vielen anderen Werkzeugen dar, das je nach
Anforderung einen Beitrag zur Analyse und Synthese eines rege-
lungstechnischen Problems leistet. Simulation als integraler
Bestandteil der rechnergestützten Analyse und Synthese soll in
diesem Beitrag am Beispiel der Systeme CADACS und PSR aufge-
zeigt werden.

Der allgemeine Begriff der Simulation, der von weitgehend
rational erfaßbaren Systemen und deren üblicher physikalischer
Modellsimulation ausgeht, wird für die folgenden Ausführungen
auf das Gebiet der Regelungstechnik begrenzt. Diese Abgrenzung
liefert inhaltlich mehrere Aspekte: mit Hilfe der Simulation
soll, ausgehend von a priori-Kenntnissen, zumeist ein mathema-

tisches Modell erstellt werden oder bereits vorhandene Modelle
sollen überprüft werden. Als Modell wird hier die Nachbildung
zeitlich ablaufender Prozesse verstanden, die dynamische Vorgänge sind. Diese Vorgänge können zeitlich stetig also kontinuierlich oder zeitlich diskontinuierlich, diskret, ablaufen.
Die mathematischen Beschreibungsmittel hierfür werden durch
Differential- und Differenzengleichungen repräsentiert. Die
daraus ableitbaren regelungstechnischen Beschreibungsformen
sind Übertragungsfunktionen und Zustandsraumdarstellungen und
bilden somit Elemente für die Beschreibung von Regelkreisele-
menten und Regelkreisstrukturen.


## 2        Anforderungen an die Simulation für CACSD-Systeme

Die Simulationswerkzeuge, mit denen Regelkreisstrukturen nachgebildet werden können und die auch gleichzeitig bei unterschiedlichen Problemlösungen in einem CACSD-System behilflich
sein sollen, müssen zahlreiche, sehr unterschiedliche Anforderungen erfüllen. Die Aufgaben reichen von Modellstrukturie-
rung, Modellerstellung und Ergebnisverifikation für Reglerentwürfe bis hin zur Generierung von Signalen aus Systemdarstellungsformen. Daraus können einige grundlegende Anforderungen
formuliert werden.

Die Abbildung von Regelkreisstrukturen auf beschreibende Programmstrukturen sollte prinzipiell  ohne explizite Festlegung
einer Berechnungssequenz für alle im Regelkreis auftretenden
Signale und Kenngrößen möglich sein. Die Mischbarkeit kontinuierlicher und zeitdiskreter Systeme innerhalb eines Regelungssystems stellt eine weitere Anforderung dar. Die Verbindung
zeitdiskreter und kontinuierlicher Regelkreiselemente ist z.B.
durch diskrete und ereignisgesteuerte Regler und kontinuierliche Regelstrecken realisiert. Mehrschleifige unterlagerte oder
kaskadierte Regelkreise mit mehreren unterschiedlichen Abtastzeiten erweitern das Anforderungsspektrum. Die Simulation
übergeordneter Steuerungen und die Ausführung logischer Entscheidungen setzen die Verfügbarkeit logischer Elemente innerhalb des Simulationssystems voraus. Auf der Benutzerebene sind
Totzeiten leichter zu behandeln, wenn sie unabhängig von Simu-
lationsparametern sind, wie z.B. der Integrationsschrittweite.
Die Auswahl von Integrationsverfahren hängt vom Anwendungs-
spektrum ab. Spezielle Integrationsverfahren für steife Differentialgleichungssysteme oder Integrationsverfahren mit automatischer Steuerung der Schrittweite vereinfachen die numerische Behandlung von Simulationsproblemen.

Die Kriterien zur Erstellung und Beurteilung einer Simula-
tionsbibliothek aus vorgefertigten Modulen lassen sich im

wesentlichen an der Leichtigkeit des Modellaufbaus und an der
Allgemeinheit des Anwendungsbereichs definieren. Bei vorgefertigten Simulationsmodulen ist der Einsatzbereich beschränkt,
weil keine Sonderwünsche möglich sind. Eine Benutzerbibliothek
mit zu elementaren Bestandteilen erhöht allerdings den Zeitaufwand bei der Erstellung eines Anwenderprogramms und damit
auch die Fehleranfälligkeit. Der Aufbau der Simulationsbiblio-
thek und die verwendete Datenstruktur ist vom Anwendungsspek-
trum abhängig.

Für die Simulation als integralen Bestandteil eines CACSD-
Systems ist es erforderlich, daß alle darin definierten regelungstechnischen Objekte verarbeitet werden können.    Ebenso
sind die anhand von Simulationsstudien erzeugten Ergebnisse
wieder als neue Objekte automatisch einzubringen, die einer
Weiterverarbeitung zugeführt werden.   Somit stellen systembe-
schreibende Objekte für Übertragungsfunktionen, Zustandsraumdarstellungen, Signale, Polynommatrizenbrüche, Frequenzgangta-
bellen, Kennlinientabellen und Strukturbeschreibungen wichtige
regelungstechnische Elemente dar, die eine Erstellung und
Handhabung von Simulationswerkzeugen in einem CACSD-System
vereinfachen. Für alle regelungstechnischen Objekte und für
die zusätzlichen daten- und bedienungstechnischen Objekte, wie
z.B. graphische Darstellungen, sind einheitliche Datenschnittstellen zu definieren.   Dies erleichtert den Datenaustausch
mit allen beteiligten Programmen, die zum Simulationssystem
oder zur Simulationsumgebung gehören.

Die Bedienoberfläche hat als Aufgabe, die interaktive Benutzung zu ermöglichen. Für in ein CACSD-System eingebundene
Simulationswerkzeuge muß die Einheitlichkeit der Oberfläche
gewährleistet sein [1], um die logische Verkettung der Schritte zu vereinfachen, die für die Problemlösung notwendig ist.
Simulationsergebnisse werden in der Regel erst durch geeignete
graphische Darstellungsmöglichkeiten aussagekräftig gemacht.
Diese sollten rechnerunabhängig gestaltet sein.   Der Benutzer
sollte sowohl auf vorgefertigte Standarddiagramme zurückgreifen als auch seine eigenen Diagramme entwerfen können.

CACSD-Werkzeuge und damit auch Simulationswerkzeuge sind in
der Entwicklung sehr teure Werkzeuge und Langlebigkeit wird
angestrebt. Es ist daher ein hohes Maß an Softwareportabilität
erforderlich. Das setzt voraus, daß möglichst viele Teile
maschinenunabhängig in einer auf vielen Rechnern verwendbaren
Hochsprache programmiert sind.

Neben den bereits erwähnten Anforderungen ergeben sich bei der
Beurteilung und Auswahl von CACSD-Programmsystemen weitere
Kriterien. Simulationsmodule sind häufig in Programme für die
Synthese und Analyse von Regelungen eingeordnet. Oft sind spe-

zielle Simulationsverfahren implizit innerhalb von Algorithmen
vorhanden und stehen dem Benutzer nur indirekt zur Verfügung.
Beispiele hierfür sind der Entwurf von Regelungen mit Hilfe
vorgegebener Modelle, Synthese von Regelungen durch Parameteroptimierung und Modellfehlerbestimmung bei der Identifikation
dynamischer Systeme. Der Begriff Simulation muß somit für die
regelungstechnische Anwendung weiter gefaßt werden. Die Einordnung von Simulationsmodulen in CACSD-Programmsysteme soll
hier anhand der Programmsysteme  CADACS und PSR vorgenommen
werden. Beide Systeme sind am Lehrstuhl für Elektrische Steuerung und Regelung der Ruhr-Universität Bochum entwickelt worden und stehen einem großen Benutzerkreis zur Verfügung.


## 3       Computer-aided design and analysis of control systems
          (CADACS)

### 3.1     Grundgedanke, Konzeption und Bedienung von CADACS

CADACS ist ein integriertes Anwendungspaket zur Analyse und
Synthese von Regelungssystemen. Es ermöglicht die rechnerge-
stützte Lösung von Aufgaben der Prozeßidentifikation, des
Reglerentwurfs, der Simulation und der versuchsweisen Erpro-
bung auf der Basis einer Vielfalt moderner wie klassischer
Ansätze für Ein- und Mehrgrößensysteme. Bild 3.1 zeigt anhand
eines Blockdiagramms die Hauptkomponenten von CADACS und deren
Beziehung zum Anwendungsbereich.

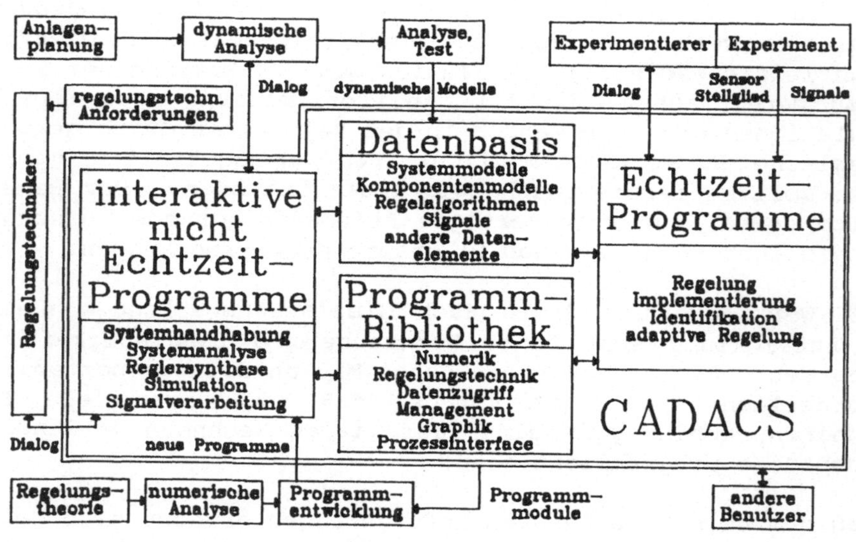


Bild 3.1. Komponenten und Anwendungsumgebung von CADACS

Die wichtigsten Komponenten sind eine Gruppe interaktiver Programme zur Handhabung dynamischer Systeme, zur Systemanalyse, Reglersynthese, Simulation und zur Signalverarbeitung. Eine vereinheitlichte Datenbasis für Systemmodelle erlaubt einen reibungslosen Datenaustausch zwischen den einzelnen Programmen und somit aber auch zwischen verschiedenen Gruppen eines Entwicklungs- oder Forschungsprojekts. Aufgrund der Breite des methodischen Spektrums kann das System bereits zu Aufgaben bei der industriellen Anlagenplanung als auch später zur Analyse von Meßdaten, zur Modellierung von dynamischen Systemen und zum Entwurf eines Regelungssystems eingesetzt werden. CADACS enthält die für den Anwender vorgesehene Untermenge des entwicklungsorientierten KEDDC-Systems, das in [2] ausführlich beschrieben wird. Das KEDDC-Konzept ist auf keine spezielle regelungstheoretische Arbeitsrichtung zugeschnitten, sondern vermag aufgrund der Universalität die ganze regelungstechnische Bandbreite von Methoden zu umfassen. Diese Tatsache entspringt der Offenheit des Systemkonzepts, die durch Verwendung einer Programmbibliothek und mit komfortablen Tools unterstützt wird. Die besondere Eigenschaft der Echtzeitfähigkeit gestattet es dem Experimentator, direkt den auf einer Realtime-Workstation entwickelten Regler zu implementieren oder auch in einer Echtzeitsimulation zu erproben, wobei alle Möglichkeiten des Systems parallel zum Echtzeitbetrieb zur Verfügung stehen.

Aufgrund der großen Bandbreite des Funktionsumfangs von CADACS wird eine an die Problemstellung angepaßte interaktive Handhabung genutzt. Der Dialog wird durch einfache vom Benutzer initiierte Befehle eingeleitet und je nach Problemstellung durch einen rechnergeführten Frage-und-Antwort-Dialog fortgesetzt. Stehen mehrere Alternativen zur Auswahl, wird eine Menütechnik angewendet. Sind jedoch Eingaben mit variierendem Umfang notwendig, dann wird die Eingabe über ein Formblatt ermöglicht. Der Dialog wird durch eine intensive Rechnerführung und Unterstützung erleichtert. Mit "??" wird eine komprimierte Befehlsübersicht angezeigt. Im Fehlerfalle gibt der Befehl **"HE"** (Help) eine Fehlererklärung mit einer zusätzlichen Fehlerhilfe und eine Unterstützung zur Behebung der Situation. Auch benötigt der Benutzer im Prinzip kein ausgedrucktes Handbuch, denn dieses ist auf Tastendruck vollständig auf ca. 1300 Bildschirmseiten verfügbar. Während des Dialogs kann jede Handbuchseite abgerufen werden. Man erhält genau die Stelle des Handbuchs dargestellt, die sich auf die momentane Situation (z.B. Befehl, Fragestellung, Fehler, etc.) bezieht. Damit werden auch Kommentare zu Methoden und zur prinzipiellen Arbeitsweise eines Programms vermittelt.

CADACS ist aufgrund seiner Portabilität auf verschiedenen Rechnern mit unterschiedlichen Betriebssystemen einsatzfähig.

Es ist für folgende Anlagen verfügbar (Betriebssystem in Klammern): VAX (VMS), PDP11(RSX11M), INTEL-300(iRMX86,iRMX386), HP1000(RTE6/VM, RTEA), HP9000(HP-UX), APOLLO(AEGIS,UNIX5), DPS8/52(CP6), IBM-PC, XT,AT,PS/2(MS-DOS).


## 3.2    Systemdarstellungsformen

Sehr häufig benötigte Teilaufgaben der Analyse und Synthese werden zentral durch allgemein einsetzbare Werkzeuge unterstützt. Hierzu gehört z.B. die Handhabung der numerischen Systemdarstellungsformen für lineare Systeme und deren Umrechnungen. In CADACS wird von 10 verschiedenen Darstellungsformen linearer Systeme im Zeit- und Frequenzbereich ausgegangen. Eine Parameteridentifikation, eine Modellapproximation oder auch eine Simulation werden allgemein als "Umrechnungen" in die verschiedenen Systemdarstellungsformen aufgefaßt. Die Wege, die zur "Umrechnung" linearer Systeme mit CADACS möglich sind, können Bild 3.2 entnommen werden.

1   Signalfolgen beliebiger deterministischer oder stochastischer Ein- und/oder Ausgangssignale.
2   Diskrete Werte der Auto- und/oder Kreuzkorrelationsfunktionen zweier Signale.
3   Diskrete Werte der Gewichtsfunktion.
4   Diskrete Werte der Sprungantwort.
5   Übertragungsfunktion (-matrix) im s-Bereich.
6   Übertragungsfunktion (-matrix) im z-Bereich.
7   Diskrete Werte des Frequenzgangs (Frequenzgangmatrix) oder Spektren.
8   Kontinuierliche Zustandsraumdarstellung.
9   Diskrete Zustandsraumdarstellung.
10  Polynommatrizenbruch im s- oder z-Bereich.

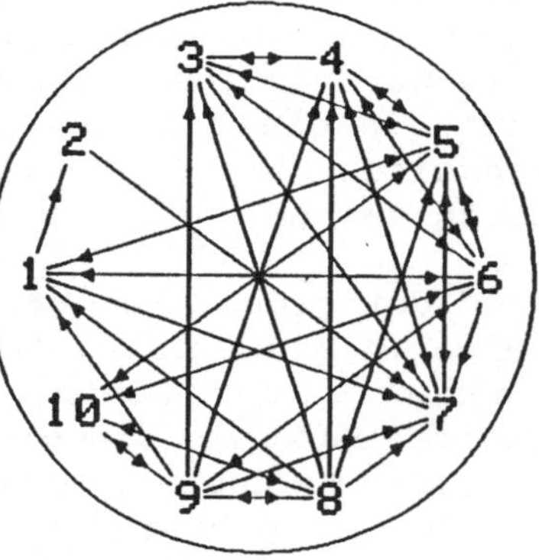

Bild 3.2. Systemdarstellungsformen und deren
Umrechnungsmöglichkeiten in CADACS

Eine Vielfalt alternativer Wege zur Modellierung, Umrechnung, Transformation und Simulation ermöglichen die Flexibilität, die zur Behandlung des breitbandigen Aufgabenspektrums bei Entwicklungsaufgaben notwendig ist. Hierzu sei folgendes Beispiel betrachtet: Ein nichtlineares System soll durch ein lineares Modell approximiert werden. Dies ist durch einen linearen Modellansatz mit Parameteridentifikation aus simulierten Zeitantworten oder alternativ durch Linearisierung unter Benutzung von Simulationswerkzeugen möglich. Das daraus entstandene und z.B. durch Simulation verifizierte Modell kann in die für den Entwurf notwendige Darstellungsform überführt werden. Bei Spezifikationen im Frequenzbereich kann als Entwurfsergebnis ein Regler in Form von Frequenzkennlinien in graphischer Form vorliegen. Nach einer Parametrisierung durch

Approximation kann dieser Regler zur Analyse des zeitlichen
Verhaltens einem Simulator zugeführt werden, der als Erregung
z.B. Meßsignale gemischt mit Signalen aus anderen Simulationsstudien verwendet.

Entsprechend den verschiedenen Darstellungsformen von Systemen
und Systemkomponenten dynamischer Systeme werden in der Datenbasis für jeden regelungstechnischen Objekttyp verschiedene
binäre Dateitypen geführt. Darüber hinaus sind weitere Hilfs-
objekte notwendig. Diese gibt es für Signale, Übertragungsfunktionen (-matrizen), Koeffizientenmatrizen, Systeme im Zustandsraum, Polynommatrizen, Frequenztabellen, Frequenzgang-
tabellen, Spektren, Kennlinientabellen, Diagrammbeschreibungen
für die Graphik, Strukturbeschreibungen und regelungstechnische Objekte im Textformat.


### 3.3    Werkzeuge für die Kernfunktionen

Ständig wiederkehrende Aufgaben mit geringem Umfang sind zu
einzelnen, den Darstellungsformen zugeordneten Aufgabenkomple-
xen zusammengefaßt. Die hierzu notwendigen Werkzeuge werden
durch zentrale interaktive Programme, durch sog. Manager realisiert. Mit Hilfe dieser Manager können Übertragungssysteme
definiert und leicht wie mit einem Taschenrechner behandelt
werden. So können z.B. Matrizen im Dialog eingegeben und
einer Zustandsraumdarstellung zugeordnet werden, die dann z.B.
als Element für eine Simulationsstudie verwendet wird. Eigen-
wertanalyse, Minimalrealisierung, Berechnungsverfahren für
Übertragungsmatrizen, Sprungantworten oder Frequenzkennlinien
gehören u.a. zum Standardwerkzeug. Die folgenden Manager sind
verfügbar:

**Signalmanager SDISP:** Handhabung von Signalen und Berechnung
von Signalgrößen.
**Systemmanager SMGR:** Handhabung und Analyse von Übertragungsfunktionen und Elementen von Übertragungsmatrizen im s- und z-
Bereich.
**Frequenzmanager FRMG:** Handhabung und Analyse von Frequenzgang-
tabellen, der Elemente von Frequenzgangmatrizen oder Spektren.
**Matrizenmanager MMGR:** Handhabung von Matrizen kontinuierlicher
und diskreter Systeme im Zustandsraum.
**Polynommatrizenmanager PMGR:** Handhabung von Polynommatrizen
kontinuierlicher und diskreter Systeme in der Beschreibung
durch Polynommatrizenbrüche.
**Graphikmanager GRMGR:** Zentrale graphische Darstellung regelungstechnischer Objekte in Diagrammen. Alle graphischen Dar-
stellungsaufgaben des CADACS-Systems übernimmt der Graphikmanager. Dieser ist als ein graphischer Einheitentreiber zu
betrachten, der die von CADACS-Programmen erhaltene Datenin-

formation in Diagramme abzubilden vermag. Hierbei stehen neben
Standarddiagrammen, wie Bodediagramm, Nicholsdiagramm eine
Vielzahl weiterer Diagramme zur Verfügung. Für Simulationsstudien sind Signal-Zeit-Diagramme und Phasendiagramme von
besonderem Interesse. Der Benutzer definiert in sog. Pro-
blemmenüs die Form und Art der graphischen Darstellung seiner
Problemdaten. Für Standarddarstellungen ist eine Menübiblio-
thek vorgesehen, die für jeden Benutzer bzw. für jede Appli-
kation individuell erweiterbar ist. Hierzu steht eine spezielle Diagrammbeschreibungssprache zur Verfügung. Diese Form
der zentralisierten Organisation der Graphikerstellung erlaubt, Resultate aus unterschiedlichen Programmen übersichtlich und einheitlich in einem einzigen Diagramm abzubilden
oder diese auf einem einzigen "graphischen Arbeitsblatt" in
mehreren Diagrammen unabhängig vom Kontext des Berechnungspro-
gramms darzustellen. So können z.B. Ergebnisse, die aus einem
Analyse- oder Entwurfsprogramm stammen, zusammen mit Simulationsergebnissen dargestellt werden, die mit Hilfe von verschiedenen, allgemein einsetzbaren Simulatoren oder auch durch
Echtzeitsimulation gewonnen werden.

**Dokumentationsmanager DOKMG:** Dokumentation von Signalverläufen
bei Echtzeitexperimenten oder Echtzeitsimulationen. Ablage von
Experimentdaten (Signale, Parameter, etc.) in Echtzeit. Graphische Darstellung und Signalverfolgung in Echtzeit (zusammen
mit GRMGR).

**Crossmanager XMGR:** Umwandlung des binären Formats der Datenbasis in das Textformat und umgekehrt zum Datenaustausch zwischen verschiedenen CADACS-Rechnern oder zur Kommunikation mit
anderen Softwaresystemen. Es wird derzeit neben dem CADACS-
Textformat die Umwandlung in Binärdateien für PC-MATLAB und
$MATRIX_X$ voll unterstützt.


## 3.4  Ausgewählte Werkzeuge für die Analyse und Synthese

Für komplexere Analyse- und Syntheseaufgaben sind spezialisierte Werkzeuge in Form von abgeschlossenen Programmen vorgesehen. Damit werden komplette Techniken in einem Modul kom-
pakt zusammengefaßt, mit dem man vom Benutzer initiiert einen
rechnergeführten Analyse- oder Synthesevorgang komplett durchführen kann. In diesen Programmen sind vielfach spezialisierte
Simulationsmöglichkeiten zur Verifikation und Beurteilung der
Ergebnisse mit enthalten. Dies schließt allerdings nicht aus,
daß im Falle der Notwendigkeit von erweiterten Simulationen
die zur Verfügung stehenden allgemeinen Simulationswerkzeuge
(siehe Abschnitt 3.5) auch in den Analyse- und Synthesevorgang
eingegliedert werden. Die spezielle Programmarchitektur von
CADACS ermöglicht dies [2]. Im folgenden werden die Eigenschaften dieser Programme an einer Auswahl skizziert, bei
denen Simulationsmodule implizit vorhanden sind.

**PTAPP:** Approximation von Sprungantworten oder Gewichtsfunktionen durch PTn-Glieder mit vorgegebener Ordnung oder mit Ordnungssuche. 6 verschiedene Methoden und Modelle. Parameteroptimierung und Verifikation der Ergebnisse durch Simulation.
**PRONY:** Approximation von Sprungantworten oder Gewichtsfunktionen durch Exponentialfunktionen mit Ordnungssuche. Laplace-Transformation und Berechnung der Übertragungsfunktion. Verifikation der Ergebnisse durch Simulation.
**MLID:** Parameterschätzung für Ein- oder Mehrgrößensysteme in der Beschreibung als Übertragungsmatrix mit dem Least-Squares- oder Maximum-Likelihood-Verfahren. Fehleranalyse durch Simulation.
**BALRE:** Modellreduktion durch balancierende Transformationen. Verschiedene Reduktionskriterien und Algorithmen zur Reduktion von Regelstrecken im offenen oder geschlossenen Regelkreis, Reduktion von Reglern. Anwendung auf kontinuierliche wie zeitdiskrete Ein- und Mehrgrößensysteme. Verifikation durch Simulations- und Singularwertanalyse.
**HBAL:** Harmonische Analyse nichtlinearer Systeme und Synthese durch harmonische Balance. Verwendung einer Standardkennlinienbibliothek oder beliebiger ein- oder mehrdeutiger Kennlinien. Berücksichtigung von externen Störgrößen. Verifikation durch Simulation.
**ROPTI:** Einzielige Parameteroptimierung allgemeiner diskreter Regler, industrieller PID-Regler für Stör- und/oder Führungsverhalten. Reglereinstellung für PID-Regler anhand von Einstellregeln. Berechnung der Reglerkenndaten und Gütewerte, und Verifikation durch Simulation.
**PAROP:** Mehrzielige Parameteroptimierung beliebiger Regelungsstrukturen mit Hilfe von Gütevektoren. Auswahl aus 30 verschiedenen Kriterien. Bei zeitabhängigen Kriterien erfolgt automatisch eine Simulation der Regelungsstruktur. Optimierung mit Gradientenverfahren oder Evolutionsstrategie. Verifikation der Ergebnisse durch Simulation.

Das obige Spektrum wird durch eine Anzahl von Programmen erweitert, die keine Simulation implizit enthalten. Diese werden jedoch von Fall zu Fall zusammen mit den allgemeinen Werkzeugen für die Simulation eingesetzt und werden hier nur kurz aufgeführt.

**UNEK:** Approximation von Frequenzgängen in tabellarischer Form durch Übertragungsfunktionen mit Ordnungssuche.
**IMIMO:** Parameterschätzung für Mehrgrößensysteme in der Beschreibung als linker Polynommatrizenbruch.
**WOKU:** Wurzelortskurvengenerator.
**KOMPR:** Entwurf von kontinuierlichen oder diskreten Kompensationsreglern.
**INAM:** Entwurf von Zweigrößenregelungssystemen durch inverses Nyquist-Ortskurvenverfahren.

**OBSDN:** Entwurf von Beobachtern.
**RICAT:** Entwurf quadrat. optimaler P- oder PI-Zustandsregler.
**POSY:** Entwurf von Mehrgrößenregelungssystemen in der Beschreibung als Polynommatrizenbruch.


## 3.5    Allgemeine Werkzeuge für die Simulation

Für die im Abschnitt 3.4 aufgeführten Programme werden für interne Simulationsaufgaben Simulationsroutinen eingesetzt, die für den betreffenden Analyse- bzw. Entwurfszweck zugeschnitten sind.   Zum einen sind dies Verifikationsaufgaben, bei denen das Ergebnis in Form von Signalverläufen dargestellt wird, zum anderen aber auch Berechnungsverfahren, die als Elemente eine Simulation enthalten. Z.Bsp. muß zur Ermittlung von Gütewerten, die bei der Parameteroptimierung eines Reglers auf Zeitsignalen basiert, während eines Optimierungsschritts das Regelungssystem mehrfach simuliert werden.   Diese speziellen Simulationsaufgaben sind organisatorisch fest in die Analyse- und Synthesemodule integriert und bestehen aus Elementen der regelungstechnischen Bibliothek von CADACS. Das Simulationsspektrum wird durch allgemein einsetzbare Simulatoren ergänzt. In einem CACSD-System muß die gesamte Bandbreite von speziellen Prozeßklassen und Standardkonfigurationen bis hin zu universellen Hilfsmitteln zur Behandlung regelungstechnisch orientierter Probleme vorhanden sein.

Für besonders häufig vorkommende Fälle der Signalgenerierung, Filterung und der Verifikation von Modellen und Entwürfen, bei denen verschiedene Programme mitwirken, ist der sog. Standardsimulator DIGSI vorgesehen. Dieser  ermöglicht die Simulation linearer Regelungssysteme in der in Bild 3.3 gezeigten maximalen Standardstruktur. Für die einzelnen Blöcke sind alle geeigneten Systemdarstellungsformen verwendbar. Kontinuierliche und diskrete Blöcke sind mischbar. Alle Signale dürfen mehrdimensional sein. Für externe Signale sind sowohl eine Vielfalt generierter Signale als auch Signale aus der Datenbasis (z.B. Meßsignale) zulässig. Neben einer Gesamtstruktur können auch Signal-, Sprungantworten  und Gewichtsfunktionen von Einzelkomponenten erzeugt werden.

Die Funktionsweise des Standardsimulators läßt sich am leichtesten anhand des Ablaufs einer Simulation erklären. Diese sieht wie folgt aus. Nach Aktivierung von DIGSI wird zunächst der Block "Strecke" durch Angabe einer Datei spezifiziert, die eine geeignete Darstellungsform eines dynamischen Systems enthält. Zulässig sind die Darstellungsformen 5,6,8,9,10 aus Bild 3.2 Nach diesem Schritt können bereits einfache Simulationen zur Generierung von Sprung-, Impuls- oder Rampenantworten  durchgeführt werden.

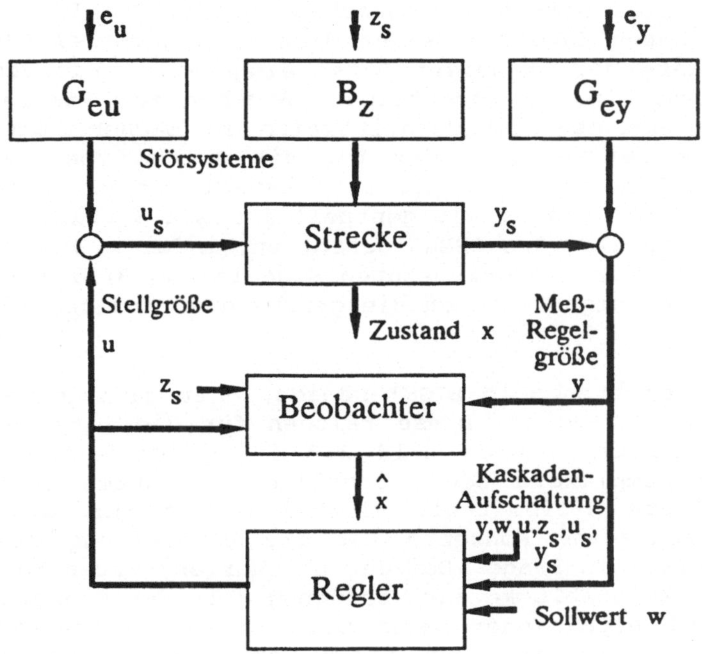



Bild 3.3. Blockschaltbild zur Struktur
des Standardsimulators DIGSI

Sofern die Struktur oder eine Teilstruktur nach Bild 3.3 aufgebaut werden muß, wird eine Konfigurierung durchgeführt,
wobei die Blöcke $G_{eu}$, $B_z$, $G_{ey}$, "Beobachter" und "Regler" angegeben werden können. Hierbei werden neben den internen Strukturen z.B. des Reglers auch die Form der externen Signale
vorgegeben. Als Beispiel für eine interne Struktur des Blocks
"Regler" können P-, PI-Zustandsregler mit und ohne Beobachter,
mit Störbeobachter, mit Kaskadenaufschaltung externer wie
interner Signale, mit Führungs- oder Störgrößenaufschaltung
oder mit Vorfilter für die Führungsgrößen angegeben werden.
Als externe Signale werden neben Signalen aus Dateien (z.B.
gemessene Betriebssignale) auch Standardsignale wie Sprung,
Impuls, Rampe, Sinus, PRBS oder verschiedene andere Rauschsi-
gnale zugelassen. Mit der Konfigurierung der Struktur wird in
DIGSI nur der Rahmen des Gesamtsystems vorgegeben. Die zur
Simulation noch notwendige Dateninformation wird erst von Fall
zu Fall, z.B. nach einem Entwurf, in die Blöcke eingefügt.
Dies hat den Vorteil, daß beliebig viele Entwurfsvarianten mit
derselben Konfiguration getestet werden können. Es ist daher
zum Zeitpunkt der Konfigurierung ohne Belang, ob die Daten in
der Datenbasis schon vorhanden sind oder ob ein Entwurf noch
ausgeführt werden muß. Im letzteren Falle kann aufgrund der in
CADACS freien Aufrufmöglichkeit jedes beliebige Entwurfswerk-

zeug aus DIGSI heraus angesprochen werden. Die Ergebnisse des
so eingefügten Entwurfs werden dann in den betreffenden Block
durch Angabe der aktuellen Datei eingesetzt. Für die Simulation selbst sind im wesentlichen Angaben zur Simulationszeit
und   zur Dokumentationsschrittweite zu machen, die für die
graphische Darstellung oder für die Ablage von Signalen in
einer Datei notwendig sind. Die Auswahl der graphischen Darstellungsform wird  - wie generell in CADACS üblich - zentral
über ein Formular des GRMGR getroffen, indem in Diagrammfelder
die Symbole für die gewünschten Signale aus Bild 3.3  und bei
vektoriellen Signalen auch die gewünschten Indices eingetragen
werden.

Dem Benutzer stehen in DIGSI wenige, aber mächtige Funktionsblöcke zur Verfügung. Diese reichen für die linearen Systemdarstellungsformen nach Bild 3.2 in vielen Anwendungsfällen
aus. Für komplexere oder nichtlineare Systeme benötigt man
universellere Hilfsmittel. Hierbei kommen für CACSD-Systeme
zwei verschiedene Konzepte für die Darstellung des Simulationsproblems in Frage. Bei der blockorientierten Formulierung
stehen Funktionsblöcke zur Verfügung, die der Benutzer parame-
triert und miteinander verknüpft. Diese Vorgehensweise entspricht dem Programmieren einer Schaltung am Analogrechner.
Bei nichtlinearen Problemen mit vielen Zustandsvariablen ist
die Umsetzung in ein Blockschaltbild sehr zeitraubend und wird
auch unübersichtlich. Eine gleichungsorientierte Formulierung
des Problems in der Form einer Vektordifferentialgleichung

$$d\underline{x}(t)/dt = \underline{f}[\underline{x}(t),\underline{u}(t),t]; \quad \underline{x}(0) = \underline{x}_0$$

mit Hilfe einer Simulationssprache ist wünschenswert. Der
Simulator SIMGR ("Simulationsmanager") vereinigt beide Formu-
lierungsmöglichkeiten in einer Sprache. Dabei wird zunächst
das nichtlineare vektorielle Differentialgleichungssystem
festgelegt, indem man die rechte Seite der obigen Gleichung
anhand von algebraischen Funktionen beschreibt. Neben einem
Satz üblicher echt algebraischer Funktionen können regelungstechnische Funktionen, wie Hysterese, Getriebelose, etc. und
Blöcke mit den aus Bild 3.2 bekannten linearen kontinuierlichen oder zeitdiskreten Systemdarstellungsformen einschließlich externer Signale verwendet werden. Diese Funktionen werden als skalare Funktionsblöcke betrachtet und blockorientiert
zu den Elementen der rechten Seite der obigen Gleichung zusammengefügt. Hierbei können die Blöcke in den algebraischen
Beziehungen wie Variablen verwendet werden. Das im Bild 3.4
gezeigte Beispiel eines SIMGR-Simulationsprogramms beschreibt
ein Regelungssystem für eine nichtlineare Strecke 1.Ordnung
mit Totzeit und linearem Regler. Die Blockausgänge werden mit
Bx gekennzeichnet, wobei x eine ganze Zahl ist. Der Text in
geschweiften Klammern ist erklärender Text.

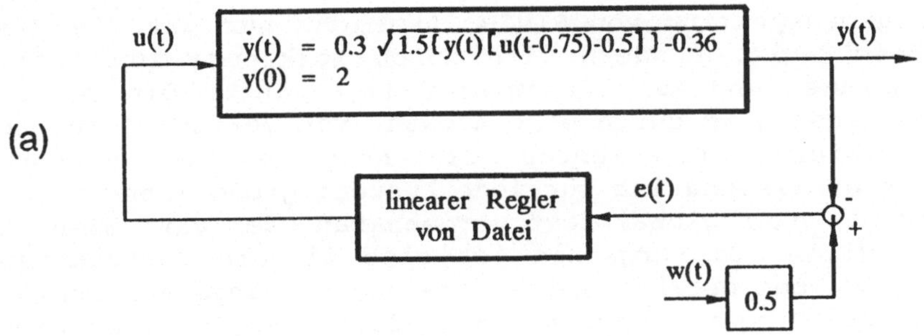


```
      SIMGR,Schmid,<890531.1200>,Beispiel NL System
      B1=X1,2                    {Streckenzustand y=X1=Regelgröße}
      B2=B1*(B3-0.5)             {Term in der geschweiften Klammer}
      B3=DTIME(B6,0.75)          {Totzeit der Stellgröße}
(b)   B5=0.3*SQRT(1.5*B2-0.36)   {Block der rechten Seite}
      B5=F1                      {Definition der rechten Seite F1}
      B6=TF(B10,'Regler')        {linearer Regler von Datei 'Regler'}
      B10=0.5*B11-B1             {Regelabweichung e(t)}
      B11=SIGNAL('Mess',3)       {Führungssignal w(t) von Datei 'Mess'}
```

Bild 3.4. Beispiel für gleichungs-blockorientierte
          Simulation mit SIMGR.
          (a)   nichtlineares  Regelungssystem,
          (b)   zugehöriges Simulationsprogramm

Bild 3.4 veranschaulicht die Beschreibung der Strecke durch
eine nichtlineare Differentialgleichung und des Reglers als
eigenständigen linearen Block. Dabei ist es für die Beschreibung selbst zunächst unerheblich, welche Darstellungsform oder
Ordnung dieser Regler hat und ob er in einer kontinuierlichen
oder zeitdiskreten Form in der Datei 'Regler' vorliegt. Erst
zur Laufzeit der Simulation werden automatisch passende Halteglieder bei gemischt kontinuierlich diskreten Blöcken eingefügt. Die Reihenfolge der Programmanweisungen ist beliebig.
Das Programm kann mit jedem Texteditor oder auch mit Hilfe des
eingebauten Editors erstellt und geändert werden. Das so in
Textform beschriebene Simulationsproblem wird von SIMGR interpretiert. Der Ablauf der Simulation wird vom Benutzer interaktiv wie bei DIGSI durchgeführt. Das Spektrum an Funktionsblök-
ken ist auf rein regelungstechnische Anwendungen zugeschnitten. Es enthält derzeit neben rein algebraischen Funktionen,
wie SQUARE, SQRT, SIN, COS, TAN, ARCSIN, ARCCOS, ARCTAN, LN,
LOG, EXP, ABS erweiterte Funktionen, wie PRBS-Generator, allgemeiner Rauschgenerator, Hysterese, Doppelhysterese, Tote
Zone, Begrenzer, Getriebelose, Totzeit, Schalter, Stop-Ele-
ment, Signaldatei und alle aus Bild 3.2  bekannten parametri-
schen linearen Systembeschreibungen.

Das Aufgabenspektrum von SIMGR ist nicht nur auf die Simulation beschränkt, sondern wird durch Werkzeuge zum Auffinden von Ruhelagen und zur Linearisierung ergänzt. Die Berechnung von Ruhelagen wird durch eine Auswahl von Verfahren zur Lösung nichtlinearer zeitvarianter Gleichungssysteme unterstützt. Eine Linearisierung ist für jede Zustandsgröße innerhalb eines individuell oder global fest vorgebbaren oder variablen Intervalls möglich. Das Ergebnis ist eine lineare Zustandsraumbeschreibung, bei der beliebige Ein- und Ausgänge von Funktionsblöcken die Eingänge bzw. Ausgänge der linearisierten Darstellung sein dürfen. Das linearisierte System kann als neues regelungstechnisches Objekt definiert, abgelegt oder innerhalb der nichtlinearen Struktur als lineares Funktionselement wiederum verwendet werden. Die mehrfache Anwendung in verschiedenen Arbeitspunkten erlaubt die Untersuchung von Linearisierungseinflüssen.

Bei kontinuierlichen Systemen ist die numerische Integration die wichtigste Aufgabe eines Simulationsprogramms. Da die Effektivität der Rechnung in komplizierten Fällen erheblich vom verwendeten Verfahren abhängig ist, muß eine an die Problemstellung angepaßte Auswahl der Algorithmen getroffen werden. In CADACS stehen 10 verschiedene Integrationsverfahren mit sehr unterschiedlichen Eigenschaften zur Auswahl. Diese sind explizites und implizites Euler-Verfahren, implizite und explizite Runge-Kutta-Verfahren 2. bis 6. Ordnung, Trapezregel, Runge-Kutta-England-Verfahren, Adams-Bashforth-Verfahren, Adams-Moulton-Verfahren und Runge-Kutta-Fehlberg-Verfahren mit Schrittweitensteuerung. In CADACS wird ausschließlich die Methode der zentralisierten Integration verwendet. Elementare Totzeiten in Rückführschleifen entfallen damit gänzlich, auch wenn das Simulationsproblem in blockorientierter Form angegeben wird. Für Algorithmen, die implizit Simulationsaufgaben enthalten, haben sich explizite Runge-Kutta-Verfahren 2. bis 4. Ordnung bewährt sofern keine Totzeiten enthalten sind. Bei Systemen mit Totzeiten oder bei Systemen die diskrete Elemente mit unterschiedlichen Abtastzeiten enthalten, werden Verfahren mit variabler Schrittweite bevorzugt. Bei Anwendungen, die mit DIGSI gelöst werden können, ist das Runge-Kutta-Verfahren 4. Ordnung ausreichend. Das Runge-Kutta-Fehlberg-Verfahren mit automatischer Schrittweitensteuerung ist bei nichtlinearen oder steifen Systemen, die mit SIMGR integriert werden, eine wertvolle Hilfe. Bei Problemen mit unstetigen Kennlinien liefert das Runge-Kutta-England-Verfahren zuverlässige Ergebnisse. Für DIGSI und SIMGR werden die Angaben zu den Integrationsverfahren vorbelegt, der Benutzer hat jedoch jederzeit die Möglichkeit ein anderes Integrationsverfahren auszuwählen.

## 3.6     Beispiele für Simulationsaufgaben in CADACS

Als Anwendungsbeispiel für die Simulation im Rahmen von Entwurfsverfahren wird die Parameteroptimierung eines diskreten
PID-Reglers für eine Antriebsregelstrecke betrachtet. Der
Regler soll durch Optimierung nach dem ISE-Kriterium für Führungsverhalten mit beschränkter Stellgröße und beschränktem
Stellinkrement ausgelegt werden. Der Einfluß eventueller Re-
chentotzeiten durch eine digitale Realisierung mit einem Si-
gnalprozessor ist zu untersuchen. Hierzu wird das Entwurfsprogramm ROPTI verwendet, mit dem automatisch aus der Sprungantwort der Regelstrecke (Bild 3.5) Zeitkennwerte und daraus
Voreinstellungen für die Parameteroptimierung ermittelt werden. Nach einer Optimierung mit ROPTI  ergibt sich das in Bild
3.5 gezeigte, recht gute Einschwingverhalten ohne Totzeit. Der
Einfluß von verschiedenen Totzeiten kann durch Modifikation
der Regelstrecke erzielt werden. Hierbei darf die Totzeit
beliebig sein und ist nicht auf ganze Vielfache einer Abtastzeit beschränkt.

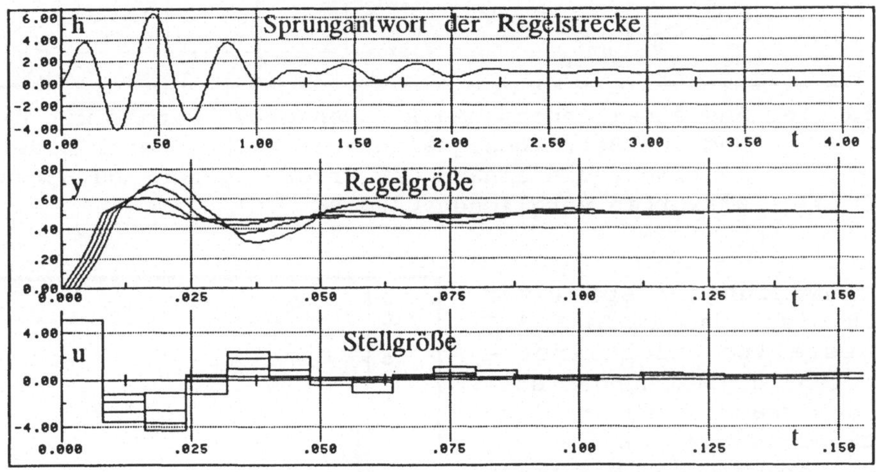

Bild 3.5. Sprungantwort einer Antriebsregelstrecke
          und PID-Regelverhalten bei Totzeiten von
          0, 1, 2 und 3 ms bei einer Reglerabtast-
          zeit von 8 ms

Ein typisches und einfaches Anwendungsbeispiel für den Standardsimulator DIGSI zeigt Bild 3.6. Hier werden zum Vergleich
zweier Modelle während der Identifikation eines Systems im
Frequenzbereich die von DIGSI erzeugten Sprungantworten in das
linke obere Bildfenster eingeblendet.

Zur Überprüfung eines diskreten Zustandsreglers mit Beobachter
für einen Turbogenerator wird in DIGSI eine Regelungsstruktur
konfiguriert, mit der die Auswirkungen von Kopplungen der

Regelgrößen im Zeitbereich bei Sollwertänderungen untersucht werden (Bild 3.7).

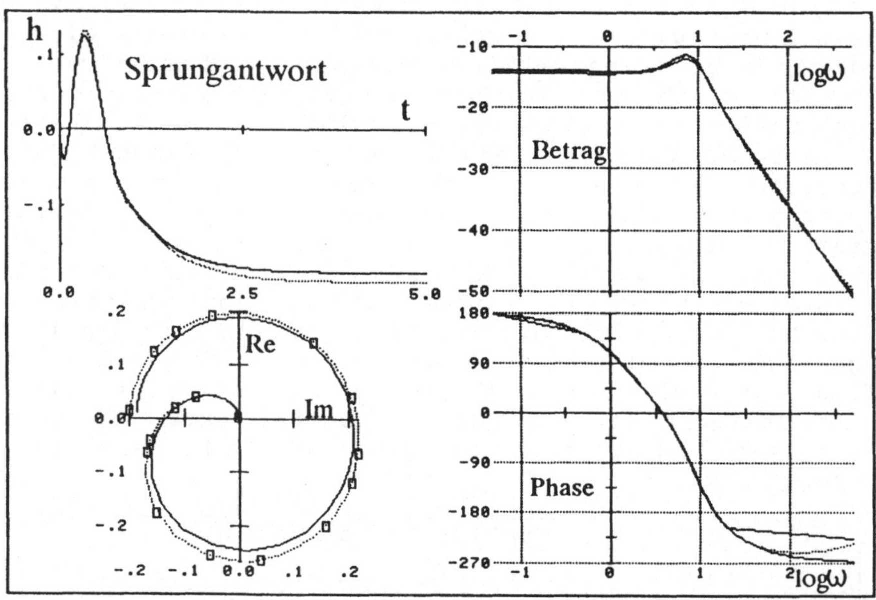

Bild 3.6. Aus einem gemessenen Frequenzgang  wurden mit UNEK
          und aus Betriebssignalen  mit MLID jeweils Modelle
          bestimmt, die anhand der Frequenzgänge und Sprung-
          antworten verglichen werden

Als Anwendungsbeispiel für
SIMGR dient das in Bild 3.8
dargestellte nichtlineare
Differentialgleichungssystem.
Auf dem graphischen Arbeitsblatt können mit Hilfe von
GRMGR verschiedene Diagramme
während einer Simulation
erzeugt werden.

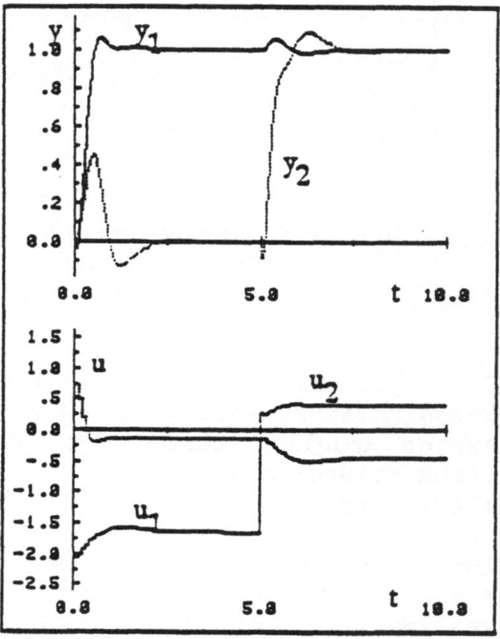

Bild 3.7.
Simulation einer Zustandsregelung für einen Turbogenerator.
Stellgrößenverlauf (u) und
Regelgröße (y) bei Änderung
der Führungsgrößen für $y_1$
bei t=0 und für $y_2$ bei t=5

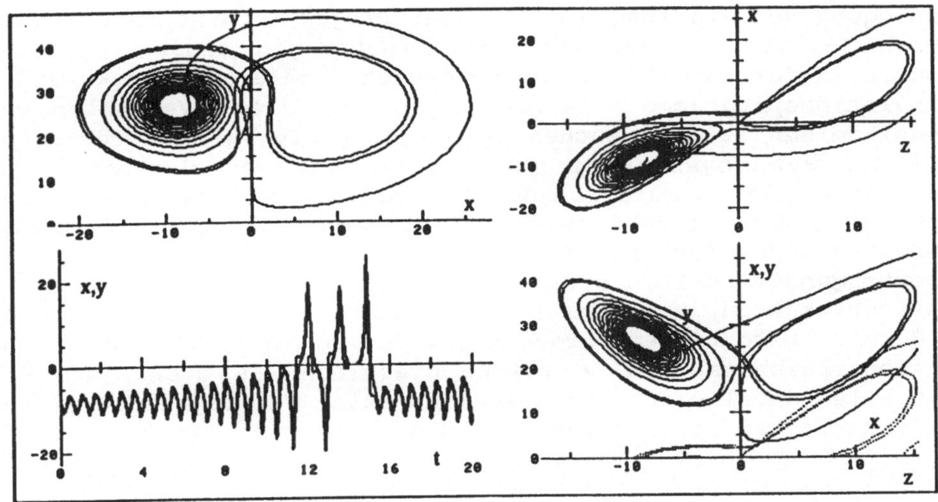

Bild 3.8. Simulationsergebnisse des Differentialgleichungssystems   dx/dt = a(y - x) ; x(0) = -8 ; a =   10
          dy/dt = bx - y - xz ; y(0) = -8 ; b =   28
          dz/dt = -c z + x y  ; z(0) = 24 ; c = 8/3

## 4    Programmsystem  für Ausbildung, Entwicklung
## und Forschung in den Bereichen Simulations-
## und Regelungstechnik  (PSR)

Während beim CADACS-System zahlreiche Rechnersysteme und die
zugehörigen Betriebssysteme unterstützt werden und Implementierungen erstellt wurden, ist das Programmsystem PSR beginnend mit der Verfügbarkeit kleinerer Mikrorechner entwickelt
worden. Die weitestgehende Festlegung auf einen Industriestan-
dard, wie er derzeit durch die IBM-Rechner erfolgt, ermöglicht
jedoch auch die Implementierung umfangreicher Programmsysteme.
Für Benutzer mit unterschiedlichen Vorkenntnissen ergeben sich
demnach folgende Anwendungsmöglichkeiten, die von der Portier-
barkeit der Programmsysteme abhängen. So wird z.B. beim
CADACS-System die Anwendung ablauffähiger Programme und die
Erstellung eigener Programme durch die Verwendung von Objekt-
bibliotheken für unterschiedliche Rechner ermöglicht. Das
Programmsystem PSR bietet ablauffähige Programme, die dem
Leistungsspektrum üblicher PC's angepaßt sind.

### 4.1    Blockorientierte Simulation mit dem Simulations-
### programm BOSIM

Für die Anwendung simulationstechnischer Programmsysteme existiert derzeit ein großes Benutzerspektrum. Im Fachgebiet
Regelungstechnik ergeben sich zahlreiche Einsatzgebiete. Die

Auslegung von Regelungen muß in der Projektierungsphase häufig
durch Fallstudien und Abnahmeuntersuchungen ergänzt werden.
Innerhalb der Ausbildung im Fachgebiet Regelungstechnik werden
Simulationsprogramme eingesetzt, um dynamisches Verhalten von
Regelkreisen zu untersuchen und gegebenenfalls zu verbessern.
Diese Anwendungsschwerpunkte setzen eine blockorientierte
Definition der Simulationssprache voraus. Die Datenbasis muß
ebenfalls den zu behandelnden Problemen angepaßt sein. Dies
bedeutet z.B. für das Fachgebiet Regelungstechnik, daß das
Übertragungsverhalten dynamischer Systeme auch durch kompakte
Datenstrukturen, z.B. durch Übertragungsfunktionen im s- oder
z-Bereich beschrieben werden kann. Die Dokumentation der Simu-
lationsergebnisse sollte sowohl graphisch als auch numerisch
mit allen anfallenden Daten möglich sein. Der Zugang zu dieser
Information sollte interaktiv und schnell erfolgen.

## 4.2    Eigenschaften des Simulationsprogramms

Im Vordergrund der Programmentwicklung stand die leichte Er-
lernbarkeit und die einfache Bedienbarkeit des Simulationsprogramms für den bereits genannten Benutzerkreis. Als weitere
Kriterien wurden der Zeitumfang bei der Erstellung eines Simulationsprogramms, die Allgemeinheit des Anwendungsbereiches
und die Portabilität auf gleiche oder kompatible Rechenanlagen
berücksichtigt. Die gewünschten Eigenschaften haben Einfluß
auf die Formulierung des Simulationsproblems mit Hilfe des
Simulationsprogramms [4]. Eine geeignete Struktur des Anwenderprogramms hat wesentlichen Einfluß auf die genannten Eigenschaften.

Im Simulationsprogramm BOSIM ist eine Gliederung in die Pro-
grammelemente
- Programmblock
- Datenblock
- Steuerblock
realisiert. Neben den algebraischen Blöcken stehen im Programmblock auch Übertragungsfunktionen zur Verfügung, die
durch einen Dateinamen spezifiziert werden. Die Zahl der verschiedenen Zeiteinheiten, die aus der Simulationsschrittweite
ableitbar sind, ist nicht begrenzt, weil alle Zeiteinheiten
bis auf die Zeitbasis blockorientiert sind und somit dynamisch
verwaltet werden. Für die regelungstechnische Anwendung ist
hierdurch die Möglichkeit gegeben, Regelkreise mit mehreren
unterschiedlichen Abtastzeiten zu simulieren. Signalblöcke,
die Sprung-, Rampen-, Impuls- und Sinusfunktionen erzeugen,
werden durch analoge und digitale Rauschsignalgeneratoren
ergänzt sowie durch einen programmierbaren Funktionsgenerator.
Blöcke mit logischen Funktionen werden durch die Gatterfunk-
tionen AND, NAND, OR, NOR, EXOR und EQUIVALENT realisiert. Als

speicherndes Element steht die Funktion eines Flipflops zur
Verfügung. Als Koppelelemente zwischen analogen und digitalen
Blöcken sind Komparatoren, Digitalanalogschalter, Schalter mit
Steuereingängen und Verzweigungselemente vorgesehen.

Für die Dokumentation der Signale und Daten sind Ausgangsblök-
ke mit Angabe der jeweiligen Bildnummer vorhanden. Daten können direkt auf Signaldateien abgelegt werden. Spezifische
Simulationsdaten werden bereits bei der Blockdefinition berücksichtigt. Sind unterschiedliche Datensätze für Mehrfachsi-
mulationen notwendig, so können sie innerhalb des Datenblocks
definiert werden. Dies ist wiederum durch Datendateien möglich, die während der Simulation eingelesen werden. Für umfangreiche Simulationsaufgaben ist somit das Anfertigen einer
Datenbibliothek möglich. Der Ablauf der Simulation wird durch
den Steuerblock festgelegt. Innerhalb dieses Programmblocks
können für jeden Simulationslauf die Simulationsparameter wie
Simulationsanfang, Simulationsende und Schrittweite gewählt
werden. Der Start von Simulationen mit unterschiedlichen Datensätzen und den dazugehörenden vorgefertigten Bildern kann
durchgeführt werden. Die prinzipielle Struktur eines Simulationsprogramms ist im Bild 4.1 dargestellt.

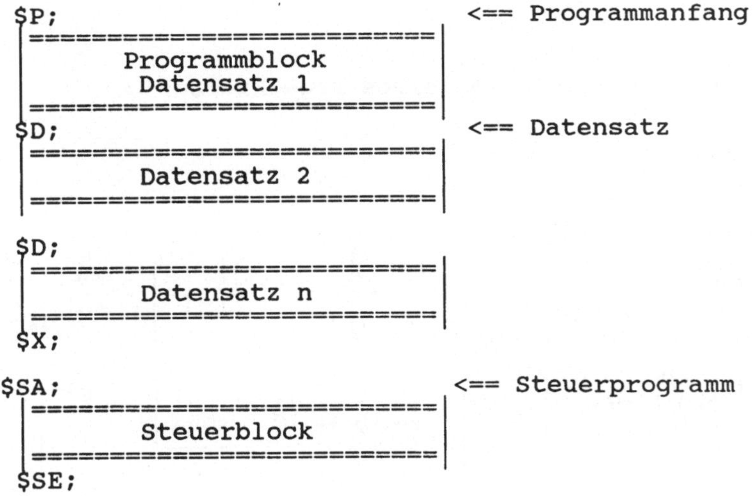


Bild 4.1. Struktur eines Simulationsprogramms für BOSIM

Die Simulationsprogramme mit den beschriebenen Programmblöcken
selbst können mit den gängigen Texteditoren erstellt und nach
dem Start des Programms BOSIM aufgerufen werden. Zur besseren
Lesbarkeit des Programms für den Anwender sind an jeder Stelle
des Programms Kommentare zulässig.

## 4.3    Beschreibung des Simulationsprogramms

Nach dem Start des Simulationsprogramms werden die Programmdatei und die Datendatei einer Syntaxanalyse unterzogen. Die Syntaxanalyse wird nach dem Einlesen des Simulationsprogramms, Lesen des ersten Datensatzes und des Steuerteils eingeleitet. Bei Auftreten eines Fehlers wird auf die entsprechende Zeile und Spalte mit Angabe des Fehlers verwiesen. Nach der Syntaxanalyse wird die logische Struktur des Anwenderprogramms untersucht. Dies erfolgt durch Sortieren der Blöcke hinsichtlich ihres Typs und der Reihenfolge. Das Ergebnis des Sortiervorgangs besteht aus doppelt verketteten Listen, die mit Hilfe von Zeigern den vorherigen und den nächsten Block zuordnen. Das Umstellen der Liste in eine Form, die für jeden Zeitschritt vom Listenanfang zum Listenende abgearbeitet wird, geschieht während der Simulation im ersten Zeitintervall. Wird während der Simulation eine algebraische Schleife erkannt, so wird die zu simulierende Struktur hinter dem Block bei dem die Schleife erkannt wurde, geöffnet und es wird versucht die Signale iterativ zu berechnen. Führt die Iteration mit den voreingestellten Werten nicht zum Ziel, so wird die Simulation unterbrochen und ein neuer Startwert und Bewertungsfaktor für einen Newton-Algorithmus angefordert.

## 4.4    Beispiel zur Simulation eines Regelkreises

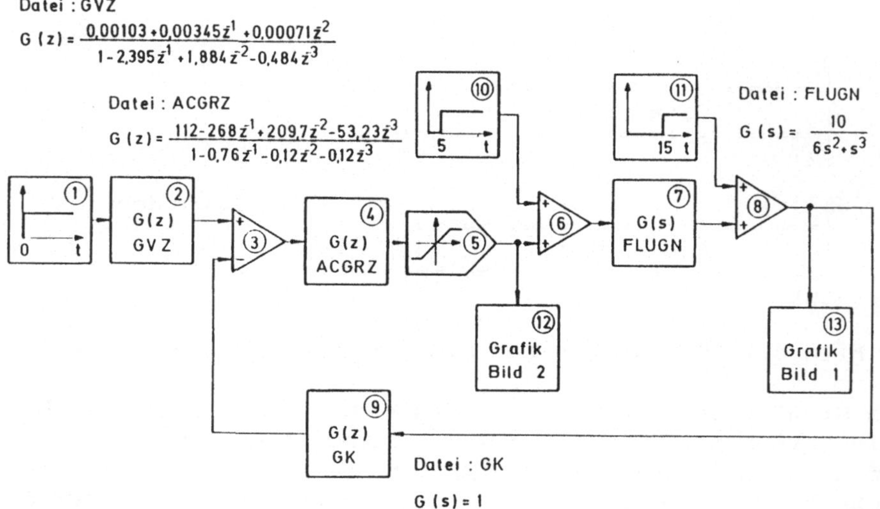


Bild 4.2. Regelkreisdarstellung für die Simulation

**Simulationsprogramm:**

```
                    ( Abtastzeit: T=0.1                              )
                    ( Schrittweite : h=0.05                          )
$P;                 ( S i m u l a t i o n s p r o g r a m m          )
1,S,STEP,0;         ( Fuehrungsgroesse                              )
2,$GZ,1,GVZ;        ( Vorfilter                                     )
3,-,2,9;            ( Regeldifferenz                                )
4,$GZ,3,ACGRZ;      ( Regler                                        )
5,LIMIT,4,-2.0,2.0; ( Stellgroessenbegrenzung                       )
6,+,5,10;           ( Addition Stoerung am Streckeneingang          )
7,$GS,6,FLUGN;      ( Regelstrecke                                  )
8,+,7,11;           ( Addition Stoerung am Streckenausgang          )
9,$GS,8,GK;         ( Gegenkopplung                                 )
10,S,STEP,5.0;      ( Stoerungssignal Streckeneingang               )
11,S,STEP,15;       ( Stoerungssignal Streckenausgang               )
12,OUT,5,G,2;       ( Stellgroesse im Bild 3.2 dokumentieren        )
13,OUT,8,G,1;       ( Regelgroesse im Bild 3.1 dokumentieren        )
$X;                 (     S t e u e r p r o g r a m m               )
$SA;                ( Simulationsanfang                             )
$GE,BILD;           ( Bild einlesen                                 )
$SI;                ( Simulation starten                            )
$SE;                ( Simulation beenden                            )
```

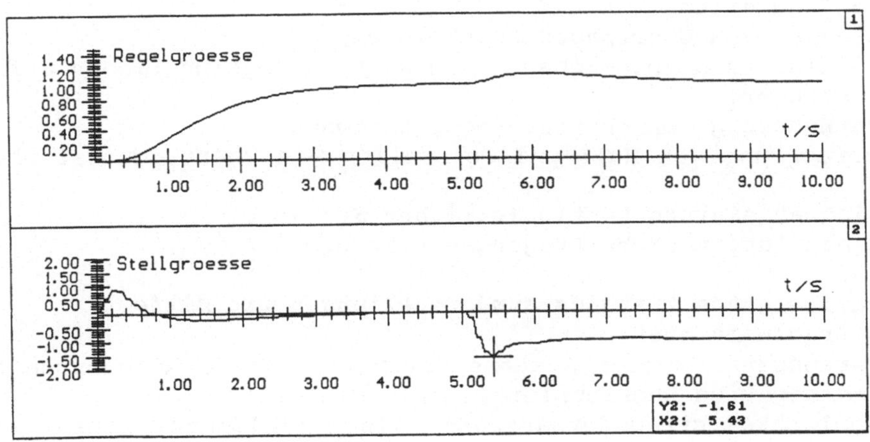



**Bild 4.3. Ergebnisse der Simulation**

## 4.5 Einsatzmöglichkeiten spezieller Simulationsprogramme

Für spezialisierte Simulationsmodule ergeben sich innerhalb
von CACSD-Systemen vielfältige Einsatzschwerpunkte. Nach der
Synthese von Regelungen werden häufig "worst case" Untersuchungen durchgeführt. In diesen Fällen werden, ausgehend vom
Nominalmodell der Regelstrecke, Simulationen für unterschied-

liche Streckenparametersätze durchgeführt. Die Ergebnisse der
Identifikation von Regelstrecken mit Hilfe von Ein- und Ausgangssignalen sind Übertragungsfunktionen, die das dynamische
System repräsentieren. Durch Vergleich der tatsächlichen Ausgangssignale mit den Ausgangssignalen der geschätzten Übertra-
gungsfunktionen, bei identischen Eingangssignalen, ist eine
Fehlerabschätzung sinnvoll und ermöglicht Aussagen über die
Qualität der Parameterschätzung. Simulationen von Ergebnissen
der Linearisierung bei unterschiedlichen Ruhelagen und Anfangswerten, Visualisierung der Diskretisierung dynamischer
Systeme, Modellierung nichtlinearer Regelstreckenanteile,
Untersuchung der  Auswirkungen deterministischer und stochastischer Störungen sind ebenfalls Anwendungen integrierter
Simulationsmodule für regelungstechnische Programmsysteme. Aus
der Vielzahl der aufgezählten Anwendungsmöglichkeiten seien
hier zwei Programmodule des Programmsystems PSR für die Behandlung von Übertragungsfunktionen und Zustandsraummethoden
erwähnt:

**Behandlung von Übertragungsfunktionen mit Hilfe des Programms
RESP**
- Konfiguration der Struktur des Regelkreises,
- Auswahl der Eingangssignale,
- Berechnung der Ausgangssignale für die jeweilige Regelkreis-
  konfiguration,
- Eingabe von Übertragungsfunktionen,
- Einlesen und Abspeichern  von Übertragungsfunktionen auf Da-
  tenträger,
- Verknüpfung von Übertragungsfunktionen,
- Berechnung von Null-und Polstellen von Übertragungsfunktio-
  nen,
- Diskretisierung kontinuierlicher Systeme,
- Behandlung von Übertragungsmatrizen.

**Behandlung von Zustandsraumdarstellungen mit Hilfe
des Programms MMGR**
- Verknüpfen  zweier Systeme durch Parallel-, Reihenschaltung
  und negative Rückkopplung,
- Ähnlichkeitstransformationen  wie Nullelement, Einselement,
  Erzeugen und Vertauschen zweier Zustandsgrößen,
- Matrizenoperationen wie Vertauschen zweier Matrizen, Trans-
  ponieren, Addition, Subtraktion, Multiplikation,
- Matrix invertieren, Bilden der Determinante, Berechnung der
  Eigenwerte und Test auf Definitheit,
- Lösen des Gleichungssystems $\underline{A} * \underline{X} = \underline{B}$ ,
- Systemoperationen wie Verändern der Ein- und Ausgangsstruk-
  tur durch Einfügen, Entfernen und Vertauschen von Ein- und
  Ausgängen, Einfügen und Verändern von Untermatrizen, Ändern
  und Hinzufügen von Matrixelementen,
- Diskretisierung kontinuierlicher Systeme,

- Simulation von Systemen die durch Zustandsraumdarstellungen
  beschrieben sind.

**Anwendungen für zeilenorientierte Simulation in der Regelungstechnik mit Hilfe des Programms PSIM.**
Simulationstechnische Aufgaben lassen sich, wie bereits ausführlich dargestellt, auf unterschiedliche Weise mit Rechnerunterstützung lösen. Eine Vielzahl von Systemen verwenden auf Makrostrukturen basierende blockorientierte Verfahren, z.B. BOSIM. Durch die Verwendung vordefinierter Problemblöcke ist einerseits die Anwendung sehr einfach und leicht zu erlernen, andererseits entsteht durch die Blockstruktur von vornherein ein unflexibles und in der Leistungsfähigkeit beschränktes System. Wenn die Definition eigener Blöcke zugelassen ist, müssen diese immer noch in die gesamte Ablaufsteuerung integriert werden. Dies setzt genaue Kenntnisse der Systemdetails voraus und kann meist nicht erwartet werden. Flexiblere Einsatzmöglichkeiten bieten compilerorientierte Simulationssprachen. Da es sich bei diesen Sprachen jedoch oft um Pre-Compiler handelt, die ein Problem in eine Standard-Programmiersprache, z.B. FORTRAN, übersetzen, erhöht sich der Aufwand zur Erstellung der Problemlösung. Die vielen verschiedenen Zwischenstufen bei dieser Art der Programmierung erhöhen zudem den Zeitaufwand zur Entwicklung eines lauffähigen Programms. Die Vorteile beider beschriebenen Verfahren lassen sich verbinden, wenn eine Implementierung des Simulationsprogramms direkt in einer Standard-Programmiersprache erfolgt. Dieses zeilenorientierte Simulationssystem läßt sich in vielen unterschiedlichen Bereichen nutzen. Einige Anwendungsbereiche seien hier kurz genannt:

**Simulation nichtlinearer Systeme**
Besonders in Systemen mit Nichtlinearitäten zeigt sich der Vorteil zeilenorientierter Simulationsverfahren. Standardlösungen bieten nicht genug Flexibilität, um allen Fällen gerecht zu werden. Sind Blöcke oder Prozeduralelemente mit der gewünschten Nichtlinearität nicht vorhanden, so kann oft nur eine Näherung für die Nichtlinearität verwendet werden. In diesem zeilenorientierten System genügt es, ein Unterprogramm mit der mathematischen Funktion der Nichtlinearität zu erstellen. Hierzu steht der gesamte leistungsfähige Sprachumfang des Compilers zur Verfügung.

**Hohe Flexibilität**
Die beschriebenen Vorteile sind nicht nur auf Nichtlinearitäten anwendbar, sondern gelten für jede Ergänzung. Eine Erweiterung auf die Behandlung partieller Differentialgleichungen ist so einfach realisierbar.

**Einsatz in der Ausbildung**
Speziell im Bereich der Lehre bietet das mit diesem Programm
erstellte System hervorragende Einsatzmöglichkeiten. Durch die
starke Modularisierung und die zur Verfügung stehenden fertigen Prozeduren kann der Benutzer, auch mit geringen Kenntnissen, nach kurzer Zeit sein Simulationsproblem in ein zur Lösung geeignetes Programm umsetzen. Er kann sich in dieser
ersten Phase nur auf den problemspezifischen Teil beschränken.
Da auch das Gerüst für diese Prozeduren schon besteht, genügen
rudimentäre Kenntnisse einer Programmiersprache, um die pro-
blemabhängigen Teile zu erstellen. Mit zunehmenden Kenntnis-
stand kann er sich nach und nach mit weiteren Details - z.B.
Integrationsverfahren - befassen. Auf diese Weise lernt der
Benutzer schließlich, selbständig eigene Simulationsprogramme
zu entwickeln.

**Einsatz in der Forschung**
Besondere Vorteile ergeben sich hier durch die leichte Erweiterbarkeit. Neue Verfahren können schnell implementiert und
getestet werden. Eine schnelle Prototypentwicklung wird durch
eine interaktive Entwicklungsumgebung, über die z.B. das in
diesem Programm verwendete Turbo-Pascal 4.0 verfügt, gefördert. Neben diesem Einsatz als Experimentierumgebung, lassen
sich z.B. die schon getesteten Verfahren auch als Problemlöser
für Routineaufgaben verwenden.

**Diskrete ereignisorientierte Simulation mit DEOSIM**
Neben der Simulation dynamischer Systeme, die sowohl durch
Differential- als auch durch Differenzengleichungen definiert
werden können, existiert eine weitere Anwendung von Simulationstechniken, die die sog. Wartezeit oder Warteschlangenpro-
blematik behandeln. Hiermit sind z.B Untersuchungen von Warte-
schlangenstrukturen innerhalb industrieller Fertigungsprozes-
se, Fertigungsstraßen oder Materialtransporten möglich. Bei
Wartezeitmodellen werden häufig stochastische Simulationen
durchgeführt. Dabei wird angenommen, daß Transaktionen in Form
von Zufallsprozessen in das System eintreten und durch verschiedene Einrichtungen des Systems laufen. Das Ziel der Simulation kann z.B. darin bestehen zu ermitteln, wie lange Transaktionen in der Schlange warten müssen, wie hoch der Aus-
lastungsgrad ist und ähnliches mehr.


5        **Zusammenfassung**

Befriedigend arbeitende Regelungskonzepte können nur nach
sorgfältiger Analyse des dynamischen Verhaltens entwickelt
werden. Vor allem bei stark nichtlinearen Systemen, die häufig
noch eine hohe Ordnung und einen hohen Komplexitätsgrad auf-

weisen, stellen die hier vorgestellten Simulationswerkzeuge
wichtige Hilfsmittel zur Systemanalyse dar. Der Entwurf eines
Regelungssystems zielt zumeist auf eine möglichst einfache
Struktur ab. In diesen Fällen ist die Simulation ein wertvolles Werkzeug, das es ermöglicht, die Abhängigkeiten der Ent-
wurfsgrößen zu ermitteln und wichtige Erkenntnisse hinsichtlich des dynamischen Verhaltens im Betrieb zu erbringen. Die
hier vorgestellten Programmsysteme CADACS und PSR stellen
alternative Möglichkeiten zur Nutzung simulationstechnischer
Problemlösungen dar. Wie bereits umfassend erläutert, ist die
Simulationstechnik auch hier ein integraler Bestandteil der
angebotenen Dienstleistungen.

## Literaturhinweise

[1]  Schmid, Chr.:   A Workstation Concept for Computer Aided
     Analysis and Design of Control Systems. 7th IFAC/IFIP/
     IMACS Symposium on Digital Computer Applications to Pro-
     cess Control, Wien, 1985. S. 691-694.

[2]  Schmid, Chr.: KEDDC, A Computer-Aided Analysis and Design
     Package for Control Systems. In: Computer-Aided Control
     System Engineering, M. Jamshidi und C.J. Herget (Hrsg.),
     North-Holland, Amsterdam, 1985, S. 159-180.

[3]  Stieber, M.E. und Chr. Schmid: A Real-Time Workstation
     for Computer-Aided Design and Implementation of Control
     Systems. Proc. IEEE Control Systems Society 3rd Symposium
     on Computer-Aided Control System Design, Arlington, Vir-
     ginia, 1986, S. 79-84.

[4]  Dastych, J.: Programmsystem für die Ausbildung, Entwick-
     lung und Forschung in den Bereichen Simulations- und
     Regelungstechnik (PSR). Handbuch zum Programmsystem,
     1989.

**Simulieren mit Modula-2: Die Simulationsumgebung ModelWorks**

W. Schaufelberger


## 1 Einführung

Für Unterricht und Forschung in dynamischen Systemen wurde am
Projektzentrum IDA der ETH Zürich die Simulationsumgebung
ModelWorks realisiert (Fischlin und Ulrich, 1987). Diese Umgebung soll hier aus der Sicht des Anwenders besprochen werden.
Es handelt sich um eine auf der allgemeinen Programmiersprache
Modula-2 basierten Simulationssprache. Der Anwender muß sein
System als Modula-2 Modul formulieren und kann dabei zahlreiche Funktionen aus der bereits realisierten Umgebung importie-
ren. Die Offenheit dieser Lösung gestattet den Rückgriff auf
alle Modula-2 Funktionen des darunterliegenden Systems und
damit sind Erweiterungen der Simulationsumgebung leicht vorzunehmen. Im folgenden wird ModelWorks zunächst kurz vorgestellt, so daß der Leistungsumfang abgeschätzt werden kann.
Anschließend wird ein Beispiel im Detail ausgearbeitet und
abschließend auf Erweiterungen eingegangen.


## 2 Theoretischer Hintergrund

Die beiden Programmautoren hatten nach ihren eigenen Angaben
(Fischlin und Ulrich, 1988) die folgende Zielsetzung für die
Realisierung ihrer Simulationsumgebung: Sie soll sich für die
Simulation von schlechtdefinierten Systemen eignen und folgen-
de Anforderungen erfüllen:

o Unterstützung der strukturierten Modellierung:
  - hierarchisch,
  - modular (Aufteilung, Auswechselbarkeit ähnlicher, sich
    aber konkurrierende Modellvarianten für das gleiche
    (Unter-) System).
o Unterstützung nichtklassisch mathematischer Formalismen
  (algorithmische Beschreibung):
  - Rekursion,
  - Mischen von Modellexperimenten mit realen Experimenten,
  - Mischen von zeitkontinuierlichen und zeitdiskreten Syste-
    men,
  - beliebige algorithmische Definition der Transitionsfunk-
    tionen.
o Erweiterbar und bequem verwaltbare Modelle und Daten:
  - effiziente Implementierung,
  - graphisch orientiert,
  - robuste, moderne Benutzerschnittstelle (Fenster, Maus).

o  Interaktive Modellierung und Simulation, insbesondere die
   interaktive Steuerung und Wertbestimmung folgender Aktivi-
   täten und Größen:
   - Simulationslaufssteuerung, Methodenwahl für numerische
     Integration,
   - Parameter-, Anfangs- und Randwerte,
   - Modellaktivierung,
   - Ausgabesteuerung während und nach dem Simulationslauf
     (Postauswertung) mittels Graphik, Tabelle sowie Speiche-
     rung auf Massenspeichermedium (z.B. Diskette).

Auch wenn regelungstechnische Aspekte in dieser Zielsetzung
nicht direkt berücksichtigt wurden, entstand, wie im folgenden
gezeigt wird, eine Umgebung, die sich ausgezeichnet für den
Einsatz in der Regelungstechnik eignet. Dabei können zunächst
Simulationen ausgeführt werden, die sich aber auch leicht für
Optimierungs- und Identifikationsaufgaben erweitern lassen.


## 3        Programmbeschreibung

## 3.1      Kurzbeschreibung von ModelWorks

### 3.1.1  Die Enwicklungsumgebung

Als Kurzbeschreibung werden hier die Typen und Prozeduren aus
den Definition Modules aufgeführt. Die vollständigen Module
enthalten genügend Angaben für die Programmierung. Aus Platzgründen wird hier nur eine stark gekürzte Version wiedergegeben, die es aber doch gestatten soll, den Programmierstil und
die Art des Umganges mit der Umgebung zu verstehen. Die Namen
sind so gewählt, daß in den meisten Fällen die Wirkungsweise
auch ohne große Erklärungen ersichtlich sein sollte.

**SimMaster** ist das Hauptmodul, das insbesondere die Startproze-
dur RunSimMaster enthält, die die ganze Umgebung startet. Mit
**SimRun** können einzelne Läufe programmiert ausgeführt werden,
was vor allem bei Identifikations- und Optimierungsaufgaben
nützlich ist. Damit können z.B. auch ganze Phasenportraits
automatisch aufgenommen werden.
**SimBase** gestattet die Festlegung aller für die Simulation
wesentlichen Parameter. Modelle, Zustandsvariable, Parameter,
Ausgabedarstellung, Integrationsverfahren und -zeit etc. können hier eingestellt und abgefragt werden. Die Einstellungen
gelten als Defaultwerte für die Simulation, können aber dort
jederzeit noch geändert werden. Ein Rücksetzen auf die Defaultwerte ist auch während der Simulation jederzeit möglich.

```
DEFINITION MODULE SimMaster;

  PROCEDURE  RunSimMaster(md: PROC); (* must always be called *)
  PROCEDURE  SimRun;

END SimMaster.


DEFINITION MODULE SimBase;

  PROCEDURE CurrentStep(): INTEGER;
  PROCEDURE CurrentTime(): REAL;
  PROCEDURE SetSimTime(beg,end: REAL);
  PROCEDURE SetMonInterval(w: REAL);
  PROCEDURE SetIntegrationStep(h: REAL);

  (* Definition der Modelle *)
  TYPE
    Model;
    IntegrationMethod = (Euler, Heun, RungeKutta4,
                         RungeKutta45Var, stiff, discreteTime);

  PROCEDURE DeclM(VAR m: Model; defaultMethod: IntegrationMethod;
                  initialize, input, output, dynamic, terminate: PROC;
                  installModelVars: PROC;
                  descriptor, identifier: ARRAY OF CHAR; info: PROC);

  (* Definition der Zustandsvariablen *)
  PROCEDURE DeclSV(VAR s, ds: REAL; initial, minRange, maxRange:
           REAL; descriptor, identifier, unit: ARRAY OF CHAR);

  (* Definition der Ausgabe *)
  TYPE
    StashFiling = (writeOnFile, notOnFile);
    Tabulation = (writeInTable, notInTable);
    Graphing = (isX, isY, isZ, notInGraph);

  PROCEDURE DeclMV(VAR mv: REAL; minScale, maxScale: REAL;
          descriptor, identifier, unit: ARRAY OF CHAR;
          sf: StashFiling; t: Tabulation; g: Graphing);

  (* Definition der Parameter *)
  TYPE
    RTCType = (rtc, noRtc); (* rtc = run time changeable *)

  PROCEDURE DeclP(VAR p: REAL; defaultVal, minVal, maxVal: REAL;
                  runTimeChange: RTCType;
                  descriptor, identifier, unit: ARRAY OF CHAR);

  (* Uebriges *)
  TYPE
    TerminateConditionProcedure = PROCEDURE(): BOOLEAN;

  PROCEDURE InstallTerminateCondition
  (TC: TerminateConditionProcedure);

  PROCEDURE StashFileName(sfn: ARRAY OF CHAR);
  PROCEDURE DeclExperiment(e: PROC);

END SimBase.
```

Mit dem hinzugefügten Modul **TabFunc** können durch Tabellen
beschriebene Nichtlinearitäten in die Simulation eingefügt
werden. Diese Tabellen lassen sich zur Laufzeit editieren.

```
DEFINITION MODULE TabFunc;

  (* Definition einer Tabelle *)
  TYPE
    TabFUNC;

  PROCEDURE DeclTabF(VAR t: TabFUNC; xx, yy: ARRAY OF REAL;
                     NValPairs: INTEGER; modifiable: BOOLEAN;
                     tabName, xName, yName, xUnit, yUnit:
                     ARRAY OF CHAR;
                     xMin, xMax, yMin, yMax: REAL);

  PROCEDURE RemoveTabF(VAR t: TabFUNC);

  (* Aenderung *)
  PROCEDURE SetTabF(t: TabFUNC; xx, yy: ARRAY OF REAL;
                    NValPairs: INTEGER; modifiable: BOOLEAN;
                    tabName, xName, yName, xUnit, yUnit:
                    ARRAY OF CHAR;
                    xMin, xMax, yMin, yMax: REAL );

  PROCEDURE GetTabF(t: TabFUNC; VAR xx, yy: ARRAY OF REAL;
                    VAR NValPairs: INTEGER; VAR modifiable:
                    BOOLEAN;
                    VAR tabName, xName, yName, xUnit, yUnit:
                    ARRAY OF CHAR;
                    VAR xMin, xMax, yMin, yMax: REAL );

  (* Werte interpolieren *)
  PROCEDURE Yi (t: TabFUNC; x: REAL ): REAL;
  PROCEDURE Yie(t: TabFUNC; x: REAL ): REAL;
END TabFunc.
```

Zusätzlich zu diesen Simulationsmodulen steht die ganze Dialogmaschine zur Verfügung. Diese Entwicklungsumgebung, in der
ModelWorks selbst realisiert ist, kann kurz etwa wie folgt
beschrieben werden: Es handelt sich um eine Softwareschicht,
die zwischen dem Betriebssystem und dem Anwendungsprogramm
liegt. Diese Schicht soll aktiv alle Aktionen des Benützers
des Programms verfolgen und feststehende Reaktionen direkt
ausführen. Solche Reaktionen kommen in interaktiven Umgebungen
oft vor, z.B. Verschieben eines Fensters mit Auffrischen des
Inhalts. Nur wenn die Reaktion nicht in diesem Sinne voraus-
sehbar ist, soll die Meldung an das Anwenderprogramm weitergeleitet werden. Damit dieses einfach wird, ist auch der zentrale Scheduler bereits realisiert. Der Anwender muß noch die von
ihm geplante Reaktion auf ein Ereignis programmieren und darf,
ganz im Sinne der objektorientierten Programmierung, erwarten,
daß Meldungen richtig an die diese behandelnden Prozeduren
weitergeleitet werden.

Diese Ideen wurden zunächst auf dem Macintosh Rechner mit dem
MacMETH Modula-2 System des Instituts für Informatik der ETH
Zürich  realisiert. Es entstand ein Software-System von  rund

600 Prozeduren, 16 K lines of Code, 700 KB Code, das einen
großen Teil der Möglichkeiten des Macintosh in Modula-2 verfügbar macht und im oben angegebenen Sinne die Meldungsüber-
mittlung vornimmt. Übersetzte und gebundene Programme benötigen 100 - 300 KB Speicherplatz. Die Dialog Maschine ist inzwischen auch auf IBM kompatiblen Rechnern verfügbar. Dabei wird
das TopSpeed Modula-2 System zusammen mit dem GEM Desktop
eingesetzt.

Die Module der Dialalogmaschine bieten die folgenden Dienste:

**DMMaster**   ist das Hauptmodul, das die Kontrolle über alle
Aktionen hat, speziell auch über die Benützereingriffe mit
Tastatur und Maus. Soweit möglich, reagiert DMMaster direkt
auf Ereignisse, oder leitet diese an andere Module der Dialogmaschine weiter. Falls dies nicht möglich ist, wird ein Be-
nützerprogrammteil aktiviert.
**DMMenus**  unterstützt das Installieren und Verwalten von Menus
(mit Aktivieren und Deaktivieren von Befehlen, etc.). Die zu
den Menubefehlen gehörenden Prozeduren können vom Benützer
unabhängig geschrieben und anschließend installiert werden.
**DMWindows**   dient der Benützung von Fenstern. Verschiedene Typen, die auch überlappend dargestellt werden können, werden
angeboten: mit und ohne Rollbalken, Close Box, Zoom Box; mit
veränderlicher oder fester Größe, verschiebbar oder fest, etc.
Ist ein Fenster mit CreateWindow erzeugt, wird die entsprechende Verwaltung von der Dialogmaschine übernommen.
**DMWindowIO**  stellt Text- und Graphik-Ausgabe sowie Graphik-
Eingabe mit der Maus zur Verfügung. Das Clicken mit der Maus
kann erfaßt und Objekte können verschoben werden. Die Graphik-
ausgabe kann in verschiedenen Koordinatensystemen erfolgen
(Pixel- oder Benützerkoordinaten). Texte können in der Graphik
positioniert werden.
**DMEntryForms** offeriert Möglichkeiten für modale Dialogführung.
Characters, Integers, Cardinals und Reals können eingegeben
werden, wobei die Syntax geprüft wird. Stringeingabe ist ebenfalls möglich und auch Check Boxes, Push Buttons, Radio Buttons und Scroll Bars sind unterstützt. Modal bedeutet, daß die
Dialoge zu Ende geführt und mit Cancel oder OK verlassen werden müssen.
**DMEditFields** bietet dieselben Möglichkeiten wie DMEntryForms,
aber im nichtmodalen Dialog an. Ein solcher kann jederzeit
abgebrochen werden, die Verantwortung für die Konsistenz der
Daten liegt beim Anwendungsprogramm.
**DMAlerts** kann benützt werden, um Warnungen oder Fehlermeldungen auszugeben.
**DMFiles** bietet den Anschluß an das File System des Macintosh.
Auf Files kann über die üblichen Dialogboxen zugegriffen wer-
den. Alle elementaren Typen wie Characters, Strings, Integers,
Cardinals und Reals können gelesen und geschrieben werden.

**DMLanguage** unterstützt verschiedene Sprachen, die für Fehler-
meldungen etc. verwendet werden.
**DMConversions** enthält Routinen für die Konversion von Cardi-
nals, Integers, Reals und Longreals zu Strings und umgekehrt.
**DMSystems** exportiert systemspezifische Teile, z.B. Hardwareab-
hängigkeiten wie die Auflösung des aktuellen Bildschirms.
**DMBase** stellt das Interface zu Hardware, Firmware (ROM) und
Betriebssystem dar.

In dieser Entwicklungsumgebung wird nun ein normales Modula-2
Programm für die Lösung der simulationstechnischen Aufgabe erstellt.

### 3.1.2  Die Laufzeitumgebung von ModelWorks

Der Befehl RunSimMaster im Hauptmodul startet die volle Simulationsumgebung, die sich wie folgt präsentiert ( 1):

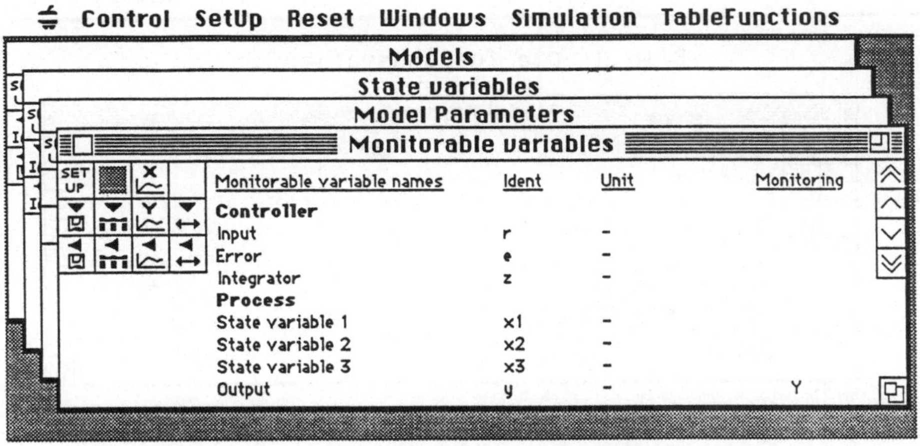

Bild 1. Laufzeitumgebung von ModelWorks

Die vier Fenster, die ModelWorks beim Arbeiten zur Verfügung
stellt, sollen im folgenden kurz vorgestellt werden. Da Fenster leichter zu verstehen sind, wenn sie mit Inhalten gefüllt
sind, stammen die Inhalte aus dem Beispiel in Kapitel 4.

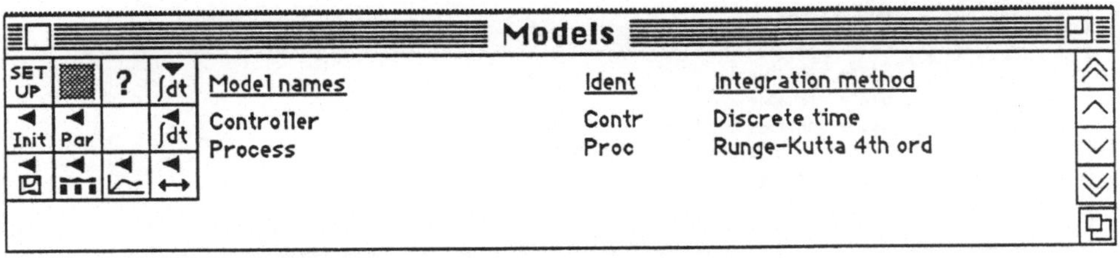

Bild 2. Die installierten Modelle

Bild 2 zeigt die installierten Modelle in einem speziell dafür
vorgesehenen Fenster. Bild 3 zeigt die in den beiden Modellen
verwendeten Zustandsgrößen. Es handelt sich demnach um ein
System 4. Ordnung, das gerade simuliert wird. Bild 4 zeigt die
zur Laufzeit noch veränderbaren Modellparameter. Durch Clicken
in eine Zeile wird ein Parameter angewählt. Dieser kann dann
durch die Knöpfe gesetzt oder in den ursprünglichen Zustand
zurückversetzt werden. Beim Setzen wird eine normale Dialog
Box verwendet.

**State variables**

| State variable names | Ident | Unit | Initial value |
|---|---|---|---|
| **Controller** | | | |
| Integral Controller | z | - | 0.000 |
| **Process** | | | |
| State variable 1 | x1 | - | 0.000 |
| State variable 2 | x2 | - | 0.000 |
| State variable 3 | x3 | - | 0.000 |

Bild 3. Die Zustandsvariablen

**Model Parameters**

| Parameter names | Ident | Unit | Value |
|---|---|---|---|
| **Controller** | | | |
| Proportional Controller Gain | kp | - | 0.300 |
| Integral Controller Gain | ki | - | 0.300 |
| **Process** | | | |
| Pole 1 of Process (neg) | a | - | 1.000 |
| Pole 2 of Process (neg) | b | - | 1.000 |
| Pole 3 of Process (neg) | c | - | 1.000 |
| Lower Limit | lmin | - | -5.000 |
| Upper Limit | lmax | - | 5.000 |

Bild 4. Die Parameter

Auf dem letzten dieser Standardfenster (Bild 5) sind die  für
die graphische Ausgabe benötigten Angaben ersichtlich:

**Monitorable variables**

| Monitorable variable names | Ident | Unit | Monitoring |
|---|---|---|---|
| **Controller** | | | |
| Input | r | - | |
| Error | e | - | |
| Integrator | z | - | |
| **Process** | | | |
| State variable 1 | x1 | - | |
| State variable 2 | x2 | - | |
| State variable 3 | x3 | - | |
| Output | y | - | Y |
| Control Value | u | - | Y |
| Output of Nonlinearity | v | - | |

Bild 5. Die Bildschirmgestaltung der Graphikausgabe

## 3.2    Spezielle regelungstechnische Aspekte

ModelWorks wurde nicht speziell für die Regelungstechnik entwickelt. Das Ziel war die Schaffung einer Simulationsumgebung
für schlecht-definierte und komplexe Systeme.

Vor allem durch seine Offenheit ist das System aber auch für
die Regelungstechnik geeignet. Die Punkte, die hier im Vordergrund stehen, sind:

- Strukturiertes und hierarchisches Modellieren von Teilsystemen und ihrer Kopplungen wird unterstützt.
- Kontinuierliche, zeitdiskrete und gemischte Simulation werden angeboten.
- Ein Fileanschluß für das Einlesen von Meßwerten in die Simulation.
- Ein Anschluß an Matlab, so daß Entwürfe (Polfestlegung, Ric-
  cati etc.) in Matlab durchgeführt werden und die Resultate
  über Files automatisch in die Simulation übergeben werden
  können.
- Tabellen für die Programmierung nichtlinearer Funktionen.
- Leichte Erweiterbarkeit durch das zugrundeliegende Modula-2-
  System. So können Eingaben über Dialogfenster oder Rollbalken leicht hinzugefügt werden.


## 4    Anwendungsbeispiel

Als Anwendungsbeispiel soll ein nichtlinearer Regelkreis mit
einem zeitdiskreten Regler und einer kontinuierlichen Regelstrecke simuliert werden. Die Details ergeben sich aus dem
Blockdiagramm (Bild 6) und dem im Anhang angefügten Programm.

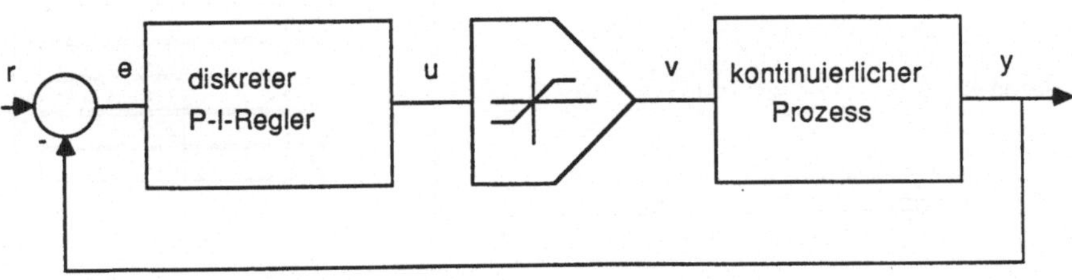


Bild 6. Nichtlinearer Regelkreis

Mit diesem Programm wurden die in Bild 7 und 8 dargestellten
Aufnahmen gemacht. Bild 7 zeigt Simulationsresultate im Zeitbereich und Bild 8 das Editierfeld für die Nichtlinearität.

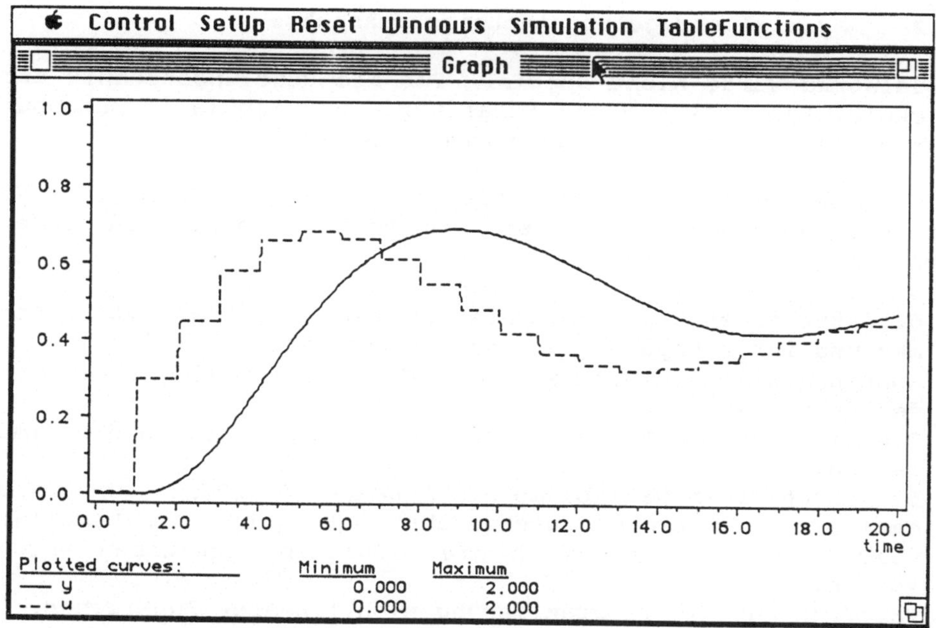

Bild 7. Schrittantwort des nichtlinearen PI Reglers

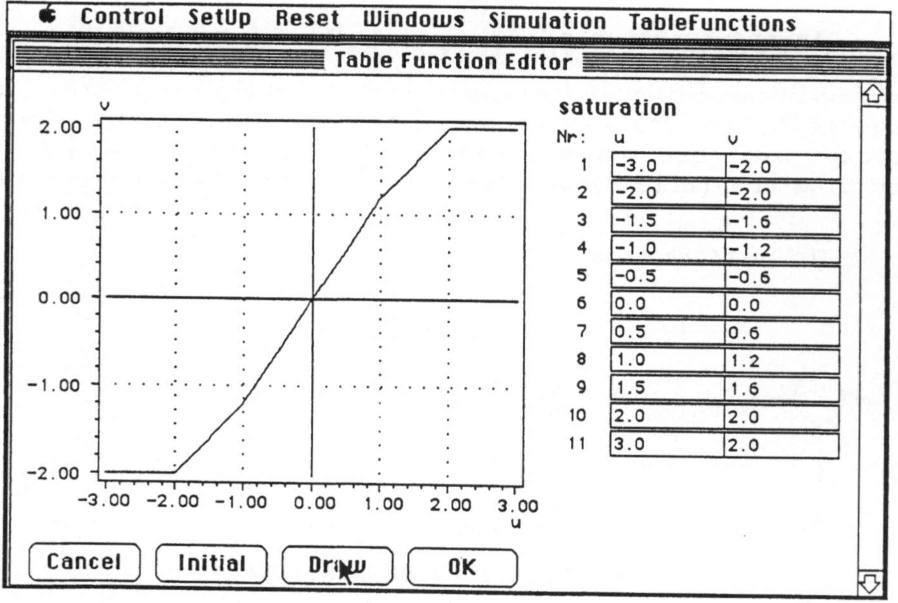

Bild 8. Editierbare Tabelle für die Nichtlinearität

Die Nichtlinearität kann in der Darstellung nach Bild 8 verändert werden und die Parameter lassen sich in Bild 4 ablesen und ändern. Die Laufzeitumgebung gestattet damit ein sehr effizientes Experimentieren.


## 5    Schlußbemerkung

Mit ModelWorks und dem zugrundeliegenden MacMETH Modula-2 System steht eine leistungsfähige Simulationsumgebung für Lehre und Forschung in den Bereichen System- und Regelungstechnik zur Verfügung.

Das System zeichnet sich insbesondere durch seine Offenheit und Erweiterbarkeit aus. So können bei Bedarf neue Funktionen in der Basisumgebung realisiert und in das System integriert werden, wie das am Beispiel eines Funktionseditors gezeigt wurde.


## Literaturhinweise

[1] Fischlin, A. (1986, 1988): The DialogMachine. Projektzentrum IDA, ETH Zürich

[2] Fischlin, A., Ulrich M. (1988): ModelWorks: an Interactive Modula-2 Simulation Environment. Int. Bericht 4/1988, IDA-Zentrum, ETH Zürich, 79 pp.

[3] Fischlin, A., Ulrich M. (1988): ModelWorks Manual (draft). IDA-Zentrum, ETH Zürich, 24 pp.

[4] Wirth, N. et al.(1988): MacMETH, User Manual. Institut für Informatik, ETH Zürich, 100 pp.


**ANHANG:**

Vollständiges Programm für einen diskreten PI-Regler an einer kontinuierlichen Strecke mit Stellgrößenbeschränkung

---

```
MODULE PIController;

(* The system consists of two parts: A discrete time controller and
a continuous time process. Both are programmed independently and
then connected *)

  IMPORT SimMaster;
  FROM SimBase   IMPORT SetSimTime, SetMonInterval;
  IMPORT SimBase;
  FROM SimMaster IMPORT RunSimMaster;
  IMPORT TabFunc;
```

```
MODULE DiscreteController; (*****)
  FROM SimBase    IMPORT  DeclM, IntegrationMethod,DeclSV,
                          StashFiling, Tabulation, Graphing,
                          DeclMV, DeclP, RTCType, Model,
                          SetSimTime, SetMonInterval;

  EXPORT DeclController, u, y;

  VAR
    discreteController: Model;
    r, e, u, z, zNew, kp, ki, y: REAL;

  PROCEDURE AboutModel; BEGIN END AboutModel;

  PROCEDURE Initial;
  BEGIN
    r := 1.0;
  END Initial;

  PROCEDURE Input; BEGIN END Input;

  PROCEDURE Dynamic;
  BEGIN
    e := r - y;
    zNew := z + ki*e;
  END Dynamic;

  PROCEDURE Output;
  BEGIN
    u := z + kp*e;
  END Output;

  PROCEDURE Terminal; BEGIN END Terminal;

  PROCEDURE Objects;

  BEGIN
    DeclSV(z, zNew,0.0, -100.0, 100.0, "Integral Controller",
    "z", "-");

    DeclMV(r, -5.0, 5.0,"Input", "r", "-", notOnFile, notInTable,
          notInGraph);
    DeclMV(e, -5.0, 5.0,"Error", "e", "-", notOnFile, notInTable,
          notInGraph);
    DeclMV(z, -5.0, 5.0,"Integrator", "z", "-", notOnFile,
          notInTable, notInGraph);

    DeclP(kp, 0.3, -100.0, 100.0, rtc,
         "Proportional Controller Gain", "kp", "-");
    DeclP(ki, 0.3, -100.0, 100.0, rtc,
         "Integral Controller Gain", "ki", "-");
  END Objects;
```

```
  PROCEDURE DeclController;
  BEGIN
    DeclM(discreteController, discreteTime, Initial, Input, Output,
          Dynamic, Terminal, Objects, "Controller","Contr",
          AboutModel);
  END DeclController;
END DiscreteController; (*****)


MODULE Process; (*****)

  FROM SimBase   IMPORT DeclM, IntegrationMethod,DeclSV, StashFiling,
                        Tabulation, Graphing, DeclMV, DeclP, RTCType,
                        Model, SetSimTime, SetMonInterval;
  FROM TabFunc IMPORT TabFUNC, DeclTabF, Yie;
  IMPORT u, y;
  EXPORT DeclProcess;


  VAR
    process: Model;
    saturation : TabFUNC; a, b, c, lmin, lmax, x1, x1Dot, x2, x2Dot,
    x3, x3Dot, v: REAL;


  PROCEDURE AboutModel; BEGIN END AboutModel;
  PROCEDURE Initial; BEGIN END Initial;
  PROCEDURE Input; BEGIN END Input;


  PROCEDURE Limit;
  VAR u, v: ARRAY [0..10] OF REAL;
  BEGIN
    u[0]  := -3.0 ; v[0]  := -2.0;
    u[1]  := -2.0 ; v[1]  := -2.0;
    u[2]  := -1.5 ; v[2]  := -1.6;
    u[3]  := -1.0 ; v[3]  := -1.2;
    u[4]  := -0.5 ; v[4]  := -0.6;
    u[5]  :=  0.0 ; v[5]  :=  0.0;
    u[6]  :=  0.5 ; v[6]  :=  0.6;
    u[7]  :=  1.0 ; v[7]  :=  1.2;
    u[8]  :=  1.5 ; v[8]  :=  1.6;
    u[9]  :=  2.0 ; v[9]  :=  2.0;
    u[10] :=  3.0 ; v[10] :=  2.0;
    DeclTabF(saturation, u, v, 11, TRUE, "saturation",
             "u", "v", "-", "-", -3.0, 3.0, -2.0, 2.0);
  END Limit;


  PROCEDURE Dynamic;
  BEGIN
    x1Dot := -c*x1 + c*x2;
    x2Dot := -b*x2 + b*x3;
    v     := Yie(saturation,u);
    x3Dot := -a*x3 + a*v;
  END Dynamic;


  PROCEDURE Output;
  BEGIN
    y := x1;
  END Output;
```

```
    PROCEDURE Terminal; BEGIN END Terminal;

    PROCEDURE Objects;
    BEGIN
      DeclSV(x1, x1Dot,0.0, -100.0, 100.0, "State variable 1", "x1", "-");
      DeclSV(x2, x2Dot,0.0, -100.0, 100.0, "State variable 2", "x2", "-");
      DeclSV(x3, x3Dot,0.0, -100.0, 100.0, "State variable 3", "x3", "-");

      DeclMV(x1, -2.0, 2.0, "State variable 1", "x1", "-",
             notOnFile, notInTable, notInGraph);
      DeclMV(x2, -2.0, 2.0, "State variable 2", "x2", "-",
             notOnFile, notInTable, notInGraph);
      DeclMV(x3, -2.0, 2.0, "State variable 3", "x3", "-",
             notOnFile, notInTable, notInGraph);
      DeclMV(y, 0.0, 2.0, "Output", "y", "-",
             notOnFile, notInTable, isY);
      DeclMV(u, -2.0, 2.0, "Control Value", "u", "-",
             notOnFile, notInTable, isY);
      DeclMV(v, -2.0, 2.0, "Output of Nonlinearity", "v", "-",
             notOnFile, notInTable, notInGraph);

      DeclP(a, 1.0, -100.0, 100.0, rtc, "Pole 1 of Process (neg)",
            "a", "-");
      DeclP(b, 1.0, -100.0, 100.0, rtc, "Pole 2 of Process (neg)",
            "b", "-");
      DeclP(c, 1.0, -100.0, 100.0, rtc, "Pole 3 of Process (neg)",
            "c", "-");
      DeclP(lmin, -5.0, -100.0, 100.0, rtc, "Lower Limit", "lmin", "-");
      DeclP(lmax, 5.0, -100.0, 100.0, rtc, "Upper Limit", "lmax", "-");
    END Objects;

    PROCEDURE DeclProcess;
    BEGIN
      DeclM(process, RungeKutta4, Initial, Input, Output, Dynamic,
            Terminal, Objects, "Process", "Proc", AboutModel);
      Limit;
    END DeclProcess;
  END Process; (*****)

  PROCEDURE ControlSystem;
  BEGIN
    DeclController; DeclProcess;
    SetSimTime(0.0,20.0); SetMonInterval(0.04);
  END ControlSystem;

BEGIN
  RunSimMaster(ControlSystem);
END PIController.
```

# Gleichungsorientierte Simulation mit den Programmen PSI-C und SIMCOS

M. Köhne

## 1 Einführung und Problemstellung

Zur Analyse von Regelstrecken und zur Entwicklung, Erprobung und Vorbereitung der Inbetriebnahme komplexer Regelungssysteme werden mit Erfolg Simulationswerkzeuge eingesetzt. Dies gilt sowohl für die Anwendung bewährter Reglerstrukturen, wie z.B. der Kaskadenregelung bei elektrischen oder hydraulischen Antriebssystemen, als auch zur Erprobung modellgestützter Zustandsregelungskonzepte in der Verfahrens- und Umwelttechnik. Simulationsstudien erlauben dem planenden Ingenieur, bereits während der Entwurfsphase detaillierte Vorstellungen von dem zu erwartenden dynamischen Verhalten der geregelten Anlagen unter verschiedenen Betriebsbedingungen zu erhalten. Die Simulation von Regelsystemen ist unbedingt erforderlich, wenn nichtlineare Eigenschaften von Reglern und Strecken berücksichtigt werden müssen.

Die bisher am IMR für diese Aufgaben eingesetzten Simulationspakete, wie CSMP oder TUTSIM, besitzen Blockstruktur [1-3]. Diese Struktur erlaubt dem Anwender i.a. keine Erweiterung des Funktionsumfangs durch Hinzufügen neuer Blöcke. Die zur mathematischen Beschreibung des zu simulierenden Systems vorliegenden Differentialgleichungen müssen deshalb unter Anwendung der verfügbaren Blöcke aufbereitet werden. Dies ist bei ungünstiger Definition der Blockfunktionen sehr zeitaufwendig und unübersichtlich. Treten z.B. die gleichen Parameter in verschiedenen Gleichungen auf, dann ist bei einer Parametervariation in mehreren Blöcken eine Änderung erforderlich. Dieses Problem ist aus der Analogrechentechnik hinreichend bekannt. Änderungen der Simulationsmodelle oder der Parameter führen daher leicht zu Eingabefehlern. Außerdem wird die Dokumentation der Simulationsmodelle als unzureichend empfunden. Insbesondere bei Industrieprojekten verlangt man heute eine hohe Transparenz und Nachvollziehbarkeit der durchgeführten Simulationsstudien. Wünschenswert erscheint auch die Kombination von Simulation und Parameteroptimierung. Mit den neu entwickelten Simulationswerkzeugen PSI-C und SIMCOS wird versucht, diese gestiegenen Anforderungen zu erfüllen.

## 2    Prozeßsimulator PSI-C

Der Prozeßsimulator PSI-C ist ein gleichungsorientiertes Simulationspaket. Er arbeitet kompilierend und ist in der Programmiersprache C geschrieben. Die Simulationsgleichungen, bestehend aus algebraischen Gleichungen und Differentialgleichungen 1. Ordnung (Zustandsgleichungen), können direkt eingegeben werden. Um dem Anwender die Programmierung häufig vorkommender Regelkreiselemente zu ersparen, werden diese als Funktionsaufruf, ähnlich den Funktionsblöcken bei blockorientierten Sprachen, zur Verfügung gestellt. Programmtechnisch wird dies durch die Programmierung von sog. Makros realisiert, die in einer Bibliothek zusammengefaßt sind. Makros erweitern quasi den Sprachumfang und können deshalb problemlos in die einzugebenden Gleichungen eingebunden werden. Um eine funktionale Trennung zwischen der Eingabe des Simulationsmodells und der Modellsimulation mit variierenden Parametern zu erreichen, ist die Eingabe der Modellgleichungen von der eigentlichen Simulation getrennt (Bild 1). Die Simulationsmodelle lassen sich in Substrukturen für Signale (z.B. Führungs- oder Störsignale), Regler und Systeme (Regelstrecken) unterteilen. Dies erlaubt eine modulare Komposition verschiedener Betriebssignale, Regelungskonzepte und Regelstrecken.

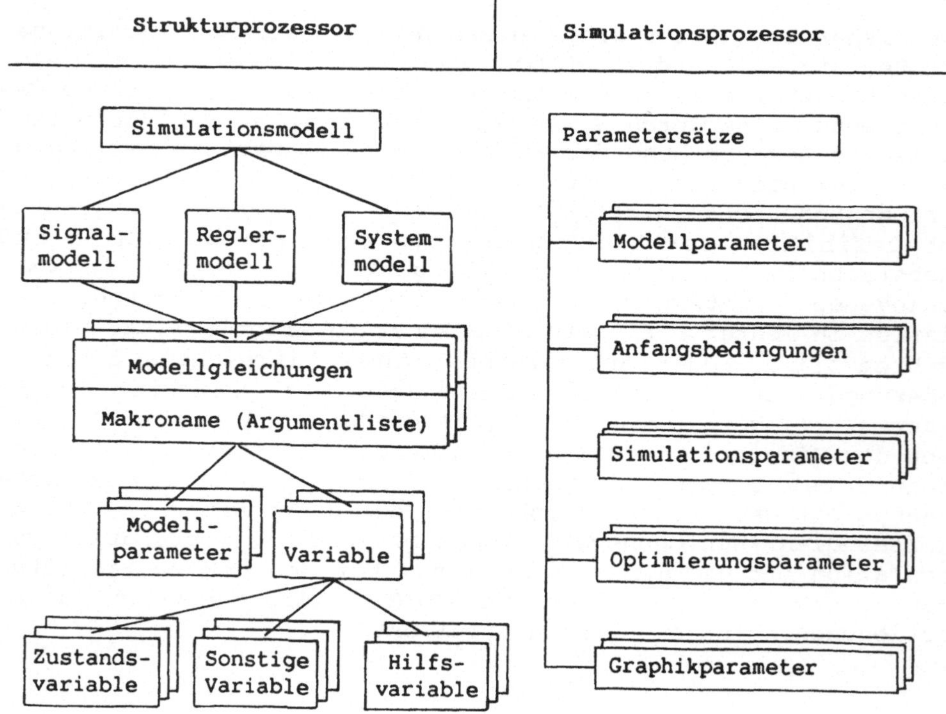


Bild 1. Elemente von PSI-C

Der Benutzer muß in der Phase der Modelleingabe alle Zustandsgrößen, sonstige Variablen und Parameter in Listen (Menüs)
deklarieren. Er kann sie erläutern und ihre physikalischen
Einheiten angeben; er muß Anfangswerte und Parameterwerte
vorgeben. Gleichzeitig wird festgelegt, welche Variablen graphisch dargestellt und  welche Parameter optimiert werden
sollen. Durch eine anschließende Dokumentation aller Eingaben
wird die geforderte Transparenz des Simulationsmodells erreicht, die Überprüfung erleichtert und für Dritte nachvoll-
ziehbar gemacht (siehe Tabelle 1).

Der Strukturprozessor führt keine Simulationen durch, sondern
überprüft die Eingaben auf syntaktische Fehler und unvollstän-
dige Parameter- und Variablendeklarationen. Nach Abschluß der
Eingabe wird das Simulationsmodell kompiliert und mit Hilfe
eines Linkers zu einem Programm, dem sog. Simulationsprozessor, zusammengebunden (Bild 1). Gleichzeitig wird ein erster
Parametersatz übergeben. Mit dem Simulationsprozessor sind
keine Modelländerungen mehr möglich; es können nur noch parametrische Änderungen vorgenommen und neue Parametersätze erstellt werden. Neben Modellparametern und Anfangsbedingungen
werden mit dem Simulationsprozessor Simulationsparameter (Simulationszeit, Schrittweite), Optimierungsparameter (zur Steuerung der Optimierung) sowie Graphikparameter (für die graphische Darstellung der Simulation) festgelegt. Die Bedienung des
gesamten Programms PSI-C ist menügestützt. Die Erstellung und
Bearbeitung von Eingabelisten erfolgt mit einem integrierten
Full-Screen-Editor.

Zur Erweiterung des Funktionsumfangs ist es möglich, die bestehende Makrobibliothek durch neue anwendungsbezogene Makros
zu ergänzen. Dies ermöglicht dem Anwender, sehr kompakte, aber
leistungsfähige Makros zu erstellen und umfangreiche Simulationsmodelle effizient zu programmieren. Allerdings sind dazu
Kenntnisse in C erforderlich. Über Anwendungen des digitalen
Simulators PSI-C in Lehre und Forschung, z.B. zur Simulation
der Antriebsregelung von Radioteleskopen und Parabolantennen
oder zur Simulation dynamischer Vorgänge in Abwasserreini-
gungsanlagen, informiert die angegebene Literatur [3-8]. Hier
soll ein einfaches Simulationsbeispiel die grundsätzliche
Vorgehensweise zeigen.


**3      Simulation einer Antriebsregelung mit PSI-C**

Ein häufig auftretendes Problem in der Antriebstechnik ist die
Drehzahl-Regelung eines Motors mit elastisch angekoppelter
Last. Diese Regelstrecke läßt sich vorteilhaft als Zweimassen-
schwinger mit den Trägheitsmomenten J1 (Last) und J2 (Motor)

modellieren. Führt man den Zustandsvektor

$$\underline{x}^T = [\ \varphi_1,\ d\varphi_1/dt,\ \varphi_2,\ d\varphi_2/dt\ ] \tag{1}$$

ein, so lauten die Zustandsgleichungen der Regelstrecke:

$$\dot{x}_1(t) = x_2(t) , \tag{2a}$$

$$\dot{x}_2(t) = (c(x_3(t)-x_1(t))-d_1 x_2(t))/J_1 , \tag{2b}$$

$$\dot{x}_3(t) = x_4(t) , \tag{2c}$$

$$\dot{x}_4(t) = (c(x_1(t)-x_3(t))-d_2 x_4(t)-m(t))/J_2 . \tag{2d}$$

Stellgröße ist das Motormoment m(t). Als Regler wird ein PI-Regler mit Stellgrößenbegrenzung, simulierter Rechnertotzeit $t_o$ und Servoverstärker angenommen (Bild 2):

$$e(t) = w(t) - x_2(t) , \tag{3a}$$

$$u(t) = sat(\ K_p e(t) + K_i \int_0^t e(\tau)d\tau\ ) , \tag{3b}$$

$$m(t) = servo\ u(t-t_o) . \tag{3c}$$

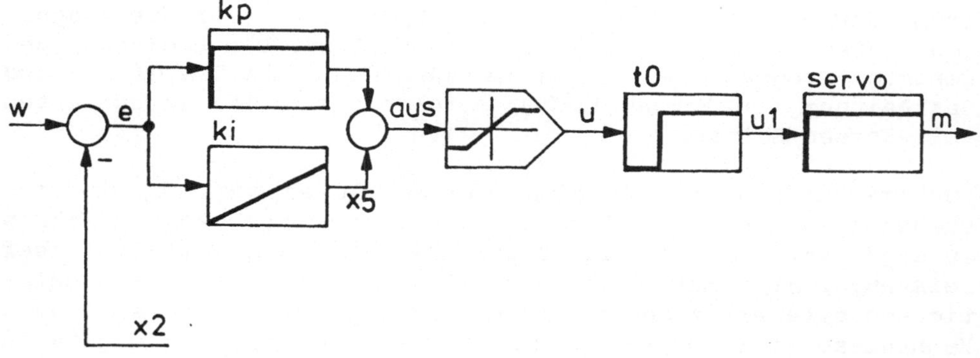


Bild 2. Signalflußbild des simulierten Reglers

Als Testsignal wird ein Führungssprung gewählt:

$$w(t) = w_{soll}\ \epsilon(t-t1) . \tag{4}$$

Zur Optimierung der Reglerparameter wird der quadratische Regelfehler $e(t) = w(t) - x_2(t)$ minimiert:

$$I = \int_0^T e^2(t)dt \longrightarrow Min \tag{5}$$

Die Tabelle 1 zeigt die Dokumentation dieses Beispiels.

```
>       I SIGNALMODELL

Nr.001  TIME(zeit)
Nr.002  SPRUNG(w,zeit,0.1,wsoll)


>       II REGLERMODELL

Nr.001  e = w - x2 ;
Nr.002  AINT(x5,e)
Nr.003  aus = kp * e + ki * x5 ;
Nr.004  SAETT(u,aus,max)
Nr.005  LZG(u1,u,t0,0.0,addr_1,anz_1)
Nr.006  m = servo * u1 ;


>       III SYSTEMMODELL

Nr.001  AINT(x1,x2)
Nr.002  rx2 =   (c * (x3 - x1) - d1 * x2) / j1  ;
Nr.003  AINT(x2,rx2)
Nr.004  AINT(x3,x4)
Nr.005  rx4    = (c* (x1 - x3) - d2 * x4 + m) / j2 ;
Nr.006  AINT(x4,rx4)
Nr.007  /* Guetekriterium fuer Optimierung   */
Nr.008  aux_06 = e * e ;
Nr.009  AINT(i,aux_06)
Nr.010  kri_t = i ;


>       IV PARAMETER
```

|        | NAME  | S | BEDEUTUNG                 | DIMENSION | WERT  |
|--------|-------|---|---------------------------|-----------|-------|
| Nr.001 | j1    |   | Traegheitsmoment Last     | Kgm2      | 40.0  |
| Nr.002 | j2    |   | Traegheitsmoment Motor    | Kgm2      | 9.3   |
| Nr.003 | c     |   | Getriebesteifigkeit       | Nm/rad    | 2.5e5 |
| Nr.004 | d1    |   | Daempfung Last            | Nms/rad   | 20.0  |
| Nr.005 | d2    |   | Daempfung Motor           | NMs/rad   | 100.0 |
| Nr.006 | kp    | o | Regler Koeffizient        | V s/rad   | 1.0   |
| Nr.007 | ki    | o | Regler Koeffizient        | V/rad     | 0.1   |
| Nr.008 | max   |   | Stellgroessenbegrenzung   | V         | 5.0   |
| Nr.009 | servo |   | Servoverstaerkung         | Nm/V      | 240.0 |
| Nr.010 | wsoll |   | Sollgeschwindigkeit       | rad/s     | 0.5   |
| Nr.011 | t0    |   | Reglertotzeit             | s         | 0.050 |

```
>  V  ANFANGSBEDINGUNGEN
```

|        | NAME | S | BEDEUTUNG                       | DIMENSION | WERT |
|--------|------|---|----------------------------------|-----------|------|
| Nr.001 | x1   | p | Winkel Last                      | rad       | 0.0  |
| Nr.002 | x2   | p | Winkelgeschwindigkeit Last       | rad/s     | 0.0  |
| Nr.003 | x3   | p | Winkel Motor                     | rad       | 0.0  |
| Nr.004 | x4   | p | Winkelgeschwindigkeit Motor      | rad/s     | 0.0  |
| Nr.005 | x5   | p | Ausgang des I-Reglers            | rad       | 0.0  |
| Nr.006 | i    | p | Guetekriterium                   | rad 2     | 0.0  |

```
>  VI SONSTIGE VARIABLE
```

|        | NAME | S | BEDEUTUNG                       | DIMENSION |
|--------|------|---|----------------------------------|-----------|
| Nr.001 | e    | p | Regeldifferenz                   | rad/s     |
| Nr.002 | m    | p | Motormoment                      | Nm        |
| Nr.003 | aus  | p | Ausgang des PI Reglers           | V         |
| Nr.004 | u    | p | Ausgang des Stellgroessenbeg.    | V         |
| Nr.005 | u1   | p | Zeitverzoegerte Stellgroesse     | V         |
| Nr.006 | w    | p | Sollwert der Geschwindigkeit     | rad/s     |
| Nr.007 | zeit |   | Simulationszeit                  | s         |
| Nr.008 | rx2  |   | ----                             | --        |
| Nr.009 | rx4  |   | ----                             | --        |

Tabelle 1. PSI-C Dokumentation des simulierten Systems

In Tabelle 1 sind im einzelnen dokumentiert: Signal-, Regler-
und Systemmodelle (I, II und III) sowie Parameter, Anfangsbedingungen und sonstige Variable (IV, V und VI). Normalerweise
werden auch die gewählten Kennziffern für die graphische Darstellung und die Optimierungsparameter dokumentiert (VII und
VIII hier weggelassen).

Die Zeilen 1, 3 und 6 des Reglermodells (II) zeigen deutlich
die gleichungsorientierte Programmierung in C. In den Zeilen 2
(Integrierer Adams-Bashforth), 4 (Sättigung bzw. Begrenzung)
und 5 (Laufzeitglied) werden vorhandene Makros verwendet.
Ähnliches gilt für das Systemmodell (III).

Ein typisches Simulationsergebnis zeigt Bild 3. Es ist das
Führungsverhalten (Sprungantwort) für einen willkürlich gewählten Regler ($k_p$ = 1,0 und $k_i$ = 0,1) und für den mit PSI-C
optimierten Regler dargestellt. Die Optimierungsergebnisse
werden in der Kopfzeile angegeben ($k_p$ = P1 und $k_i$ = P2), ebenso der Wert GK des Gütekriteriums am Ende der Simulationszeit.

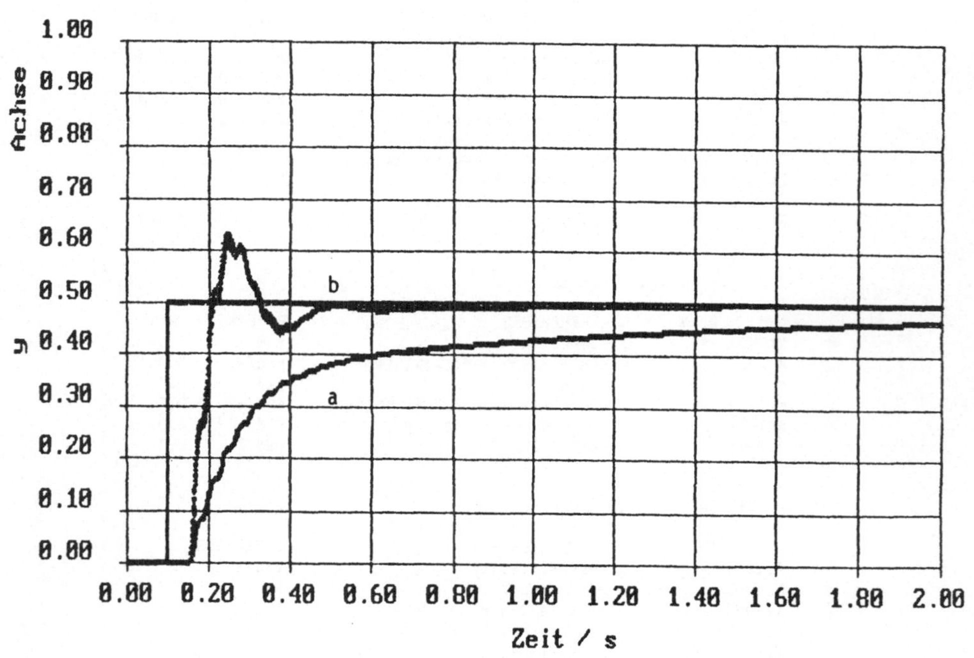


Bild 3. Simuliertes Führungsverhalten
        a) Startentwurf,
        b) Optimaler Entwurf

## 4    Simulation von Mehrgrößen-Regelungssystemen mit SIMCOS

Die Beschreibung von Regelstrecken und die Reglersynthese im Zustandsraum erfolgt üblicherweise mit Hilfe vektorieller Differentialgleichungen und vektorieller algebraischer Gleichungen. Insbesondere zur Simulation von komplexen Systemen hoher Ordnung sind skalare block- oder gleichungsorientierte Simulatoren unvorteilhaft, weil der Programmieraufwand mit der Dimension der Teilsysteme erheblich wächst. Struktur- oder Parameteränderungen sind mühsam durchführbar und anfällig gegenüber Eingabefehlern. Die existierenden mehrdimensionalen Simulatoren wie RASP [9] oder PILAR [10] vermeiden zwar diese Nachteile, sie basieren jedoch auf festen Systemstrukturen. Das Simulationsprogramm SIMCOS [3, 11-13] verwendet eine symbolische, matrixorientierte Notation für beliebige Systeme und Teilsysteme im Zustandsraum (Strecke, Signalmodelle, Regler, Beobachter, Filter). Wesentliche Merkmale des Programmes sind [3]:

- interaktive, symbolische Eingabe der Teilsysteme,
- menügestütztes Sortieren und Zusammensetzen des gesamten Simulationsmodells,
- Erkennen von Struktur- und Dimensionsfehlern in den Eingaben des Benutzers,
- Optimieren der Rechenzeit durch Erkennen von Nullelementen in den Matrizen und durch Zwei-Phasen-Simulation.

Mathematisch beschrieben wird das zu simulierende Gesamtsystem, bestehend aus n mehrdimensionalen Teilsystemen, in allgemeiner Form durch:

$$dx_2(t)/dt = \sum_{j=1}^{n} A_{ij}\underline{x}_j(t) + \sum_{k=1}^{m} B_{ik}\underline{y}_k(t);$$
$$\underline{x}_i(0) = \underline{x}_{i0i}, \quad i=1,..,n; \quad (6a)$$

$$\underline{y}_k(t) = \sum_{j=1}^{n} C_{kj}\underline{x}_j(t) + \sum_{l=1}^{k-1} D_{kl}\underline{y}_l(t), \quad k=1,..,m. \quad (6b)$$

wobei für die Teilsystemzustände $\underline{x}_i$, die Ausgangs- oder Koppelvektoren $\underline{y}_k$ und für die Teilsystemmatrizen beliebige alphanumerische Symbole gewählt werden können.

Man beachte, daß die in (6b) gewählte Schreibweise algebraische Schleifen in $\underline{y}_k$ ausschließt. Fehlerhafte Struktureingaben, die zu algebraischen Schleifen führen würden, werden vom Programm automatisch erkannt, ebenso eine mehrdeutige Benutzung von Symbolen.

Die modulare Struktur und die Arbeitsweise des Simulationsprogramms zeigt Bild 4.

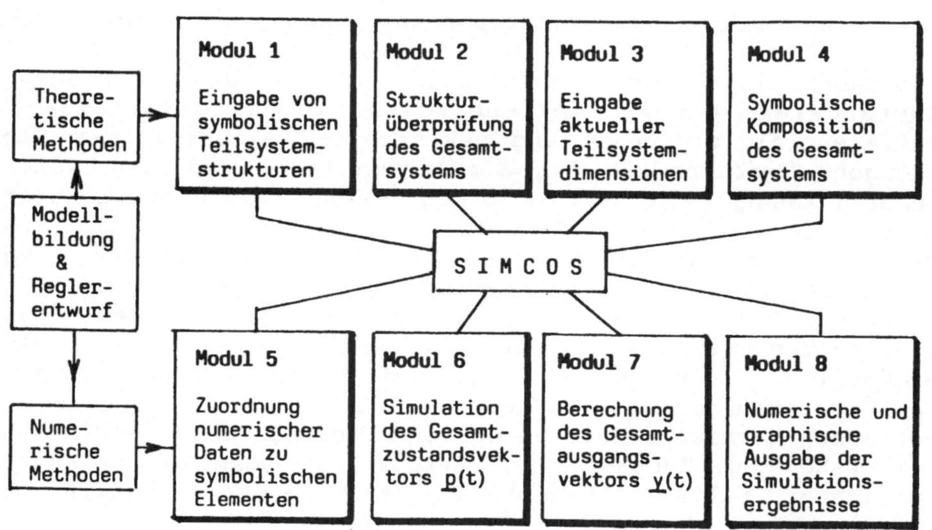


Bild 4. Die modulare Struktur des Programms SIMCOS

Im Modul 1 gibt der Benutzer die vektoriellen Problemgleichun-
gen der n Teilsysteme in symbolischer Form und beliebiger
Reihenfolge ein. Zunächst war die Anwendung von SIMCOS auf
zeitinvariante lineare Systeme beschränkt [3,11]. Inzwischen
wurde eine Erweiterung auf nichtlineare Systeme vorgenommen
[12]. Im Modul 2 erfolgt die Überprüfung auf fehlerhaften
Gebrauch von Symbolen, auf syntaktische Fehler und auf algebraische Schleifen, ehe im Modul 3 die aktuellen Dimensionen n
und m der Teilsysteme im Bildschirmdialog festgelegt werden.
Zentrale Funktion hat der Modul 4, denn er transformiert die
symbolische Struktur (6) in die Zustandsdarstellung des Gesamtsystems

$$\dot{p}(t) \;=\; \underline{Q}\,\underline{p}(t) \;;\qquad \underline{p}0) = \underline{p}_0 \;, \tag{7a}$$

$$\underline{y}(t) \;=\; \underline{C}\,\underline{p}(t) \;. \tag{7b}$$

Im Modul 5 erfolgt die Zuordnung numerischer Daten zu den
Matrixelementen und Anfangsbedingungen, damit können die nume-
rischen Matrizen $\underline{Q}$ und $\underline{C}$ berechnet werden. Anschließend erfolgt im Modul 6 die numerische Integration der Differential-
gleichung (6a), wobei ein geeignetes Integrationsverfahren
(Adams-Bashforth oder Heun) gewählt werden kann. Die Berechnung des Ausgangsvektors $\underline{y}(t)$ erfolgt mit reduziertem Daten-
satz (maximal 301 Zeitschritte je Simulationsintervall) im
Modul 7. Auf diese Weise wird in der zweiten (statischen)
Simulationsphase Rechenzeit gespart [3]. Der Modul 8 erlaubt
die Darstellung aller Zustands- und Ausgangsgrößen auf dem
Bildschirm oder die Ausgabe durch einen Plotter. Vier ausgewählte Zustandsgrößen können bereits während der ersten (dy-

namischen) Simulationsphase auf dem Bildschirm dargestellt werden (Modul 6). Man beachte die Trennung der symbolischen Rechnung (Module 1 bis 4) von der numerischen Rechnung (Module 5 bis 8). Sie verleiht dem Simulator eine hohe Flexibilität bei der Simulation mit unterschiedlichen Parametern und verschiedenen Anfangsbedingungen. Typische Anwendungsbeispiele, wie z.B. die Zustandsregelung von Radioteleskopen oder optischen Teleskopen werden in [3, 11-13] behandelt.

## 5  Anwendungsbeispiel für ein Mehrgrößen-Regelungssystem

Zum besseren Verständnis der Arbeitsschritte bei der digitalen Simulation eines Mehrgrößensystems mit dem Programmsystem SIMCOS werden im folgenden die Teilsysteme für die Zustandsregelung eines Antennensystems als konkretes Anwendungsbeispiel betrachtet. Das Gesamtmodell des zu simulierenden Systems kann in fünf Teilsysteme untergliedert werden (Tabelle 2). Durch entsprechende Wahl der Anfangsbedingungen in den Zustandsgleichungen können verschiedene Betriebsarten wie, z.B. aktive Dämpfung der Eigenbewegung, Nachführung der Antenne oder Kompensation von Windstörungen simuliert werden. Aus diesen (in beliebiger Reihenfolge eingegebenen) Teilsystemen wird das Gesamtsystem (7a und b) gebildet. Es besteht aus den linearen Vektordifferentialgleichungen für die Teilzustandsvektoren $\underline{x}$, $\underline{x}_b$, $\underline{r}$, $\underline{z}$ und aus den algebraischen Vektorgleichungen für die Teilausgangsvektoren $\underline{y}_m$, $\underline{y}_b$, $\underline{u}$, $\underline{u}_k$, $\underline{x}_r$ und $\underline{v}$ (Tabelle 3).

Als konkretes Simulationsbeispiel wird das optische Teleskop NTT (New Technology Telescope) aus [13] gewählt (Bild 5). Es ist ein regelungstechnisch schwieriges System, denn aufgrund seines Aufbaues enthält es schlecht steuerbare bzw. beobachtbare Eigenbewegungen, die jedoch für die Qualität des optischen Empfangssignales von Bedeutung sind. Die mechanische Modellbildung für die Elevationsbewegung führt auf ein lineares Systemmodell mit 16 Zustandsgrößen, 2 Stellgrößen und 8 Meßgrößen [13]. Es wird durch 6 diskrete Massen 1 - 6 gebildet, die durch Translations- und Torsionsfedern verbunden sind. Das Modell besitzt 6 rotatorische und 2 translatorische Freiheitsgrade. In Bild 5b erkennt man von links nach rechts die Baugruppen Tragkonstruktion, Empfangsanlage und die Antriebseinheiten. Nichtlineare Effekte werden in den hier durchgeführten Simulationen nicht berücksichtigt.

Stellgrößen sind die Momente der mit 5, 6 bezeichneten Antriebsmotore. Die relativen Drehwinkel $\varphi_1(t)$, $\varphi_2(t)$, $\varphi_E(t)$, deren zeitliche Ableitungen $\omega_1(t)$, $\omega_2(t)$, $\omega_E(t)$ und die Tachosignale der beiden Antriebsmotore $\omega_{M1}(t)$, $\omega_{M2}(t)$ sind meßbar.

---

<u>Teilsystem 1:</u> Regelstrecke

$$\dot{x} = A\,x + B\,u + E\,v\,, \qquad x(0) = x_0\,,$$
$$y_m = C_m\,x\,.$$

<u>Teilsystem 2:</u> Zustandsbeobachter

$$\dot{x}_b = A\,x_b + B\,u + E\,v + G(y - y_b)\,, \qquad x_b(0) = x_{b0}\,,$$
$$y_m = C_m\,x\,.$$

<u>Teilsystem 3:</u> Zustandsrückführung und Störgrößen-
kompensation

$$u = K(x_r - x_b) + I\,u_k\,,$$
$$u_k = L_r\,r + L_z\,z\,,$$
$$x_r = R_r\,r + R_z\,z\,.$$

<u>Teilsystem 4:</u> Führungsmodell (Referenzsignalmodell)

$$\dot{r} = M_r\,r\,, \qquad r(0) = r_0\,.$$

<u>Teilsystem 5:</u> Störgrößenmodell

$$\dot{z} = M_z\,z\,, \qquad z(0) = z_0\,,$$
$$v = H_z\,z\,.$$

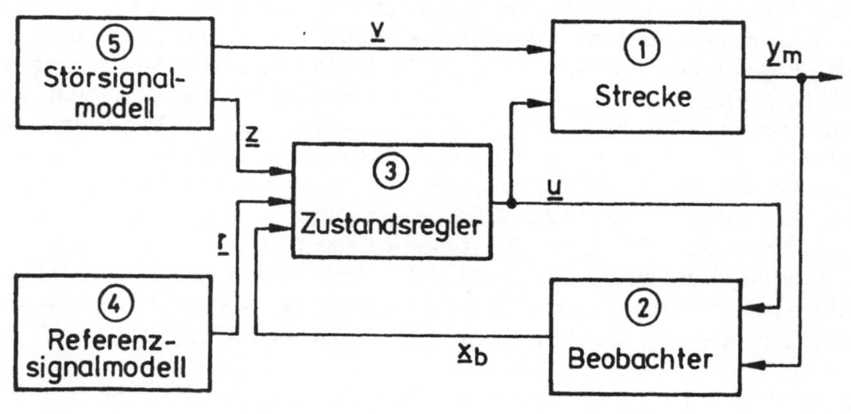


---

Tabelle 2. Modell und Signalflußbild eines
Simulationsbeispiels mit SIMCOS

$$
\begin{bmatrix} \dot{\underline{x}} \\ \dot{\underline{x}}_b \\ \dot{\underline{r}} \\ \dot{\underline{z}} \end{bmatrix} = \begin{bmatrix} A & -BK & BKR_r+BI_2L_r & BKR_z+BI_2L_z+EH_z \\ GC_m & A-BK-GC_m & BKR_r+BI_2L_r & BKR_z+BI_2L_z+EH_z \\ 0 & 0 & M_r & 0 \\ 0 & 0 & 0 & M_z \end{bmatrix} \begin{bmatrix} \underline{x} \\ \underline{x}_b \\ \underline{r} \\ \underline{z} \end{bmatrix}
$$

$$
\begin{bmatrix} \underline{y}_m \\ \underline{y}_b \\ \underline{u} \\ \underline{u}_k \\ \underline{x}_r \\ \underline{v} \end{bmatrix} = \begin{bmatrix} C_m & 0 & 0 & 0 \\ 0 & C_m & 0 & 0 \\ 0 & -K & KR_r+I_2L_r & KR_z+I_2L_z \\ 0 & 0 & L_r & L_z \\ 0 & 0 & R_r & R_z \\ 0 & 0 & 0 & H_z \end{bmatrix} \begin{bmatrix} \underline{x} \\ \underline{x}_b \\ \underline{r} \\ \underline{z} \end{bmatrix}
$$

Tabelle 3. Gesamtsystem, zusammengesetzt aus Teilsystemen

Um beim Einwirken konstanter Störungen (Windlasten) stationär genaues Systemverhalten zu erreichen, wird das Integral der Starrkörperdrehung $\varphi_E(t)$ als weitere Zustandsgröße eingeführt. Der Reglerentwurf erfolgt mit dem erweiterten Zustandsmodell 17. Ordnung mit 2 Stell- und 9 Meßgrößen.

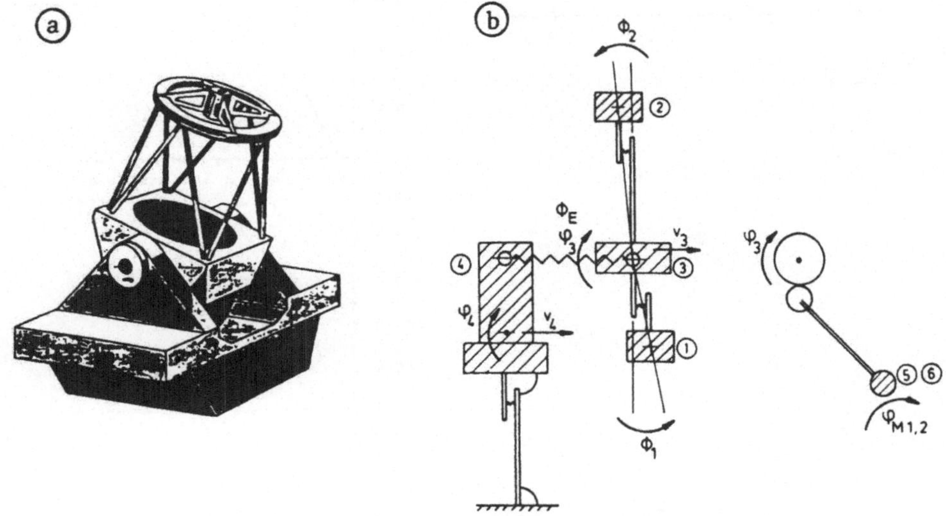

Bild 5. a) Schema des optischen Teleskopes NTT
        b) mechanisches Modell für die Elevations-
           bewegung

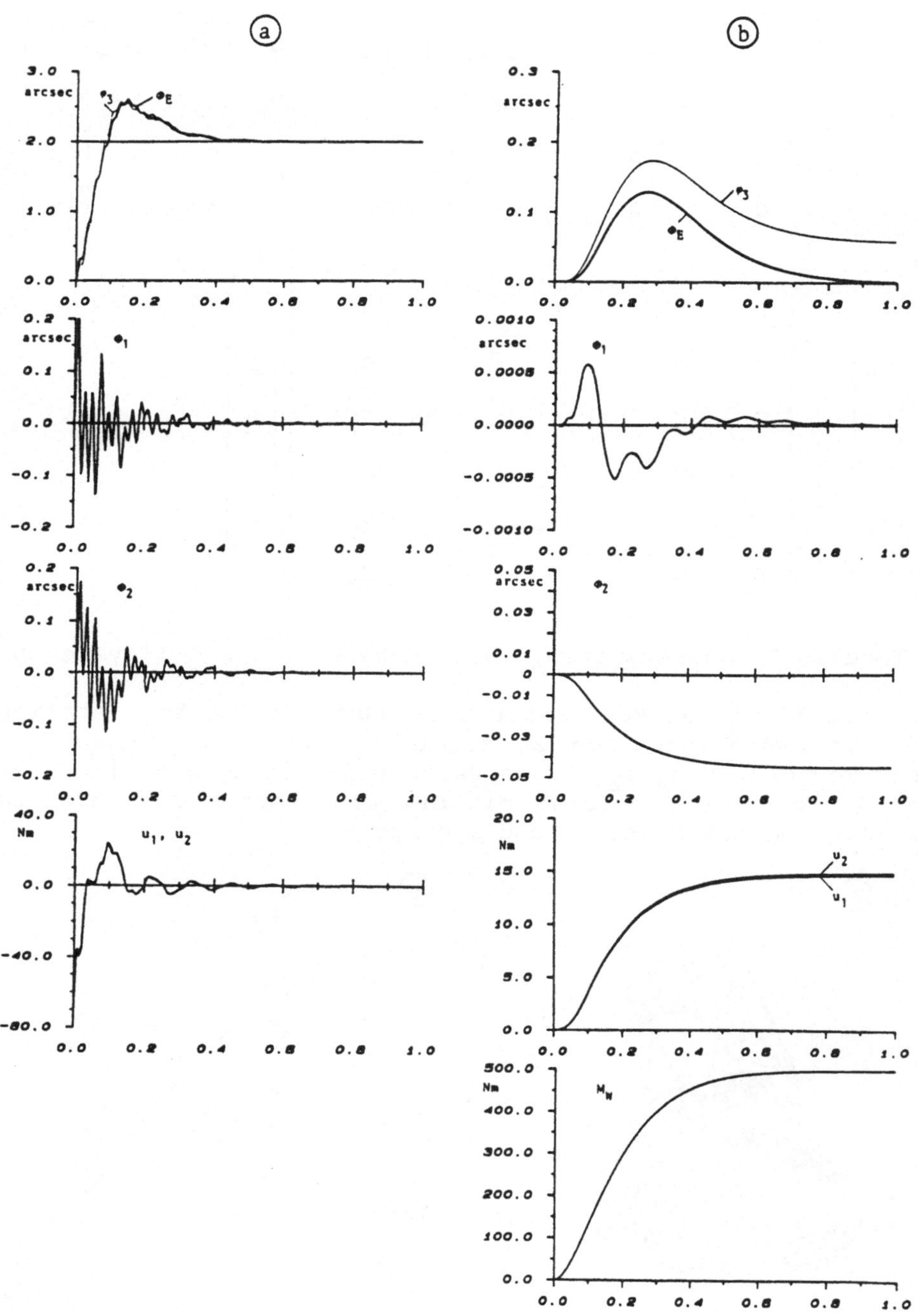



Bild 6. Ergebnisse der Simulation.
a) Führungs- b) Störverhalten

Ziel der Regelung dieses (steifen) Systems ist die optisch genaue Ausrichtung ($\varphi_1(t) = \varphi_2(t) = 0$) der Empfangsanlage unter dem raumfesten Winkel $\varphi_3$, sowie die Dämpfung aller Eigenbewegungen. Dabei müssen auch Windkräfte (Störgrößen) berücksichtigt werden. Dieses Ziel ist aufgrund der meßtechnischen Ausstattung nur eingeschränkt realisierbar, da keine raumfesten Winkel, z.B. $\varphi_3(t)$, sondern nur relative Winkel und Winkelgeschwindigkeiten gegenüber der tragenden Konstruktion, z.B. $\varphi_E(t)$, gemessen werden können. Simulationsstudien helfen, die grundsätzlichen Möglichkeiten der Ausgangsrückführung oder der Zustandsrückführung mit Beobachter zu beurteilen. Bild 6a zeigt das Führungsverhalten des simulierten Systems bei sprungförmiger Änderung des Sollwertes für $\varphi_E$. Das Überschwingen des Winkels $\varphi_E(t)$ bzw. $\varphi_3(t)$ hat seine Ursache in der Rückführung der Zustandsgröße $\int \varphi_E(\tau)\,d\tau$ und kann auch durch Vorgabe anderer Pole prinzipiell nicht vermieden werden [13]. Bild 6b zeigt das Störverhalten bei Einwirkung des abgebildeten Windmomentes $M_W$. Die Simulationen bestätigen die gewünschte Qualität des berechneten Reglers und lassen außerdem die Einsatzmöglichkeiten von SIMCOS beim Reglerentwurf erkennen.


## 6 Zusammenfassung und Ausblick

In diesem Kapitel sind zwei am Institut für Mechanik und Regelungstechnik (IMR) der Universität Siegen entwickelte Werkzeuge zur digitalen Simulation regelungstechnischer Systeme vorgestellt worden. Der Prozeßsimulator PSI-C arbeitet kompilierend, ist in der Programmiersprache C geschrieben, z.Zt. auf IBM-kompatiblen Personal-Computern verfügbar und unterscheidet sich von anderen Simulatoren insbesondere durch

- die gleichungsorientierte skalare Formulierung des Simulationsmodells,
- die Möglichkeit der Parameteroptimierung,
- die konsequente Verwendung der Menütechnik zur Benutzerführung und zur Parametereingabe,
- den anwendungsorientierten Dokumentationsstandard.

Eine etwas andere Zielsetzung wird mit dem ebenfalls gleichungsorientierten Programm SIMCOS zur Simulation kontinuierlicher Mehrgrößen-Regelsysteme verfolgt (Simulation of Multivariable Control Systems). Es ist in FORTRAN geschrieben, läuft auf Mikrorechnern (DEC PDP 11) und erlaubt die Simulation von gekoppelten, mehrdimensionalen Teilsystemen (Strecke, Regler, Beobachter, Filter u.a.), die durch vektorielle Differentialgleichungen und vektorielle algebraische Gleichungen beschrieben werden. Die Strukturen der Teilsysteme werden in symbolischer Form und in beliebiger Reihenfolge eingegeben.

Die Zuordnung zu numerischen Systemelementen (Vektoren und
Matrizen) erfolgt menügeführt. Dies ermöglicht sehr schnelle
und komfortable Simulationsstudien und unterstützt die Anwendung von Zustandsraummethoden bei der Reglersynthese.

Beide Simulationssysteme haben sich in Lehre und Forschung bewährt [3-6, 11-13]; sie werden trotzdem laufend verbessert. So
wird z.B. die Makro-Bibliothek von PSI durch anwendungsspezi-
fische Makros ergänzt. Der Strukturprozessor wird überarbei-
tet, um zusätzliche Wünsche der Nutzer berücksichtigen zu
können. SIMCOS war zunächst nur für die Simulation linearer
kontinuierlicher Systeme konzipiert, inzwischen sind auch
nichtlineare Modellgleichungen zulässig [12]. Derzeit werden
Erfahrungen mit Matrix x gesammelt. Ein Vergleich der verschiedenen Simulationspakete steht noch aus. Dazu müßten geeignete Testbeispiele ausgewählt und aussagefähige Vergleichs-
kriterien erarbeitet werden.


**Danksagung**

Die beiden Simulationswerkzeuge PSI-C und SIMCOS wurden von E.
Hasenjäger, R. Hermann, A. Niederhausen und M. Zielenbach ent-
wickelt. Die Arbeiten wurden zum Teil vom Minister für Wissen-
schaft und Forschung des Landes Nordrhein-Westfalen gefördert
(Projekt IV B 5 - 207 008 85); dafür möchten wir uns an dieser
Stelle bedanken.


**Literaturhinweise**

[ 1] Meerman, J.W.: THTSIM, Software for the simulation of
     continuous dynamic systems on small computer systems.
     Int. J. of Modelling and Simulation 1(1981) S. 52-56.

[ 2] SCS: Catalog of Simulation Software. Simulation 49(1987)
     S. 165-181.

[ 3] Hasenjäger, E.: Digitale Simulation von Antriebsregelun-
     gen. Beitrag zur 3. Arbeitstagung "Zukunftsweisende Robo-
     tertechnik", Siegen, 1986, S. 5.0-5.16.

[ 4] Hasenjäger, E., Hermann, R., Köhne, M.: Design and Appli-
     cation of the Portable Simulator PSI. IFAC-Symposium
     "Simulation of Control Systems", Wien, 1986, Proceedings
     S. 389 - 393.

[ 5] Niederhausen, A., Köhne, M., Zielenbach, M.: Simulation
     and Optimization of Non-Linear Systems With PSI-C. Bei-
     trag zum 12.IMACS-Weltkongreß. Paris, 1988. Proceedings,
     Band 2, S. 734-737.

[ 6] Köhne, M.: Modelling and Simulation of Waste-Water Treat-
     ment Systems. IMACS[IFAC Symposium "Modelling and Simula-
     tion of Distributed Parameter Systems", Hiroshima, 1987,
     Proceedings S. 157-164.

[ 7] Niederhausen, A.: Digital geregelter Drehstand 2000.Teil
     I:  Mathematische Modellbildung und Parameteridentifika-
     tion, 1987, Teil II: Systemanalyse und Regleroptimierung,
     1988, UGH Siegen (unveröffentlichte Simulationsstudien).

[ 8] Gülich, H., u.a.: Der Prozeßsimulator PSI-C. Benutzer-
     handbuch. IMR, UGH Siegen, 1989.

[ 9] Grübel, G.: Die regelungstechnische Programmbibliothek
     RASP. Regelungstechnik 31(1983) S. 75-81.

[10] Litz, L. und Benninger, N.F.: PILAR Programmsystem zur
     interaktiven Lösung von Aufgabenstellungen der Regelungs-
     technik. Regelungstechnik 32(1984) S. 335-342.

[11] Hasenjäger, E., Niederhausen, A.: Simulation of Multiva-
     riable Control Systems with SIMCOS. Symposium "Simulation
     of Control Systems", Wien, 1986, S. 467-471, Proceedings
     S. 385-388.

[12] Gülich, H., Hasenjäger, E.: SIMCOS - A Simulator for
     Multivariable Control Systems. Beitrag zum 12. IMACS-
     Weltkongreß, Paris, 1988, Proceedings Band 2, S. 738-741.

[13] Gülich, H.: Entwurf optimaler Zustands- und Ausgangsrück-
     führungen mittels Polempfindlichkeiten. VDI-Fortschritt-
     Berichte, Reihe 8, Nr. 168, VDI-Verlag, Düsseldorf, 1988.

# Simulation geregelter und gesteuerter Systeme mit Hilfe von GPSS-FORTRAN Version 3


B. Schmidt,  P. Spiegl



## Zusammenfassung

GPSS-FORTRAN Version 3 ist ein universell einsetzbarer Simulator. Er wird als Paket angeboten, das aus einer Bibliothek von Unterprogrammen besteht. Diese Unterprogramme bilden die Sprachelemente, mit deren Hilfe der Benutzer seine Modelle in Bausteintechnik erstellt. Vorteile sind die leichte Erweiterbarkeit und die gute Portabilität. Sie ergeben sich aus der Tatsache, daß der Anwender mit der Quellfassung arbeitet. Besonders geeignet ist GPSS-FORTRAN Version 3 für die Untersuchung geregelter und gesteuerter Systeme. Alle für dieses Einsatzgebiet erforderlichen Funktionen stehen zur Verfügung. An einem Beispiel wird die Leistungsfähigkeit von GPSS-FORTRAN gezeigt.


## 1    GPSS-FORTRAN Version 3 in der Übersicht

GPSS-FORTRAN Version 3 ist ein Simulator, der weitreichende Beschreibungsmöglichkeiten mit hoher Flexibilität verbindet. Sein Einsatzgebiet umfaßt die folgenden vier Bereiche:

- Schneller Aufbau einfacher Modelle,
- Ausbildung von Simulationstechnikern,
- Komplexe. Modelluntersuchungen, die eine sehr detailgetreue Modellbeschreibung erfordern,
- Basissoftware für einen an ein fest umrissenes Anwendungsfeld angepaßten Simulator mit hohem Benutzungskomfort.

Das Schwergewicht beim Einsatz von GPSS-FORTRAN Version 3 liegt auf den Punkten drei und vier. Auf diesen beiden Feldern erfordert die Bedienung des Simulators den erfahrenen Simulationstechniker. Softwarehäuser, Planungsabteilungen und Forschungseinrichtungen finden in GPSS-FORTRAN Version 3 ein sehr leistungsfähiges Werkzeug für ihre Aufgaben. GPSS-FORTRAN Version 3 ermöglicht den systemnahen Aufbau von Modellen aus allen Anwendungsgebieten. Hierzu zählen neben Technik (z.B. Fertigungstechnik, Prozeßsteuerung) und Naturwissenschaft u.a. Transport und Verkehr, Biologie und Medizin, Volkswirtschaft, Betriebswirtschaft usw. Besonders wichtig sind dabei die Bereiche, in denen geregelte oder gesteuerte Systeme modelliert werden müssen.

Für den Modellaufbau werden Bausteine angeboten, mit deren
Hilfe ein Modell leicht und schnell zusammengestellt werden
kann. Die hohe Flexibilität ergibt sich auf Grund der Möglichkeit, die Modellbausteine zu modifizieren oder zu ergänzen.

Bild 1 zeigt zunächst die von GPSS-FORTRAN Version 3 angebotenen Bausteine. Hiermit lassen sich die wichtigsten, immer
wiederkehrenden Systemelemente und Systemfunktionen darstellen. Für besondere Spezialfälle und Besonderheiten stehen die
benutzereigenen Bausteine zur Verfügung, die gleichberechtigt
mit den GPSS-FORTRAN Bausteinen für den Modellaufbau eingesetzt werden können.

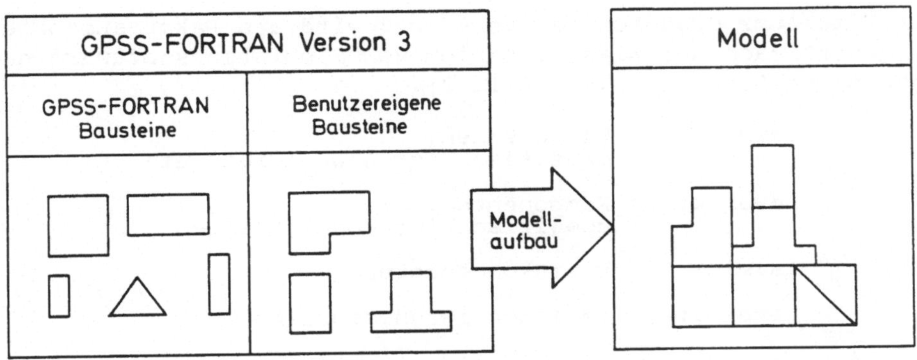


Bild 1.  Modellaufbau in Bausteintechnik

GPSS-FORTRAN Version 3 ist ein Programmpaket, das ausschließlich in Fortran geschrieben ist. Diese Tatsache gewährleistet
die Portabilität des Simulators und der mit dem Simulator
aufgebauten Modelle. Der Simulator ist auf allen Rechenanlagen
lauffähig, die über einen Fortran 77 Compiler verfügen. Hierzu
zählen auch PC's.

GPSS-FORTRAN Version 3 gehört zur Familie der GPSS-Simulatoren, die wohl die weiteste Verbreitung gefunden haben [4].
Verfügbar sind zur Zeit noch GPSSV [5], GPSS/H [6] und GPSS/PC
[7]. Im Vergleich zu den übrigen Mitgliedern der GPSS-Familie
weist GPSS-FORTRAN Version 3 die folgenden beiden Besonderheiten auf:

- GPSS-FORTRAN Version 3 ist ein Paket. Alle anderen GPSS-
  Simulatoren sind Sprachen. Das heißt, daß sie einen rech-
  nerabhängigen Compiler benötigen und daß die Sprachelemente
  nicht modifizierbar oder ergänzbar sind.

- GPSS-FORTRAN Version 3 enthält Bausteine für Transport und
  zeitkontinuierliche Prozesse. Alle anderen GPSS-Simulatoren
  beschränken sich auf Bausteine aus dem auftragsorientierten

Bereich. Diese Einschränkung behindert den Einsatz auf dem
Gebiet der Fertigungssysteme, da hier besonders Transport-
vorgänge eine entscheidende Rolle spielen.

Den allgemeinen Trends auf dem Softwaremarkt folgend, ist eine
Version GPSS-C in Vorbereitung und wird Mitte 1989 auf dem
Markt erhältlich sein. Vom Leistungsumfang wird dieses Paket
GPSS-FORTRAN Version 3 entsprechen.


## 2        Der Aufbau des Simulators GPSS-FORTRAN Version 3

Der Simulator GPSS-FORTRAN Version 3 wird als Paket angeboten.
Er gehört nach der Klassifikation von Simulationssoftware nach
Ebenen zum Level 2 (siehe Bild 2).

> **Level 3:**     Komponenten,
>                  spezifisch für Anwendergebiete
>
> **Level 2:**     Komponenten,
>                  spezifisch für Modellklassen
>
> **Level 1:**     Basiskomponenten
>
> **Level 0:**     Implementierungssprache

Bild 2.   Die Klassifikation von Simulationssoftware
          nach Ebenen


### 2.1    Das Programmpaket

Simulatoren oder Simulationssysteme gehören entweder zu Simulationssprachen oder zu Simulationspaketen [1]. Eine Simulationssprache benötigt in jedem Fall einen Übersetzer, der die
Konstrukte der Sprache in eine Basissprache überträgt. Sprachen bieten bei gutem Entwurf den Vorteil der leichteren Er-
lernbarkeit. Als Nachteil nimmt man in Kauf, daß die Sprachkonstrukte durch den Benutzer nicht ergänzt oder verändert
werden können. Die Starrheit der Sprachkonstrukte behindert
die Modellerstellung in nicht zumutbarer Weise. Das gilt insbesondere für anspruchsvolle Modelle, die sehr detailgetreu
nachgebildet werden müssen. Die häufig bestehende Möglichkeit,
der Simulationssprache benutzereigene, in einer höheren Programmiersprache abgefaßte Unterprogramme beizufügen, vermag
nicht alle Probleme zu lösen.


Ein Simulationspaket besteht demgegenüber aus einer Bibliothek
von Unterprogrammen, die in einer höheren Programmiersprache
geschrieben sind. Der Benutzer hat daher direkten Zugang zur
Quellfassung. Das bedeutet, daß der Benutzer die in Form von

Unterprogrammen vorliegenden Funktionen des Simulators überprüfen, erweitern oder verändern kann. Um den vollen Vorteil
eines Programmpaketes nutzen zu können, ist es allerdings
erforderlich, daß der Benutzer die Basissprache, in der das
Paket geschrieben ist, gut beherrscht.

GPSS-FORTRAN Version 3 ist ein Simulationspaket, das aus einem
Fortran-Hauptprogramm und über 100 Funktions-Unterprogrammen
besteht. Die Implementierungssprache für den Simulator ist
Fortran 77.

Fortran ist als höhere Programmiersprache nicht unumstritten.
Für die Wahl von Fortran 77 als Implementierungssprache für
den Simulator GPSS-FORTRAN Version 3 waren die folgenden Gründe maßgebend:
- Weite Verbreitung, insbesondere auf dem Gebiet der Ingenieurwissenschaften. Hierzu gehört, daß Fortran-Kenntnisse
  bei den meisten Anwendern vorausgesetzt werden können.
- Anschlußmöglichkeit an Fortran-Programmbibliotheken, z.B.
  für statische Analyse, Auswertung oder für Integrationsalgorithmen.
- Hohe Verfügbarkeit. Nahezu jeder Rechner bietet einen akzeptablen Fortran-Compiler an. Das gilt insbesondere für
  PC's.

Entscheidend für GPSS-Fortran Version 3 sind die Leistungsfähigkeit und die Ausdrucksfähigkeit der Sprachkonstrukte. Die
Implementierung der Sprachkonstrukte mit Hilfe von Fortran 77
ist demgegenüber zweitrangig. Für die Wahl von Fortran 77
waren ausschließlich pragmatische Gesichtspunkte maßgebend. Es
ist durchaus möglich, die Sprachelemente des Simulators GPSS-
FORTRAN Version 3 in anderen höheren Programmiersprachen zu
implementieren [2].


**2.2    Die Modellbausteine**

Als Simulator des Level 2 bietet GPSS-FORTRAN Modellbausteine
an, die spezifisch für eine Modellklasse sind und die sich
zunächst nicht unmittelbar auf ein bestimmtes Anwendungsgebiet
beschränken.

In einem allgemeinen Überblick lassen sich die Modellbausteine
in drei Bereiche einteilen:

1. <u>Auftragsorientierte Bausteine</u>. Hierunter fallen Bausteine,
   die es gestatten Modelle aufzubauen, in denen Aufträge,
   Werkstücke, Informationen usw. als diskrete    Einheiten
   erzeugt, vernichtet, bearbeitet, koordiniert oder gelagert
   werden.

2. <u>Transportbausteine</u>. Hierzu zählen
   Bausteine, die für Transportmodelle typisch sind, z. B. Transportmittel, Komponenten für Wege-
   netze wie z.B. Streckenabschnitte, Weichen oder Kreuzungen und
   Steuerungs- oder Strategiemodule.

3. <u>Bausteine für zeitkontinuierliche
   Vorgänge</u>. Es können Prozesse modelliert werden, deren dynamisches Verhalten durch gewöhnliche
   Differentialgleichungen beschrieben werden kann.

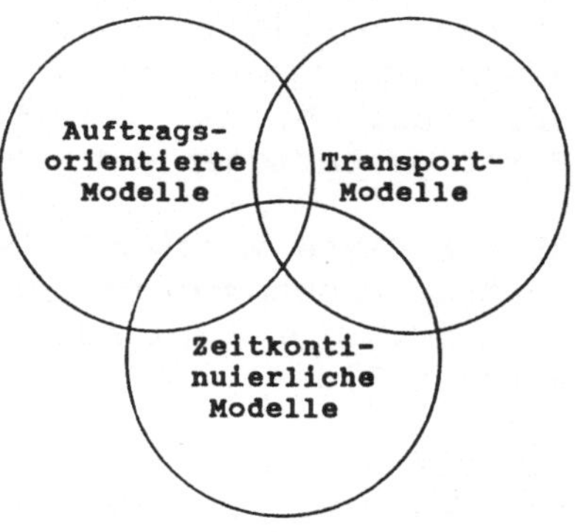


Bild 3.  Die Modellbausteine von GPSS-FORTRAN
         Version 3 in der Übersicht

Wesentlich ist, daß mit dem Simulator GPSS-FORTRAN auch kombinierte Modelle aufgebaut werden können, die Bausteine aus
allen drei Bereichen aufweisen.


2.2.1  Auftragsorientierte Bausteine

Die auftragsorientierten Bausteine folgen einem Konzept, das
auch als transaktionsorientiert oder prozeßorientiert bezeichnet wird. Hierbei bewegen sich mobile Elemente zwischen Stationen, die man sich als stationär vorstellen muß. Die mobilen
Elemente repräsentieren Aufträge, Werkstücke oder Informationen. Sie können Eigenschaften wie z.B. Priorität, Fertigstel-
lungstermin, Gewicht usw. haben. Die Stationen sind dagegen
Komponenten, in denen Aufträge bearbeitet, gelagert oder koordiniert werden. Es folgt eine kurze Übersicht über die von
GPSS-FORTRAN angebotenen Stationstypen:

<u>Facility</u>. Eine  Facility ist eine Bedienstation, die genau
einen Auftrag bearbeiten kann. Trifft ein Auftrag auf eine
Facility, die bereits belegt ist, so ordnet er sich in die
Warteschlange vor dieser Station ein.
<u>Multifacility</u>. Eine Multifacility besteht aus mehreren einfa-
chen Bedienstationen, die parallel angeordnet sind und auf
eine gemeinsame Warteschlange zugreifen.
<u>Pool of resources</u>. In einem Pool befinden sich nichtidentifi-
zierbare Objekte, die zur  Weiterbearbeitung eines Auftrages
erforderlich sind und die in einer  angebbaren Anzahl angefordert werden können. Ein Auftrag, dessen gewünschte Anzahl an
Objekten nicht verfügbar ist, wird von dem Pool in eine Warteschlange gestellt.

<u>Storage</u>. Storages sind adressierbare Speicher. Über jeden einzelnen Speicherplatz kann Information registriert werden. Insbesondere kann festgehalten werden, ob der Speicherplatz frei oder belegt ist. Storages eignen sich zur Untersuchung von Systemen, für die die Speicherbelegungsstrategie von Bedeutung ist.
<u>Gate</u>. Gates sind der allgemeine Stationstyp. Ein Auftrag kann ein Gate passieren, wenn eine vom Benutzer frei programmierbare logische Bedingung den Wahrheitswert  true hat. Ist der Wahrheitswert der Bedingung  false, so wird der Auftrag in die Warteschlange gestellt.
<u>Gather-Station</u>. Gather-Stationen sammeln Aufträge in der Warteschlange, bis eine vom Benutzer angebbare Anzahl zusammengekommen ist. In diesem Fall laufen alle aufgesammelten Aufträge gemeinsam weiter.
<u>Gather-Station für Families</u>. Es ist möglich, Aufträge gesondert nach Familienzusammengehörigkeit zu sammeln. Erst wenn die Aufträge einer Familie eine angebbare Anzahl erreicht haben, wird den Familienangehörigen die Weiterbearbeitung erlaubt.
<u>User Chain und Trigger-Station</u>. User Chains und Trigger Stationen treten immer gemeinsam auf. Sie dienen der Auftragskoordination in zwei getrennten Bearbeitungszweigen. Aufträge sammeln sich vor der User-Chain, bis ein Auftrag auf eine Trigger-Station läuft und aus der User-Chain eine angebbare Zahl von Aufträgen aus der Warteschlange aushängt und zur Weiterbearbeitung schickt.
<u>User Chain und Trigger-Station für Families</u>. Die Aufträge werden nach Familienzusammengehörigkeit getrennt gezählt.
<u>Match-Stationen</u>. Match-Stationen dienen zur Bearbeitung gleichzeitiger Aktivierungen. Mit Hilfe der Match-Stationen ist es möglich, für Aufträge, die genau zur gleichen Zeit bearbeitet werden sollen, eine vom Benutzer gewünschte Reihenfolge festzulegen.
Für jede einzelne Station gibt es zugeordnete Funktionen. Als Beispiel sei der Stationstyp Facility herausgegriffen. Als Funktionen sind möglich:
- Bedienstation belegen,
- Bedienstation freigeben,
- Auftrag in der Bedienstation bearbeiten,
- Auftrag verdrängen Bedienstation stören,
- Bedienstation aufrüsten,
- Bedienstation abrüsten.


## 2.2.2  Transportbausteine

Ein Transportsystem besteht aus den Transportmitteln, dem Wegenetz und der Steuerung. GPSS-FORTRAN Version 3 stellt für diese Bereiche Bausteine zur Verfügung.

Zu den Transportmitteln gehören:
- Spurgebundene Fahrzeuge,  z.B. Eisenbahnzüge mit Waggons,
  fahrerlose Transportsysteme, Hängebahnen, usw.,
- nicht spurengebundene Fahrzeuge z.B Elektrowagen, Gabel-
  stapler, PKW's und LKW's, usw.,
- Stetigförderer, z.B. Förderbänder, Rutschen, usw.

Die Transportmittel bewegen sich auf dem Wegenetz. Ein Wege-
netz setzt sich wie folgt zusammen:
- Einfache Streckenabschnitte,
- Blockstrecken,
- Weichen,
- Kreuzungen.

Die Steuerung sorgt dafür, daß die Aufträge auf die vorgesehene Weise durch die Transportmittel über das Wegenetz befördert
werden. Sie besteht aus den folgenden beiden Komponenten:

<u>Dispositive Steuerung</u>. Sie übernimmt die Zuteilung von Auftrag
und Transportmittel.
<u>Fahrzeugsteuerung</u>. Sie führt das Fahrzeug durch das Wegenetz.

Bei der Entwicklung der Transportbausteine für den Simulator
werden vielseitige Anregungen berücksichtigt. Besonderen Einfluß hat das System MFSP [8] und SIMAN [9].

Die von GPSS-FORTRAN Version 3 angebotenen Verfahren und Methoden gehen allerdings weit über das hinaus, was in MFSP und
SIMAN möglich ist.


2.2.3  Bausteine für zeitkontinuierliche Vorgänge

GPSS-FORTRAN Version 3 ist in der Lage, beliebige Systeme gewöhnlicher Differentialgleichungen zu bearbeiten. Es besitzt
in dieser Beziehung den Sprachumfang anderer Simulatoren zur
Simulation kontinuierlicher Systeme wie z.B. ACSL, CSSL IV.

Auf dem Gebiet der kontinuierlichen Simulation bietet GPSS-
FORTRAN Version 3 die folgenden Besonderheiten:

<u>Unterschiedliche Integrationsverfahren</u>. Es werden verschiedene
Integrationsverfahren angeboten. Hierzu gehören: Runge-Kutta-
Fehlberg, Implizites Runge-Kutta-Verfahren vom Gauss-Typ,
Extrapolationsverfahren nach Bulirsch-Stoer, Verfahren nach
Rosenbrock zur Integration steifer Differentialgleichungen.
Alle Verfahren arbeiten mit selbständiger Schrittweitenanpas-
sung. Darüber hinaus kann der Benutzer eigene Integrationsal-
gorithmen einbringen. Es ist möglich, das Integrationsverfah-
ren während eines Simulationslaufs zu ändern.

<u>Dynamische Modellstruktur</u>. Es ist möglich, während eines Simulationslaufes die Modellstruktur zu verändern.
<u>Sprungstellen</u>. Durch die Kombination von ereignisorientierter und kontinuierlicher Simulation ergibt sich eine sehr einfache und bequeme Behandlung von Diskontinuitäten.
<u>Totzeit-Variable</u>. Es werden Totzeit-Variable angeboten, für die der Funktionsverlauf zu weiter zurückliegenden Zeitpunkten bekannt ist. Der Verlauf der Totzeitvariablen kann Sprungstellen aufweisen. Es ist nicht erforderlich, daß die Totzeit selbst eine Konstante ist. Die Totzeit TAU kann beliebige funktionale Abhängigkeiten aufweisen, insbesondere kann die Totzeit zeitvariant sein.
<u>Lose gekoppelte Systeme</u>. Ein komplexes System kann ggf. in lose gekoppelte Teilsysteme zerlegt werden. Jedes Teilsystem wird mit eigener Integrationsschrittweite und eigenem Integrationsverfahren bearbeitet. Dieses Verfahren bedeutet Ersparnis von Rechenzeit, wenn die Teilsysteme ein deutlich unterschiedliches Zeitverhalten haben. Entscheidend ist jedoch die Möglichkeit eines übersichtlichen, modularen Modellaufbaus.
<u>Kontinuierliche Systeme mit stochastischen Einflüssen</u>. Es stehen 30 unabhängige Zufallszahlengeneratoren für die wichtigsten Wahrscheinlichkeitsverteilungen zur Verfügung, die die Behandlung stochastischer, kontinuierlicher Systeme ermöglichen.

GPSS-FORTRAN Version 3 bietet die darüber hinaus üblichen Verfahren für ereignisorientierte Simulation. Hierzu gehört die Bearbeitung von zeitabhängigen und bedingten Ereignissen. Von zeitabhängigen Ereignissen spricht man, wenn eine Zustandsvariable des Modells zu einem definierten Zeitpunkt ihren Wert ändert. Bei bedingten Ereignissen erfolgt die Änderung des Wertes, wenn eine vom Benutzer angegebene Bedingung den Wert TRUE annimmt. Die Bedingung kann in GPSS-FORTRAN Version 3 ein beliebig komplexer prädikatenlogischer Ausdruck sein.

Besondere Sorgfalt wurde auf die Behandlung von sogenannten Crossings verwandt. Ein Crossing liegt vor, wenn eine Zustandsvariable einen bestimmten Grenzwert (Crossinglinie) überschreitet. Durch ein gegenüber GASP [20] verbessertes Verfahren ergibt sich eine sehr bequeme Handhabung. Crossings werden in GPSS-FORTRAN Version 3 auch erkannt, wenn aufgrund einer Diskontinuität eine Zustandsvariable über die Crossinglinie springt oder wenn die Crossinglinie springt oder wenn die Crossinglinie ihren Wert durch ein Ereignis ändert und dadurch der Wert der Zustandsvariablen auf der anderen Seite der Crossinglinie liegt.

## 3      Handhabung und Bedienbarkeit

Besondere Sorgfalt wurde auf die leichte Handhabbarkeit und
die benutzerfreundliche Bedienung des Simulators GPSS-FORTRAN
Version 3 gelegt. Die verschiedenen Verfahren, die den Anwender unterstützen sollen, werden im folgenden kurz beschrieben.
Es soll an dieser Stelle allerdings darauf hingewiesen werden,
daß sich aufgrund der Leistungsfähigkeit und aufgrund der
vielfältigen Möglichkeiten des Simulators eine gewisse Komplexität bei der Handhabung und Bedienung nicht ganz vermeiden
lassen.


### 3.1     Die Dokumentation

Die Dokumentation des Simulators umfaßt vier Teile:

1. Systemanalyse und Modellaufbau - Grundlagen der Simulation.
   In anschaulicher, nicht-formaler Weise werden die Grundlagen der Simulationstechnik dargestellt. Es wird hierbei von
   den Ergebnissen der Allgemeinen Systemtheorie ausgegangen.
   Darauf aufbauend werden die Konstruktionsprinzipien des
   Simulators eingeführt.
2. Der Simulator GPSS-FORTRAN Version 3. Die Funktionen des
   Simulators werden beschrieben. Weiterhin werden Hinweise
   auf die Implementierung mit Fortran gegeben. Dieser Teil
   stellt die Sprachbeschreibung dar.
3. Modellbildung mit GPSS-FORTRAN Version 3. Es werden zahlreiche Beispielmodelle beschrieben und ihr Aufbau mit Hilfe
   des Simulators GPSS-FORTRAN ausführlich dargestellt. Dieser
   Teil ist als Benutzeranleitung gedacht, die den Anwender in
   die Handhabung des Simulators in Form einer Bedienungsanleitung einführen soll. Die Bedienungsanleitung macht es
   möglich, einfachere Modelle in kürzester Zeit aufzubauen.
   Kenntnisse über den inneren Aufbau des Simulators GPSS-
   FORTRAN sind hierfür nicht erforderlich.
4. Transportmodelle. Es wird gezeigt, auf welche Weise Transportmodelle aufgebaut und mit dem Auftragsmodell verbunden
   werden können.

Die Dokumentation ist sehr umfangreich. Sie bietet von allgemeinen systemtheoretischen Überlegungen ausgehend eine ausführliche Sprachbeschreibung. Beispielmodelle erleichtern die
Bedienbarkeit. Auf diese Weise erhält der Anwender eine umfassende und gründliche Einführung in die Simulation mit GPSS-
FORTRAN Version 3. Es wurde von der Überlegung ausgegangen,
daß ein Softwareprodukt nur so gut ist wie seine Dokumentation. Die Dokumentation ist in vier Bänden in der Reihe Fachberichte Simulation erschienen [10], [11], [12], [13].

## 3.2    Der Modellaufbau

Der Simulator GPSS-FORTRAN Version 3 unterstützt den Aufbau
von Modellen aus den folgenden drei Bereichen:
- Auftragsorientierte Modelle,
- Transportmodelle,
- Zeitkontinuierliche Modelle.

In der Regel wird der Benutzer ein Modell aus einem dieser
drei Bereiche untersuchen wollen. Die beiden anderen Bereiche
sind für ihn oft ohne Interesse. Der modulare Aufbau des Simulators und die Gliederung der Dokumentation machen es möglich,
daß sich der Benutzer nur auf den Bereich konzentriert, der
für ihn von Bedeutung ist. Es ist nicht erforderlich, daß er
die übrigen Funktionen des Simulators, die er nicht benötigt,
kennt.

Eine weitere Vereinfachung ergibt sich aus der Tatsache, daß
anspruchsvolle Verfahren und Methoden, die Vorkenntnisse oder
Erfahrungen verlangen, optional sind. Dem Anwender, der
schnell ein einfaches Modell aufbauen möchte, bleibt zunächst
die volle Leistungsfähigkeit des Simulators verborgen. Er
sieht nur die elementaren Funktionen, die er wirklich benötigt.

Die Handhabbarkeit des Simulators GPSS-FORTRAN Version 3 wird
weiterhin verbessert durch die Trennung von Experimentbeschreibung und Modellbeschreibung. Das bedeutet, daß zunächst
das Simulationsmodell als unabhängige Einheit aufgebaut werden
kann. Zusätzlich besteht die Möglichkeit, gesondert zu spezifizieren, welche Untersuchungen mit dem Modell durchgeführt
werden sollen. Demzufolge besteht ein Simulationslauf aus den
folgenden drei Teilen: Modellinitialisierung, Modellablauf und
Ergebnisauswertung.

Die Modellinitialisierung enthält hierbei die Anfangsbedingungen, mit denen das Modell gestartet werden soll und die Parameter zur Experimentbeschreibung. Während des Modellablaufes
werden laufend Daten über das Modellverhalten aufgenommen und
abgespeichert. Sie stehen dann anschließend zur Endauswertung
zur Verfügung.

Der Vorteil eines derartigen Aufbaus liegt neben der Übersichtlichkeit in der Möglichkeit, Simulationsläufe mit veränderten Bedingungen zu wiederholen und die durch einen Simulationslauf erzeugten Daten einer mehrfachen Auswertung zugänglich zu machen. Der Simulator GPSS-FORTRAN Version 3 genügt
mit der Trennung von Experiment und Modell der diesbezüglichen
Forderung der modernen Simulationstechnik.

## 3.3    Die Ein- und Ausgabe

Es stehen zahlreiche Verfahren zur Verfügung, die dem Benutzer
die Ein- und Ausgabe erleichtern. Hierzu gehören beispielswei-
se:
- Formatfreie Eingabe,
- Fehlerdiagnostik,
- Plots und Balkendiagramme,
- Protokollierung des Modellablaufs.

Die Protokollierung des Modellablaufs ist auf verschiedenen
Ebenen möglich.

Auf der untersten Ebene wird jeder einzelne Zustandsübergang
ausgewertet und ausgegeben. Um die Datenflut unter Kontrolle
zu behalten, besteht die Möglichkeit, einzelne Modellkomponen-
ten herauszugreifen und nur diese gezielt im Einzelschrittver-
fahren zu überwachen.

Auf der zweiten Ebene stehen Anweisungen zur Verfügung, die zu
jeder, vom Benutzer gewünschten Zeit einen kommentierten Überblick über ausgewählte Systemvariable anbieten. Mit Hilfe
dieser Report-Programme steht ständig die relevante Information über den Modellzustand zur Verfügung.

Auf der höchsten Ebene werden in stark komprimierter Form und
in übersichtlicher Darstellung die für die Ergebnisauswertung
wichtigen Größen ausgegeben. Die stark zusammengefaßte Übersicht der höchsten Ebene steht während des Simulationslaufes
als Zwischenergebnis auf Anforderung zur Verfügung. Sie wird
auf jeden Fall am Ende des Simulationslaufes ausgegeben.


## 3.4    Die Betriebsarten

Der Simulator GPSS-FORTRAN Version 3 kennt die folgenden drei
Betriebsarten: Stapel-Betrieb, interaktiver Betrieb, Real-
zeit-Betrieb.

Stapel-Betrieb. Ein Simulationsprogramm wird in der Regel im
Stapelbetrieb ablaufen. Die verhältnismäßig langen Rechenzeiten sprechen für diese Betriebsart. Das gilt besonders für
diskrete, stochastische Systeme.
Interaktiver Betrieb. Im interaktiven Betrieb hat der Benutzer
zu jeder Zeit die Möglichkeit, den Simulationslauf zu unterbrechen, um sich am Bildschirm über den Zustand des Modells zu
informieren. Er kann dann mit ggf. geänderten Parametern fort-
fahren. Dieses Vorgehen ist für kleinere Modelle und für die
Testphase sehr angenehm. Besonders vorteilhaft ist die Trennung von Simulationsexperiment und Simulationsmodell im inter-

aktiven Betrieb. Nach Ablauf eines Simulationslaufes (Experiment) kann der Benutzer die vorteilhafteste Ergebnisdarstellung für den endgültigen Ergebnisausdruck am Bildschirm festlegen.

<u>Realzeit-Betrieb</u>. Im Realzeit-Betrieb ist die Geschwindigkeit, mit der sich das Modell entwickelt, identisch mit der Geschwindigkeit, mit der das reale System seine Zustandsübergänge in der Zeit durchführt. Die Simulationsuhr und die reale Zeit laufen synchron. Realzeit-Betrieb ermöglicht daher eine Kopplung zwischen Simulationsmodellen und realen Systemen.


## 3.5    Die Ausbaustufen

Es besteht für den Benutzer die bequeme Möglichkeit, die Ausbaustufe des Simulators selbst zu bestimmen, indem er gezielt nur diejenigen Modellobjekte und Modellfunktionen auswählt, die für die Lösung seines individuellen Problems erforderlich sind. Das bedeutet, daß der Simulator bei großen Modellen keine Beschränkung kennt und Modelle beliebig bis an die Speicherkapazität des verwendeten Rechners erweitert und ausgebaut werden können. Bei kleinen Modellen kann Arbeitsspeicherplatz und Rechenzeit gespart werden, indem der Simulator auf den erforderlichen Umfang reduziert wird. Die Voreinstellung für die Dimensionierung des Simulators ist sehr umfangreich und ermöglicht den Aufbau sehr großer und komplexer Modelle. Für gezielten Einsatz bei kleinen Modellen läßt sich der Arbeitsspeicherbedarf um ein Vielfaches verringern.


## 4    Beispiel: Das Modell eines Sonnenkollektors

An einem Beispiel soll gezeigt werden, wie GPSS-FORTRAN Version 3 zur Simulation geregelter oder gesteuerter Systeme eingesetzt werden kann. Das Modell eines Sonnenkollektors ist einfach genug, um noch überschaubar zu sein. Es ist auf der anderen Seite jedoch so komplex, daß sich die wesentlichen Möglichkeiten von GPSS-FORTRAN zeigen lassen. Es beruht auf einer Arbeit, die in [21] beschrieben wird.


## 4.1    Der Modellaufbau

Das Modell Sonnenkollektor wurde eingesetzt, um die Dimensionierung eines Sonnenkollektors für die Heizung einer Fabrikhalle festlegen zu können. Den Aufbau zeigt Bild 4. Das Modell Heizungsregelung besteht zunächst aus einem Sonnenkollektor und einem Brenner, die beide Energie zur Erwärmung des Kesselwassers liefern. Der Brenner ist als Ersatzaggregat gedacht,

falls die Leistung des Sonnenkollektors nicht ausreicht. Sowohl der Sonnenkollektor wie auch der Brenner werden durch
einen einfachen Grenzwertregler ein- bzw. ausgeschaltet. Hierdurch soll sichergestellt werden, daß sich die Temperatur des
Kesselwassers in vorgegebenen Grenzen hält. Das  Kesselwasser
gelangt zu einem Ventil, das den Zugang zu den Heizkörpern des
Raumes regelt. Der PI-Regler sorgt dafür, daß die Raumtemperatur $T_R$ dem Sollwert $T_{Soll}$ entspricht. Die Solltemperatur kann
zwei Werte für den Tagesbetrieb bzw. die Nachtabsenkung annehmen. Im Raum wird der Wärmeverlust an die Außenwelt durch die
Energieaufnahme aus den Heizkörpern ausgeglichen. Er setzt
sich aus der kontinuierlichen Abgabe durch die Wand und aus
zufälligem Fensteröffnen zusammen.

Das Modell Heizungsregelung zeigt die folgenden Besonderheiten:
- <u>Zeitkontinuierliche Zustandsübergänge</u>. Zeitkontinuierliche
  Vorgänge müssen mit Hilfe von Differentialgleichungen beschrieben werden. Hierzu gehören z.B. der PI-Regler für die
  Heizkörper oder die Temperaturänderung im Raum durch Wärmeabgabe an die Außenwelt und Wärmeaufnahme durch die Heizkörper.
- <u>Zeitabhängige Zustandsübergänge</u>. Zu festen, vorgegebenen
  Zeitpunkten ändern Zustandsvariable ihren Wert. Ein Beispiel ist das Ändern der Solltemperatur von der Nachtabsenkung auf den Tagesbetrieb und zurück.

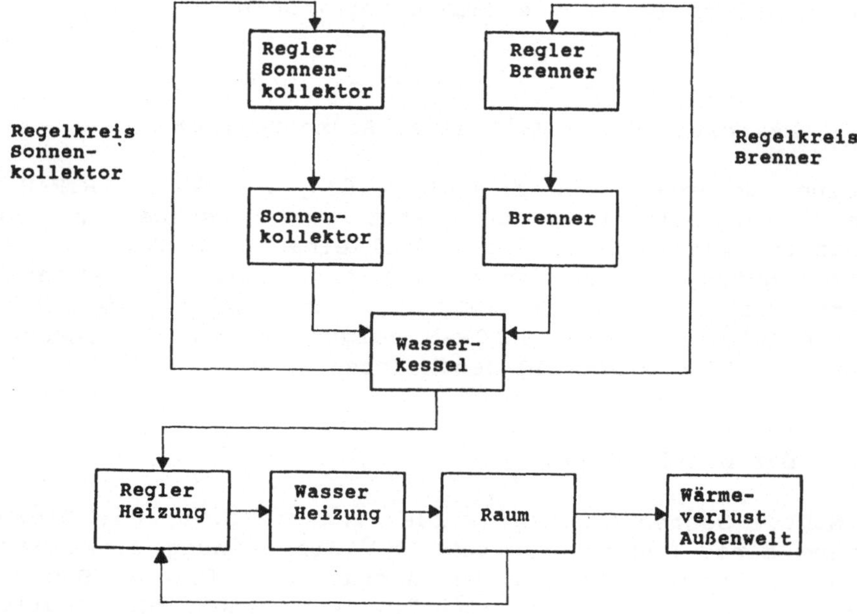


Bild 4. Aufbau des Modells der Heizungsregelung

- <u>Bedingte Zustandsübergänge</u>. Falls der Modellzustand einer
  bestimmten Bedingung entspricht, erfolgt ein Zustandsübergang. Das ist z.B. der Fall, wenn der Brenner oder der Kol-
  lektor in Abhängigkeit von der Temperatur des Kesselwassers
  zugeschaltet werden.
- <u>Stochastische Einflüsse</u>. Zustandsübergänge erfolgen stochastisch. So genügen z.B. der Zeitpunkt und die Dauer für den
  Wärmeverlust durch das offene Fenster einer Zufallsvertei-
  lung.

Es zeigt sich, daß GPSS-FORTRAN Version 3 alle Funktionen
bereitstellt, die für den Aufbau des Modells Heizungsregelung
erforderlich sind.


## 4.2    Die Modellgleichungen

In vereinfachter Form sollen die Gleichungen angegeben werden,
die die Dynamik des Modells bestimmen. Wobei nicht der An-
spruch erhohen wird, hiermit eine vollständige Systembeschreibung zu geben. Es geht darum, die Funktionen von GPSS-FORTRAN
Version 3 zu verdeutlichen.

### 4.2.1  Regler für Sonnenkollektor und Brenner

Der Sonnenkollektor und der Brenner werden in Abhängigkeit der
Wassertemperatur im Kessel ein- bzw. ausgeschaltet. Es gilt:

$$T_K \leq 59\,^{\circ}C \quad \text{Kollektor ein,}$$
$$T_K > 62\,^{\circ}C \quad \text{Kollektor aus,}$$
$$T_A < 7\,^{\circ}C \quad \text{Kollektor aus,}$$
$$T_K \leq 50\,^{\circ}C \quad \text{Brenner ein,}$$
$$T_K > 60\,^{\circ}C \quad \text{Brenner aus,}$$
$$T_K \; [^{\circ}C] \quad \text{Temperatur Kesselwasser,}$$
$$T_A \; [^{\circ}C] \quad \text{Außentemperatur.}$$

### 4.2.2  Energieerzeugung im Sonnenkollektor und im Brenner

Für den Sonnenkollektor wurde eine einfache, lineare Abhängigkeit zwischen Energieerzeugung, Kollektorfläche und Außentemperatur angenommen.

Für die erzeugte Leistung gilt:

$$I_S = Q \; ;$$

$$I_S = p * F * T_A - C \; ;$$

$$T_A \; [K] \quad \text{Außentemperatur,}$$
$C$ $[J/s]$    Nullwertkonstante; sie berücksichtigt, daß der
            Kollektor erst ab $6\,^{\circ}C$ Außentemperatur Energie
            liefert,

Q [J]            erzeugte Wärmemenge,
$I_S$ [J/s]       erzeugte Leistung (Wärmefluß) im Sonnenkollektor,
p [J/(s*m²*K)]    Proportionalitätsfaktor,
F [m²]           Kollektorfläche.

Für den Brenner wird von konstanter Leistung ausgegangen.

$I_B$ = const,
$I_B$ [J/s]       erzeugte Leistung im Brenner.

### 4.2.3  Die Energiebilanz für das Kesselwasser

Dem Kesselwasser wird Energie durch den Brenner und den Sonnenkollektor zugeführt. Die Heizkörper dagegen entziehen Wärme. Für die Wärmebilanz des Kesselwassers gilt:

$$I_1 = I_S + I_B - I_K ;$$

$I_1$ [J/s]       Gesamtleistung des Kessels,
$I_S$ [J/s]       zugeführte Leistung vom Sonnenkollektor,
$I_B$ [J/s]       zugeführte Leistung vom Brenner,
$I_K$ [J/s]       abgeführte Leistung an Heizkörper.

Auf Grund der Gesamtleistung $I_1$ ergibt sich die Änderung der
Wassertemperatur im Kessel. Es gilt:

$$I_1 = c_W * V_K * \rho_W * \dot{T}_K ;        \text{hieraus:}$$

$$\dot{T}_K = I_1 / (c_W * V_K * \rho_W) ;$$

$T_K$ [K]         Temperatur des Kesselwassers,
$c_W$ [J/(kg*K)]  Wärmekapazität des Wassers,
$V_K$ [m³]        Volumen des Kesselwassers,
$\rho_W$ [kg/m³]  Dichte des Wassers.

Durch Lösung der Differentialgleichung erhält man den Zeitverlauf für $T_K$.

### 4.2.4  Die Energiebilanz für das Heizungswasser

Das Wasser in den Heizkörpern erhält Energie aus dem Kesselwasser und gibt Energie an den Raum ab. Es gilt:

$$I_2 = I_K - I_R ;$$

$I_2$ [J/s]       Gesamtleistung des Heizkörpers,
$I_K$ [J/s]       zugeführte Leistung vom Kesselwasser,
$I_R$ [J/s]       abgeführte Leistung an den Raum.

Für die Wassertemperatur in den Heizkörpern ergibt sich:

$$I_2 = c_W * V_H * \rho_W + \dot{T}_H \; ; \qquad \text{hieraus:}$$

$$\dot{T}_H = I_2 / (c_W * V_H * \rho_W) \; ;$$

$T_H$ [K]      Temperatur der Heizung,
$V_H$ [m$^3$]      Volumen des Heizungswassers,

Durch Lösung der Differentialgleichung erhält man den Zeitverlauf für $T_H$.

### 4.2.5  Die Regelung für den Heizkörper

Ein Thermostatventil vor den Heizkörpern gestattet es, die Raumtemperatur mit Hilfe eines Reglers der Solltemperatur anzupassen. Durch das Ventil kann der Zufluß von warmen Wasser aus dem Kessel in die Heizkörper modifiziert werden. Der Regler kann auf diese Weise die Leistung festlegen, die aus dem Kesselwasser an das Heizungswasser übertragen wird. Es gilt:

$$I_K = k_p * (T_{soll} - T_R) * V + k_d * \frac{d}{dt} (T_{soll} - T_R) * V +$$

$$V * k_i * \int (T_{soll} - T_R) dt \; ;$$

Weiterhin gilt:

Falls $T_R \geq T_{soll}$  oder  $T_H \geq T_K$, dann wird das Ventil fest geschlossen.

$T_R$  [K]      Raumtemperatur,
$T_{soll}$  [K]      Solltemperatur,
$k_p, k_d, k_i$      Reglerparameter,
$V$  [K]      Ventilfaktor.

Der Ventilfaktor berücksichtigt, daß beim Öffnen und Schließen des Ventils Wasser aus dem Heizkessel in die Heizkörper fließt. Die hierbei bei gleicher Ventilstellung und damit bei gleichem Massefluß übertragene Energie ist abhängig vom Unterschied zwischen $T_K$ und $T_H$. Daher gilt:

$$V = T_K - T_H \; .$$

### 4.2.6  Die Energiebilanz für den Raum

Der Raum bezieht Energie von den Heizkörpern und gibt Energie durch die Wand und durch das Fenster ab. Es gilt:

$$I_3 = I_H - T_W - I_F \; ;$$

$I_3$ [J/s]      Gesamtleistung Raum,
$I_H$ [J/s]      zugeführte Leistung von Heizung,
$I_W$ [J/s]      abgeführte Leistung durch die Wand,
$I_F$ [J/s]      abgeführte Leistung durch Fenster.

Hieraus ergibt sich für die Raumtemperatur:

$$I_3 = c_L * V_L * \rho_L * \dot{T}_R ; \qquad \text{hieraus:}$$

$$\dot{T}_R = I_3 / (c_L * V_L * \rho_L) ;$$

$T_R$ [K]        Temperatur im Raum,
$c_L$ [J/(kg*K)]  Wärmekapazität der Luft,
$V_L$ [m$^3$]     Volumen der Luft im Raum,
$\rho_L$ [kg/m$^3$] Dichte der Luft.

Durch Lösung der Differentialgleichung erhält man den Zeitverlauf für $T_R$.

## 4.2.7     Die Außenwelt

An die Außenwelt wird Wärme durch die Wand und durch das Fenster abgegeben. Es gilt:

$$I_W = (T_R - T_A) * F_W * R_W ;$$

$T_A$ [K]        Außentemperatur,
$F_W$ [m$^2$]     Fläche der Wand,
$R_W$ [J/(s*m$^2$*K)] Wärmedurchgangskoeffizient.

Analog gilt für die Leistung, die durch das Fenster an die Außenwelt abgeführt wird:

$$I_F = (T_R - T_A) * F_F * R_F .$$

Die Außentemperatur $T_A$ wird idealisiert als Sinusfunktion angenommen. Es gilt:

$$T_A = 5 * \sin \frac{2\pi (T - 600)}{(24 * 60)} + 10 .$$

Das bedeutet, daß die Temperatur im Tagesverlauf zwischen 5$^{\circ}$C und 15$^{\circ}$C schwankt.


## 4.3     Modellbeschreibung mit GPSS-FORTRAN Version 3

Die Dynamikbeschreibung für das Modell Sonnenkollektor ist ohne Schwierigkeit mit Hilfe von GPSS-FORTRAN Version 3 möglich, da alle erforderlichen Funktionen zur Verfügung gestellt

werden. Der Simulator GPSS-FORTRAN kennt die sog. Benutzerpro-
gramme, die dem Benutzer zugänglich sind und in die er die
Beschreibung seines Modells einzutragen hat. Um zu zeigen, in
welch einfacher Art und Weise die Modellbeschreibung übertragen werden kann, wird im folgenden beispielhaft gezeigt, welche Anweisungen vom Benutzer zu schreiben sind.

Für zeitkontinuierliche Modelle ist das Unterprogramm STATE
vorgesehen. Die Übertragung der Modellbeschreibung in den
Simulator erfolgt, indem die Differentialgleichungen in FOR-
TRAN-Syntax in das Unterprogramm STATE übernommen werden.
Hierbei gilt, daß die Zustandsvariablen durchnumeriert werden.
Sie werden in dem Feld SV (System-Variable) abgelegt. Die
Ableitungen stehen in dem Feld DV (Derivative Variable).

Als Beispiel sei die Differentialgleichung für die Temperatur
des Wassers in den Heizkörpern angeführt:

$$\dot{T}_H = I_2 / (C_W * V_H * \rho_W) .$$

Die Temperatur $T_H$ wird der Zustandsvariablen SV(1,5) zugewie-
sen. Die Ableitung findet man demzufolge in der Variablen
DV(1.5). Die Gleichungen in der Schreibweise, die GPSS-FORTRAN
Version 3 verlangt, hat folgendes Aussehen:

```
DV (1,5) = I2 / (CW * VH * RHOW) .
```

Da es sich bei GPSS-FORTRAN Version 3 um ein Paket handelt,
muß der Benutzer die zur Modellbeschreibung erforderlichen
Gleichungen in FORTRAN angeben.

Für das Realisieren von zeitabhängigen Ereignissen ist ein
eigenes Benutzerunterprogramm EVENT zuständig. Hier müssen
alle zeitabhängig durchzuführenden Ereignisse definiert werden. Als Beispiel soll das Herauf- bzw. Herabsetzen der Solltemperatur im Zimmer dargestellt werden.

```
C
C     SOLLTEMPERATUR ZIMMER MORGENS AUF 20 GRAD HOCHSETZEN
2     CONTINUE
      TSOLL = 20.
      CALL ANNOUN(2,(T+1440.),*9999)
      RETURN
C
C     SOLLTEMPERATUR ZIMMER ABENDS AUF 18 GRAD ABSENKEN
3     CONTINUE
      TSOLL = 18.
      CALL ANNOUN(3,(T+1440.),*9999)
      RETURN
C
```

Das Ereignis 2 setzt die Solltemperatur $T_{Soll}$ auf 20°C herauf
und meldet sich selbst durch das Unterprogramm ANNOUN zum
Zeitpunkt T+1440. wieder an. Dadurch wird dieses Ereignis bei
Simulationen die über mehrere Tage laufen täglich zur selben
Zeit ausgeführt, da die Zeit im Modell in Minuten fortgezählt
wird und 1440 Minuten einem Tag entsprechen. Analoges gilt für
das Absenken der Solltemperatur auf 18°C durch Ereignis 3.


## 4.4    Ergebnisse

Das Modell Sonnenkollektor gestattet zahlreiche Untersuchungen. Alle Größen sind modifizierbar. Auf diese Weise läßt sich
das Verhalten des Modells gezielt untersuchen.

Als Beispiel zeigen die Bilder 5 bis 8 einige ausgewählte
Ergebnisse.

Das Brennerverhalten in Bild 5 verdeutlicht, daß der Brenner
insgesamt nur drei Mal zugeschaltet werden mußte. In Bild 7
sieht man den Verlauf der dazugehörigen Wassertemperatur im
Kessel. Das Einschalten des Brenners führt zu einem starken
Anstieg der Temperatur. Bild 6 zeigt das Verhalten des Sonnenkollektors. Es ergibt sich, daß die Leistung ausreichend
ist. Aus Bild 8 ergibt sich der Verlauf der Raumtemperatur $T_R$
im Vergleich zur Solltemperatur $T_{Soll}$. Die Abweichungen haben
ihre Ursache im Reglerverhalten und in den Schwankungen der
Kesseltemperatur. Die Spitzen ergeben sich durch das Öffnen
des Fensters.

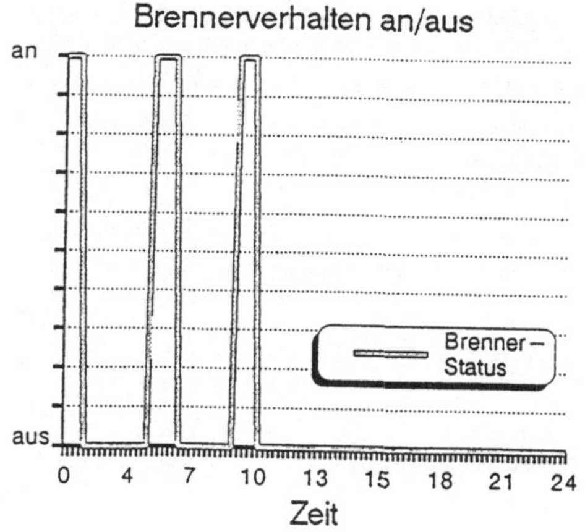


Bild 5. Das Verhalten des
Brenners

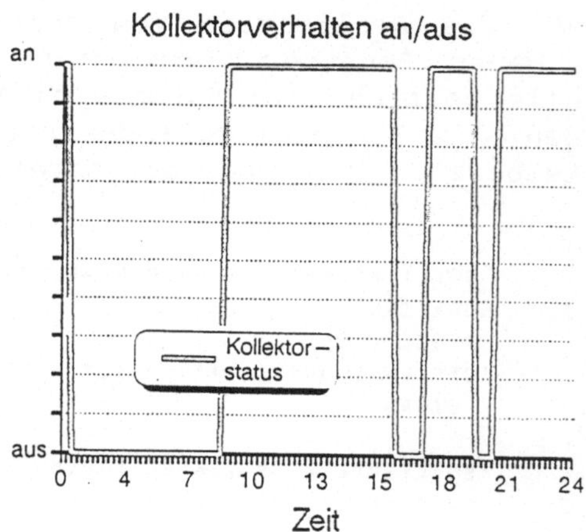


Bild 6. Das Verhalten des
Sonnenkollektors

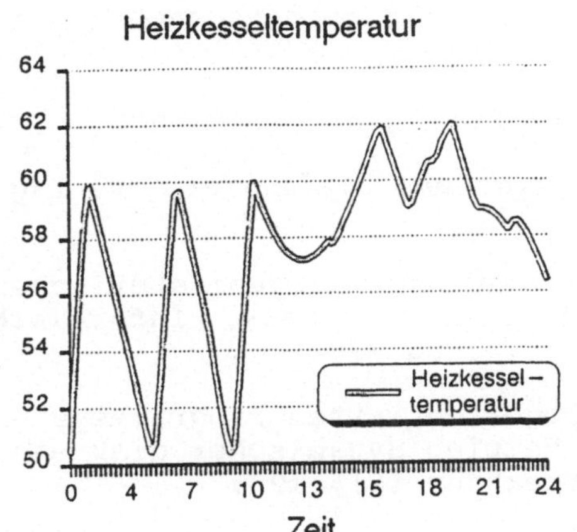


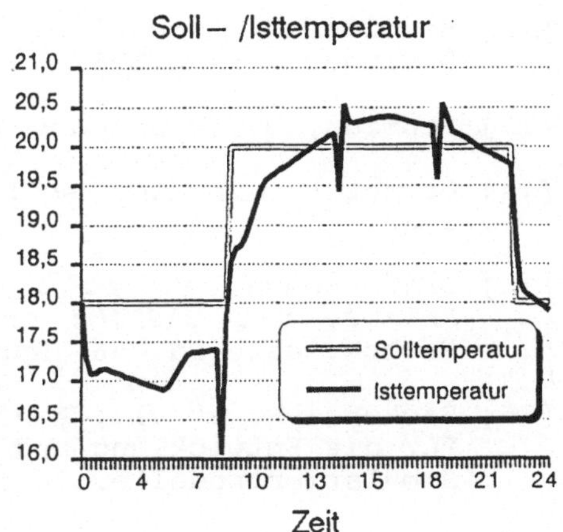


Bild 7. Verlauf der Heiz-        Bild 8. Verlauf der Raum-
      kesseltemperatur               temperatur

## Literaturhinweise


[1]   Schmidt, B.;   Classification of Simulation Software;
      System Analysis, Modelling, Simulation 1986, Heft 2

[2]   Fastenbauer, M.; GPSS-PASCAL; in Simulationstechnik,
      Informatik Fachberichte Bd. 56, Springer Verlag 1982

[3]   Birtwistle, G., et al.;   Process   Style Packages for
      Discrete Event  Modelling; Transactions of the Society
      for Computer Simulation 1987, Heft 4

[4]   Schriber, T.; Perspectives on Simulation Using GPSS; in:
      Proceedings of the Winter Simulation Conference 1987

[5]   Gordon, G.;   The Applications of GPSS V to Discrete Sy-
      stems Simulation; Prentice-Hall 1985

[6]   Henriksen, J.D.,et al.;   GPSSH User's Manual; Wolverine
      Software Corp., Annandale. VA. 1983

[7]   GPSS/PC User Manual Version 1.1; Minuteman Software,
      Stow. MA 1985

[8]   Stemmer, G.; MFSP - Ein Verfahren  zur Simulation komple-
      xer Materialflußsysteme, Otto Krauskopf Verlag, Mainz
      1977

[9]   Pedgen, C.D.; Introduction to SIMAN; System Modelling
      Coproation, State College, Pensylvania, 1982

[10] Schmidt, B.; Systemanalyse und Modellaufbau, Springer
      Verlag 1984

[11] Schmidt, B.; Der Simulator GPSS-FORTRAN Version 3; Sprin-
      ger Verlag 1984

[12] Schmidt, B.; Modellbildung mit GPSS-FORTRAN Version 3,
     Springer Verlag 1984

[13] Schmidt, B.; Transportmodelle; Springer Verlag 1987

[14] Gernoth, B.; Warteschlangensysteme; Oldenbourg Verlag
     1980

[15] Brandenburg, V. et al.; Simulation organisatorischer
     Abläufe mit CAPSIM: in: Simulationstechnik, Informatik
     Fachberichte Bd. 56, Springer Verlag 1982

[16] Bäckers, R. et al.; Ein dialogorientiertes Programmsystem
     für die Entwicklung und den Betrieb dynamischer diskreter
     Simulationsmodelle. in: OR-Spektrum (2), 1983

[17] Schlüter, K.; Planung einer flexiblen Montagestraße mit-
     tels GPSS-FORTRAN; in: Simulationstechnik, Informatik
     Fachberichte Bd. 150; Springer Verlag 1987

[18] Neupert, H.; Grafsim, Graphisch interaktiver Simulator
     für flexible Fertigungssysteme mit Werkzeuglogistik, in:
     Simulation in der Fertigungstechnik; Hrg. Feldmann, K.
     und Schmidt, B.; Fachberichte Simulation, Springer Verlag
     1988

[19] Schmidt, B.; Simulation von Produktionssystemen; in:
     Simulation der Fertigungstechnik; Hrg. Feldmann, K. und
     Schmidt, B.; Fachberichte Simulation, Springer Verlag
     1988

[20] Prisker, A.; The GASP IV Simulation Language. New York:
     John Wiley & Sons 1974

[21] Germer, A.; Animation in der Simulation: Präsentationsmo-
     delle, Studienarbeit am Institut für Mathematische Ma-
     schinen und Datenverarbeitung, Universität Erlangen-Nürn-
     berg; 1989

# Die RASP-Pakete für Simulation und Reglerentwurf

K.H. Fasol,   G. Gehre,   R. Knof

## 1      Einführung

Die Entwicklung der Programmbibliothek RASP (Regelungstechnische Analyse- und Synthese-Programme) begann 1974 an der Ruhr-
Universität Bochum, die Bibliothek wurde dann von 1982 bis
etwa 1985 gemeinsam mit der DFVLR gepflegt und weiterentwikkelt (RASP'84) und sie ist seit der Version RASP'87 am DLR-
Institut für Dynamik der Flugsysteme beheimatet. RASP fand und
findet weite Verbreitung als Bibliothek von dzt. rund 270
Unterprogrammen und bietet zuverlässige, flexible, portable
und modulare Software mit hochgradiger Testbarkeit und detaillierter Dokumentation für Analyse, Beschreibung, Entwurf und
Simulation dynamischer Systeme, Algorithmen zum Aufbau von
Graphik, mathematische Algorithmen, Algorithmen zur Dateneingabe, -ausgabe und -übergabe, Optimierungsalgorithmen und
schließlich zahlreiche Utilities (Joos und Grübel, 1988).

Zunächst für Zwecke der Lehre gedacht, entstanden in den letzten Jahren an der Ruhr-Universität Bochum unter Verwendung von
Subroutinen aus der RASP-Bibliothek mehrere Programmpakete für
Modellapproximation, Identifikation, Simulation und Reglerentwurf. Diese zunächst für PC geschriebenen Softwaretools entwickelten sich einerseits zu abgeschlossenen Werkzeugen mit
effizienter Benutzeroberfläche, weisen aber andererseits intensive Familienähnlichkeit auf. Sie ermöglichen über entsprechende Datenfiles den gegenseitigen Datenaustausch, wodurch
ein in einem der Programmpakete begonnenes Problem wenn nötig
in einem anderen Paket weiterbearbeitet werden kann. Wegen
Verwendung der RASP-Unterprogramme und wegen der Familienzuge-
hörigkeit tragen diese Softwarewerkzeuge die gemeinsame Bezeichnung RASP-Pakete, abgekürzt RP, wobei vor dieser Abkürzung die jeweilige Anwendung des Pakets durch ein Vier-Buch-
staben-Wort zum Ausdruck kommt: REDU_RP für Ordnungsreduktion,
ESIM_RP für die Simulation von Eingrößensystemen, WOKU_RP zur
Berechnung von Wurzelortskurven und DEAD_RP für Entwurf und
Simulation von Deadbeat Regelungen.

Da die einzelnen Pakete zunächst für die Unterstützung der
Lehre in den regelungstechnischen Grundlagen vorgesehen waren,
wurden sie vorläufig für Eingrößensysteme entwickelt. Einige
von ihnen sind zur späteren Ausdehnung auf Mehrgrößensysteme
geeignet. Der ausschließlichen Verwendung in der regelungstechnischen Lehre sind die Pakete inzwischen längst entwachsen

und sie werden mittlerweile an vielen Stellen für die nachstehend dargestellten Aufgaben der rechnerunterstützten Modellentwicklung, des Reglerentwurfs und der Regelsystemerprobung eingesetzt. Alle diese Aufgaben bedürfen der Simulation und sie sind jedem Regelungstechniker als sein "tägliches Brot" wohl vertraut; sie wurden u.a. von Schumann (1989) in einer Einführung zur Übersicht über regelungstechnische Programmpakete für PC eingehend dargestellt.

Grundlegende Fragen der Entwicklung regelungstechnischer Modelle wurden im Beitrag von K.Diekmann und K.H.Fasol im Teil A dieses Bandes schon angesprochen. Zur Modellentwicklung gehören die Modellapproximation oder/und die Ordnungsreduktion des theoretisch ermittelten Modells bzw. von Teilen dieses Modells, wobei dann die vereinfachten Modelle zum Gesamtmodell zusammengefügt werden. Experimentell identifizierte Modelle implizieren in der Regel bereits eine Ordnungsreduktion, weil man die Ordnung der Strukturen so niedrig wie möglich ansetzen wird, um die Anzahl der zu bestimmenden Parameter einzuschränken. Für Modellapproximation und Ordnungsreduktion durch Parameteroptimierung auf der Basis von Simulationen im Frequenzbereich und Zeitbereich wurde das Paket REDU_RP entwickelt.

Hat man ein linearisiertes und reduziertes Modell für Simulation und Reglerentwurf festgelegt, dann ergibt sich oft die Notwendigkeit einer Transformation in andere Darstellungsformen. Zu der von Schumann (1989) so genannten Prozeßmodelluntersuchung gehören die Transformationen zwischen verschiedenen Darstellungsformen, also Umrechnungen von Übertragungsfunktionen zwischen Polynomdarstellung und Pol-Nullstellenkonfiguration in beiden Richtungen und Transformation dieser Darstellungsarten in Zustandsraumdarstellung z.B. in Regelungsnormalform oder umgekehrt Transformation der Zustandsdarstellung in Übertragungsfunktionen oder z.B. Transformation von beliebiger Zustandsdarstellung in Regelungsnormalform. Diese Möglichkeiten werden von den RASP-Paketen geboten, wobei das Paket DEAD_RP zum Entwurf von Deadbeat Regelungen natürlich die Umrechnung beliebig eingegebener Modelle in zeitdiskrete Darstellung ermöglichen muß.

Das linearisierte und reduzierte Modell (Entwurfsmodell) wird im nächsten Schritt dem Reglerentwurf zugrunde gelegt. Dem Reglerentwurf dient ebenfalls das Mehrzweck-Programm REDU_RP. Für Systemanalyse und Reglerentwurf mittels Wurzelortskurven wurde das Paket WOKU_RP entwickelt, mit dem aber auch Sprungantworten des geschlossenen Systems simuliert werden können. Wie vorher schon erwähnt, dient schließlich DEAD_RP dem Entwurf von Regelungen auf endliche Einstellzeit.

Nach erfolgter Reglersynthese wird man eine Regelsystemuntersuchung und -erprobung  zunächst mit dem reduzierten und dann mit dem vollständigen Modell vornehmen, was u.U. auch einer der Schritte innerhalb eines iterativen Reglerentwurfs sein kann. Hier stehen die Darstellung von Nyquist-Ortskurven, Bodediagrammen oder Nichols-Diagrammen im Frequenzbereich und die Zeitbereichssimulation für beliebige Eingangsgrößenverläufe im Mittelpunkt. Außer REDU_RP dient diesem Zweck speziell das Eingrößensystem-Simulationspaket ESIM_RP; DEAD_RP ermöglicht die Zeitbereichssimulation des entworfenen Regelkreises.

Nachfolgend werden nun die einzelnen Pakete etwas näher dargestellt. Sie sind dzt. lauffähig auf allen IBM PC/AT kompatiblen Rechnern mit einem RAM-Bereich von 640 kByte.


**2      Das  Paket REDU_RP  für  Identifikation, Ordnungsreduktion, Simulation und Reglerentwurf**

Der theoretische Hintergrund  des dem Paket zugrunde liegenden Verfahrens, Gesichtspunkte seiner Anwendung sowie zahlreiche Beispiele wurden zunächst von Gehre und Grübel (1987) und dann sehr ausführlich in der Dissertation von Gehre (1990) beschrieben.


**2.1     Übersicht und Beschreibung des Verfahrens**

Viele bekannte Verfahren zur Modellreduktion gehen von einer Systembeschreibung im Zustandsraum aus und arbeiten zwangsläufig mit Fehlermaßen nur im Zeitbereich. Zahlreiche andere Methoden gehen von Übertragungsfunktionen aus; diese arbeiten mit Fehlermaßen, die im Frequenzbereich definiert sind. In allen Fällen wird die dynamische Ähnlichkeit zwischen Originalsystem und reduziertem Modell daran gemessen, wie gut z.B. Sprungantworten oder Frequenzgänge übereinstimmen. Je nach verwendetem Verfahren wird aber immer nur entweder im Zeitbereich oder im Frequenzbereich approximiert; beides für sich allein gesehen ist nicht ausreichend. Bei einer Approximation im Frequenzbereich müssen Kompromisse zwischen den Approximationsgüten in den einzelnen Frequenzintervallen geschlossen werden, wobei keine speziellen Entwurfsanforderungen aus dem Zeitbereich einfließen können. Gleiches gilt sinngemäß für Approximationen mit Zeitbereichsverfahren. Da aber Zeitverhalten und Frequenzverhalten immer gleich wichtig sind, müssen auch Kompromisse zwischen diesen beiden Bereichen geschlossen werden können. Auch muß das Verhalten eines reduzierten Systems im Falle der Rückkopplung zum geschlossenen System immer noch den Zielforderungen der Approximation genügen.

Das Programmpaket REDU_RP bietet bei der Approximation die
Möglichkeit, je nach Aufgabenstellung und Zielforderung,
gleichzeitig mit Gütekriterien aus dem Zeitbereich und aus dem
Frequenzbereich arbeiten zu können. Dadurch sind Erkenntnisse
darüber verfügbar, welche Auswirkungen bestimmte Änderungen im
Zeitbereich auf das Frequenzbereichsverhalten haben und umgekehrt. Diesbezügliche, sehr eingehende Betrachtungen hat Gehre
(1990) angestellt. Ein Vorteil des Verfahrens besteht in der
Verwendbarkeit unterschiedlicher Gütekriterien. Während diese
bei anderen Vorgehensweisen verfahrensspezifisch feststehen,
können hier Sätze von Gütekriterien aus dem Zeitbereich und/
/oder dem Frequenzbereich zusammengestellt werden, die entsprechend der jeweiligen Zielsetzung speziell auf das zu bear-
beitende Problem zugeschnitten sind. Bei der Software-Imple-
mentierung des Verfahrens stehen in der Standardversion 24
Gütekriterien aus dem Zeit- und Frequenzbereich zur Auswahl.

Als Zielforderung für die Approximation können sowohl die
weitgehende Übereinstimmung der zeitlichen Systemantworten von
Original- und Modellsystem als auch die weitgehende Übereinstimmung der entsprechenden Frequenzgänge definiert werden.
Die Genauigkeit, mit der diese Zielforderungen erfüllt werden
können, ist dann eine Frage nach dem besten Kompromiß. Die
Leistungsfähigkeit von REDU_RP beruht auf der Systematik, mit
der die für die Approximation relevanten Kompromißzwänge erkannt und ausgelotet werden können und ist in der zugrundeliegenden "Entwurfssystematik mit vektoriellem Gütekriterium und
Parameteroptimierung" nach Kreißelmeier und Steinhauser (1979)
begründet.

Ausgangspunkt des Verfahrens ist ein Eingrößenregelkreis mit
Ausgangsgrößenrückkopplung mit der Reglerübertragungsfunktion
$G_{Ro}(s)$ und der Streckenübertragungsfunktion $G_{So}(s)$; der Index
"o" steht für "Originalsystem". Dieses System kann dem Programm in verschiedener Weise eingegeben werden und zwar durch
diese beiden Übertragungsfunktionen selbst oder deren Produkt
in Koeffizienten- oder Pol-Nullstellendarstellung. Die Eingabe
kann auch durch diskrete (Meß-) Werte der entsprechenden Frequenzgänge oder/und durch diskrete (Meß-) Werte der Führungsgröße w(t) und der zugehörigen Antworten u(t) der Stellgröße
oder/und der Regelgröße y(t) im offenen oder geschlossenen
Regelkreis erfolgen. Das Signal w(t) kann die Sprungfunktion
oder auch ein beliebiges Signal mit unbeschränkter Stützstel-
lenanzahl sein. Ist der Originalregelkreis durch die obigen
Übertragungsfunktionen eingegeben worden, dann werden daraus
programmintern Frequenzgänge und Sprungantworten berechnet, um
Frequenzbereichs- und Zeitbereichskriterien anwenden zu können.

Der Modellregelkreis, das "Modellsystem", hat die Reglerübertragungsfunktion $G_{Rm}(s,\underline{r}_R)$ und die Streckenübertragungsfunktion $G_{Sm}(s,\underline{r}_S)$; der Index "m" steht für Modell. Jede dieser
Übertragungsfunktionen setzt sich wiederum aus einem "festen"
und einem "freien" Anteil zusammen. "Fest" bedeutet, daß die
Parameter dieser Anteile fest vorgegeben sind. Die veränderba-
ren, d.h. die gesuchten Parameter $\underline{r}_R$ und $\underline{r}_S$ sind die Parameter
der jeweils "freien" Anteile.

Der Grundgedanke des Verfahrens besteht darin, die freien
Systemparameter $\underline{r}_R$ und $\underline{r}_S$ des Modellsystems mit vorgegebener
Struktur so zu optimieren, daß die vom Benutzer vorgegebenen
Approximationskriterien aus Zeit- und Frequenzbereich bestmög-
lich erfüllt werden.

Die Frage, wie das Modellsystem vorzugeben ist, kann nur mit
Blick auf die jeweilige Zielsetzung beantwortet werden. Bei
den von REDU_RP angebotenen Anwendungsbereichen Ordnungsreduktion, Systemidentifikation und Reglerentwurf ergeben sich für
die Wahl der Modellstruktur besondere Eigenheiten, die später
erläutert werden.


## 2.2    Gütekriterien und Parameteroptimierung

Der Grundgedanke des Verfahrens ist bei allen im Abschnitt 2.2
erläuterten Zielsetzungen derselbe und er wurde bereits im
Abschnitt 2.1 zusammengefaßt. Es gilt, sowohl den Fehler zwischen den zeitlichen Systemantworten von Modell- und Originalsystem als auch den Fehler zwischen den Frequenzgängen beider
Systeme zu minimieren. Der Begriff "Fehler" muß im engen Zusammenhang mit den gewählten Gütekriterien gesehen werden. Zur
Beurteilung der Approximationsgüte stehen Gütekriterien aus
dem Zeit- und Frequenzbereich zur Verfügung. Im Laufe der
Entwicklung und Verbesserung des Pakets und durch Erfahrung
bei zahlreichen Anwendungen haben sich sog. Intervallkriterien
als optimal herausgestellt. Ihrem Namen entsprechend können
sie auf vorgebbare Intervalle der Systemantworten, der Stellgrößen und der Frequenzgänge frei angesetzt werden. Dabei wird
zwischen dem Kriterium "maximaler Fehler" und dem Kriterium
"Fläche" unterschieden. Mit dem Kriterium "maximaler Fehler"
wird der betragsmäßig größte auftretende Fehler in dem zu
untersuchenden Intervall, welches durch eine untere und obere
Grenze beliebig definiert werden kann, minimiert. Da es be-
langlos ist an welcher Stelle in dem Intervall der maximale
Fehler auftritt, hat dieses Kriterium die Eigenschaft, alle
Einzelfehler im zu betrachtenden Intervall ungefähr gleich
groß und möglichst klein zu machen. Daher sollte dieses Gütekriterium immer dann angewendet werden, wenn eine im gesamten
definierten Intervall gleichmäßige Konvergenz der Modellregel-

kreisgrößen gegen die Originalregelkreisgrößen gewünscht wird. Immer dann, wenn aus irgendwelchen zwingenden Gründen intervallweise etwas größere Einzelfehler zugelassen werden müssen, diese aber trotzdem mit einem Intervallkriterium kontrolliert und kleingehalten werden sollten, empfiehlt sich die Anwendung des Gütekriteriums "Fläche". Die mathematische Formulierung dieser Intervallkriterien ist in der nachstehenden Tabelle für die Ausgangsgrößen $y(t)$, die Stellgrößen $u(t)$, die Amplitudengänge $A(\omega)$ und die Phasengänge $\alpha(\omega)$ angegeben. Alle Intervallkriterien sind dreifach vorhanden, es stehen somit 24 Kriterien softwaremäßig zur Verfügung. Sie lassen sich demnach jeweils auf die Systemantworten von Modell- und Originalsystem in bis zu drei unterschiedlichen Intervallen mit unterschiedlichen Gewichtungen anwenden. Durch diese Maßnahme wurde die Flexibilität der Approximationsmöglichkeiten in einem sehr hohen Maß gesteigert. Eine spezielle Version des Programmpakets enthält darüber hinaus eine noch größere Anzahl weiterer Kriterien aus Frequenz- und Zeitbereich.

Tabelle. Intervall-Gütekriterien aus Zeit- und Frequenzbereich

---

$$e_1(\underline{r}) = \int_{t_1}^{t_2} (y_o(t) - y_m(t))\, dt \qquad\qquad e_2(\underline{r}) = \text{MAX}\ |y_o(t) - y_m(t)|$$

$$e_3(\underline{r}) = \int_{t_1}^{t_2} (u_o(t) - u_m(t))\, dt \qquad\qquad e_4(\underline{r}) = \text{MAX}\ |u_o(t) - u_m(t)|$$

$$e_5(\underline{r}) = \int_{\omega_1}^{\omega_2} (A_o(\omega) - A_m(\omega))\, d\omega \qquad\qquad e_6(\underline{r}) = \text{MAX}\ |A_o(\omega) - A_m(\omega)|$$

$$e_7(\underline{r}) = \int_{\omega_1}^{\omega_2} (\alpha_o(\omega) - \alpha_m(\omega))\, d\omega \qquad\qquad e_8(\underline{r}) = \text{MAX}\ |\alpha_o(\omega) - \alpha_m(\omega)|$$

---

Aus den verfügbaren Gütekriterien werden die das betreffende Approximationsproblem formulierenden Kriterien vom Benutzer ausgewählt und aktiviert. Die Werte der einzelnen Kriterien $e_i(\underline{r}^o)$ hängen vom Vektor $\underline{r}^o$ der Startparameter ab und sie werden jeweils mit einer oberen Schranke $c_i^o$ versehen. Die skalaren Kriterien $e_i(\underline{r}^o)$ und die zugehörigen Schranken $c_i^o$ werden nach Kreißelmeier und Steinhauser (1979) zu einem Gütevektor $\underline{E}(\underline{r}^o)$ und einen Vorgabevektor $\underline{C}^o$ zusammengefaßt. Die Optimierungsaufgabe besteht darin, einen Parametervektor $\underline{r}$ zu finden, für den $\underline{E}(\underline{r}) \ll \underline{C}^o$ wird. Mit einer Maßzahl $\alpha$ gilt:

$$\underline{E}(\underline{r}) < \alpha\ \underline{C}^o, \qquad\qquad\qquad\qquad (1)$$

wobei für $\alpha$ zunächst gilt:

$$\alpha \; > \; e_i(\underline{r})/c_i^{\,o} \; ; \quad i = 1,2,\ldots, N \tag{2}$$

mit N als Anzahl der aktivierten Kriterien. Die Aufgabe lautet also: Finde einen Parametersatz $\underline{r}$, für den die obige Ungleichung (1) bei minimalem $\alpha$ erfüllt ist. Der kleinste Wert von $\alpha$ ergibt sich als Funktion von $\underline{r}$ zu

$$\alpha(\underline{r}) \; = \; \max \{ \; e_i(\underline{r})/c_i^{\,o} \; \} \; . \tag{3}$$

Will man das kleinstmögliche $\alpha(\underline{r})$ erhalten, so ergibt sich die unbeschränkte Optimierungsaufgabe

$$\mathop{\mathrm{MIN}}_{\underline{r}} \; (\max \{ \; e_i(\underline{r})/c_i \; \}) . \tag{4}$$

Zur Durchführung der Parameteroptimierung bietet das Softwarepaket REDU_RP fünf verschiedene gradientenfreie Optimierungsverfahren zur Auswahl an.


## 2.3    Zielsetzungen

<u>Ordnungsreduktion:</u> Ein Originalsystem $G_o(s)$ höherer Ordnung soll durch ein Modellsystem $G_m(s;\underline{r}_m)$ möglichst niedriger Ordnung approximiert werden. Wie niedrig die Ordnung des Modellsystems gewählt werden kann, hängt einerseits von den physikalischen Beschaffenheiten des Originalsystems und andererseits von der geforderten Güte der Approximation im Zeit- und/oder Frequenzbereich ab. Der Differenzgrad des Modellsystems soll jedenfalls mit dem des Originalsystems übereinstimmen. Werden die an die Güte der Approximation gestellten Anforderungen durch das Modellsystem nicht erfüllt, muß versucht werden, durch Erweiterung der Modellstruktur die notwendige Güte zu erhalten. Damit ergibt sich auch bei der Anwendung des Verfahrens zum Zweck der Ordnungsreduktion häufig eine iterative Vorgehensweise nicht nur bei der Wahl der Modellstruktur sondern auch bei der Festlegung der Gütekriterien; dies deshalb, weil die reduzierte Übertragungsfunktion als Lösung nicht berechnet sondern "entworfen" wird. Aber gerade deshalb sind diese entworfenen Lösungen meist besser als die mit analytischen Ordnungsreduktionsverfahren erhaltenen Ergebnisse.

<u>Identifikation:</u> Da bei der Identifikation das Originalsystem durch diskrete Meßwerte, z.B. seines Frequenzganges, gegeben ist, muß die Struktur des Modellsystems daraus abgeschätzt werden. Kenntnisse über das Originalsystem, z.B. aus einer theoretischen Analyse, können dabei hilfreich sein. Den experimentellen Bedingungen entsprechend muß der Modellregelkreis

offen oder geschlossen angesetzt werden. Falls die Regelstrekke zum Zeitpunkt der Meßwerterfassung durch einen linearen Regler geregelt wurde, muß dessen Übertragungsfunktion als "fester" Modellanteil übernommen werden; ansonsten wird $G_{Rm}(s,\underline{r}_R)$ zu Eins gesetzt. Wenn bekannt ist, daß die zu identifizierende Regelstrecke einen integralen oder differenzierenden Anteil hat, oder wenn man z.B. die Übertragungsfunktion eines Stellglieds kennt, so ist dies ebenfalls dem "festen" Übertragungsfunktionsanteil zuzuordnen. Wenn solche Fälle nicht zutreffen, wird der "feste" Anteil der Modellübertragungsfunktion zu Eins gesetzt. Stellt sich nach Durchführung des Verfahrens nicht die erwartete Annäherung an das Originalsystem ein, so wird man die Struktur des Modellsystems verändern und das Verfahren neu starten. Es sind unter Umständen mehrere Iterationen notwendig, um zufriedenstellende Ergebnisse zu erhalten.

<u>Reglerentwurf:</u> Als drittes Aufgabengebiet kann mit dem Paket REDU_RP der Reglerentwurf bearbeitet werden. In diesem Fall wird der "freie" Streckenmodellanteil konstant zu Eins gesetzt und der dann "feste" Anteil $G_{Sm}(s)$ ist (aus einer vorangegangenen Identifikation) bekannt und wird entsprechend eingegeben. Nach Festlegung einer zweckmäßigen Struktur $G_{Rm}(s,\underline{r}_R)$ des Reglers ist es das Ziel des Programmablaufs, den Parametervektor $\underline{r}_R$ des Reglers so zu bestimmen, daß durch y(t) und/oder u(t) des geschlossenen Modellregelkreises und/oder durch den Frequenzgang des offenen Systems frei vorgebbare "Wunschverläufe" möglichst gut approximiert werden. Dabei können im Laufe der Bearbeitung die Entwurfsanforderungen oder/und die Reglerstruktur geändert werden; also auch hier ergibt sich eine iterative Arbeitsweise bei Anwendung von REDU_RP als Werkzeug zum Reglerentwurf.

## 2.4    Softwaretechnische Implementierung

Die Zeitbereichssimulation ist für alle Programmpakete der Familie einheitlich. Sie wird hier stellvertretend auch für die anderen, nachfolgend angesprochenen Pakete kurz dargestellt. Daneben soll nur noch die ebenfalls im wesentlichen einheitliche Bedieneroberfläche besprochen werden.

### 2.4.1  Die Simulation

An den Simulationsalgorithmus wurden hohe Anforderungen gestellt, weshalb die numerisch sicheren und stabilen Routinen der RASP-Bibliothek Verwendung fanden. Dazu ist die Transformation des zu simulierenden Eingrößensystems in Zustandsdarstellung erforderlich:

$$\dot{\underline{x}}(t) \;=\; \underline{A}\,\underline{x}(t) + \underline{b}\,\underline{u}(t) \;;\quad \underline{x}(t_0) = \underline{x}_0 \;, \tag{5}$$

$$y(t) \;=\; \underline{c}^T\,\underline{x}(t) + d\,u(t) \;. \tag{6}$$

Bei gegebenem Verlauf der Eingangsgröße u(t), beschränkt sich die analytische Berechnung der Ausgangsgröße y(t) auf die Auswertung der Zustandsgleichung (5). Die rechnerunterstützte Lösung von Gl.(5) erfolgt mit Hilfe des Transitionsmatrixverfahrens, indem nach einem geeigneten Rekursionsalgorithmus verfahren wird.

Betrachtet man die Eingangsgröße u(t) als Ausgangsgröße eines homogenen Systems (Generatorsystem)

$$\dot{\underline{v}}(t) \;=\; \underline{F}\,\underline{v}(t) \;;\quad \underline{v}(t_0) = \underline{v}_0 \;, \tag{7}$$

$$u(t) \;=\; \underline{h}^T\,\underline{v}(t) \;, \tag{8}$$

dann läßt sich y(t) als Ausgangsgröße des folgenden homogenen Ersatzsystems mit dem Zustandsvektor $\underline{z} = [\underline{x}\;\;\underline{v}]^T$ darstellen:

$$\underline{z}(t) \;=\; \hat{\underline{A}}\,\underline{z}(t) \;;\quad \underline{z}(t_0) = \underline{z}_0 \;, \tag{9}$$

$$y(t) \;=\; \hat{\underline{c}}^T\,\underline{z}(t) \;, \tag{10}$$

mit

$$\hat{\underline{A}} = \begin{bmatrix} \underline{A} & \underline{b}\,\underline{h}^T \\ \underline{0} & \underline{F} \end{bmatrix} \;,\quad \hat{\underline{c}}^T = [\;\underline{c}^T \;|\; d\,\underline{h}^T\;] \;,\quad \underline{z}_0^{\,T} = [\;\underline{x}_0\;\;\underline{v}_0\;] \;.$$

Damit sich beliebige Eingangssignale simulieren lassen, werden die Generatormatrix $\underline{F}$ und die Vektoren $\underline{h}$ und $\underline{v}_0$ programmintern wie folgt belegt:

$$\underline{F} = \begin{bmatrix} 0 & 1 \\ 0 & 0 \end{bmatrix} \;,\quad \underline{h}^T = [\;1\;\;0\;] \;,\quad \underline{v}_0^{\,T} = [\;p_0\;\;p_1\;] \;. \tag{11}$$

Auf diese Weise erzeugt das Generatorsystem eine Rampenfunktion mit dem Anfangspunkt $p_0$ und der Steigung $p_1$. Diese beiden Parameter werden vor Beginn der eigentlichen Simulation aus dem eingegebenen Verlauf von u(t) für jeden Rechenschritt berechnet und zwischengespeichert. Die Eingangsgröße u(t) wird sodann innnerhalb jedes Rechenschritts der Simulation durch eine durch die Parameter $p_0$ und $p_1$ festgelegte Rampe approximiert, indem der Simulationsalgorithmus vor jedem neuen Iterationsschritt den Anfangszustandsvektor $v_0$ aktualisiert.

Wird die Transitionsmatrix $\underline{\Phi}(T) = e^{\hat{\underline{A}}T}$ mit der Rechenschrittweite T  durch Potenzreihenentwicklung einmal berechnet, so
besteht jeder Simulationsschritt nur noch aus den Operationen

$$\underline{z}_{k+1} = \underline{\Phi}(T)\,\underline{z}_k \, , \tag{12}$$
$$y_{k+1} = \hat{\underline{c}}^T\,\underline{z}_{k+1} \, . \tag{13}$$

Dieser Simulationsalgorithmus für beliebige Eingangsfunktionen
wurde zur Anwendung in den hier besprochenen RASP-Paketen entwickelt.

## 2.4.2  Das Bedienerführungskonzept

Um der Forderung nach einem interaktiven Bedienerführungskonzept gerecht zu werden, wird als Bedienverfahren ausschließlich das Menüverfahren angewendet. Dies hat den Vorteil, daß
durch eine Hierarchie von Menüebenen die Parametereingabe und
die Anforderung von Informationen in sinnvolle Untermenüs aufgeteilt werden können. In diesem Sinne wird beispielsweise
eine Unterteilung in Zeit- und Frequenzbereich oder Eingabe-
und Informationsbereich vorgenommen. Eine solche systematische Aufteilung erleichtert das Arbeiten mit dem Menüverfahren
durch einen hohen Gewöhnungseffekt. Die Hierarchie des Menüs
geht jedoch nicht zu tief, da sonst die Übersichtlichkeit
leiden würde. Wesentlich für das Menüverfahren ist, daß es
sowohl für den geübten als auch den ungeübten Benutzer gleichermaßen gut geeignet ist. Die Steuerung der Menüs wird mit
Hilfe der vorhandenen Funktionstasten (Softkeys) vorgenommen.
Die Verarbeitung der einzelnen Funktionstasten wird dabei auf
jeder Ebene von einem Softkeyinterpreter übernommen. Dieser
ermittelt aufgrund der aktuellen Bedienungsebene und der betä-
tigten Taste aus einer Tabelle, welche Programmroutinen aufzurufen sind. Den Aufruf der Routinen und die entsprechende
Verzweigung übernimmt ebenfalls der Interpreter. Er stellt
somit für die gesamte Menüsteuerung das Grundelement der Be-
fehlsverarbeitung dar. Zusätzlich bieten die Funktionstasten
den Vorteil, daß die Eingabe von Zahlenwerten und die Anwahl
der Menüs räumlich getrennt erfolgen. Dadurch werden diesbezügliche Eingabefehler ausgeschlossen.

In dem für die RASP-Pakete erstellten Bedienerführungskonzept
werden grundsätzlich drei verschiedene Menü- bzw. Bildarten
unterschieden. Menüs mit Verteilfunktion, Menüs zur Dateneingabe, Menüs zur Darstellung von Führungsgrößen, Systemantworten, Frequenzgängen, etc. In den Menüs mit Verteilfunktion
werden ausschließlich die Verzweigungsalternativen der Haupt-
menüs und der wichtigsten Untermenüs erläutert. Alle Menüs zur
Dateneingabe besitzen die gleiche Grundmaske. Diese Menüs sind
bei allen Programmen der RASP-Pakete identisch. Bei jedem

Einlesevorgang werden die eingegebenen Parameter auf ihre Plausibilität hin überprüft.

Während der Optimierung erfolgt die grafische Darstellung der Größen $e_i/c_i$ on-line auf dem Bildschirm. Die Gütekriterien können dabei entweder den Status "aktiv" oder den Status "Anzeige" besitzen; im letzteren Fall sind die betreffenden Gütekriterien bei der Optimierung inaktiv und werden nur zum Vergleich mit angezeigt. Die grafische Darstellung ist als Balkendiagramm aufgebaut. Auf der Abszisse eines Koordinatensystems sind die einzelnen Gütekriterien benannt, auf der Ordinate sind ihre Werte abzulesen. Analog dem Wert eines Gütekriteriums vergrößert oder verkleinert sich der zugehörige Balken bei jeder Diagrammauffrischung. Es werden aber nur dann neue Werte am Bildschirm angezeigt, wenn der Optimierungsalgorithmus eine Lösung gefunden hat, die besser als die bisher angezeigte ist. Die Balken besitzen je nach dem Status "aktiv" oder "Anzeige" eines Gütekriteriums unterschiedliche Farben.

Während des Optimierungslaufes kann on-line von der oben beschriebenen grafischen Darstellung der Gütekriterien durch das Balkendiagramm wahlweise auf die grafischen Darstellungen der Übergangsfunktionen von Stellgrößen und Regelgrößen sowie der Amplitudengänge und der Phasengänge von Original- und Modellsystem umgeschaltet werden. In solch einem Fall wird bei jeder Verbesserung des Ergebnisses zu einer gewählten Größe des Originalsystems die dazugehörige momentane Größe des Modellsystems grafisch dargestellt. In allen on-line Menüs werden zusätzlich für das Modellsystem die momentanen Werte für die Nullstellen und Pole, die Verstärkung und die Totzeit angegeben. Desweiteren werden Informationen, wie z.B. die aktuelle Anzahl der Funktionsauswertungen und der exakte Verhältniswert $\alpha$ nach Gl.(3) angezeigt.

Auf diese Weise kann der Benutzer die Entwicklung der verwendeten Gütekriterien und den Programmablauf sehr gut verfolgen. Durch die zusätzliche Visualisierung der Änderungen von Nullstellen und Polen, Verstärkung und Totzeit einerseits und die gleichzeitige grafische Darstellung der daraus resultierenden Änderungen der Frequenzgänge, der Übergangsfunktionen und der Stellgrößen des Modellsystems andererseits, können in der Optimierungsphase wertvolle Erkenntnisse über die Wirksamkeit der eingesetzten Gütekriterien und über deren Abänderungen für eine weitere Iteration erzielt werden.


## 2.5    Anwendungsbeispiele

In dem Aufsatz von Gehre und Grübel (1987) sind drei Beispiele zur Ordnungsreduktion angegeben. In seiner Dissertation hat

Gehre (1990) eine größere Anzahl von Anwendungsbeispielen behandelt. In der von K.H.Fasol im Teil D dieses Bandes beschriebenen Fallstudie ist eine Anwendung von REDU_RP zur Modellapproximation (Identifikation) und zum Reglerentwurf dargestellt. Zwei weitere Beispiele sollen hier folgen.

### Beispiel 1 (zur Ordnungsreduktion):

Das hier behandelte akademische Beispiel stammt von Kiendl und Post (1988) und ist so gewählt, daß sich nach dem von Litz (1979) eingeführten Dominanzmaßen keine dominanten Eigenwerte ergeben, dieses Ordnungsreduktionsverfahren also eine Reduktionsmöglichkeit nicht aufzeigt. Bei der mit REDU_RP vorgenommenen Ordnungsreduktion konnte das Originalsystem 12.Ordnung durch ein Modellsystem 4.Ordnung approximiert werden. Die nachfolgende Tabelle zeigt die Pol-Nullstellenkonfigurationen und die Bilder 2.1 und 2.2 zeigen die Sprungantwort und die Frequenzgänge. Das Ergebnis konnte durch iterative Anwendung von Gütemaßen im Zeit- und Frequenzbereich und wiederholte Simulationen erreicht werden. Die gefundenen vier Pole des Modellsystems stimmten mit den von Kiendl und Post (1988) ermittelten Polen gut überein.

## Originalsystem

Pole                                            Nullstellen

$$s_{r1,2} = -10.00 \pm 1.000j \qquad s_{q1,2} = -5.057 \pm 36.95j$$
$$s_{r3,4} = -10.00 \pm 10.00j \qquad s_{q3,4} = -8.843 \pm 12.16j$$
$$s_{r5,6} = -10.00 \pm 15.00j \qquad s_{q5,6} = -9.971 \pm 0.583j$$
$$s_{r7,8} = -10.00 \pm 16.00j \qquad s_{q7,8} = -10.29 \pm 15.53j$$
$$s_{r9,10} = -10.00 \pm 50.00j \qquad s_{q9,10} = -10.79 \pm 6.315j$$
$$s_{r11} = -10.00 \qquad s_{q11} = -183.45$$
$$s_{r12} = -100.0$$

Verstärkung:   K = 19.45

## Modellsystem

Pole                                            Nullstellen

$$s_{r1,2} = -11.90 \pm 48.70j \qquad s_{q1,2} = -4.12 \pm 37.18j$$
$$s_{r3,4} = -30.60 \pm 21.90j \qquad s_{q3} = -128.70$$

Verstärkung:   K = 19.64

### Beispiel 2 (zur Identifikation bzw. Approximation):

Dieses Beispiel stammt von umfangreichen Untersuchungen, die als Grundlage für die Auslegung eines Kompensationssystems zur Verringerung der Schwingungsbelastung der Tragflügel eines Verkehrsflugzeugs AIRBUS A 310 durchgeführt wurden. Darüber wurde auch von Fasol und Gehre (1988) berichtet.

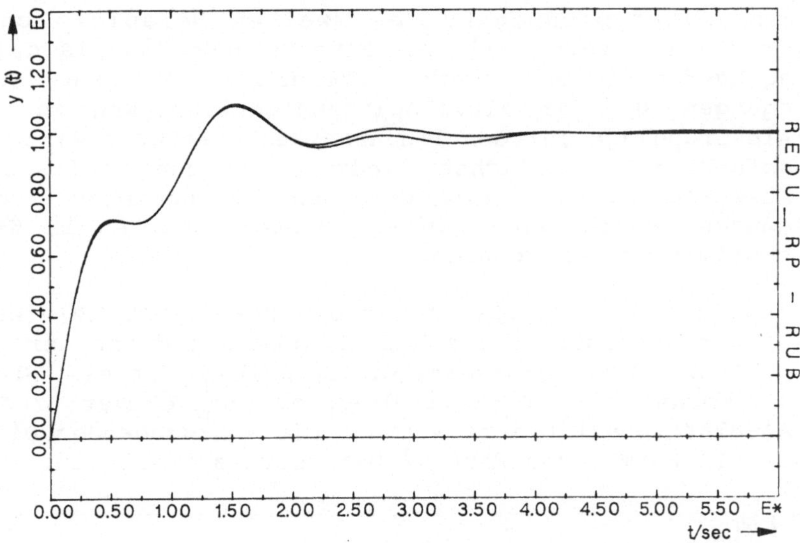

Bild 2.1. REDU_RP Reduktionsergebnisse im Zeitbereich
(zu Beispiel 1)

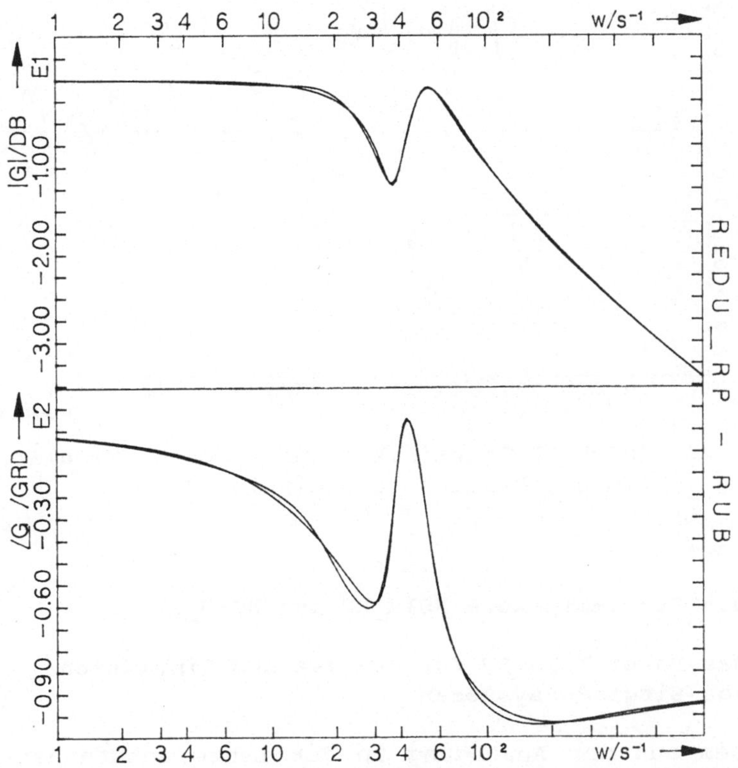

Bild 2.2. REDU_RP Reduktionsergebnisse im Frequenzbereich
(zu Beispiel 1)

Die Identifikationsaufgabe des zweiten Beispiels bestand
darin, die für unterschiedliche Flugzustände jeweils gültigen
Übertragungsfunktionen zwischen Steuerkommando, u.a. Querru-
derbewegungen und der Flügelspitzenbeschleunigung zu ermitteln. Als Grundlage für den linearen Reglerentwurf waren Übertragungsfunktionen möglichst niedriger Ordnung gefragt, die
durch Auswertung von bei Flugversuchen vorgenommenen Frequenzgangmessungen sowie Messungen von Systemantworten im Zeitbereich bestimmt werden konnten.

Die Bilder 2.1 bis 2.3 wurden mit dem Paket PLOT_RP erstellt.
Dieses Paket unterstützt die RASP-Pakete und dient der interaktiven Herstellung ganzseitiger Graphiken mittels HP-Plot-
ters. Es können bis zu sechs Diagramme beliebiger Größe auf
einem A4-Blatt positioniert werden. Die auszugebenden Diagramme müssen in Form eines RASP_RP-Datensatzes vorliegen.

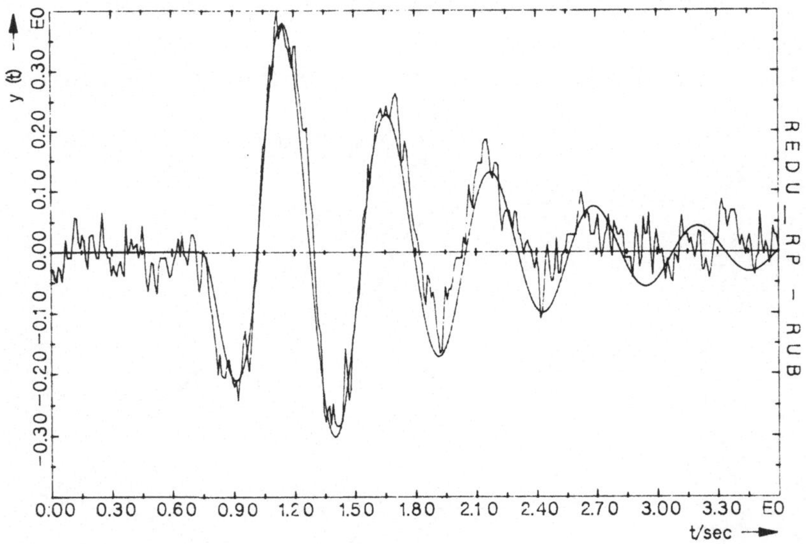

Bild 2.3. REDU_RP Identifikationsergebnis. Simulation
im Zeitbereich (zu Beispiel 2)


**3        Die Programmpakete ESIM_RP und WOKU_RP**

**3.1    Das Paket ESIM_RP für Analyse und Simulation
von Eingrößensystemen**

Mit diesem aus der Anwendung in der Lehre entstandenen RASP-
Paket lassen sich die Analyse- und Simulationsaufgaben der
klassischen Regelungstechnik bearbeiten.

Softwaremäßig erfolgt die Simulation genau so, wie schon im Abschnitt 2.4.1 beschrieben. Auch das Bedienerführungskonzept ist, wie schon früher erwähnt, identisch mit den Bedieneroberflächen der anderen Programmpakete dieser Familie. Die Ausführungen der ersten Absätze aus Abschnitt 2.4.2 sind deshalb hierher übertragbar.

Das zu untersuchende System kann getrennt nach den Strukturen und Parametern von Regler und Regelstrecke eingegeben werden. Für die Regelstrecke können unterschiedliche Übertragungseigenschaften für Stell- und Störverhalten definiert werden. Die Strukturen und Parameter für Strecke und Regler können wahlweise in Koeffizienten- oder Pol-Nullstellendarstellung der Übertragungsfunktionen oder in Zustandsdarstellungen eingegeben werden. Nach erfolgter Eingabe wird in die jeweils beiden anderen Darstellungsformen umgerechnet. Übertragungsfunktion oder beliebige Zustandsdarstellung werden in Regelungsnormalform transformiert. Zur Eingabe gehören auch die Definition der zeitlichen Verläufe von Führungsgröße und Störgröße. Diese Zeitfunktionen können entweder als Ergebnisse von Messungen von Dateien eingelesen oder am Rechner mit beliebig vielen Stützstellen von Hand eingegeben werden.

Die Leistungen des Programms bestehen in Berechnung und Darstellung von Bodediagrammen, Nyquist- und Nicholsortskurven für Regler, Strecke und Gesamtsystem im offenen Regelkreis sowie für das Gesamtsystem im geschlossenen Kreis. Es erfolgen auch die Darstellung eines Pol-Nullstellendiagramms sowie die Berechnung und Darstellung der Wurzelortskurve des gesamten Systems. Die Zeitbereichssimulation entsprechend Abschnitt 2.4.1 stellt für Regelgröße und Stellgröße die Antworten auf die eingegebenen Eingangsfunktionen dar. Alle Simulationsergebnisse können auf Dateien abgespeichert oder/und über einen Plotter ausgegeben werden. Die geplotteten Diagramme entsprechen den Bildern 2.1 bis 2.3; sie können, ebenso wie bei REDU_RP, auch mit einem Raster versehen werden. Die Datensätze der Dateien können, wie auch schon erwähnt, in den anderen Programmpaketen, z.B in REDU_RP und WOKU_RP weiter bearbeitet werden.


## 3.2    Das Paket WOKU_RP zur Berechnung von Wurzelortskurven

Auch hier findet man zur Systemeingabe die gleiche Bedienungsoberfläche wie bei den anderen Paketen. Die Eingabe des Systems erfolgt in den verschiedenen Darstellungsmöglichkeiten am Terminal oder von einer z.B. in ESIM_RP erstellten Datei. Eine dort erhaltene Wurzelortskurve kann in WOKU_RP weiterbearbeitet werden; die beiden Pakete ergänzen sich. Durch Verwendung stabiler Algorithmen der RASP_Bibliothek konnte, so

wie auch bei den anderen Paketen der Familie, den Forderungen
nach Sicherheit und Leistung entsprochen werden.

Das Paket bietet folgende Programmleistungen:

- Berechnung und grafische Darstellung der Wurzelortskurve,
- Modifizierung der Wurzelortskurve durch:
  Einfügen oder Kürzen von Polen und Nullstellen,
- Parametrierung der Wurzelortskurve:
  Berechnung der Pole des geschlossenen Regelkreises für eine
  beliebige Verstärkung K,
  Berechnung der Verstärkung K für beliebig vorzugebende Pole,
- Darstellung der relativen und absoluten Stabilitätsgrenze.
- Automatisches Skalieren der Diagrammbereiche.
- Darstellung der Auswirkung von Pol- bzw. Nullstellenver-
  schiebung durch Kurvenscharen.

Im Zeitbereich bietet das Programm die Simulation der Sprungantwort des geschlossenen Regelkreises, wobei für die Simulation dieselben Subroutinen verwendet werden wie vorhergehend
in  Abschnitt 2.4.1 beschrieben.

Bild 3.1  zeigt als Beispiel eine mit WOKU_RP erstellte Schar
von Wurzelortskurven bei Variation der Nullstellen.  Als Vergleich zu den Bildern 2.1 bis 2.3 wurde dieses Bild als unmittelbare Hardcopy hergestellt.

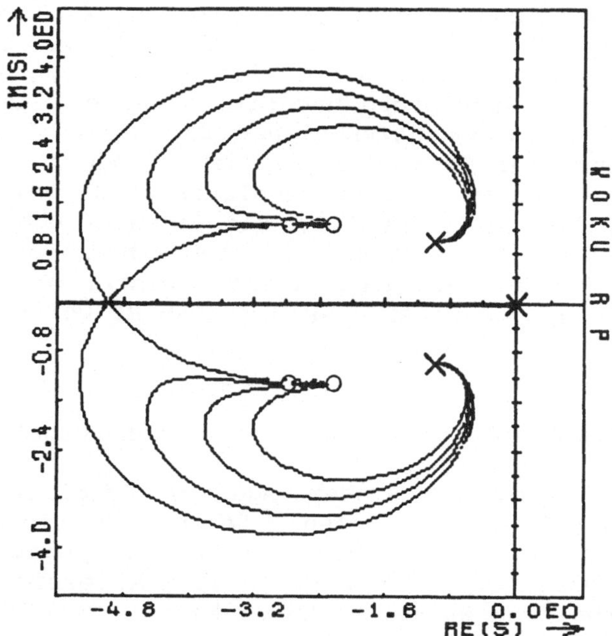


Bild 3.1. Mit WOKU_RP berechnete Wurzelortskurven

Hardcopies einiger mit WOKU_RP erstellter Wurzelortskurven
sind auch in Bildern des Beitrags von S.Jayasuriya und D.May
im Teil D zu sehen (Seiten 469, 471, 472).


**4        Das Paket DEAD_RP für Entwurf und Simulation
           von Deadbeat Regelungssystemen**

Dieses Paket dient der Synthese und der Simulation linearer
Eingrößensysteme mit einem Regler auf endliche Einstellzeit.
Das Bedienerführungskonzept stimmt im wesentlichen mit den
Bedienoberflächen der anderen Pakete überein. Die Regelstrecke
kann wahlweise als s-Übertragungsfunktion in Polynomdarstellung bzw. in Pol-Nullstellenkonfiguration oder als z-Übertra-
gungsfunktion ebenfalls in beiden Darstellungsmöglichkeiten
eingegeben werden. Bei Eingabe als s-Übertragungsfunktion
erfolgt die Umrechnung in den z-Bereich für eine vom Programm
automatisch ermittelte optimale Abtastzeit, sofern nicht vom
Benutzer eine andere Abtastzeit vorgegeben wird.

Als Nebenbedingungen für den Reglerentwurf können Integralan-
teil vorgegeben, Stellgrößenbeschränkungen definiert und Pol-
Nullstellen-Kürzungen vorgenommen werden. Ein besonderes Merkmal des Paketes ist die Möglichkeit, Informationen über die
Einflüsse der vorgenommenen Kürzungen (z.B. Instabilität) ab-
zurufen.

Nach Ende aller Eingaben wird für die vom Benutzer gewählte
oder vom Programm als optimal bestimmte Abtastzeit die Reglersynthese gestartet und sowohl der vom Programm entworfene
Regler als auch das Gesamtsystem werden als z-Übertragungs-
funktion wahlweise in Koeffizienten- oder Pol-Nullstellendarstellung numerisch (die Pol-Nullstellendarstellung auch graphisch) ausgegeben.

Auch bei diesem Paket besteht die Möglichkeit, die Eingaben
von Dateien einzulesen bzw. die Ergebnisse auf Dateien abzulegen und über Plotter auszugeben. Nach abgeschlossenem Reglerentwurf erfolgt die Simulation des Führungsverhaltens des
Regelkreises. Die Sprungantworten von Stellgröße und Regelgröße werden graphisch dargestellt.

Über eine praktische Anwendung des RASP-Pakets DEAD_RP wurde
ausführlich von Pohl (1989) berichtet und über denselben An-
wendungsfall wird auch im Teil D dieses Buches in der von
K.H.Fasol beschriebenen Fallstudie kurz berichtet.

## Literaturhinweise

[1] Fasol, K.H., Gehre, G. (1988). A Computer Aided Method for Identification and Model Reduction Applied to the Evaluation of Flight Test Results. 12th IMACS World Congress. Paris.

[2] Gehre, G., Grübel, G. (1987). Ein Verfahren zur Modellapproximation mit unterschiedlichen Zielsetzungen im Zeit- und Frequenzbereich. Automatisierungstechnik (at), 35. S. 310-316.

[3] Gehre, G. (1990). Regelungstechnische Modellapproximation in Zeit- und Frequenzbereich. Dissertation. Schriftenreihe Lehrstuhl für Regelungssysteme und Steuerungstechnik, Ruhr-Universität Bochum. H.31.

[4] Joos, H.-D., Grübel,G. (1988). Die Regelungstechnische Programmbibliothek RASP'87. Automatisierungstechnik (at), 36. S. 313.

[5] Kiendl, H., Post, K. (1988). Invariante Ordnungsreduktion mittels transparenter Parametrierung. Automatisierungstechnik (at), 36. S. 465-473.

[6] Kreißelmeier, G., Steinhauser, R. (1979). Systematische Auslegung von Reglern durch Optimierung eines vektoriellen Gütekriteriums. Regelungstechnik (at), 27. S. 76-79.

[7] Litz, L. (1979). Reduktion der Ordnung linearer Zustandsraummodelle mittels modaler Verfahren. Hochschulverlag. Stuttgart.

[8] Pohl, M. (1989). Reglerentwurf auf endliche Einstellzeit für die Turbinenregelung einer Wasserkraftanlage. Automatisierungstechnik (at), 36. S. 306-310.

[9] Schumann, R. (1989). CAE von Regelungssystemen mit IBM-kompatiblen Personal Computern. Automatisierungstechn. Praxis (at), 36. S.306-310.

# Die blockorientierte Simulationssprache FSIMUL

B. Gebhardt


## 1 Einführung

Im Verlauf von Simulationsstudien zur Optimierung von im Entwurf befindlichen industriellen Prozessen sind meist systematische, strukturelle oder/und parametrische Änderungen von
Teilsystemen erforderlich. Vor allem der Entwurf und die Optimierung der Steuerungs- und Regelungssysteme stehen immer
häufiger im Mittelpunkt von Simulationsstudien. Wie in den
einführenden Beiträgen des Teiles A dargestellt, steigen daher
die Anforderungen an die Vielseitigkeit von Simulationswerkzeugen zusehends. Von einem solchen Werkzeug werden zumindest
universelle Anwendbarkeit, große Benutzerfreundlichkeit, übersichtliche Dokumentation von Modell und Ergebnissen sowie eine
für die Berichtherstellung unmittelbar verwendbare, ansprechende graphische Ausgabe der Simulationsergebnisse vorausgesetzt. Diesen Anforderungen entsprechen derzeit zahlreiche
Simulationspakete. Auch das am Lehrstuhl für Regelungssysteme
und Steuerungstechnik der Ruhr-Universität Bochum entwickelte
Paket FSIMUL versucht, diesen Anforderungen gerecht zu werden.
FSIMUL ist derzeit für IBM PC/AT-kompatible (MS-DOS) Rechner
mit 640 kByte RAM und Farbgraphik verfügbar.


## 1.1 Anforderungen an das Simulationspaket

Die eben global angeführten, an ein Simulationspaket zu stellenden Ansprüche werden anschließend noch etwas detaillierter
aufgelistet. Sie fanden im Laufe der Entwicklung und ständigen
Verbesserung von FSIMUL Beachtung. Folgende Leistungen müssen
von einem Simulationspaket erwartet werden:
- Das Simulationswerkzeug muß für unterschiedliche Probleme
  verwendet werden können, wie z.B. technische und nichttech-
  nische Anwendungen, kontinuierliche und nichtkontinuierliche
  Prozesse, Entwurf und Simulation von Regelungssystemen, Simulation binärer Steuerungen usw.
- Benutzerfreundlichkeit mit komfortabler Problemeingabe, die
  keinerlei Programmierkenntnisse erfordert; Trennung von Eingabe, Simulation und Ausgabe; jederzeit aufrufbare Hilfe-
  stellung.
- Möglichkeit des Einlesens z.B. von Meßergebnissen von einer
  Datei.
- Keine vom Benutzer vorzunehmende Festlegung der Berechnungssequenz (Sortierung durch das Programm).

- Großer Firmwarevorrat (Blockoperationen).
- Angebot von problemspezifischen Makros als Teil der Firmware; problemlose Makrobildung durch den Benutzer und dadurch die  Möglichkeit, selbst eine Bibliothek von wiederholt verwendba  ren Makros anzulegen.
- Leichte Durchführbarkeit von on-line Struktur- und Parameteränderungen; gesteuerte Parametervariationen (Parameteroptimierung).
- Übersichtliche Ausgabe, gute Dokumentation.


## 2       Programmbeschreibung, Leistungen

### 2.1      Allgemeines

FSIMUL ist ein menügeführtes, blockorientiertes Programmpaket
zur Simulation linearer und nichtlinearer dynamischer Systeme;
es arbeitet "analogrechner-orientiert", d.h. jeder Rechenoperation wird ein Rechenblock zugeordnet (siehe Abschnitt 2.5).
Gemäß dem heutigen Stand der Technik für PC-Programme erfolgt
die Bedienung über Pulldown-Menüs. Dadurch wird die Handhabung
von FSIMUL sehr vereinfacht, so daß auch ohne Erlernen einer
speziellen Befehlssyntax und ohne Programmierkenntnisse das
Verhalten dynamischer Systeme anhand von grafisch oder numerisch dargestellten Systemantworten analysiert werden kann.
Hauptanwendungsgebiete sind die Regelungstechnik und die binäre Steuerungstechnik. Der Anwendungsbereich von FSIMUL ist
aber nicht auf ingenieurwissenschaftliche Gebiete beschränkt,
sondern das Programm kann überall dort eingesetzt werden, wo
statische, dynamische oder logische Systeme entworfen und in
der Simulation getestet werden sollen.

Das Programmpaket FSIMUL wurde in seiner letzten Version vollständig in der Hochsprache C geschrieben. Die Sprache C ermöglicht einerseits einen klar strukturierten Aufbau der Bedieneroberfläche und der Blockalgorithmen. Andererseits konnten
gewisse Leistungsmerkmale von FSIMUL erst durch die besonderen
Möglichkeiten dieser Sprache erfüllt werden, wie z.B. das in C
mögliche Anlegen verketteter Strukturen und das Anfordern von
Speicherplatz bei Bedarf. Durch verkettete Strukturen konnte
die Makrotechnik komfortabel implementiert und durch das Allokieren von Speicherplatz ist die Größe einer zu berechnenden
Blockstruktur nur von der Größe des zur Verfügung stehenden
Arbeitsspeichers abhängig. Durch eine objektorientierte Programmierung in C wird jeder Block programmintern als Datum
angesehen, worauf ein reentranter Algorithmus angewendet wird.
Durch diese Technik kann jeder Grundblock von FSIMUL unbegrenzt oft mit einer unbeschränkten Anzahl von Eingängen in
ein Modell eingebaut werden (siehe Abschnitt 2.5.1).

## 2.2    Benutzeroberfläche

Eine besondere Bedeutung kommt dem Teil eines Programms zu, mit dem der Benutzer kommuniziert und den Programmablauf steuert. Als Stand der Technik moderner Anwenderprogramme können Bedieneroberflächen in Pulldown-Menü- und Fenstertechnik angesehen werden. Diese Technik ist kein Maß für die Leistungsfähigkeit eines Programms, sie erleichtert allerdings die Handhabung des Programms erheblich. Dies wird insbesondere durch den sehr raschen Aufbau der Menüs

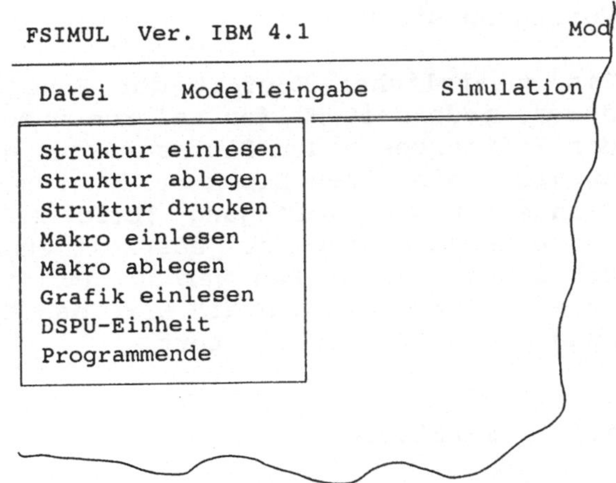


Bild 2.1. Programmoptionen im Menü

und Fenster und durch den Einsatz von Farbe unterstützt. Erfolgte früher die Entscheidung über den weiteren Verlauf des Programms durch interaktive Eingaben, so erscheinen bei dieser Menütechnik die möglichen Alternativen zur Fortführung des Programms in einem Kasten auf dem Bildschirm (Bild 2.1).

In diesen Fenstern kann die Entscheidung über eine der möglichen Optionen getroffen werden, indem die betreffende Zeile durch die Pfeiltasten angewählt wird. Charakteristisch ist, daß die Menüs in den bestehenden Bildschirmaufbau plaziert

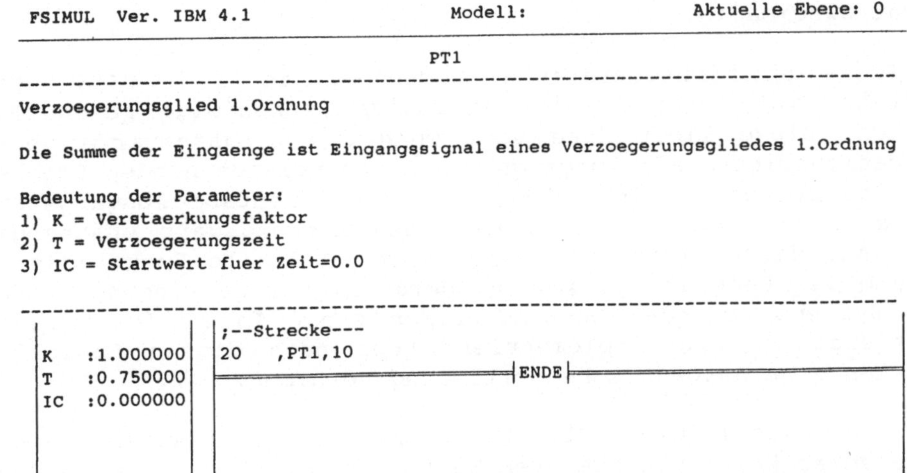


Bild 2.2. Beispiel eines Hilfeaufrufs: PT1-Glied

werden und dennoch nicht zerstörend wirken. Dies bedeutet, daß der Bildschirm nach Abbau des Menüs wieder unangetastet zur Verfügung steht.

Ein zusätzlicher Komfort der Fenstertechnik ergibt sich dadurch, jederzeit Hilfen anfordern zu können. So stehen während des Editierens einer Blockstruktur durch einfachen Tastendruck zu jedem einzelnen Block Erläuterungen zu den Algorithmen oder Parametern zur Verfügung (Bild 2.2). Desweiteren können zu jedem Menüauswahlpunkt jederzeit zusätzliche Erläuterungen und Erklärungen abgerufen werden. Durch dieses im Programm integrierte "Programm-Manual" wird das Erlernen der Programmbedienung wesentlich erleichtert.


## 2.3   Sortierung

Ein wesentlicher Vorteil der blockweisen Programmierung liegt darin, daß die einzelnen Rechenblöcke (Blockoperationen) vom Benutzer in beliebiger Reihenfolge eingegeben werden können (siehe Abschnitt 2.5). Die Berechnung einer Simulationsstruktur erfolgt, durch Arbeitsweise des Digitalrechners gegeben, sequentiell. Das Problem ist dabei, die nicht geordnet vorliegende Folge von Operationen in eine zu verarbeitende Reihenfolge zu bringen. Um das ganze System in einem Durchgang berechnen zu können, müssen die Blöcke sortiert werden. Eine rechenbare Struktur ergibt sich nur dann, wenn die Blöcke so hintereinander stehen, daß ihre zur Berechnung der Ausgangsgrößen erforderlichen Eingangsgrößen bereits bekannt sind. Es besteht zwar grundsätzlich die Möglichkeit, auch ohne Sortierung über den iterativen Weg zu den richtigen Eingangsgrößen zu gelangen, jedoch ist dies rechenzeitaufwendig und deshalb nicht zweckmäßig.

Im Falle der nichtiterativen Rechnung, wie es in FSIMUL geschieht, muß zunächst eine zulässige Rechenfolge geschaffen werden. Diese liegt dann vor, wenn die Eingangswerte jedes Operationsblocks als Ausgangsgrößen von voranstehenden Blöcken bereits berechnet sind, d.h. wenn der momentane Ausgangswert eines Blocks von dem gleichzeitigen Eingangswert unabhängig ist. Aus dieser Tatsache ergibt sich, daß alle Funktionen am Anfang der Rechenfolge stehen, deren Argumente Eingangsgrößen des Systems und/oder Zustandsgrößen sind. In FSIMUL ist ein Sortieralgorithmus implementiert, der nach diesen Gesichtspunkten eine automatische Sortierung vornimmt.

Befinden sich in einer Struktur Rückkopplungsschleifen, innerhalb derer keine vorbekannten Werte vorliegen, d.h. keine Operationen wie Integrierer, Totzeitglieder usw. vorhanden sind, ist eine zulässige Rechenfolge nicht möglich. Solche Schleifen

sind als algebraische Schleifen bekannt. Werden bei der Modellbildung in FSIMUL solche Strukturen eingegeben, dann erfolgt eine Fehlermeldung, die erst dann als quittiert gilt,
wenn die algebraische Schleife entweder durch arithmetische
Umformung oder aber durch Einfügen eines Sonderblocks beseitigt wird. Dieser Block, mit dessen Hilfe die algebraische
Schleife beseitigt werden kann, ist der sog. ADL-Block (siehe
Abschn. 2.5.1); er realisiert eine Totzeit von einer Schrittweite, wodurch auf iterativem Wege eine Berechnung der Struktur herbeigeführt wird.


## 2.4 Makrotechnik

Als Nachteil gegenüber gleichungsorientierten Sprachen wird
oft die Unübersichtlichkeit großer blockorientierter Modellstrukturen genannt. Die Übersichtlichkeit eines Blockschaltbildes kann jedoch durch eine komfortable Makrotechnik wesentlich erhöht werden. FSIMUL bietet dem Benutzer die Möglichkeit, eigene parametervariante Makroblöcke zu kreieren. Diese
Makroblöcke werden aus Grundblöcken zusammengesetzt und können
mit unterschiedlichen Parametern in einem Modell beliebig oft
verwendet werden. Vor allem bei großen Anlagenmodellen, wo
gleiche Bauteile nur mit unterschiedlichen Parametern eingesetzt werden, trägt diese mit Hilfe der Menütechnik komfortabel gestaltete Makrotechnik sehr zur Übersichtlichkeit bei.
Die Makrotechnik eröffnet dem Benutzer auch die Möglichkeit,
eigene problemspezifische Makrobibliotheken aufzubauen. Durch
solche Bibliotheken können für jeden Problembereich verifizierte und erprobte Teilmodelle zusammengefaßt und für andere
Anwender zugänglich gemacht werden.


## 2.5 Funktions- und Leistungsumfang

Die Strukturbeschreibung arbeitet, wie schon erwähnt, "block-
schaltbild-orientiert", d.h. jeder Rechenoperation wird ein
Rechenelement (Blockoperation, Block) zugeordnet. Bei der Erstellung der Struktur geht der Benutzer daher sinnvollerweise
(aber nicht notwendigerweise) von einem skizzierten Blockschaltbild aus (siehe Abschnitt 3.1). FSIMUL läßt sich deshalb
in die Klasse der "analogrechner-orientierten" (blockorientierten) Simulationswerkzeuge einordnen. Es ist ein leistungsfähiges Softwaretool, das einige Möglichkeiten bietet, die in
anderen, blockorientierten Paketen vielleicht so nicht vorhanden sind. Als Beispiele dafür können Parameterschätzverfahren,
Parameteroptimierung, das Arbeiten mit dreidimensionalen Kennfeldern, die Simulation mit einem Transitionsmatrix-Verfahren
oder die umfangreiche Firmware für logische Operationen zur
Simulation von binären Steuerungen genannt werden.

Bei der Modellbildung bzw. Modelleingabe ist es möglich, komplexere Modelle in einzelne Strukturebenen zu gliedern. Diese Ebenen sollen in sich abgeschlossene Teilstrukturen enthalten. In den einzelnen Ebenen kann dann mit unterschiedlichen Schrittweiten gerechnet werden, wenn dies bei der Simulation "steifer" Systeme notwendig ist. Durch spezielle Ebenenflags kann die Berechnung der einzelnen Ebenen unterdrückt oder eingeschaltet werden. Eine andere Möglichkeit besteht auch darin, einzelnen Makros unterschiedliche Rechenschrittweiten als Parameter zuzuordnen.

Bei der Strukturerstellung werden den einzelnen Blöcken des Blockschaltbildes beliebige Nummern zugewiesen, die die spätere Zuordnung bei der Parametereingabe, Kommentierung, On-line-Abfrage  usw. repräsentieren. In jeder Strukturebene kann die Numerierung von 1 bis 999 erfolgen, d.h. es sind Modellstrukturen bis jeweils 999 Einzeloperationen möglich, wobei jede einzelne Blockoperation beliebig oft aufgerufen werden kann. In der Regel kann auch jeder Block mit beliebig vielen Eingängen versehen werden. Die Verbindungen (Signalpfade) der einzelnen Blöcke, die Blockparameter sowie erläuternde Kommentare können mit Hilfe der Pull-down Menüs auf einfache Weise eingegeben werden. Die Art dieser Eingabe geht am besten aus dem in Abschnitt 3.1 besprochenen Beispiel hervor.

Die Struktur und auch die Parameter des simulierten Systems sind jederzeit ohne Compilerlauf durch Befehl modifizierbar, so daß z.B. Auswirkungen von Änderungen der Struktur oder/und von einzelnen Parametern einfach und schnell untersucht werden können. Dabei sind auch zyklische Simulationen möglich, bei denen einzelne Parameter on-line in Abhängigkeit von anderen Parametern adaptiert werden.

Nach Festlegung jener Blöcke, deren Ausgangssignale während des Simulationslaufs beobachtet werden sollen, erfolgt die Simulation mit numerischer bzw. in der Regel graphischer Ausgabe. Bei mehreren ausgegebenen Signalverläufen können entweder alle Verläufe (in verschiedenen Farben) in einem einzigen Diagramm dargestellt werden (Bild 3.7) oder es wird, bei nicht zu vielen Ausgangsgrößen, für jedes Signal ein eigener Diagrammstreifen (Kanal) ausgegeben (Strip-Chart-Darstellung). Eingangssignale in das simulierte System können, falls erforderlich, von einer Datei eingelesen werden oder es können am Bildschirm die Simulationsergebnisse mit von Datei eingelesenen Meßergebnissen verglichen werden. Die Simulationsergebnisse können auch auf Datei abgelegt werden, wobei Kompatibilität mit den Programmen der RASP_RP Reihe besteht. So können z.B. mit FSIMUL erhaltene Systemantworten zum Zweck der Modellapproximation bzw. Ordnungsreduktion im Paket REDU_RP weiter bearbeitet werden (siehe den Beitrag von Fasol, Gehre und Knof

über die RASP-Pakete im Teil B und den Beitrag von Fasol im
Teil D). Die Ergebnisse können auch über Plotter oder als
Hardcopy über einen Drucker  ausgegeben werden.

Verfügt der verwendete PC über D/A- und A/D-Wandlerkarten mit
entsprechender Treibersoftware, dann kann über analoge Aus-
gangs- und Eingangsblöcke mit einem simulierten Regelungs-
oder/und Steuerungsalgorithmus ein realer Prozeß, z.B. eine
Prüfstandsanordnung, geregelt bzw. gesteuert werden.

## 2.5.1  Blockoperationen

Der Firmwarevorrat des Pakets bietet dzt. rund 70 einzelne
Blöcke an, wozu den konventionellen Analogrechner-Komponenten
entsprechende Operationen und alle in blockorientierten Sprachen üblicherweise vorhandenen Blöcke gehören. Jeder Block
wird, zur Charakterisierung seiner Funktion, mit einem Drei-
Buchstaben-Wort bezeichnet und damit auch aufgerufen. Die
Funktionsblöcke werden wie folgt eingeteilt:

- <u>Quellblöcke</u> haben keinen Eingang; sie dienen der Signaler-
  zeugung wie z.B. Konstante (CON), Rechteckgenerator (REC),
  gleichverteiltes Rauschen (NOI), pseudozufälliges binäres
  Rauschen (PRB).

- <u>Rechenblöcke und mathematische Funktionen</u>. Dazu gehören etwa
  20 Operationen wie sie z.B. auch z.T. in Tabelle 2 des Beitrags von Benninger und Konigorski auf Seite 279 angegeben
  sind. Hervorzuheben sind u.a. das Polynom max. 10.Ordnung
  (POL), der Funktionsgeber (FNC) mit unbeschränkter Stützstellenzahl und der Interpolierer (IPL), der gemeinsam mit
  FNC-Blöcken die Realisierung dreidimensionaler Kennfelder
  ermöglicht. Die Anzahl der Blockeingänge ist im allgemeinen
  nicht begrenzt. Die Eingänge sind vorwiegend sog. Summationseingänge, d.h. die jeweilige Blockoperation wird mit
  der Summe der Eingänge ausgeführt. Hat z.B. der Polynomblock
  (POL) 5 Eingänge $x_1, \ldots, x_5$, dann wird ein Polynom in einer
  Variablen gebildet, die der Summe aller Eingänge entspricht.

- <u>Dynamische Blöcke</u> wie z.B. verschiedene Integrierer, be-
  grenzter Integrierer (LMI), nachgeführter Integrierer mit
  Begrenzung (NFI), z.B. zum stoßfreien Umschalten zwischen
  verschiedenen Reglerstrukturen, Verzögerungsglieder erster
  und zweiter Ordnung (PT1, PT2), Differenzierer mit Verzögerung (DMV), PID-Regler (PID), Lead-Lag-Glied (KOP) usw. Zu
  dieser Klasse von Blockoperationen gehört auch die Ein-
  schritt-Verzögerung (ADL): Der Ausgang ist gleich dem um
  einen Rechenschritt verzögerten Eingang. Mit diesem Block
  werden algebraische Schleifen aufgehoben. Auch die Eingänge
  der dynamischen Blöcke sind Summationseingänge.

- <u>Schaltglieder</u> wie z.B. Zweipunkt-Relais (REL), Begrenzer (LIM), Abtast-Halteglied (SPL), Multiplexer (MUX) zum Selektieren der Ausgänge von Blöcken bzw. Makros mit mehreren Ausgängen.

- <u>Blöcke zur zyklischen Simulation</u>. Dazu gehören z.B. Zykluszähler (CYC), Adaptionsblock (ADP) zum Adaptieren z.B. von Reglerparametern zur Parameteroptimierung, Bestimmung des Maximalwerts eines Rechenzyklus (TMX), Abbruchbedingung (EPS); (siehe Bild 2.3).

- <u>Blöcke zur Optimierung und Parameterschätzung</u>. Dazu gehört der gradientenfreie Optimierungsalgorithmus nach Powell [8] (OPT), mit dem das Minimum einer Gütefunktion bestimmt werden kann. Die Bildung eines Gütevektors aus beliebig vielen skalaren Eingangs-Gütefunktionen erfolgt mit dem Block KRE (siehe Abschnitt 3.2). In Verbindung mit dem Block OPT kann während einer zyklischen Simulation die Parameteroptimierung nach Kreisselmeier und Steinhauser [7] vorgenommen werden. Zur Parameterschätzung von z-Übertragungsfunktionen nach der Least-Square- und der Hilfsvariablen-Methode [5] dienen in Verbindung mit dem Multiplexer (MUX) die Blöcke RLS und RIV (siehe Bild 2.4).

- <u>Transitionsmatrixverfahren</u>. Für linearisierte Teilmodelle, die in Zustandsbeschreibung vorliegen, wurde der Block ZSR entwickelt. Dafür wurden numerisch sichere und stabile Routinen der RASP-Bibliothek [6] und der auf den Seiten 238 bis 240 beschriebene Algorithmus verwendet. Ein besonderer Vorteil des ZSR-Blocks ergibt sich bei der Simulation von Systemen, deren größte und kleinste Zeitkonstante sehr große Differenzen aufweisen. Wird für solche steifen Systeme das "schnelle" Teilsystem mit dem numerisch stabilen ZSR-Block modelliert, so kann die Simulationsschrittweite für das Gesamtsystem an das "langsame" Teilsystem angepaßt werden, was zu erheblich kürzeren Rechenzeiten führt.

- <u>Logische Operationen</u>. Diese Blöcke realisieren die schaltalgebraischen Elementarfunktionen, RS-, D- und T-Flipflops (RSF, DFF, TFF), verschiedene Zeitglieder, Komparator (CMP), Vor-/Rückwärtszähler (CNT) sowie verschiedene Schrittblöcke für Ablaufsteuerungen. Damit können binäre Freifolgesteuerungen und alle Arten von Ablaufsteuerungen (Zwangsfolgesteuerungen) simuliert werden (siehe Abschnitt 3.4).

<u>Eingabe- und Ausgabeblöcke</u>. Dazu gehören Blöcke zur Kommunikation zwischen verschiedenen Prozessoren, wenn mit Mehrprozessorsystemen gearbeitet wird, analoge Ein- und Ausgänge (AIN, AOT), digitale Ein- und Ausgänge (DIN, DOT) sowie der Block "Digitalvoltmeter" (DVM), mit dem in einem Diagramm am

Bildschirm einzelne Systemgrößen gemeinsam mit einem Kommentar numerisch angezeigt werden können (siehe die Bilder 2.3, 2.4, 2.7).

Aus den späteren Beispielen im Kapitel 3 geht die Anwendung einer Anzahl der hier angeführten Blöcke hervor. Anschließend sollen hier deshalb nur das Ergebnis einer zyklischen Simulation (Bild 2.3) und einer Parameterschätzung (Bild 2.4) gezeigt sowie die Anwendung des Funktionsgebers zur Kennfeldsimulation näher besprochen werden.

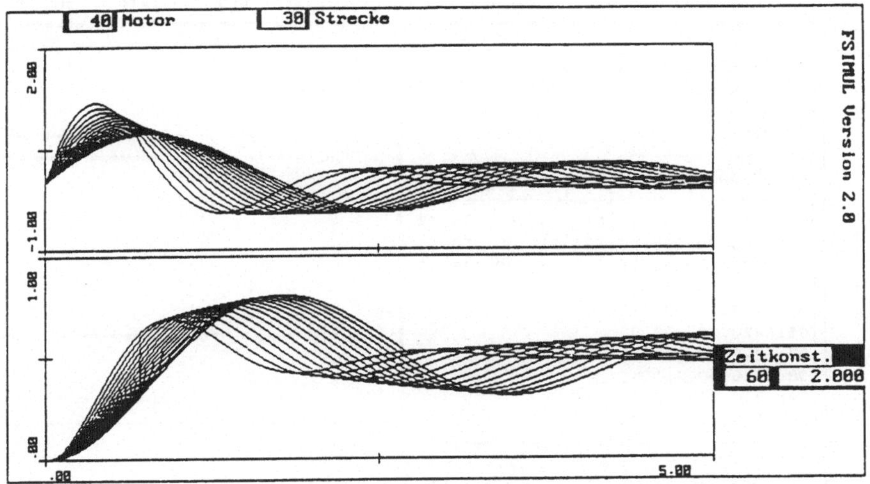


Bild 2.3. Ergebnis einer zyklischen Simulation

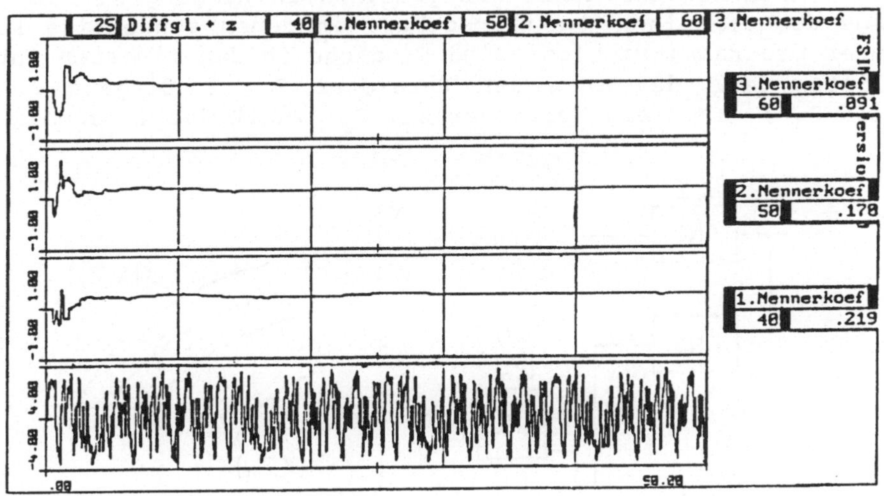


Bild 2.4. Ergebnis der Parameterschätzung für ein System dritter Ordnung. Eingangssignal: PRBS (Block PRB), Ausgang verrauscht (NOI)

Zur Simulation eines dreidimensionalen Kennfeldes $Y = F(X,Z)$
werden zunächst für jeden einzelnen Wert $Z_i$ des Parameters Z
die Kennlinien $Z_i = F_i(X,Z=Z_i=const)$ mittels der Funktionsge-
ber-Blöcke FNC oder FNL programmiert. Bild 2.5 zeigt als Beispiel das Menü bei Eingabe der Wertepaare. Zwischen den Werte-
paaren wird nach Splinefunktionen (FNC) oder linear (FNL)
interpoliert; die Anzahl der Wertepaare ist nur durch einen
eventuellen Speicherüberlauf beschränkt.

```
FSIMUL  Ver. IBM 4.1                Modell: FNC.SIM       Aktuelle Ebene: 0
─────────────────────────────────────────────────────────────────────────
   Datei      Modelleingabe     Simulation    Voreinstellung   Info   Hilfe
─────────────────────────────────────────────────────────────────────────
              Struk ┌──────────────────────┐
              Block │Modelltitel:          │
              Ausga ├──────────────────────┘
  ┌───────────────────────────────────────┐ entar
  │ FNC-Blocknr: 30                        │
  │                                        │─┤ANFANG├════════════════════
  │ Nr.│X-Wert│Y-WERT│Nr.│X-Wert│Y-WERT    │
  │                                        │
  │ 01: 287.00 252.29│11: 333.00 174.67    │
  │ 02: 300.00 249.50│12: 334.00 160.60    │
  │ 03: 310.00 244.75│13: 334.30 145.38    │
 13│ 04: 313.00 242.82                     │
  │ 05: 317.10 237.92                      │
  │ 06: 320.00 232.90                      │ PL
  │ 07: 325.00 222.51                      │═┤ENDE├═════════════════════
  │ 08: 328.00 211.58                      │
  │ 09: 330.00 200.02                      │
  │ 10: 331.50 187.76                      │
  └────────────────────────────────────────┘
```

Bild 2.5. Menü bei Programmierung eines Funktionsgebers

Alle Funktionsgeber haben den gemeinsamen Eingang X. Die Ausgänge der einzelnen Funktionsgeber, in denen eindeutige Funktionen programmiert sind, sind Eingänge in den linearen Interpolierer IPL, der auch den Parameter Z als Eingang erhält
(Bild 2.6). Für ein Wertepaar $X_o$, $Z_o$ wählt der Interpolierer

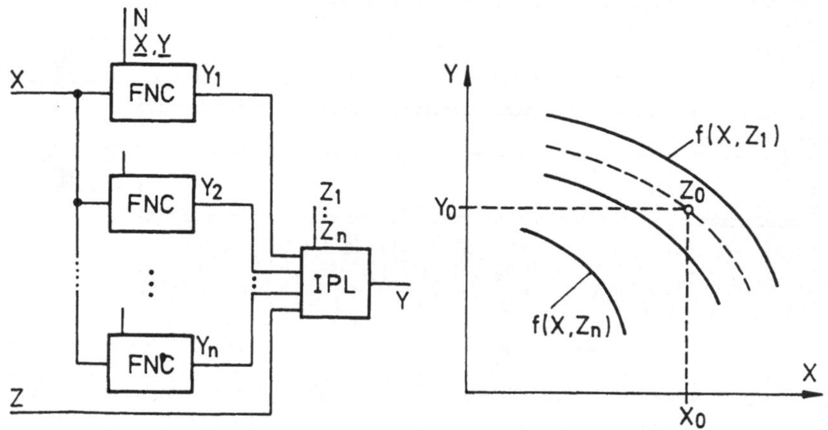


Bild 2.6. Kennfelddarstellung in FSIMUL

zwei benachbarte FNC-Ausgänge aus, zwischen denen er linear
interpoliert. Dadurch hängt die Genauigkeit der Kennfelddarstellung von der Zahl der verwendeten FNC-Blöcke und der jeweiligen Stützstellenzahl ab.

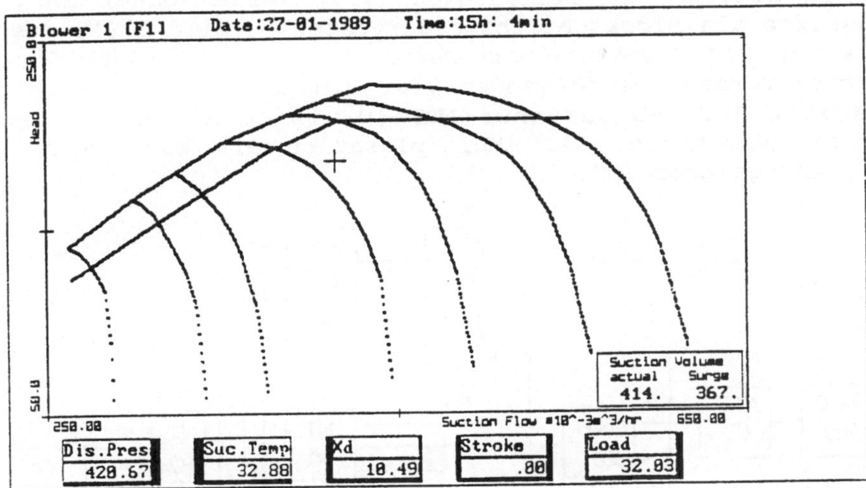


Bild 2.7. Hardcopy eines Verdichterkennfelds mit der
          on-line Darstellung  eines Betriebspunktes

## 3        Anwendungsbeispiele

### 3.1    Simulation einer Fahrzeugfederung

Anhand eines sehr einfachen Beispiels werden Programmierung und Simulation dargestellt. Es sei das stark vereinfachte Modell von Rad, Federung und Karosserie eines
Fahrzeugs zu simulieren. Das Bild 3.1 könnte jedoch auch das Modell eines anderen
mechanischen Systems darstellen.

Aus der Kräftebilanz dieses Systems ergeben
sich die Differentialgleichungen

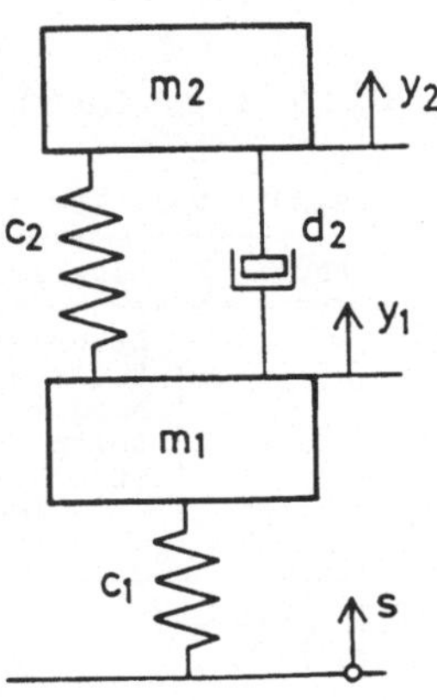


$$m_1\ddot{y}_1 + d_2(\dot{y}_1-\dot{y}_2) + c_2(y_1-y_2) - c_1(s-y_1) = 0$$

$$m_2\ddot{y}_2 - d_2(\dot{y}_1-\dot{y}_2) - c_2(y_1-y_2) = 0 \;.$$

Bild 3.1. Modell
der Federung

Darin seien die Massen  $m_1 = 42$ kg und $m_2 = 511$ kg; die Dämp-
fungskonstante    sei $d_2 = 2.10^3$ N.s/m; die Federkonstanten

seien $c_1 = 4.10^5$ N/m und $c_2 = 25.10^3$ N/m; $y_1$ und $y_2$ sind die Bewegungen von Rad und Karosserie;  s ist die Eingangsgröße (Fahrbahnunebenheit), die hier als Rechteckwelle angenommen werde. Der Regelungstechniker ist gewohnt, in Blockschaltbildern zu denken. Die Gleichungen (3.1) werden daher in einer Handskizze als Blockschaltbild dargestellt (Bild 3.2), das die Basis für die Struktur- und Parametereingabe bildet. Für das Programm werden die folgenden vier Blöcke benötigt: Rechteck-generator REC, Abschwächer ATT (Division durch konstanten Faktor), Verstärker GAI (Multiplikation mit konstantem Faktor), Integrierer INT.

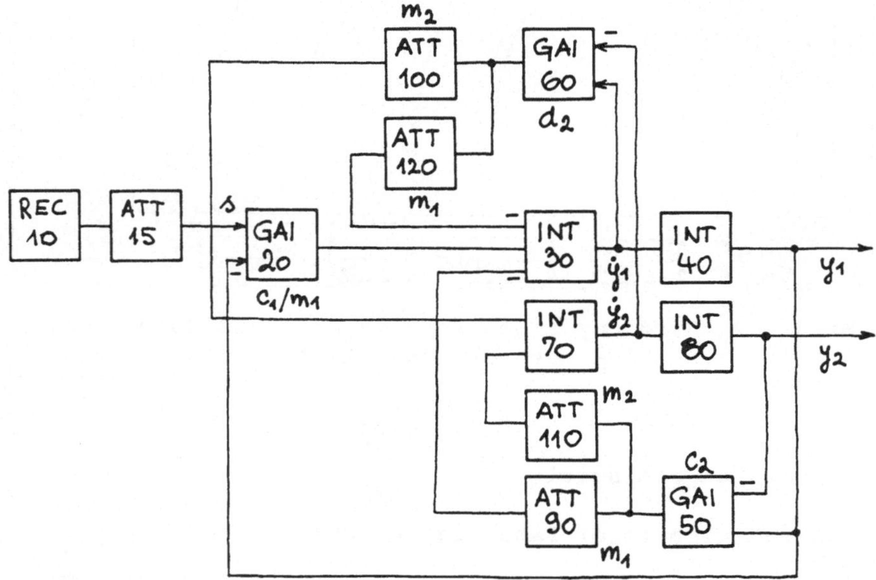


Bild 3.2. Handskizze des Blockschaltbildes nach Gln.(3.1)

```
FSIMUL  Ver. IBM 4.1                    Modell: FEDER2.SIM    Aktuelle Ebene:

   Datei      Modelleingabe      Simulation      Voreinstellung      Info     Hilfe
==================================================================================
            Struk
            Block  Modelltitel: Kfz-Federung
            Ausga
            Zeitp  Nr.  ,Typ,Eingaenge ;Kommentar
            Struk
                                          ANFANG
                   10   ,REC,             ; Anregung
                   15   ,ATT,10           ; Störung
   Parameter       20   ,GAI,15 -40       ; (Feder C1) / ( Rad m1)
   REC             30   ,INT,20 -90 -120  ; Y1'
                   40   ,INT,30           ; Rad
 T   :2.000000     50   ,GAI,40 -80       ; Feder C2
                   60   ,GAI,30 -70       ; Dämpfer D2
                   70   ,INT,110 100      ; Y2'
                   80   ,INT,70           ; Karosserie
                   90   ,ATT,50           ; Masse m1
                   100  ,ATT,60           ; Masse m2
```

Bild 3.3. Menü der Struktureingabe

Den einzelnen Blöcken werden vom Benutzer frei wählbare Block-
nummern zugeteilt, wie es im Bild 3.2 zu sehen ist. Aufgrund
der Skizze erfolgen die Eingabe von Struktur und Parametern
(Bild 3.3)   sowie die Eingabe der Befehle für die Ausgabe
(Bild 3.4). Bild 3.5 zeigt die ausgedruckte Dokumentation von
Modell und Simulationsanweisungen, Bild 3.6 das von FSIMUL
aufgrund der Struktureingabe erstellte Blockschaltbild und
Bild 3.7 zeigt schließlich das Simulationsergebnis.

```
FSIMUL  Ver. IBM 4.1                    Modell: FEDER2.SIM    Aktuelle Ebene:

   Datei      Modelleingabe      Simulation    Voreinstellung      Info    Hilfe
 ══════════════════════════════════════════════════════════════════════════════
                                grafisch ┌─────────────────────────────────────┐
                                numerisch│ Block         │ Bereich             │
                                auf Datei │               │                     │
                                ohne Ausg │ X : 0         │ 0.    < X  < 10.    │
                      ┌───────────────────│ Y1: 70        │ -0.5  < Y1 < 1.5    │
                      │                   │ Y2: 80        │ 0.    < Y2 < 1.     │
                      │ Jeden wievielten  │ Y3: 10        │ 0.    < Y3 < 1.     │
                      │                   │ Y4: 0         │ 0.    < Y4 < 1.     │
                      │              1    └─────────────────────────────────────┘
                      └─────────────────────────────────┘
```

### Bild 3.4. Eingabe der Bereiche für die Diagrammausgabe

```
      FSIMUL  IBM 4.1          16. 2.90      18:50        Seite 1
      ---------------------------------------------------------------------
      Datei: C:\ALL\VNCSIM\SIM\FEDER3.SIM
      Modell: Kfz-Federung
      ---------------------------------------------------------------------

   T   :2.000000    10   ,REC,                ; Anregung
   K   :10.00000    15   ,ATT,10              ; Störung
   K   :9523.800    20   ,GAI,15 -40          ; (Feder C1) / ( Rad m1)
   IC  :0.000000    30   ,INT,20 -90 -120     ; Y1'
   IC  :0.000000    40   ,INT,30              ; Rad
   K   :25000.00    50   ,GAI,40 -80          ; Feder C2
   K   :2000.000    60   ,GAI,30 -70          ; Dämpfer D2
   IC  :0.000000    70   ,INT,110 100         ; Y2'
   IC  :0.000000    80   ,INT,70              ; Karosserie
   K   :42.00000    90   ,ATT,50              ; Masse m1
   K   :511.0000   100   ,ATT,60              ; Masse m2
   K   :511.0000   110   ,ATT,50              ; Masse m2
   K   :42.00000   120   ,ATT,60              ; Masse m1


   Ausgabebloecke:

           Block      Bereich
   X :     0          0.       <  X  <  3.
   Y2:     40         -0.1     <  Y2 <  0.1
   Y3:     80         0.       <  Y3 <  1.
   Y4:     15         0.       <  Y4 <  1.
   Y5:     0          0.       <  Y5 <  1.


   Zeitparameter:

   Endzeit:       3.
   Schrittweite: 1.e-003
```

### Bild 3.5. Dokumentation

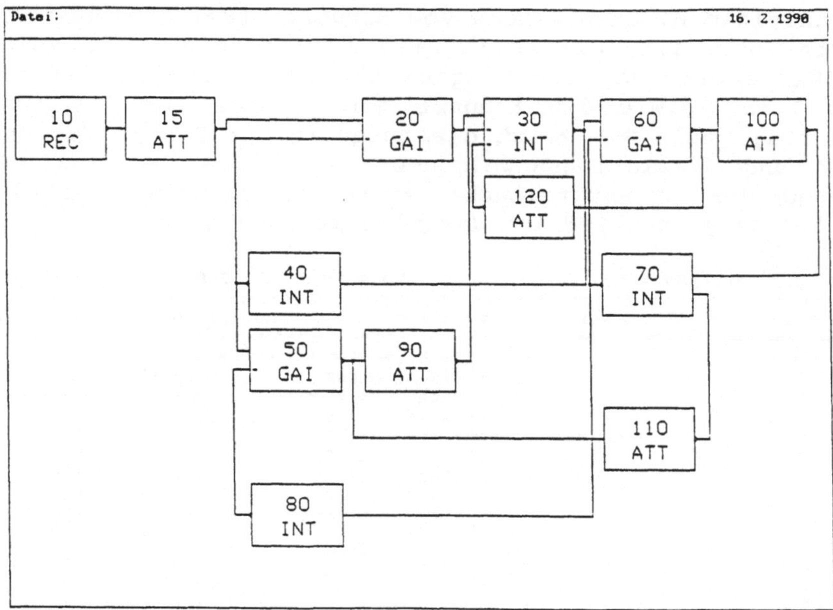

Bild 3.6. Von FSIMUL erstelltes Blockschaltbild

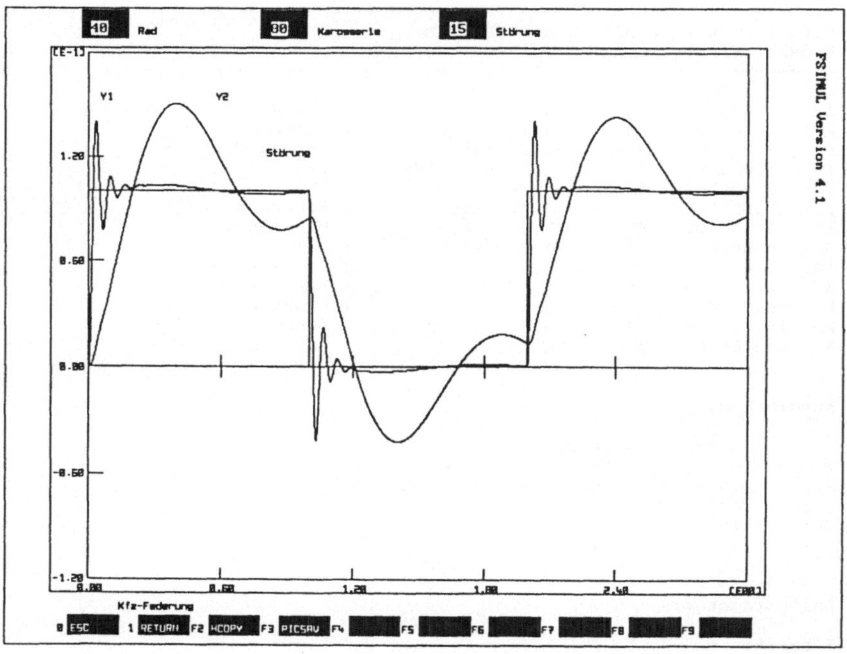

Bild 3.7. Simulationsergebnis

### 3.2    Simulation und Optimierung einer Pumpschutzregelung für Axialverdichter

Das Kennfeld eines Turbokompressors wird durch eine strömungs-
dynamisch bedingte Stabilitätsgrenze, Pumpgrenze genannt, in
zwei Bereiche getrennt. Bild 2.7 zeigt ein solches Kennfeld,
das in der Regel das Verhältnis von Ausgangs- zu Eingangsdruck
(Verdichtungsverhältnis $\pi$) über dem Volumenstrom V [m$^3$/s] darstellt. Die einzelnen Kennlinien des Kennfeldes ergeben sich
für konstante Drehzahl oder für konstante Leitapparatöffnung.
Stabiler Betrieb der Anlage ist nur "rechts" von der Pumpgrenze möglich. Bei Unterschreiten des durch diese Grenze bestimmten Förderstroms können, insbesondere bei Axialverdichtern,
Schäden bis zur Zerstörung der Beschaufelung auftreten. Zur
Vermeidung des Betriebs im instabilen Bereich "links" der
Pumpgrenze werden Pumpschutzregelungen eingesetzt [2]. Durch
eine sog. Abblaselinie, parallel zur Pumpgrenze (siehe Bild
3.9), wird der Sollwertverlauf für dieses Regelungssystem im
Kennfeld festgelegt. Bei Erreichen dieses Sollwerts wird durch
rasches Öffnen eines Umblaseventils ein Teil des Förderstroms
entweder ins Freie oder an die Ansaugseite des Verdichters
geblasen. Aus Gründen eines wirtschaftlichen Betriebs legt man
die Abblaselinie so nahe wie möglich an die Pumpgrenze, weshalb ein Überschwingen über diese Grenze minimiert werden muß.
Die Problematik der Pumpschutzregelung und die Entwicklung
eines sehr wirksamen Regelungskonzepts im Rahmen einer mit
FSIMUL durchgeführten Simulationsstudie wurde von Blotenberg
[1] ausführlich beschrieben. Eine Diskussion dieser Regelung
würde jedoch den Rahmen dieses Abschnitts sprengen.

Als Beispiel für die Parameteroptimierung einer verhältnismäßig einfachen Pumpschutzregelung mit PI-Regelung wird anschließend auf eine frühere Arbeit von Gebhardt [3,4] zurück-
gegriffen.

Zur Parameteroptimierung der PI-Pumpschutzregelung wurden drei
Gütekriterien als Komponenten eines vektoriellen Gütekriteriums verwendet. In Bild 3.9 (links) ist die Regeldifferenz $x_d$
definiert. Die Minimierung von

$$e_1 = \max\ x_d$$

bedeutet, daß der Abstand zwischen Pumpgrenze und Abblaselinie
infolge der Minimierung des Überschwingens klein gehalten
werden kann. Die Minimierung von

$$e_2 = \int_{t_1}^{t_2} x_d\ dt; \qquad x_d \geq 0$$

bedeutet Stabilisierung an der Abblaselinie. Schließlich berücksichtigt die Minimierung von

$e_3 = \max \dot{u}$

die Stellgeschwindigkeitsbegrenzung des Umblaseventils. Nach
Kreisselmeier und Steinhauser werden diese drei Kriterien mit
je einer oberen Schranke versehen (siehe [7] sowie den Beitrag
über die RASP-Pakete im Teil B). Unter Verwendung der FSIMUL-
Blöcke TMX, KRE, OPT, MUX und ADP (siehe Abschnitt 2.5.1) ist
die Parameteroptimierung mittels vektorellen Gütekriteriums
möglich.

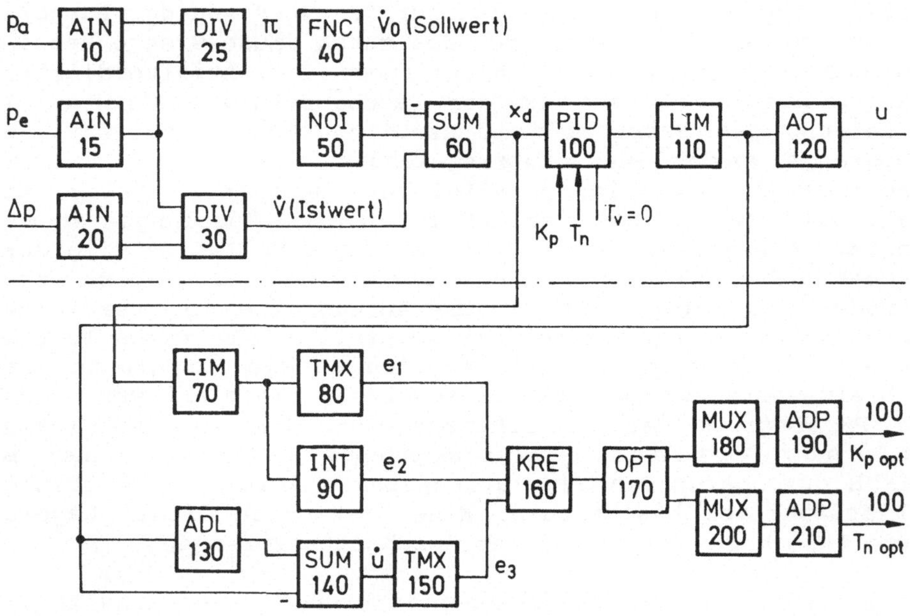


Bild 3.8. FSIMUL-Blockschaltbild der Regelung mit
        Parameteroptimierung

Bild 3.8 zeigt das FSIMUL-Blockschaltbild der Pumpschutzregelung und der Optimierungsstrategie. Der im Bild verwendete
Rauschgenerator (NOI) dient der realistischen Nachbildung des
Wirkdrucksignals der Meßblende zur Erfassung der Regelgröße.
In Bild 3.9 sind Simulationsergebnisse sowohl mit schlecht
eingestelltem als auch mit optimiertem Pumpschutzregler dargestellt. Bei diesem Vorgang wurde der Volumenstrom vom Betriebspunkt AP1 mit maximaler Stellgeschwindigkeit auf den
Betriebspunkt AP2 reduziert.

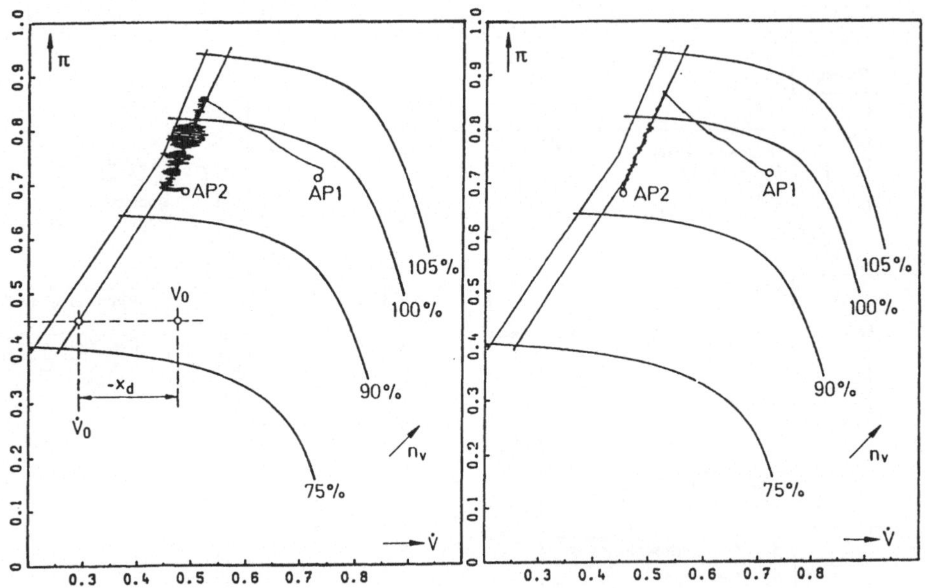

Bild 3.9. Simulationsergebnisse im Kennfeld.
Links mit ungünstigen, rechts mit
optimierten Reglerparametern

## 3.3    Simulation der Steuerung eines Maschinensatzes

Ablaufsteuerungen (Zwangsfolgesteuerungen) werden in der Regel
als Funktionsplan (FUP) nach DIN 40719, Bl.6 dargestellt. Bei
der Anwendung von speicherprogrammierbaren Steuerungen können
mittels Programmiergeräten die Funktionspläne direkt in Anwei-
sungslisten bzw. Maschinencode übersetzt werden. FSIMUL bietet
die Möglichkeit, auch komplexe Ablaufsteuerungen zu strukturieren und zu simulieren. Durch gleichzeitige Simulation des
zu steuernden Prozesses kann die Funktion der entworfenen
Steuerung erprobt werden. Für die Simulation binärer Steuerungssysteme sind logische Blockoperationen erforderlich;
soweit diese im folgenden Beispiel Verwendung finden, werden
sie später kurz erläutert.

Im Bild 3.10 sind als Ausschnitt aus dem Funktionsplan der
Steuerung eines Maschinensatzes drei einzelne Schritte herausgegriffen. Im Bild 3.11 ist der FSIMUL-Ablaufplan zur Simulation dieses Teils der Steuerung dargestellt. Die in Bild 3.10
angegebenen Transitionen und Aktionen sind der Einfachheit
halber im Bild 3.11 nur angedeutet. Bei Kenntnis der zur Programmierung verwendeten Blockoperationen ist der Zusammenhang
zwischen den beiden Bildern gut verständlich.

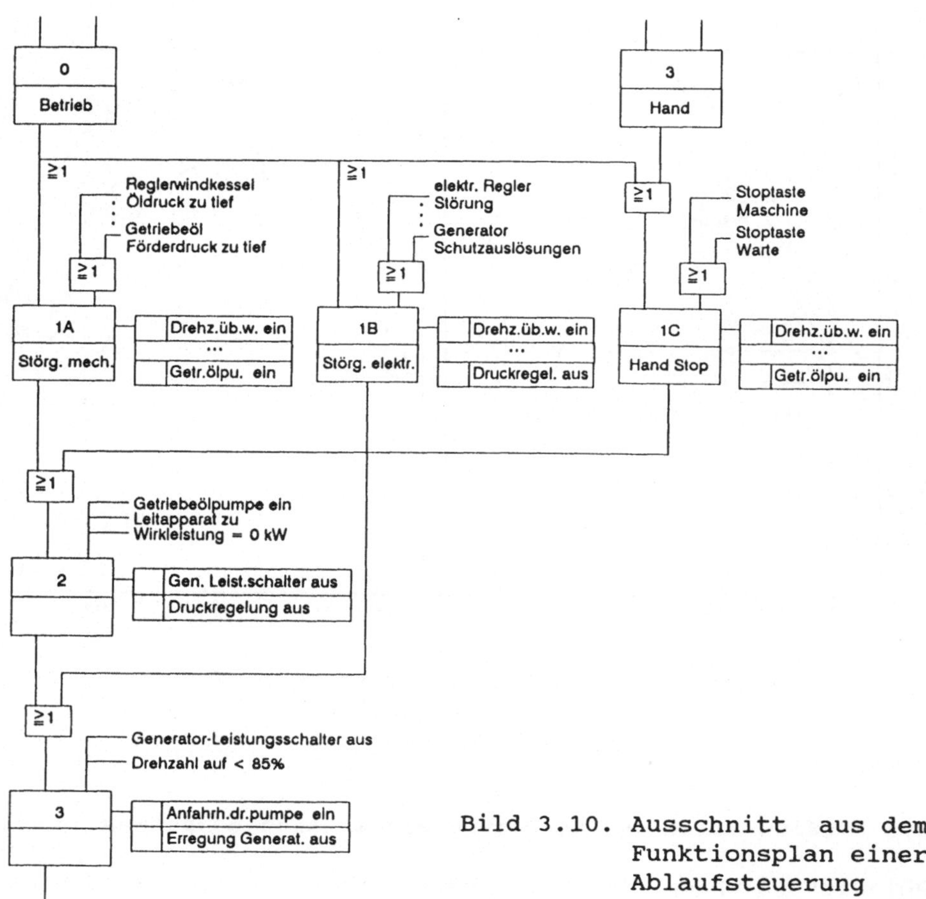

Bild 3.10. Ausschnitt aus dem Funktionsplan einer Ablaufsteuerung

Zur Programmierung des dargestellten Teils der Steuerung werden folgende wenige Blöcke benötigt:

STP (Ablaufschritt): Der Ausgang wird auf logische Eins gesetzt, wenn der Ausgang des vorhergehenden STP-Blocks Eins ist (Link-Eingang) und wenn die logische Transitionsbedingung (Weiterschaltbedingung) erfüllt ist. Mit dem Übergang des Ausgangs auf Eins wird der vorhergehende STP-Block rückgesetzt. Das Setzen des STP-Blockes bewirkt einerseits das Auslösen der in diesem Schritt auszuführenden Befehle (Aktionen) und andererseits das "Vorbereiten" des in der Kette nachfolgenden STP-Blockes.

ORR, AND: Disjunktion (ODER), Konjunktion (UND).

PSE: Ausgabe eines Wertes an einen korrespondierenden Empfangsblock (Kommunikationsblock; PRE), z.B. in einem anderen Prozessorsystem.

DOT: Digitaler Ausgang.

ORS (Alternative (disjunktive) Schritt-Zusammenführung): Zwei parallel durchlaufene Zweige eines Programms werden dadurch zusammengeführt. Dieser Block unterscheidet sich vom ORR-Block nur durch die Weitergabe der Rücksetzinformation an die vorhergehenden STP-Blöcke.

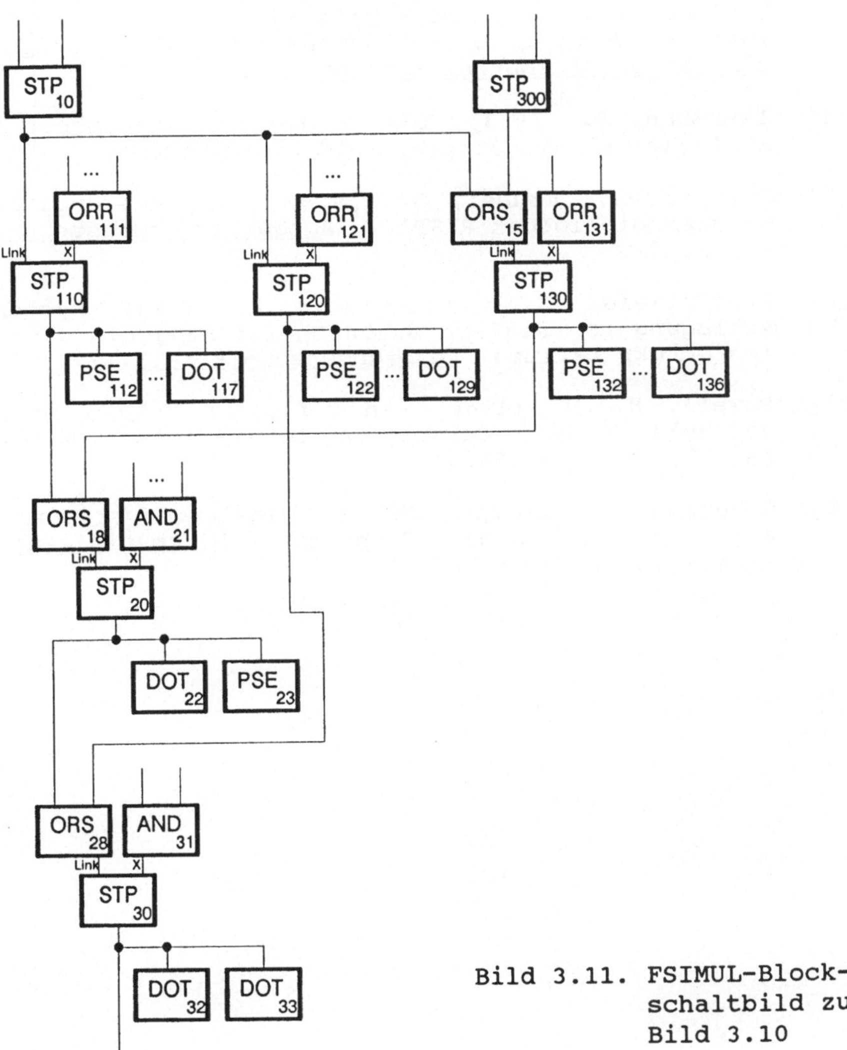


Bild 3.11. FSIMUL-Blockschaltbild zu Bild 3.10

## Literaturhinweise


[1] Blotenberg, W. (1988). Ein Beitrag zur digitalen Pumpschutzregelung von Turbokompressoren. Dissert. _Schriftenreihe des Lehrstuhls für Regelungssysteme und Steuerungstechnik, Ruhr-Universität Bochum_. Heft 31.

[2]   Gebhardt, B. (1985). Simulation und rechnerunterstützter Reglerentwurf für eine Verdichteranlage. Dissertation. _Schriftenreihe des Lehrstuhls für Regelungssysteme und Steuerungstechnik, Ruhr-Universität Bochum_. Heft 27.

[3]   Gebhardt, B., Fasol, K.H. (1986). A Simulation Package Applied to Design and Hybrid Simulation of an Optimized Turbo-Compressor Control System. _IFAC/IMACS Symposium on Simulation of Control Systems_. Wien.

[4]   Isermann, R. (1988). _Identifikation dynamischer Systeme_. Springer-Verlag, Berlin, Heidelberg, etc.

[5]   Joos, H.-D., Grübel, G. (1988). Die Regelungstechnische Programmbibliothek RASP'87. _Automatisierungstechnik (at)_, 36. S. 313.

[6]   Kreißelmeier, G., Steinhauser, R. (1979). Systematische Auslegung von Reglern durch Optimierung eines vektoriellen Gütekriteriums. _Regelungstechnik (at)_, 27. S. 76-79.

[7]   Powell, M.J.D. (1964). An Efficient Method for Finding Variables Without Calculating Derivatives. _Computer Journal_, 7, pp. 155-162.

[8]   Schumann, R. (1989). CAE von Regelungssystemen mit IBM-kompatiblen Personal Computern. _Automatisierungstechn. Praxis (at)_, 36. S.306-310.

# Simulation linearer und nichtlinearer Prozesse mit PILAR


N.F. Benninger,  U. Konigorski,



Es wird ein Programmsystem zur Simulation und symbolischen Linearisierung nichtlinearer, kontinuierlicher Systeme beschrieben. Grundlage ist hierbei die bekannte Zustandsdarstellung dynamischer Systeme, d.h. die Modellbeschreibung erfolgt durch einen Satz nichtlinearer, gewöhnlicher Differentialgleichungen erster Ordnung, der vom Benutzer im interaktiven Dialog eingegeben wird.


## 1 Einführung

Die Reglerberechnung mit Hilfe der klassischen Methoden im Frequenzbereich oder aber mit den modernen Verfahren im Zustandsraum läßt sich im allgemeinen in drei Schritte gliedern. Zunächst ist die schwierige Aufgabe der Modellbildung zu bewältigen, dann folgt die Analyse des so gewonnenen mathematischen Modells und schließlich der eigentliche Reglerentwurf. Leistungsfähige Analyse- und Syntheseverfahren und die darauf basierenden Softwaretools stehen jedoch bisher hauptsächlich für lineare, zeitinvariante Systeme zur Verfügung. Zur Durchführung der bei diesen linearen Verfahren erforderlichen Berechnungen - wie etwa der Simulation mit einem Transitionsmatrixverfahren, der Strukturanalyse, der Berechnung von Frequenzkennlinien, Ortskurven und Wurzelortskurven, der Ordnungsreduktion sowie dem Entwurf von Reglern mittels verschiedener Verfahren - wurde am Institut für Regelungs- und Steuerungssysteme der Universität Karlsruhe das Programmsystem PILAR ("Programm-Module zur interaktiven Lösung von Aufgabenstellungen der Regelungstechnik") entwickelt [1,2].

Das Modulkonzept von PILAR gestattet die Lösung von Standardproblemen ohne Programmier- oder Betriebssystemkenntnisse bei gleichzeitiger Flexibilität in der Problembearbeitung. Ein Modul ist dabei ein lauffähiges Programm, das im rechnergeführten, interaktiven Dialog abläuft und zur Lösung einer Teilaufgabe (z.B. der graphischen Ausgabe von Kurvenverläufen) dient. Die Bearbeitung eines Gesamtproblems erfolgt durch sequentielle Ausführung der entsprechenden Module. Bei einer Simulation sind dies zunächst ein Modul zur Eingabe der mathematischen Systembeschreibung, ein Modul zur Durchführung der eigentlichen Simulation und schließlich ein Plot-Modul zur Ausgabe der berechneten Simulationsverläufe in graphischer Form. PILAR besteht also aus einem Verbund von Modulen, deren Einsatz und Abarbeitungsreihenfolge zur Lösung eines konkreten Problems vom Benutzer gewählt wird. Somit lassen sich einzelne

Module bei unterschiedlichen Problemstellungen verwenden,
wodurch eine hohe Flexibilität für den Anwender erreicht wird.
Die notwendige Kommunikation der einzelnen Module untereinander ist für den Benutzer transparent und erfolgt über Dateien
mit fester Struktur, die auf dem Massenspeicher abgelegt sind.

Die eingangs erwähnte Modellbildung führt bei realen dynamischen Prozessen und entsprechender Modellierungstiefe leider
fast immer zu einer nichtlinearen Systembeschreibung. Dabei
handelt es sich in der Regel um einen Satz untereinander verkoppelter, gewöhnlicher Differentialgleichungen, die z.B. bei
mechanischen Systemen zwangsläufig aus der Anwendung von Im-
puls- und Erhaltungssätzen resultieren. Durch Einführung geeigneter Zwischengrößen lassen sich diese dann in einen Satz
von Differentialgleichungen erster Ordnung überführen, wofür
in der Regelungstechnik und Systemtheorie auch der Begriff
Zustandsdarstellung gebräuchlich ist. Diese Form der Modellbeschreibung ist auch die Grundlage für die im folgenden beschriebenen PILAR-Module zur Behandlung nichtlinearer, dynamischer Systeme. Einen besonderen Schwerpunkt bildet dabei neben
der Simulation die Bereitstellung einer komfortablen Schnittstelle zu den Modulen für lineare Systeme. Hierzu dient ein
eigenes Modul zur automatischen Linearisierung mittels symbolischer Differentiation.

Lineare Differentialgleichungssysteme lassen sich z.B. mittels
der Laplace-Transformation [3] analytisch geschlossen lösen,
und auch die numerische Berechnung der interessierenden Zeitverläufe auf einem Digitalrechner ist mit einem Transitionsmatrixverfahren [4] effizient und numerisch stabil möglich. Im
Unterschied dazu muß die Simulation nichtlinearer Systeme mit
Hilfe eines numerischen Integrationsverfahrens erfolgen, und
für die weiteren Untersuchungen wird in der Regel versucht,
durch Linearisierung zu einer linearen Systembeschreibung zu
gelangen. Die Güte der Linearisierung wird dann wiederum durch
einen Vergleich mit der nichtlinearen Simulation überprüft.
Zur Durchführung von Simulation und Linearisierung nichtlinearer Prozesse stehen in PILAR die drei Module NLI (Interaktive
Ein/Ausgabe), NLS (Simulation) und NLL (Linearisierung) zur
Verfügung, wobei die folgenden Anforderungen verwirklicht
wurden:

- Eingabe der Modellbeschreibung durch direkte Eingabe der
  nichtlinearen Differentialgleichungen über die Tastatur,
  d.h. ohne Programmierkenntnisse und auch ohne Umsetzung der
  mathematischen Systembeschreibung in einen Blockschaltplan.
- Lösung der Differentialgleichungen mit verschiedenen, vom
  Benutzer interaktiv wählbaren numerischen Integrationsverfahren, graphische Ausgabe der berechneten Zeitverläufe auf

ge der gewonnenen Kurvenverläufe auf einer Plotdatei zur späteren Dokumentation und zur flexiblen Erstellung von Linienplots auf verschiedenen graphischen Ausgabegeräten mit Hilfe der PILAR-Plot-Module.
- Verwendung numerisch zuverlässiger Algorithmen, insbesondere im Hinblick auf die in regelungstechnischen Anwendungen sehr häufig auftretenden unstetigen Schalt- und Totzeitglieder sowie die Möglichkeit zur Verarbeitung von Kennlinien und dreidimensionalen Kennfeldern, die in Form diskreter Stützstellen vorliegen.
- Linearisierung mittels symbolischer Differentiation zur Vermeidung des Fehlers beim ansonsten oft verwendeten Übergang von den exakten analytischen Differentialquotienten zu numerischen Differenzenquotienten.
- Realisierung in FORTRAN 77 auf einem Arbeitsplatzrechner (IBM kompatibler PC oder AT) angesichts der steigenden Leistungsfähigkeit und Verfügbarkeit solcher Rechner sowie der weiten Verbreitung der Programmiersprache FORTRAN im technisch-naturwissenschaftlichen Bereich.

## 2    Mathematische Grundlagen

Wie bereits in der Einführung erwähnt, ist der erste und oftmals schwierigste Schritt einer systemtheoretischen Untersuchung die Erstellung eines geeigneten mathematischen Modells des realen physikalischen Systems. In Abhängigkeit von der Natur dieses Systems (mechanisch, chemisch, biologisch, volkswirtschaftlich usw.) sowie der erforderlichen Güte des Modells ergeben sich zwangsläufig unterschiedliche mathematische Beschreibungsformen (Differentialgleichungen, gewöhnlich oder partiell, linear oder nichtlinear; Petri-Netze usw.).

### 2.1    Systemdarstellung

Die bei der Modellbildung realer technischer Systeme verwendeten Bilanzgleichungen führen häufig zu einem Gemisch aus nichtlinearen, zeitvarianten Differentialgleichungen erster Ordnung mit konzentrierten Parametern und algebraischen Gleichungen. Diese lassen sich vektoriell in der Form

$$\underline{\dot{x}} = \underline{f}(\underline{x},\underline{u},\underline{v},t) \; , \; \underline{x}(t_0) = \underline{x}_0 \; , \tag{1}$$

$$\underline{0} = \underline{g}(\underline{x},\underline{u},\underline{v},t) \tag{2}$$

darstellen. Hierbei sind in den Vektoren

$$\underline{x}^T = [x_1,\dots,x_n], \quad \underline{u}^T = [u_1,\dots,u_p], \quad \underline{v}^T = [v_1,\dots,v_m]$$

die n Zustandsgrößen, die p Eingangsgrößen und die m Koppelgrößen zusammengefaßt. Die Darstellung gemäß Gln. (1) und (2)
wird als verallgemeinerte Zustandsdarstellung bezeichnet. Für
den häufigen Fall m=0 ergibt sich ein reguläres Zustandsraummodell, bei dem die Koppelgrößen eliminiert sind. Die algebraische Ausgangsgleichung

$$\underline{y} = \underline{h}(\underline{x},\underline{u},\underline{v},t) \tag{3}$$

liefert den Vektor

$$\underline{y}^T = [y_1,\ldots,y_q]$$

der q Ausgangs- bzw. Meßgrößen, welche die Modellbeschreibung
vervollständigen. Die Gln. (1), (2) und (3) mit allgemeinen
nichtlinearen Vektorfunktionen $\underline{f},\underline{g}$ und $\underline{h}$ dienen in den PILAR-
Modulen zur Behandlung nichtlinearer Systeme als Modellbe-
schreibung und können vom Benutzer auch in dieser Form eingegeben werden.


## 2.2   Numerische Integration

Ausgehend von den die Dynamik des Systems beschreibenden Gln.
(1),(2) wird bei der digitalen Simulation beginnend mit dem
Anfangswert $\underline{x}_O$ eine Näherungslösung für den gesuchten Verlauf
des Zustandsvektors $\underline{x}(t)$ mit Hilfe der Rekursionsgleichung

$$\underline{x}_{k+1} = \underline{x}_k + T\,\underline{\Delta}_k; \qquad k = 0,1,\ldots \tag{4}$$

bestimmt. Hierbei ist $T = t_{k+1} - t_k$ die Rechenschrittweite.
Die numerischen Integrationsverfahren unterscheiden sich in
der Wahl der Inkrementfunktion $\underline{\Delta}_k$. Hängt $\underline{\Delta}_k$ auch von dem gesuchten Wert $\underline{x}_{k+1}$ ab, so handelt es sich um ein implizites,
andernfalls um ein explizites Verfahren. Eine weitere Unterteilung ergibt sich durch die benötigte Anzahl der zurückliegenden Funktionswerte. Wird nur der Wert $\underline{x}_k$ benötigt, so
spricht man von einem Einschrittverfahren, ansonsten von einem
Mehrschrittverfahren.

Die Wahl der Rechenschrittweite T unterliegt bei allen Verfahren zwei entscheidenden Beschränkungen. Zum einen darf T nur
so groß gewählt werden, daß die numerische Stabilität [5] der
Rekursionsgleichung (4) gewährleistet ist, zum anderen ist die
Rechenschrittweite nach unten durch die dann zunehmenden Run-
dungsfehler und die Rechenzeit begrenzt. Zur Untersuchung der
numerischen Stabilität eines Systems ohne Koppelgleichungen
(m=0) wird z.B. beim Euler-Verfahren mit der Rekursionsgleichung

$$\underline{x}_{k+1} = \underline{x}_k + T \; \underline{f}(\underline{x}_k, \underline{u}_k, t_k) \tag{5}$$

die Jacobimatrix

$$\underline{J}_k = \frac{\delta \underline{f}(\underline{x}_k, \underline{u}_k, t_k)}{\delta \underline{x}_k} \tag{6}$$

der rechten Seite von Gl.(1) herangezogen. Numerische Stabilität von Gl.(5) liegt vor, wenn sämtliche Eigenwerte der Matrix

$$\underline{M} = \underline{I} + T \; \underline{J}_k$$

innerhalb des Einheitskreises der komplexen Ebene liegen (Sta-
bilitätskriterium für diskrete Syteme). Dies wiederum bedeutet, daß die mit der Rechenschrittweite T multiplizierten
Eigenwerte des um den Punkt $\underline{x}_k$ linearisierten Systems (siehe
Abschnitt 2.3) innerhalb des Einheitskreises um den Punkt -1
liegen müssen. Das Produkt

$$T_e = \lambda T \tag{7}$$

aus Eigenwert und Schrittweite wird effektive Schrittweite $T_e$
genannt [5]. Neben diesem Stabilitätsgebiet des Euler-Verfah-
rens sind im Bild 1 für die in PILAR realisierten Integrationsalgorithmen die entsprechenden Gebiete dargestellt.

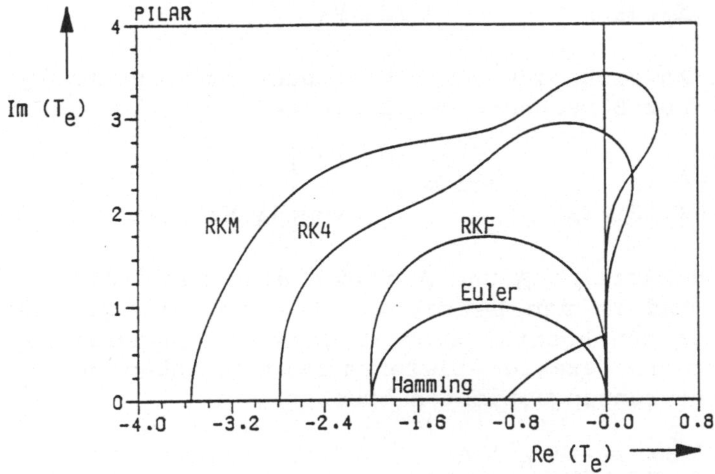


Bild 1. Stabilitätsgebiete der realisierten
         Integrationsverfahren

Die Herleitung der zugehörigen charakteristischen Gleichungen
sowie die numerische Berechnung der Kurven durch Integration
eines speziellen verallgemeinerten Zustandsraummodells wurde
in [6] durchgeführt.

## 2.3    Linearisierung

Aufgrund der eingeschränkten Möglichkeiten zur Synthese nichtlinearer Systeme besteht eine häufig praktizierte Vorgehensweise darin, das nichtlineare System um einen definierten
stationären Zustand, seinen sogenannten Arbeitspunkt, zu
linearisieren. Die hierbei gewonnene lineare Systembeschreibung approximiert das nichtlineare System in einer nicht allzu
großen Umgebung dieses Arbeitspunktes.

Die Linearisierung eines nichtlinearen Systems läßt sich geometrisch so deuten, daß man die im System vorhandenen Nichtlinearitäten (z.B. Kennlinien) in einer Umgebung des Arbeitspunktes, im Bild 2 mit A bezeichnet, durch ihre Tangenten
approximiert. Wird das nichtlineare System durch eine Differentialgleichung der Form

$$\dot{\underline{x}} = \underline{f}(\underline{x}, \underline{u})$$

beschrieben (keine Zeitvarianz), so wird zu diesem Zweck die
Vektorfunktion $\underline{f}$ in eine Taylorreihe um den durch die Werte $\underline{x}_A$
und $\underline{u}_A$ gegebenen Arbeitspunkt entwickelt und diese dann nach
den linearen Gliedern abgebrochen. Man erhält so die linearisierte Systembeschreibung

$$\dot{\underline{x}} \approx \frac{\delta \underline{f}}{\delta \underline{x}}\bigg|_{\underline{x}_A, \underline{u}_A} \cdot \Delta \underline{x} + \frac{\delta \underline{f}}{\delta \underline{u}}\bigg|_{\underline{x}_A, \underline{u}_A} \cdot \Delta \underline{u} = \underline{A}\, \Delta \underline{x} + \underline{B}\, \Delta \underline{u} \tag{8}$$

wobei die Abweichungen vom Arbeitspunkt mit $\Delta \underline{x}$ und $\Delta \underline{u}$ bezeichnet sind. Zur Berechnung der Elemente

$$a_{ij} = \frac{\delta f_i}{\delta x_j}\bigg|_{\underline{x}_A, \underline{u}_A} \quad \text{und } b_{ik} \quad \frac{\delta f_i}{\delta u_k}\bigg|_{\underline{x}_A, \underline{u}_A} \tag{9}$$

der beiden Matrizen $\underline{A}$ und $\underline{B}$ müssen also partielle Ableitungen
gebildet und in dem betrachteten Arbeitspunkt ausgewertet
werden. Bei den hierfür zumeist benutzten numerischen Verfahren werden die exakten Differentialquotienten durch entsprechende Differenzenquotienten ersetzt:

$$a_{ij} \approx \frac{f_i(x_{1A}, \ldots, x_{jA} + \delta x_j, \ldots, x_{nA}, \underline{u}_A)}{\delta x_j}$$

und

$$b_{ik} \approx \frac{f_i(\underline{x}_A, u_{1A}, \ldots, u_{kA} + \delta u_k, \ldots, u_{pA})}{\delta u_k} .$$

Geometrisch bedeutet dies im Bild 2 eine Approximation der
Tangente im Arbeitspunkt durch eine Sekante. Diese Methode ist

jedoch mit Fehlern behaftet, da ihre Genauigkeit von der Wahl
der Inkremente $\delta x_j$ und $\delta u_k$ abhängt. Eine genaue Berechnung der
Koeffizienten $a_{ij}$ und $b_{ik}$ erfordert dagegen eine analytische
Differentiation sämtlicher Funktionen $f_i$ ($i=1,\ldots,n$). Die
Linearisierung auf der Basis solch einer exakten Differentia-
tion wird im Rahmen von PILAR bereitgestellt (s. Abschn. 3.4).

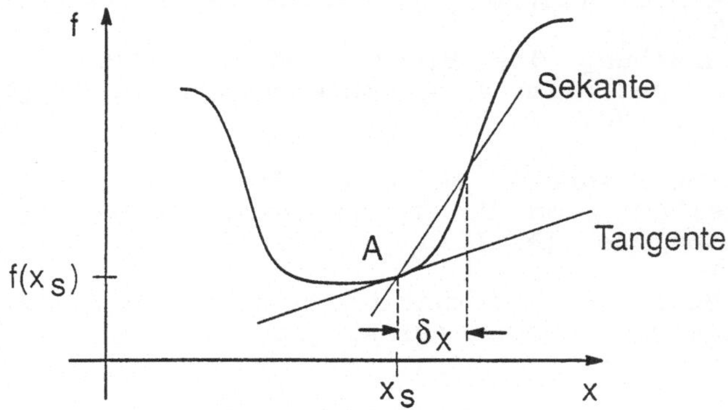


Bild 2. Geometrische Deutung der Linearisierung


## 3    Programmbeschreibung

Zur Simulation dynamischer Systeme auf der Basis eines mathematischen Ersatzmodells (im Gegensatz zum physikalischen Ersatzmodell) wurden zunächst sogenannte Analogrechner eingesetzt. Diese stellten dem Benutzer eine begrenzte Zahl analog
realisierter Grundfunktionen wie Summation, Integration usw.
zur Verfügung, die dieser dann entsprechend einem zuvor erstellten Blockschaltplan des zu simulierenden Systems hard-
waremäßig verschaltete. Der Vorteil dieser Simulationstechnik
liegt vor allem in der funktionsbedingten Echtzeitfähigkeit,
nachteilig sind jedoch die oft unzureichende Genauigkeit, die
unübersichtliche und unflexible "Programmierung" sowie die
meist geringe Zahl der zur Verfügung stehenden Integratoren
und Summierer. Die Simulation komplexer Systeme erweist sich
damit als ausgesprochen schwierig.

Diese Nachteile vermeidet die numerische Simulation mit Hilfe
eines Digitalrechners, jedoch bedarf es dazu einer geeigneten
Simulationssoftware, welche nur in den seltensten Fällen vom
Anwender selbst erstellt wird. Die Durchführung der Simulation
hängt ab von der Art des erstellten Modells.

Softwarepakete zur digitalen Simulation dynamischer Systeme
nach Gl. (1) bis (3) unterscheiden sich vor allem in der Gestaltung der Benutzeroberfläche. Eine mögliche Einteilung
zeigt Tabelle 1, wobei für die verschiedenen Kategorien stell-

vertretend jeweils einige der heute zur Verfügung stehenden
Softwarepakete aufgeführt sind.

---

1. Analogrechnerorientierte digitale Simulation
   a) Eingabe des Blockschaltplans über einen graphischen
      Bildschirm (SIDAS [7], SYSTEM-BUILD [8], PROSIGN [9],
      ASCET [10])
   b) Beschreibung des Blockschaltplans durch Anweisungen
      einer speziellen Programmiersprache (CSMP [11], CSSLIV
      [12], FSIMUL)

2. Simulation ausgehend von den Differentialgleichungen
   a) Erstellung von Unterprogrammen "prozedurale Simula-
      tionspakete" (ACSL [13], GASP IV [14], GPSS-FORTRAN
      [15])
   b) unmittelbare, interaktive Eingabe der einzelnen Diffe-
      rentialgleichungen (PILAR [16,2])

---

Tabelle 1. Klassifizierung von Simulationssoftware

Während die erste Gruppe in Anlehnung an die Analogrechnersi-
mulation von der dort verwendeten Koppelplan- bzw. Block-
schaltplandarstellung ausgeht, benützt die zweite Gruppe direkt die bei der Modellbildung gewonnenen Differentialgleichungen. Erfolgt die Modellbeschreibung analogrechnerorien-
tiert, so muß entweder eine Kommandosprache zur Erstellung der
Bildschirmgraphik oder eine spezielle Simulationssprache er-
lernt werden. Erfolgt die Modellbeschreibung dagegen glei-
chungsorientiert, so mußte bisher bei den prozeduralen Simulationspaketen der Anwender über detaillierte Programmier- und
Betriebssystemkenntnisse verfügen, da sie das Erstellen, Übersetzen und Einbinden von Unterprogrammen erfordern. Da die
genannten Vorgehensweisen fehleranfällig und oftmals nicht
sehr benutzerfreundlich sind, wurde bei den PILAR-Modulen ein
anderer Weg beschritten. Die das zu untersuchende System beschreibenden Differentialgleichungen werden im Rahmen eines
interaktiven, rechnergeführten Dialogs direkt über eine alphanumerische Tastatur eingegeben, d.h. eine Umsetzung in eine
andere Darstellung braucht vom Benutzer nicht vorgenommen zu
werden. Die Eingaben werden sofort auf ihre Korrektheit überprüft und können gegebenenfalls korrigiert werden.


## 3.1   Interaktive Eingabe (Modul NLI)

Zur Eingabe der nichtlinearen Systembeschreibung dient in
PILAR das Modul NLI (Interaktive Ein/Ausgabe nichtlinearer
Systeme). Um die Arbeitsweise dieses Moduls zu verdeutlichen,
wird im folgenden ein einfaches nichtlineares System erster
Ordnung betrachtet:

$$dx/dt = e^{(a \cdot x)} - x \ . \tag{10}$$

Zur Simulation dieses Systems muß der Benutzer nach Festlegung der Systemordnung lediglich auf Anforderung durch das Programm die rechte Seite der obigen Differentialgleichung, also die Zeichenfolge 'exp(a*x)-x', eingeben. Diese wird sofort auf syntaktische Richtigkeit überprüft und kann gegebenenfalls nach Ausgabe einer detaillierten Fehlermeldung in einfacher Weise korrigiert werden. Für den geübten bzw. mit dem Programm vertrauten Benutzer besteht darüber hinaus die Möglichkeit, sämtliche Eingaben mit Hilfe eines Editors seiner Wahl vorab in einer Datei festzulegen, worauf jedoch an dieser Stelle nicht näher eingegangen werden soll.

Die hier als Benutzerschnittstelle gewählte natürliche Darstellung der Berechnungsvorschrift für die Ableitung dx/dt in der sogenannten **Algebraisch Orientierten Struktur (AOS)** ist zwar sehr benutzerfreundlich, da der Anwender die einzelnen Gleichungen genau in der Form eingibt, in der das Ergebnis der Herleitung vorliegt, für eine effiziente rechnerinterne Bearbeitung ist die AOS jedoch weniger geeignet. Daher wurde rechnerintern eine geeignetere Darstellung gewählt, die im folgenden etwas genauer beschrieben wird. Der Benutzer der Module braucht diese interne Darstellung allerdings nicht zu kennen, er kommt an keiner Stelle mit ihr in Berührung.

Daß eine solche rechnerinterne Struktur für eine effektive numerische Auswertung der eingegebenen Gleichungen notwendig ist, liegt vor allem an den unterschiedlichen Operatorhierarchien (z.B. "Punkt vor Strich"), die bei der Darstellung in der AOS beachtet werden müssen und die zu programmtechnisch aufwendigen Fallunterscheidungen führen. Daher werden die vom Benutzer eingegebenen Gleichungen durch einen entsprechenden Algorithmus zunächst so umgeformt, daß sie anschließend nach den Regeln der **Umgekehrten Polnischen Notation (UPN)** ausgewertet werden können.

Die UPN ist dadurch charakterisiert, daß bei der Beschreibung einer arithmetischen Operation, z.B. a·x, der Operator auf die beiden zu verknüpfenden Operanden folgt, also 'a,x,*' statt 'a,*,x'. Entsprechend wird bei Funktionen, z.B. $e^x$ , zunächst das Argument und erst danach die Funktion angegeben, also 'x,exp' statt 'exp,x'. Angewandt auf die rechte Seite der obigen Differentialgleichung erhält man somit eine Beschreibung durch die Zeichenfolge 'a,x,*,exp,x,-'. Vorteile der UPN sind zum einen eine meist kompaktere Darstellung (keine Klammern), zum anderen die wesentlich einfachere Auswertung der Berechnungsvorschrift, die nach Bereitstellung eines Stapelspeichers (Stack) sequentiell erfolgen kann.

Durch den im Modul NLI realisierten Algorithmus wird nun nicht
nur die UPN-Darstellung erzeugt, sondern es erfolgt gleichzeitig eine Codierung der elementaren Bestandteile der Rechenvorschrift (Operanden, Operatoren) durch eine Teilmenge der ganzen Zahlen, die auf dem Digitalrechner einfach darstellbar
ist. Die somit gewonnene Zahlenfolge wird im weiteren als
Zwischencode bezeichnet. Bei den Operanden stellt die zugehörige positive Zahl eine Adresse dar, unter der der Wert des
Operanden im Speicher zu finden ist. Dieser wird von der Ablaufsteuerung auf den Stack kopiert. Im Falle eines Operators
bewirkt der zugehörige Code den Aufruf der entsprechenden
Funktionsprozedur, die dann die Verknüpfung der Operanden in
der gewünschten Weise durchführt und das Ergebnis wiederum auf
den Stack ablegt. Dieser Vorgang ist im Bild 3 dargestellt.

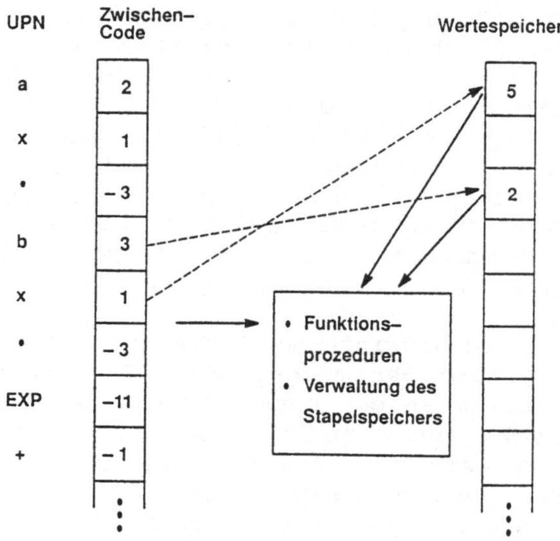


Bild 3. Funktionsauswertung mit Hilfe des Zwischencodes

Beim Zwischencode handelt es sich also um eine komprimierte
Darstellung der zu behandelnden Differentialgleichungen, mit
dessen Hilfe z.B. die bei der numerischen Integration in jedem
Rekursionsschritt notwendigen Funktionsauswertungen in einfacher Weise durchgeführt werden können. Wie im Abschnitt 3.4
noch gezeigt wird, lassen sich aber auch kompliziertere Operationen, wie beispielsweise die zur Linearisierung erforderlichen partiellen Ableitungen auf der Basis des Zwischencodes
relativ leicht realisieren. Zu diesen Vorzügen kommt noch
hinzu, daß im Modul NLI zur Eingabe der Systembeschreibung
keine Kenntnisse einer Programmiersprache erforderlich sind.
Im folgenden werden einige besondere Merkmale des Moduls NLI
beschrieben, die vor allem dazu dienen, die Eingabe der Modellgleichungen einfacher und übersichtlicher zu gestalten.

**a) Interne Funktionen**
Zur Beschreibung von häufig benötigten Funktionen bzw. Übertragungsgliedern dienen die sogenannten **internen Funktionen**,
die in Tabelle 2 zusammengestellt sind. Sie bilden zusammen
mit den Grundrechenarten die elementaren Operatoren des Zwischencodes. Bei Bedarf ist es möglich, zu diesen internen
Funktionen weitere hinzuzufügen, was jedoch eine Modifikation
des Quellcodes der beiden Module NLS und NLL erfordert.

| Funktion | Kennung | Parameter |
|---|---|---|
| Betragsfunktion | ABS | 1 |
| Quadratwurzel | SQRT | 1 |
| Exponentialfunktion | EXP | 1 |
| Natürlicher Logarithmus | LN | 1 |
| Dekadischer Logarithmus | LG | 1 |
| Allgemeiner Logarithmus | LOG | 2 |
| Sinus | SIN | 1 |
| Cosinus | COS | 1 |
| Tangens | TAN | 1 |
| Cotangens | COT | 1 |
| Arcussinus | ASIN | 1 |
| Arcuscosinus | ACSO | 1 |
| Arcustangens | ATAN | 1 |
| Arcuscotangens | ACOT | 1 |
| Hyperbelsinus | SINH | 1 |
| Hyperbelcosinus | COSH | 1 |
| Hyperbeltangens | TANH | 1 |
| Hyperbelcotangens | COTH | 1 |
| Zweipunktglied | ZWP | 4 |
| Dreipunktglied | DRP | 5 |
| Zweipunktglied mit Hysterese | ZWH | 6 |
| Dreipunktglied mit Hysterese | DRH | 7 |
| Begrenzung | BGR | 5 |
| Totzone | TOZ | 5 |
| Vergleich | VGL | 5 |
| Totzeit | TOT | 2 |
| Anfangswert setzen | AWS | 3 |

Tabelle 2. Interne Funktionen

**b) Externe Funktionen**
Tritt in der einzugebenden Systembeschreibung ein funktionaler
Zusammenhang mehrmals auf, wie z.B. bei der Berechnung des
Massenstroms durch eine Drossel gemäß

$$\dot{m} = A \sqrt{2 \, \rho \, (p_2 - p_1)} \ ,$$

so hat der Benutzer die Möglichkeit, diese Rechenvorschrift im
Sinne einer Formelfunktion vorab zu definieren:

mpunkt(a,b,c,d) = a * SQRT(2 * b * (d-c)).

Die bei der Definition verwendeten Formalparameter a,b,c,d
werden dann bei der Verwendung solch einer externen Funktion,
z.B. in der ersten Zustandsdifferentialgleichung, durch Aktu-
alparameter ersetzt:

dx1/dt = ... - mpunkt(A,RHO,P1,P2) + ...

**c) Hilfsgleichungen**
Tauchen in der Modellbeschreibung völlig identische Beziehungen auf, so läßt sich der Aufwand bei der Gleichungseingabe
durch sogenannte algebraische Hilfsgleichungen reduzieren.
Hierbei wird der entsprechende Ausdruck einer Variablen zugewiesen. Algebraische Hilfsgrößen können daher nur dort zur
Vereinfachung eingesetzt werden, wo genau identische Glei-
chungsteile auftauchen. Im Beispiel des Abschnitts 4.1 wird
von dieser Möglichkeit Gebrauch gemacht.


**3.2     Behandlung von Totzeiten und Kennfeldern**

Mit den bisher beschriebenen Möglichkeiten zur Modellbeschreibung lassen sich noch nicht alle bei technischen Systemen
auftretenden Zusammenhänge nachbilden. Folgende zusätzliche
Anforderungen an eine Simulationsumgebung treten am häufigsten
auf:

- Nachbildung von totzeitbehafteten Größen, wie  sie z.B. bei
  Transportvorgängen sowie digitalen  Meß- und Regelverfahren
  auftreten.
- Darstellung nichtlinearer Funktionen, die sich  analytisch
  nicht beschreiben lassen, sondern für die lediglich eine begrenzte Anzahl diskreter  Stützstellen vorliegen, welche aus
  Messungen in  ausgewählten Betriebspunkten resultieren.
  Solche  Funktionen treten z.B. bei der Beschreibung magneti-
  scher Sättigungskennlinien auf.

**a) Totzeiten**
Bei der gleichungsorientierten Darstellung eines dynamischen
Systems erscheinen totzeitbehaftete Größen stets auf den rech-
ten Seiten der Zustandsgleichungen (1),(2),(3), also z.B.

$$\dot{x} = (-1/T_1)x + (b/T_1)\, u(t - T_t)$$

bei einem $PT_1$-Glied mit Totzeit. Für die Beschreibung im Modul
NLI wurde daher eine interne Funktion mit dem Namen TOT(a1,a2)
bereitgestellt (s. Tabelle 2). Die Argumente a1 und a2 stellen
dabei den Eingang des Totzeitgliedes sowie die Totzeit selbst
dar. Der Benutzer gibt demnach bei dem obigen Beispiel die
Zeichenfolge '-(1/T1)*x + (b/T1)*TOT(u,Tt)' ein. Bei der Wandlung der Benutzereingabe in den internen Zwischencode durch
das Modul NLI ist daher prinzipiell keine gesonderte Behand-

lung von Totzeitgliedern erforderlich. Für die Auswertung des
Zwischencodes im Modul NLS ergeben sich dagegen weitreichende
Konsequenzen.

Da das Totzeitglied ein Gedächtnis besitzt, muß vor dem Start
der Simulation zum Zeitpunkt $t_o$ neben dem Anfangswert $\underline{x}(t_o)$
der Zustandsgrößen zusätzlich der Verlauf der Eingangsgröße
des Totzeitgliedes im Zeitintervall $t_o - T_t \leq t < t_o$ vorgegeben werden. Dazu sind im Modul NLS verschiedene Möglichkeiten
vorgesehen, wie z.B. die Vorgabe von abschnittsweise konstanten Werten. Der zur Aufnahme der Vorgeschichte benötigte Puffer wird dann im Verlauf der Simulation ständig aktualisiert,
so daß stets die zum aktuellen Zeitpunkt t gehörenden Vergan-
genheitswerte verfügbar sind. Programmintern ist dieser Puffer
als Ringspeicher organisiert. Die Größe dieses Speichers hängt
dabei von dem Quotienten aus Totzeit und Rechenschrittweite
ab. Letztere ergibt sich aus der Forderung nach einem ganzzah-
ligen Quotienten für alle im System vorhandenen Totzeiten. Bei
der Bereitstellung des in jedem Rekursionsschritt benötigten
Vergangenheitswertes wird dadurch eine Interpolation und der
damit verbundene Aufwand vermieden. Darüber hinaus entstehen
keine zusätzlichen numerischen Fehler und die damit verbundenen Probleme mit der numerischen Stabilität werden vermieden.

**b) Kennlinien und Kennfelder**
Aufgrund ihrer Komplexität ist man bei vielen technischen
Systemen oftmals nicht in der Lage, sämtliche relevanten Beziehungen mathematisch exakt zu beschreiben. Ein Beispiel
dafür ist der Zusammenhang zwischen Schlupf- und Reibbeiwert
($\mu$-Schlupf-Kurve), welcher für die Beschreibung der über die
Antriebsräder eines Fahrzeugs übertragenen Kräfte benötigt
wird. In solchen Fällen versucht man daher, durch Messungen am
realen System den gesuchten nichtlinearen Zusammenhang zumindest in einigen ausgewählten Betriebspunkten zu erfassen. Die
zugehörigen Kennlinien - bzw. Kennfelder im Falle von zwei
unabhängigen Variablen - liegen dann in Form von Wertetabellen
vor. Hat man z.B. die Impulsbilanz eines Fahrzeugs mit der
Geschwindigkeit v in der Form

$$\dot{v} = g \, \mu(s) - K \, v^2 \, , \tag{11}$$

so muß zur Simulation zunächst die $\mu$-Schlupf-Kurve $\mu(s)$ in den
Rechner eingegeben werden. Hierzu dient im Rahmen von PILAR
das spezielle Modul KLF. Dieses Modul bietet dem Benutzer die
Möglichkeit, den Namen und den Typ der Funktion festzulegen
(hier z.B. MUE, Typ Kennlinie), sowie die Stützstellenwerte
einzugeben. Danach wird mittels kubischer Spline-Interpolation
eine analytische Näherung ermittelt [17]. Die einzelnen Polynome werden zusammen mit den zugehörigen Stützstellen sowie
dem Namen der Kennlinie auf einer Datei abgelegt. Auf diese
Datei, welche die Daten sämtlicher Kennlinien enthält, wird

sowohl vom Eingabemodul NLI als auch vom Simulationsmodul NLS
zugegriffen.

Bei Eingabe der Systemgleichungen kann die Kennlinie nun wie
eine interne Funktion verwendet werden; für das Beispiel Gl.
(11) schreibt man für die rechte Seite g * MUE(s) - K * v * v.
Der Name MUE wird dem Modul NLI über die obengenannte Datei
bekannt gemacht. Während der Rekursionen im Modul NLS erfolgt
dann die Auswertung der Kennlinie auf der Basis der auf Datei
abgelegten Spline-Polynome.

Die im Normalfall günstige Eigenschaft der Spline-Polynome,
die eingegebenen Stützstellen durch einen möglichst glatten
Kurvenzug zu verbinden, ist bei Kennlinien mit Knick- oder
Sprungstellen von Nachteil. Als Beispiel ist das Ergebnis der
Spline-Approximation einer Diodenkennlinie im Bild 4 aufgetragen (strichlierte Linie). Zur
Vermeidung der unbefriedigenden
Wiedergabe der Knickstellen ermöglicht das Modul KLF, diese
bei der Eingabe gesondert zu
kennzeichnen. Dies hat zur Folge, daß die Interpolation nur
stückweise durchgeführt wird,
was zu einer wesentlich besseren
Approximation des Gesamtverlaufs
führt (durchgezogene Linie im
Bild 4).

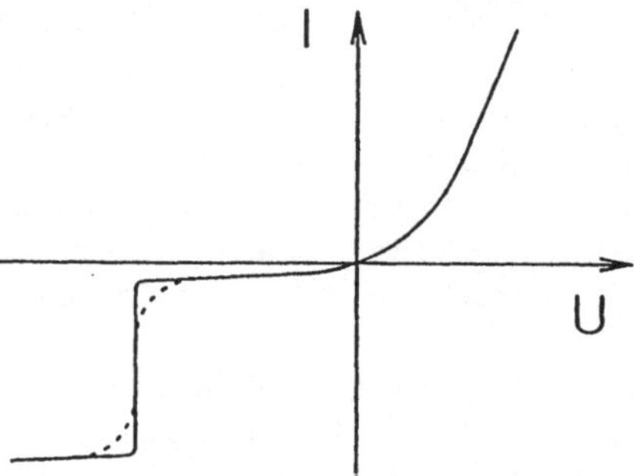


Bild 4. Diodenkennlinie

### 3.3    Durchführung der Rekursionen (Modul NLS)

Die unterschiedlichen dynamischen Eigenschaften der zu simulierenden Systeme erfordern die Bereitstellung verschiedener
Integrationsverfahren. Im Modul NLS stehen daher mehrere leistungsfähige Algorithmen zur Verfügung, die in Tabelle 3 aufgeführt sind. Für die Simulation steifer Systeme [5] stehen
drei implizite Verfahren zur Verfügung, wobei die beim impliziten Euler-Verfahren benötigte Jakobi-Matrix nach Gl.(6) mit
Hilfe des zugehörigen Zwischencodes in jedem Rekursionsschritt
neu berechnet wird. Der zur analytischen Beschreibung der
Jakobi-Matrix benötigte Code wird vom Linearisierungsmodul NLL
erzeugt (siehe Abschnitt 3.4).

Unabhängig vom gewählten Verfahren ist jedoch in jedem Rekursionsschritt zur Berechnung der Inkrementfunktion $\underline{\Delta}_k$ die
rechte Seite der Gl.(1) auszuwerten. Diese Auswertung erfolgt
mit Hilfe des Zwischencodes, der vom Modul NLI erzeugt und auf
Datei geschrieben wurde. Der Benutzer braucht lediglich die
Systemanregung $\underline{u}$, den Anfangswert $\underline{x}_o$ , das gewünschte Integra-

tionsverfahren sowie das Simulationsintervall anzugeben. Nach
Durchführung der Rekursion erfolgt die Ausgabe der Kurvenverläufe auf dem Bildschirm. Anschließend kann innerhalb des
Moduls NLS eine erneute Simulation durchgeführt werden, wobei
zuvor nicht nur die eigentlichen Simulationsparameter, sondern
auch die Parameter der Modellbeschreibung interaktiv geändert
werden können. Nach jeder Bildausgabe besteht die Möglichkeit,
die Plotdaten einschließlich der die Simulation beschreibenden
Kenngrößen auf einer Plotdatei abzulegen, welche Eingabedatei
für die Plotmodule und das Dokumentationsmodul ist. Letzteres
dient der automatischen Erzeugung einer Beschreibung der einzelnen Bilder (Modul PDO in Tabelle 4).

| Verfahren | Prinzip | | Schrittweite |
|---|---|---|---|
| Euler [18,19] | Einschritt, | explizit | fest |
| Trapez [18,19] | Einschritt, | implizit | fest |
| Runge-Kutta-4 [18,19] | Einschritt, | explizit | fest |
| Runge-Kutta-Merson [19] | Einschritt, | explizit | fest |
| Runge-Kutta-Fehlberg [20,21] | Einschritt, | explizit | frei |
| Runge-Kutta-2 implizit [18] | Einschritt, | implizit | fest |
| Hamming [19,22] | Mehrschritt, | explizit | frei |
| Euler rückwärts [23] | Einschritt, | implizit | fest |

Tabelle 3. Implementierte Integrationsverfahren

## 3.4 Linearisierung mittels symbolischer Differentiation (Modul NLL)

Zur Durchführung der in Abschnitt 2.3 beschriebenen Lineari-
sierung, d.h. der Berechnung der Matrizen $\underline{A}$ und $\underline{B}$ in Gl.(8)
auf der Grundlage der Systembeschreibung (1),(2),(3) dient das
Modul NLL. Ausgehend vom Zwischencode der zu linearisierenden
Funktionen $\underline{f},\underline{g}$ und $\underline{h}$ wird mit Hilfe eines Algorithmus der Zwischencode der partiellen Ableitungen nach $\underline{x},\underline{v}$ und $\underline{u}$ erzeugt.
Dieser Algorithmus benötigt lediglich eine Tabelle mit den
Ableitungen der elementaren Funktionen sowie die Kenntnis der
bekannten Differentiationsregeln (Bild 5).

Durch Anwendung dieser Differentiationsregeln wird der zu
differenzierende Ausdruck solange bearbeitet, bis nur noch
Differentialquotienten der Form dp/dx auftauchen, wobei p eine
Variable oder Konstante, also allgemein ein elementarer Ope-
rand ist. Für p=x ergibt sich für den entsprechenden Differentialquotienten die Konstante Eins, andernfalls die Null. Ent-
sprechend wird bei der Ableitung nach $\underline{v}$ und $\underline{u}$ verfahren. Die
UPN-Darstellung ermöglicht hierbei eine einfache sequentielle
Vorgehensweise, da die Operanden stets dem zugehörigen Operator vorausgehen. Man erhält so den Zwischencode der Ableitung,

der zunächst noch Redundanzen (etwa Multiplikationen mit Eins
oder Additionen einer Null) enthält. Diese werden daher anschließend entfernt. Bild 6 verdeutlicht diese Vorgehensweise
anhand des Beispiels aus Abschnitt 3.1.

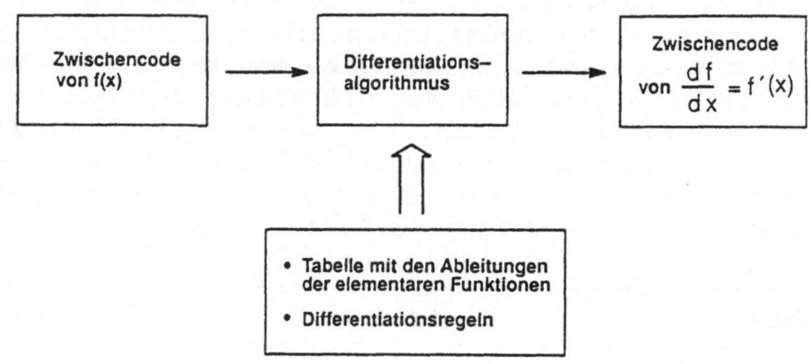


Bild 5. Analytische Differentiation

Zwischencode

| a | x | * | EXP | x | – |
|---|---|---|-----|---|---|

Zwischencode der Ableitung

| 0 | x | * | a | 1 | * | + | a | x | * | EXP | * | 1 | – |
|---|---|---|---|---|---|---|---|---|---|-----|---|---|---|

Ergebnis nach dem Entfernen von Redundanzen

| a | a | x | * | EXP | * | 1 | – |
|---|---|---|---|-----|---|---|---|

Bild 6. Differentiation des Zwischencodes

Die Koeffizienten des linearisierten Systems gemäß Gl.(9)
ergeben sich schließlich durch Auswertung des Zwischencodes
der Ableitungen im Arbeitspunkt. Sie werden zu den Matrizen **A**
und **B** des linearisierten Modells zusammengesetzt und auf die
PILAR-Standardschnittstellen für lineare Systeme abgelegt, wo
sie den entsprechenden Modulen für weitere Berechnungen zur
Verfügung stehen.


## 3.5   Simulation und Analyse linearer Systeme

Aufgrund der definierten Struktur linearer Systemmodelle in
Zustandsdarstellung, wie sie in Gl.(8) festgelegt ist, bedarf
es bei der Behandlung solcher Systeme keiner Beschreibung in
Form eines Codes; die Zahlenwerte der Systemmatrizen alleine
beschreiben das Modell bereits vollständig. Die Ablage dieser

Zahlenwerte auf Dateien mit definierter Struktur, wie sie z.B.
mit dem Modul NLL erzeugt werden können, ist daher Ausgangspunkt für eine Vielzahl weiterer PILAR-Programm-Module. Zusammen mit den beschriebenen Modulen NLI, NLS und NLL sowie den
Plot-Modulen bilden sie den in der Einleitung beschriebenen
Gesamtverbund.

| Modul | Funktion |
| --- | --- |
| TER | Festlegung von Ausgabegeräten und Druckformaten |
| MAT | Eingabe, Ausgabe und Verändern von Matrizen |
| PNK | Eingabe, Ausgabe und Verändern einer Übertragungs-funktion |
| PRO | Erstellen und Auslesen einer Projektdatei |
| UFT | Berechnung der Übertragungsfunktion aus der Zustands-darstellung |
| ZRD | Berechnung der Zustandsdarstellung aus der Übertra-gungsfunktion |
| FKL | Frequenzkennlinien |
| ORT | Lineare Ortskurve, Popow-Ortskurve |
| WOK | Wurzelortskurve |
| UMO | Umordnen der Zustandsvariablen |
| NVO | Normieren eines Zustandsraummodells |
| SEN | Transformation auf Sensorkoordinaten |
| SIM | Simulation mittels Transitionsmatrix |
| TRM | Transformation auf Modalform |
| NST | Berechnung der Nullstellen linearer Mehrgrößensysteme |
| MDO | Maximalwertdominanzen |
| RMO | Modale Ordnungsreduktion |
| RMG | Ordnungsreduktion durch Minimierung des Gleichungs-fehlers |
| LJA | Lösen der Ljapunow-Gleichung |
| RIC | Berechnung eines Riccati-Reglers |
| PVO | Reglerentwurf durch Polvorgabe |
| PRA | Polbereichsvorgabe mittels Parameterraum-Verfahren |
| REG | Berechnung von Vorfilter und Systemmatrix des ge-schlossenen Kreises |
| KLF | Eingabe, Ausgabe und Verändern von Kennlinien und Kennfeldern |
| NLI | Eingabe, Ausgabe und Verändern nichtlinearer Zu-standsraummodelle |
| NLS | Simulation nichtlinearer Systeme |
| NLL | Linearisierung |
| PDO | Dokumentation der auf der Plotdatei abgelegten Ver-läufe |
| PPL | Ausgabe der auf der Plotdatei abgelegten Verläufe auf Plotter |
| PSP | Ausgabe der auf der Plotdatei abgelegten Verläufe auf Bildschirm |
| TRJ | Trajektorien auf Grundlage der auf der Plotdatei abgelegten Verläufe |

Tabelle 4. Zusammenstellung der PILAR-Module

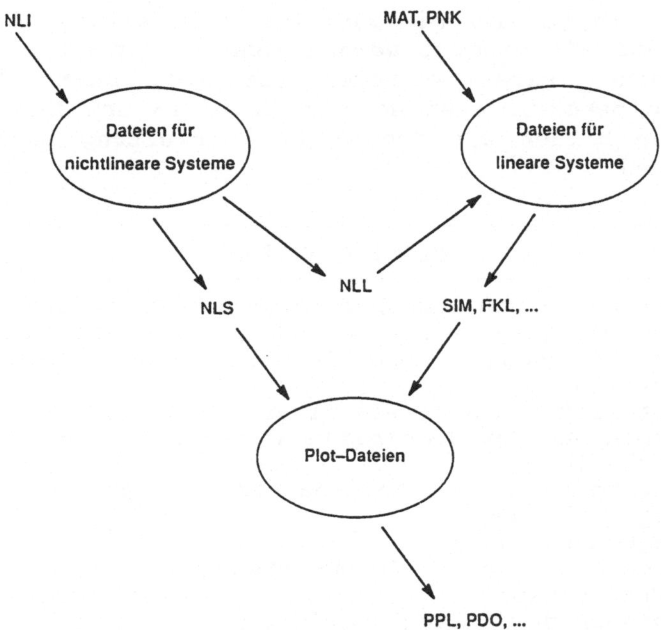


Bild 7. Zusammenwirken verschiedener Programm-Module

Bild 7 verdeutlicht noch einmal beispielhaft das Zusammenwirken einzelner Module durch die gemeinsame Nutzung der verschiedenen Dateien. Eine Zusammenstellung der PILAR-Module enthält Tabelle 4.


## 4       Anwendungsbeispiele

Das Vorgehen bei Simulation und Linearisierung dynamischer Syteme mit Hilfe der vorhergehend beschriebenen Programm-Module wird im folgenden anhand einiger einfacher Beispiele gezeigt.


### 4.1     Reihenschlußmotor

Die Prinzipskizze eines Gleichstromantriebes auf der Basis eines Reihenschlußmotors ist in Bild 8 dargestellt. Durch Anwendung der Maschenregel erhält man als Differentialgleichung für den Motorstrom i

$$di/dt = - \frac{(R_F + R_A) + k\, L_F\, \omega}{L_F + L_A}\, i + \frac{1}{L_F + L_A}\, u, \qquad (12)$$

wobei für den magnetischen Fluß der lineare Ansatz $\Phi = L_F.i$ verwendet wurde. Für die Winkelgeschwindigkeit $\omega$ folgt aus der Drehimpulsbilanz

$$d\omega/dt = (M_A - M_L)/J \tag{13}$$

mit dem Antriebsmoment

$$M_A = k \, L_F \, i^2 \tag{14}$$

und dem Lastmoment $M_L$.

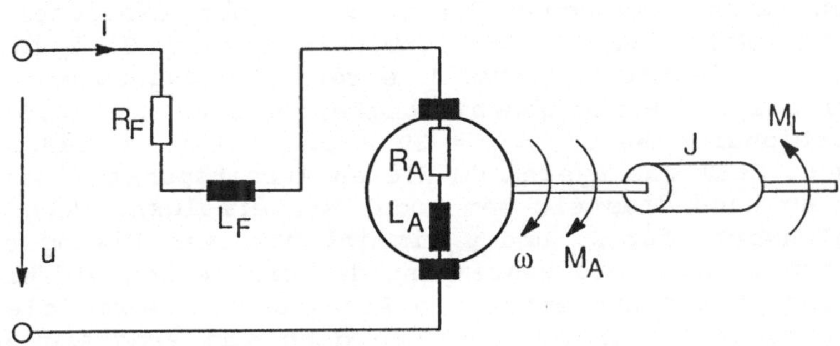

Bild 8. Ersatzschaltbild eines  Reihenschluβmotors

```
Projektname : Reihenschlussmotor

                Systemordnung (n)  : 2
Anzahl der Eingangsgroessen (p)  : 2
Anzahl der Koppelgroessen    (l)  : 0
Anzahl der Hilfsgroessen     (h)  : 1

; Hilfsgleichungen :
MA = C*LF*x1*x1

; Zustandsgleichungen :
dx1/dt = -((RF + RA) + C*LF*x2) / (LF + LA) * x1
         + 1 / (LF + LA) * u1
dx2/dt = (MA - u2) / J

Parameter:
; Name        Wert
; ----------------
  RA      =   0.02500
  LA      =   0.00013
  RF      =   0.02000
  LF      =   0.00060
  C       =   0.83333
  J       =   0.00050
```

Bild 9. Kontrollausgabe des Moduls NLI  (Reihenschluβmotor)


Bild 9  zeigt die Kontrollausgabe des Moduls NLI, wie man sie
nach der Eingabe der Gleichungen (12) und (13) erhält. Die
Beziehung (14) für das Antriebsmoment wurde dabei als Hilfs-
gleichung formuliert. Die Parameter des Modells (Widerstände,
Induktivitäten, etc.) werden in einer eigenen Tabelle aufgeführt und können auch von den Modulen NLS und NLL aus verändert werden. Wählt der Anwender nach dem Aufruf des Moduls NLS
zur Simulation den Anfangszustand

$$x_1(t_o) = i(t_o) = 0 \text{ A} \quad ; \quad x_2(t_o) = \omega(t_o) = 0 \text{ rad/s,}$$

die Systemanregung

$$u_1(t) = u(t) = 1 \text{ V} \cdot \sigma(t) \quad ; \quad u_2(t) = M_L(t) = 0,2 \text{ Nm} \cdot \sigma(t)$$

sowie zur Integration das RK4-Verfahren und legt er die bei
der Simulation gewonnenen Verläufe auf der Plotdatei ab, so
können mit Hilfe der PILAR-Plotmodule die in Bild 10 und 11
gezeigten Linienplots erstellt werden (durchgezogene Verläufe). Strom i und Winkelgeschwindigkeit $\omega$ sind nach 0,5 sec auf
ihre stationären Werte $x_{1s} = 20$ A und $x_{2s} = 10$ rad/s einge-
schwungen. Soll das System um diesen Arbeitspunkt linearisiert
werden, so kann dies mit dem Modul NLL erfolgen, wobei allein
die Zahlenwerte für $\underline{x}_s$ und $\underline{u}_s$ im interaktiven Dialog eingegeben werden müssen. Die Bestimmung der partiellen Differential-
quotienten, deren Auswertung im Arbeitspunkt sowie die Ablage
des linearisierten Modells werden dann vom Programm durchgeführt. Das so gewonnene linearisierte Modell kann daher direkt
danach simuliert werden. Die zugehörigen Verläufe lassen sich
anschließend zusammen mit den Verläufen für das nichtlineare
Modell in ein Diagramm zeichnen, so daß ein direkter Vergleich
möglich ist. In den Bildern 10 und 11 wurde das Zeitverhalten
des linearisierten Modells zur besseren Unterscheidung strich-
liert dargestellt.

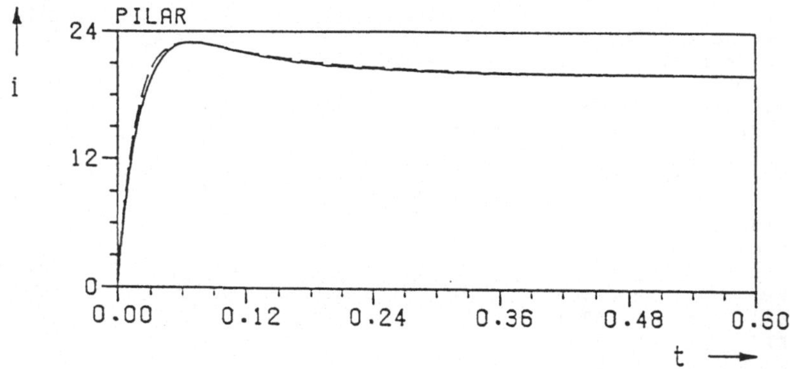


Bild 10. Sprungantwort des Stroms beim Reihenschlußmotor


## 4.2    Dosierbandwaage

Als Beispiel für die Simulation totzeitbehafteter Systeme wird
die in Bild 12 dargestellte Dosierbandwaage betrachtet [24].
Auf ein mit konstanter Geschwindigkeit v angetriebenes Förderband wird an der Stelle h = 1 der zu regelnde Massenstrom m
des Schüttgutes aufgebracht. Zusammen mit dem Antriebsmotor
und dem Gegengewicht bildet das Förderband eine Wiegebrücke.

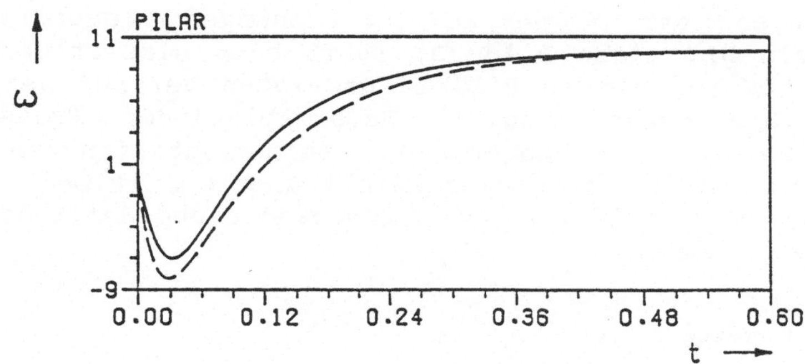


Bild 11. Zu Beispiel 4.1: Sprungantwort der Winkelgeschwindigkeit beim Reihenschlußmotor

Die über das Gegengewicht von außen einstellbare Kraft F dient
zur Vorgabe des gewünschten Sollwertes $\dot{m}_s$. Dieser wird von
einer Regelung unter Verwendung der gemessenen Waagen-Schräg-
lage durch Beeinflussung der Schüttvorrichtung eingestellt.
Zur Modellierung des Übertragungsverhaltens zwischen dem Massenstrom $\dot{m}$ und dem auf die Waage einwirkenden Moment wird das
im Zeitintervall dt auf das Band aufgebrachte Massenelement
(dt.$\dot{m}$) betrachtet. Unter der Annahme, daß das Schüttgut unmittelbar am Aufhängepunkt vom Band fällt, folgt aus Bild 12 für
das dadurch zum Zeitpunkt t erzeugte differentielle Drehmoment

dM = dt.$\dot{m}$(t) g (l-vt) .

Unter Berücksichtigung des am Aufhängepunkt der Waage abgewor-
fenen Massenstroms erhält man somit für das gesuchte Drehmoment die Differentialgleichung

$$\frac{dM(t)}{dt} = \{ \dot{m}(t) - \dot{m}(t-T) \}\, g\, (l - v\, t)$$

mit der konstanten Totzeit

$T_t$ = l/v .

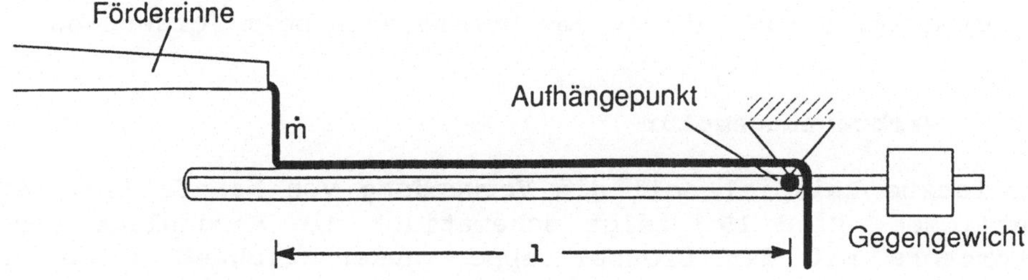


Bild 12. Wiegebrücke mit Förderband

Nach Eingabe der obigen Modellgleichungen (Kontrollausdruck des Moduls NLI siehe Bild 13) führt eine Simulationsrechnung mittels NLS auf den in Bild 14 gezeigten Verlauf der Sprungantwort (Sprunghöhe: 1 kg/s). Nach Ablauf der Transportzeit $T_t$ = 6,5s hat das Waagenmoment seinen stationären Endwert exakt erreicht, da sich nach Ablauf dieser Zeit bei konstantem m die Massenbelegung des Förderbandes und damit das Moment nicht mehr ändern.

```
Projektname : Dosierbandwaage

                    Systemordnung (n) : 1
    Anzahl der Eingangsgroessen (p) : 1
    Anzahl der Koppelgroessen   (l) : 0
    Anzahl der Hilfsgroessen     (h) : 1

; Hilfsgleichungen :
v = l/Tt

; Zustandsdifferentialgleichungen:
DX1/DT = ( u1 - TOT(u1,Tt)) * g * (l-v*t)

Parameter:
; Name        Wert
; ------------------
  L      =    1.00000
  TT     =    6.50000
  G      =    9.81000
```

Bild 13. Kontrollausgabe Modul NLI (Förderband)

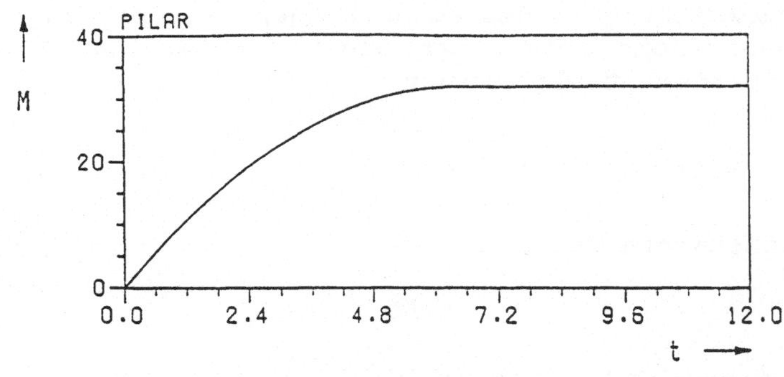


Bild 14. Sprungantwort des Drehmoments beim Förderband

## 4.3    Verbrennungsmotor

Das letzte Beispiel soll die Verwendung von Kennfeldern verdeutlichen. Bild 15  zeigt schematisch die Sauganlage eines Ottomotors mit der Drosselklappe, gekennzeichnet durch den Drosselklappenwinkel $\alpha_{DK}$, dem Saugrohr mit dem Volumen $V_S$ und den Einlaßventilen. Eine Herleitung für den Zusammenhang zwischen den zufließenden und abfließenden Luftmassenströmen $\dot{m}_{zu}$

und $\dot{m}_{ab}$ sowie dem Saugrohrdruck $p_S$ unter der Annahme adiabatischer Zustandsänderung ist in [25] angegeben und führt zu der Differentialgleichung

$$\dot{p}_S = \varkappa \, \frac{R\,T}{V_S} \, (\dot{m}_{zu} - \dot{m}_{ab}) \, .$$

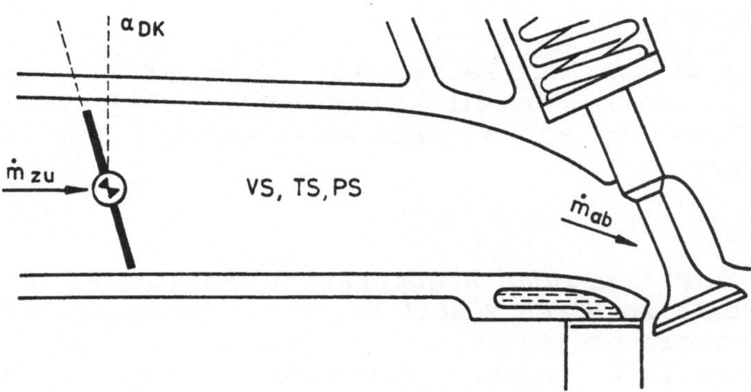


Bild 15. Sauganlage eines Ottomotors (aus [26])

Für den stationären Zusammenhang zwischen $\alpha_{DK}$, $p_S$ und $\dot{m}_{zu}$ gemäß der Bernoullischen Gleichung für kompressible Gase erhält man den analytischen Zusammenhang

$$\dot{m}_{zu} = \left\{ \begin{array}{ll} \dot{m}_{zu,max} \, (1-\cos \alpha_{DK}) \, f(\dfrac{p_S}{p_0}) & \text{für} \quad \dfrac{p_S}{p_0} \geq p_{v,krit} \\[3ex] \dot{m}_{zu,max} \, (1-\cos \alpha_{DK}) & \text{für} \quad \dfrac{p_S}{p_0} \leq p_{v,krit} \end{array} \right.$$

mit dem kritischen Druckverhältnis

$$p_{v,krit} = \frac{2}{\varkappa +1}^{\tfrac{\varkappa}{\varkappa-1}}$$

und der nichtlinearen Drosselfunktion $f(p_S/p_0)$. Aufgrund der komplexen Zusammenhänge am Einlaßventil, welches ebenfalls ein Drosselorgan darstellt, ist es sinnvoll, den Luftmassenstrom $\dot{m}_{ab}$ mittels eines Kennfeldes über dem Saugrohrdruck $p_S$ und der Drehzahl $n$ darzustellen:

$$\dot{m}_{ab} = f_1(p_S, n) \, .$$

Das Kennfeld kann im Stationärbetrieb durch Messung von $\dot{m}_{zu}$ ermittelt werden, da stationär $\dot{m}_{zu} = \dot{m}_{ab}$ gilt. Das an der Kurbelwelle des Motors auftretende Verbrennungsmoment $M_V$ hängt schließlich von der während der Ansaugphase in die Zylinder

gelangten Luftmasse (Füllung pro Hub) ab. Unter der Annahme
eines konstanten Verhältnisses zwischen angesaugter Luft und
durch die Einspritzung bereitgestelltem Kraftstoff kann die
Größe $M_V$ am Motorprüfstand ebenfalls in Abhängigkeit von $p_S$
und n ermittelt werden. Die Messung des von der Prüfstands-
bremse in ausgewählten Betriebspunkten aufgebrachten Moments
liefert ein Kennfeld

$$M_V = f_2(p_S,n),$$

in dem die Wirkung des Reibmoments sowie der sich stetig ver-
ändernde Zündwinkel bereits eingerechnet sind. Die Differentialgleichung für die Winkelgeschwindigkeit der Kurbelwelle
lautet daher

$$\omega_V = (M_V(p_S,n) - M_K)/J_V .$$

Das von der Kupplung aufgebrachte Moment $M_K$ bildet die
Schnittstelle zu einem Modell des Antriebsstrangs. Für den im
folgenden betrachteten Betrieb des Motors ohne Last (Leerlauf)
gilt $M_K = 0$. Nach Eingabe des Modells mit Hilfe des Moduls NLI
führt die Simulation des Drehzahl- und Saugrohrdruckverlaufs
beim Öffnen und Schließen der Drosselklappe zu den in den
Bildern 16 und 17 dargestellten Verläufen.

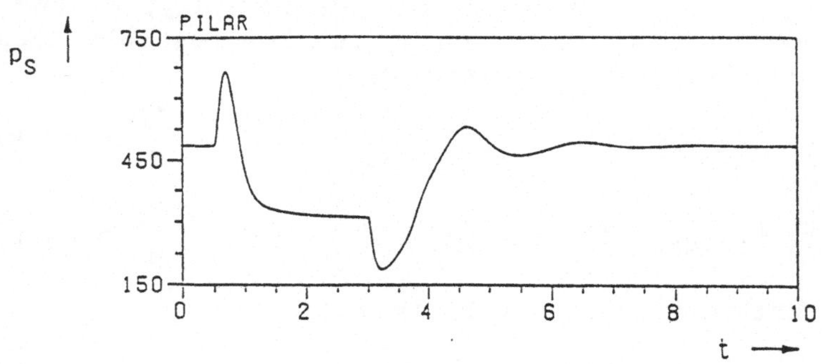

Bild 16. Sprungantwort des Saugrohrdrucks
beim Verbrennungsmotor

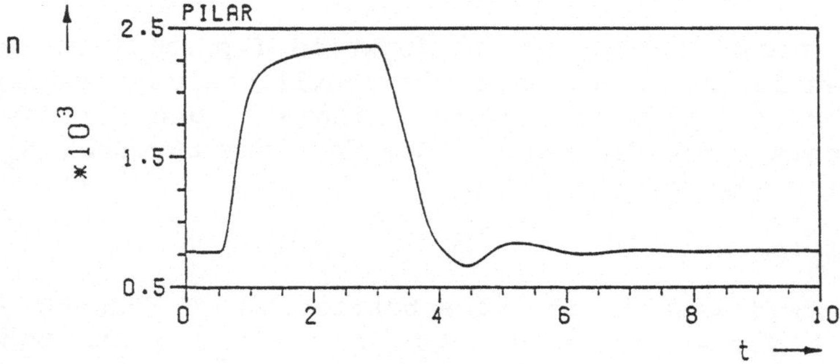

Bild 17. Sprungantwort der Drehzahl

Zum Zeitpunkt t=0.5s wurde der Sollwert für $\alpha_{DK}$ sprungartig von 9,13° auf 13,72° erhöht und zum Zeitpunkt t=3s wieder auf den alten Wert reduziert. Die Drosselklappe selbst wurde durch ein PT1-Glied nachgebildet. Gut zu erkennen ist die unterschiedliche Dämpfung des Einschwingvorgangs in Abhängigkeit vom stationären Endwert der Drehzahl, wie sie auch in der Realität beobachtet wird.


## 5      Zusammenfassung

Die vorgestellten Programm-Module NLI, NLS und NLL dienen im Rahmen des Programmverbundes PILAR zur Simulation und Linearisierung von Systemen, welche sich durch einen Satz nichtlinearer Differentialgleichungen erster Ordnung beschreiben lassen. Sie wurden wie die übrigen PILAR-Module für die speziellen Anforderungen im universitären Bereich entwickelt. Dem Anwender wird ein leistungsfähiges Werkzeug in die Hand gegeben, mit dem er außerordentlich rasch und ohne große Einarbeitung Systeme von kleiner bis mittlerer Größe bearbeiten kann. Für große Systeme (Systemordnung größer 30), deren Darstellung auf dem Rechner von vornherein aufwendiger ist und die u. U. schon bei der numerischen Integration spezielle Lösungen erfordern, wird man auch weiterhin eine anders geartete Software wählen, die dann eine intensivere Beschäftigung mit der Rechnerumgebung erfordert. Gleichwohl werden die PILAR-Module mittlerweile auch in der Industrie erfolgreich eingesetzt.


## 6      Literaturhinweise

[ 1] Litz, L., Benninger, N.F.: PILAR Programmsystem zur interaktiven Lösung von Aufgabenstellungen der Regelungstechnik. Regelungstechnik 32 (1984), S.335-342

[ 2] Krüger. K., et.al.: PILAR Benutzerhandbuch. Karlsruhe: Institut für Regelungs- und Steuerungssysteme, Universität (TH) Karlsruhe, 1988

[ 3] Föllinger, O.:    Laplace-  und   Fourier-Transformation. 3 Aufl. Frankfurt am  Main: AEG Telefunken, 1982

[ 4] Föllinger, O.:    Regelungstechnik. Heidelberg: Alfred Hüthig, 1985

[ 5] Jentsch, W.: Digitale Simulation kontinuierlicher Systeme. München: Oldenbourg, 1969

[ 6] Krüger, K.: Interaktive Simulation nichtlinearer, verallgemeinerter Zustandsraummodelle. Karlsruhe: Institut für Regelungs- und Steuerungssysteme, Universität (TH) Karlsruhe, Diplomarbeit D 389, 1988

[ 7] Braun, H.:   SIDAS II, ein Programmpaket zur modularen
     blockorientierten Simulation dynamischer Systeme.   Proc.
     3. ASIM-Symposium Simulationstechnik, Bad Münster am
     Stein-Ebernburg, S.202-210. Berlin: Springer, 1985

[ 8] Integrated Systems Inc.: System-Build User's Guide. Santa
     Clara, California: Integrated Systems Inc., 1989

[ 9] Linssen & Beese:   Prosign User's Guide. Starnberg: Lins-
     sen & Beese, 1989

[10] Eppinger, A., Kasper, R.:   Objectoriented Control Engi-
     neering Tool System. Proceedings IEEE ICCON 1989, RP-6-2

[11] Green, W.L., Speckhardt, F.H.:   CSMP. Simulation 34
     (1980), S. 131-133

[12] Control Data Corporation: CDC Continous System Simulation
     Language (CSSL), User's Guide. Control Data Corporation,
     Sunnyvale, California, 1971

[13] Mitchell and Gauthier Ass.: Advanced Continuous Simula-
     tion Language (ACSL) Reference Manual   Concord, Mass.:
     Mitchel and Gauthier, 1986

[14] Pritsker, B., Alan, A.: The GASP IV Simulation Language.
     New York: John Wiley & Sons, 1974

[15] Schmidt, B.: GPSS-FORTRAN Version 3. Angewandte Informa-
     tik 26 (1984), S. 248-254

[16] Konigorski, U., Benninger, N.F.: Simulation and Lineari-
     zation of Nonlinear Systems by the Aid of PILAR. Proc. of
     the IASTED International Symposium Modelling, Identifica-
     tion and Control, Grindelwald 1987, S.186-189

[17] Böhmer, K.: Spline Funktionen. Stuttgart: Teubner-Stu-
     dienbücher, 1974

[18] Jordan-Engeln, G., Reutter, F.: Numerische Mathematik für
     Ingenieure. 4.Aufl., Mannheim, BI Wissenschaftsverlag,
     1985

[19] Lambert, J.D.: Computational Methods in Ordinary Diffe-
     rential Equations. London, John Wiley & Sons, 1973

[20] Fehlberg, E.: Klassische Runge-Kutta-Formeln vierter und
     niedrigerer Ordnung mit Schrittweitenkontrolle. Computing
     6 (1970), S.61-71

[21] Rechenberg, P.:   Die Simulation kontinuierlicher Prozesse
     mit Digitalrechnern.   Braunschweig: Vieweg, 1972

[22] Ralston, A., Wilf, H.S.: Mathematische Methoden für Digi-
     talrechner. München: Oldenbourg 1967

[23] Eitelberg, E.: Numerical Simulation of Stiff Systems with a Diagonal Splitting Method. Mathematics and Computers in Simulation 21 (1979) S. 109-115

[24] Mesch, F.: Anleitung zum Regelungstechnischen Praktikum. Karlsruhe: Institut für Meß- und Regelungstechnik mit Maschinenlaboratorium, Universität (TH) Karlsruhe, 1978

[25] Kiencke, U., Cao, C.-T.: Regelverfahren in der elektronischen Motorsteuerung - Teil 2. Automobil-Industrie (1988), S. 135-144

[26] Kiencke, U., Schulz, A.: Entwurf eines Zustandsreglers für die Leerlaufregelung eines Ottomotors. VDI-Berichte 612, S. 93-108

# Hybride Simulation

I. Troch, F. Breitenecker

## 1  Modellieren - Simulieren - Problemlösen

Der Begriff "Simulation" ist vielschichtig. Seine Bedeutung
hat im Lauf der Jahre eine Wandlung erfahren, die nicht zuletzt auf die nunmehr stark verbesserten technischen Möglichkeiten zurückgeht. Jedoch findet die Charakterisierung "Lösen
von Problemen mit Hilfe von Experimenten an Modellen" weitgehende Zustimmung. Damit ist ein wichtiger Aspekt aufgezeigt:
Eine Simulation - die nicht notwendig auf einem Rechner durchgeführt werden muß - zeichnet sich dadurch aus, daß mit einem
Modell Versuche angestellt werden. Bei einer Rechnersimulation
ist also stets eine relativ große Zahl von Experimenten (basierend auf einem oder mehreren Simulationsläufen) notwendig.

Je nach Fragestellung unterscheidet man heute zwischen diskreter Simulation - hierzu gehören z.B. alle Arten von Warte-
schlangenproblemen - und kontinuierlicher Simulation. Beide
sind für den Ingenieur von Bedeutung, allerdings ist für den
Regelungstechniker vor allem (wenn auch nicht ausschließlich)
kontinuierliche Simulation bedeutungsvoll. Daher soll im folgenden aussschließlich letztere betrachtet werden. Die relativ
große Zahl von Experimenten - oft hunderte oder tausende -
erfordert offensichtlich Hilfsmittel, die deren Durchführung
in relativ kurzer Zeit und mit erträglichem Aufwand gestattet.
Dies können physikalische Modellsysteme wie etwa Windkanal
oder elektrische Netzwerke (zur Modellierung eines Verbundsy-
stems) ebenso sein wie Spezialrechner oder Spezialsoftware,
wobei im folgenden ausschließlich rechnergestützte Simulationen behandelt werden sollen. Bei diesen hat man die Frage des
Komforts, also die Unterstützung bei Modellbildung, bei den
Simulationsläufen und bei der Auswertung aller Experimente von
jener des Zeitbedarfs für einen einzelnen Simulationslauf
sorgfältig zu trennen.

So bietet Spezialsoftware wie z.B. ACSL einen wesentlich erhöhten Komfort, führt jedoch im allgemeinen eher zu einer
Verlängerung der Rechenzeit für den einzelnen Simulationslauf.
Letzterer kann durch den Einsatz von Spezialrechnern, dies
sind derzeit vor allem solche auf analoger oder hybrider Basis, reduziert werden. In Zukunft ist eine solche Zeitreduk-
tion wohl vor allem von echten Parallelrechnern auf digitaler
Basis zu erhoffen.

Gerade in Hinblick auf  das Lösen von Ingenieuraufgaben darf
man nicht nur die Rechenzeit im Auge haben. Der Gesamtzeitbe-
darf von der ersten Aufgabenstellung bis zur Problemlösung
setzt sich aus vielen Komponenten zusammen. Bezüglich des
üblichen Einsatzes von Simulationen sind dies im wesentlichen
der Aufwand für die Modellbildung (einschließlich Programmierung) und der Aufwand für die Durchführung und Auswertung der
Simulationsläufe.

Es gibt allerdings eine zweite Gruppe von Problemen, bei denen
der Zeitbedarf für den Einzellauf das ausschlaggebende Kriterium darstellt. Dies sind all jene Simulationen, die unbedingt
in Echtzeit ablaufen müssen oder sogar rascher. Ersteres ist
immer dann der Fall, wenn der Mensch (oder geeignete Bauteile)
in die Simulation integriert wird, wie dies etwa bei Fahrzeug-
oder Flugsimulationen der Fall ist. Im Bereich z.B. der Raumfahrt treten darüber hinaus Aufgaben auf, bei denen die Auswirkung einer Maßnahme vorausgesagt werden muß, um gegebenenfalls geeignete Korrekturen vornehmen zu können. In solchen
Fällen muß dann das Simulationsexperiment in wesentlich kürzerer Zeit als der entsprechende Vorgang ablaufen.

Sowohl der zeitliche Gesamtaufwand als auch der Zeitbedarf für
den einzelnen Lauf können für den Einsatz von Spezialrechnern
ausschlaggebend sein. Allerdings können auch andere Aspekte
wie die kontinuierliche Arbeitsweise und der enge physikalische Zusammenhang mit dem eigentlichen System eine wesentliche
Rolle bei deren Einsatz spielen. Diese Fragen sollen im folgenden diskutiert, Vor- und Nachteile der einzelnen Hardware-
Möglichkeiten aufgezeigt und Wünsche an künftige Rechnergene-
rationen formuliert werden.


**2      Analog - Hybrid - Digital**

Als Rechner stehen heute vor allem Digitalrechner und der seit
langem totgesagte, aber derzeit eine kleine Renaissance erle-
bende Analogrechner sowie die Kombination beider, der sogenannte Hybridrechner, zur Verfügung.

Der wesentliche Aufbau und die typische Gestalt eines Programms kann für Digitalrechner als bekannt vorausgesetzt werden. Hingegen scheint es angebracht, einige diesbezügliche
Bemerkungen für den Analogrechner zu machen. Ein Analogrechner
kann als programmierbares physikalisches Modell auf elektroni-
scher Basis aufgefaßt werden. Er kann einerseits direkt als
physikalisches Modell eines dynamischen Prozesses angesehen
werden, oder als Realisierung eines mathematischen Modells
durch Erfüllung der systembeschreibenden Gleichungen (Bild 1).

Der Analogrechner ist aus
einer Vielzahl von jeweils
mehrfach ausgeführten Funk-
tionselementen nach dem Bau-
kastenprinzip aufgebaut. Zu
diesen Elementen gehören Multiplizierer, Addierer, Divi-
dierer ebenso wie solche für
das Erzeugen ausgewählter
Funktionen wie Winkel- und
Exponentialfunktionen sowie
deren Umkehrung. Alle diese
Elemente arbeiten kontinuierlich im Verlauf der Rechnung.

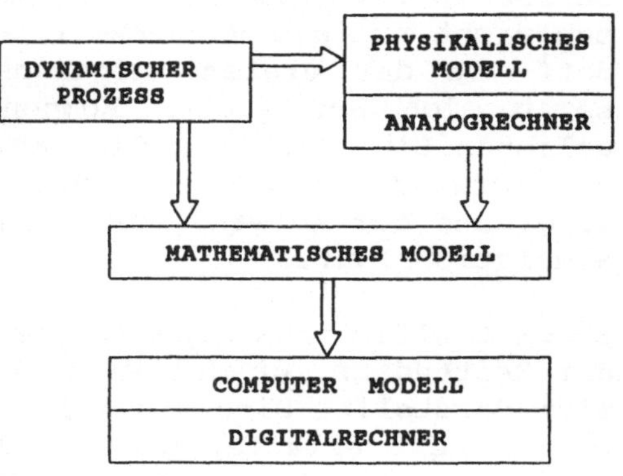


Bild 1. Zusammenhang: Prozeß - Physikalisches Modell -
- Mathematisches Modell - Computer-Modell

Zentrales Element des Analogrechners ist jedoch der Integrierer, der aus einer beliebigen Funktion x = x(t), t ≥ 0 und dem
Anfangswert $y_0$ im wesentlichen (d.h. bis auf das Vorzeichen)
die Funktion

$$y(t) = y_0 + \int_{t_0}^{t} x(\tau) \, d\tau \; ; \quad t \geq 0$$

zu bilden gestattet. Durch das Vorhandensein derartiger Elemente wird für den Analogrechner die Integration zu einer
elementaren Rechenoperation. Diese Tatsache zusammen mit dem
hohen Maß an Parallelität - alle Elemente sind mehrfach ausgeführt und gleichzeitig, unter permanenten Datenaustausch verwendbar - bewirkt die hohe Rechengeschwindigkeit eines Analogrechners beim Lösen von Differentialgleichungen.

Hier ist insbesondere festzuhalten, daß bei einem Analogrechner die Dauer eines Simulationslaufs (also das einmalige Lösen
einer Differentialgleichung bzw. eines Differentialgleichungssystems) nur von der Länge des betrachteten Zeitintervalls und
der höchsten auftretenden "Frequenz" in den Lösungen abhängt,
nicht jedoch von der Gestalt oder Gesamtordnung des Systems.

Dies sind wesentliche Gegensätze zu einem Digitalrechner. Bei
diesem muß eine solche Integration immer mit Hilfe numerischer
Methoden näherungsweise erfolgen. Daraus folgt nicht nur, daß
die Rechenzeit mit den Genauigkeitsanforderungen wächst, sondern vor allem, daß diese Rechenzeit außer von den beiden beim
Analogrechner genannten Faktoren auch ganz wesentlich von der
Gestalt der rechten Seiten der Differentialgleichungen und von
der Gesamtordnung des Systems abhängt. Insbesondere letzteres

ist von großer Bedeutung, wenn man bedenkt, daß bei digitaler Integration die Rechenzeit stärker als quadratisch mit der Ordnung wächst!

Betrachtet man die Programmierung eines Analogrechners, so besteht diese im wesentlichen in der Erstellung eines Koppelplanes für die Rechenelemente. Dieses ist für Ingenieure und hier insbesondere für die an das Denken in Blockdiagrammen gewöhnten Regelungstechniker einfach. Als nachteilig wird hingegen von allen der Zwang zu einer Skalierung, sowie der mit dem Stecken der Schaltung verbundene Arbeitsaufwand angesehen. Hier muß man jedoch bei einem fairen Vergleich berücksichtigen, daß moderne Analogrechner (so es sich nicht um Klein- und Kleinstrechner handelt) mit Vorrichtungen ausgerüstet sind, die die Schaltung auf Grund einer problemorientierten formalen Beschreibung (HYBSYS, PTRAN) automatisch erstellen und die auch die notwendigen Skalierungen weitestgehend automatisch und selbsttätig durchführen. Kapitel 5 beschäftigt sich mit dieser modernen Programmierweise des Analogrechners (Hybridrechners).

Vergleicht man nun weiter Analog- und Digitalrechner, so können folgende wesentliche Unterschiede aufgezeigt werden:

- Die **Darstellung der auftretenden Größen** erfolgt im Digitalrechner durch Bitfolgen, also ziffernmäßig und - wegen der endlichen Wortlänge - diskret. Im Analogrechner werden elektrische Spannungen verwendet, die eine kontinuierliche Veränderung aller Variablen erlauben (wobei das Auslesen naturgemäß wieder diskret erfolgt).
- Die **unabhängige Veränderliche "Zeit"** bleibt im Analogrechner als solche erhalten, ändert sich also kontinuierlich, während im Digitalrechner immer eine Diskretisierung der Zeit erfolgen muß.
- Der **Zahlenbereich** eines Analogrechners ist eng begrenzt und umfaßt typischerweise 3 bis 5 Zehnerpotenzen, im Digitalrechner ist er wesentlich größer und hängt von der Wortlänge und der Darstellungsart (Mantissen- und Exponentenlänge bei Gleitkommadarstellung) ab.
- Daraus resultiert für den Analogrechner eine relativ beschränkte **Genauigkeit**. Für die Gesamtproblemlösung ist der relative Fehler (abhängig von Rechner und Problemstellung) typisch zwischen 1 % und 0.01%. Auf einem Digitalrechner ist theoretisch eine beliebig hohe Genauigkeit erreichbar, allerdings steigt der damit verbundene Aufwand überproportional. Als typisch werden (bei Verwendung einfacher Wortlänge) für das Gesamtergebnis relative Fehler von 0.1% bis 0.001% angesehen.
- Die **Einsatzmöglichkeiten** eines Digitalrechners sind universell, die eines Analogrechners sehr speziell, nämlich das

Lösen von Problemen, die - mathematisch formuliert - durch
gewöhnliche Differentialgleichungen beschreibbar bzw. auf
solche zurückführbar sind.
- Die **Integration von Systemkomponenten** ("Hardware in the
  loop") bzw. des Menschen in eine Simulation ist bei einem
  Analogrechner in der Regel problemlos möglich, beim Digitalrechner hingegen nur durch geeignete Zusatzgeräte (wie sie
  z.B. beim Prozeßrechner zu finden sind). Darüber hinaus
  bestehen beim Digitalrechner Einschränkungen auf Grund der
  relativ geringen Integrationsgeschwindigkeit.
- Die **Arbeitsweise** eines Analogrechners ist parallel, eine
  Vielzahl verschiedenartiger Rechenelemente wie Summierer,
  Integrierer, Multiplizierer usw., die alle mehrfach ausgeführt sind, arbeitet unter kontinuierlichem Informationsaus-
  tausch gleichzeitig an ein- und demselben Problem. Der typische Digitalrechner arbeitet auch heute noch im wesentlichen
  seriell, d.h. die einzelnen Rechenoperationen werden hintereinander im gleichen oder in einigen wenigen Rechenwerken
  ausgeführt. Hier ist zur Zeit ein verstärkter Trend zu digitalen Parallelrechnern festzustellen (z.B. Transputer), die
  derzeit noch verschiedene Nachteile aufweisen (die allerdings laufend abgebaut werden).
- Da ein Analogrechner als programmierbares physikalisches
  Modell aufgefaßt werden kann, ist natürlicherweise bei Simulationen eine relativ große **Systemnähe** gegeben, die beim
  Digitalrechner vollständig fehlt. Dies wirkt sich vor allem
  bei qualitativen Untersuchungen, wie z.B. bei der Klärung
  von Stabilitätsfragen, aus.

Ein Hybridrechner ist die Verbindung eines selbständig verwendbaren Analogrechners mit einem ebensolchen Digitalrechner
über ein Koppelwerk oder Interface ("Hybride" wurden die Nach-
kommen aus der Ehe eines Römers mit einer Nichtrömerin genannt, was den Namen des Rechners erklärt). Im Interface erfolgt die notwendige Datenwandlung ebenso wie die Koordination
(Steuerung) des Gesamtrechenablaufs. Erklärtes Ziel ist die
Vereinigung der Vorteile beider Rechnerarten unter Vermeidung
der jeweils spezifischen Nachteile. Das ist naturgemäß nur bedingt gelungen, insbesondere ist die Programmierung aufwendig.


## 3     Analogrechnen - Zeitgemäß?

Betrachtet man die Entwicklung der Simulationstechnik, so kann
man feststellen, daß zu Beginn Simulation gleichbedeutend mit
Analogrechnen war. Bereits Ende der Sechzigerjahre wurden
digitale Simulationshilfen vorgestellt, die im wesentlichen
eine digitale Nachbildung der als besonders angenehm und pro-
blemorientiert empfundenen Eigenschaften von Analogrechnern

waren. Allerdings dauerte es doch noch mehr als ein Jahrzehnt
bis diese Hilfen zur ernsthaften Konkurrenz des Analogrechners
wurden und diesen allmählich zu verdrängen begannen. Man muß
aber feststellen, daß der so oft bereits totgesagte Analogrechner nicht nur bei zeitkritischen Großprojekten (z.B. in
der Raumfahrt) Anwendung findet, sondern in Form von Klein-
rechnern auch in der normalen industriellen Praxis. Dies hat
eine Reihe von Gründen, die nunmehr kurz beleuchtet werden
sollen.

Als Hauptnachteile eines Analogrechners wurden und werden
immer seine beschränkte Genauigkeit, die unsichere Reproduzierbarkeit der Ergebnisse und die mühsame Programmierung,
insbesondere die Notwendigkeit der Skalierung angeführt. Hiezu
ist einiges anzumerken:
- **Gesamtgenauigkeit:** Diese ist für ein gutes Analogprogramm
  typischerweise durch einen relativen Fehler von 0.1% (oder
  weniger) gekennzeichnet. Dies ist für die meisten Ingenieur-
  probleme, insbesondere auch jene der Regelungstechnik,
  durchaus ausreichend. Vielfach ist eine höhere Rechengenauigkeit wegen der Modell- und Datenungenauigkeiten gar nicht
  sinnvoll.
- **Reproduzierbarkeit von Ergebnissen:** Der Analogrechner ist -
  wie bereit erwähnt - ein programmierbares physikalisches
  Modell. Ist das zu simulierende System nun z.B. nur schwach
  stabil oder sogar instabil, so wird man dies in der analogen
  Simulation dadurch erkennen, daß sich bei Wiederholungen von
  Simulationsläufen mit denselben Datensätzen  die Resultate
  etwas ändern. Dies ist durch die physikalische Natur des
  Rechnermodells bedingt. Streng genommen stellt sie keinen
  Nachteil dar, sondern gewährt vielmehr einen weitergehenden
  Einblick in das tatsächliche Systemverhalten als der streng
  determiniert arbeitende Digitalrechner. Dessen Ergebnisse
  sind für ein solches System zwar reproduzierbar, gewähren
  jedoch weniger Information und können - wenn zu naiv verwendet - eine Genauigkeit vortäuschen, die durchaus nicht
  gegeben ist. Hat hingegen das Originalsystem stabiles Verhalten, so sind bei einem heute üblichen Analogrechner die
  Ergebnisse im Rahmen der Rechengenauigkeit reproduzierbar.
- **Programmieraufwand und Skalierung:** Ein klassischer Analogrechner ist sicher mühsamer zu programmieren als ein moderner Digitalrechner. Man darf dabei aber nicht übersehen, daß
  es heute durchaus möglich ist, auch einen Analogrechner mit
  Hilfe einer problemorientierten Simulationssprache zu programmieren und die notwendigen Elementverbindungen automatisch (mit Hilfe eines Autopatch-Systems) und vom Benutzer
  unbemerkt (z.B.SIMSTAR) zu erstellen. Ähnliches gilt für die
  Aufgabe der Skalierung, die ebenfalls weitgehend durch
  einen angeschlossenen Digitalrechner (im Hybridsystem) unterstützt werden kann (HYBSYS, SIMSTAR; siehe Kapitel 5).

Etwas anders sieht es bei den typischen Klein-Analogrechnern
aus, also gerade bei jenen Geräten, die nunmehr wieder verstärkt von der Industrie vor allem als kleine Laborgeräte
angekauft werden. Hier muß man beachten, daß in einer industriellen Umgebung weit seltener als im Universitätsbereich
die Notwendigkeit besteht, den Rechner mehrmals am Tage für
unterschiedliche Aufgaben heranzuziehen. Daher fällt der Anteil "Programmierung" am Gesamtaufwand weit weniger ins Gewicht als die Anteile "Simulationszeit" und "Modellbildung".
Für die eigentliche Skalierung liegen darüber hinaus zumeist
ausreichende Informationen vor, um geeignete Maßstabtransformationen für die Problemgrößen, aber auch für die Zeit
angeben oder zumindest rasch auffinden zu können.
Zum Thema "Skalierung" ist insbesondere kritisch anzumerken,
daß auch der Digitalrechner häufig eine solche erfordert. So
entspricht z.B. die Wahl der Schrittweite bei einem Integra-
tionsalgorithmus in gewisser Weise der Zeitskalierung eines
Analogrechners. Darüber hinaus sind bei vielen relativ einfachen Rechnungen Größenordnungen zu beachten (z.B. bei der
Addition sehr vieler Zahlen gleicher Größenordnung zwecks
Mittelwertbildung) oder Skalierungen vorzunehmen (z.B. bei
Optimierungsaufgaben), soll das Ergebnis einigermaßen genau
sein.

Man sieht aus den vorangehenden Bemerkungen, daß die nicht zu
leugnenden Nachteile bzw. Schwierigkeiten im Zusammenhang mit
einer analogen Simulation durchaus nicht immer in vollem Umfang zum Tragen kommen, bzw. auf die analoge Simulation beschränkt sind.

Es sei nun noch auf die Vorteile einer analogen bzw. hybriden
Simulation eingegangen, die nicht zuletzt auf der bereits
erwähnten hohen Rechengeschwindigkeit beruhen. Diese ermög-
licht
- Interaktivität,
- Hardware in the loop,
- Gemischt kontinuierlich/diskrete Simulationen,
- Verknüpfung von Teilmodellen auch dann, wenn implizite
  Differentialgleichungen entstehen.

Diese Aspekte sollen nun im folgenden etwas näher erläutert
werden.

- **Interaktives Simulieren**: Interaktivität gehört zu einem der
  wichtigsten Merkmale einer effizienten Simulation. Diese ist
  jedoch nur dann in die Praxis umzusetzen, wenn die Dauer
  eines Simulationslaufs wenige Sekunden (besser Sekunden-
  bruchteile) nicht übersteigt. Insbesondere bei Parametervariationen - etwa im Zuge einer Empfindlichkeitsanalyse für
  eine projektierte Regelung - ist es hilfreich, wenn man am

Bildschirm sozusagen eine kontinuierliche Änderung der relevanten Systemgrößen (als Funktionen der Zeit!) verfolgen
kann. Dies ist bei digitalen Simulationen zumeist nur dann
möglich, wenn ein relativ großer Aufwand an Hard- und Software betrieben wird, oder aber stark vereinfachte Modelle
der Simulation zugrunde gelegt werden. Gerade letzteres kann
aber oft den Wert der gesamten Simulation in Frage stellen,
da dann Systemeigenschaften vernachlässigt werden müssen,
die zwar schwächer als andere wirksam sind, in ihrer Gesamtheit aber doch wesentlich sind. Man denke in diesem Zusammenhang etwa an Vibrationen in mechanischen Systemen, die
nur bei bestimmten Betriebsbedingungen angeregt werden.
- **Interaktives Modellbilden**: Ein ausreichend genaues Streckenmodell ist Grundlage jedes modernen Reglerentwurfs. Ein solches ist jedoch nicht immer auf Grund bekannter Grundgesetze
  allein, also sozusagen theoretisch, herleitbar, sondern es
  bedarf vielfach auch der Intuition des Ingenieurs, um geeignete Ansätze zur Modellierung beobachteter Phänomene zu finden. Dies gilt für komplexe technische Systeme, aber in verstärktem Umfang für Regelungsaufgaben im medizinisch-biolo-
  gischen, im ökonomischen oder im Umweltbereich. Hier ist ein
  interaktives Modellbilden, bei dem Simulationsläufe zur laufenden Modellverbesserung herangezogen werden können, eine
  große Hilfe. Letzteres bedeutet jedoch, daß das Simulationsprogramm rasch erstellbar und ohne lange Übersetzungszeiten
  exekutierbar sein muß. Gerade in diesem Zusammenhang kommen
  die physikalischen Eigenschaften eines Analogrechners bzw.
  Hybridrechners voll zum Tragen.
- **Hardware in the loop**:  Das Einbeziehen von Bauteilen gehört
  heute gerade im  regelungstechnischen Bereich  zu den Not-
  wendigkeiten vieler Simulationen. Auf diese Weise können
  etwa Stellglieder oder Regeleinrichtungen getestet werden.
  Es  kann aber andererseits auch die  Modellierung kritischer
  Streckenteile erfolgen, die Messungen nur schwer zugänglich
  sind, wodurch die Einbeziehung von Originalteilen (Hardware)
  vermieden werden kann.
- **Erprobung digitaler Steuerungen**: Die Verwendung moderner
  Steuerungs- oder Regelungskonzepte bietet oft die Möglichkeit einer wesentlichen Verbesserung des gesamten Systemverhaltens. Ihre Realisierung ist dank der mittlerweile sehr
  preisgünstigen digitalen Prozessoren greifbar. Allerdings
  können Schwierigkeiten auftreten, und zwar durch die damit
  verbundene Notwendigkeit einer Abtastung der kontinuierlichen Systemgrößen, die bis zur Instabilität führen können.
  Hier besteht nun die oft genützte Möglichkeit, den  Analogrechner als analoges Streckenmodell einzusetzen, und den
  Einfluß der Abtastung zu untersuchen und geeignete Tastfre-
  quenzen aufzufinden. Hier können oft relativ kleine Analogrechner  eingesetzt werden,  wenn vereinfachte Modelle ausreichend sind.

- **Aufbau eines Gesamtmodells aus Teilmodellen:** Dies ist ein
wesentliches Anliegen jedes mit Modellbildung befaßten Ingenieurs. Die Gründe hierfür sind mehrfach. Gerade relativ
komplexe Systeme, wie sie heute in verstärktem Maße zu
regeln sind, sind nicht leicht in ihrer Gesamtheit zu modellieren. Es werden  - oft nach unterschiedlichen Methoden -
die einzelnen sich in natürlicher Weise ergebenden Teilsysteme (z.B. Rad, Achse, Lenkung, Aufbau usw. eines Autos)
zunächst einzeln modelliert und die so entstandenen Rech-
nermodelle ausgetestet um Fehler und Ungenauigkeiten zu
beseitigen. Anschließend werden die Modelle der Teilsysteme
zu einem Gesamtmodell vereinigt. Dieses Konzept hat sich in
vielen Fällen bewährt, es erleichtert nicht nur die Arbeit,
sondern reduziert vor allem auch die Fehlergefahr beträchtlich.
Darüber hinaus kann auf diese Weise eine Modellbank aufgebaut werden, deren Bausteine - geeignet ergänzt - später
zur Modellierung weiterer Systeme herangezogen werden können.
Leider ist diese Vorgangsweise mitunter mit einer Schwierigkeit verbunden. Mathematisch gesprochen, entstehen auf diese
Weise oft implizite Systeme von Differentialgleichungen, die
nicht auf explizite Form gebracht werden können:

$$h(z,t,\dot{z}) = 0, \quad z(t_0) = z_0 .$$

Für das Simulationsprogramm bedeutet dies das Auftreten
algebraischer Schleifen, d.s. geschlossene Kreise, die keine
Integrationen enthalten. Solche Systeme können im Rahmen
digitaler Simulationen nicht direkt behandelt werden. Die
algebraischen Schleifen müssen entweder vom Programmierer
oder numerisch aufgelöst werden. Dies bedeutet, daß bei
jedem einzelnen Integrationsschritt ein i.a. nichtlineares
System von Gleichungen gelöst werden muß, was zu einer
starken Vergrößerung der Rechenzeit führt. Eine andere oft
vorgeschlagene Methode, nämlich das Gleichungssystem auf die
Form

$$\dot{z} = g(t,z,\dot{z}), \quad z(t_0) = z_0$$

zu bringen und auf der rechten Seite für $\dot{z}$ nicht die tatsächlichen Werte $\dot{z}(t)$, sondern die Werte vom vorangehenden
Integrationsschritt, also $\dot{z}(t-h)$, einzusetzen, ist keinesfalls empfehlenswert. Dies bedeutet nämlich die Transformation des ursprünglichen Differentialgleichungssystems auf
ein System mit Totzeit, wobei letztere durch die Schrittweite h bestimmt ist. Falls die verwendete Integrationsroutine
über eine automatische Schrittweitensteuerung verfügt, ist
diese Totzeit sogar variabel und zustandsabhängig. Bekanntlich kann sich dadurch das dynamische Verhalten eines Systems, insbesondere sein Stabilitätsverhalten wesentlich

verändern, so daß die auf einer solchen Vorgangsweise beruhenden Simulationen zu falschen Schlüssen führen können.

Ein typisches Beispiel für das Auftreten algebraischer Schleifen beim Aufbau eines Gesamtmodells aus Teilmodellen sind Industrieroboter, aber auch in der Luft- und Raumfahrt treten solche Schleifen auf. Erfolgt eine solche Modellierung problemgerecht, so ist die Verwendung eines Analogrechners ohne Schwierigkeiten möglich. Durch den engen physikalischen Bezug eines Analogrechners entsprechen solche algebraischen Schleifen statischen Rückführungen im Originalsystem. Ist letzteres stabil, so gilt dies auch für das Analogrechnermodell. Es kann also das Originalsystem mit all seinen Bausteinen Eins-zu-Eins in ein Rechner-Simulationsmodell abgebildet werden. Hier liegt einer der großen, i.a. viel zu wenig beachteten Vorteile analoger und hybrider Simulationen.

- Zuletzt sei noch auf die **Vorteile eines Analogrechners in der Ausbildung** verwiesen. Hier stellen Systemnähe und die Möglichkeit, Begriffe wie "analoges", "digitales" und "impulsförmiges" Signal anschaulich zu verdeutlichen, nicht zu unterschätzende Vorteile dar.


# 4     Analog- und Hybridrechner als Simulationsrechner

Wie bereits erwähnt, wurden der Analog- und Hybridrechner bereits totgesagt. Ein wesentlicher Punkt für den starken Rückgang der Analog- und Hybridrechner ist ihr Preis. In jener Phase, als sie in der Tat fast ausstarben, wurden sie fast nur in Form von Prototypen produziert, vor allem was die größeren Rechner betrifft.

Ein Punkt, der für den Analog- bzw. Hybridrechner ins Treffen geführt wird, ist die Unabhängigkeit der Rechenzeit (Simulationszeit) von der Modellgröße bzw. Modellkomplexität. Bild 2 zeigt das wohlbekannte Bild des Preisvergleichs zwischen Hybridrechner und Digitalrechner. Die Simulationskosten (Rechenzeit) auf einem Digitalrechner steigen mit der

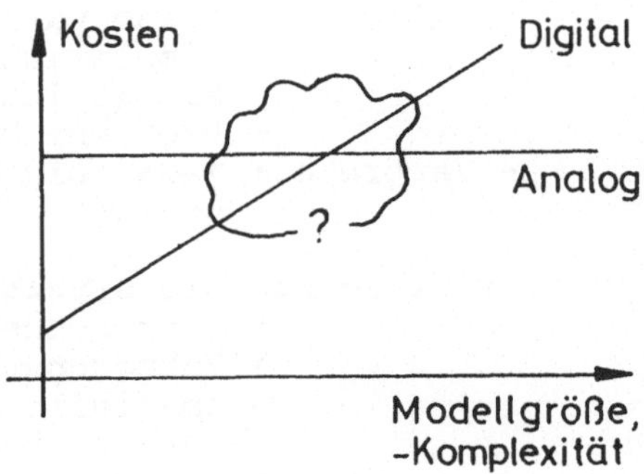


Bild 2. Simulationskosten abhängig von Modellgröße und Modell-Komplexität

wachsenden Komplexität und der Größe des Modells stark an,
während die Kosten auf einem Analogrechner (Hybridrechner)
konstant bleiben bzw. nur leicht ansteigen. Allerdings ist der
Einstiegspreis (Anschaffungspreis) für einen Analogrechner
(Hybridrechner) wesentlich höher, und der "break-even-point"
ist im wesentlichen unbekannt und unbestimmbar.

Heute decken viele Rechnertypen die Simulation dynamischer Systeme ab. Ihre Vor- und Nachteile werden hier beschrieben:

**Analogrechner:**  + absolut schnellster Simulationsrechner
+ Simulationszeit unabhängig von Modellgröße
  und Modellkomplexität
+ hohe Interaktivität
+ Echtzeitfähig
- jede Rechenoperation braucht ein Rechenelement
- aufwenige Programmierung (Skalierung, Pat-
  chen der Schaltung)
- nur mittlere bis kleine Modelle
- Vertreter: EAI 680, EAI 1000, EAI 2000

**Hybridrechner:**  + absolut schnellster Simulationsrechner
+ Simulationszeit unabhängig von Modellgröße
  und Modellkomplexität
+ "langsame" Modellteile können auf dem Digitalteil mitgerechnet werden
+ Einrichtungen für schnelle Tabellenauswer-
  tung
+ Programmier- und Simulationssprachen verfügbar
- extensiver Datentransfer zwischen Analog-
  und Digitalteil - sehr teuer
- Vertreter: EAI SIMSTAR

**Digitalrechner:**  + viel Simulationssoftware verfügbar
+ "General Purpose"-Rechner, daher nicht nur
  für Simulation verwendbar
- keine parallelen Strukturen
- Simulationszeit steigt mit Modellgröße und
  Komplexität essentiell an
- Probleme bei Echtzeit-Simulation
- Vertreter: jeder Digitalrechner mit "technischem" Ein-
  schlag"

**Array Prozessoren mit General Purpose Computern:**
+ sehr schnell
+ Vektoroperationen
+ spezielle für Simulationen und für Signalverarbeitung
+ teilweise Simulationssoftware
- nur Erweiterung zu "General Purpose"- Rechner
- nur wenig Software
- Vertreter: AP120B, AD10, AD100 (ADSIM)

**Array von Prozessoren:**
+ Cluster von Mikroprozessoren
+ Einfache Handhabung
+ Rechner der Zukunft !?
+ sehr schnell
+ teilweise echt parallel arbeitend
- teilweise Kommunikationsproblemen
- fast keine Simulationssoftware
- Vertreter: Transputer, Hypercube

**Spezielle Simulationsrechner:**
+ Hardware und Software speziell für Simula-
  tion und Echtzeitsimulation
+ Kombination von geeigneten Digitalrechnern
- Nur für Simulationszwecke bzw. für speziel-
  le Simulationsaufgaben und spezielle Pro-
  zesse
- Vertreter: spezielle Simulatoren, XANALOG-Hardware

Wegen dieses relativ großen Angebots an Rechnern für Simulation wandelte sich der Hybridrechner von einem allgemeinen
Simulationsrechner zu einem speziellen Simulationsrechner, der
Spezialgebiete der Simulation abdeckt, und zwar wesentlich
effektiver, als es ein anderer Simulationsrechner könnte.

Um nun festzustellen, ob eine Simulationsaufgabe bzw. ein zu
simulierender Prozeß auf einem Hybridrechner besser zu behandeln wäre, ist eine einfache Analyse durchzuführen. Zunächst
sind die Charakteristika des zu simulierenden Prozesses abzu-
klären. Für den Einsatz eines Hybridrechners sprechen die
folgenden Eigenschaften, bzw. verstärkt deren Zusammentreffen:

P1) komplexer, hochgradig nichtlinearer Prozeß
P2) zeit- und zustandsabhängige Unstetigkeiten im Prozeß
P3) hochgradig steife Systeme
P4) verkoppelte langsame und schnelle Prozeßteile (große Un-
    terschiede in den Zeitkonstanten)
P5) Prozeß hängt von komplexen logischen Signalen dynamisch ab

Ausschlaggebend ist allerdings auch, was am Modell des Prozesses untersucht werden soll, welcher Art die Experimente sind,
kurz gesagt, um welche Art von Simulationsaufgabe es sich
handelt. Wiederum können nun einige spezielle Aufgaben formuliert werden, die für die Wahl eines Hybridrechners sprechen:

S1) High-Speed-Simulation
S2) Realtime-Simulation
S3) Entwurf und Austestung von Regelsystemen
S4) Hardware-in-the-Loop-Simulation (ein Modellteil wird
    (soll) durch einen Hardware-Prototyp ersetzt werden)
S5) Direkter Eingriff des Benutzers in die Simulation (Man-in-
    the-Loop Simulation)
S6) Hochfrequente Signalverarbeitung
S7) Optimierung, Monte-Carlo-Studien

Wenn nun in der Tat drei oder mehr dieser typischen Charakteristika bzw. dieser typischen Aufgaben zusammentreffen, so ist der Hybridrechner der geeignetere Simulationsrechner (soferne er verfügbar ist). Für einen Analogrechner treffen ähnliche Auswahlkriterien zu, wobei Punkte, die hybride Fähigkeiten erfordern, fehlen müssen. Kleine Analogrechner finden auch heute verstärkt Einsatz z.B. in der Ausbildung und für Signal-(vor)verarbeitung.


## 5      Hybridrechnen (mit EAI SIMSTAR)

Wie bereits erwähnt, schien das Hybridrechnen fast auszusterben. Nahezu alle Hersteller stellten die Produktion dieser Rechner ein, es kamen keine neuen Modelle auf den Markt. In dieser Zeit durchlebte der Digitalrechner eine überaus rasante Entwicklung.

Die Hersteller von Analogrechnern begnügten sich damit, ihre vorhandenen Produkte weiterzuverkaufen. Das oft angekündigte "Automatic Patching", also das automatische Erstellen der Schaltung am Analogrechner mit Hilfe einer Schaltmatrix, die programmierbar alle Ausgänge analoger Elemente mit allen Eingängen verbinden konnte, wurde zunächst nicht realisiert. Der einzige Fortschritt in moderner Richtung war ein Softwaresystem (ECSSL), bei dem das Modell in ACSL-ähnlicher Notation formuliert wurde und das daraus einen analogen Schaltplan erzeugte (der dann händisch gesteckt werden mußte). Entwicklungen wurden in dieser Zeit nur an Universitäten durchgeführt, u.a. an der Technischen Universität Delft und am Hybridrechenzentrum der Technischen Universität Wien. An der TU Wien gelang die Weiterentwicklung des Prototyps einer automatischen Schaltmatrix zusammen mit der Einbettung des Hybridrechners in ein echtes Time-Sharing System; die Modellierung erfolgte dabei mit der Simulationssprache HYBSYS, die einen weiteren Leistungsumfang als ACSL aufweist. Basis für die Entwicklung war ein Analogrechner EAI 680 verbunden mit einem Digitalrechner PACER 100. Das System bewährte sich mehrere Jahre und wurde erst 1989 vollständig vom SIMSTAR-Simulationsrechner abgelöst. Die Simulationssprache HYBSYS wurde aufgrund der guten Erfahrungen in "digitaler" Version weiterentwickelt, wobei ein Teil der Entwicklung in Richtung Parallelrechnerimplementation geht (Transputer). Nach reichlichem Zögern brachte die Firma EAI Mitte der achtziger Jahre einen neuen Hybridrechner auf den Markt, den SIMSTAR. Von Softwareseite her war der Rechner teilweise neu konzipiert. Auf Seite der Hardware wurde die Genauigkeit um den Faktor 10 und mehr gesteigert (mindestens vier bis fünf signifikante Stellen auch bei komplexesten Modellen), anstatt einzelner Rechenelemente werden

Hardware-Makros verwendet, die mehr als eine spezielle Rechenoperation beherrschen. Bild 3 zeigt den Makro "Integrierer",
ein kombiniertes Integrator/Trackstore/Lag/Bound-Element. Der
Rechner wurde mit einer automatisch  frei programmierbaren
Schaltmatrix ausgestattet, so daß das Zeitalter des "Steckens"
endgültig beendet war.

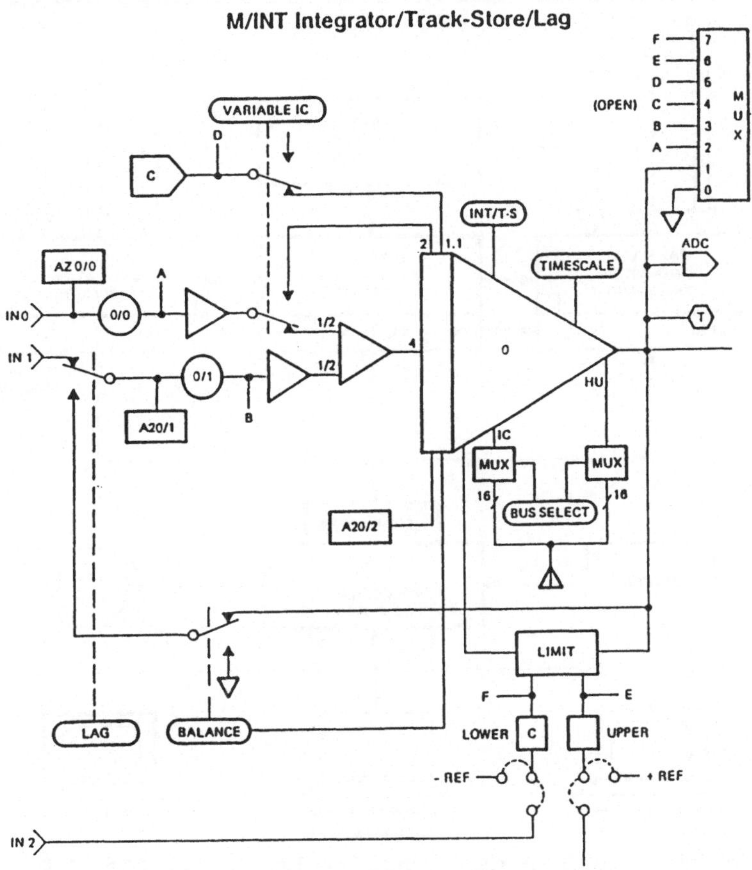


Bild 3. Blockdiagramm des Integrierer-Makros
        am  EAI SIMSTAR

Der Aufbau des SIMSTAR ist der eines klassischen Hybridrechners, allerdings mit beträchtlichen Erweiterungen (Bild 4).
Der Digitalteil (DAP - digital arithmetic processor) des SIM-
STAR besteht aus einer GOULD (verschiedene Ausbaustufen, Betriebssystem MPX), erweitert um einen oder zwei Interfacerech-
ner (DCP - data conversion processor), die den Datentransfer
zwischen Analog- und Digitalrechner bewerkstelligen. Der Analogteil (PSP - parallel simulation processor; der Hersteller
hielt es für richtig, die Bezeichnung "analog" zu verschwei-
gen) besteht aus der PMU (parallel mathematical unit; analoge
dynamische Rechenelemente) und der PLU (parallel logical unit;

Prozessor für Verarbeitung logischer Signale). Ein Digitalteil
kann zwei Analogteile steuern, die selbst wiederum miteinander
direkt analog kommunizieren können; der Ausbaugrad der Analogteile ist variabel, normalerweise hat ein Analogteil etwa
30 Integrierer, 15 Summierer und 15 nichtlineare Elemente.

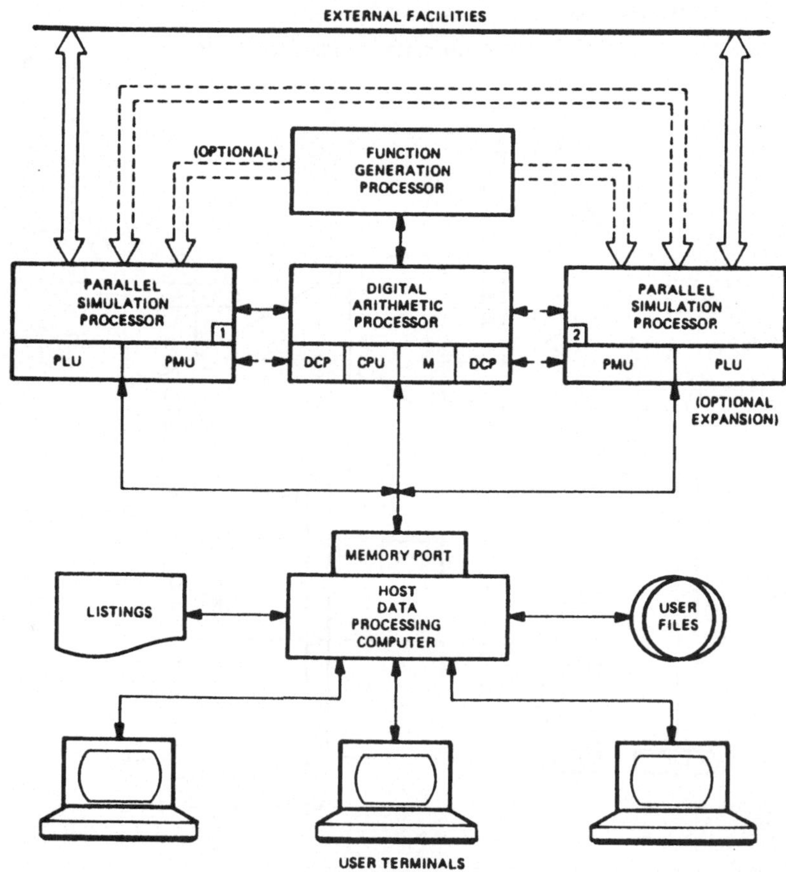


Bild 4. Aufbau des Hybridrechners EAI SIMSTAR

Bei der Software wurden teilweise vollkommen neue Wege beschritten. Das zu simulierende Modell wird in erweiterter
ACSL-Syntax beschrieben, mit gewissen Erweiterungen. Im Idealfall soll dieselbe Modellbeschreibung sowohl für eine serielle
als auch für eine analoge als auch für eine hybride Simulation
verwendet werden können.

Bild 5 zeigt die Struktur eines Modells für analoge Simulation
am SIMSTAR. Zusätzlich zu der aus ACSL bekannten DERIVATIVE
SECTION gibt es die "@PARALLEL SECTION, in der in gleichungs-
orientierter Form (ACSL-Syntax) die eigentliche Dynamik
beschrieben wird, die dann am Analogteil (selbstverständlich
automatisch) als Schaltung abgesetzt wird.

```
    PROGRAM
       INITIAL
          Statische Berechnungen vor dem Simulationslauf
       END
       DYNAMIC
          DERIVATIVE
             "@PARALLEL"
                   Beschreibung des Modells in gleichungs-
                   orientierter Form;
                   wird als Schaltung am Analogrechner abgesetzt
             "@END PARALLEL"
          END
       END
       TERMINAL
          Berechnungen nach dem Simulationslauf
       END
    END
```

Bild 5. Struktur eines PTRAN-Modells  für
analoge Simulation am EAI SIMSTAR

Beim echten Hybridrechnen wird auch der Digitalrechner in die
Simulation miteinbezogen; er simuliert z.B. langsamere Modellteile, oder echt diskrete Ereignisse, etc. Die Beschreibung
der digital zu simulierenden Modellteile erfolgt in verschiedenen DERIVATIVE SECTIONS. In Bild 6 werden zwei langsame
Modellteile in zwei DERIVATIVE SECTIONS (1 und 2) beschrieben,
der schnelle Modellteil in der DERIVATIVE SECTION 4 mit der
"@PARALLEL SECTION, eine DISCRETE SECTION beschreibt ein Ereignis (üblicherweise FORTRAN-Code, dessen Scheduling der
Digitalteil oder der Analogteil übernimmt. Die Kommunikation
zwischen den dynamischen Modellteilen erfolgt üblicherweise in
der "@PARALLEL SECTION, die eine Abtastung und damit eine
Kommunikationsrate dynamisch verwaltet (Interrupts). Routinen
zum Datentransfer können z.B. in der DYNAMIC SECTION aufgerufen werden.

Wie vorher erwähnt, soll dieselbe Modellbeschreibung sowohl
digital als auch analog weiterverarbeitet werden können. Je
nachdem welcher Compiler auf die Modellbeschreibung angewendet
wird, entsteht ein digitales Simulationsmodell (ACSL), ein
analoges (PTRAN-parallel translator) oder ein hybrides (DTRAN-
digital and analog translator), wie Bild 7 zeigt. Simuliert
wird dann im jeweiligen Runtime-Interpreter: ACSL-Runtime-
Interpreter für digitale Simulation, SIMRUN-Runtime-Interpre-
ter für hybride und analoge Simulation. SIMRUN ist eine Erweiterung des ACSL-Runtime-Interpreters, der neben ACSL-Befehlen
(START, SET, etc.) noch echt analoge Befehle beinhaltet
(SIM/IC, SIM/OP, etc.).

```
PROGRAM
  INITIAL
    Statische Berechnungen vor dem Simulationslauf
  END
  DYNAMIC
    DERIVATIVE SECTION1
       Beschreibung einer langsamen Systemdynamik;
       wird am Digitalrechner simuliert
    END
    DERIVATIVE SECTION2
       Beschreibung einer weiteren langsamen Systemdynamik;
       wird am Digitalrechner simuliert
    END
    DISCRETE SECTION3
       Beschreibung von Berechnungen zu Ereignissen (zeit-
       oder zustandsabhängig)
    END
    DERIVATIVE SECTION4
       "@PARALLEL"
            Beschreibung des Modells in gleichungs-
            orientierter Form;
            wird als Schaltung am Analogrechner abgesetzt
       "@END PARALLEL"
    END
  END
  TERMINAL
    Berechnungen nach dem Simulationslauf
  END
END
```

Bild 6. Struktur  eines DTRAN-Modells für
          hybride Simulation am EAI SIMSTAR

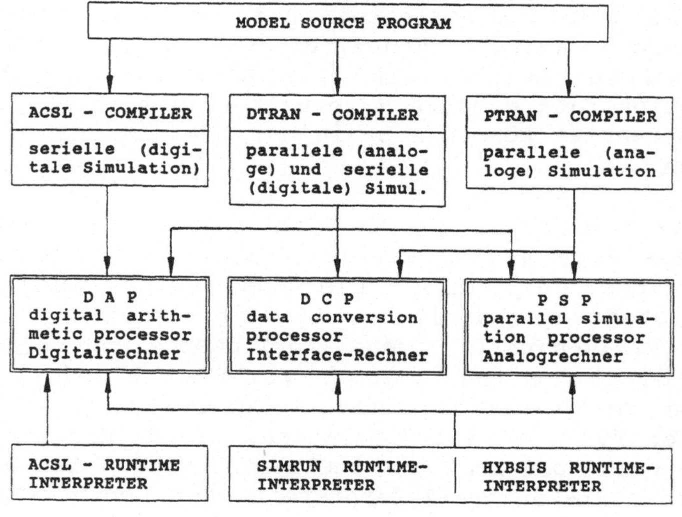


Bild 7. Programmstrukturen am SIMSTAR

Der SIMSTAR an der Technischen Universität Wien bietet zusätzlich noch HYBSYS als wesentlich komfortableren Runtime-Interpreter an. Die hybride Simulationssprache HYBSYS wurde auf
einem Prototyp für einen Hybridrechner mit Autopatch (TU Wien)
entwickelt und beherrscht unter anderem automatische Skalierung.

Bei Verwendung von SIMRUN dient ein vorhergehender ACSL-Lauf
unter anderem dazu, um Abschätzungen für die Skalierungsfaktoren zu gewinnen; dazu überliest ACSL alle analogen und hybriden Spezialanweisungen wie "@SCALE.... , "@PARALLEL", etc.
(für ACSL wegen des Apostrophs als Kommentar erkennbar).


## 5.1     Einführendes Beispiel - nichtlinearer Schwinger

Ein einfaches Beispiel soll nun den Unterschied zwischen dem
analogen Simulieren mit einem klassischen Analogrechner und
einer modernen hybriden Simulation mit PTRAN verdeutlichen.

Für die analoge Simulation ist ausgehend von der Modellglei-
chung

$$\ddot{x} = - a.x - b.\dot{x} - c.x^2$$

ein analoges Blockschalt-
bild zu entwerfen (Bild
8). Hier besteht es aus
zwei Integrierern (für x
und $\dot{x}$), aus einem Multiplizierer, aus einem In-
verter (Vorzeichenumkehr)
und fünf "Potentiometern"
(Multiplikation mit Kon-
stanten). Allerdings sind
die zwei Integrierer zu
skalieren, d.h. statt x
und $\dot{x}$ werden [X/SX] und
[DX/SDX] dargestellt, be-
vor dieses Schaltbild
dann am Rechner gesteckt

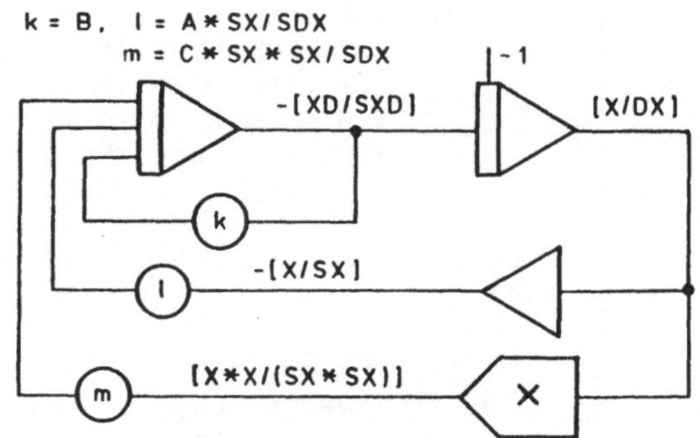


Bild 8. Analogrechner-Block-
        schaltbild für ein-
        fachen nichtlinearen
        Schwinger

werden kann. Dementsprechend müssen in den Rückkopplungen dann
diese Skalierungen in den Potentiometern berücksichtigt werden.


Zur Simulation am SIMSTAR ist das Modell in ACSL-Syntax mit
geeigneten Erweiterungen anzugeben (PTRAN-Modell). Bild 9
zeigt die Modellbeschreibung: in der INITIAL SECTION werden
neben den bekannten ACSL-Statements (CONSTANT, etc.) analoge
Schlüsselwörter verwendet: "@PARAMETER..." kennzeichnet eine
Konstante, die zwischen Simulationsläufen verändert wird,

"@MAXVAL..." und "@MINVAL..." ihren größten und kleinsten Wert
- PTRAN benötigt diese Angaben, um alle Werte technisch realisieren zu können; "@BETA(BETA)" kennzeichnet die Variable BETA
als Zeittransformation - sie erlaubt es, nun Simulationsläufe
(fast) beliebig zu beschleunigen bzw. zu verlangsamen. Eingebettet in die DERIVATIVE SECTION liegt die "@PARALLEL"-SEC-
TION; die in ihr beschriebene Dynamik wird auf dem Analogteil
abgesetzt, wenn PTRAN als Compiler verwendet wird; der ACSL-
Compiler erzeugt aus dieser Beschreibung ein "normales" ACSL-
Programm, da ja alle Anweisungen beginnend mit "@ als Kommentar interpretiert werden; die hybride Anweisung "@SCALE..."
gibt Skalierungsfaktoren für eine analoge Simulation vor.

```
PROGRAM
  INITIAL
    CONSTANT A=10, B=3, C=0.2, X0=1, DX0=0, TEND=10
    "@BETA(BETA)"
    "@PARAMETER A, B, C, BETA, TEND"
    "@MAXVAL A=20, B=5, C=5, BETA=2, TEND=50"
    "@MINVAL BETA=0.001, A=2"
  END
  DYNAMIC
    DERIVATIVE
      "@PARALLEL"
        "@SCALE X=3, DX=10"
        X  = INTEG ( DX, X0 )
        DX = INTEG ( -A*X - B*DX + C*X*X, DX0 )
        TERMT ( T .GE. TEND )
      "@END PARALLEL"
    END
  END
END
```

Bild 9. PTRAN-Programm eines einfachen nichtlinearen
         Schwingers für analoge Simulation am SIMSTAR

PTRAN und Folgeprogramme erzeugen daraus eine "Schaltung", die
automatisch am Analogrechner abgesetzt wird. Allerdings ist
nicht immer bekannt, welche Rechenelemente tatsächlich verwendet werden (Hilfssummierer, etc.).


## 5.2    Simulation eines Magnetschwebefahrzeugs

Dieses zweite Beispiel stellt ein Modell vor, bei dem die
Vorteile einer hybriden (analogen) Simulation zum Tragen kommen können. Verwendet man für ein Magnetschwebefahrzeug als
mechanisches Ersatzmodell ein Zweimassenersatzmodell (Fahrzeugunterbau, Wagenkasten), so erhält man bei Linearisierung
um die Gleichgewichtslage folgendes Modell:

$$m_1\ddot{x}_1 + d(\dot{x}_1 - \dot{x}_2) + c(x_1 - x_2) = f \; ,$$

$$m_2\ddot{x}_2 + d(\dot{x}_2 - \dot{x}_1) + c(x_2 - x_1) = 0 \; .$$

Dabei bedeuten $x_1$ und $x_2$ die Relativbewegungen von Fahrzeugunterbau und Wagenkasten. Die Wirkung der Magnetkraft wird beschrieben durch

$$f = k.i - k_s s \; ,$$

$$T.\dot{i} + i - c_s \dot{s} = u/R \; .$$

Der Elektromagnet erzeugt über die Steuerspannung u mit dem Strom i die Magnetkraft f. Wesentliches Element ist die geständerte Fahrbahn. Sie wird als Summe einer quadratischen Parabel, die den Sollverlauf kennzeichnet, und einer überlagerten periodischen Störung, die die Durchsenkung der geständerten Fahrbahn unter dem Gewicht des Fahrzeugs beschreibt, angesetzt.

$$w = h + p \; ,$$

$$\dddot{h} = 0 \; ,$$

$$\ddot{p} + \omega^2.p = 0 \; ; \quad \omega = 2\, v/l \; .$$

Wesentliche Aufgabe ist es nun, den Spalt $s = w - x_1$ zwischen Fahrbahn und Unterbau (Magnet) innerhalb der erlaubten Grenzen zu regeln, um ein Aufsitzen des Fahrzeugs zu verhindern.

Dieses lineare Modell wurde bereits vielfach in der Literatur behandelt, vor allem zur Reglerauslegung. In Zustandsraumdarstellung erhält man nach geeigneter Normierung durch die Gleichungen für die zwei Massen und für den Magneten ein Modell fünfter Ordung,

$$\dot{x}_q = A.x_q + b.u + w$$

wobei u für die normierte Steuerspannung steht, und w für die normierte Störgröße.

Die Beschreibung für die Fahrbahn gehört nicht zur eigentlichen Systemdynamik; in der beschriebenen Form ist sie auch für Analogrechner-Simulation formuliert. Für den Analogrechner ist bekanntlich die Integration eine Grundrechenart, also ist es günstiger, die quadratische Parabel durch Aufintegration einer Konstanten zu erzeugen, und die überlagerte Schwingung (Störung) durch eine Schwingungsgleichung. Für digitale Simulation sollte die Beschreibung sinnvollerweise umgeschrieben werden:

$$w = h + p \; ,$$

$$h = a_0 + a_1 t + a_2 t^2 \; ,$$

$$p = \cos(\omega\, t) \; .$$

Für die Steuerspannung u wurden in der Literatur viele Ansätze
untersucht. Einer besteht in der Rückkopplung der (normierten)
Zustandsgrößen (da nicht alle meßbar sind, wird teilweise noch
ein linearer Beobachter eingeschaltet):
Die Koeffizienten $k_{x1},\ldots,k_{x5}$ für diese Rückkopplung werden
durch Lösung einer Riccatigleichung berechnet.

$$u = k_{x1}\cdot x_{q1} + k_{x2}\cdot x_{q2} + \ldots + k_{x5}\cdot x_{q5} \; .$$

Das Modell an sich sieht "harmlos" aus. Betrachtet man jedoch
die Größenordnung der Parameter, so stellt man große Unterschiede in den Frequenzen des Systems fest. Die größte kommt
dabei klarerweise von der (leider nicht vernachlässigbaren)
Störung, die bei der realistischen Fahrgeschwindigkeit von
etwa 500 km/h und einem Ständerabstand von 18m bei etwa $\omega = 8Hz$
liegt; teilweise wesentlich kleinere Frequenzen tauchen bei
Magnet und Massenbewegung auf.

Stellt man dann noch die Bedingung nach einer Echtzeitsimula-
tion, so finden sich folgende Punkte erfüllt, die zur Simula-
tion einen Analogrechner (Hybridrechner) empfehlen:
  P3) hochgradig steife Systeme
  P4) verkoppelte langsame und schnelle Prozeßteile (große Un-
      terschiede in den Zeitkonstanten)
  S2) Realtime-Simulation
  S3) Entwurf und Austestung von Regelsystemen

Soferne verfügbar, empfiehlt sich also eine Analogrechnersimu-
lation, insbesondere wenn zusätzlich noch nichtlineare Modell-
komponenten berücksichtigt werden sollen. Bei Simulation am
SIMSTAR ist das Modell in PTRAN-Notation (hybrides ACSL) zu
beschreiben.

Bild 10 zeigt einen Ausschnitt aus dem PTRAN-Programm zur Modellierung von Zustands- und Steuerdynamik. Bild 11 zeigt das
Ergebnis einer Simulation, die am SIMSTAR in 100-facher Echtzeit ablaufen konnte. Die äquivalente Simulation in ACSL (gerechnet auf einem AT 386/387) brauchte etwa 80-fache Echtzeit
(bei Verwendung eines RK4-Algorithmus und hinreichend kleiner
Schrittweite); klarerweise kann eine kürzere digitale Simulationszeit durch Verwendung eines "intelligenteren" Integra-
tionsalgorithmus (z.B.Gear) erzielt werden. Allerdings scheint
die Vorgabe durch den SIMSTAR (wo nicht einmal die maximalen
Möglichkeiten ausgereizt wurden) kaum mit digitaler Simulation
erreichbar (auch nicht mit sehr schnellen Rechnern).

Noch interessanter wird der Vergleich, wenn man die Regelung
diskretisiert. Die Zustandsgrößen werden abgetastet, die
Regelgröße als "Steuerung" über dem Abtastintervall rückgekoppelt.

```
PROGRAM MAGNETBAHN
  INITIAL
    CONSTANT M1=500, M2=500, TMAG=0.258, ...
    ....
  END
  DYNAMIC
    DERIVATIVE
      "@PARALLEL"
      " ---- ZUSTANDSGLEICHUNGEN "
      SUM1  =  ( -XQ1 -CS*XQ3 + U/R ) / TMAG
      SUM2  =  KI*XQ1 + KS*XQ2
      SUM3  =  C * ( XQ3 - XQ4 ) / M2
      SUM4  =  D * ( SUM2 -(M1+M2)*XQ5 ) / (M1*M2) + SUM3
      SUM5  =  -KS * P / (KI*TMAG) - ( KS/KI -CS/TMAG ) * PS -  ...
               M1 * HSS / (KI*TMAG)
      XQ1   =  INTEG ( SUM1 + SUM5,            XQ10 )
      XQ2   =  INTEG ( XQ3,                    XQ20 )
      XQ3   =  INTEG ( ( SUM2 - M2*XQ5 ) / M1, XQ30 )
      XQ4   =  INTEG ( XQ5 - HSS,              XQ40 )
      XQ5   =  INTEG ( SUM4 + D*HSS/M2,        XQ50 )


      " ---- STEUERSPANNUNGEN
      CONSTANT KX1=45.9, KX2=111.98, KX3=1.435, KX4=0.258, KX5=0.02389
      U   =  -KX1*XQ1 - KX2*XQ2 - KX3*XQ3 -KX4*XQ4 -KX5*XQ5

      ........
      "@END PARALLEL
    END
  END
END
```

Bild 10. Teil des PTRAN-Programms zur Simulation
         des  Magnetschwebefahrzeugs  am SIMSTAR

In ACSL ist die diesbezügliche Abtastung und Stellgrößenbe-
rechnung in einer DISCRETE SECTION mit periodischem Intervall
zu programmieren; in PTRAN reicht bei dieser einfachen Form
eine analoge Realisierung in Form von Track/Store-Einheiten,
die die Regelgröße u diskretisieren und über dem Abtastintervall konstant halten: Das ZHOLD-Element von PTRAN erledigt
diese Diskretisierung (Bild 12). Komplexere digitale Steuerungen müßten klarerweise echt hybrid berechnet werden, d.h. als
DISCRETE SECTION mit vom Analogrechner gesteuerter Abtastung
formuliert.

Von Interesse ist nun, wie rasch abgetastet werden muß, damit
die Störgröße gerade noch kompensiert wird. Bild 13 zeigt die
sensitive Zustandsgröße $x_1$ ($x_1$ = w-s) mit einer gerade nicht
mehr ausreichenden Störgrößenkompensation. Bei Simulation auf
dem SIMSTAR ist die zugehörige Abtastfrequenz etwa 30 Hz, bei
31 Hz arbeitet die diskrete Regelung noch zufriedenstellend.
Bei einem Analogrechner der vorigen Generation betrug diese
Grenzfrequenz 43 Hz (EAI 680, TU Wien); die äquivalente digitale ACSL-Simulation brauchte trotz vielfältigster Tricks zur

Erhöhung der Genauigkeit eine
Mindestfrequenz von 58Hz (gerechnet auf einer CYBER 860).

Es ist offensichtlich, daß
bereits bei diesem einfachen
Beispiel einer "digitalen"
Regelung ein Vorteil des
Analogrechners zum Tragen
kommt, nämlich

**P2)** Zeit- und zustandsabhängige Unstetigkeiten
im Prozeß.

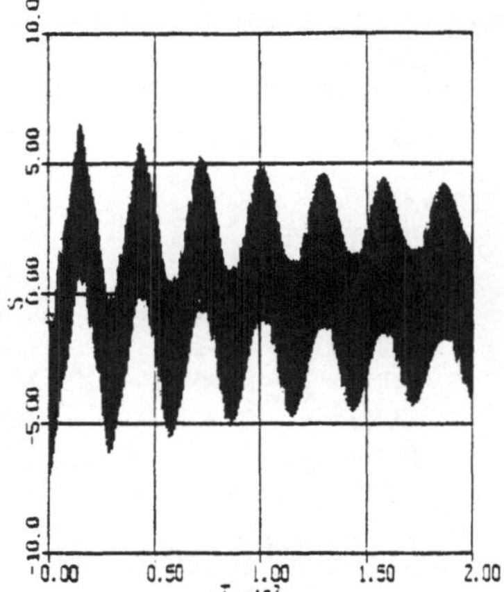

Bild 11. Ergebnisse einer Simulation mit Anfangsaus-
lenkung 3mm und Störungsamplitude 2mm

```
PROGRAM MAGNETBAHN
  ..........
    DERIVATIVE
      "@PARALLEL"

      ".........
      " ---- STEUERSPANNUNGEN
      CONSTANT KX1=45.9, KX2=111.98, KX3=1.435, KX4=0.258, KX5=0.02389
      UH   =   -KX1*XQ1 - KX2*XQ2 - KX3*XQ3 -KX4*XQ4 -KX5*XQ5
      U    =   ZHOLD ( 0, TAKT, U )
      ........
      "@END PARALLEL
    END
  END
END
```

Bild 12. Ergänzung des PTRAN-Modells zur Simulation
des Magnetschwebefahrzeugs  am SIMSTAR mit
diskretisierter Regelung


## 5.3    Simulation eines Dreiphasen-Gleichrichters

Abschließend sei kurz auf die komplexe analoge Simulation
eines Dreiphasengleichrichters,  wie er in modernen Thyristor-
lokomotiven gebraucht wird (die Simulation wurde vom Hybridrechenzentrum der Technischen Universität Wien gemeinsam mit
einer Entwicklungsabteilung von BBC (ABB) Zürich  am SIMSTAR
der TU Wien durchgeführt). Generelle Aufgabenstellung war die
Entwicklung von geeigneten digitalen Controllern zur Steuerung
(Regelung) des Gleichrichters.

Die Simulation erlaubt
die Übernahme wesentli-
cher Entwicklungsaufga-
ben, vor allem wenn sie
als "Hardware-in-the-
Loop"- Simulation ausge-
legt ist: Ein Modellteil
simuliert zunächst den
Regler, später kann ein
Hardware-Prototyp diesen
Modellteil als "Hardware
in-the-loop" ersetzen.
Ein zweiter Modellteil
simuliert den Gleich-

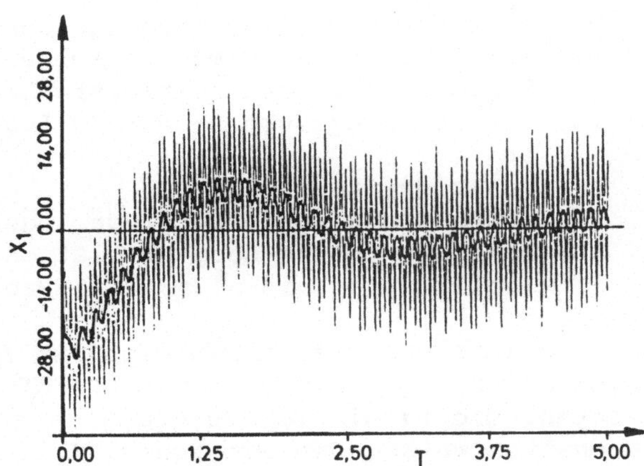

Bild 13. Noch zu Beispiel 5.2: Vergleich von kontinuier-
         licher und diskretisierter Regelung bei nicht
         mehr ausreichender Abtastfrequenz

richter, der dritte einen Dreiphasen-Oszillator. Bild 14 zeigt
die Grundstruktur des gesamten Modells; das Reglermodell ist
größtenteils aus digitalen Ele-
menten (logischen Bausteinen)
aufgebaut (Gatter, Flip-Flops,
Signalverzögerungen, etc.), seine
Eingänge sind die Phasen (Spannungen), seine Ausgänge sind
Schaltsignale für den Gleichrich-
ter; das Gleichrichtermodell hat
zwar nur geringe Ordnung, weist
aber zustandsbedingte Unstetigkeiten (bedingt durch die Schaltsignale) und andere komplexe
Rückwirkungen auf, zudem tauchen
sehr kleine Zeitkonstanten in der
Größenordnung von $10^{-5}$ auf. Im
Gegensatz dazu enthält das einfache Modell für die Stromquelle
(Dreiphasenoszillator) eine wesentlich größere Zeitkonstante.

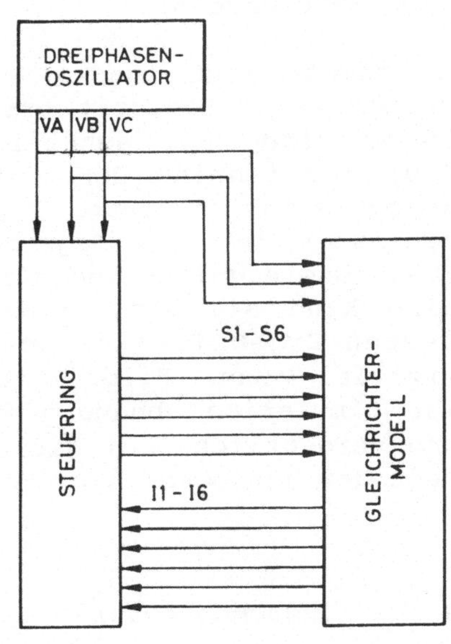


Bild 14. Struktur eines Modells für die Simulation von
         Dynamik und Steuerung eines Gleichrichters für
         Echtzeit- und "Hardware-in-the-loop" Simulation
         mit dem SIMSTAR

Eine Ausrichtung der Simulation auf spätere "Hardware-in-the-
Loop" bedingt klarerweise Echtzeitsimulation, so daß eine
Reihe von Punkten, die für eine analoge (hybride) Simulation
sprechen, erfüllt sind:

**P2)** zeit- und zustandsabhängige Unstetigkeiten im Prozeß
**P4)** verkoppelte langsame und schnelle Prozeßteile (große Un-
    terschiede in den Zeitkonstanten)
**P5)** Prozeß  hängt von komplexen logischen Signalen dynamisch
    ab
**S2)** Realtime-Simulation
**S3)** Entwurf und Austestung von Regelsysteme
**S4)** Hardware-in-the-Loop-Simulation   (ein  Modellteil  wird
    (soll) durch einen Hardware-Prototyp ersetzt werden)

Der Analogrechner (SIMSTAR) schafft in der Tat eine Echtzeitsimulation, das Modell war in PTRAN (ACSL-ähnlich) zu formulieren. Die Simulation zeigte alle zu erwartenden dynamischen
Verhaltensweisen des Prozesses. Interessant war der Vergleich
mit einer digitalen ACSL-Simulation. Zwei Modelle wurden verglichen: ein "Analogrechner-nahes Modell" simulierte die sehr
komplexe Logik in getakteter Form in einer DISCRETE SECTION
relativ hoher Taktung (womit die Integrationsschrittweiten
sehr klein sein mußten), ein "Ereignis-Modell" formulierte die
zustandsabhängigen logischen Vorgänge als einzelne Ereignisse
in separaten DISCRETE SECTIONS (die in ACSL iterativ zeitlich
ermittelt werden).

Es zeigte sich, daß die digitale Simulation natürlich bei
weitem keine Echtzeit erreichen konnte. Extrapoliert man die
Rechenzeiten auf schnellere Digitalrechner (als eine CYBER
860), so scheint Echtzeit immer noch in weiter Ferne. Ein
weiteres interessantes Ergebnis war, daß das "Ereignis-Modell"
langsamer ist (im Gegensatz zu der Erwartung: während der
Zustandsereignisse beeinflußt die Logik die Integration nicht,
also kann sie wesentlich effektiver arbeiten) und daß die
besten Ergebnisse mit dem (expliziten) Euler-Verfahren zu
erzielen waren. Bild 15 zeigt einen Zeitvergleich der digitalen Simulation abhängig von Modell und Integrationsverfahren
und verdeutlicht bei dieser speziellen Aufgabe die Überlegen-
heit der analogen (hybriden) Simulation.


**6      Zusammenfassung**

Analog- und Hybridrechner waren in den Anfängen der Simulation
die einzigen Rechner für Simulationszwecke. Insbesondere in
der Regelungstechnik leisteten sie wertvolle Hilfe zur Auslegung von Reglern. Mit der raschen Entwicklung von Digitalrechnern wurde ihnen aber sehr rasch der erste Rang bei den Simu-
lationsrechnern abgelaufen. Unkritische Simulationen kann man
heute durchaus auf einem beliebigen Digitalrechner vornehmen.
Dies auch mit mehr Komfort, da eine große Zahl von allgemeinen
und speziellen Simulationssprachen zur Verfügung steht.

| Integrations-verfahren | Analogrechner-nahes Modell | Ereignis-Modell |
|---|---|---|
| Gear | 3.5 s/Periode | 3.0 s/Periode |
| Euler | 1.2 s/Periode | 1.5 s/Periode |
| Runge-Kutta, 2.Ordnung | 1.3 s/Periode | 1.7 s/Periode |
| Runge-Kutta, 4.Ordnung | 2.5 s/Periode | 2.9 s/Periode |

Bild 15. Zeitbedarf der digitalen Simulation
(analoge Echtzeitsimulation möglich)

Hybridrechner haben sich, wie erwähnt, auf eine ganz spezielle Marktnische zurückziehen müssen. Selbst der derzeit größte Analogrechner (Hybridrechner) SIMSTAR muß in dieser Hinsicht als Laborrechner (für Signalverarbeitung, etc.) angesehen werden (obwohl seine Software-Oberfläche den Eindruck eines allgemeinen Simulationsrechners erweckt). Wichtig ist allerdings, daß die Arbeitsweise mit dem Analogrechner wesentlich mehr der Denkweise in Modellbildung und Simulation entgegenkommt als der Digitalrechner.

Zwei Aspekte sollen abschließend vermerkt werden, die die Notwendigkeit von analoger Simulation bzw. die Denk- und Arbeitsweise der analogen Simulation unterstreichen, und zwar Aspekte der Ausbildung und der Modellbildung.

In der Ausbildung können mit einem Analogrechner sehr einfach Grundelemente der Regelungstechnik vermittelt werden, was zumindest für einfache Analogrechner spricht. Erfahrungen mit Studenten zeigen, daß auf einem Analogrechner der Begriff "Dynamisches Feedback" wesentlich rascher und besser erfaßt wird (wozu teilweise auch die Erstellung eines analogen Blockschaltbildes ausreicht).

Modellbildung selbst ist klarerweise unabhängig von der Hardware (von den Simulationsrechnertypen). Dennoch sind Analogprogrammierung in Form des Blockschaltbilds und Modellerstellung in Form rückgekoppelter Blockdiagramme sehr eng verbunden. Für viele Anwendungen ist diese "analoge" Modellrepräsentation wesentlich geeigneter als andere und wird von Anwendern bevorzugt.

Diese Überlegungen führen bald zu der Idee, einen Analogrechner auf einem Digitalrechner zu "simulieren":

- graphische Modellbildung in blockorientierter Form mit Feed-
  back
- Simulation durch einfache Befehle, Funktionstasten oder
  Maus (womit sämtliche numerische Algorithmen versteckt
  werden)
- Repräsentation der Ergebnisse in geeigneter Form (z.B.
  Meßstreifen, Phasendiagramme)

Die ersten digitalen Simulationssprachen basierten teilweise
auf dieser Idee (das Modell wurde blockorientiert beschrieben). Spätere Sprachen vervollkommneten die blockorientierte
Modellbildung (z.B. FSIMUL).

Erst vor kürzerer Zeit kam mit dem XANALOG-System eine Simulationssoftware auf den Markt, die in der Tat den Analogrechner
"simuliert", entweder auf Standardhardware (PC) oder auf PC-
Erweiterungen. Bild 16 zeigt die graphische Modellbildung mit
diesem System. Auf Knopfdruck (Maus) wird simuliert, etc.
Erste Erfahrungen von Ingenieuren sagen dieser Art des "Ana-
logrechnens" auf vielen Gebieten große Zukunft voraus.

Nicht unerwähnt sollen auch die Ansätze für optische Rechner
bleiben, die als eine Weiterentwicklung des Analogrechners
angesehen werden könnten. Sie wären echte Parallelrechner und
für zeitkritische Aufgaben geeignet. Vor etwa zehn Jahren
zeigten sich erste Durchbrüche, seither stagniert allerdings
die Entwicklung in Richtung Simulationsrechner.

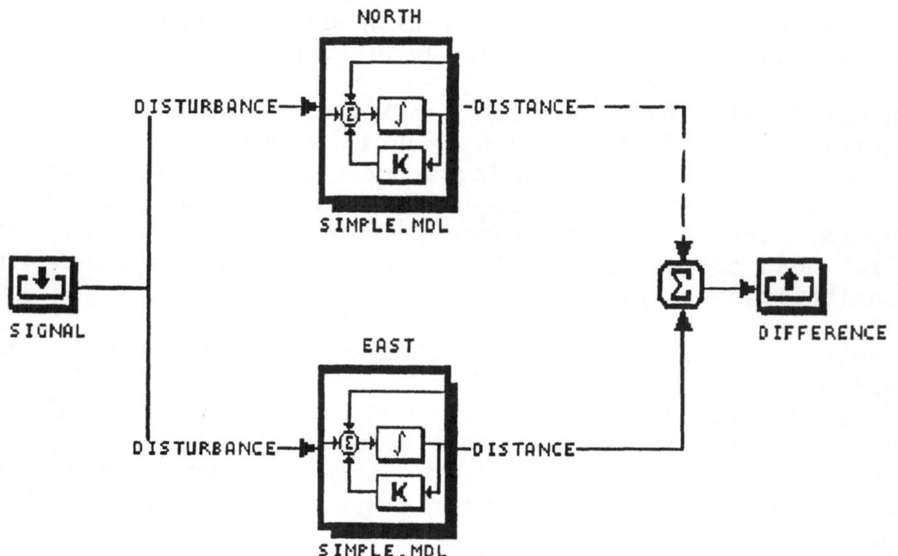


Bild 16. Graphische Modellbildung mit XANALOG

**Literaturhinweise**

[ 1] G.A.Bekey, W.J.Karplus. Hybrid Simulation. Wiley, N.Y.
     1968.

[ 2] F.Breitenecker: Comparison of Digital and Hybrid Simula-
     tion or Regulator Plants with Alternatively Continuous
     and Discrete Feedback. Informatik-Fachberichte 71, Sprin-
     ger, 1983, 261-266.

[ 3] F.Breitenecker, D.Solar, I.Husinsky: HYBSYS - a New Simu-
     lation System. Proc. 3rd European Simulation Congress,
     Edinburgh, Sept.1989, to appear.

[ 4] G.Eisenstein: Semiconductor Optical Amplifiers. IEEE
     Circuits and Devices vol.5 (1989), no.4, 25-30.

[ 5] W.Giloi, R.Lauber: Analogrechnen. Springer, Berlin, 1963

[ 6] W.Giloi: Analog, Digital and Hybrid Simulation in a Com-
     puter Science Perspective. Teubner, 1975

[ 7] J.Heinhold, U.Kulisch: Analogrechnen. BI, Bd.168, 1969.

[ 8] Z.V.Ilic: SIMSTAR - the Search for an Optimal Simulation
     Tool. Informatik-Fachberichte 109, Springer, 3-13.

[ 9] W.Kleinert, D.Solar, F.Berger: Status Report on TU
     Vienna's Hybrid Time-Sharing System. Proc. 1st European
     Simulation Congress, Aachen, 1983, 193-200.

[10] W.Kleinert, M.Graeff, K.Wenk: Simulation eines Drei-
     phasen-Gleichrichters mit SIMSTAR und ACSL. Informatik-
     Fachberichte 150, Springer, 1987, 463-465.

[11] G.A.Korn, J.V.Wait: Digitale Simulation kontinuierlicher
     Systeme. Oldenbourg, 1983.

[12] S.P.Mc.Grew: The Image Feedback Computer. In E.Caianello
     (Hrsg.): New Concepts and Technologies in Parallel Infor-
     mation Processing. Noordhoff, 1975, 55-74.

[13] P.C.Müller, H.Bremer, W.Breinl; Tragregelsystem mit Stör-
     größenkompensation für Magnetschwebefahrzeuge. RT 24
     (1976), 257-265.

[14] G.Schmidt: Simulationstechnik. Oldenbourg, 1980.

[15] D.Solar: HYBSYS-PTRAN - an Experimental Tool for the EAI
     SIMSTAR Parallel Multiprocessor. Proc.2nd European Simu-
     lation Congress, Antwerpen, 1986, 449-451.

[16] D.Solar, F.Breitenecker: Das Simulationssystem HYBSYS.
     Informatik-Fachberichte 179, Springer, 1988, 172-177.

[17] I.Troch: There is a Need for Simulation based on Implicit
     Models. Proc. 2nd European Simulation Congress, Antwer-
     pen, 1986, 157-162.

# C Simulation in der regelungstechnischen Ausbildung

Simulationswerkzeuge und Simulationsumgebungen für die Lehre

A.H. Glattfelder,  W. Schaufelberger

## 1      Einführung

Simulation spielt in der Regelungstechnik seit langem eine
hervorragende Rolle. Kleine und leistungsfähige Personalcompu-
ter, wie sie seit einigen Jahren auf dem Markt erhältlich
sind, machen die Möglichkeiten der Simulation auch in breitem
Rahmen für die Ausbildung verfügbar. Aus diesem Grunde wurde
an der ETH Zürich 1985 ein Pilotprojekt "Modellierung und Simulation dynamischer Systeme" gestartet, mit dem Auftrag, Einsatzmöglichkeiten im Unterricht zu suchen. Im Rahmen dieses
Projektes sind bis  heute eine größere Zahl von Simulationswerkzeugen und -umgebungen entstanden, auf die im folgenden
eingegangen wird. Seit 1986 werden intensiv Erfahrungen an den
Abteilungen Elektrotechnik, Maschinenbau und Naturwissenschaften gesammelt. Diese Erfahrungen zeigen, daß es sinnvoll ist,
die im Unterricht verwendete Simulationssoftware weiter zu
strukturieren. Die Klassierung, die wir hier vorschlagen, ist:

Software der Stufe 1: Kleine spezielle Lehr- und Trainingspro-
                      gramme
Software der Stufe 2: Einfache Programme zur Lösung von Diffe-
                      rentialgleichungen
Software der Stufe 3: Voll ausgereifte Simulationsumgebungen
Software der Stufe 4: Kommerzielle Produkte wie ACSL,  SIMNON
                      etc.

In diesem Beitrag soll vorwiegend Software der Stufen 1 bis 3
behandelt werden, die jedem Studierenden der ETH frei von
Lizenzverpflichtungen zur Verfügung steht und die auf den
Maschinen der Schule und zu Hause verwendet werden kann. Die
kommerziellen Produkte der Stufe 4 werden bei uns in Studien-
und Diplomarbeiten sowie im Kleingruppenunterricht oder auf
größeren Rechnern der VAX-Klasse eingesetzt.

## 2      Lehr- und Trainingsprogramme

Diese sollen auf einfache Art dazu benützt werden, Unter-
richtsgegenstände zu vertiefen. In vielen Fällen bringen die
theoretischen Ausführungen in den Vorlesungen nicht das erwartete Verständnis, weil die Studierenden mit zuviel Theorie

Mühe haben. Die Übungen, in denen auch ein Gefühl für das
Verhalten der entsprechenden Systeme erworben werden kann,
bilden in diesen Fällen eine wichtige Ergänzung zum Frontalun-
terricht. Für den regelungstechnischen Unterricht wurden in
diesem Sinne die folgenden Unterrichtsprogramme, die alle
Simulationsteile enthalten, hergestellt:

- <u>Einstellen von PI-Reglern (Bild 1):</u>   Verwendet werden die
  Einstellverfahren nach Ziegler-Nichols, Chien-Hrones-Reswick
  und das Betragsoptimum. Interessant ist hier, daß die drei
  Entwurfsverfahren an einfachen Tiefpaßregelstrecken 3. Ordnung sehr unterschiedliche Resultate erbringen, was für an-
  geregte Diskussionen zum Thema "optimal" führt, da alle drei
  als optimal bezeichnet werden.

- <u>AntiWindup Probleme bei PID-Reglern:</u> Hier soll ein Verständnis für das Windup-Problem und für die entsprechenden Gegenmaßnahmen erarbeitet werden. Da es sich um nichtlineare Systeme handelt, ist eine Behandlung mit simulationstechnischen Werkzeugen angezeigt.

- <u>Zustandsregler mit Beobachter:</u> Zustandsregler mit Beobachtern führen schnell zu unübersichtlichen Entwurfsaufgaben,
  da viele Parameter zu wählen sind, z.B. die Pole der Regelung, die Pole des Beobachters, die stationäre Verstärkung
  o.ä. Auch ist es nicht einfach, aussagekräftige Simulationen
  durchzuführen. Mit einem entsprechenden Trainingsprogramm
  kann eine große Zahl von Versuchen in kurzer Zeit durchgeführt werden.

- <u>Petri-Netz Simulation und Analyse (Bild 2):</u>  Petri-Netze haben sich als einfaches und zweckmäßiges Mittel beim Entwurf
  von Ablaufsteuerungen etabliert und können im Unterricht in
  unterschiedlicher Weise eingesetzt werden. Unsere Übungsprogramme sind in Prolog realisiert und gestatten die Analyse
  und Simulation von Netzen, die durch einen Text beschrieben
  werden. In der Fachgruppe Systemtechnik wurde ein Petri-Netz
  Simulator in Smalltalk realisiert, der auch das vollgraphi-
  sche Erzeugen der Netze am Bildschirm unterstützt.

- <u>Regelbasierter Entwurf von Regelsystemen:</u> Unsere Simulationen zu PID-Reglern wurden um eine kleine Expertensystemscha-
  le ergänzt. Diese gestattet es dem Benützer, sich bei einem
  Entwurf über die Wahl der Struktur und die Parametereinstel-
  lungen beraten zu lassen und zeigt in diesem Sinne die Möglichkeiten von Expertensystemen beim regeltechnischen Entwurf auf.

Weitere Übungsprogramme für dynamische Systeme wurden in der
Fachgruppe Systemanalyse entwickelt:

- <u>Stabilität ökologischer Systeme:</u> Hier handelt es sich um ein
  Programm für die Diskussion von ökologischen Systemen, die
  durch Lotka-Volterra Differentialgleichungen beschrieben
  werden. Messungen an realen Systemen können mit den Simulationen verglichen werden.

- <u>Weltmodell 2:</u> Das bekannte Weltmodell von Forrester und Mea-
  dows steht ebenfalls für Übungen zur Verfügung. Hier besteht
  das Lernziel darin, sich in einem komplexen System zurecht-
  zufinden und Maßnahmen vorzuschlagen, die das System in ein
  Gleichgewicht bringen.

Mit Ausnahme des Smalltalk-Programms für die Petri-Netze sind
alle anderen Programme, zum Teil in vereinfachter Ausführung,
auch für den Unterricht an anderen Hochschulen verfügbar.

In den Übungsstunden steht bei uns immer ein Rechner für einen
oder zwei Studierende zur Verfügung. Die entsprechenden Versuche werden individuell durchgeführt. Wir legen großen Wert
darauf, daß unsere Programme einfach zu bedienen sind. Dies
wird dadurch erreicht, daß wir beim Entwurf ein konsistentes
Benützungsmodell verwenden. Das Bild 1 zeigt eine Bildschirm-
aufnahme aus dem PI-Regler Trainingsprogramm, das aus einem
Aufgaben- und einem Manualteil besteht. Der Manualteil wurde
wie ein Lehrbuch gestaltet, die Arbeitsumgebung entspricht
einem Laborversuch.

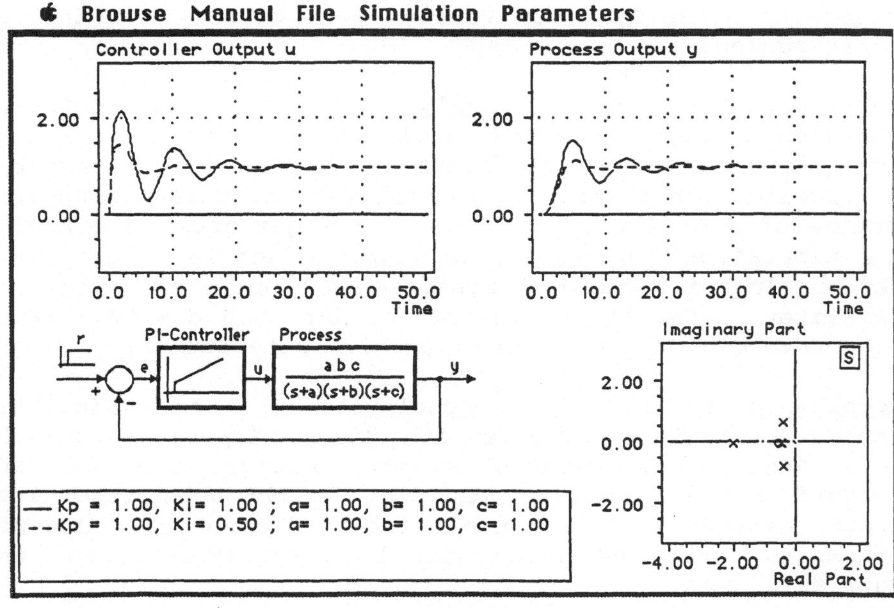


Bild 1. PID-Regler Übungsprogramm; Bildschirm der
        Arbeitsumgebung

```
  É File  PROLOG  MockWrite
┌──────────────────────────────────┬───────────────────────────────┐
│           DMTerminal             │ ▣□▒▒▒▒▒▒▒▒ bsp1.pdb ▒▒▒▒▒      │
├──────────────────────────────────┼───────────────────────────────┤
│                                  │ titel('Beispiel 1').          │
│ Erreichbarkeitsbaum von : Beispiel 1                             │
│                                  │ /* eingabe des zustandsvektors in
│ (0) Zustandsvektor  :  1 0 0     │ der folgenden form :        */│
│ offene Transitionen : [t2,t1]    │ /* liste von listen mit namen und
│ gewählte Transition : t2         │ anfangswerten von zustaenden */
│ (1) Zustandsvektor  :    0 1 1   │
│ offene Transitionen : [t3]       │ zustand([ [p1,1], [p2,0], [p3,0]
│ gewählte Transition : t3         │ ]).                           │
│ (2) Zustandsvektor  :      0 0 1 --- Terminal
│ offene Transitionen : [t1]       │ /* eingabe der transitionen in der
│ gewählte Transition : t1         │ folgenden form :        */    │
│ (1) Zustandsvektor  :    1 w 0   │ /* liste von listen mit drei angaben
│ offene Transitionen : [t2,t1]    │ : name der transition,    */  │
│ gewählte Transition : t2         │ /* liste der zufuehrenden, liste der
│ (2) Zustandsvektor  :      0 w 1 │ wegfuehrenden zustaende    */ │
│ offene Transitionen : [t3]       │                               │
│ gewählte Transition : t3         │ transitionen([ [ t1 ,[p1]  ,  │
│ (3) Zustandsvektor  :      0 w 1 --- Duplika      [p1,p2]    ],
│ offene Transitionen : [t1]       │             [ t2 ,[p1]       ,│
│ gewählte Transition : t1         │                   [p2,p3]   ],│
│ (2) Zustandsvektor  :      1 w 0 --- Duplikat    [ t3 ,[p2,p3]  ,
│                                  │                   [p3]     ]]).
│                                  │                               │
│ Anzahl Zustandsvektoren      : 5 │                               │
│ Anzahl Terminierungs-Zustände : 1│                               │
└──────────────────────────────────┴───────────────────────────────┘
```

Bild 2. Berechnung eines Erreichbarkeitsbaums<br>
mit dem Petri-Netz-Simulator

Nach unserer Erfahrung benötigt man bei der Realisierung solcher Programme etwa ein Drittel der Zeit für den grundsätzlichen Entwurf, ein weiteres Drittel für die Gestaltung der Beilagen und Anleitungen und nur ein Drittel für die eigentliche Programmierung. Dies wird durch umfangreiche Modula-2 Umgebungen erreicht, die wir bei der Programmierung einsetzen.

## 3       Kleine Simulationsumgebungen

Der Umgang mit ausgereiften Simulationsumgebungen erfordert eine nicht zu vernachlässigende Zeit für die Einarbeit der Studierenden. Bei kleinen Umgebungen kann diese weitgehend entfallen. Es kann daher sinnvoll sein, auch kleine Umgebungen bereitzustellen, die sehr leicht zu bedienen sind. In diesem Sinne wurde am Projektzentrum IDA das Programm DESolver realisiert, das die Lösung von gewöhnlichen Differentialgleichungen bis 6. Ordnung ermöglicht. Auch Dozenten, die keine umfangreiche Programmierung selbst vornehmen wollen, können auf diese Weise Simulationen in ihren Vorlesungen einsetzen, indem sie die zu lösenden Differentialgleichungen auf Files vorbereiten und den Studierenden abgeben.

### DESolver: eine einfache Simulationsumgebung
DESolver soll für die numerische Integration von Differential-gleichungen niedriger Ordnung ($\leq$ 6) verwendet werden können. Die Differentialgleichungen sollen am Bildschirm oder in einem

File in mathematischer Schreibweise eingegeben und ohne Kompi-
lation direkt numerisch integriert werden können. Bild 3 zeigt
die dafür entwickelte Bildschirmmaske, in der die Gleichungen,
Anfangsbedingungen, Skalierung und Bildschirmdarstellung einfach editiert werden können. Ein Help-Fenster, das im Menufile
geöffnet werden kann, gibt Hinweise über den Aufbau der Gleichungen. In Bild 3 sind die Differentialgleichungen für einen
Zustandsregler mit Beobachter für ein System 2. Ordnung eingegeben.

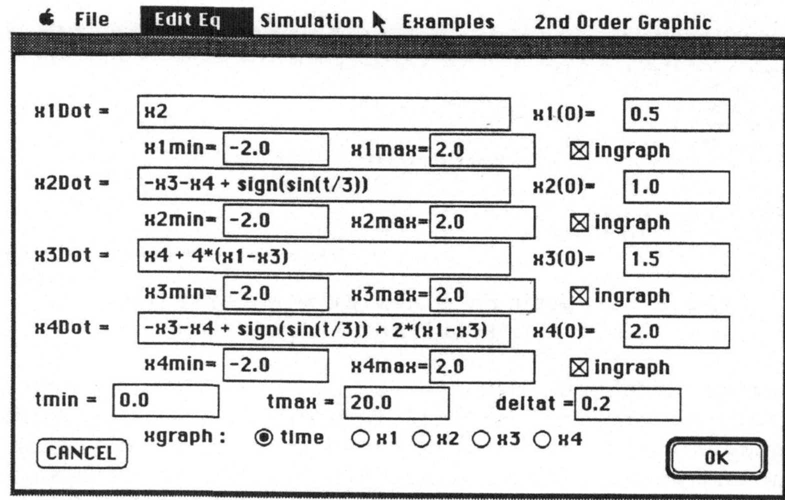


Bild 3. Bildschirm zu Edit Eq für ein System 4.Ordnung

Als Alternative können die Gleichungen auch über ein File eingegeben werden. Die editierten Gleichungen lassen sich ebenfalls auf File abspeichern. In der Menuleiste erkennt man die
Menus, die wie folgt organisiert sind:

File enthält die Befehle
Help:              Help-Text ausgeben
Get  File:         System von einem File laden
Make File:         System auf ein File speichern
Quit:              Programm beenden

Edit Eq enthält
Current  Equation: Benützen von Editierfeldern 1. bis 4. Ord-
                   nung
Show Equations:    Gleichungen ausgeben

Simulation enthält
Start:             Simulation starten
Stop:              Simulation beenden
Clear Screen:      Bildschirm löschen
Show Equations:    Gleichungen ausgeben

Examples enthält Beispiele, die direkt geladen werden können:
1st Order
2nd Order
Van Der Pol
4th Order
6th Order

2nd Order Graphic enthält
Change Parameters: Parameter ändern in System 2. Ordnung in
                   graphischer Darstellung

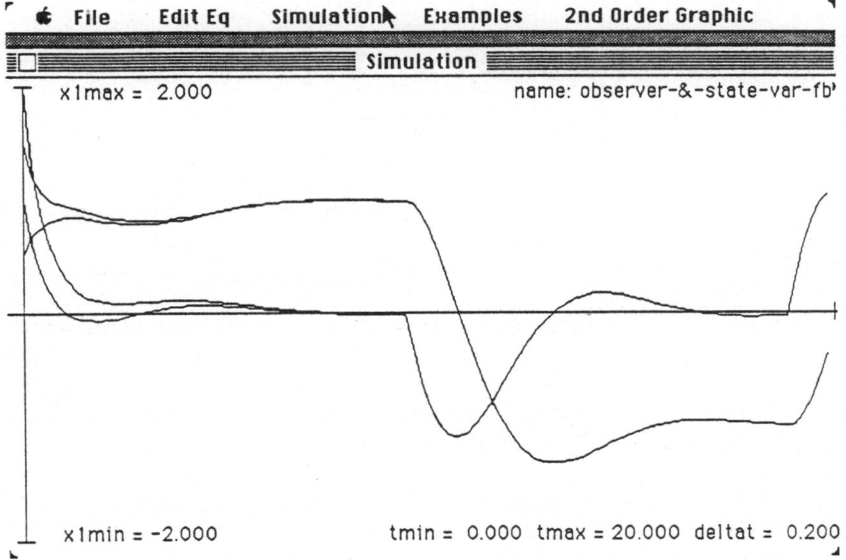


Bild 4. Simulationsresultate nach Bild 3

Sind die Gleichungen vorhanden, kann die Simulation im entsprechenden Menu direkt gestartet werden. Resultate sind in
Bild 4 mit einer einfachen Ausgabe festgehalten. Diese könnte
nun noch editiert werden. Das Programm kann in modifizierter
Form auch als Eingabeeinheit zu ModelWorks, einer Simulationsumgebung mit leistungsfähiger Graphikausgabe, benützt werden.
Bild 5  zeigt eine einfache Eingabe für ein System  2. Ordnung
mit Rollbalken.

Ausgehend von dieser Lösung konnte z.B. in wenigen Stunden
eine Trainingsdiskette für einfache dynamische Systeme hergestellt werden, die Einblick und Versuche in den folgenden
Gebieten ermöglicht:
- exponentielles Wachstum
- logistisches Wachstum
- Symbiose zweier Populationen
- destruktives Verhalten zweier Populationen
- Räuber-Beute Systeme
- Lorenz Gleichung für ein chaotisches Verhalten

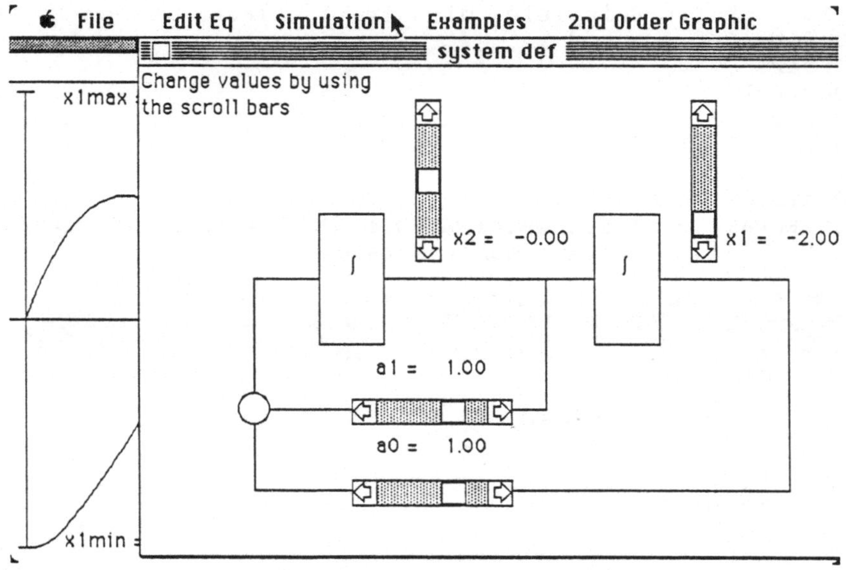


Bild 5. Eingabe für System 2. Ordnung mit Rollbalken

Die Studierenden können die bereits vorhandenen Gleichungen
laden und starten und selbstverständlich Parameteränderungen
vornehmen und eigene Gleichungssysteme eingeben.

Wir hoffen, daß diese Idee von "Minitools" um sich greift und
daß den Studierenden in Zukunft eine große Zahl solcher kleiner Hilfsprogramme zur Verfügung gestellt werden kann.


**3       Eigentliche Simulationsumgebungen**

Ausgereifte Umgebungen müssen viel mehr zur Verfügung stellen
als die Minitools. Dadurch wird aber auch die Bedienung
schwieriger und die Zeit nimmt zu, die beim Einarbeiten unpro-
duktiv aufgewendet werden muß. Dafür gestatten ausgereifte
Umgebungen sehr viel umfangreichere Versuche als kleine Werkzeuge. Die Umgebung ModelWorks, die bei uns hauptsächlich im
Unterricht eingesetzt wird, wurde bereits an anderer Stelle in
diesem Buch vorgestellt, so daß die Darstellung hier kurz
erfolgen kann. ModelWorks basiert auf Modula-2 und auf der
Entwicklungsumgebung "DialogMaschine". Es wird davon ausgegangen, daß die Simulation durch ein Modul beschrieben wird, und
daß dieses Modul für die Simulation übersetzt und gestartet
wird. Auf einem Macintosh II Rechner erfordert dieser Vorgang
vielleicht 10 Sekunden, auf einem kleinen Übungsrechner etwa
30 Sekunden. Bei umfangreicheren Modellen rechtfertigt sich
dieser Aufwand gegenüber dem Interpretieren der Gleichungen
bereits bei einem einzigen Lauf. So wurden unsere Minitools so

realisiert, daß die Gleichungen interpretiert werden und die
Tools so, daß die Gleichungen compiliert werden. Die Compila-
tion hat zudem den großen Vorteil, daß auf einfachste Weise
selbständige Applikationen erzeugt werden können. Diese lassen
sich frei von allen Lizenzverpflichtungen weiterverteilen,
worauf wir großen Wert legen.

Als Beispiel für die Anwendung von ModelWorks soll hier ein
Programm hergestellt werden, das es gestattet, einfache Zustandsregler mit Beobachtern zu untersuchen. Dabei interessiert z.B. die Frage, wie die Wahl der Pole das dynamische
Verhalten in der Einschwingphase beeinflußt. Wir zeigen das
vollständige Programm (Listing 1) sowie einen Simulationslauf
(Bild 6).

Listing 1.  Programm für die Simulation eines Zustandsreglers
            mit Beobachter

---

```
MODULE StateVarObserver; (*WS 29/Mar/88*)

(* Imports from the DialogMachine and from the simulation environment *)
  FROM SimMaster IMPORT RunSimMaster;
  FROM SimBase IMPORT DeclM, IntegrationMethod, DeclSV,
    StashFiling, Tabulation, Graphing, DeclMV, DeclP, RTCType,
    Model, SetSimTime, SetMonInterval, SetIntegrationStep;

(* variable declarations *)
  VAR
    m: Model;
    x1, x1Dot, x2, x2Dot, x3, x3Dot, x4, x4Dot,g1 ,g2, k1, k2 : REAL;

(* procedures that are only used in more advanced models *)
  PROCEDURE DoNoModelInfo; BEGIN END DoNoModelInfo;
  PROCEDURE Initial; BEGIN END Initial;
  PROCEDURE Input; BEGIN END Input;
  PROCEDURE Output; BEGIN END Output;
  PROCEDURE Terminal; BEGIN END Terminal;

(* the differential equations *)
  PROCEDURE Dynamic;
  BEGIN
    x1Dot := x2;
    x2Dot := 1.0 - k1*x3 - k2*x4;
    x3Dot := x4 + g1*(x1 - x3);
    x4Dot := 1.0 - k1*x3 - k2*x4 + g2*(x1 - x3);
END Dynamic;

(* definiton of objects *)
  PROCEDURE Variables;
  BEGIN
    (* state variables with names,initial value,range etc *)
    DeclSV(x1, x1Dot,0.0, -1.0, +2.0, "x1 (x1Dot := x2)", "x1", "");
```

```
    DeclSV(x2, x2Dot,0.0, -1.0, +2.0, "x2 (x2Dot := 1.0 - k1*x3 - k2*x4)",
           "x2", "");
    DeclSV(x3, x3Dot,1.0, -1.0, +2.0, "x3 (x3Dot := x4 + g1*(x1 - x3))",
           "x3", "");
    DeclSV(x4, x4Dot,0.0, -1.0, +2.0, "x4 (x4Dot := 1.0 - k1*x3 - k2*x4
           + g2*(x1 - x3))", "x4", "");

    (* measurable variables for output *)
    DeclMV(x1,-1.0,2.0,"x1(t) ","x1","",notOnFile,notInTable,isY);
    DeclMV(x3,-1.0,2.0,"x3(t) ","x3","",notOnFile,notInTable,isY);

    (* parameters for observer and controller *)
    DeclP(g1,4.0,-10.0,10.0,rtc,"observer par1","g1","");
    DeclP(g2,4.0,-10.0,10.0,rtc,"observer par2","g2","");
    DeclP(k1,1.0,-10.0,10.0,rtc,"controller par1","k1","");
    DeclP(k2,2.0,-10.0,10.0,rtc,"controller par2","k2","");
  END Variables;

(* definition of the complete model *)
  PROCEDURE ModelDeclaration;
  BEGIN
    DeclM(m, RungeKutta4, Initial, Input, Output, Dynamic, Terminal,
          Variables, "Statevarfeedback", "SV", DoNoModelInfo);
    SetSimTime(0.0,20.0); SetMonInterval(0.2);
    SetIntegrationStep(0.05);
  END ModelDeclaration;

BEGIN
  (* start of the interactive simulation environment with the model *)
  RunSimMaster(ModelDeclaration);
END StateVarObserver.
```

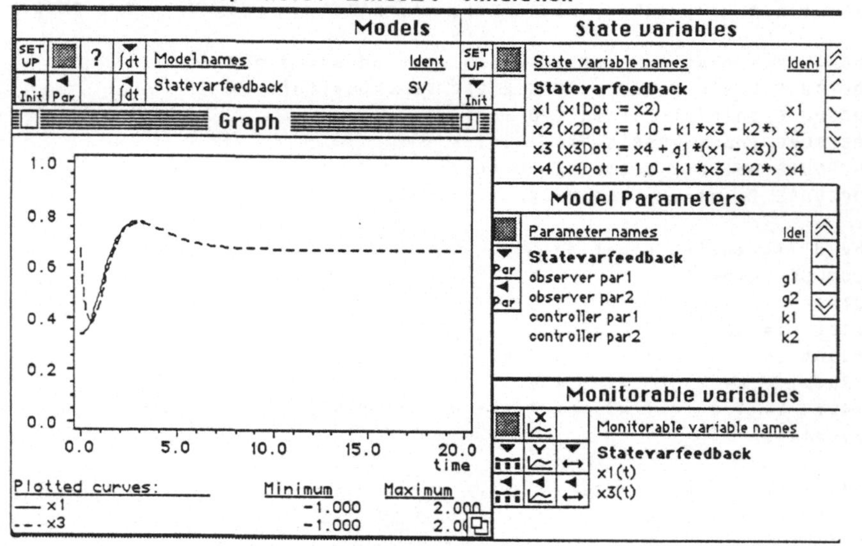


Bild 6. Schrittantwort des Zustandsreglers
mit Beobachter

## 4    Kommerzielle Pakete

Im industriellen Umfeld haben sich z.B. im Bereich der Finite-
Element-Programme weltweit de-facto-Standards wie ANSYS (R)
und NASTRAN (R) herausgebildet, denn diese gemeinsame Sprache
erleichtert die Zusammenarbeit zwischen verschiedenen Partner-
firmen ungemein. Ähnliches entwickelt sich auch im Bereich der
Simulation dynamischer Systeme und dem zugehörigen Reglerentwurf z.B. mit ACSL (R), CTRL-C (R).

Ein erster Kontakt mit solchen de-facto-Standard Werkzeugen
erleichtert den Studenten sicher den Einstieg in die Praxis.
Das folgende Beispiel basiert auf einer PC-ACSL (R)-Implemen-
tierung auf einem portablen Kompatiblen (Toshiba 5200/100) für
Demonstrationen und Übungen zu einer Vorlesung über "Regelkreise mit Anschlägen".

Listing 2  zeigt das ACSL-Listing für einen einfachen Regelkreis mit rein integrierender Regelstrecke, einem Stellorgan
mit Anschlägen (bottom bound bb, top bound tb) und einem Ab-
tast-Regler mit PI-arw-Struktur (Glattfelder & Schaufelberger,
1988), und Bild 7 die entsprechende Hochlauf-Registrierung.

Parallel zu dieser Simulation im Zeitbereich sind oft auch
Untersuchungen im Frequenzbereich (Nyquist- und Bode-Diagramme) nötig. Häufig zieht man dazu ein zweites Softwarepaket
heran, wie z.B. PC-Matlab. Diesen Zusatzaufwand an Schulung
und Eingewöhnung kann man umgehen, indem man die vorhandene
Ablaufsteuerung nur zur Generierung der Argumente-Folge verwendet, dann zu jedem gerechneten Argument eine hinzugefügte
Subroutine aufruft, in welcher Real- und Imaginärteil der
gegebenen Übertragungsfunktion berechnet und ins ACSL-Programm
zurückgegeben werden, wo sie dann mit den vorhandenen Plot-
Routinen interaktiv als Nyquist- oder Bode-Plot dargestellt
werden können.

### Listing 2. Abgetasteter PI-Regler

```
program b116c
"Abtast-PI-Regler, mit Sättigung mit arwPos"
"rein integrale Strecke"

  cinterval cint = 0.1
  constant kp = 1.414, ki = 1.0, r = 0.0
  constant y0 = -1.0
  constant bb = -.25, tb = +.25
  constant kf = 1.0
  constant tsamp = 0.5
  constant tstop = 19.9
```

```
initial
  schedule samp .at. tsamp
  uialt = 0.
  ul    = 0.
  u     = 0.
end

dynamic
  derivative
    y = integ(u,y0)
    e = r - y
  end

  discrete samp
    schedule samp .at. t + tsamp
    procedural(u = e,uialt,ki,kp,tsamp,kf)
   ui = uialt + ki*tsamp*e
   ul = kp*e + ui
   u  = bound(bb,tb,ul)
   uialt = ui + kf*(u - ul)
    end
  end

  termt(t.ge.tstop)
end

terminal
end

end
```

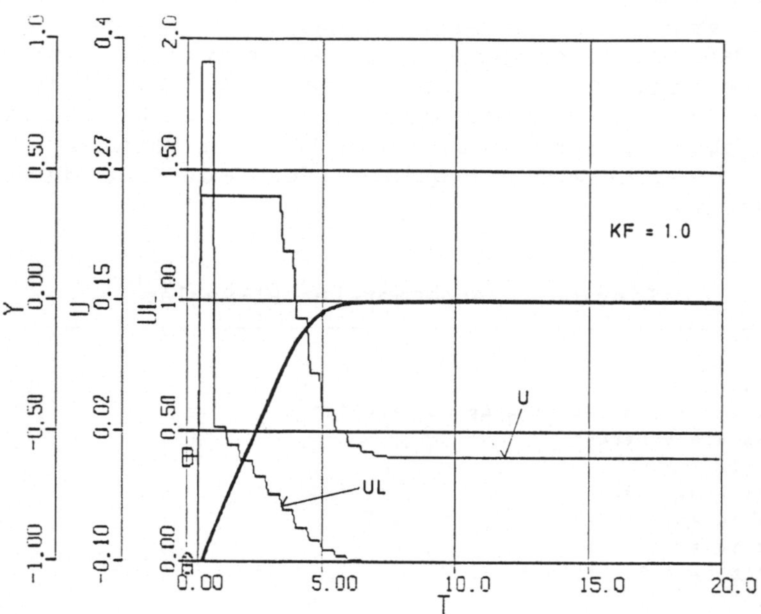


Bild 7.  Hochlaufvorgang bei abgetastetem PI-Regler

Listing 3 und Bild 8 zeigen eine solche Anwendung, den Stabi-
litätstest nach Glattfelder & Schaufelberger (1988) mit dem
Kreiskriterium für das in Bild 1 verwendete System, (ACSL-
Listing und Nyquist-Plot von G(z)). Die Frequenzkodierung kann
über einen zweiten Plot von Re {Ge(z)} über dem Argument w
ermittelt werden.


Listing 3. Diskrete Ortskurve zu abgetastetem PI-Regler

---

```
PROGRAM DO118C
"rechnet und plottet diskrete Ortskurve DL(Z) MIT arw, KF=1.0"
"mit linearer OME-Verteilung von OMEO bis 200*OMEO"

  CINTERVAL CINT = 0.10
  CONSTANT OMEO = 0.03, DELO = 0.
  CONSTANT TSAMP = 0.5
  CONSTANT TSTOP =19.9
  INITIAL
    SCHEDULE SAMP.AT.CINT
    XALT = 1.0
    X   = 1.0
    DEL = DELO
    OME = OMEO
    CALL DOK(TSAMP,OME,XRE,YIM)
  END


  DYNAMIC
    DISCRETE SAMP
      SCHEDULE SAMP.AT.T + CINT

      PROCEDURAL(XRE,YIM = TSAMP,OMEO,OME,XALT,X)
    X   = XALT + 1.0
    XALT = X
    OME = X*OMEO
    CALL DOK(TSAMP,OME,XRE,YIM)
      END
    END $"DISCRETE"
    TERMT(T.GE.TSTOP)
  END

  TERMINAL
  END
END
      SUBROUTINE DOK(TSAMP,OME,XRE,YIM)
      COMPLEX Z,DL,SZ
      Z   = CMPLX(COS(OME*TSAMP),SIN(OME*TSAMP))
      SZ  = (Z-1.)*(Z-1.)
      DL  = -1.0+(Z*(Z-1.))/(SZ+(1.4142*(Z-1.)+(1.*TSAMP*Z))*TSAMP)
      XRE = REAL(DL)
      YIM = AIMAG(DL)
      RETURN
      END
```

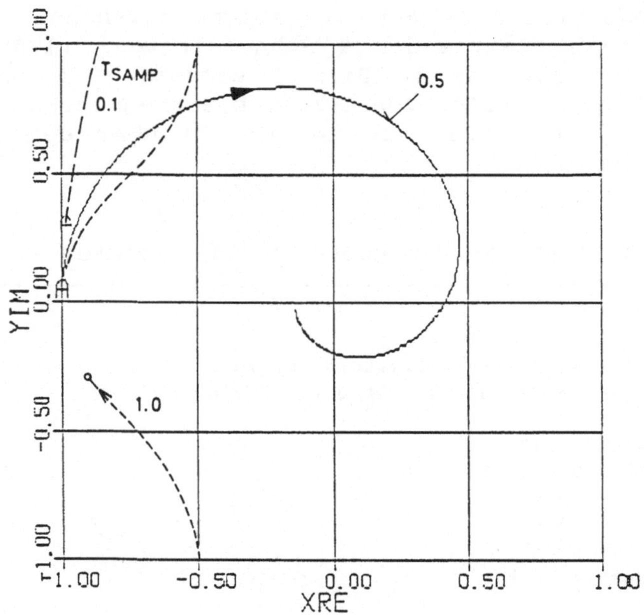


Bild 8.   Diskrete Ortskurve zu abgetastetem PI-Regler


**6      Schlußbemerkung**

Die Erfahrung zeigt, daß einfache regeltechnische Übungsprogramme nach minimaler Einarbeitszeit von den Studierenden
sinnvoll genutzt werden können. Größere Umgebungen brauchen
entsprechend mehr Einarbeitung. Dies lohnt sich vor allem
dort, wo diese Mittel auch in Studien- und Diplomarbeiten
eingesetzt werden. Wir sind überzeugt, daß der Einsatz von
Simulation den Unterricht in Regelungstechnik auf allen Stufen
verbessern kann.


**Literaturhinweise**

[1]   Fischlin, A. (1986,1988). The DialogMachine. Projektzen-
      trum IDA ETH Zürich.

[2]   Fischlin A., Ulrich M. (1988). ModelWorks: an Interactive
      Modula-2 Simulation Environment. Int. Report 4/1988, IDA-
      Zentrum, ETH Zürich.

[3]   Glattfelder A.H., Schaufelberger W. (1988). Stability of
      Discrete Override and Cascade-Limiter Single Loop Control
      Systems. IEEE Trans. on Autom. Control, Vol. 33, No. 6,
      pp. 532-540.

[4]   Mansour M., Schaufelberger W. (1989). Software and Labo-
      ratory Experiments using Computers in Control Education.
      IEEE Control Systems Magazine, Vol. 9, Nr. 3, pp. 19-24.

[5]   Moler C. (1981). MATLAB Users' Guide. Dept. of Computer
      Science, Univ. of New Mexico.

[6]   Nievergelt, J., Ventura, A., Hinterberger, H. (1986).
      Interactive Computer Programs for Education.  Philosophy,
      Techniques, and Design. Addison-Wesley.

[7]   Norman, D. A., Draper, S.W. (1986). User Centered System
      Design. Lawrence Erlbaum Ass., London.

[8]   Schaufelberger, W. (1988). Teachware for Control. Ameri-
      can Control Conference, Atlanta, Georgia.

[9]   Schaufelberger, W. (1988). Experiences with group-pro-
      jects and teachware in control engineering education at
      ETHZ. ASEE Southeastern Section Conference Proceedings,
      Portland, Oregon.

[10]  Vancso-Polacsek K., Fischlin A. (1988). Automated Con-
      struction of Interactive Learning Programs in Modula-2.
      Comput. Educ., Vol. 12, No. 4, pp. 507-512.

[11]  Ventura, A., Schaufelberger, W. (1988). Benützungsmodel-
      le: Vermittler zwischen Menschen und Maschinen. Bulletin
      SEV 15, pp. 921-925.

[13]  Wirth N. (1985): Modula-2. Springer-Verlag.

[14]  Wirth N. et al. (1988). MacMETH, User Manual. Institut f.
      Informatik, ETH Zürich, 100 pp.


**A N H A N G**

Beispiel einer Anleitung, wie sie den Studierenden zusammen
mit dem entsprechenden Programm abgegeben wird:

**Unterrichtsprogramm: Antiwindup bei PI-Regler**
Version 1.2  (Dez. 1986)
A.Itten / W. Schaufelberger


**A.1    Übersicht**

**Thema und Zweck des Programms:**
Gegenstand dieser Übung ist eine lineare Strecke, welche mit
Hilfe eines diskreten PI-Reglers geregelt werden soll. Dabei
begrenzt das Stellglied (z.B. der Leistungsverstärker) die
Steuergröße derart, daß das Regelverhalten deutlich ver-
schlechtert wird. Beim diskreten Integrator tritt ein Windup-
Effekt auf. Dabei läuft der Integrator davon, während die

Begrenzung in Aktion ist. Dieser Effekt kann durch verschiedene Gegenmaßnahmen vermindert werden.

**Lernziel:**
Ziel dieser Übung ist es, die spezifischen Probleme beim Einsatz eines diskreten PI-Reglers an einer Strecke mit Begrenzung aufzuzeigen. Anschließend soll die Wirksamkeit einer
möglichen Gegenmaßnahme, dem sog. Antiwindup-Verfahren gezeigt
werden.

Systemvoraussetzung (Hard-/Software)
- Apple Macintosh 512 oder Mac Plus mit
- mindestens einem Floppy-Drive (400 oder 800k).


**A.2    Theorie**

Glattfelder, A.H., Schaufelberger, W. Tödtli, J. (1983). Diskrete PI-Regler mit Anti-Windup Maßnahmen. Bulletin SGA/ASSPA
1, 12-22; 2, 19-28.


**A.3    Programmbeschreibung**

**A.3.1  Übersicht**

Durch dieses Programm wird eine Laborumgebung zur Verfügung
gestellt, in welcher die von Hand berechneten Reglerparameter
eingegeben und anschließend durch Simulationen an verschiedenen Strecken und unter verschiedenen Randbedingungen getestet
werden können. Bei der Entwicklung wurde besonderen Wert
darauf gelegt, daß alle Informationen, welche für die Durchführung des Versuches benötigt werden, gleichzeitig auf dem
Bildschirm sichtbar sind. Dadurch konnte ein häufiges Wechseln
des Bildschirmes vermieden werden. Diese Laborumgebung präsentiert sich Ihnen wie in Bild A.1. Unten links im Bild ist das
verwendete Schema des ganzen Regelkreises zu sehen.

Die zu regelnde Strecke ist vom Typ 1 und hat je nach gewähl-
ter Ordnung n die folgende Übertragungsfunktion:

$$G(s) = \frac{1}{s\,(1 + T_1 s)(1 + T_2 s)} \qquad n = 3 \; ;$$

$$G(s) = \frac{1}{s\,(1 + T_1 s)} \qquad n = 2 \; ;$$

$$G(s) = 1/s \qquad n = 1 \; ;$$

Geregelt wird durch einen diskreten PI-Regler, dessen vorhandene Abtaster und das ZOH-Glied im Schema aus Platzgründen
nicht eingezeichnet sind.

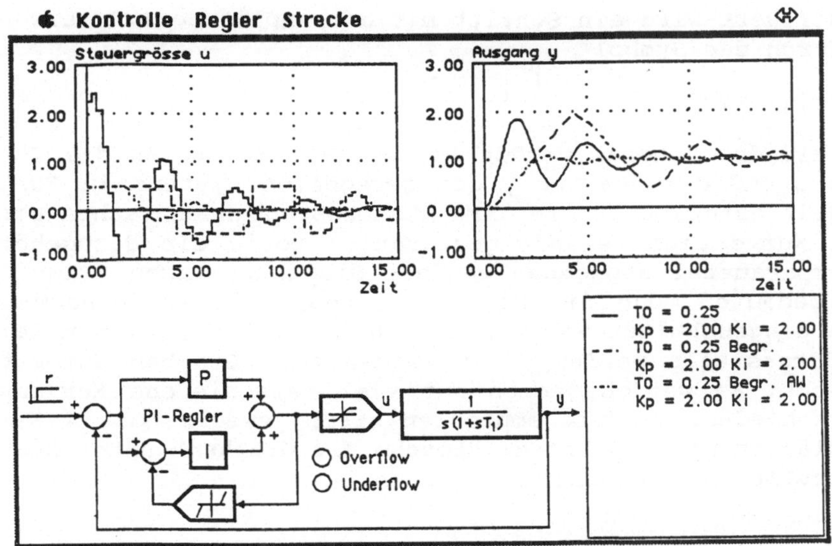


Bild A.1.  So präsentiert sich das Programm Anti-Windup

Die Begrenzung der Steuergröße u und/oder
eine entsprechende Gegenmaßnahme, der Antiwindup-Mechanismus, kann wahlweise dazu
geschaltet werden. Die Begrenzung des Steu-
ersignales wird in diesem Schema durch das
Symbol Bild A.2 dargestellt.

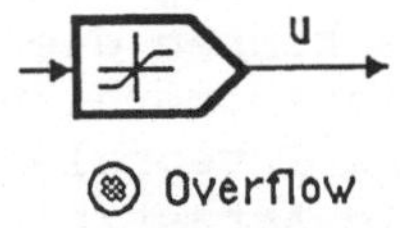


Bild A.2. Die Begrenzung der Steuergröße

Die Begrenzung ist im vorliegenden Fall auf ±0.5 eingestellt.
Ist während einer Simulation die Begrenzung aktiv, d.h., wird
die Steuergröße auf ±0.5 begrenzt, dann wird das durch einen
grauen Punkt bei "Overflow" (Über-
steuerung) oder bei "Underflow" (neg.
Übersteuerung) angegeben.

Die ensprechende Gegenmaßnahme, der
Antiwindup, wird wie in Bild A.3 dargestellt.

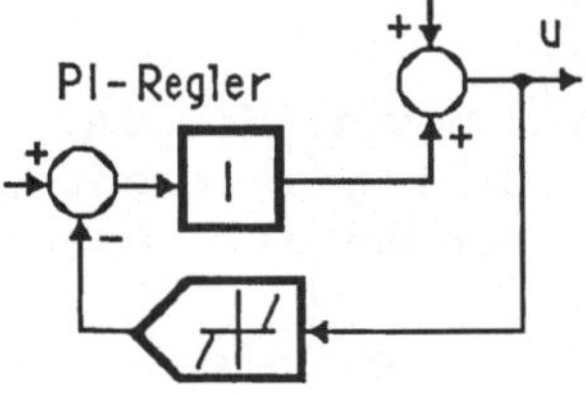


Bild A.3. Die entsprechende Antiwindup-Maßnahme

Die Rückführung des Ausgangssignals des Reglers verhindert,
daß der numerische Integrator des Reglers durch das von der
Begrenzung verlängerte Fehlersignal davon läuft, d.h. einen zu
großen Wert annimmt, welcher anschließend durch ein entsprechendes negatives Fehlersignal wieder abgebaut werden muß.

Als Sollwert wird ein Schritt mit der Amplitude 1.0 verwendet,
was durch das Symbol

angezeigt wird.

Oberhalb des Schemas werden in den zwei Monitoren die Steuergröße u und der Ausgang y des geregelten Systems in Funktion
der Zeit dargestellt. Im umrahmten Kasten unten rechts wird zu
jeder Kurve eine Legende gezeichnet, worin die dazugehörigen
Reglerparameter angegeben werden. Die Abkürzungen "Begr." und
"AW" bedeuten, daß die B̲e̲g̲r̲enzung resp. die A̲n̲t̲i̲w̲indup- Maßnahme eingeschaltet war. Es können maximal 6 Kurven miteinander dargestellt werden, dann werden alle Graphen automatisch
gelöscht. Es werden jedoch nur vier verschiedene Kurventypen
unterschieden, weshalb empfohlen wird, jeweils nach 4 Simulationsläufen mit dem Befehl **"Lösche die Graphen"** unter dem Menu
**"Kontrolle"** die Graphen zu löschen.


### A.3.2  Eingabe, Ausgabe

Folgende Eingaben sind durch das Aufrufen entsprechender Menu-
befehle möglich:
- Es können die Parameter des PI-Reglers verändert werden:
  Die Proportional-Verstärkung $K_p$, wobei $0.0 \leq K_p \leq 10.0$;
  Die Integral-Verstärkung $K_I$,  wobei $0.0 \leq K_I \leq 10.0$;
  Die Abtastzeit $T_0$,           wobei $0.01 \leq T_0 \leq 1.0$;

- Es können ebenfalls einzelne Parameter der Strecke verändert
  werden. Dies sind:
  Die Ordnung der Strecke n, wobei gilt    $1 \leq n \leq 3$;
  Die Zeitkonstanten $T_1$ und $T_2$ der Strecke  $(0.01 \leq T \leq 10.0)$;

- Es kann eine Begrenzung des Steuergröße u auf ± 0.5 dazuge-
  schaltet werden.
- Es kann die Antiwindupmaßnahme ein- und ausgeschaltet werden.
- Ein neuer Simulationslauf kann gestartet und wenn nötig
  vorzeitig gestoppt werden.
- Es können alle Graphen miteinander gelöscht werden.

Alle diese Befehle werden durch entsprechende Menus aufgeru-
fen.
Die Ausgaben des Programmes sind im einzelnen:
- Das Ausgangssignal des Reglers (= Steuergröße).
- Das Ausgangssignal der geregelten Strecke.
- Das verwendete Schema mit der Übertragungsfunktion der
  Strecke. Es wird ebenfalls angegeben, ob die Begrenzung oder
  der Antiwindup-Mechanismus aktiv sind.
- Die verwendeten Regler-Parameter (als Kontrolle).

## A.4    Bedienungsanleitung

Starten Sie das Programm, indem Sie im Finder das Abbild des Programmes (Icon) zweimal kurz hintereinander anklicken. Nach einer kurzen Zeit erscheint Bild A.1 (siehe oben). Die Reglerparameter sind zu Beginn auf folgende Werte eingestellt:

$$T_0 = 0.25, \quad K_p = 1.0, \quad K_I = 0.0 \ .$$

Wählen Sie nun unter dem Menu **"Kontrolle"** den Befehl **"Start"** aus. Dadurch wird ein Simulationslauf gestartet. Die erreichten Resultate können in den zwei Monitoren abgelesen werden. Ändern sie nun die Reglerparameter, indem Sie den Befehl **"Parameter ändern"** unter dem Menu **"Regler"** auswählen. Es erscheint darauf eine sog. Dialogbox, in welcher die Werte für $T_0$, $K_I$ und $K_p$ geändert werden können.

Nach drei bis vier Simulationsläufen empfiehlt es sich, den Befehl **"Lösche die Graphen"** zu verwenden, welchen Sie unter dem Menu **"Kontrolle"** finden. Es werden dadurch beide Monitoren und die Legende gelöscht und neu gezeichnet.

Die Strecke kann durch den Befehl **"Parameter ändern"** im Menu **"Strecke"** geändert werden. Nach dem Auswählen dieses Befehls erscheint zuerst eine Dialogbox, worin nach der gewünschten Ordnung der Regelstrecke gefragt wird und danach eine zweite, in welcher die dazu notwendigen Zeitkonstanten eingeben werden können.

Zum Verlassen des Programmes verwenden Sie den Befehl **"Beenden"** unter dem Menu **"Kontrolle"**.


## A.5    Aufgabenstellung

1. Mit der festen Abtastzeit von 0.25 sec untersuche man den reinen P-Regler ($K_I = 0$) im linearen Fall ohne Antiwindup. Als Strecke verwende man den offenen Integrator.

   $G(s) = 1/s$.
   Was kann über die Einschwingvorgänge gesagt werden? Bei welchem $K_p$ wird das System instabil (WOK)? Welche Bedingung kann herangezogen werden, um ein vernünftiges $K_p$ festzulegen?

2. Mit $T_0 = 0.25$, ohne Begrenzung, ohne AW, untersuche man den PI-Regler. Zu dem in 1 gefundenen $K_p$ bestimme man ein geeignetes $K_I$ (leichtes Überschwingen).
   Was ist der Grund für die Verwendung eines PI-Reglers?

3.  Wie verhält sich ein reiner I-Regler?

4.  Schalten Sie die Begrenzung vor der Strecke ein (= nicht-
    linearer Fall). Können Sie das Windupverhalten in einigen
    Fällen erzeugen?

5.  Schalten Sie den AW-Kreis zu.
    Können Sie die Wirkungsweise nachweisen? Passen Sie den
    Regler erneut an.

6.  Erhöhen Sie die Ordnung der Strecke, indem Sie einen zu-
    sätzlichen Pol hinzufügen. Beginnen Sie zuerst mit einer
    kleinen Zeitkonstante und vergrößern Sie diese nach und
    nach. Wie verändert sich das dynamische Verhalten? Wird
    der Windup-Effekt verstärkt?

7.  Wie verhält sich eine Strecke 3.Ordnung? Gehen Sie ähnlich
    wie in Aufgabe 6 vor.

8.  Untersuchen Sie die Abhängigkeit von der Abtastzeit bei
    fester Einstellung im linearen und nichtlinearen Fall.
    Welchen Einfluß stellen Sie fest?


**Kurzbeschreibung der Menu-Befehle:**

Menu **"Kontrolle"**:
    **Start / Stop:**          Startet und stoppt einen Simula-
                                   tionslauf.
    **Lösche die Graphen:** Löscht alle Monitoren und die Legende.
    **Beenden**                 Beendet das Programm und führt  zurück
                                   in den Finder (Betriebssystem des Mac-
                                 intosh).
Menu **"Regler"**:
    **Antiwindup einschalten** bzw. **Antiwindup ausschalten:**
                                 Mit diesem Befehl wird der Antiwindup-
                                 Mechanismus ein- und ausgeschaltet.
    **Parameter ändern:**    Es erscheint eine Dialogbox, worin die
                                 Reglerparameter $T_0$, $K_I$ und $K_p$  geän-
                                 dert werden können.
Menu **"Strecke"**:
    **Begrenzung einschalten** bzw. **Begrenzung ausschalten:**
                                 Damit kann die Begrenzung  der Steuer-
                                 größe ein-, bzw. ausgeschaltet werden.
    **Parameter ändern:**    Damit kann sowohl die Ordnung wie auch
                                 die Zeitkonstanten der Regelstrecke
                                 geändert werden.

# D Simulation in der regelungstechnischen Anwendung

**Modellbildung und Simulation eines trägerelastischen,
hydraulisch angetriebenen Entladekrans**

W. Bär, Th. Naujoks

## 1 Einleitung

Zur Automatisierung von Prozessen ist eine genaue Kenntnis der
betreffenden Anlage erforderlich. Diese läßt sich einerseits
mit einer experimentellen, andererseits mit einer theoretischen Modellbildung erlangen [1]. Falls das betrachtete System
für die notwendigen Messungen nicht zur Verfügung steht, wird
über das Aufstellen der physikalischen Grundzusammenhänge ein
theoretisches Modell erstellt. Dabei muß der Forderung nach
einem gut handhabbaren, nicht zu komplizierten aber dennoch
ausreichend genauen Modell entsprochen werden. Ausreichend
genau ist in dem Sinn zu verstehen, daß bestimmte, zuvor spe-
zifizierte Eigenschaften der Anlage gut nachgebildet werden.
Das Modell soll weiterhin nicht nur für Simulationsstudien geeignet sein, sondern auch die Grundlage für den zur Automatisierung notwendigen Steuerungs- und Reglerentwurf bilden.

Für die Automatisierung des Entladevorgangs von schüttgutbela-
denen Binnenschiffen wird in diesem Beitrag die Modellbildung
und Simulation des in der Entwicklungsphase befindlichen Ent-
ladegeräts durchgeführt. Die Löschung des Ladeguts soll mit
einem Krantyp entsprechend Bild 1 erreicht werden, wobei dieser der Schüttgutoberfläche selbsttätig zu folgen hat. Das
selbsttätige Folgen des Gutaufnahmeorgans (Förderkopf) am Ende
des äußeren Trägers soll durch ein Regelungskonzept mit inte-
griertem Sensoreinsatz realisiert werden. Hierzu ist das statische und dynamische Verhalten des Entladekrans vorab zu
klären. Da die für eine experimentelle Modellbildung notwendigen Messungen der Systemgrößen an dem Entladegerät nicht
durchgeführt werden können, wird ein theoretisches Modell
erstellt. Dabei soll von der problemvereinfachenden, aber
durchaus sinnvollen Annahme ausgegangen werden, daß die stetige, langsame Längsbewegung keine Auswirkungen auf die Querbe-
wegung des Entladekrans hat. Desweiteren sind folgende technische Besonderheiten zu beachten.
- Zum einen soll durch Leichtbau erreicht werden, die mitbe-
  wegten Massenanteile wie Träger und Antriebe deutlich zu
  verringern. Das führt dazu, daß die für eine Bewegung dieses
  Entladegerätes notwendige Energie wesentlich kleiner ist
  als bei vergleichbaren, herkömmlichen Konstruktionen. Eine

direkte Folge davon ist, daß nicht nur das notwendige Ener-
gieversorgungsaggregat, sondern auch die vorgesehenen Antriebe hinsichtlich ihrer Dimensionierung kostengünstiger
ausgelegt werden können.
- Zum anderen sollen hydraulische Linearmotore verwendet werden, weil diese bezüglich Gewicht, Einbauraum und abgebbarer
  Leistung die beste Antriebsart darstellen [2].

Eigentliche Aufgabe ist nun, ein Modell zu entwickeln, das die
Bewegungen des Kranes in der dargestellten Ebene, quer zum
Schiff nachbildet. Hierbei ist zu beachten, daß die geforderte
Leichtbauweise dazu führt, daß die stets vorhandenen Träger-
elastizitäten im Gegensatz zu Geräten in Schwermaschinenbau-
ausführung nicht mehr zu vernachlässigen sind. Die vorgesehenen servoventilgesteuerten Hydroantriebe zeigen im Betrieb
deutlich nichtlineares (und sogar instabiles) Verhalten, was
bei der Modellbildung besonders zu berücksichtigen ist. Die
für eine sinnvolle Beurteilung der Systemmerkmale notwendige
Stabilisierung der Antriebe soll mit einfachen, konventionell
aufgebauten Reglern erfolgen.

Das Zusammenfügen der Teilmodelle für die nichtlinearen Antriebe und des mechanischen Kranaufbaus ergibt das Gesamtmodell für den Entladekran, dessen Eigenschaften an Hand von
Simulationsstudien dokumentiert und beurteilt werden können.
Der modulare Aufbau des Modells ermöglicht dabei auch den
direkten Vergleich verschiedener Antriebssysteme in Verbindung
mit unterschiedlich elastischen Krankonstruktionen. Da sich
der untersuchte Entladekran der Gruppe der hydraulisch angetriebenen, elastomechanischen Mehrkörpersysteme zuordnen läßt,
sind sämtliche Ergebnisse bezüglich der Modellbildung und der
Simulation auf vergleichbare Handhabungsgeräte übertragbar.


## 2    Modellbildung

Die Modellbildung für den Entladekran erfolgt entsprechend den
Vorbemerkungen getrennt nach mechanischem Kranaufbau und hydraulischen Antrieben.


## 2.1    Der mechanische Kranaufbau

Der mechanische Kranaufbau (Bild 1) besteht aus den Fachwerkträgern mit elastischen Eigenschaften, dem Förderkopf, dem
Gegen- oder Ausgleichsgewicht sowie aus dem Fahrgestell. Während die drei letztgenannten Teile mit bewährten Methoden
modellierbar sind, bereitet die Berücksichtigung der Träger-
elastizitäten einen nicht unerheblichen Aufwand.

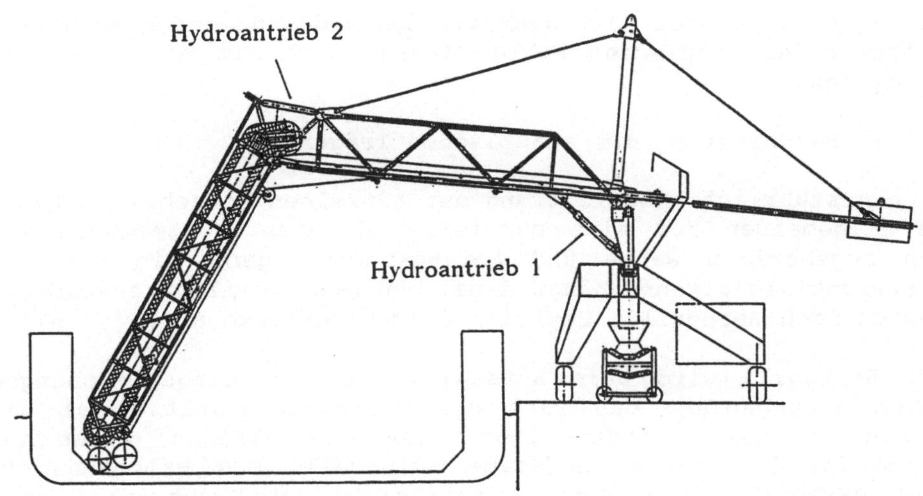


Bild 1. Entladekran mit Fachwerkträgern

Deshalb werden zunächst die Fachwerkträger durch Biegebalken
mit gleichen Eigenschaften ersetzt. Der Förderkopf am äußeren
Träger und das Gegengewicht lassen sich dabei durch je eine
Lastmasse mit räumlicher Ausdehnung annähern. Durch diese Ver-
einfachungen kann  ein erstes Modell für den Entladekran nach
Bild 2 angegeben werden. Dieses Entladekranmodell ist die
Grundlage weiterer Untersuchungen.

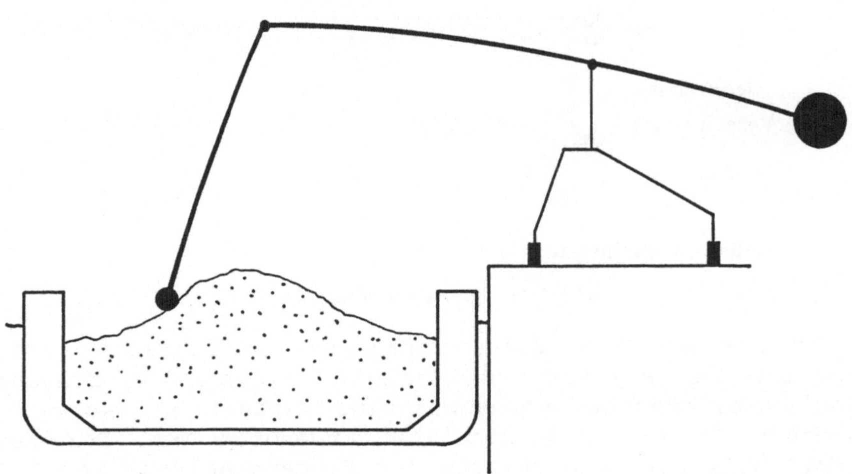

Bild 2. Kranmodell mit elastischen Trägern

In einem zweiten Schritt erfolgt die Modellierung der einzelnen Träger. Es wird dann ein auf den grundlegenden Theorien
der Festigkeitslehre basierendes Balkenmodell entwickelt, was
trotz seiner Einfachheit die wesentlichen Merkmale nachweis-

lich gut wiedergibt [3]. Auch die bei anderen Verfahren häufig
auftretenden statischen Fehler lassen sich mit diesem Modell
vermeiden.

## 2.1.1  Beschreibung des elastischen Trägers

Eine ausführliche Modellierung der einzelnen Biegebalken führt
im allgemeinen auf eine partielle Differentialgleichung mit
den zugehörigen Rand- und Anfangsbedingungen. Die Art der
Differentialgleichung hängt dabei von dem jeweilig verwendeten
Ansatz nach Bernoulli, Rayleigh oder Timoshenko ab [4], [5].

Bei Bernoulli wird beim Aufstellen der Bewegungsgleichungen
davon ausgegangen, daß sich die Balkenquerschnitte bei den
Biegeschwingungen nicht wölben, also eben bleiben. Diese Annahme ist bei schlanken Stäben sinnvoll. Die Balkentheorie
nach Rayleigh berücksichtigt zusätzlich die Drehträgheit der
Querschnitte. Sowohl die Trägheitswirkung infolge der Rotation
als auch die Schubverformung der Stabachse und damit die bereits erwähnte Wölbung der Querschnitte wird mit einem Glei-
chungsansatz nach Timoshenko erfaßt. Allen Ansätzen gemeinsam
ist, daß die Verformungen der Balkenelemente so klein bleiben,
daß alle auf den Stab einwirkenden Kräfte und Momente am un-
verformten Träger angesetzt werden können.

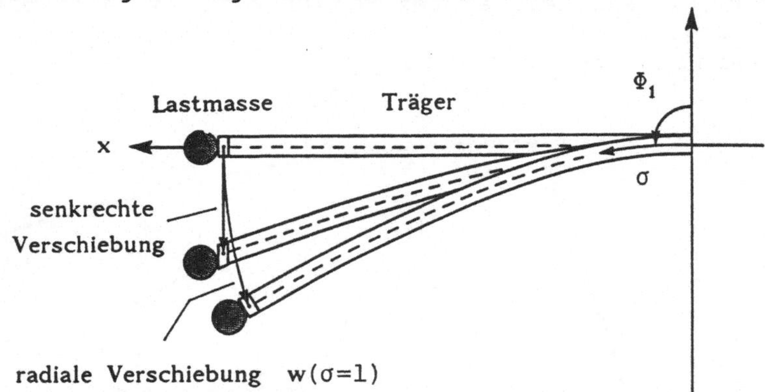


Bild 3. Stabverformungen

Bei den für den Entladekran vorgesehenen schlanken Trägern
können die bei Rayleigh und Timoshenko genannten Einschränkungen im allgemeinen vernachlässigt werden [5], so daß die
elementare Theorie nach Bernoulli anwendbar ist. Der Ansatz
von Bernoulli zur Beschreibung des Biegeverhaltens von Balken
basiert auf den Erkenntnissen der technischen Festigkeitslehre
oder Elastostatik [6]. Diese Theorie der statischen Verbiegung
von Stäben wird auch für die in [3] ausführlich beschriebene
Entwicklung eines Trägermodells herangezogen. Der grundlegende
Unterschied dieses Modells zu anderen ([7],[8] u.a.) auf der
elementaren Theorie fußenden ist folgender:

Die auf den Stab wirkenden Momente werden am real verformten
und nicht am unbelasteten Träger angesetzt. Die durch eine
solche Belastung verursachte Verbiegung wird deshalb nicht
durch eine zum unbelasteten Träger senkrechten, geraden, sondern durch eine radiale Verschiebung infinitesimal dünner
Balkenelemente entsprechend Bild 3 beschrieben. So kann der
mit dem herkömmlichen, senkrecht geraden Ansatz unmittelbar
zusammenhängende Fehler einer ungewollten Dehnung in Längs-
richtung des von den Voraussetzungen her als undehnbar ange-
nommenen Trägers auf einfache Weise vermieden werden.

Das Bewegungsverhalten eines elastischen Balkens ist dann
durch folgende partielle Differentialgleichung für die Trägerverformung $w(\sigma,t)$ in radialer Richtung beschreibbar [3]:

$$EI \; \frac{\delta^4 w(\sigma,t)}{\delta\sigma^4} \; + \; \frac{m_B}{l} \; \frac{\delta^2 w(\sigma,t)}{\delta t^2} \; = \; 0 \quad . \tag{2.1}$$

Äußere Einflüsse (wie z.B. Balkeneinspannungen, Störkräfte,
etc.) können durch die zur Lösung benötigten Anfangs- und
Randbedingungen berücksichtigt werden.

Die exakte Lösung des vorliegenden Biegeschwingungsproblems
führt bei Vernachlässigung von dämpfenden Stabeigenschaften
auf unendlich viele Schwingungsformen mit den zugehörigen
Eigenfrequenzen [9]. Die Nachbildung des Balkenverhaltens
erfordert demnach ein mathematisches Modell unendlich hoher
Ordnung.

Um den entstehenden Aufwand für eine Simulation und einen
späteren Reglerentwurf zu begrenzen, ist es daher zweckmäßig,
sich auf die Modellierung der Hauptschwingungsanteile, d.h.
auf die der Schwingungsformen zu den niedrigsten Eigenfrequenzen zu beschränken. Vor dem Hintergrund einer ersten nähe-
rungsweisen Berücksichtigung der elastischen Eigenschaften
eines Trägers genügt es sogar in vielen Fällen, nur die erste
Grundschwingung nachzubilden [10].

Das so entstandene Modell kann dann dazu verwendet werden, die
relevanten Unterschiede zu einem entsprechend starren Träger-
modell aufzuzeigen und für einen Reglerentwurf zu verwerten.
Dadurch ist man zum einen in der Lage, die mit einem konventionellen Starrkörperregler maximal erreichbaren dynamischen
Regelkreiseigenschaften festzustellen. Zum anderen läßt sich
die bessere Nachbildung des Streckenverhaltens, d.h. die höhere Modellgüte, auch für einen Reglerentwurf nutzen, der die
modellierten elastischen Eigenschaften unmittelbar berücksichtigt.

Als eine sehr geeignete Methode zur konkreten Modellerstellung
erweist sich eine mathematische Diskretisierung des Biegeschwingungsproblems. Dabei wird die sowohl zeit- als auch
ortsabhängige Balkenverformung $w(\sigma,t)$ durch eine Reihenent-
wicklung im Sinne eines Ritz-Ansatzes [11] approximiert:

$$w(\sigma,t) = \sum_{i=1}^{N} \bar{\bar{w}}_i(\sigma) \cdot \bar{w}_i(t) \ . \tag{2.2}$$

Die Verbiegung des Balkens zum Zeitpunkt $t = t_0$ ergibt sich
demnach durch Linearkombination der verschiedenen, mit dem
Wert der zugehörigen Zeitfunktion $\bar{w}_i(t_0)$ gewichteten Ortsfunktionen $\bar{\bar{w}}_i(\sigma)$.

Ein exaktes Modell des verformten Trägers wird für den Fall
erreicht, daß sämtliche zu diesem Biege-Schwingungsproblem
gehörenden Eigenfunktionen die Ortsfunktionen $\bar{\bar{w}}_i(\sigma)$ bilden.
Durch die Vorgabe einer endlichen Anzahl anderer Ortsfunktio-
nen, sogenannter Ansatzfunktionen, läßt sich die Trägerverbie-
gung näherungsweise nachbilden. Die auf ihren Maximalwert
normierten Ansatzfunktionen müssen dabei nur die gegebenen
geometrischen Randbedingungen (z.B. einseitige Einspannung)
erfüllen.

Durch die vorgenommene mathematische Diskretisierung ist es
nun möglich, die aus dem Hamiltonprinzip abgeleiteten erweiterten Lagrangegleichungen II. Art [12] für das Aufstellen der
gesuchten Bewegungsdifferentialgleichungen zu verwenden.

Die Bewegungsgleichungen in der Lagrange-Form lauten für einen
Träger dieser Art:

$$\frac{d}{dt}\left(\frac{\delta T}{\delta \dot{q}}\right) - \frac{\delta T}{\delta q} + \frac{\delta U}{\delta q} + \frac{\delta R}{\delta \dot{q}} = \frac{\delta W}{\delta q} \ . \tag{2.3}$$

Die konkrete Berechnung der Bewegungsgleichungen erfolgt demnach über die partielle Differentiation verschiedener Energieanteile nach den verallgemeinerten Koordinaten q.

Für das gegebene Problem läßt sich nun formulieren:

Die gesamte kinetische Energie T eines drehbar gelagerten
Trägers mit Lastmasse entsprechend Bild 3 setzt sich aus zwei
Anteilen zusammen:

- Energieanteil der Lastmasse:

$$T_L = 0,5\ m_L\left[1\dot{\Phi}_1(t) + \frac{\delta w(1,t)}{\delta t}\right]^2 + 0,5 J_L\left[\dot{\Phi}_1(t) + \frac{\delta^2 w(\sigma,t)}{\delta\sigma\delta t}\bigg|_{\sigma=1}\right]^2 \ . \tag{2.4}$$

- Energieanteil des Trägers:

$$T_B = 0,5 \int_0^1 \frac{m_B}{1} \left[ \sigma \dot{\Phi}_1(t) + \frac{\delta w(1,t)}{\delta t} \right]^2 d\sigma + 0,5 \, J_1 \, \dot{\Phi}_1^2 +$$

$$+ 0,5 \int_0^1 I\rho \left[ \dot{\Phi}_1(t) + \frac{\delta^2 w(\sigma,t)}{\delta\sigma\delta t} \right]^2 d\sigma \; . \tag{2.5}$$

Hierbei ist ein von der Lastmasse herrührendes Trägheitsmoment $J_L$ und ein im Lagerpunkt möglicherweise wirkendes Trägheitsmoment $J_1$ berücksichtigt. Der letzte Term stellt die rotatorische Bewegungsenergie der Balkenquerschnitte dar; er kann bei schlanken Trägern gegenüber der Energie der translatorischen Bewegung vernachlässigt werden.

Die Formänderungsenergie $U_E$ als Teil der potentiellen Energie U lautet bei Vernachlässigung der Schubverformung der Stabachse für den elastischen Balken:

$$U_E = 0,5 \int_0^1 EI \left[ \frac{\delta^2 w(\sigma,t)}{\delta\sigma^2} \right]^2 d\sigma \; . \tag{2.6}$$

Die Dissipationsfunktion R in Abhängigkeit vom Viskositätskoeffizienten H kann wie folgt angegeben werden:

$$R = 0,5 \int_0^1 HI \left[ \frac{\delta^2}{\delta\sigma^2} \left[ \frac{\delta w(\sigma,t)}{\delta t} \right] \right]^2 d\sigma \; . \tag{2.7}$$

Die für verschiedene Materialien gültigen Werte des Elastizitätsmoduls E und des Viskositätskoeffizienten H lassen sich nur mit experimentellen Untersuchungen [4] präzisieren.

Der Schwerkrafteinfluß findet durch folgenden Energieausdruck seine Berücksichtigung:

$$U_G = \int_0^1 \frac{m_B}{1} g \, \sigma \, [1 + \cos\Phi_2(\sigma,t)]d\sigma + m_L \, g \, 1 \, [1 + \cos\Phi_2(1,t)]$$

$$\text{mit} \quad \Phi_2(\sigma,t) = \Phi_1(t) + w(\sigma,t)/\sigma \; . \tag{2.8}$$

Die Arbeit der äußeren Kräfte und Momente ergibt sich zu

$$W = M_1 \left[ \Phi_1(t) + \frac{\delta w(\sigma,t)}{\delta\sigma} \Big| \right]_{\sigma=0} - M_2 \left[ \Phi_1(t) + \frac{\delta w(\sigma,t)}{\delta\sigma} \Big| \right]_{\sigma=1} +$$

$$+ F \, [1 \, \Phi_1(t) + w(1,t)] \; . \tag{2.9}$$

Mit Hilfe des Ritzansatzes Gl.(2.2) lassen sich die Energieausdrücke in der Art umformen, daß nach Vorgabe der N Ansatzfunktionen die Auswertung der Integrale möglich wird.

Die Forderung nach einem einfachen, gut handhabbaren Modell
führt auf einen eindimensionalen Ritzansatz (N=1). In diesem
Fall ist eine sorgfältige Auswahl der hierzu benötigten An-
satzfunktion unumgänglich. Detaillierte Untersuchungen [3]
ergaben beste Ergebnisse bei Verwendung einer Funktion $\overline{\overline{w}}(\sigma)$
auf der Basis der statischen Biegelinie, welche sich bei einer
am äußeren Trägerende wirkenden Kraft $F_L$ ergibt:

$$w(\sigma,t) = \overline{\overline{w}}(\sigma) \cdot \overline{w}(t) = [\frac{3}{2} (\frac{\sigma}{1})^2 - \frac{1}{2} (\frac{\sigma}{1})^3] \, \overline{w}(t) \ . \qquad (2.10)$$

Damit sind sämtliche Energieanteile in Abhängigkeit der Zeit-
funktionen $\Phi_1(t)$ und $\overline{w}(t)$ berechenbar. Die Koordinate $\overline{w}(t)$
beschreibt entsprechend des radialen Ansatzes die kreisförmige
Bewegung der am freien Balkenende befestigten Last (Bild 3).

Nach Substitution der Wegkoordinate durch eine Winkeldifferenz
entsprechend

$$\Phi_2(\sigma,t) - \Phi_1(t) = w(\sigma,t)/\sigma \quad \text{und} \quad \overline{\Phi}_2(t) = \Phi_1(t) + \overline{w}(t)/1 \qquad (2.11)$$

läßt sich die Bewegung des Trägers mit Lastmasse durch die
beiden Winkelkoordinaten $\Phi_1(t)$ und $\Phi_2(\sigma,t)$ vollständig angeben. Mit Vernachlässigung der Drehträgheit der Balkenquerschnitte ergeben sich nach einigen Zwischenrechnungen folgende
Energieausdrücke:

$$T = \frac{1}{2}(\frac{2}{105} m_B 1^2 + J_1 + \frac{1}{4}J_L)\dot{\Phi}_1^2 + \frac{1}{2}((\frac{33}{140} m_B + m_L)1^2 + \frac{9}{4}J_L)\dot{\overline{\Phi}}_2^2 +$$

$$+ (\frac{11}{280} m_B 1^2 - \frac{3}{4}J_L)\dot{\Phi}_1\dot{\overline{\Phi}}_2 \quad ; \qquad (2.12a)$$

$$U_E = \frac{3EI}{2\ 1} (\overline{\Phi}_2 - \Phi_1)^2 \ ; \qquad R = \frac{3HI}{2\ 1} (\dot{\overline{\Phi}}_2 - \dot{\Phi}_1)^2 \ ; \qquad (2.12b,c)$$

$$U_G = (\frac{1}{2} m_B + m_L)g1 + \frac{1}{8} m_B \ g1 \ \cos\Phi_1 + (\frac{3}{8} m_B + m_L)g1 \ \cos\overline{\Phi}_2 \ ;$$

$$(2.12d)$$

$$W = M_1 \ \Phi_1 + \frac{1}{2} M_2 \ \Phi_1 - \frac{3}{2} M_2 \ \overline{\Phi}_2 + F \ 1 \ \overline{\Phi}_2 \ . \qquad (2.12e)$$

Die Berechnung der Lagrangegleichung (2.3) führt dann auf die
gesuchten Bewegungsdifferentialgleichungen:

$$(\frac{2}{105} m_B l^2 + J_1 + \frac{1}{4} J_L)\ddot{\Phi}_1 + (\frac{11}{280} m_B l^2 - \frac{3}{4} J_L)\ddot{\overline{\Phi}}_2 + \frac{3HI}{l}(\dot{\Phi}_1 - \dot{\overline{\Phi}}_2) +$$

$$+ \frac{3EI}{l}(\Phi_1 - \overline{\Phi}_2) = \frac{1}{8} m_B \, gl \, \sin\Phi_1 + M_1 + \frac{1}{2} M_2 \; , \qquad (2.13)$$

$$(\frac{11}{280} m_B l^2 - \frac{3}{4} J_L)\ddot{\Phi}_1 + [(\frac{33}{140} m_B + m_L) l^2 + \frac{9}{4} J_L]\ddot{\overline{\Phi}}_2 - \frac{3HI}{l}(\dot{\Phi}_1 - \dot{\overline{\Phi}}_2) -$$

$$- \frac{3EI}{l}(\Phi_1 - \overline{\Phi}_2) = (\frac{3}{8} m_B + m_L) \, gl \, \sin\overline{\Phi}_2 - \frac{3}{2} M_2 + F \, l \; . \qquad (2.14)$$

Die Genauigkeit dieses Modells läßt sich wie folgt abschätzen.

Zum einen muß mit dem Ansatz gleich großer Winkel $\Phi_1 \equiv \overline{\Phi}_2 \equiv \Phi$ und Zusammenfassen der Gln.(2.13),(2.14) die Bewegungsgleichung eines starren Modells entstehen. Zum anderen ergibt sich für

$$\ddot{\Phi}_1 \equiv \dot{\Phi}_1 \equiv 0 \; , \quad \Phi_1 = \pi/2 \; , \quad \overline{\Phi}_\Delta = \overline{\Phi}_2 - \Phi_1 \qquad (2.15)$$

aus Gl.(2.14) ein Modell für den einseitig eingespannten, elastischen Träger, bei welchem sowohl die dynamischen als auch die statischen Eigenschaften besonders einfach untersucht werden können.

Im ersten Teil, d.h. für $\Phi_1 \equiv \overline{\Phi}_2$, reduziert sich obiges Gleichungssystem zu

$$[(\frac{2}{105}+\frac{11}{280}+\frac{11}{280}+\frac{33}{140}) m_B l^2 + m_L l^2 + J_1 + (\frac{1}{4} - \frac{3}{4} - \frac{3}{4} + \frac{9}{4}) J_L]\ddot{\Phi}_1 =$$

$$= [(\frac{1}{8} + \frac{3}{8}) m_B + m_L] \, gl \, \sin\Phi_1 + M_1 - M_2 + Fl \; . \qquad (2.16)$$

Diese Differentialgleichung ist mit der des Starrkörpermodells identisch:

$$(\frac{1}{3} m_B l^2 + m_L l^2 + J_1 + J_L)\ddot{\Phi}_1 =$$

$$= (\frac{1}{2} m_B + m_L) \, gl \, \sin\Phi_1 + M_1 - M_2 + Fl \; . \qquad (2.17)$$

Für den Fall der einseitigen Einspannung wird das Trägerverhalten durch folgende Differentialgleichung beschrieben:

$$\left[(\frac{33}{140} m_B + m_L) l^2 + \frac{9}{4} J_L\right]\ddot{\overline{\Phi}}_\Delta + \frac{3HI}{l} \dot{\overline{\Phi}}_\Delta + \frac{3EI}{l} \overline{\Phi}_\Delta =$$

$$= (\frac{3}{8} m_B + m_L) \, gl \, \cos\overline{\Phi}_\Delta - \frac{3}{2} M_2 + Fl \; . \qquad (2.18)$$

Die Vernachlässigung des Lastträgheitsmomentes und der Gravitation ergibt die Bewegungsgleichung für einen einseitig eingespannten Träger mit Lastmasse.

Für die zwei besonderen Belastungsfälle a) sehr große Lastmasse ($m_L \gg m_B$) und b) keine Lastmasse ($m_L = 0$) kann die Modellgenauigkeit auf einfache Weise abgeschätzt werden. Im Fall a) ergibt sich für die normierte Eigenfrequenz

$$\Omega_0/\Omega_L = \sqrt{3} \quad \text{mit} \quad \Omega_L = \sqrt{EI / m_L \, l^3} \ . \tag{2.19}$$

Dies entspricht exakt dem Ergebnis für eine masselose Biegefeder mit Lastmasse. Für den Fall b) erhält man die normierte Eigenfrequenz zu

$$\Omega_0/\Omega_B = 3,57 \quad \text{mit} \quad \Omega_B = \sqrt{EI / m_B \, l^3} \ . \tag{2.20}$$

Die Theorie der Stabschwingungen ergibt bei reiner Biegung für die erste Eigenfrequenz

$$\Omega_0/\Omega_B = 3,52 \ . \tag{2.21}$$

Die erste Eigenschwingung des elastischen Balkens wird demnach auch bei vollständiger Entlastung $m_L = 0$ durch das angegebene, einfache Modell gut approximiert. Die bei dem Balken vorkommenden höheren Eigenfrequenzen können von diesem einfachen Modell 2.Ordnung naturgemäß nicht nachgebildet werden.

Weitere Untersuchungen [3] ergeben, daß nicht nur für den hier betrachteten eingespannten, sondern auch für den drehbar gelagerten Träger die Frequenz der jeweiligen ersten Grundschwingung gut wiedergegeben wird.

Das statische Biegeverhalten für kleine Biegewinkel $\Phi_\Delta$ läßt sich mit Gl.(2.18) ebenfalls leicht berechnen:

$$\overline{w}_\infty = \lim_{t \to \infty} l \ \Phi_\Delta(t) = \frac{m_B \, g \, l^3}{8 \, E \, I} + \frac{m_L \, g \, l^3}{3 \, E \, I} - \frac{M_2 l^2}{2 \, EI} + \frac{F \, l^3}{3 \, EI} \ . \tag{2.22}$$

Die Verbiegungen auf Grund der Balkenmasse $m_B$, der Lastmasse $m_L$ eines Momentes $M_2$ und einer Kraft $F$ ist mit denen aus der Festigkeitslehre bekannten maximalen Durchbiegungen [13] identisch. Dieser Sachverhalt ist umso bemerkenswerter, als daß die modalen Verfahren die stationäre Genauigkeit im allgemeinen nicht sicherstellen können.

Zusammenfassend läßt sich feststellen, daß dieses bewußt einfach gehaltene Modell die besonderen elastischen Eigenschaften und damit gerade die relevanten Unterschiede zu einem entsprechend starren Balkenmodell gut wiedergibt. Dies kann man in zweierlei Hinsicht für einen späteren Reglerentwurf nutzen.

Zum einen können die auf der Basis eines Starrkörpermodells entwickelten Regler mit dem genaueren, elastischen Modell auf ihre Wirksamkeit hin überprüft werden.

Gutes Regelverhalten ist nämlich dann zu erwarten, wenn man die Dynamik des Regelkreises ausschließlich in dem Frequenzbereich verbessert, in dem das zu Grunde gelegte Modell eine gute Approximation des Originalsystems darstellt [14]. Damit ist auch leicht einzusehen, weshalb reine "Starrkörperregelungen" trotz nachgewiesenen elastischen Eigenschaften auch der heutigen Schwerbau-Roboter gutes Regelkreisverhalten erzeugen konnten. Eine Verbesserung des dynamischen Verhaltens erfolgte nämlich in diesen Fällen nur in dem Bereich, wo das einfache Starrkörpermodell die wahren Verhältnisse noch ausreichend genau nachbildet. Aus der Unkenntnis der erwähnten Grenze, ab welcher Abweichungen zwischen Modell und Strecke auftreten, sind die dynamischen Anforderungen aus einem Sicherheitsbedürfnis heraus in aller Regel zu tief angesetzt worden. So sind vermutlich schon mit konventionellen "Starrkörperreglern" Verbesserungen des Regelkreisverhaltens erreichbar.

Zum anderen kann natürlich die bessere Approximation des Streckenverhaltens, d.h. die höhere Modellgüte, auch für einen Reglerentwurf benutzt werden, der die modellierten elastischen Eigenschaften mitberücksichtigt. Dadurch ist man in der Lage, noch höhere Dynamikanforderungen an den Regelkreis zu realisieren.

Als weiterer Vorteil der hier beschriebenen Modellbildung läßt sich die problemlose Erweiterung des zweidimensionalen Modellansatzes auf einen räumlichen, dreidimensionalen nennen. Es werden hierzu nur entsprechende Ergänzungen der Energiegleichungen nötig. Auch ist die Berücksichtigung von Torsionsschwingungen der Träger leicht zu realisieren. Sogar die Modellierung einer räumlichen Ausdehnung der Träger, des Gegengewichtes und des Förderkopfes bereitet keine prinzipiellen Schwierigkeiten. Natürlich ist die damit erreichte Erhöhung der Modellgenauigkeit im allgemeinen mit einer Steigerung des mathematischen Aufwandes bei der Berechnung der Differentialgleichungen und bei einer späteren Simulation verbunden.


## 2.1.2  Das Entladekranmodell

Die Übertragung dieser Modellbildung auf den gesamten mechanischen Aufbau läßt sich durch entsprechende Ergänzung der Energieanteile Gln.(2.4) bis (2.9) erreichen. Hierzu wird von dem im Abschnitt 2.1 angegebenen mechanischen Kranaufbau (Bild 4) ausgegangen.

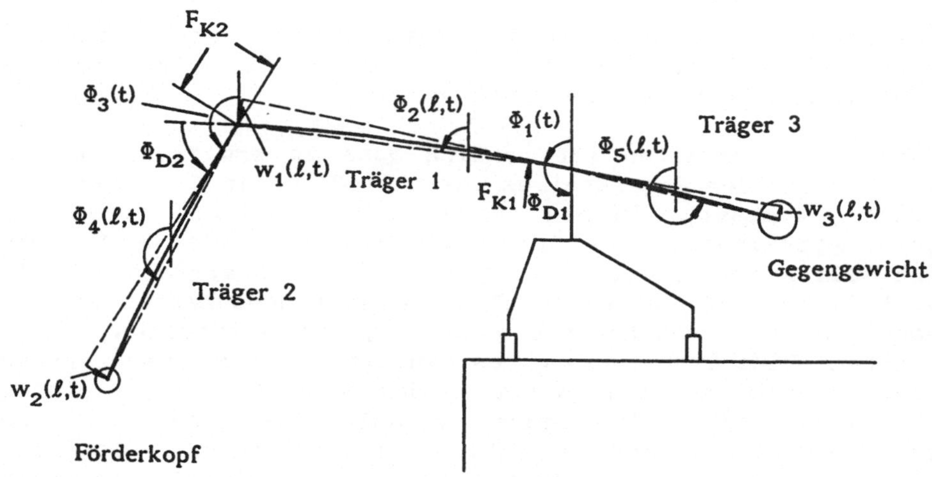


Bild 4. Mechanischer Kranaufbau

Die Energiegleichungen müssen nunmehr um die Träger 2 und 3
erweitert werden. Die potentiellen Energieanteile (Federwir-
kung und Schwerkraft) sowie die Dissipationsfunktionen und die
Arbeit der äußeren Kräfte lassen sich direkt für den Gesamt-
aufbau angeben. Allerdings verlangt die Bestimmung der kinetischen Energie für den äußeren Träger 2 die Berücksichtigung
der Bewegung des inneren Trägers 1. Die mit den Hydroantrieben
aufgebrachten Kräfte $F_{K1}$ und $F_{K2}$ sind mit entsprechend ent-
gegengesetzt wirkenden Abstützkräften verbunden. Dieser Zusammenhang ist bei dem zwischen den Trägern angeordneten Hydrozylinder besonders zu beachten.

Die Auswertung der so entstandenen Energiegleichungen mit der
Lagrange-Entwicklungsvorschrift ergibt ein nichtlineares Differentialgleichungssystem 10. Ordnung:

$$\underline{M}(\underline{\Phi})\,\ddot{\underline{\Phi}} + \underline{D}\,\dot{\underline{\Phi}} + \underline{K}\,\underline{\Phi} + \underline{N}(\underline{\Phi},\dot{\underline{\Phi}})\,\dot{\underline{\Phi}} + \underline{G}\,\sin\underline{\Phi} = \underline{F}\ . \qquad (2.23)$$

mit der   Massenmatrix   $\underline{M} = \underline{M}(\underline{\Phi})$,
          konst. Dissipationsmatrix   $\underline{D}$,
          konst. Elastizitätsmatrix   $\underline{K}$,
          Coriolis- und Zentrifugalmatrix   $\underline{N} = \underline{N}(\underline{\Phi},\dot{\underline{\Phi}})$,
          Gewichtskraftmatrix   $\underline{G}$,
          und dem verallgemeinerten Kraftvektor $\underline{F}$  .

Eingangsgrößen des Systems sind die an den Trägern angreifenden Kräfte $F_{K1}$ und $F_{K2}$.

Ausgangsgrößen sind die äußeren Trägerwinkel $\bar{\Phi}_2$, $\bar{\Phi}_4$ und $\bar{\Phi}_5$,
mit denen der Ort der Lastmasse $m_L$ und des Gegengewichtes $m_G$
eindeutig bestimmt ist. Direkt zugängliche Meßgrößen sind die
Differenzwinkel $\Phi_{D1}$ und $\Phi_{D2}$ zwischen Fahrgestell und innerem
Arm sowie zwischen innerem und äußerem Kranarm.

Der innere Trägerwinkel $\Phi_3$ läßt sich nicht direkt messen, sondern nur aus den zum inneren Kranarm gehörenden Winkeln $\bar\Phi_2$ und $\Phi_1$ sowie aus dem zur Verfügung stehenden Differenzwinkel $\Phi_{D2}$ berechnen. Auffällig ist die Abhängigkeit vom Winkel $\bar\Phi_2$, der den geometrischen Ort des Gelenkes zwischen innerem und äußerem Träger festlegt. $\Phi_3$ hängt somit von der Biegebewegung des inneren Kranarmes ab.


## 2.2    Die hydraulischen Antriebe

Eingangsgrößen des mechanischen Aufbaus (Bild 4) sind die an den Trägern angreifenden Kräfte $F_{K1}$ und $F_{K2}$, welche entsprechende Drehmomente in den Gelenken erzeugen. Die Kräfte zwischen den Trägern und dem Fahrgestell werden durch Hydrozylinder aufgebracht, welche entsprechend Bild 1 befestigt sind.

Die Hydrozylinder werden über Servoventile angesteuert, die in unmittelbarer Nähe der Antriebe angebracht sind. Das Versorgungsaggregat für die beiden hydraulischen Antriebe befindet sich im Fahrgestell und bewirkt damit eine zusätzliche Stabilisierung des Kranaufbaus. Ein in Ölstromrichtung vor dem Servoventil vorgesehenes Druckbegrenzungsventil mit Zwischenspeicher gewährleistet einen vom Ölvolumenstrom Q nahezu unabhängigen Versorgungsdruck $P_0$. Das Versorgungsaggregat und die verbindenen Leitungen haben dadurch keinen merklichen Einfluß auf das Verhalten der hydraulischen Antriebe. Auf Grund der kurzen Verbindungen zwischen Ventil und Zylinder können die Leitungsvolumina gegenüber denen der Zylinderkammern vernachlässigt werden. Die sich in den Zylinderkammern aufbauenden Drücke sind dann mit denen an den Ventilausgängen identisch.

Die Wirkungsweise des vorliegenden hydraulischen Antriebssystems wird demnach im wesentlichen von den beiden Elementen Servoventil mit elektrischer Vorsteuerstufe und dem Differentialzylinder (Bild 5) bestimmt.

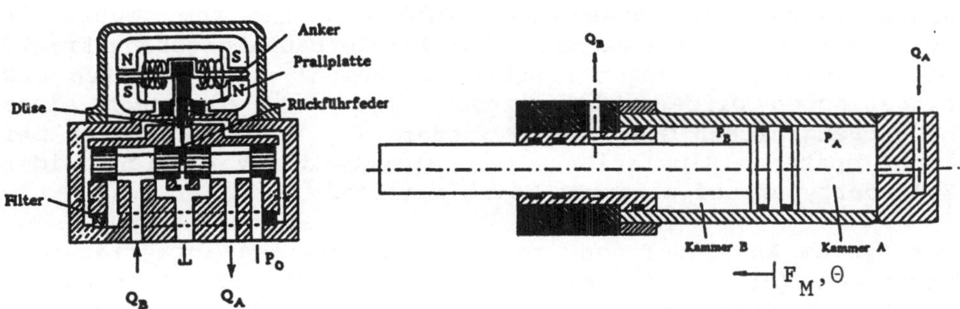


Bild 5. Servoventil und Differentialzylinder

Die für Differentialzylinder typische, einseitige Herausführung der Kolbenstange ist bei der Modellbildung mit einem gewissen Mehraufwand verbunden. Durch die ungleichen Kolbenflächen wird nämlich die Modellierung beider Kammerdrücke $P_A$ und $P_B$ zwingend notwendig. Die bei sogenannten Gleichgangzylindern (beidseitig herausgeführte Kolbenstange) häufig angewandte Methode der Differenzdruckmodellierung [15] kann hier nicht verwendet werden.

Die Modellierung des Servoventils führt über den Ansatz für turbulente Strömungen nach Bernoulli auf die nichtlinearen Gleichungen:

$$Q_A = \frac{\sqrt{2}\ Q_N}{\sqrt{P_N}}\ \frac{Y}{Y_{MAX}} \cdot \begin{cases} \sqrt{|P_0-P_A|}\ \text{sgn}(P_0-P_A) & \text{für}\quad Y \geq 0 \\[2mm] \sqrt{|P_A|}\ \text{sgn}(P_A) & \text{für}\quad Y < 0, \end{cases} \quad (2.24a)$$

$$Q_B = \frac{\sqrt{2}\ Q_N}{\sqrt{P_N}}\ \frac{Y}{Y_{MAX}} \cdot \begin{cases} \sqrt{|P_0-P_B|}\ \text{sgn}(P_0-P_B) & \text{für}\quad Y < 0 \\[2mm] \sqrt{|P_B|}\ \text{sgn}(P_B) & \text{für}\quad Y \geq 0. \end{cases} \quad (2.24b)$$

Das Verhalten der zum Servoventil gehörenden, elektrischen Vorsteuerstufe läßt sich durch ein Proportionalglied mit Verzögerung 2. Ordnung gut annähern:

$$\ddot{Y}(t) + 2\ D_S\ \Omega_{0S}\ \dot{Y}(t) + \Omega_{0S}^2 Y(t) = \Omega_{0S}^2 I_{el}(t)\ . \tag{2.25}$$

Durch Auswertung der Kontinuitätsgleichungen für die beiden Zylinderkammern entsteht das Modell des Differentialzylinders:

$$\dot{P}_A = \frac{E_{\ddot{O}l}}{(V_0 + \Theta\ A_0)\eta_D}\ [Q_A - K_L(P_A - P_B) - \eta_D\ A_0\ \dot{\Theta}]\ , \tag{2.26a}$$

$$\dot{P}_B = \frac{E_{\ddot{O}l}}{V_0 - \Theta\ A_0}\ [-Q_B + K_L(P_A - P_B) + A_0\ \dot{\Theta}]\ . \tag{2.26b}$$

Die mit den unterschiedlichen Kolbenflächen gewichteten Drücke ergeben abzüglich vorhandener Reibkräfte die vom jeweiligen Hydrozylinder an den mechanischen Kranaufbau abgegebene Kraft. Diese Modellgleichungen beschreiben sowohl das Verhalten des eingeplanten Differentialzylinders ($\eta_D > 1$) als auch eines baugrößengleichen Gleichgangzylinders ($\eta_D = 1$). Damit ist bei einer späteren Simulation ein entsprechender Vergleich beider Zylindertypen auf einfache Weise möglich.

Das System Antrieb-Träger zeigt näherungsweise integrierendes Verhalten [15], d.h. eine konstante Ventilschieberstellung führt auf eine nahezu konstante Kolbengeschwindigkeit, was einer kontinuierlichen Bewegung des Trägers entspricht. Die Analyse des Modellverhaltens beim Anfahren bestimmter, fest-

vorgegebener Kranträgerstellungen erfordert die Stabilisierung
des Systems. Diese läßt sich mit der Erweiterung der hydraulischen Antriebe zu Lageregelkreisen erreichen. Hierzu werden
dynamische Rückführungen mit $PT_1$-Verhalten vorgesehen.

Diese Rückführungen werden mit dem Differenzsignal aus gemes-
sener und vorgegebener Kolbenstellung $\Theta$ beaufschlagt. Das
jeweilige Reglerausgangssignal ergibt das Stellsignal für die
Servoventile. Die Auslegung der Lageregelkreise erfolgt auf
der Basis eines weiter  vereinfachten Modells für einen Antrieb plus Träger mit einem eigens dafür entwickelten Kriterium, welches die ausgeprägte Schwingneigung hydraulischer Antriebe berücksichtigt [3].


## 2.3    Das Gesamtmodell

Das Zusammenfügen der Teilsysteme "Hydraulischer Antrieb" und
"Mechanischer Kranaufbau" ergibt das im Bild 6 gezeigte Gesamtmodell für den hydraulisch angetriebenen, elastischen
Entladekran. Die Realisierung der Lageregelkreise ist durch
die zusätzliche Aufschaltung der Sollgrößen für die Kolbenstellungen $\Theta_{1Soll}$ und $\Theta_{2Soll}$ berücksichtigt. Der Kraftschluß
von Hydroantrieb und Träger und der Zusammenhang zwischen
Trägerwinkel und Kolbenstellung wird durch die eingetragenen
Transformationsblöcke beschrieben.

Das Modell des Entladekrans kann nunmehr mit den Eingangsgrößen $I_{e1}$ der Ventilvorsteuerstufen direkt angesteuert  werden.

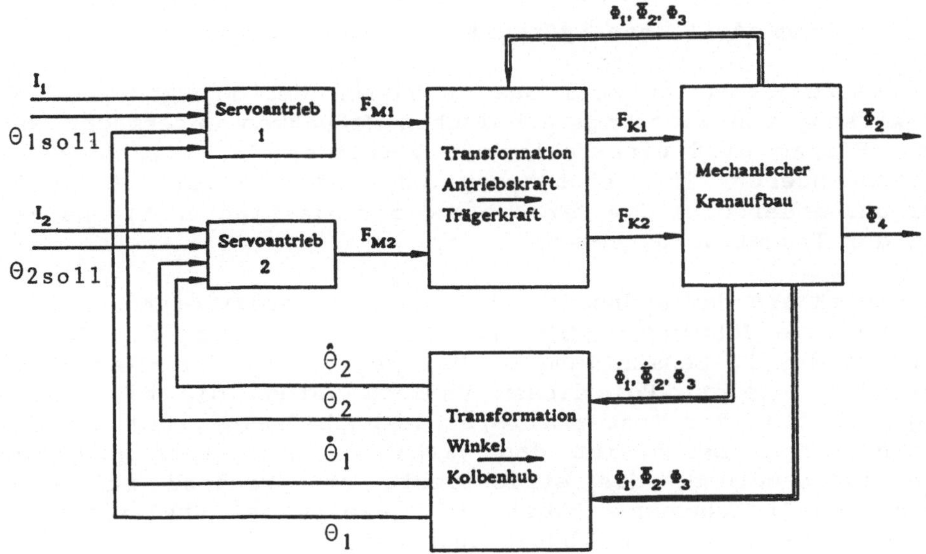


Bild 6. Blockschaltbild des Entladekranmodells

Bei stabilisiertem Betrieb lassen sich durch Aufschalten bestimmter Sollwerte für die Kolbenstellungen $\theta_{Soll}$ die Kranträger in gewünschte Positionen bringen. Für den Entladevorgang
ist das Bewegungsverhalten des Förderkopfes am äußeren Träger
wesentlich, dessen Lage sich aus den Trägerwinkeln $\bar{\Phi}_2$ und $\bar{\Phi}_4$
ergibt. Beide Winkel werden deshalb zu Ausgangsgrößen des
Gesamtmodells. Die für eine Simulation noch notwendige System-
parametrierung, d.h. die Festlegung der Modellparameter und
die Auslegung der hydraulischen Lageregelkreise, ist in [3]
ausführlich beschrieben.


## 3     Simulation

Die mit dieser ausführlichen Modellbildung gewonnenen systembeschreibenden Differentialgleichungen sollen nun für eine
Simulation des Gesamtsystems "Entladekran" verwendet werden.
Wegen des komplexen und nichtlinearen Aufbaus des Modells ist
eine digitale Realisierung der Simulationsanordnung zweckmäßig; sie wird in der Simulationssprache ACSL vorgenommen (siehe den Beitrag von F.Breitenecker im Teil B).

Ziel der Simulationsstudie ist es, die wichtigsten, markante-
sten Eigenschaften des Entladekrans zu spezifizieren. Hierzu
wird das Verhalten des Kranes um den im vorgegebenen Arbeits-
bereich ($105^{O} \geq \Phi_1 \geq 75^{O}$, $210^{O} \geq \Phi_3 \geq 150^{O}$) mittig liegenden
Betriebspunkt ($\Phi_{10} = 90^{O}$, $\Phi_{30} = 180^{O}$) untersucht.


## 3.1   Kranmodell ohne hydraulische Lageregelkreise

Im ersten Abschnitt soll das Verhalten des Kranmodells ohne
Einwirkung von regelungstechnischen Maßnahmen untersucht werden. Hierzu wird einerseits ein Vergleich der erwähnten An-
triebskonzepte mit Gleichgangzylinder oder Differentialzylinder und anderseits die Darstellung der elastischen Eigenschaften der Träger vorgenommen.

Hauptmerkmale der Hydroantriebe sind das integrierende Verhalten und die Schwingneigung. Im Bild 7 ist hierzu die Sprungantwort der Kolbenstellung $\theta_1$ bei Verwendung der Gleichgangzylinder gezeigt. Bei diesem Versuch werden die elastischen
Eigenschaften der Träger vorerst vernachlässigt. Die durchgezogene Kurve beschreibt das Verhalten bei einer positiven
Ventilansteuerung, die strichlierte entsprechend bei einer
negativen Ansteuerung. Dabei wird jeweils das Stellsignal um
20% des maximalen Ventilhubes geändert.

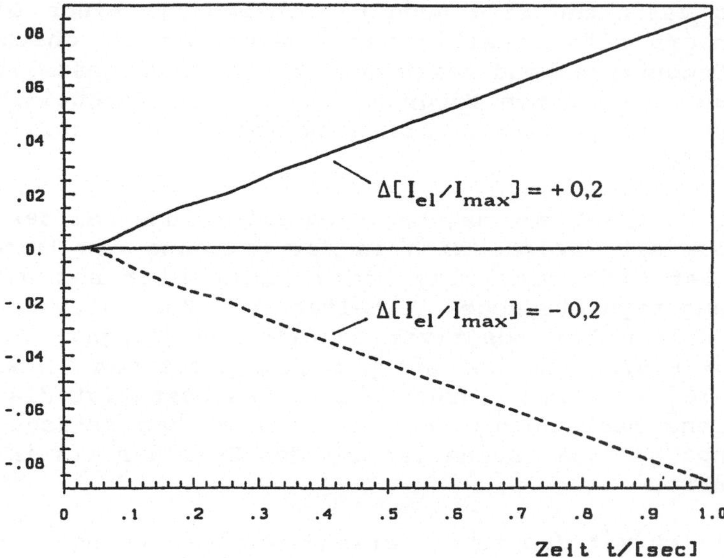


Bild 7. Kolbenweg $\theta_1$ [m] (Gleichgangzylinder)

Deutlich ist das stetige Ansteigen des Kolbenweges zu erkennen. Dabei zeigt der Gleichgangzylinder zur Ansteuerung symmetrisches Verhalten, was zu einer betragsmäßig gleich großen Auslenkung von $|\theta_1|$ = 88mm zum Zeitpunkt t = 1s führt. Auch zeigt sich zu Beginn der Simulation die befürchtete Schwingneigung.

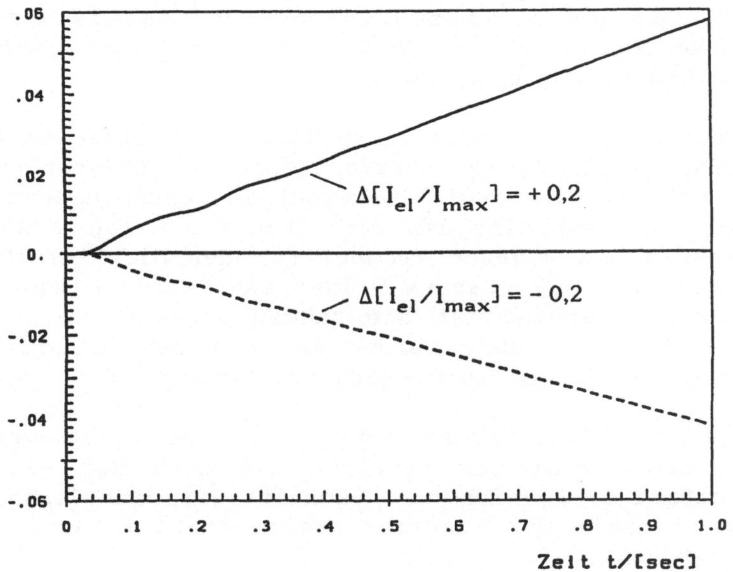


Bild 8. Kolbenweg $\theta_1$ [m] (Differentialzylinder)

Ähnliches Verhalten wird auch bei Verwendung eines Differentialzylinders mit einseitig herausgeführter Kolbenstange erwartet. Dementsprechend zeigt der im Bild 8 dargestellte Simulationslauf mit einem baugrößengleichen Differentialzylinder
sowohl das integrierende als auch das leicht oszillierende
Zeitverhalten.

Deutliche Unterschiede ergeben sich allerdings bei der Kolbengeschwindigkeit, welche sich in der Steigung der Kurven aus-
drückt. Der Differentialzylinder weist hier bezüglich der
Ansteuerung asymmetrisches Verhalten auf. Zum Zeitpunkt t = 1s
hat der Kolben bei positivem Ventileingangssignal einen Weg
von $\Delta\Theta_1$ = + 57mm und bei entsprechend negativem Signal einen
Weg von $\Delta\Theta_1$ = - 42mm zurückgelegt. Das bestätigt die in [16]
beschriebene Beobachtung, daß der Kolben bei betragsgleichem
Ventileingangssignal schneller aus dem Zylinder als in den Zylinder fährt.

Ein Vergleich mit dem zuvor verwendeten Gleichgangzylinder ergibt, daß der Differentialzylinder trotz gleicher Baugröße und
identischer Ventilansteuerung in beiden Richtungen langsameres
Verhalten zeigt. Dies ist darauf zurückzuführen, daß beim Aus-
fahren ($\Theta$ > 0) ein erheblich größerer Volumenstrom der kol-
benfreien Kammer zugeführt werden muß als beim Gleichgangzylinder. Entsprechend muß beim Einfahren des Kolbens ($\Theta$ < 0)
ein wesentlich größerer Ölstrom aus der Zylinderkammer abgeführt werden, was ebenfalls die Bewegung verlangsamt. Den
Vorteil der einfachen Bauform des Differentialzylinders ist
mit dem Nachteil des wesentlich ungünstigeren Zeitverhaltens
verknüpft. Gerade die beschriebene Unsymmetrie wird einen
späteren Reglerentwurf zur Verbesserung des dynamischen Verhaltens entscheidend erschweren.

Die bisherigen Simulationen haben einen unelastischen Kranaufbau vorausgesetzt. Die Berücksichtigung der Elastizitäten der
Träger führt auf ein Simulationsergebnis entsprechend Bild 9.
Der Winkel $\bar{\Phi}_2$ beschreibt das Verhalten des Gelenkpunktes zwischen innerem und äußerem Träger. Für den direkten Vergleich
ist die Reaktion mit starrem Träger zusätzlich eingezeichnet.
Deutlicher Unterschied ist die nahezu ungedämpfte Schwingung
des äußeren Trägerendes, welche auf die nun berücksichtigte
Elastizität der Träger zurückzuführen ist.

Die gezeigten Simulationen haben sämtlich vorab vermuteten
Eigenschaften sowohl der Antriebe als auch der elastischen
Träger bestätigt. Im nächsten Abschnitt wird das Verhalten des
durch den Einsatz der Lageregelkreise stabilisierten Kranmodells untersucht.

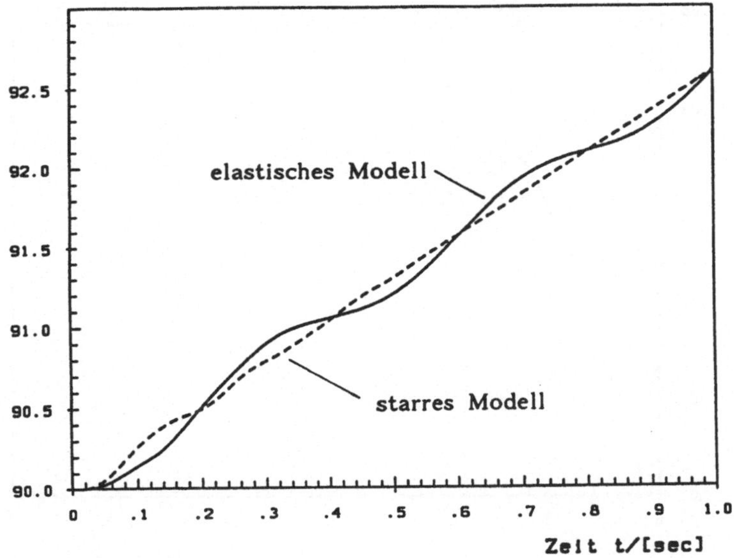



Bild 9. Äußerer Trägerwinkel $\overline{\Phi}_2$ (Differentialzylinder)

## 3.2 Kranmodell mit hydraulischen Lageregelkreisen

Die in Abschnitt 4.1 dokumentierten Simulationsläufe haben den
integrierenden Charakter der Teilsysteme "Antrieb und Träger"
deutlich gezeigt. Eine Stabilisierung läßt sich bereits mit
einfach aufgebauten, konventionellen Reglertypen erreichen.
Die Verwendung von $PT_1$-Reglern ergibt bei richtiger Auslegung
für die Teilsysteme durchaus befriedigendes Führungsverhalten
[3]. In diesem Abschnitt sollen die Eigenschaften des stabilisierten Kranmodells bei Berücksichtigung der Trägerelastizitä-
ten untersucht werden. Hierzu wird das Verhalten des Gesamt-
streckenmodells mit Differentialzylinder bei Vorgabe einer
bestimmten Position für die hydraulischen Antriebe in den
Bildern 10-12 dargestellt.

Der Verlauf des Kolbenweges $\Theta_1$ im Bild 10 entspricht bis auf
die gerade noch feststellbaren Schwingungen dem angestrebten,
gut gedämpften Zeitverhalten. Allerdings fällt eine bleibende
Regelabweichung von 1,5mm Kolbenhub auf. Diese ist auf den
ständig vorhandenen druckabhängigen Leckölstrom zwischen den
Zylinderkammern zurückzuführen. Um einen bestimmten stabilen
Zustand zu gewährleisten muß dieser Leckölstrom über das Servoventil ausgeglichen werden. Das bedarf allerdings ein Eingangssignal ungleich Null, was aufgrund des $PT_1$-Reglers wiederum nur über ein Reglereingangssignal ebenfalls ungleich
Null, d.h. nur über eine Regelabweichung, zu erreichen ist.

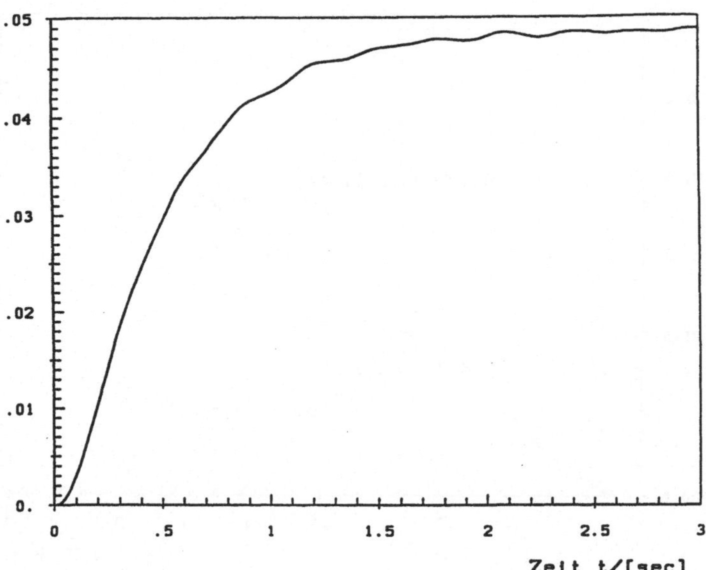

Bild 10. Kolbenweg $\Theta_1$ [m] ($\Theta_{1\ soll}$ = 0,05m)

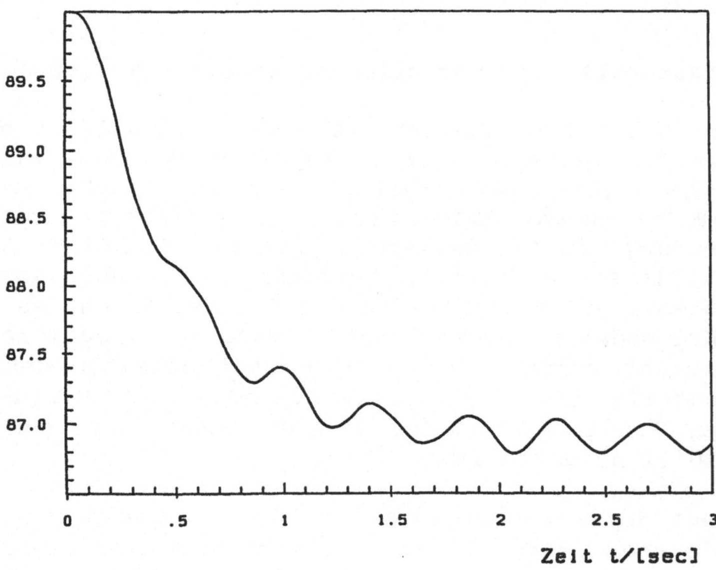

Bild 11. Trägerwinkel $\overline{\Phi}_2$  ($\Theta_{1soll}$ = 0,05m)

Im  Bild 11, in dem das  Verhalten des äußeren Trägerwinkels
dargestellt ist, zeigen sich allerdings die für elastische
Träger typischen, schlecht gedämpften Übergänge. Das mit dem
$PT_1$-Regler erreichte schnelle Übergangsverhalten für den Kolbenweg $\Theta_1$ ist mit einer starken Anregung der Trägereigen-
schwingung $\overline{\Phi}_2$ verbunden. Dieses Verhalten verschlechtert sich

in dem Maß zunehmend, wie die Kreisverstärkung der Lageregelkreise zum Erreichen schnellerer Übergänge erhöht wird. Die
unterschiedliche Bewegungsrichtung von Kolbenweg und Trägerwinkel ist in der gegensätzlichen Orientierung der beiden
Größen begründet.

Das Störverhalten kann an Hand der Bewegung des Kolbens $\theta_2$
des äußeren Hydrozylinders im Bild 12 untersucht werden. Auch
hier klingen die auftretenden Schwingungen nur äußerst langsam
ab. Diesem für Menschen und Maschine gefährlichen Verhalten
muß bei einem künftigen Reglerentwurf Rechnung getragen werden. Besonders wenn ein solches Gerät, wie hier angestrebt,
Teil eines automatisierten Prozesses werden soll.

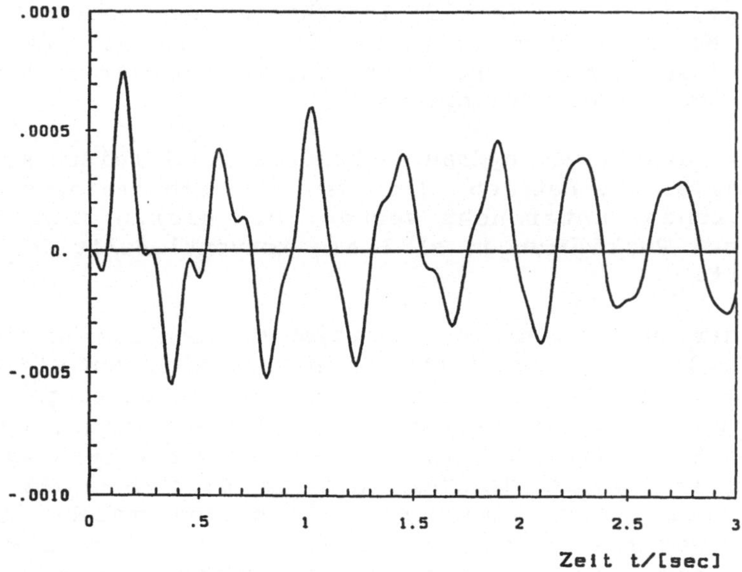


Bild 12. Kolbenweg $\theta_2$ [m] ($\theta_{2\ \text{soll}} = 0$)

Die Unregelmäßigkeit der Schwingung des Kolbenweges $\theta_2$ ist sowohl auf die zwischen beiden Antrieben bestehenden Verkopplungen als auch auf den bei ständigem Richtungswechsel besonders hervortretenden nichtlinearen Charakter des verwendeten
Differentialzylinders zurückzuführen. Auch hier entsteht wegen
des zwischen beiden Zylinderkammern vorhandenen Leckölstromes
eine bleibende Regelabweichung.


## 4    Zusammenfassung und Ausblick

Für den Entwurf von Automatisierungskonzepten ist eine Analyse
der verschiedenen, an dem Gesamtprozeß beteiligten Systemteile
unumgänglich. Im Zusammenhang mit der Automatisierung des

Entladevorgangs bei Binnenschiffen ist in diesem Beitrag die
Modellbildung für ein Entladegerät in Form eines zweiachsigen
Kranes beschrieben worden. Die Schwerpunkte haben hierbei auf
der Berücksichtigung sowohl der elastischen Trägereigenschaften als auch des nichtlinearen Verhaltens der hydraulischen
Antriebe gelegen. So konnte für die biegefähigen Kranträger
ein Modell entwickelt werden, welches mit entsprechenden Vorgaben das Trägerverhalten prinzipiell beliebig genau nachbilden kann. Nach Festlegen der Modellordnung ist man dann in der
Lage, zu einem adäquaten Abbild der Trägereigenschaften zu
gelangen.

Durch die Vorgabe von hydraulischen Differentialzylindern mit
einseitig herausgeführter Kolbenstange als Antriebe war eine
aufwendige, weil für jede Zylinderkammer nur getrennt durchführbare Modellbildung notwendig. Das Gesamtmodell des Entladekrans einschließlich Träger und Antriebe ergibt sich mit dem
Zusammenfügen beider Teilsysteme.

Durch den Einsatz von hydraulischen Lageregelkreisen kann auch
der stabilisierte Betrieb, d.h. das Anfahren definierter Trä-
gerpositionen, untersucht werden. Die hierzu notwendigen,
dynamischen Rückführungen sind als konventionelle $PT_1$-Regler
realisiert.

An Hand der durchgeführten Simulationsstudien lassen sich verschiedene Merkmale feststellen. Ein Vergleich von Gleichgangzylinder mit beidseitig herausgeführter Kolbenstange und dem
hier vorgeschlagenen Differentialzylinder zeigt, daß beim
Differentialzylinder dem Vorteil der weniger aufwendigen Bauform der erhebliche Nachteil des im Betrieb auftretenden,
markant nichtlinearen Zeitverhaltens gegenübersteht. Das Beseitigen oder zumindest Abschwächen dieses Nachteils kann nur
durch besondere regelungstechnische Maßnahmen erreicht werden.

Die Berücksichtigung der elastischen Eigenschaften der Kranträger führte gerade in Verbindung mit den hydraulischen Lageregelkreisen zu äußerst schlecht gedämpften Trägerschwingungen
und damit zu einem sehr unbefriedigendem Regelergebnis. Dieses
Verhalten verschlechtert sich in dem Maß zunehmend, wie die
Kreisverstärkung der Lageregelkreise zum Erreichen schnellerer
Übergänge erhöht wird. Dieser Zusammenhang muß besonders vor
dem Hintergrund betrachtet werden, daß das Modell mit starrem
Träger bei jeder der verwendeten Reglereinstellung durchaus
befriedigendes Verhalten ergab [3].

Mit den nun zur Verfügung stehenden Erkenntnissen kann in
zukünftigen Arbeiten mit dem Entwurf des zur Lösung der Auto-
matisierungsaufgabe notwendigen, sensorgeführten Regelkreises
begonnen werden.

Die Aufgabe wird dann sein, durch regelungstechnische Maßnahmen das selbsttätige Folgen des Entladekrans entlang der Schüttgutoberfläche sicherzustellen. Dabei sollen durch Messung der Lage und Orientierung des Förderkopfes zur Schüttgutkontur Stellgrößen für die Antriebe berechenbar sein, die sowohl eine definierte Eintauchtiefe als auch einen entsprechenden Vorschub entlang der Oberfläche gewährleisten.

**Literaturhinweise**

[1]  Bär, W.: Simulation kontinuierlicher technischer Systeme, Universitätsbund Erlangen-Nürnberg, 1982.

[2]  Backé, W.:  Grundlagen der Ölhydraulik, Umdruck zur Vorlesung, Institut für hydraulische und pneumatische Antriebe und Steuerungen, RWTH Aachen, 6. Auflage 1986.

[3]  Naujoks, Th.:  Modellbildung und Simulation von hydraulisch angetriebenen, elastomechanischen Mehrkörpersystemen am Beispiel eines Entladekrans, Institutsbericht, Institut für Regelungstechnik, Universität Erlangen-Nürnberg, 1988 (unveröffentlich).

[4]  Volterra, E., Zachmanoglou, E. C.:  Dynamics of Vibrations, Ch. E. Merril Books, Inc. Columbus, Ohio, 1965.

[5]  Weigand, A.:  Einführung in die Berechnung mechanischer Schwingungen, Band III, VEB Fachverlag Leipzig, 1962.

[6]  Lehmann, Th.:  Elemente der Mechanik II: Elastostatik, Vieweg Verlag, Braunschweig, 1975.

[7]  Book, Maizza-Neto, Whitney:  Feedback Control of Two Beam, Two Joint Systems With Distributed Flexibility, J. Dyn. Syst., Meas., Contr., Transactions of the ASME, 1975.

[8]  Truckenbrodt, A.: Bewegungsverhalten und Regelung hybrider Mehrkörpersysteme mit Anwendung auf Industrieroboter, VDI-Verlag, Reihe 8, Nr. 33, 1980.

[9]  Smirnow, W.I.: Lehrgang der höheren Mathematik - Teil II, VEB Verlag der Wissenschaften, Berlin, 1966.

[10] Magnus, K.:  Schwingungen, B.G.Teubner Verlagsgesellsch., Stuttgart, 1961.

[11] Lippmann, H.: Schwingungslehre, B.I-Hochschultaschenbuch, Bibliographisches Institut, Mannheim, 1968.

[12] Klotter, K.: Technische Schwingungslehre, Springer-Verlag, Berlin/Göttingen/Heidelberg, 1960.

[13] Dubbel-Taschenbuch für den Maschinenbau, 1. Band, Springer-Verlag, Berlin/Heidelberg/New York, 1970.

[14] Stahl, H.: Modellbildung, Modellvereinfachung und Reglerentwurf für Ein- und Zweigrößensysteme mit Hilfe der Gütevektoroptimierung, Dissertation, Institut für Regelungstechnik, Universität Erlangen-Nürnberg, 1987.

[15] Feuser, A.: Ein Beitrag zur Auslegung ventilgesteuerter hydraulischer Vorschubantriebe im Lageregelkreis, Dissertation, Institut für Regelungstechnik, Universität Erlangen-Nürnberg, 1983.

[16] Feigel, H.-J.: Nichtlineare Effekte am servoventilgesteuerten Differentialzylinder, Ölhydraulik und Pneumatik, Mainz, 1987.


**Formelverzeichnis**

<u>Systemgrößen</u>

$w$        Trägerverformung

   $\bar{\bar{w}}$       Ortsfunktion

   $\bar{w}$        Zeitfunktion        $w = \bar{\bar{w}}.\bar{w}$

| | | | |
|---|---|---|---|
| $\Phi$ | Trägerwinkel | $\Omega$ | Kreisfrequenz |
| $M$ | Moment | $D$ | Dämpfung |
| $F$ | Kraft | $\bar{\Phi}_\Delta$ | Biegewinkel |
| $T$ | kinetische Energie | $\sigma$ | Trägerkoordinate |
| $U$ | potentielle Energie | $t$ | Zeitkoordinate |
| $R$ | Rayleigh's Dissipationsfunktion | | |
| $W$ | Arbeit der äußeren Kräfte | | |
| $q$ | verallgemeinerte Koordinaten | | |
| $P$ | Druck | $\theta$ | Kolbenweg |
| $Q$ | Ölstrom | $I_{el}$ | Ventileingangs- |
| $Y$ | Ventilschieberstellung | | strom |

<u>Systemparameter</u>

| | | | |
|---|---|---|---|
| $E$ | Elastizitätsmodul | $g$ | Gravitations- |
| $H$ | Viskositätskoeffizient | | beschleunigung |
| $I$ | Flächenträgheitsmoment | $Q_N$ | Nenndurchfluß |
| $J$ | Trägheitsmoment | $P_0$ | Versorgungsdruck |
| $m$ | Masse | $P_N$ | Nenndruck |
| $l$ | Länge | | |
| $\rho$ | Materialdichte | | |
| $\underline{M}$ | Massenmatrix | $V_0$ | Kammervolumen |
| $\underline{D}$ | Dissipationsmatrix | $A_0$ | Kolbenfläche |
| $\underline{K}$ | Elastizitätsmatrix | $\eta_D$ | Flächenverhältnis |
| $\underline{N}$ | Coriolismatrix | $K_L$ | Leckölkonstante |
| $\underline{G}$ | Gewichtskraftmatrix | | |
| $\underline{F}$ | verallgemeinerter Kraftvektor | | |

# Simulation von Flugtriebwerken

H. Sölter, R. Brockhaus

## 1    Einleitung

Gasturbinentriebwerke stellen für die Regelungstechnik in verschiedener Hinsicht ein interessantes Anwendungsgebiet dar. Zum einen ist ihr Verhalten stark nichtlinear, zum anderen wird ihr Einsatz durch ständig wechselnde Betriebsbedingungen charakterisiert, so daß eine Regelung auch optimale Übergänge zwischen weit auseinanderliegenden Betriebspunkten beinhalten muß. Zum Dritten müssen bestimmte physikalische Grenzbedingungen unter allen Umständen eingehalten werden, wobei einige hierzu erforderliche Größen nicht direkt meßbar sind. Sowohl für die Auslegung von Regelungsalgorithmen als auch für die Justierung der Reglerparameter, die heute noch am Triebwerk in zeit- und kostenintensiven Testläufen vorgenommen wird, werden genügend genaue, aber echtzeitfähige mathematische Modelle des Triebwerkprozesses benötigt. Dies gilt ganz besonders für die Verwirklichung moderner Regelungskonzepte, wie Modellfolgeregelung oder adaptive Regelung oder auch für Aufgaben zur On-line-Triebwerksüberwachung, zur Fehlererkennung und -aufzeichnung. Echtzeit-Triebwerksimulationen erlangen weiterhin Bedeutung beim Einsatz in Flugsimulatoren für die Aus- und Weiterbildung von Piloten. Eine möglichst exakte Nachbildung des Triebwerkverhaltens erhöht auch in dieser Anwendung die Flugsicherheit beträchtlich, da Piloten schon heute einen großen Teil ihrer Flugausbildung im Simulator erhalten.

In den vergangenen Jahrzehnten wurden erhebliche Anstrengungen unternommen, eine wirklichkeitsnahe und doch echtzeitfähige Simulation des Triebwerkprozesses zu realisieren. Zunächst kamen hierfür nur Analogrechner in Frage. Ihre Fähigkeit zum Echtzeitbetrieb beruht vor allem darauf, daß es auf Grund ihrer parallelen Arbeitsweise möglich ist, ein System von Differentialgleichungen simultan zu lösen. Ihre Schwäche liegt in der Berechnung nichtlinearer Zusammenhänge, insbesondere solcher, die nur durch mehrdimensionale Kennfelder darzustellen sind. Diese Teile der Rechnung, sowie auch die Steuerung des Rechenablaufs und die Datenspeicherung wurden deshalb in einen Digitalrechner ausgelagert (Szuch und Bruton, 1974). Diese Form der Simulation auf Hybridrechnern hat ihre Bedeutung bis heute behalten. Echtzeit-Triebwerksimulationen, die ausschließlich auf Digitalrechnern ablaufen, benötigen bei ausreichender Genauigkeit immer noch die Rechenleistung eines Großrechners. Die schnelle Entwicklung der letzten Jahre auf dem Gebiet der Parallelrechnerarchitekturen verändert die Situation jedoch entscheidend. Über schnelle Kommunikationskanäle verbundene Mikrorechner erreichen heute durchaus die Leistung, die man noch vor wenigen Jahren nur bei den größten Supercomputern finden konnte. Sie machen eine digitale Triebwerksimulation nicht nur preislich interessant, sondern ermöglichen durch ihren geringen Platzbedarf eine Echtzeitsimulation für On-line-Anwendungen, wie sie bisher nicht zu realisieren war.

Dieser Beitrag gibt zunächst eine Einführung in die stationären und dynamischen Vorgänge in einem Gasturbinentriebwerk und stellt dann die wichtigsten Vertreter von digitalen Simulationsprogrammen vor. Hier kann man prinzipiell zwischen zwei Arten unterscheiden. Zum einen gibt es die sogenannten Syntheseprogramme, die in jedem Zeitschritt den thermodynamischen Kreisprozeß einer Gasturbine durchrechnen. Sie arbeiten iterativ und sind deshalb enorm rechenintensiv. Zum anderen gibt es Modelle in Zustandsdarstellung. Diese unterteilen sich ihrerseits in lineare Modelle, die zwar für schnelle Simulationen geeignet, aber nur in einem kleinen Bereich genügend genau sind, und in nichtlineare Zustandsraummodelle, bei denen die Koeffizienten der zum Teil nichtlinearen Gleichungen aus umfangreichen Kennfeldern ausgelesen werden. Die Parameter werden in der Regel bei beiden mit Hilfe von Syntheseprogrammen bestimmt.

Herkömmliche Digitalprogramme sind rein sequentielle Abfolgen von Anweisungen und Kontrollstrukturen. Moderne Rechnerkonzepte, wie Transputernetze erlauben eine parallele Rechnung, ähnlich wie sie vom Analogrechner her bekannt ist, sie erfordern aber, um ihre Leistungsfähigkeit überhaupt ins Spiel bringen zu können, völlig neue Programmiertechniken. Es wird daher eine Umsetzung der oben beschriebenen Simulationsverfahren auf die mit konkurrierenden Rechenprozessen arbeitende Transputerumgebung beschrieben. Der Schwerpunkt liegt dabei nicht auf der Beschreibung paralleler Programmiertechniken, sondern auf der Formulierung von Simulationsstrategien mit weitgehend parallel ablaufenden Rechenprozessen. Die Aufgabe der Parallelisierung verteilt sich auf zwei Punkte: Erstens die Aufspaltung des Problems in Einzelprozesse und die Analyse, welche von diesen voneinander unabhängig, also parallel gerechnet werden können und zweitens die Plazierung der einzelnen Rechenprozesse auf die verschiedenen Prozessoren, um bei bestmöglicher Ausnutzung der Hardware eine möglichst hohe Rechenleistung zu erzielen.

## 2  Der Arbeitsprozeß eines Turboluftstrahltriebwerks

Der heute in der zivilen Luftfahrt vorzugsweise eingesetzte Triebwerktyp ist ein Zweiwellen-Zweikreistriebwerk. Bild 1 zeigt einen Schnitt durch ein solches Triebwerk. Bild 2 zeigt den zugehörigen thermodynamischen Kreisprozeß im Enthalpie-Entropie-Diagramm. Im Einlauf wird die ins Triebwerk strömende Luft zunächst von Fluggeschwindigkeit auf die dem Massenstrom durchs Triebwerk entsprechende Geschwindigkeit aufgestaut. Hierdurch steigt ihr Druck. Der Fan, ein meist einstufiger Niederdruckverdichter, verdichtet die Luft um den Faktor 1,2 bis 1,5. Der größte Teil der Luft gelangt nun in den Bypass und wird in der Nebenstromdüse wieder entspannt, wobei er den wesentlichen Anteil am Schub erzeugt. Der Rest der Luft, je nach Typ die Hälfte bis ein Sechstel, wird im Hochdruckverdichter weiter verdichtet, wobei das Druckverhältnis bis zu 25 betragen kann. In der Brennkammer wird Kraftstoff eingespritzt und isobar verbrannt, also Energie durch Temperaturerhöhung zugeführt. Die Hochdruckturbine entzieht dem Abgas einen Teil seiner Energie; sie sitzt gemeinsam mit dem Hochdruckverdichter auf einer Hohlwelle und treibt diesen an.

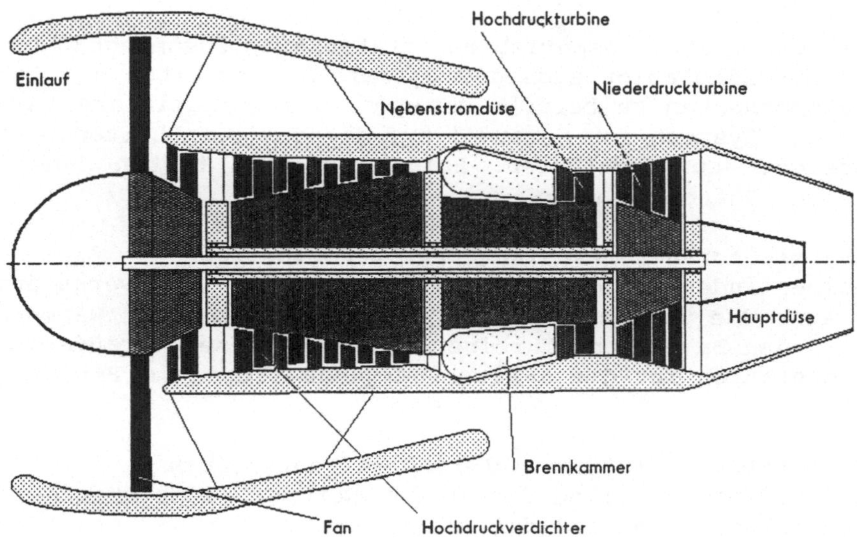


Bild 1. Schnitt durch ein Turbofan-Triebwerk

In der Niederdruckturbine wird das Abgas weiter entspannt. Sie treibt den Fan an, mit dem sie gemeinsam auf einer zentralen Welle sitzt. Schließlich wird das Gas in der Hauptdüse auf Außendruck expandiert, wobei es weiteren Schub liefert. Die thermodynamischen Zustandsänderungen verlaufen mit Ausnahme der Brennkammer adiabat. In jedem der genannten Bauteile treten Verluste auf.

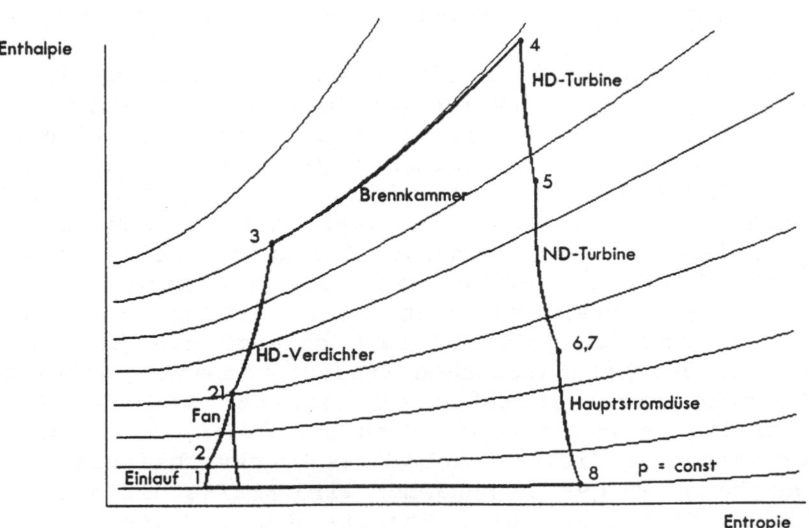


Bild 2. Kreisprozeß eines Turbofantriebwerks im hs-Diagramm

**Dynamische Einflüsse**

Außer den bisher beschriebenen stationären Zusammenhängen ist
bei einer Simulation auch das dynamische Verhalten der Trieb-
werkskomponenten zu berücksichtigen. Das instationäre Verhalten eines Systems ist generell auf die darin enthaltenen Ener-
giespeicher zurückzuführen. Bei Triebwerken treten dabei die
folgenden Phänomene auf:

**a) Thermische Energiespeicherung in Festkörpern**
Bei einer Änderung des Betriebszustandes des Triebwerks ändern
sich auch die Gastemperaturen. Hierdurch wird der Wärmehaus-
halt in den Bauteilen (Turbinenläufer, Gehäuse) verändert. Die
Zeitkonstanten für diese Wärmeübergänge liegen im Bereich von
Minuten.

**b) Mechanische Energiespeicherung in Festkörpern**
Dies betrifft vor allem die in den Rotoren gespeicherte kinetische Energie, während die elastische Verformung von Bauteilen praktisch nicht ins Gewicht fällt. Die Zeitkonstanten für
die Rotorbeschleunigung liegen bei etwa einer Sekunde.

**c) Instationäre Gasdynamik**
Hierunter werden alle Phänomene zusammengefaßt, die den Übergang des Strömungsmediums von einem stationären Zustand in
einen anderen betreffen. Da die Strömung volumenbehaftet ist,
handelt es sich hierbei um die Speicherung von Masse, Energie
und Impuls in den durchströmten Komponenten. Die Zeitkonstanten dieser Vorgänge liegen im Bereich von Millisekunden.

**d) Chemische Reaktionen**
Hierunter ist das Zeitverhalten des Verbrennungsprozesses zu
verstehen, dessen Zeitkonstanten im Mikrosekundenbereich ange-
siedelt sind.

Diese vier Phänomene werden im folgenden näher beschrieben.

**zu a):** Die Wärmeabgabe von einem bewegten Fluid an eine feste
Oberfläche bezeichnet man als konvektiven Wärmeübergang. Hierbei unterscheidet man die freie Strömung, bei der der Wärmeaustausch selbst Ursache der Bewegung ist und die erzwungene
Strömung, die auch ohne Wärmeübergang von außen her aufrechterhalten wird. Die exakte Lösung zur Beschreibung des konvektiven Wärmeübergangs bestünde in der Integration der Navier-
Stokes-Gleichungen unter Hinzunahme des Kontinuitätssatzes und
des Energiesatzes. Dies ist jedoch für die gesamte Struktur
eines Triebwerks nicht möglich, so daß man sich mit vereinfachenden Annahmen behilft. Es hat sich gezeigt, daß das Verhalten in guter Näherung durch den bekannten Ansatz wiedergegeben
wird, nach dem der Wärmestrom proportional zur Temperaturdif-
ferenz, zur Grenzfläche und zur Wärmeübergangszahl ist:

$$\dot{Q}_{zu} = \bar{\alpha}\,\bar{A}\,(T_{Wand} - T_{Gas}) \tag{1}$$

mit $\quad Q_{zu}\qquad$ zugeführter Wärmestrom,
$\quad\bar{\alpha}\qquad$ mittlere Wäremübergangszahl,
$\quad\bar{A}\qquad$ gemittelte Grenzfläche,
$\quad T_{Wand}\qquad$ Wandtemperatur,
$\quad T_{Gas}\qquad$ Gastemperatur.

Ausgehend davon, daß die Wandtemperatur zur mittleren Mate-
rialtemperatur proportional ist, welche ihrerseits von Wärmestrom und Wärmekapazität beeinflußt wird, ergibt sich ein
Übertragungsverhalten erster Ordnung:

$$\frac{d\dot{Q}_{zu}}{dt} = -\frac{\bar{\alpha}\,\bar{A}}{m_T\,\bar{c}}\,\dot{Q}_{zu} - (\bar{\alpha}\,\bar{A})\,\dot{T}_{Gas} \tag{2}$$

mit $\quad m_T\qquad$ Bauteilmasse,
$\quad\bar{c}\qquad$ mittlere Wärmekapazität.

Man kann nun entweder die Verhältnisse bei einer turbulenten
Rohrströmung oder bei einer angeströmten ebenen Platte ansetzen. Letzteres ist zumindest für einen Teil der Komponenten
vorzuziehen, aber wegen der Kompliziertheit des Aufbaus ist
nur eine grobe Näherung möglich.

**zu b):** Das dynamische Verhalten der Rotoren resultiert aus der
wegen des Rotorträgheitsmomentes endlichen Beschleunigung bzw.
Verzögerung. Im Leistungsgleichgewicht zwischen Turbinen und
Verdichtern ist daher zusätzlich zu den stationären Anteilen
die zur Änderung der kinetischen Energie erforderliche Leistung zu berücksichtigen. Für ein Zweiwellen-Triebwerk ergibt

sich daher folgendes Gleichungssystem:

$$P_{\text{ND Turbine}} - P_{\text{Fan}} - n_1 \, \dot{n}_1 \, \Theta_{\text{ND Rotor}} = 0 \ ,$$

$$P_{\text{HD Turbine}} - P_{\text{HD Verdichter}} - n_2 \, \dot{n}_2 \, \Theta_{\text{HD Rotor}} - P_{\text{zapf}} \ . \qquad (3)$$

Um eine schnelle Triebwerksreaktion zu erreichen, strebt man
deshalb eine Verringerung der Rotorträgheitsmomente an, und
zwar entweder durch leichtere Bauweise oder durch Erhöhung des
Stufendruckverhältnisses, was zu einer geringeren Anzahl von
Verdichter- und Turbinenstufen führt.

**zu c):** Für die Beschreibung der dynamischen Effekte der Strömung gelten die gleichen Zusammenhänge wie in der Festkörper-
mechanik. Sie können jedoch nur entweder auf jedes einzelne
Fluidmolekül oder in Integralform für ein Kontrollvolumen
formuliert werden; in beiden Fällen erhält man ein System mit
verteilten Parametern. Für eine Simulationsrechnung müssen die
daraus resultierenden partiellen Differentialgleichungen in
ein System von Differentialgleichungen mit konzentrierten
Parametern überführt werden. Hierzu trifft man die vereinfachende Annahme, daß der Leistungsumsatz der thermodynamischen
Zustandsänderung für jedes Bauteil auf eine Ebene konzentriert
ist. Dieser Ebene ist ein festes Ersatzvolumen nachgeschaltet,
in dem die instationären Vorgänge ablaufen. Weiterhin wird für
die Berechnung von Kontinuitätssatz und Impulssatz eine eindi-
mensionale Rohrströmung zu Grunde gelegt. Unter der weiteren
Annahme einer isentropen Strömung erhält man somit für den
Kontinuitätssatz:

$$\frac{\delta m_{\text{Gas}}}{\delta t} = \frac{V}{\Gamma R T} \frac{\delta p}{\delta t} = \dot{m}_e - \dot{m}_a \qquad (4)$$

mit  $\dot{m}_e$        Massenstrom am Eintritt des Kontrollvolumens,
       $\dot{m}_a$        Massenstrom am Austritt des Kontrollvolumens,
       $V$        Kontrollvolumen,
       $m_{\text{Gas}}$        im Kontrollvolumen befindliche Gasmasse,
       $R$        Gaskonstante,
       $T$        Gastemperatur,
       $\Gamma$        Verhältnis der spezifischen Wärmen,
       $p$        Gasdruck;

und für den Impulssatz:

$$\frac{\delta \dot{m}_{\text{Gas}}}{\delta t} = \frac{A}{L} \, (\pi_R \, p_e - p_a) \qquad (5)$$

mit  $\dot{m}_{\text{Gas}}$        Gasmassenstrom,
       $A$        Querschnittsfläche des Kontrollvolumens,
       $L$        Länge,
       $\pi_R$        Druckverlust bezogen auf den Eingang,
       $p_e$        Eintrittsdruck,
       $p_a$        Austrittsdruck.

Die Energiebilanz liefert schließlich die vereinfachte Beziehung:

$$\frac{\delta T_t}{\delta t} = \frac{RT}{Vp} \left[ (\Gamma (\dot{m} \, T_t)_e - ((\Gamma-1)\dot{m}_a + \dot{m}_e)T_{t,a} + \frac{\Gamma-1}{R} \dot{E}_{zu} \right] \qquad (6)$$

mit $\dot{E}_{zu}$  zugeführte Leistung,
$\quad\;\; T_t$  Totaltemperatur,
$\quad\;\; e$  Eintritt,
$\quad\;\; a$  Austritt.

Diese Gleichungen sind auf alle Bauteile (Einlauf, Verdichter, Brennkammer, Turbinen  und Schubrohr) anzuwenden. Eine genaue Herleitung dieser Gleichungen ist in  Klotz, 1988  vorgenommen worden.

**zu d):** Einer theoretischen Behandlung am wenigsten zugänglich ist das Zeitverhalten der chemischen Verbrennungsreaktion. Für die physikalischen Gründe, die zu einer Verzögerung bei der Verbrennung führen, wurden verschiedene, widersprüchliche Hypothesen aufgestellt.  Eine Modellierung enthält deshalb immer stark vereinfachende Annahmen. Da sich das instationäre Verhalten des Verbrennungsprozesses jedoch in jedem Fall vom restlichen System abspalten und in einer Reihenschaltung voranstellen läßt, erscheint, solange keine gesicherten Erkenntnisse vorliegen, eine Vernachlässigung dieses Phänomens bei einer Simulation sinnvoll. Dies gilt um so mehr, als daß die zu erwartenden Zeitkonstanten verschwindend klein sein dürften.

Unter diesen Annahmen erhält man für jede Komponente eines Gasturbinentriebwerks drei Differentialgleichungen aus der Gasdynamik und eine aus dem Wärmeübergangsverhalten. Die Vereinfachung der partiellen Differentialgleichungen macht allerdings die Einführung zweier Zwischenvolumina erforderlich, für die jeweils der Impulssatz zu berechnen ist. Rechnet man die beiden Gleichungen für die Rotoren hinzu, so kommt man für ein Turbofan-Triebwerk auf ein Verhalten 36.Ordnung (Bild 3).


**3	Simulationsverfahren**

Das Bedürfnis, Entwicklungsarbeiten anstelle mit ausgeführten Triebwerken mit Hilfe von mathematischen Modellen durchzuführen, hat vor allem ökonomische Gründe. Anfangs schenkte man im Zusammenhang mit Echtzeitsimulationen vor allem der Analogrechentechnik Beachtung. Dabei macht allerdings die Darstellung der beim Triebwerk auftretenden komplexen Nichtlinearitäten  erhebliche Schwierigkeiten.

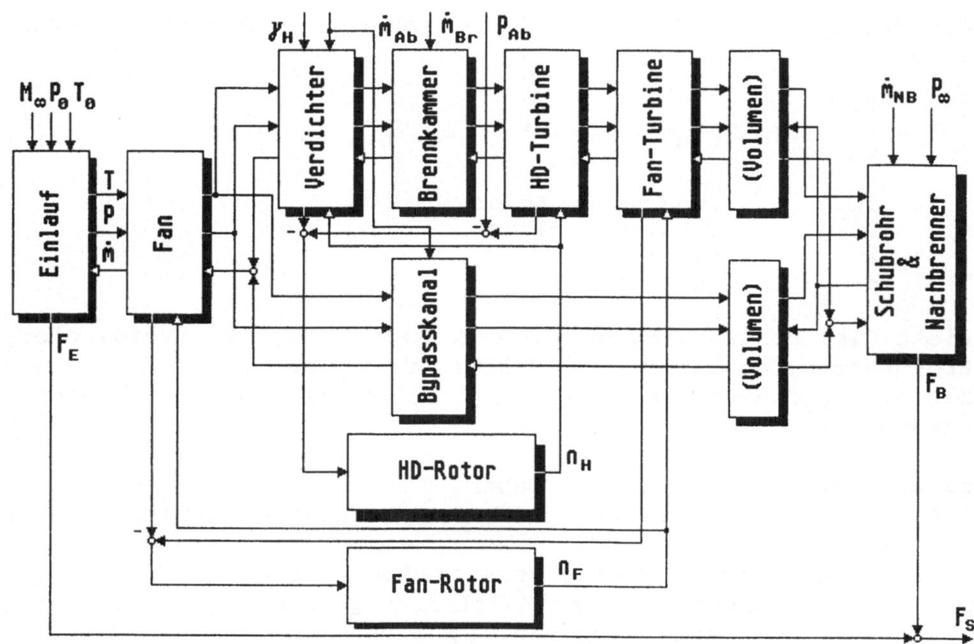

Bild 3. Modell 36.Ordnung eines ZTL-Triebwerks
mit Mischung und Nachbrenner

Der nächste Schritt bestand darin, in einer hybriden Simulation die nichtlineare Algebra in einem digitalen Teil auszuführen und die hohe Rechengeschwindigkeit des Analogrechners zur Integration zu verwenden. Diese Technik wird bis heute verwendet. Die Entwicklung leistungsfähiger Rechnerkonzepte mit Parallelprozessorstruktur ändert diese Situation entscheidend. Off-line Modelle, die auf Großrechnern implementiert sind, werden nun auch für die Echtzeitanwendung interessant. Hier stehen zum einen Programme zur Verfügung, die die thermodynamischen Zustandsänderungen in einem Triebwerk berechnen und zum anderen linearisierte Modelle in Zustandsdarstellung, die in jüngerer Zeit zu nichtlinearen Modellen weiterentwikkelt wurden.


## 3.1    Thermodynamische Syntheseprogramme

Die unter dem Namen Syntheseprogramme bekannte Art von Simulationsprogrammen berechnet in jedem Zeitschritt iterativ den Kreisprozeß des Triebwerks. Die Beziehungen für die thermischen Zustandsänderungen sind nichtlinear, die Betriebspunkte von Verdichtern und Turbinen müssen aus gemessenen Kennfeldern ausgelesen werden. Hierfür existieren keine streng mathematischen Zusammenhänge. Eingangsgrößen der Kennfeldauslesungen sind die Drehzahl und ein vom Verdichterdruckverhältnis abhän-

giger Parameter, welche sich wiederum aus der Rechnung ergeben. Eine Berechnung, die den kausalen Zusammenhängen zwischen
den einzelnen Größen folgt, ist somit unmöglich, es ist dagegen ein iteratives Verfahren für die Kreisprozeßberechnung
erforderlich.

Einige Syntheseprogramme verwenden an dieser Stelle geschach-
telte Iterationsschleifen. Am ökonomischsten ist jedoch das in
den Programmen DYNGEN (Sellers und Danielle, 1975) und ZTLSYN
(Rick, Muggli und Bauer, 1982) angewendete Verfahren einer
mehrdimensionalen Newton-Raphson-Iteration. Damit lassen sich
die Nullstellen einer vektoriellen Funktion $\underline{y} = F(\underline{x})$ bestimmen. Es gilt nun, die stationären Gleichgewichtsbedingungen,
aber auch die implizite Lösung der Euler-Rückwärts-Integration
bei der Simulation in ein solches Problem zu überführen. Dazu
kann man die folgenden Fehlergrößen definieren, die im Falle
eines erreichten Gleichgewichts zu null werden müssen:

Leistungsgleichgewicht bei beiden Rotoren:

$$P_{i,\text{Turbine}} = P_{i,\text{Verdichter}} + P_{i,\text{zapf}} + n_i \dot{n}_i \Theta_i \qquad (7)$$

mit    $i$      Rotornummer,
        $\Theta$     polares Massenträgheitsmoment,
        $n$     Drehzahl,
        $P$     Leistung.

Kontinuitätssatz für Hochdruck-Verdichter und Turbinen:

$$\dot{m}_{\text{vor Verdichter}} = \dot{m}_{\text{nach Verdichter}} \cdot \qquad (8)$$

Druckbilanz:

$$p_{\text{nach Niederdruckturbine}} = p_{\text{vor Düse}} \cdot \qquad (9)$$

Hieraus ergibt sich ein Fehlervektor $\underline{y}$ der Dimension sechs,
mit dem der Vektor der unabhängigen Variablen $\underline{x}$
- Fandrehzahl,
- Hochdruckverdichterdrehzahl,
- Fan-Druckparameter,
- Hochdruckverdichter-Druckparameter,
- Hochdruckturbinen-Durchfluß,
- Niederdruckturbinen-Durchfluß
iterativ bestimmt werden kann.

Die Vektorgleichung $\underline{y} = F(\underline{x})$ kann in eine Taylorreihe entwik-
kelt werden und lautet dann:

$$\underline{0} = F(\underline{X}) + F'(\underline{X}) \, \Delta\underline{x} + 0{,}5 \, F''(\underline{X}) \, \Delta\underline{x} + \ldots \qquad (10)$$

mit   $\underline{X} = \underline{x}|_0$

Bricht man diese Reihe nach dem ersten Glied ab, ergibt sich :

$$- F(\underline{X}) = F'(\underline{X}) \, \Delta \underline{x} \tag{11}$$

und somit das lineare Gleichungssystem:

$$
\begin{bmatrix}
\dfrac{\delta F_1}{\delta x_1} & \cdots & \dfrac{\delta F_1}{\delta x_i} & \cdots & \dfrac{\delta F_1}{\delta x_n} \\[2ex]
\dfrac{\delta F_i}{\delta x_1} & \cdots & \dfrac{\delta F_i}{\delta x_i} & & \dfrac{\delta F_i}{\delta x_n} \\[2ex]
\dfrac{\delta F_n}{\delta x_1} & \cdots & \dfrac{\delta F_n}{\delta x_i} & \cdots & \dfrac{\delta F_n}{\delta x_n}
\end{bmatrix}_0
\begin{bmatrix}
\Delta x_1 \\ \cdot \\ \cdot \\ \Delta x_i \\ \cdot \\ \cdot \\ \Delta x_n
\end{bmatrix}
=
\begin{bmatrix}
-F_1(\underline{X}) \\ \cdot \\ \cdot \\ -F_i(\underline{X}) \\ \cdot \\ \cdot \\ -F_n(\underline{X})
\end{bmatrix}
\; . \tag{12}
$$

Die Lösung dieser linearisierten Vektorgleichung führt nun
nicht unbedingt zum richtigen, aber mit großer Sicherheit zu
einem verbesserten Variablensatz $\underline{x}$, der dann seinerseits Ausgangspunkt des folgenden Iterationsschrittes ist. Läßt sich,
wie bei Triebwerksyntheseprogrammen der Fall, die Matrix $F'(\underline{X})$
nicht analytisch bestimmen, so sind für die Ermittlung der an
die Stelle der Differentiale tretenden Differenzenquotienten n
Durchrechnungen (n ist die Dimension von $\underline{x}$) der Funktion F mit
jeweils einer kleinen Änderung einer der unabhängigen Variablen erforderlich.

Der Algorithmus für dieses Verfahren umfaßt drei Teilschritte:

1. Schätzen der Startwerte für $\underline{X}$ und erste Berechnung von F;

für jeden Iterationsschritt:

2. Berechnung der Matrix $F'(\underline{X})$,
3. Lösung des linearen Gleichungssystems und Extrapolation.

Dabei wird bei dynamischen Simulationen das Ergebnis der Berechnung des letzten Zeitschritts als Startwert benutzt. Bei
nicht zu großen Änderungen der Eingangsgrößen oder der Ableitungen der Zustandsgrößen reicht in der Regel ein einmaliges
Durchlaufen der Iterationsschleife, um zum richtigen Ergebnis
zu gelangen.


### 3.2    Zustandsraummodelle

Im Gegensatz zu den thermodynamischen Syntheseprogrammen, die
von den physikalischen Gleichungen des Kreisprozesses ausgehen, stellen lineare Zustandsraummodelle eine stark abstra-
hierte Darstellungsweise des Triebwerkprozesses dar. Einfache
Modelle, die lediglich die Rotordynamik beinhalten, wurden
beispielsweise von Dahl und Drtil (1979) angegeben:

$$\begin{bmatrix} \dot{n}_1 \\ \dot{n}_2 \end{bmatrix} = \begin{bmatrix} a_{11} & a_{12} \\ a_{21} & a_{22} \end{bmatrix} \begin{bmatrix} n_1 \\ n_2 \end{bmatrix} + \begin{bmatrix} b_1 \\ b_2 \end{bmatrix} \dot{m}_b \; ,$$

$$\begin{bmatrix} p_3 \\ T_3 \\ T_4 \\ F_s \end{bmatrix} = \begin{bmatrix} c_{11} & c_{12} \\ c_{21} & c_{22} \\ c_{31} & c_{32} \\ c_{41} & c_{42} \end{bmatrix} \begin{bmatrix} n_1 \\ n_2 \end{bmatrix} + \begin{bmatrix} d_1 \\ d_2 \\ d_3 \\ d_4 \end{bmatrix} \dot{m}_b \tag{13}$$

mit  $p_3$    Druck hinter dem Hochdruckverdichter,
     $T_3$    Temperatur hinter dem Hochdruckverdichter,
     $T_4$    Temperatur hinter der Brennkammer,
     $F_s$    Schub.

Solche Modelle eignen sich in erster Linie für Grundsatzuntersuchungen und analytische Betrachtungen. Sie können jedoch im Hinblick auf die Genauigkeit mit den thermodynamischen Syntheseprogrammen nicht konkurrieren. Die Lücke zwischen den schnellen, aber ungenauen linearen und den hochgenauen aber langsamen Syntheseprogrammen füllt ein nichtlineares Zustandsraummodell, wie es beispielsweise von Klotz (1988) vorgestellt wird.

Dieses Modell macht sich die Tatsache zunutze, daß es sich bei einem Triebwerk um ein steifes System handelt, d.h., daß das dynamische Verhalten in verschieden schnelle Teilprozesse unterteilt werden kann. Die Eigenwerte der Gasdynamik liegen um mindestens zwei Größenordnungen höher als die der Rotordynamik und des Wärmeübergangsverhaltens, d.h. die Übergänge der Gasdynamik laufen wesentlich schneller ab als die der Rotordynamik. Es liegt nun nahe, dies zu nutzen und beide Prozesse in der Simulation mit unterschiedlichen Zeitskalen nachzubilden. Für die Simulation der langsamen Dynamik ist das Verhalten des Systems nichtlinear nachzubilden. Da der Betriebspunkt nur von wenigen Größen abhängig ist, läßt sich dafür ein quasilineares Modell verwenden. Hierzu müssen die Arbeitspunktwerte des stationären Betriebs erzeugt und die Koeffizienten des dynamischen Verhaltens den Zuständen nachgeführt werden. Für diese Nachführung zieht man am sinnvollsten die Hochdruckrotor-Drehzahl als Einflußgröße heran. Geht man davon aus, daß bei dynamischen Vorgängen die Abweichung der Stellgrößen von ihren stationären Werten ein gewisses Maß nicht überschreitet, reicht es aus, ihren Einfluß in linearisierter Form in den Differentialgleichungen zu berücksichtigen.

Bei der Aufstellung der Differentialgleichungen für die Rotordynamik ist eine nichtlineare Darstellung einer linearisierten
vorzuziehen, da letztere bei einer numerischen Integration
keine Zeitvorteile, wohl aber numerische Nachteile erbringt.
Für den Hochdruckrotor ergibt sich somit folgende Differentialgleichung:

$$\dot{n}_H = \left[ \sum_i \left( \frac{\delta(\dot{n}_H n_H)}{\delta x_i} \Bigg|_0 \Delta x_i \right) - \frac{P_{zapf}}{\Theta_H} \right] \frac{1}{n_H} \qquad (14)$$

mit  $\underline{x} = [\ \dot{n}_F,\ \dot{m}_b,\ \dot{m}_{ab},\ \sigma_v,\ A_8,\ A_{28}\ ]$

$$
\begin{array}{ll}
n_F & \text{Fandrehzahl,} \\
\dot{m}_b & \text{Kraftstoffstrom,} \\
\dot{m}_{ab} & \text{Zapfluft,} \\
\sigma_v & \text{Leitschaufelverstellung,} \\
A_8 & \text{Hauptdüsenfläche,} \\
A_{28} & \text{Nebenstromdüsenfläche.}
\end{array}
$$

Entsprechendes gilt für den Niederdruckrotor. Alle übrigen
Triebwerkszustände, wie Drücke, Temperaturen, Massenströme und
Schub, sind Ausgangsgrößen und ergeben sich aus

$$y_i = y_i\big|_0 + \sum_i \left( \frac{\cdot}{\delta x_i} \Delta x_i \right) \qquad (15)$$

mit  $\underline{y} = [\ \dot{m}_1,\ \dot{m}_3,\ p_2,\ T_2,\ F_s\ ]$

$$
\begin{array}{ll}
\dot{m}_1 & \text{Luftmassenstrom im Fan} \\
\dot{m}_3 & \text{Luftmassenstrom hinter dem Hochdruckverdichter} \\
p_2 & \text{Druck hinter dem Fan} \\
T_2 & \text{Temperatur hinter dem Fan} \\
F_s & \text{Schub}
\end{array}
$$

Die Arbeitspunktwerte und Ableitungen nach den Eingangsgrößen
sind hierbei Funktionen der Hochdruckrotordrehzahl. Soll das
Modell für mehr als einen Flugzustand gelten, so ist statt mit
absoluten mit sogenannten reduzierten Größen zu rechnen und
das Einlaufdruckverhältnis als weitere Einflußgröße hinzuzu-
ziehen. Für eine genaue Erläuterung hierzu sei auf  Klotz,
1988  verwiesen.  Eine Berücksichtigung der Wärmespeicherung
erfordert zusätzliche Differentialgleichungen und Zustandsgrößen sowie zusätzliche Terme in den anderen Gleichungen. Da
sich hierdurch der Aufwand für die Simulation nicht unbeträchtlich erhöhen würde, stellt sich die Frage, ob der - im
übrigen relativ geringe - Einfluß des Wärmeübergangs nicht
vereinfacht wiedergegeben werden kann. Es zeigt sich, daß eine
Berücksichtigung des Energieverlustes durch einen modifizierten Brennstoffmassenstrom eine ausreichende Genauigkeit liefert.   Der schnelle Teilprozeß beinhaltet die gasdynamischen
Effekte in den Kontrollvolumina der einzelnen Komponenten.

Eine Untersuchung zur Modalanalyse ergab (Klotz, 1986), daß es
für eine Simulation ausreicht, dabei Hochdruckverdichter- und
Brennkammervolumen zu berücksichtigen, weil die Speicherfähigkeit der anderen Komponenten sehr gering ist und deshalb die
entsprechenden Eigenwerte sehr groß sind.

Für den Verdichter ergeben sich die Differentialgleichungen
wie folgt:

$$\frac{dm_v}{dt} = \dot{m}_3{}' - \dot{m}_3 - \dot{m}_{ab} \tag{16}$$

und

$$\frac{\delta p_3}{\delta t} = \frac{\Gamma R}{V_v} (\dot{m}_3{}'T_3{}' - \dot{m}_3 T_3) \ . \tag{17}$$

Gestrichen sind dabei die Größen zwischen Leistungsumsatz
(Kennfeld) und Volumen (-dynamik).

Und die Ausgangsgleichung

$$T_3 = \frac{V_v}{R} \frac{p_3}{m_v} \tag{18}$$

mit $\quad m_v \quad$ im Verdichter enthaltene Luftmasse,
$\quad V_v \quad$ Verdichtervolumen.

Für die Brennkammer erhält man

$$\frac{dT_4}{dt} = \frac{R\,T_4}{V_{Bk}\,p_4} [\Gamma\,\dot{m}_4{}'T_4{}' - ((\Gamma-1)\dot{m}_4 + \dot{m}_4)T_4] \tag{19}$$

mit $\quad V_{Bk} \quad$ Brennkammervolumen.

Vereinfachend erhält man bei Vernachlässigung der Massenstrom-
bilanz in der Energiegleichung für die Brennkammer

$$\frac{dT_4}{dt} = \Gamma\,\frac{\dot{m}_{Bk}}{m_{Bk}}\,(T_4{}' - T_4) \tag{20}$$

und für den Verdichter

$$\frac{dp_3}{dt} = \frac{\Gamma\,R\,T_3}{V_v}\,(\dot{m}_3{}' - \dot{m}_3)\ . \tag{21}$$

Das sich hieraus ergebende Gesamtsystem ist in Bild 4 dargestellt (vgl. Klotz, 1987).

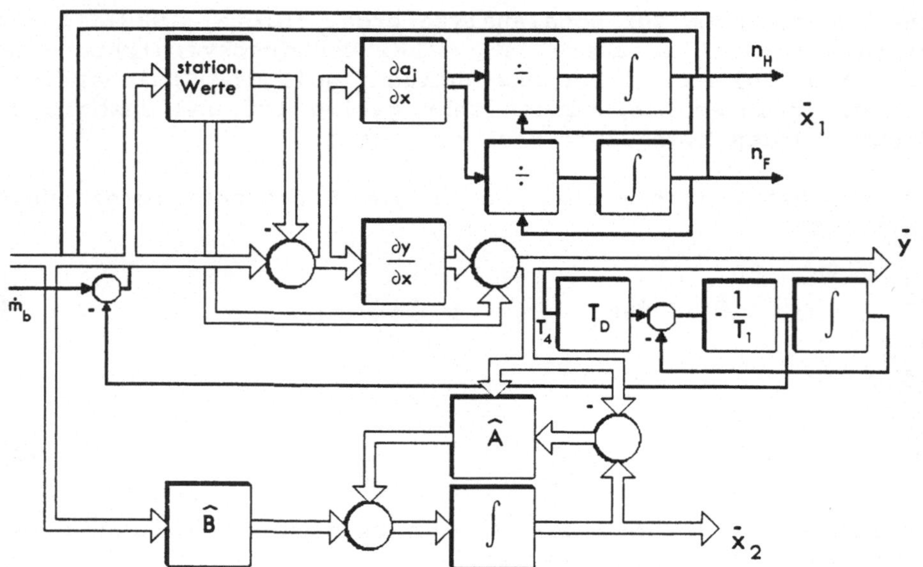


Bild 4. Blockschaltbild der gesamten Triebwerksimulation
in zwei Zeitskalen

## 4     Parallele Programmierung einer Triebwerksimulation

Durch eine Echtzeitsimulation wird es u.a. möglich werden, bei
der Justierung von Reglern die Testbetriebszeiten des Triebwerks selbst erheblich zu reduzieren, wenn diese Arbeiten zum
wesentlichen Teil mit einem portablen Rechner ausgeführt werden, auf dem ein sehr genaues mathematisches Modell des Triebwerks implementiert ist. Wie oben angeführt, ist eine Triebwerksimulation mit ihren vieldimensionalen, nichtlinearen
Zusammenhängen sehr rechenintensiv und stellt daher höchste
Ansprüche an die Hardware des verwendeten Rechners. Simulationen in Echtzeit sind bis heute nur mit Hybridsystemen oder
Großrechnern oder aber mit sehr stark vereinfachten Modellen
möglich. Parallelrechner bieten nun einen Ansatz, mit relativ
geringen Kosten und bei geringem Platzbedarf eine große Rechenleistung zu installieren.

Alle heute gebräuchlichen Prozessoren - von Spezialbausteinen
einmal abgesehen - arbeiten rein sequentiell nach dem Prinzip
von-Neumanns. Alle Befehle werden der Reihe nach abgearbeitet.
Reicht nun die Geschwindigkeit, mit der dies geschieht, für
die spezielle Anwendung nicht mehr aus, so gibt es nur die
Möglichkeit, einen schnelleren Prozessor zu verwenden, bei dem
durch eine höhere Taktfrequenz oder Kunstgriffe wie "Instruc-
tion-Prefetch", "Cache-Speicherung", "Memory-Management" noch

einige Instruktionen pro Sekunde mehr gewonnen werden. Die
Technik der parallelen Programmierung erlaubt es hingegen, bei
erhöhtem Rechenzeitbedarf dem ersten Prozessor einfach einen
zweiten und je nach Bedarf weitere an die Seite zu stellen.
Die schaltungtechnischen und organisatorischen Alternativen
sind dabei vielfältig. Es beginnt mit dem Einsatz von Spezialbausteinen wie Fließkomma- oder Signalprozessoren, führt über
busgekoppelte Mehrprozessorsysteme bis hin zu Vektorrechnern
und Transputernetzen. Hier soll die Parallelisierung einer
Rechnersimulation von Flugtriebwerken am Beispiel einer Implementierung auf einem Transputersystem gezeigt werden.

Bei der parallelen Aufbereitung eines Problems stellen sich
zwei Aufgaben:

1. die Parallelisierung des Rechenalgorithmus;
2. der Entwurf einer geeigneten Topologie des Transputernetzes.

Für bestimmte Strukturen von Aufgaben gibt es die entsprechend
bestgeeignete Konfiguration der einzelnen Transputer.


## 4.1  Parallele Triebwerksimulation auf der Basis von Kreisprozeßrechnungen

Auf den ersten Blick scheint ein thermodynamisches Synthese-
programm ein denkbar schlechter Kandidat für eine Parallelisierung zu sein. So ist beim Kreisprozeß der Ausgangspunkt
einer Zustandsänderung gleich dem Endpunkt der vorhergehenden.
Die seine Berechnung im Simulationsprogramm umgebende Iterationsschleife benötigt als Startwerte jeder Stufe die Ergebnisse der letzten. Sowohl das Iterationsverfahren, als auch
die Prozeßberechnung selbst sind demnach im wesentlichen sequentielle Abläufe. Eine Rechenzeitverkürzung ließe sich nur
durch eine höhere Prozessorleistung erreichen. Bei detaillier-
terer Betrachtung stellt sich das Problem jedoch etwas günstiger dar.

Betrachten wir zunächst den Kreisprozeß selbst. Hier wird der
Weg der Luft durch das Triebwerk mit den nacheinander erfol-
genden Zustandsänderungen, die sie dort erfährt, beschrieben.
Einen Ansatzpunkt für parallele Rechnungen bieten daher zunächst nur Zweikreistriebwerke, bei denen sich der Luftstrom
hinter dem Fan aufspaltet. Die Wege der beiden Teilströme
durch das Kerntriebwerk und durch den Nebenstromkanal lassen
sich unabhängig voneinander berechnen. Ein wesentlicher Gewinn
an Rechengeschwindigkeit ist aber hierdurch allein nicht zu
erwarten.

Die Newton-Raphson-Iteration entpuppt sich  hingegen als für
eine Parallelisierung bestens  geeignet. Sie beruht in ihrer
mehrdimensionalen Form auf der Vektorgleichung (11). Zur Bestimmung der Matrix F'($\underline{X}$) ist nun eine Anzahl von Berechnungen
des Kreisprozesses erforderlich, die der Dimension n dieser
Fehlermatrix entspricht. Da die Veränderungen der unabhängigen
Variablen systematisch erfolgen, können alle Rechnungen parallel ausgeführt werden. Die Extrapolation auf einen neuen Betriebspunkt ist dann wieder ein sequentielles Problem. Die
Aufteilung einer Iterationsstufe auf verschiedene Rechenprozesse hat demnach die in Bild 5 gezeigte Struktur:

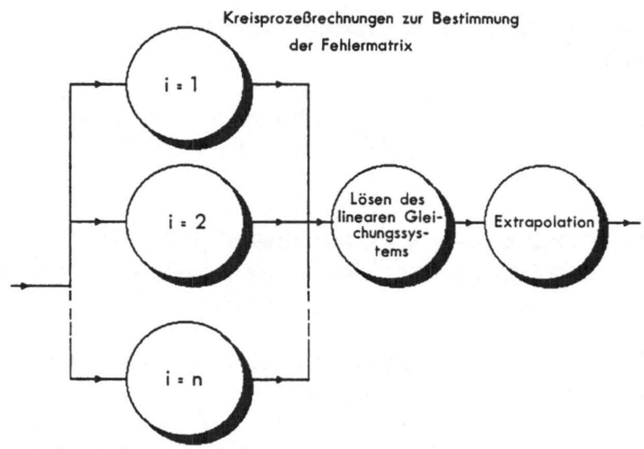


Bild 5. Rechenprozesse bei iterativer Berechnung
        des Betriebszustandes

In einem OCCAM - Programm würde man dafür schreiben:

```
SEQ                                  -- Berechnung eines Zeit-
  ...Eingabe                            schritts
                                     -- Iterationsschleife
  WHILE Fehlerbetrag > Toleranz
    SEQ                              -- Schleifenkörper
      PAR i = 1 FOR nmax             -- Matrixberechnung
        x(i) := x(i) + delta.x
        ...Kreisprozeß
        x(i) := x(i) - delta.x
        ...Lineares Gleichungssystem lösen
        ...Kreisprozeß                -- Extrapolation
  ...Ausgabe
:
```

Bei einem Turbofan-Triebwerk müssen die Auswirkungen von sechs
unabhängigen Variablen auf die Fehlergrößen bestimmt werden.
Also sind sechs Berechnungen des Kreisprozesses erforderlich.
Daran schließt sich nach der Lösung des linearen Gleichungssy-

stems eine Durchrechnung für die Extrapolation des neuen Be-
triebspunktes an.  Erfahrungsgemäß reicht ein solcher Iterationsschritt bei dynamischen Simulationen in den meisten Fällen aus. Gegenüber einer Rechenzeit von sieben Berechnungen
des Kreisprozesses benötigt der parallele Algorithmus zwei
aufeinanderfolgende Berechnungen. Bei beiden kommt die Zeit
für die Lösung des linearen Gleichungssystems hinzu. Die Zeit-
ersparnis beträgt somit etwa 70%. Der Preis der Hardware liegt
dabei etwa beim Doppelten eines Ein-Prozessor-Systems.

Geht man einen Schritt weiter, so läßt sich die Kreisprozeßrechnung selbst wie oben beschrieben in folgende Rechenprozesse aufspalten (Bild 6):

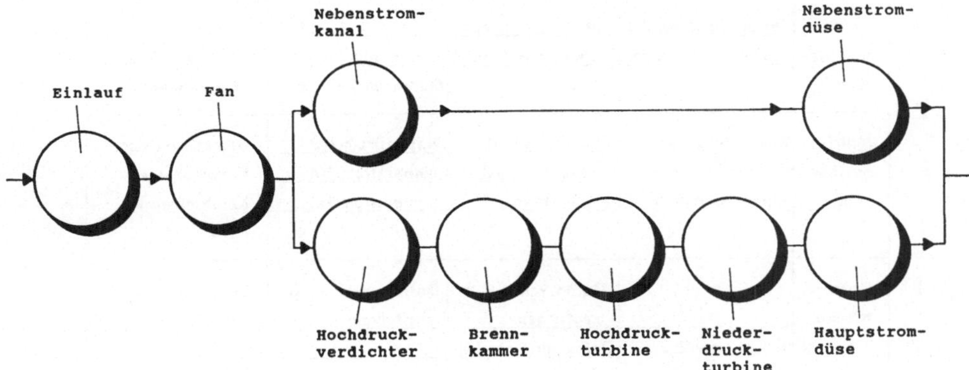


Bild 6. Aufteilung der Kreisprozeßrechnung in parallele
und sequentielle Rechenprozesse


oder im OCCAM-Programm:

```
PROC kreisprozess                   -- als Prozedur
  SEQ
   ...Einlauf

                                    -- gemeinsamer Teil

   ...Fan
   PAR                              -- Aufspaltung  in
    SEQ                             -- Nebenstrom
     ...Nebenstromkanal
     ...Nebenstromdüse
    SEQ                             -- und Hauptstrom
     ...Hochdruckverdichter
     ...Brennkammer
     ...Hochdruckturbine
     ...Niederdruckturbine
     ...Hauptdüse
 ...Leistungsdaten
  :                                 -- Prozedurende
```

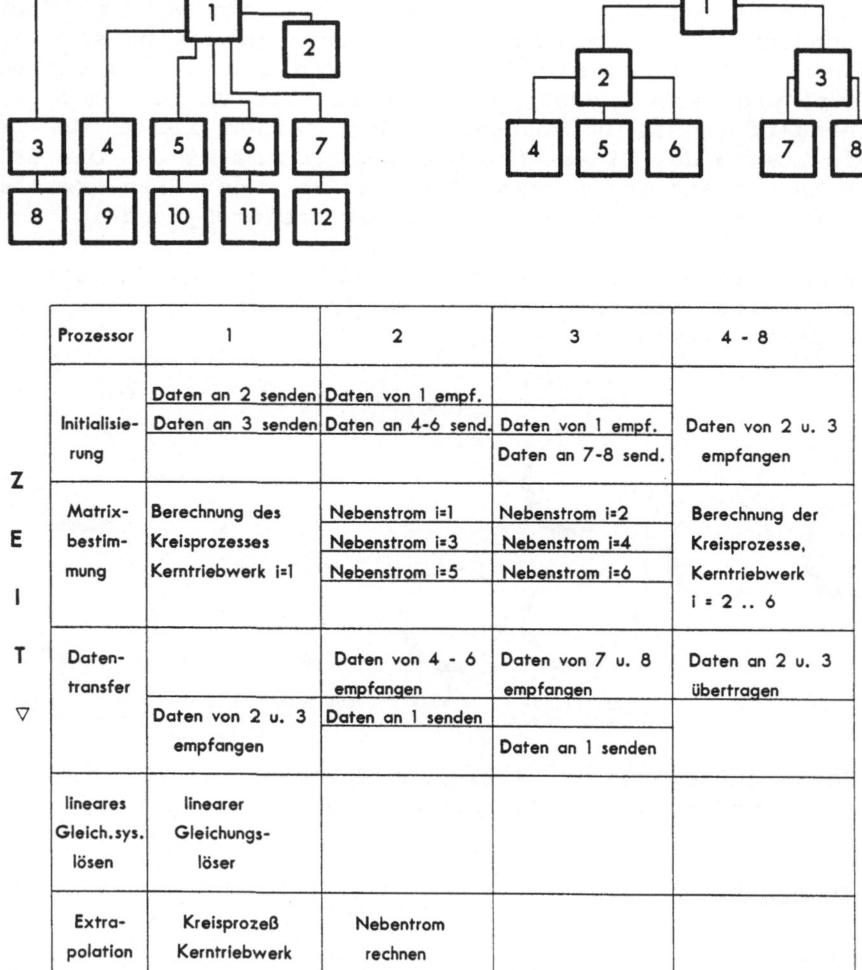

| Prozessor | 1 | 2 | 3 | 4 - 8 |
|---|---|---|---|---|
| Initialisie-rung | Daten an 2 senden<br>Daten an 3 senden | Daten von 1 empf.<br>Daten an 4-6 send. | Daten von 1 empf.<br>Daten an 7-8 send. | Daten von 2 u. 3<br>empfangen |
| Matrix-bestim-mung | Berechnung des<br>Kreisprozesses<br>Kerntriebwerk i=1 | Nebenstrom i=1<br>Nebenstrom i=3<br>Nebenstrom i=5 | Nebenstrom i=2<br>Nebenstrom i=4<br>Nebenstrom i=6 | Berechnung der<br>Kreisprozesse,<br>Kerntriebwerk<br>i = 2 .. 6 |
| Daten-transfer | Daten von 2 u. 3<br>empfangen | Daten von 4 - 6<br>empfangen<br>Daten an 1 senden | Daten von 7 u. 8<br>empfangen<br>Daten an 1 senden | Daten an 2 u. 3<br>übertragen |
| lineares Gleich.sys. lösen | linearer<br>Gleichungs-<br>löser | | | |
| Extra-polation | Kreisprozeß<br>Kerntriebwerk<br>rechnen | Nebentrom<br>rechnen | | |

(Z E I T ▽ — Zeitachse, links neben der Tabelle)

Bild 7. Links oben: Theoretische Vernetzung mit einem Prozessor je Prozeß. Rechts oben:  Praktische Realisierung
mit Transputern INMOS T800. Unten:  Tabelle der Verteilung der Prozesse  auf die  einzelnen  Prozessoren
und über der Zeit für Fall b)

Nachdem das Simulationsprogramm in sequentiell aufeinanderfolgende und parallele Prozesse aufgespalten ist, kann man diese
auf unterschiedliche Prozessoren aufteilen. Anzustreben ist
hierbei eine möglichst gleichmäßige Auslastung aller Transputer und ein möglichst geringer Rechenzeitüberhang für den
Datentransfer. Eine direkte Übertragung der vorstehenden Prozesse auf eine Hardwaretopologie führt zu der Baumstruktur in
Bild 7 links. Prozessor 1 rechnet alle sequentiell ablaufenden

Prozesse, sowie eine der parallelen Kreisprozeßberechnungen
zur Bestimmung der Fehlermatrix F'($\underline{X}$). Die übrigen Zeilen
dieser Matrix werden von den Prozessoren 3 bis 7 berechnet.
Die Prozessoren 2 und 8 bis 12 übernehmen jeweils die Berechnung des Nebenstroms.

Diese Topologie des Transputernetzes läßt sich allerdings mit
den gegenwärtig verfügbaren Transputern nicht verwirklichen,
da diese nur über jeweils vier Linkverbindungen verfügen.
Darüber hinaus wird die Systemleistung wegen des stark unterschiedlichen Zeitbedarfs der einzelnen Prozesse nur sehr
schlecht ausgenutzt. Unter Berücksichtigung dieser Gesichtspunkte kommt man zu der in Bild 7 rechts dargestellten Topologie. Prozessor 1 bearbeitet wieder als "Wurzel"-Prozessor
alle sequentiell aufeinanderfolgenden Prozesse. Bei der Ma-
trixbestimmung unterstützen ihn die "Blatt"-Prozessoren 4 bis
8. Die "Ast"-Prozessoren 2 und 3 sorgen für den Datentransfer
und übernehmen für jeweils drei Kreisprozeßrechnungen die
Berechnung des Nebenstroms. Die Verteilung der Rechenleistung
auf die verschiedenen Prozesse zu unterschiedlichen Zeiten ist
in der Tabelle in Bild 7 unten aufgetragen.

## 4.2    Parallele Simulation mit Zustandsraummodellen

### 4.2.1  Lineare Modelle

Die Berechnung eines linearen Zustandsgleichungssystems kann
man in zwei aufeinanderfolgende Gruppen von parallelen Rechenprozessen aufteilen. Dies sind zunächst die Berechnung der
Ableitungen der Zustandsgrößen und die Berechnung der Ausgangsgrößen, sowie nachfolgend die Integration der Zustandsgrößen. Bild 8 gibt den zeitlichen Ablauf der einzelnen Prozesse an.

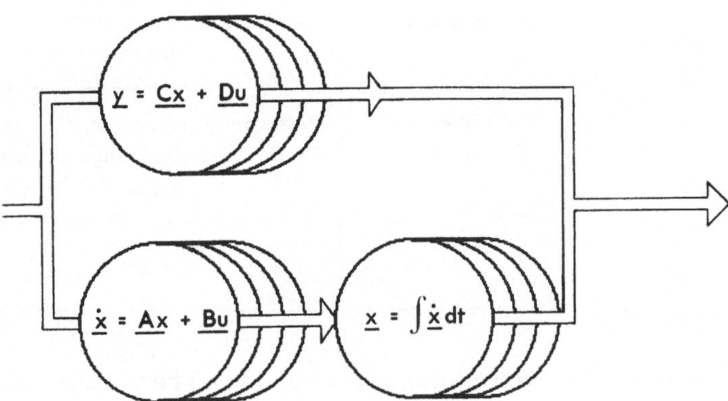


Bild 8. Rechenprozesse bei der numerischen Simulation
        linearer Systeme

Der entsprechende Teil eines OCCAM-Programmes hat folgendes
Aussehen:

```
SEQ
  ... Eingangsgröße vorgeben
  PAR i = 1 FOR ny
  ... Ausgangsgrößen berechnen
  SEQ
   PAR j = 1 FOR nx
   ... Ableitungen der Zustandsgrößen ber.
   PAR j = 1 FOR nx
   ... Zustandsgrößen integrieren
  ... Ausgabe.
```

Im zweiten Schritt müssen die einzelnen Prozesse wieder auf
ein Transputernetz verteilt werden. Bei einem einfachen linearen Triebwerksmodell entsprechend Gleichung 13 erhält man zwei
Prozesse für die Berechnung der Ableitungen der Zustandsgrößen, zwei Prozesse für deren Integration und vier Prozesse für
die Berechnung der Ausgangsgrößen. Da die Integration ohnehin
die Auswertung der Zustandsgleichungen abwarten muß, verlangsamt es die Berechnung nicht, wenn man jeweils die Berechnung
von zwei Ausgangsgleichungen von einem Prozessor durchführen
läßt. Damit kommt man zu der in der linken Hälfte von Bild 9
dargestellten Topologie. Die Aufteilung der Prozesse auf die
verschiedenen Prozessoren zeigt der rechte Teil.

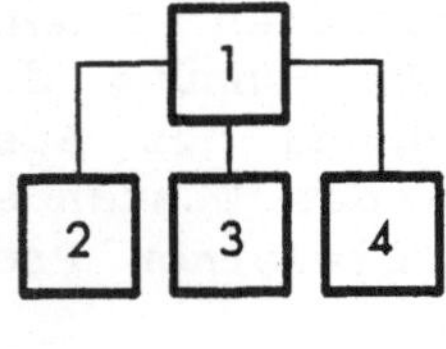

| Prozes-sor | 1 | 2 | 3 | 4 |
|---|---|---|---|---|
| Z | « ------- D a t e n t r a n s f e r --------- » | | | |
| E | Zustandsglei-chung für $\dot{n}_1$ | Zustandsglei-chung für $\dot{n}_2$ | Ausgangs-gleichung für $T_4$ | Ausgangs-gleichung für $F_N$ |
| I T ▽ | Integration von $n_1$ | Integration von $n_2$ | Ausgangs-gleichung für $p_3$ | Ausgangs-gleichung für $T_3$ |
| | «------------ D a t e n t r a n s f e r ----------» | | | |

Bild 9. Parallele Berechnung eines linearen Zustandsraum-
        modells für ein Flugtriebwerk. Links: Transputer-
        netz, rechts: Verteilung der Rechenprozesse auf
        die Prozessoren und über die Zeit

Anstelle der acht aufeinanderfolgenden Prozesse, die ein einzelner Prozessor zu bearbeiten hätte, folgen beim Parallel-Konzept nur je zwei Prozesse aufeinander. Das Zeitverhältnis ist also etwa gleich dem Kehrwert der Anzahl der Prozessoren. Der Einsatz weiterer Prozessoren bringt keine Vorteile, da diese dann nicht mehr voll ausgelastet werden. Die günstigste Anzahl von Transputerknoten ergibt sich damit zu:

$$n_p = n_x + n_y/2 \tag{22}$$

mit  $n_p$  Anzahl der Transputer,
     $n_x$  Anzahl der Zustandsgrößen,
     $n_y$  Anzahl der Ausgangsgrößen.


## 4.2.2  Parallele Simulation nichtlinearer Zustandsraummodelle

Das in Abschnitt 3.2 vorgestellte nichtlineare Triebwerksmodell nutzt die Möglichkeit, ein steifes System in einen langsamen Teil, im wesentlichen die Rotordynamik, und in einen schnellen Teil, die Gasdynamik, aufzuspalten. Jedes Teilsystem wird mit einer zu seiner Eigenfrequenz adäquaten Abtastrate simuliert. Da somit das komplexe langsame Teilsystem wesentlich seltener durchgerechnet werden muß, als das relativ einfache schnelle System, reduziert sich der Rechenzeitaufwand beträchtlich. Die Berechnungsgänge beider Teilsysteme lassen sich ihrerseits wieder in verschiedene Rechenprozesse aufspalten.

Beim schnellen Teil der Simulation folgt auf die Integration der Zustandsgrößen die Berechnung von deren Ableitungen aus den Zustandsgleichungen. Gleichzeitig werden die Ausgangsgrößen berechnet. Die Struktur entspricht daher der in Abschnitt 4.2.1 besprochenen. Ein Unterschied liegt allerdings in der Kopplung zum langsamen System mit der Übergabe von Zustands- und Ausgangsgrößen und der Koeffizienten des schnellen Systems.

Die höchste Rechenleistung ergibt sich laut Gleichung 22 bei der Verwendung von vier Prozessoren.

Die Simulation des langsamen Systems besteht im wesentlichen aus drei aufeinanderfolgenden Gruppen parallelisierbarer Prozesse:

1. Lesen der Eingangsgrößen, Berechnung des Regelalgorithmus, Integration der Zustandsgrößen.
2. Berechnung der nichtlinearen Differentialgleichungen und der Ausgangsgleichungen
3. Berechnung der Koeffizienten des schnellen Systems.

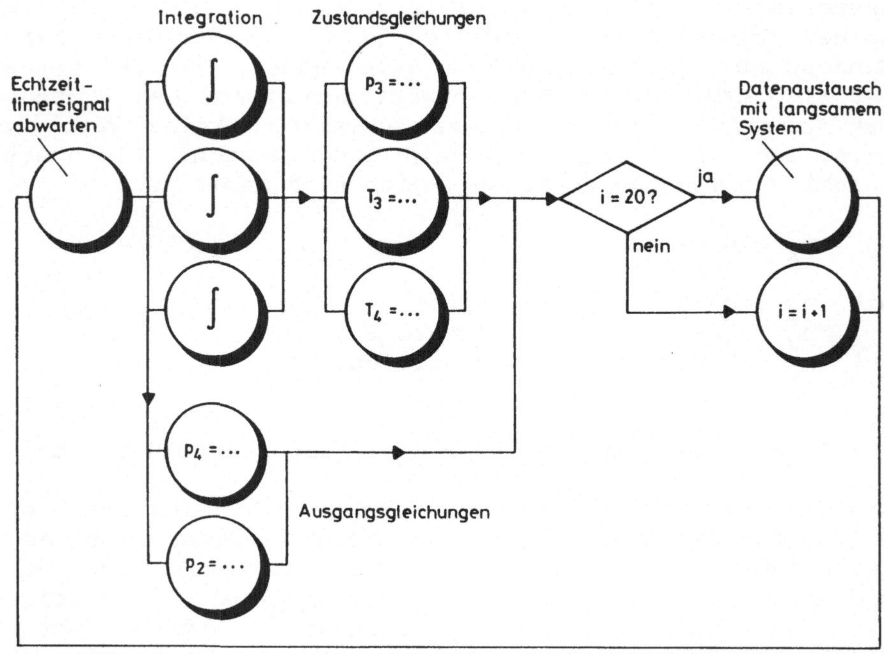



Bild 10. Rechenprozesse bei der Simulation
des schnellen Teilsystems

Zwischen diesen Schritten sind jeweils Werte zu berechnen, die
von allen darauffolgenden, parallelen Prozessen gemeinsam
benutzt werden. Bei den Berechnungen in Punkt 3 sind je Gleichung sechs Interpolationen von betriebspunktabhängigen Koeffizienten vorzunehmen. Diese lassen sich ebenfalls als parallele Prozesse programmieren. Bild 11 zeigt die Aufspaltung der
langsamen Simulation in einzelne Rechenprozesse.

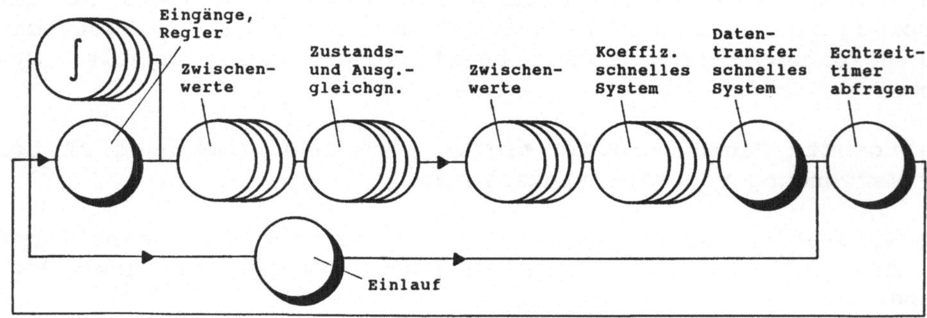



Bild 11. Prozesse bei der Simulation des langsamen Systems

Die Integration der Zustandsgrößen umfaßt zwei Prozesse und
wird parallel zum Lesen der Eingangsgrößen und zum Reglerpro-
zeß berechnet.   Dieser beinhaltet im einfachsten Fall ledig-

lich eine Ein-/Ausgabeprozedur für die Kopplung mit einem
zweiten Rechnersystem. Nach der Berechnung einiger gemeinsam
benutzter Zwischenwerte auch für die Interpolation laufen bei
der Berechnung der 13 Zustands- und Ausgangsgleichungen mini-
mal 13 und maximal 78 Prozesse gleichzeitig ab. Danach werden
wiederum gemeinsame Zwischenwerte berechnet, diesmal für die
sich anschließende Bestimmung der Koeffizienten des schnellen
Systems. Nach der Übergabe der Koeffizienten und dem Abwarten
des Timersignals beginnt der Zyklus von neuem.

Eine Aufteilung der genannten Rechenprozesse auf verschiedene
Prozessoren hängt vor allem von dem Kompromiß zwischen vertretbarem Hardwareaufwand und zumutbarer Rechenzeit ab. Eine
möglichst gleichmäßige Auslastung aller Prozessoren wird jedenfalls dadurch erschwert, daß während eines Simulationszy-
klus Sequenzen mit vielen (bis 78) und wenigen parallelen
Prozessen aufeinanderfolgen. Aus Bild 11 läßt sich jedoch ein
Schwerpunkt bei 9 bis 13 parallel ablaufenden Rechnungen erkennen. Eine Anzahl von 13 Transputerknoten erscheint daher
als günstiger Kompromiß, wenn man eine weitgehend gleichmäßige
Auslastung der Prozessoren bei einer möglichst hohen Parallelität wünscht. Auch wenn man die Interpolationen der Koeffizienten für die Auswertung von Zustands- und Ausgangsgleichungen auf einem Prozessor rechnet, empfiehlt sich dennoch eine
Programmierung mit parallelen Prozessen. Bei der sehr effekti-
ven Multitaskingfähigkeit von Transputern können auf diese
Weise die sonst unvermeidlichen Wartezeiten beim Datentransfer
eliminiert werden. Bild 12 zeigt eine mögliche Topologie des
Transputernetzes, Bild 13 zeigt tabellarisch die unterschiedlichen Prozesse zu verschiedenen Zeitpunkten.

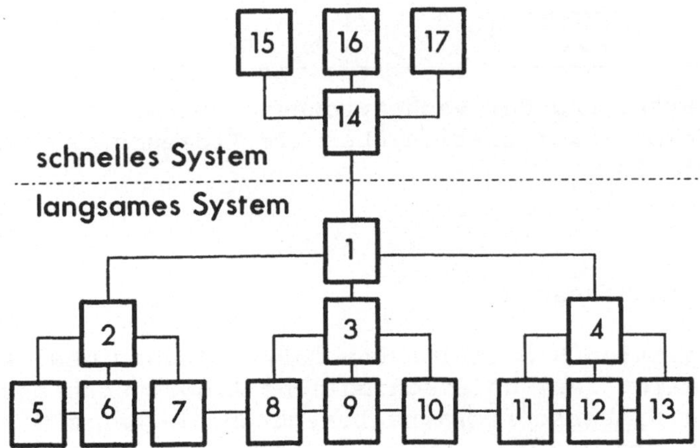


Bild 12. Transputernetztopologie für die nichtlineare
         Triebwerksimulation

| Prozessor | 1 | 2 - 4 | 5 - 13 | 14 | 15 - 17 |
|---|---|---|---|---|---|
| **Z E I T** ▽ | <----------- Datentransfer -----------> | | | | |
| | Eingänge, Regler | Integration, Einlauf | | **20 mal:** | |
| | | | | Integration $p_3$ | Integration $T_3$ / Integration $T_4$ / Berechn. $p_4$ |
| | Zwischenwerte berechnen | Zwischenwerte berechnen | | Berechn. $p_3$ | Berechn. $p_2$ / Berechn. $\dot{T}_3$ / Berechn. $\dot{T}_4$ |
| | <--- Datentransfer ---> | | | | |
| | DGL für $n_H$ | DGL für $n_F$ , Ausg. $p_2$,$p_3$ | Ausg.gl. $p$ , $p_5$,$p_6$,$T_2$,$T_3$,$T_4$, $T_5$,$T_6$,$F$ | *Datentransfer* | |
| | <--- Datentransfer ---> | | | | |
| | Zwischenwerte berechnen | Zwischenwerte berechnen | Zwischenwerte berechnen | | |
| | <--- Datentransfer ---> | | | | |
| | Koeffizienten schnelles System | Koeffizienten schnelles System | Koeffizienten schnelles System | | |
| | <--- Datentransfer ---> | | | | |
| | Echtzeitsynchronisation | | | | |

Bild 13. Verteilung der Rechenprozesse der nichtlinearen
Triebwerksimulation über die Prozesse und über
die Zeit


## 5    Zusammenfassung

Bei der digitalen Simulation von Gasturbinentriebwerken werden
heute vor allem zwei unterschiedliche Algorithmen benutzt. Die
sogenannten Syntheseprogramme berechnen in jedem Simulationszeitschritt den Kreisprozeß des Triebwerks. Die strömungsmechanische Leistungsübertragung in Verdichtern und Turbinen
wird dabei Komponentenkennfeldern entnommen.  Weil eine den
kausalen Zusammenhängen folgende Rechnung nicht möglich ist,
wird eine iterative Berechnungsweise erforderlich, die auch

eine implizite Euler-Rückwärts-Integration der Bewegungsgleichungen einschließt. Diese Art von Programmen bildet zwar den
Prozeß sehr exakt nach, erfordert aber einen hohen Rechenaufwand und war daher bisher für Echtzeitanwendungen ungeeignet.
Hierfür werden Simulationsprogramme benutzt, die auf linearen
oder nichtlinearen Differentialgleichungssystemen beruhen,
deren Koeffizienten in Kennfeldern abgespeichert sind. Einfache Programme dieser Art verfügen allerdings nur in einem
kleinen Bereich über eine zufriedenstellende Genauigkeit.
Umfangreichere Programme, bei denen die Koeffizienten der
Bestimmungsgleichungen in einem großen Bereich aus Kennfeldern
interpoliert werden, benötigen bereits wieder eine so große
Rechenleistung, daß sie für Mikrorechner ungeeignet sind. Mit
dem Einsatz von Transputernetzen oder auch anderen Parallel-
rechnersystemen bietet sich die Möglichkeit, diese komplexen
Modelle auch auf kompakten Rechnern zu implementieren. Regelungskonzepte wie Modellfolgeregelung für Flugtriebwerke, oder
adaptive Regler auf der Basis einer on-line-Systemidentifi-
zierung rücken damit in den Bereich des Realisierbaren. ·


## Literaturhinweise

[ 1]   Bauerfeind, K. (1968).   Die exakte Bestimmung des Über-
       tragungsverhaltens von Turboluftstrahltriebwerken unter
       Berücksichtigung des instationären Verhaltens der Kompo-
       nenten. Dissertation, TU München.

[ 2]   Dahl, G.,   Drtil, H. (1979).   Advantages of the Digital
       Technology for the Realization of Engine Control Sy-
       stems.  AGARD-CP-274, P.18.1-18.7.

[ 3]   Hagen, H. (1982).   Fluggasturbinen und ihre Leistungen.
       Verlag. G. Braun, Karlsruhe.

[ 4]   Hörl, F. (1987).    Systemtheoretische Methode zur dyna-
       mischen Zustandsüberwachung von Gasturbinen. Disserta-
       tion, TU München.

[ 5]   Klotz, R. (1988).   Ein Beitrag zur digitalen Simulation
       von Turboluftstrahltriebwerken mit Hilfe vereinfachter
       Modelle. Dissertation an der TU Braunschweig.

[ 6]   Klotz, R. (1987).   Some Problems in the Real-Time Simu-
       lation of a Nonlinear Stiff System. IASTED International
       Symposium Modelling, Identification and Control, Grin-
       delwald.

[ 7]   Klotz, R. (1986).   Untersuchung des dynamischen Verhal-
       tens eines Einwellen-Einkreistriebwerks. Automatisie-
       rungstechnik 34, S. 436-445.

[ 8]  Münzberg, H.G. (1972). Flugantriebe. Grundlagen, Systematik und Technik der Luft- und Raumfahrtantriebe. Springer-Verlag Berlin, Heidelberg, New York.

[ 9]  Pountain, D. , May, D. (1988).  A Tutorial Introduction to Occam 2. INMOS - BSP Professional Books , Oxford.

[10]  Rick, H., Muggli, W., Bauer, R.(1982).  Zur EDV-gemäßen Berechnung des Leistungs- und Betriebsverhaltens eines Zweistrom-Zweiwellentriebwerks unter besonderer Berücksichtigung variabler Eingabe von Triebwerksparametern. Dokumentation zum Programm ZTLSYN. TU München

[11]  Roesnick, M. (1984).  Eine systemtheoretische Lösung des Fehlerdiagnoseproblems am Beispiel eines Flugtriebwerks. Dissertation an der Hochschule der Bundeswehr Hamburg.

[12]  Sain, M.K., Peczkowski, J.L., Melsa, J.L. (Herausgeber) (1978).  Alternatives for Linear Multivariable Control with Turbofan Engine Theme Problem. National Engineering Consortium, Inc., Chicago.

[13]  Sellers, J.F., Daniele, C.J. (1975). DYNGEN - A Program for Calculating Steady State and Transient Performance of Turbojet and Turbofan Engines. NASA TN-D 7901.

[14]  Szuch, J.R., Bruton, W.M. (1974).  Real-Time Simulation of the TF30-P-3 Turbofan Engine Using a Hybrid Computer. NASA TM X-3106.

# Modellbildung, Simulation und rechnerunterstützte Reglerentwürfe für eine Wasserkraftanlage

K.H. Fasol

## 1      Einleitung

### 1.1    Allgemeines, Ziele der Simulationsstudie

Dieser Beitrag berichtet über eine für die neue Hochdruck-Wasserkraftanlage Häusling der österreichischen Tauernkraftwerke AG ausgeführte Fallstudie, in deren Mittelpunkt umfangreiche Simulationen mit verschiedenen Zielsetzungen standen. Die Planungsarbeiten für das im nachfolgenden Abschnitt kurz beschriebene Kraftwerk begannen vor etwa 10 Jahren und im Juni 1987 erfolgte dessen endgültige Inbetriebnahme. Die Anforderungen an dieses Spitzen- und Regelkraftwerk bestehen u.a. in einem sehr weiten Arbeits- bzw. Regelbereich, in hoher Regelgeschwindigkeit, d.h. in schnellstmöglicher Leistungserhöhung (Anregelzeit) sowie auch in einer verläßlich stabilen Inselbetriebsfähigkeit. Wegen der notwendigerweise nicht ganz konventionellen Auslegung des Wasserführungssystems wurde schon in der Planungsphase ein u.U. "schwieriges" dynamisches Verhalten nicht ausgeschlossen. Deshalb und wegen der Erfordernis verschiedener Betriebsarten innerhalb eines in Bezug auf Fallhöhe und Leistung großen Arbeitsbereichs mußte hinsichtlich der implementierbaren Regelalgorithmen (auch von höherer Ordnung) große Flexibilität gefordert werden. Nicht zuletzt war dies eines der wesentlichen Argumente des Planers für die damals noch fortschrittliche Entscheidung zugunsten eines Turbinenleitsystems auf Mikrorechnerbasis. Der Planer war außerdem bestrebt, noch vor der Inbetriebnahme der Anlage eine verläßliche Information über ihr zu erwartendes dynamisches Verhalten im gesamten Betriebsbereich zu erhalten.

Das Gewinnen dieser Information war die eine Zielsetzung der Simulationsstudie. Das andere Ziel der Studie lag im rechnerunterstützten Entwurf verschiedener digitaler Regelalgorithmen (CACSD). Nicht zuletzt auch aus akademischem Interesse wurden verschiedene, für Wasserkraftanlagen bisher z.T. unkonventionelle Algorithmen entworfen, in der Simulation im gesamten Betriebsbereich erprobt und miteinander verglichen. Die für den Turbinenregler vorgesehene Anwendersoftware ermöglichte freie Strukturierbarkeit der Algorithmen und erlaubte es daher, diesen Vergleich auch später in der fertigen Anlage vorzunehmen.

Die einzelnen Schritte der Studie bestanden in folgendem:

o Theoretische Systemanalyse zur Ausarbeitung eines mathematischen Modells der Anlage; Modellvereinfachung aufgrund physikalischer Überlegungen und Simulation von Teilsystemen mit
  dem Ergebnis eines nichtlinearen Simulationsmodells von etwa
  40.Ordnung.
  - Implementierung des Modells zur Echtzeitsimulation an
    einer Hybrid-/Analogrechenanlage,
  - Programmierung einer reduzierten Version zur digitalen
    Simulation mittels der im Beitrag von B.Gebhardt in die-
    sem Band beschriebenen blockorientierten Sprache FSIMUL.

o Modellreduktion bzw. -approximation im Frequenz- und Zeitbereich mittels des im Beitrag von G.Gehre in diesem Band
  beschriebenen Programmpakets REDU_RP zu linearen, betriebspunktabhängigen Modellen:
  - Übertragungsfunktionsmodell 4.Ordnung ,
  - Zustandsraummodell 4.Ordnung.

o Rechnerunterstützter  Entwurf von Regelalgorithmen auf Basis
  der Modelle 4.Ordnung:
  - Gesteuert parameteradaptive PI-  bzw. PID-Regler für den
    Netzbetrieb (Leistungsregelung) sowie Insel- und Anfahr-
    betrieb,
  - robuster Regler 3.Ordnung für die Leistungsregelung,
  - gesteuert parameteradaptiver  Deadbeat Regler (Regler mit
    endlicher Einstellzeit) 5.Ordnung für die Leistungsre-
    gelung,
  - verschiedene Zustandsregler.

o Erprobung aller entworfenen Regelalgorithmen am Simulationsmodell an der Hybrid-/Analogrechenanlage.

o Modellverifikation und Erprobung der Algorithmen in der
  Anlage.


Der Schwerpunkt dieses Beitrags wird, entsprechend der Zielsetzung dieses Bandes, auf Modellbildung und Modellreduktion
sowie auf der Simulation liegen; weniger jedoch auf den Reglerentwürfen, die nur sehr kurz angedeutet werden. Allerdings
beschreibt dieser Beitrag eine mit dem vorwiegenden Ziel des
Reglerentwurfs durchgeführte Simulationsstudie; diese ist
demnach im Sinne des einführenden Beitrags von F.E.Cellier und
C.M.Rimvall als CACSD-Simulationsstudie anzusprechen, wenn
auch hier die Modellfindung und die Simulation einzelner
Sprungantworten im Vordergrund stehen, wie es von F.E.Cellier
und C.M.Rimvall in gewisser Hinsicht zu Recht kritisiert
wurde.

## 1.2 Beschreibung der untersuchten Anlage

Bild 1.1 stellt ein stark vereinfachtes Schema der gesamten Anlage dar. Vom Stolleneinlauf am oberen Speichersee führt ein etwa 7,6 km langer horizontaler Tunnel mit durchschnittlich 4,3 m Durchmesser durch den Berg zum Beginn des Druckschachtes, der bei einem mittleren Durchmesser von 3,5 m mit starkem Gefälle zum rund 650 m tiefer gelegenen Krafthaus führt. Die Länge der gesamten oberwasserseitigen Triebwasserführung beträgt rund 10 km. Am Beginn des Druckschachtes befindet sich ein sog. Differentialwasserschloß zur Verminderung von Druckstößen und Rohrleitungsschwingungen. Vor dem Krafthaus ist die Druckleitung horizontal und verzweigt zu den Einläufen von zwei Francisturbinen. Diese vertikalen Maschinensätze bestehen außer den Turbinen im wesentlichen aus Motor-Generator und zweistufiger Speicherpumpe. Der unterwasserseitige Stollen führt vom Krafthaus leicht ansteigend zu einem rund 7,5 km langen Tunnel. Dahinter liegt der Unterwasserspeicher, zugleich Speichersee für nachfolgende Kraftwerke der Gesamtanlage. Am Beginn des Tunnels befindet sich, ähnlich der Oberwasserseite ein weiteres Differentialwasserschloß, in dessen Oberkammer zwei Bäche eingeleitet werden.

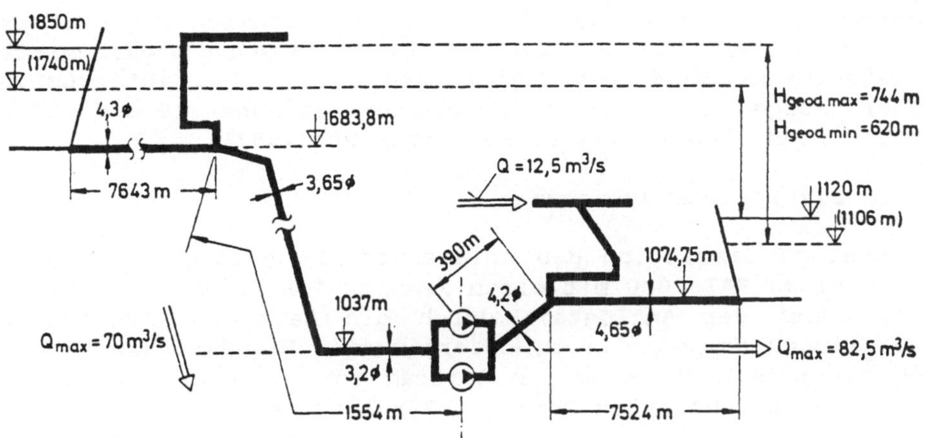


Bild 1.1. Vereinfachtes Schema der Kraftwerksanlage

Aus Bild 1 läßt sich etwa der Betriebsbereich erkennen: Die Fallhöhe beträgt nach Jahreszeit zwischen 620 m und 744 m, der Durchfluß schwankt zwischen dem Minimalwert im Einmaschinenbetrieb und 70 m³/s bei Vollast beider Maschinen; die Leistung des Kraftwerks beträgt dann 360 MW. Die maximale Fallhöhe von 744 m bedeutet für Francisturbinen dzt. einen Weltrekord.

Für grundlegende Informationen über Wasserkraftanlagen sei auf das umfassende Werk von Raabe (1985) hingewiesen.

## 1.3    Hardware und Software

### 1.3.1   Digitales Turbinenleitsystem

Das in der Leitwarte des Kraftwerks installierte Turbinenleitsystem DTL 725 von SULZER ESCHER WYSS ist auf der Basis einer 32 bit CPU aus der DEC LSI 11 Familie entworfen. Neben der CPU (mit 15 MHz getaktet; Fließkomma-Arithmetik) bilden ein 514 kB Blasenspeicher für das Programm und ein 512 kB Anwenderspeicher sowie ein serielles und paralleles Interface den Mikrorechnerteil. Das Interface zur Anlage wird gebildet durch 16 galvanisch getrennte 12-bit A/D und D/A-Wandler für die Analogsignalverarbeitung sowie maximal 512 Kontaktein- und ausgänge für die logische Anlagensteuerung. Die implementierte Software macht die eigentliche Flexibilität des digitalen Reglers aus. Auf der Benutzerebene steht als Firmware ein Katalog von Operationen (Softwaremodule), ähnlich einer blockorientierten Simulationssprache, zur Verfügung. Mit dieser funktionsblockorientierten Konfigurationsmöglichkeit ist durch die reichhaltige Verfügbarkeit aller erforderlichen quasianalogen und logischen Operationen eine weitestgehende Freizügigkeit in der Realisierung der Reglerstrukturen gegeben. Zudem ist die Konfigurierung vor Ort über Terminal möglich, so daß jederzeit Änderungen oder Tests an den gewählten Reglerstrukturen vorgenommen werden können. Die blockweise programmierte Rechenstruktur wird vom Mikrorechner im Zyklus interruptgesteuert ausgeführt, wobei Zykluszeiten  zwischen 10 und 100 ms möglich sind (Fasol, Huser, Westerthaler, 1987).

### 1.3.2   Simulationswerkzeuge

Die analoge Simulation des Anlagenmodells erfolgte auf einer Hybridanlage EAI 2000 mit einem Rechner PDP 11/23 als Digitalteil, wobei der Analogteil durch ein Rack mit zahlreichen zusätzlichen Komponenten erweitert wurde. Die digitale Simulation erfolgte mittels der im Beitrag von B.Gebhardt beschriebenen blockorientierten Sprache FSIMUL auf einem PC.

Bei der Regelkreissimulation wurden die entworfenen Regelalgorithmen in einem um D/A- und A/D-Wandler erweiterten PC programmiert. Die Reglersoftware basierte ebenfalls auf der Simulationssprache FSIMUL. Die graphische und numerische Ausgabe von Simulationsergebnissen auf Display, Datei oder Drucker war während der Simulationsläufe jederzeit möglich. Ein schneller Wechsel zwischen den entworfenen Reglerstrukturen konnte durch Speichern der Strukturen auf Diskette oder auf der speicherresidenten RAM-DISK erfolgen.

Die zur Reduktion des analogen Simulationsmodells auf Übertragungsfunktionsmodelle 4.Ordnung  erforderlichen Frequenzgangmessungen wurden mit einem speziellen Rechenprogramm vorgenommen, ebenfalls installiert in einem um D/A- und A/D-Wandler erweiterten PC (Fasol,Pohl,1987). Dieser vollautomatisch arbeitende Frequenzgangmeßplatz wurde auch im Kraftwerk zur nachträglichen Verifikation des Simulationsmodells verwendet (siehe Abschnitt 4.1). Die auf den diskreten Werten der gemessenen Frequenzgänge beruhende Modellreduktion wurde mittels des im Beitrag von G.Gehre beschriebenen Programmpakets REDU_RP vorgenommen. Dieses Softwarewerkzeug wurde z.T. auch zum Reglerentwurf verwendet. Beim Reglerentwurf fanden darüber hinaus auch die auf RASP-Routinen (Joos,Grübel,1988) beruhenden RASP-Pakete WOKU_RP und DEAD_RP (Schumann,1989) Anwendung.

Bei den späteren Messungen im Kraftwerk wurden neben dem oben erwähnten PC-Frequenzgangmeßplatz als weitere Meßausrüstung zahlreiche Eingangs- und Trennverstärker, Wandler, Linien- und XY-Schreiber sowie ein Analog-Magnetbandgerät zur Speicherung der analog anfallenden Meßwerte verwendet.


## 2     Modellbildung, Modellreduktion

### 2.1     Modelle von Teilsystemen

Eine Wasserkraftanlage wird im wesentlichen beschrieben durch die dynamischen Modelle der hydraulischen Systeme (Stollen, Druckrohrleitungen, Wasserschlösser, etc.) mit den Systemgrößen Druck bzw. Druckhöhe und Durchfluß, durch die Modelle der Turbinen-Generatorsätze mit den Systemgrößen Leistung (als Funktion von Druckhöhe und Durchfluß) und Drehzahl bzw. Netzfrequenz sowie durch das Modell des versorgten Netzes. Am aufwendigsten ist die Modellbildung der Wasserführungssysteme.

#### 2.1.1  Beschreibung instationärer Strömungsvorgänge in Rohrleitungen bzw. Stollen

Das gesamte wasserführende System wird aus einzelnen "Rohrabschnitten" gebildet. Für jeden Abschnitt wird ein genügend kleines Verhältnis von Durchmesser zu Abschnittslänge sowie konstanter Durchmesser angenommen; somit kann mit über den Querschnitt gemittelten Strömungsgeschwindigkeiten gerechnet werden. Die Beschreibung der instationären kompressiblen Rohrströmung erfolgt durch die Bilanzen für Masse und Impuls; die Energiebilanz erübrigt sich. Für einen Rohrabschnitt führt die Bilanz über eintretenden, gespeicherten und austretenden Massenstrom zur Kontinuitätsgleichung:

$$\frac{\delta p}{\delta t} + \frac{q}{A}\frac{\delta p}{\delta x} + \frac{\rho a^2}{A}\frac{\delta q}{\delta x} = 0 \ . \qquad (2.1)$$

Die Bilanz der Druck- und Trägheitskräfte führt zur Bewegungs-
oder Impulsgleichung:

$$\frac{\delta q}{\delta t} + \frac{q}{A}\frac{\delta q}{\delta x} + \frac{A}{\rho}\frac{\delta p}{\delta x} + \frac{\lambda}{2\,A\,D}\,|q|q - A\,g\,\sin\alpha = 0\;. \tag{2.2}$$

Es bedeuten:  q  den Durchfluß, p  den dynamischen Druck, A
den Rohrquerschnitt,  D  den Rohrdurchmesser,  a  die Druckwel-
len-Fortpflanzungsgeschwindigkeit, $\rho$ die Dichte des strömenden
Fluids,  g  die Gravitationskonstante,  $\alpha$  den Neigungswinkel
des Rohres, $\lambda$ die Reibungszahl.

Ersetzt man den Druck p durch die Energiehöhe  h = p/$\rho$g,  dann
erhält man

$$\frac{\delta h}{\delta t} + \frac{q}{A}\frac{\delta h}{\delta x} + \frac{a^2}{A\,g}\frac{\delta q}{\delta x} = 0\;, \tag{2.3}$$

$$\frac{\delta q}{\delta t} + \frac{q}{A}\frac{\delta q}{\delta x} + A\,g\,\frac{\delta h}{\delta x} + \frac{\lambda}{2\,A\,D}\,|q|q - A\,g\,\sin\alpha = 0\;. \tag{2.4}$$

Sobald die Strömungsgeschwindigkeit gegenüber der Schallge-
schwindigkeit a genügend klein ist, können die konvektiven
Terme ohne merkbare Einbuße an Genauigkeit vernachlässigt
werden und man erhält

$$\frac{\delta h}{\delta t} + \frac{a^2}{A\,g}\frac{\delta q}{\delta x} = 0\;, \tag{2.5}$$

$$\frac{\delta q}{\delta t} + A\,g\,\frac{\delta h}{\delta x} + \frac{\lambda}{2\,A\,D}\,|q|q - A\,g\,\sin\alpha = 0\;. \tag{2.6}$$

Auf diesen allgemein bekannten Gleichungen beruhen alle Metho-
den zur Simulation nichtstationärer Vorgänge in geschlossenen
Rohrleitungssystemen  (Wylie,Streeter,1978;  Fasol,Jörgl,1979;
Fasol,1985).

Zur Analogsimulation und zur digitalen Simulation mittels
blockorientierter Sprachen müssen die Gln.(2.5),(2.6) örtlich
diskretisiert werden, d.h. entlang einzelner Abschnitte   $\Delta$ x
werden Druck und Durchfluß als unverändert angenommen. Man
erhält dadurch gewöhnliche Differentialgleichungen:

$$\frac{dh}{dt} + \frac{a^2}{A\,g}\frac{\Delta q}{\Delta x} = 0\;, \tag{2.7}$$

$$\frac{dq}{dt} + A\,g\,\frac{\Delta h}{\Delta x} + \frac{\lambda}{2\,A\,D}\,|q|q - A\,g\,\sin\alpha = 0\;. \tag{2.8}$$

Ein Stollen bzw. eine Druckrohrleitung wird demnach bei Aufteilung in K diskrete Abschnitte durch 2K Differentialglei-

chungen (2.7),(2.8) beschrieben. Bei der Diskretisierung ist u.a. darauf zu achten, daß die Unterschiede der Zeitkonstanten der einzelnen Abschnitte nicht zu groß werden. Innerhalb des Modells einer größeren Anlage werden die Gln.(2.7),(2.8) wiederholt verwendet und unterscheiden sich nur durch ihre einzelnen Parameter. Es ist daher naheliegend, für die Analogsimulation fest verdrahtete Einschübe mit einstellbaren Parametern zu verwenden (Fasol,Jörgl,1978) und bei der digitalen Simulation diese "Rohrmodule" als Macros aufzurufen (siehe den Beitrag von B.Gebhardt in diesem Band).

## 2.1.2 Modell des Maschinensatzes

Das sehr "schnelle" dynamische Verhalten sowohl einer Wasserturbine als auch eines Generators ist gegenüber der "langsamen" Dynamik des hydraulischen Systems zu vernachlässigen, weshalb ein Maschinensatz im allgemeinen durch die stationären Zusammenhänge für die Leistung

$$P_T = \rho g \, Q_T \, H_T \, \eta \qquad (2.9)$$

und für die Durchflußcharakteristik

$$Q_T = f(H_T, Y, \eta, U) \qquad (2.10)$$

beschrieben wird. In diesen Gleichungen bedeuten:

$P_T$   die abgegebene Turbinenleistung
$Q_T$   den Turbinendurchfluß
$H_T$   die an der Turbine wirksame Druckhöhendifferenz
$\eta$   den Turbinenwirkungsgrad
$Y$   die Drehzahl
$U$   die Leitapparatöffnung (Stellgröße)

Der Zusammenhang Gl.(2.10) wird im allgemeinen durch mehrdimensionale Kennfelder dargestellt, die vom Turbinenhersteller mit Unterstützung durch Modellversuche berechnet werden. Für die gegenständliche Studie standen solche Kennfelder zur Verfügung.

Bei Darstellung der Systemgrößen als normierte Abweichungen $p_T$, $q_T$, $h_T$, $y$ von einem Betriebspunkt wird die Turbine beschrieben durch

$$\begin{bmatrix} q_T(t) \\ p_T(t) \end{bmatrix} = \begin{bmatrix} f_{qu}(u) & f_{qh}(u) & f_{qy}(u) \\ 0 & f_{\eta u}(u)\,q_T(t) & 0 \end{bmatrix} \begin{bmatrix} 1 \\ h_T(t) \\ y(t) \end{bmatrix} . \qquad (2.11)$$

Darin sind $f_{qu}(u)$, $f_{qh}(u)$, $f_{qy}(u)$, $f_{\eta u}(u)$ nichtlineare, tabellarisch gegebene Funktionen, die aus dem Turbinenkennfeld

Gl.(2.10) zu ermitteln sind. Einflüsse z.B. der Polradschwingungen des Generators müssen erfahrungsgemäß aus dem eingangs angegebenen Grund, insbesondere für den Entwurf der Turbinenregler, nicht berücksichtigt werden. Wird zudem der Wirkungsgrad des Generators vernachlässigt, dann kann die Turbinenleistung gleich der Leistung des Generators gesetzt werden und Gl.(2.11) beschreibt dann den gesamten Maschinensatz. Die später festgestellten guten Übereinstimmungen zwischen Ergebnissen der Simulation und den Meßergebnissen in der Anlage rechtfertigen die vereinfachenden Annahmen.

Im Hinblick auf das große europäische Verbundnetz ist es allgemein üblich, zur Modellierung des Turbinenverhaltens bei Verbundbetrieb eine konstante Drehzahl (Y = const) anzunehmen. Dadurch vereinfacht sich für den Fall der Leistungsregelung die Gl. (2.11) zu

$$
\begin{bmatrix} q_T(t) \\ p_T(t) \end{bmatrix} = \begin{bmatrix} f_{qu}(u) & f_{qh}(u) \\ 0 & f_{\eta u}q_T(t) \end{bmatrix} \begin{bmatrix} 1 \\ h_T(t) \end{bmatrix} \ . \tag{2.12}
$$

Die Modellbildung des Turbinensatzes wird sehr ausführlich von Pohl (1988, 1989) behandelt.

### 2.1.3  Modell des elektrischen Netzes

Im Fall der Inselbetriebsoperation, d.h. bei der Versorgung eines isolierten Netzes, muß Gl.(2.11) verwendet werden. Darin ist die normierte Drehzahlabweichung y(t) als Funktion der Leistungen von Turbine und Netz einzusetzen. Dieser Zusammenhang ergibt sich mit sehr guter Näherung aus einer Momentenbilanz zu

$$
T_m \, \dot{y}(t) + e_n(p_L) \, y(t) = p_T(t) - p_L(t) \ . \tag{2.13}
$$

Sowohl die Zeitkonstante $T_m$ als auch der Koeffizient $e_n(p_L)$ sind von der jeweiligen, sich zwar langsam aber doch stochastisch ändernden Eigenschaft des versorgten Netzes abhängig. Sie können auf verschiedene Weise, z.B. mittels Störgrößenbeobachter, geschätzt werden.

### 2.2    Simulationsmodelle

### 2.2.1  Analogrechner-Modell

Unter Beachtung, daß nicht allzu große Unterschiede in den Parameterwerten der einzelnen Rohrsegmente entstehen sowie hinsichtlich der möglichst genauen Wiedergabe der Eigenfrequenzen, was eine Minimalanzahl der Segmente bedingt, wurde das oberwasserseitige Stollensystem in 11 diskrete Abschnitte

aufgeteilt. Unterwasserseitig wurde in 7 Abschnitte diskretisiert. Dies resultiert gemäß Gl.(2.7),(2.8) in 18 linearen und
ebensoviel nichtlinearen Differentialgleichungen erster Ordnung. Die beiden Wasserschlösser haben die Aufgabe, Druck- und
Durchflußschwankungen im Stollen zu dämpfen. Die Dämpfungswer-
te sind richtungsabhängig vom Ein- und Ausströmen in das bzw.
aus dem Wasserschloß; daher die Bezeichnung Differentialwasserschloß (Raabe, 1985). Für diese beiden Anlagenkomponenten
wurden zunächst unter Anwendung der Gln.(2.7),(2.8) sowie der
Volumenbilanzen für die Schächte, der Berücksichtigung von
Trägheitskräften und Wandreibung, der richtungsabhängigen
Drosselverluste sowie der tabellarisch gegebenen Querschnitts-
verläufe sehr genaue Modelle gebildet. Diese bestanden jeweils
aus vier teils nichtlinearen Differentialgleichungen erster
Ordnung, algebraischen Zusammenhängen und nichtlinearen Funktionen. Im Rahmen des ersten Schrittes der Modellvereinfachung
wurden aufgrund physikalischer Überlegungen diese Modelle auf
jeweils erste Ordnung reduziert, wofür dann im wesentlichen je
ein Integrierer, drei Multiplizierer, ein Kompensator und ein
Funktionsgeber nötig waren. Sowohl die detaillierten als auch
die vereinfachten Modelle wurden mit FSIMUL simuliert, um die
Zuverlässigkeit der Vereinfachung nachzuweisen. Bei allen
möglichen, auch extremen Vorgängen ergaben sich vernachlässigbare Fehler (Pohl,1988,1989).

Für die Modellbildung der Turbinen wurden vom Hersteller zwei
verbindliche Kennfelder vorgelegt, womit die betriebspunktabhängigen, nichtlinearen Funktionen in der linearisierten Gleichung (2.11) errechnet werden konnten. Unter Nachbildung der
Stellgeschwindigkeit u(t) und deren Begrenzung bestand das
Simulationsmodell eines Maschinensatzes im wesentlichen aus 5
Funktionsgebern, 4 Multiplizierern und einem Integrierer. Für
den Betriebsfall  der Drehzahl- bzw. Frequenzregelung im Inselbetrieb reduziert sich das Modell des Maschinensatzes zu
Gl.(2.12), das Gesamtmodell der Regelstrecke ist dann jedoch
um Gl.(2.13) erweitert.

Bedingt durch die weitgehende örtliche Diskretisierung, durch
die Nichtlinearitäten wie Reibungsverluste, Querschnittsver-
läufe in den Wasserschlössern, Turbinen-Kennfelder, Leistung
als Produkt von Durchfluß und Druckhöhe  usw. ergab sich, auch
nach zahlreichen tolerierbaren Vereinfachungen, ein stark
nichtlineares Simulationsmodell von etwa 40. Ordnung.

Die gesamte Modellbildung konnte hier nur sehr oberflächlich
beschrieben werden. Für Einzelheiten muß insbesondere auf die
Arbeiten von Pohl (1988, 1989) verwiesen werden. Das ausgear-
beitete und zunächst in seinen Subsystemen durch Vergleich mit
digitaler Simulation ausgetestete Modell der Regelstrecke
wurde am Analogteil einer vollbestückten EAI 2000 Anlage unter

vollständiger Ausnutzung der Komponentenkapazität und Hinzunahme eines Racks mit 8 "Rohrmodule" verschaltet. Für die
Simulationen bei unterschiedlichen Fallhöhenbereichen waren
stark verschiedene Parametersätze relevant. Die verwendete
Hybridanlage erlaubte es, am Digitalteil (PDP 11/23) die einzelnen Parametersätze einschließlich der vielen Funktionsta-
bellen zu speichern und von dort jeweils in den Analogteil
einzulesen.

Das ausschließlich durch theoretische Analyse erhaltene Simulationsmodell wurde später bei den Messungen im Kraftwerk mit
erstaunlich guter Übereinstimmung verifiziert (siehe Abschnitt
4.1). Es wurde im wesentlichen als Werkzeug dazu verwendet, um
einerseits die Reduktion zu den für den Reglerentwurf benötigten Modellen sehr niedriger Ordnung zu ermöglichen (siehe
Abschnitt 2.3); andererseits diente es der Echtzeiterprobung
der für die vereinfachten linearen Modelle entworfenen Regelalgorithmen.

## 2.2.2  FSIMUL-Modell

Die digitale Simulation der Gesamtanlage könnte als "redundan-
tes" Vorgehen bezeichnet werden; sie diente nämlich zweierlei
Zwecken. Zum einen wurden die Ergebnisse der Analogsimulation
regelmäßig bestätigt bzw. kontrolliert, wodurch eventuelle
Komponentenfehler der Hybridanlage hätten aufgedeckt werden
können. Zum anderen diente das FSIMUL-Modell der Modellreduktion im Zeitbereich mit dem Ziel, ein Zustandsmodell 4.Ordnung
zu erhalten (siehe Abschnitt 2.3.2). Da auch auf der Basis der
Analogsimulation ein Übertragungsfunktionsmodell 4.Ordnung
ausgearbeitet wurde (siehe Abschnitt 2.3.1), das zu einem
Zustandsraummodell transformiert werden kann (siehe Abschnitt
2.3.2, Gl. (2.3.2)), diente die digitale Simulation auch hier
in gewisser Weise der gegenseitigen Verifikation bzw. der
Kontrolle.

Das FSIMUL-Modell unterscheidet sich von dem vorher besprochenen detaillierten Simulationsmodell im wesentlichen durch vereinfachte Modellierung des Wasserführungssystems sowie durch
die Art der Kennfeldnachbildung. Auf die Modelle der jeweils
rund 7,5 km langen Stollenabschnitte sowie der Wasserschlösser
wurde verzichtet. Die am genauen Analogmodell erhaltenen Ergebnisse zeigten nämlich, daß zu den für den Reglerentwurf
wichtigen Druckhöhen- und Durchflußverläufen die sehr langen
Druckstollen und die Bewegungen der Wasserschloßspiegel, wie
auch nicht anders zu erwarten, nur sehr niederfrequente Anteile beitragen. Die Diskretisierung zwischen den beiden Wasserschlössern erfolgte wie beim detaillierten Modell in insgesamt
acht Abschnitten (6+2). An den beiden Enden (an den Stellen
der Wasserschlösser) wurden konstante Randwerte für die Drücke

angesetzt. Der Wegfall der langen Stollenabschnitte wurde
durch Erhöhung der Reibungsbeiwerte in den verbleibenden Abschnitten ausgeglichen, um auf unveränderte Druckverluste zu
kommen. Die Modellordnung reduzierte sich dadurch hinsichtlich
des Wasserführungssystems von 38 auf 16. Vergleichssimulatio-
nen mit dem Modell hoher Ordnung ergaben natürlich der Wegfall
der niederfrequenten Grundbewegungen sonst aber gute Übereinstimmung.

Das Turbinenmodell wurde bei der digitalen Simulation nur für
Leistungsregelung ausgearbeitet. Wesentlicher Bestandteil
dieses Modells sind dreidimensionale Kennfelder für Durchfluß
und Wirkungsgrad. Im Gegensatz zur Analogsimulation können
diese Kennfelder direkt simuliert werden. Ein FSIMUL-Opera-
tionsblock ("IPL": $\underline{I}$nter$\underline{p}$olation $\underline{l}$inear) erlaubt, zwischen
Ausgangswerten beliebig vieler Funktionsgeber in Abhängigkeit
von einer unabhängigen Auswahlvariablen zu interpolieren.
Jedem Funktionsgeber wird ein bestimmter Wert dieser Variablen
zugeordnet (beim Kennfeld für $q_T$ die Stellgröße u), für den
der betreffende Funktionsgraph gilt. Während alle Funktionsgeber eine Variable als gemeinsamen Eingang haben (beim Kennfeld
für $q_T$ die Energiehöhendifferenz $h_T$), wählt der Block IPL
aufgrund des jeweiligen Wertes von u zwei Funktionsgeberaus-
gänge aus und interpoliert zwischen ihnen. Auf diese Weise
läßt sich ein dreidimensionales Kennfeld aufspannen, dessen
Genauigkeit von der Anzahl der verwendeten Funktionsgeber (bei
FSIMUL unbeschränkt) sowie von der Anzahl der Stützstellen
abhängt. Eine Linearisierung wie für Gl. (2.12) ist daher hier
nicht nötig.

Das FSIMUL-Modell bestand insgesamt aus  5 Rohrmodul-Macros,
11 Funktionsgebern, 2 IPL-Blöcken, einem Multiplizierer sowie
verschiedenen weiteren 6 Operationsblöcken. Das Modell wurde
auf einem PC programmiert.


## 2.3    Modellreduktion

Um die Methoden des rechnergestützten linearen Regelalgorith-
menentwurfs anwenden zu können, werden linearisierte Modelle
der Regelstrecke möglichst niedriger Ordnung benötigt. Es
wurden einerseits Übertragungsfunktionsmodelle und andererseits ein Zustandsmodell ausgearbeitet; beides mit betriebspunktabhängigen Parametern (Multi-Modell-Ansatz).

### 2.3.1  Reduktion zu einem Übertragungsfunktionsmodell

Bei der Modellreduktion wird eine Übertragungsfunktionsstruktur niedriger Ordnung angesetzt, deren Parameter unter Minimierung verschiedener Gütekriterien als Nebenbedingungen opti-

miert werden. Zur Ermittlung einer sinnvollen Struktur wird zunächst eine möglichst einfache Übertragungsfunktion der Regelstrecke theoretisch hergeleitet.

Die Berechnung einer Übertragungsfunktion des Druckstollens geht von den Gln.(2.5),(2.6) aus, wobei in Gl.(2.6) der Reibungsterm und die Rohrneigung vernachlässigt werden:

$$\frac{\delta h}{\delta t} + \frac{a^2}{A\,g}\,\frac{\delta q}{\delta x} = 0 \quad , \tag{2.14}$$

$$\frac{\delta q}{\delta t} + A\,g\,\frac{\delta h}{\delta x} = 0 \quad . \tag{2.15}$$

Mit $z = x/L$ und $T_W = L\,Q_{max}/Ag\,H_{max}$ (hydraul. Zeitkonstante) sowie $T_L = L/a$ (Druckwellen-Laufzeitkonstante) erhält man die normierten Gleichungen

$$\frac{\delta h}{\delta t} + \frac{T_W}{T_L{}^2}\,\frac{\delta q}{\delta z} = 0 \quad , \tag{2.16}$$

$$\frac{\delta q}{\delta t} + \frac{1}{T_W}\,\frac{\delta h}{\delta z} = 0 \quad . \tag{2.17}$$

Darin sind L die Länge des Stollen und $Q_{max}$, $H_{max}$ die Normierungswerte für Durchfluß und Fallhöhe.

Werden die Gln. (2.16), (2.17) Laplace-transformiert und im Frequenzbereich gelöst, was z.B. von Wylie und Streeter (1978) und Hoppe (1981) beschrieben wurde, so kann man die Funktionen $h(s,z)$ und $q(s,z)$ für jedes z berechnen. Insbesondere ergibt sich für $z = 1$ ("unten") und für konstanten Druck als "obere" Randbedingung die Übertragungsfunktion

$$\frac{h(s,1)}{q(s,1)} = G_h(s) = -\frac{T_W}{T_L}\,\frac{1 - \exp(-2\,T_L\,s)}{1 + \exp(-2\,T_L\,s)} \quad . \tag{2.18}$$

Mit einer von Hoppe (1981) angegebenen modifizierten Padé-Näherung 2.Ordnung für $\exp(-2T_L s)$ erhält man unter Vernachlässigung der Wasserschlösser aus Gl.(2.18) für den Triebwasserstollen

$$G_{ho}(s) = \frac{-\,T_{wo}\,s}{1 + (2T_{Lo}/\pi)^2 s^2} \tag{2.19}$$

und für den Unterwasserstollen

$$G_{hu}(s) = \frac{-\,T_{wu}\,s}{1 + (2T_{Lu}/\pi)^2 s^2} \tag{2.20}$$

Die Zeitkonstanten in obigen Gleichungen müßten aus den Anlagedaten berechnet werden, was aber hier, da nur die Übertragungsfunktionsstruktur selbst interessiert, unterbleiben kann. Für das gesamte hydraulische System ergibt sich dann

$$G_h(s) = G_{ho}(s) - G_{hu}(s) \; . \tag{2.21}$$

Die Bestimmung der Übertragungsfunktion für die Turbinenleistung bei konstanter Drehzahl (Betriebsfall der Leistungsregelung) soll ebenfalls nur kurz angedeutet werden. Man kann sie bei Pohl (1988,1989) genauer nachlesen. Werden die beiden Gleichungen (2.12) Laplace-transformiert und ineinander eingesetzt, wobei vorher die Beziehung für die Leistung linearisiert wird, dann erhält man daraus schließlich die Übertragungsfunktion

$$G_p(s) = p_T(s)/u(s) = f_{pu} + f_{ph} \, \frac{\delta f_{qu}}{\delta u} \, \frac{G_h(s)}{1 - f_{qh} G_h(s)} \; . \tag{2.22}$$

Die darin vorkommenden Funktionen $f_{pu}(u)$ und $f_{ph}(u)$ müßten wiederum aus $f_{qu}(u)$, $f_{\eta u}(u)$ und $f_{qh}(u)$ und damit aus dem Turbinenkennfeld ermittelt werden. Setzt man Gln. (2.19) bis (2.21) in Gl. (2.22) ein, dann erhält man schließlich mit vier Nullstellen in der rechten Halbebene:

$$G_p(s) = \frac{k \; (s^4 - z_3 s^3 + z_2 s^2 - z_1 s + z_0)}{(s + s_{r1})(s + s_{r2})(s + s_{r3})(s + s_{r4})} \; . \tag{2.23}$$

Um einen Differenzgrad größer Null zu erhalten, werden die in der Regel nahe aneinanderliegenden Nullstellenpaare durch zwei konjugiert komplexe Nullstellen ersetzt:

$$G_p(s) = \frac{k \; (s^2 - z_1 s + z_0)}{(s + s_{r1})(s + s_{r2})(s + s_{r3})(s + s_{r4})} \; . \tag{2.24}$$

Diese Struktur wird für die in den Abschnitten 3.1 und 3.2 angesprochenen Reglerentwürfe verwendet, wogegen für den im Abschnitt 3.3 angedeuteten Deadbeat-Entwurf die Gl.(2.23) um einen reellen Pol erweitert wird. Nachfolgend wird nun exemplarisch die Modellreduktion zu einem für die Leistungsregelung gültigen Übertragungsfunktionsmodell nach Gl.(2.24) besprochen.

Der nächste Schritt besteht darin, betriebspunktabhängige Parametervektoren $\underline{r} = [k, z_0, z_1, s_{r1}, \ldots, s_{r4}]$ für Gl.(2.24) so zu bestimmen, daß in den jeweiligen Betriebspunkten innerhalb interessierender Bereiche das durch das detaillierte Simulationsmodell 40.Ordnung repräsentierte "Originalsystem" durch Gl.(2.24) so gut wie irgend möglich beschrieben wird.

Die Ermittlung der optimalen Parametervektoren $\underline{r}$ für das "Modellsystem" Gl.(2.24) erfolgte auf der Basis von Frequenzgangmessungen und durch Anwendung des im Beitrag über die RASP-Pakete ab Seite 233 beschriebenen Programmpakets REDU_RP. Die Frequenzgangmessungen wurden in zehn über den Arbeitsbereich verteilten Betriebspunkten vorgenommen, wovon für die Parameteroptimierung die Ergebnisse von je drei Punkten bei maximaler und minimaler Fallhöhe verwendet wurden. Die Frequenzgangmessungen erfolgten mittels eines PC durch das bereits erwähnte Meßprogramm in jeweils 30 Meßpunkten innerhalb eines, die ersten Eigenfrequenzen abdeckenden Frequenzbandes von $0{,}1s^{-1}$ bis $5s^{-1}$. Damit stand für jeden Arbeitspunkt ein Frequenzgang-Datensatz $G_{po}(j\ \omega_i)$; $i = 1,\ldots,30$ als Beschreibung des somit in den Arbeitspunkten linearisierten Simulationsmodells als "Originalsystem" zur Verfügung (s. Bild 4.1). Diese Datensätze dienten sodann der Parameteroptimierung für das "Modellsystem" $G_p(j\omega)$ nach Gl.(2.24). Die Approximation von $G_{po}(j\ \omega)$ durch $G_p(j\omega)$ wird durch einen Satz von Gütefunktionen $e_1$, $e_2$, ... qualifiziert; hier wurden die Flächen zwischen Amplituden- und Phasenkennlinien als Gütemaße mit unterschiedlichen Gewichtungen sowie frequenzabhängigen Fehlerschranken verwendet. Die skalaren Gütemaße $e_i$ sind Funktionen des gesuchten Parametervektors $\underline{r}$; sie werden jeweils mit einer oberen Schranke $c_1$, $c_2$ versehen und als Komponenten eines Gütevektors

$$\underline{E}(\underline{r}) = [e_1(\underline{r}),\ e_2(\underline{r}),\ldots] < \alpha\ [c_1,\ c_2,\ldots] = \alpha\ \underline{c} \qquad (2.25)$$

aufgefaßt. Durch einen iterativen Entwurf, unter Anwendung eines gradientenfreien Optimierungsalgorithmus, wird der Parametervektor $\underline{r}$ so bestimmt, daß Gl.(2.25) für ein kleinstmögliches $\alpha(\underline{r})$ gilt. Als Ergebnis der Modellapproximation steht dann für jeden Betriebspunkt ein optimaler Parametersatz für Gl.(2.24) zur Verfügung. Ein Beispiel dafür wird später in Gl.(4.1 simul.) angegeben. In Bild 3.2 sind die für die 6 Arbeitspunkte ermittelten Nullstellen und Pole der Übertragungsfunktion Gl. (2.24) zu erkennen. Die Qualität der erzielten Approximationsergebnisse kann exemplarisch aus Bild 4.1 erkannt werden.

## 2.3.2  Reduktion zu einem Zustandsmodell

Auch hier ist zunächst eine sinnvolle Modellstruktur zu überlegen. Als Grundlage für den Entwurf einer Zustandsregelung wurde von Pohl (1988,1989) für den Leistungsregelbetrieb eine arbeitspunktabhängige Zustandsdarstellung der Regelstrecke

$$\underline{\dot{x}} = \underline{A}\ \underline{x} + \underline{b}\ u$$

$$p_T = \underline{c}^T\ \underline{x} + d\ u \qquad\qquad (2.26)$$

ausgearbeitet. Auch diese Herleitung kann hier nur kurz ange-
deutet werden. Zur Ermittlung der Strukturen von $\underline{A}$, $\underline{b}$ und $\underline{c}$
wird im wesentlichen von den Ansätzen in Abschnitt 2.3.1 zur
Herleitung von Gl.(2.23) ausgegangen. Es ergeben sich dabei
beinahe zwangsläufig die physikalisch interpretierbaren Zustandsgrößen

$$
\begin{aligned}
x_1 &= \int h_T \; dt \\
x_2 &= h_T \\
x_3 &= \dot{h}_T + k_1 \, h_T + k_2 \, q_T \\
x_4 &= \ddot{h}_T + k_1 \, \dot{h}_T + k_3 \, h_T + k_2 \, \dot{q}_T
\end{aligned}
\qquad (2.27)
$$

Für den Zusammenhang zwischen Durchfluß, Druckhöhe und Stellgröße kann aus dem Turbinenkennfeld die linearisierte Beziehung

$$
q_T = q_T(u,h_T) = k_4 \, u + k_5 \, h_T = k_4 \, u + k_5 \, x_2 \qquad (2.28)
$$

angegeben werden. Damit und mit der linearisierten Beziehung
für die Turbinenleistung (siehe Gl.(2.12)) erhält man:

$$
p_T = f_{\eta u} \, h_T \, q_T(u,h_T) = k_6 \, u + k_7 \, h_T = k_6 \, u + k_7 \, x_2 \; . \qquad (2.29)
$$

Nach einigen Umformungen folgt aus obigen Gleichungen schließlich die Struktur

$$
\underline{\dot{x}} =
\begin{bmatrix}
0 & 1 & 0 & 0 \\
0 & a_{22} & 1 & 0 \\
0 & 0 & 0 & 1 \\
a_{41} & a_{42} & a_{43} & a_{44}
\end{bmatrix}
\underline{x} +
\begin{bmatrix}
0 \\
b_2 \\
0 \\
b_4
\end{bmatrix} u
$$

$$
p_T = [\; 0 \quad c_2 \quad 0 \quad 0 \;] \, \underline{x} + d \, u \; . \qquad (2.30)
$$

Diese Struktur eines sprungfähigen Systems 4.Ordnung entspricht zwangsläufig der Übertragungsfunktion Gl.(2.23).

Das in Abschnitt 2.2.2 angesprochene FSIMUL-Modell der Regelstrecke wurde als "Originalsystem" dazu verwendet, um in den
gleichen 6 Arbeitspunkten wie früher die optimalen Parameter
des "Modellsystems" Gl. (2.30) so zu bestimmen, daß dadurch
das Verhalten des Originalsystems so gut wie möglich beschrieben wird.

Die Parameteroptimierung erfolgte im Zeitbereich durch Simulation von Sprungantworten für Leistung $p_T$, Durchfluß $q_T$ und
Fallhöhe $h_T$ sowohl des Originalsystems lt. Abschnitt 2.2.2 als
auch des Modellsystems Gl.(2.30), das zu diesem Zweck nach
Bild 2.1 ebenfalls mit FSIMUL simuliert wurde.

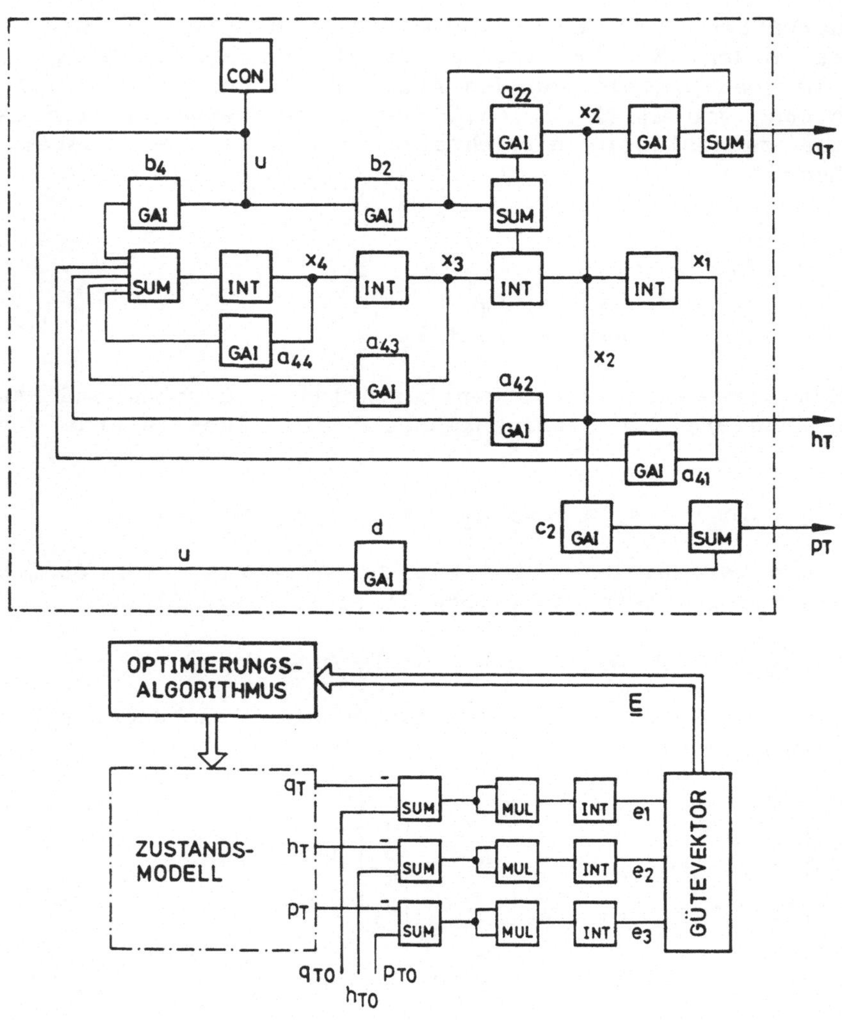


Bild 2.1. Simulation des zu approximierenden Zustandsmodells
und Prinzip der Parameteroptimierung

Es wurden die Sprungantworten der genannten Systemgrößen des
FSIMUL-Originalsystems in der RAM-Disk des PC abgespeichert,
aus der sie dann während jedes Simulationslaufs des Modellsystems online eingelesen wurden. Als Gütekriterium wurden die
Flächen $e_1$, $e_2$, $e_3$ zwischen den drei jeweiligen Sprungantworten definiert, als Komponenten eines Gütevektors $\underline{E}$ aufgefaßt,
der, wie bei dem in Abschnitt 2.3.1 erwähnten Verfahren, über
einen Schrankenvektor $\underline{C}$ minimiert wurde. FSIMUL bietet die
dazu erforderlichen Operationen. Bild 2.1 zeigt auch das Prinzip der Parameteroptimierung. Im Bild 2.2 sind  Beispiele für
die Qualität der erzielten Approximationsergebnisse angegeben.

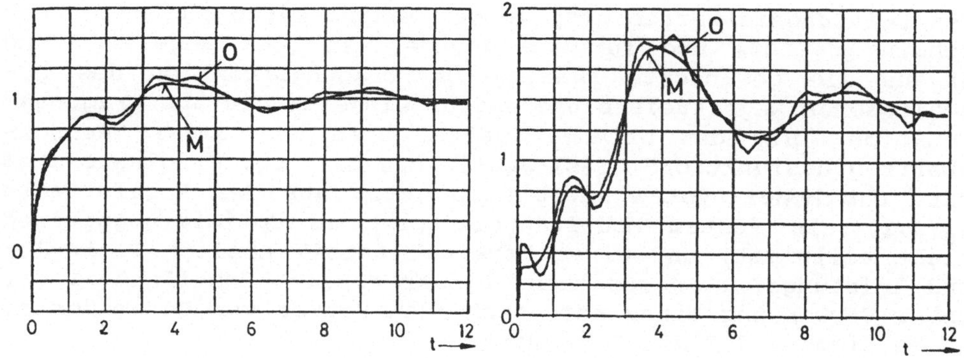

Bild 2.2. Sprungantworten von Original- und Modellsystem
für Leistung $p_T$ (links) und Druck $h_T$ (rechts)

## 3 Reglerentwürfe

In diesem Abschnitt werden die für Leistungsregelung im Verbundbetrieb vorgenommenen Reglerentwürfe kurz vorgeführt.
Genaueres sowie den Entwurf eines gesteuert parameteradaptiven
Reglers für den Insel- und Anfahrbetrieb findet man bei Pohl
(1988,1989).

### 3.1 Gesteuert parameter-adaptiver PI-Regler

Das bereits erwähnte
Programmpaket REDU_RP
kann unverändert auch
zum Reglerentwurf ver-
wendet werden. So wur-
den für Drehzahlrege-
lung im Inselbetrieb
ein gesteuert parame-
ter - adaptiver PID -
Regler, für die Lei-
stungsregelung im Ver-
bundbetrieb ein eben-

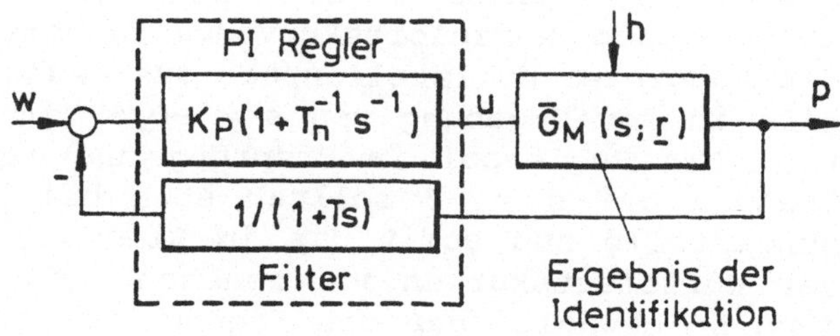


Bild 3.1. Leistungsregelkreis

solcher PI-Regler entworfen.    Letzteres soll kurz besprochen
werden. In Bild 3.1 ist das Blockschaltbild des Leistungsre-
gelkreises mit dem nach Gl.(2.24) ermittelten, optimal reduzierten Streckenmodell angegeben. Die durch Frequenzgangmes-
sung und Modellapproximation identifizierte Regelstrecke ist
jetzt ein "fester" Modellanteil $G_M(s;\underline{r})$. Für die Sprungantwort

des Leistungsistwertes p(t) wurden Maximalwerte für das Überschwingen (20%) und für die Anregelzeit (5s) angesetzt und
daraus die gewünschte Führungs-Übertragungsfunktion des geschlossenen Regelkreises und daraus wiederum die Übertragungsfunktion $G_o(s)$ des offenen Systems bestimmt. Diese "Wunsch-
Übertragungsfunktion" $G_o(s)$ stellt nun das sog. Originalsystem
dar. Das Modellsystem setzt sich jetzt aus der Regelstrecke
$G_M(s;\underline{r})$ als festem Modellanteil (der am Optimierungsprozeß
nicht teilnimmt) und einem "freien" Anteil nämlich PI-Regler
und Leistungsfilter zusammen. Dieser "freie" Modellanteil war
unter Verwendung eines entsprechenden Satzes von Gütemaßen so
zu bestimmen, daß die Bedingung

$$\frac{K_P (s + T_n^{-1} K_P^{-1})}{s (1 + T s)} \; G_M(s;\underline{r}) \;\overset{!}{=}\; G_o(s) \tag{3.1}$$

für den jeweiligen Betriebspunkt durch iterative Bestimmung
eines optimalen Parametervektors $[K_p, T_n, T]$ möglichst gut erfüllt wurde. Das Ergebnis waren $K_p$ und $T_n$ als nichtlineare
Funktionen von Leitapparatöffnung (Stellgröße) u und Fallhöhe
h; für die Filterzeitkonstante T ergab sich ein annähernd
konstanter Wert.

Der Regler Gl.(3.1) wurde zur Simulation am verwendeten PC mit
40ms Abtastzeit und später in dem in der Anlage verwendeten
digitalen Turbinenleitgerät zur Regelung des ersten Maschinensatzes programmiert. Beispiele für Ergebnisse von Simulation
und Anlagenmessung werden im Kapitel 4 in Bild 4.1 gezeigt.


## 3.2    Robuster Regler dritter Ordnung

Dieser Algorithmus wurde durch eine heuristische Überlegung
mittels des Wurzelortskurvenverfahrens wie folgt entworfen:
Ein komplexes Nullstellenpaar des Reglers sollte die Streckenpole in der Umgebung von s = -0,5 ±jω  weitgehend kompensie-
ren. Ein Reglerpol im Ursprung und ein weiterer Pol zweiter
Ordnung bei s = -2 sollten etwa bei s = -0,4 eine Verzwei-
gungsstelle und somit die im Bild 3.2 eingetragenen Verläufe
der Wurzelortskurven verursachen. Die Kreisverstärkung wurde
dann so gewählt, daß die Eigenwerte des geschlossenen Systems
innerhalb der im Bild gestrichelt angedeuteten Gebiete blieben
und somit vom Betriebspunkt kaum merkbar beeinflußt wurden.
Diese einfache Überlegung ergab die Reglerübertragungsfunktion

$$G_R(s) = \frac{0,923 (s^2 + 0,6 s + 1,3)}{s (s + 2)^2} \;. \tag{3.2}$$

Auch dieser Regler wurde für die Simulation am verwendeten PC
mit 40 ms Abtastzeit implementiert; damit wurde zur Erprobung

das detaillierte Ana-
logmodell 40. Ordnung
geregelt. Im Kapitel
4 werden mit Bild 4.1
einige Simulationser-
gebnisse gezeigt. Der
Algorithmus wurde in
der später fertigge-
stellten Anlage im
digitalen Turbinen-
leitgerät program-
miert und er wird
seither zur Regelung
des zweiten Maschi-
nensatzes verwendet.

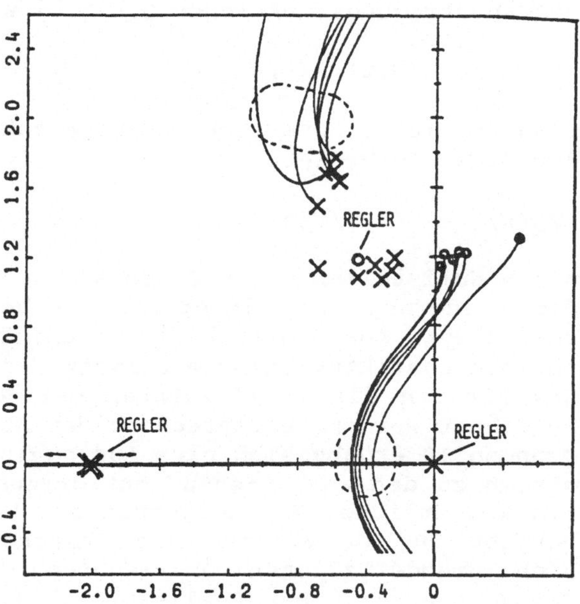


Bild 3.2.
Entwurf des robusten
Reglers mittels Wur-
zelortskurven

### 3.3    Deadbeat Regler fünfter Ordnung

Zum Entwurf dieses Algorithmus ist wegen seiner größeren Parameterempfindlichkeit ein sehr verläßliches Modell des zu regelnden Systems nötig. Um daher den Fehler in der Modellapproximation zu verringern, wurde dem Entwurf das um einen reellen
Pol erweiterte Modell Gl.(2.23) zugrundegelegt:

$$G_p(s) = \frac{k \ (s^4 - z_3 s^3 + z_2 s^2 - z_1 s + z_0)}{(s + s_{r1}) \ \cdot \cdot \cdot \cdot \cdot \cdot (s + s_{r5})} \ . \qquad (3.3)$$

Die Parametervektoren dieser Übertragungsfunktion wurden ebenso wie im Abschnitt 2.3.1 angedeutet ermittelt.

Der gesamte CACSD-Berechnungsvorgang d.h. Diskretisierung der
Übertragungsfunktionen Gl.(3.3) für eine Abtastzeit von 1s
(entsprechend der Größenordnung der dominierenden Zeitkonstante des Systems), Reglerentwurf durch Lösung eines Polvorgabe-
Gleichungssystems bis zur Simulation der Sprungantworten wurde
mittels des unter Verwendung von RASP (Joos,Grübel,1988) erstellten Programmpakets DEAD_RP (Schumann,1989) vorgenommen.
Eine genaue Beschreibung des Entwurfsvorgangs findet sich bei
Pohl (1988,1988a,1989). Hier kann dieser Reglerentwurf nur
kurz angedeutet werden.

Die Übertragungsfunktionen Gl.(3.3) werden in den z-Bereich zu

$$G_p(z) = B(z)/A(z) \tag{3.4}$$

transformiert. Entsprechend der Anzahl 5 der Streckenpole wird
der diskrete Regler

$$G_R(z) = D(z)/C(z) \tag{3.5}$$

mit 5 Nullstellen und 5 Polen angesetzt und dabei entsprechend
der Forderung nach integralem Verhalten ein Pol bei $z = 1$
festgelegt. Aus Gln.(3.4),(3.5) und der Vorgabe von $P(z) = z^{10}$
für das charakteristische Polynom des geschlossenen Regelkreises könnten die Koeffizienten der Reglerübertragungsfunktion
berechnet werden. Entsprechend der Abtastzeit von 1 s und der
Ordnung 10 ergäbe sich eine Ausregelzeit von 10 s, was im Vergleich zu den vorhergehend entworfenen Reglern zu lange wäre.
Ein wesentlicher Freiheitsgrad zur Verringerung der Regelzeit
besteht in der Kürzung von Streckennullstellen und -polen.
Nach grundsätzlichen Überlegungen hinsichtlich Stabilität,
Beobachtbarkeit und Realisierbarkeit können keine Streckennullstellen jedoch die konjugiert komplexen Pole $z_1,\dots,z_4$
(entsprechend den Polen $s_{r1},\dots,s_{r4}$ der kontinuierlichen Übertragungsfunktion Gl.(3.3)) gekürzt werden. Damit lautet die
charakteristische Gleichung

$$P(z) = z^6(z-z_1)(z-z_2)(z-z_3)(z-z_4) = A(z)C(z) + B(z)D(z) \tag{3.6}$$

woraus die Koeffizienten von C(z) und D(z) berechnet und damit
der Deadbeat Regler festgelegt werden kann. Durch die Kürzung
von 4 Streckenpolen reduzierte sich die Ausregelzeit auf 6 s;
die simulierten Sprungantworten zeigten fast rampenförmigen
Anstieg und hatten kaum Überschwingen. Erstaunlicherweise
stellte sich eine nur geringfügige Arbeitspunktabhängigkeit
der Reglerparameter heraus, was aber nicht verallgemeinert
werden darf. Lediglich eine Nachführung der Verstärkung erwies
sich als erforderlich. Sowohl die Implementierung des Regelalgorithmus zunächst im PC bei der Analogsimulation als auch
später in das im Kraftwerk installierte Turbinenleitgerät bestätigte die vorteilhafte Eignung des Algorithmus auf endliche
Einstellzeit. Einige Beispiele für die Ergebnisse von Simulation und Messung sind dem späteren Bild 4.2 zu entnehmen.


## 3.4   Robuster Regler mit unterlagerter Zustandsrückführung

Die Möglichkeiten einer Zustandsvektorrückkopplung mit dem als
steuerbar und beobachtbar festgestellten Modell Gl.(2.30)
wurde eingehend untersucht. Dabei erwiesen sich allerdings die
Realisierung des notwendigerweise parameteradaptiven Eingangs-

filters bzw. der Eingangsverstärkung und die Verfügbarkeit des
vollständigen Zustandsvektors als problematisch. Es wurde
schließlich anstelle des Eingangsfilters eine Übertragungsfunktionsstruktur verwendet, wie sie bereits in Abschnitt 3.2
für den robusten Regler entworfen wurde:

$$G_R(s) \;=\; \frac{k\,(s^2 + z_1 s + z_0)}{s\,(s + s_{r1})^2}\;. \tag{3.7}$$

Eine "klassische" Zustandsregelung mit Rekonstruktion des
Zustandsvektors durch einen Beobachter hätte gegenüber der
schließlich bevorzugten Struktur keine wesentliche Verbesserung des Übergangsverhaltens gebracht. Von den vier Zustandsgrößen Gl.(2.27) wurden nur $x_2 = h_T$ und $x_3 = k_1 h_T + k_2 q_T$ rückgekoppelt, wobei gegenüber Gl. (2.27) in $x_3$ der Anteil $h_T$
vernachlässigt wurde. Die Berechtigung dazu wurde daraus abgeleitet, daß infolge der Stellgeschwindigkeitsbegrenzung der
Gradient der Druckänderung relativ klein gehalten wird.

In Bild 3.3 ist die Struktur der Regelung mit dem betriebspunktabhängigen Zustandsmodell lt. Gl.(2.30) und Bild 2.2
dargestellt. Dem Modell können die Leistung $p_T$ zur Ausgangsrückkopplung sowie die Größen $h_T$ und $q_T$ zur Zustandsgrößen-
rückkopplung entnommen werden. Diese Größen müssen auch in der
Anlage als Meßwerte zur Verfügung stehen. Wenn auch dem Reglerentwurf ein Zustandsmodell zugrunde lag, kann die schließlich als am günstigsten bestimmte Struktur eigentlich nicht
als "klassische" Zustandsregelung sondern eher als Ausgangsrückführung und Regelung mit Hilfsregelgrößen bezeichnet
werden. Dieser Entwurf steht auch im Einklang mit zahlreichen
aktuellen Veröffentlichungen, in denen von vollständigen Zu-
standsvektorrückführungen über Beobachter doch öfters abge-
rückt wird.

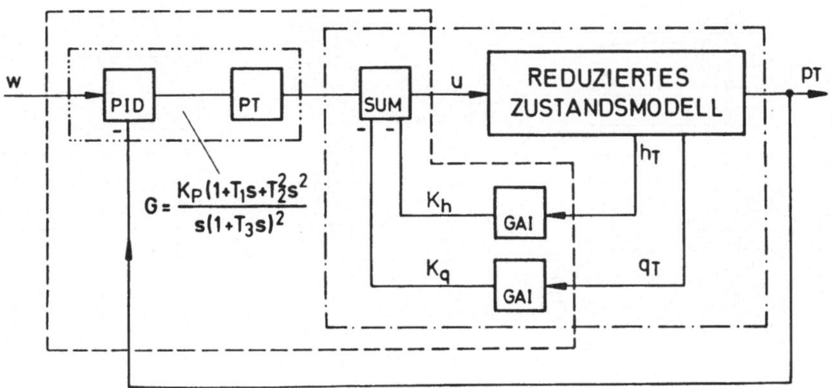


Bild 3.3. Robuster Regler mit unterlagerter
Rückkopplung von $h_T$ und $q_T$

Mit dem Ziel einer robusten Regelung erfolgte die Bestimmung des für Bild 3.3 optimalen Parametervektors wie folgt. Für die im Zeitbereich mittels FSIMUL durchgeführte Parameteroptimierung wurde ein Überschwingen von max. 20% und eine Anregelzeit von max. 8s zugelassen. Damit wurde für die zulässigen Sprungantworten des Regelungssystems ein "Schlauch" definiert. Um für alle Parametervektoren des Zustandsmodells die vorgegebenen Verläufe der Sprungantworten einzuhalten, wurden bei der Parameteroptimierung für den Regelalgorithmus die Regelkreismodelle für alle Betriebspunkte gleichzeitig simuliert. Damit konnte der übergeordnete Optimierungsalgorithmus einen Parametervektor, gültig für alle Modelle, variieren. In jedem der simulierten Regelkreise war dann das Gütekriterium als Integral der Fehlerquadrate zwischen erlaubter und tatsächlicher Sprungantwort zu bestimmen, während diese sechs Gütekriterien dann die Komponenten des vektoriellen Gütekriteriums entsprechend dem früher zitierten Verfahren bildeten. Auf diese Weise wurde ein optimaler Parametervektor für die robuste Zustandsregelung ermittelt. In Bild 3.4 sind als Beispiele einige Sprungantworten als Ergebnisse der Simulation mit dem Analogmodell 40.Ordnung dargestellt.

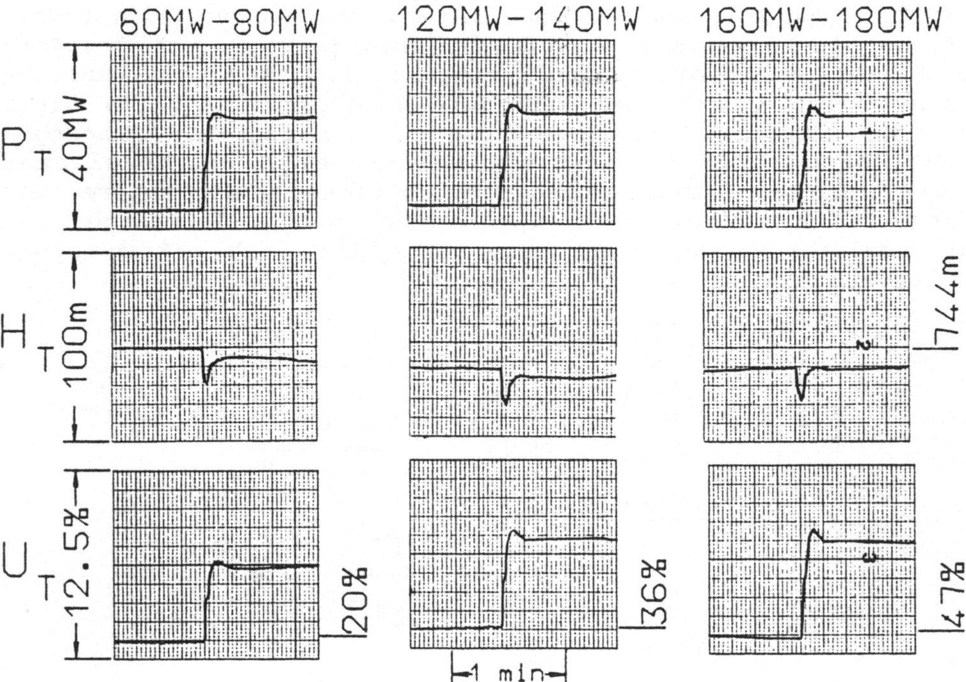


Bild 3.4. Simulation von Sprungantworten des Modells 40.Ordnung geregelt durch den Regler Bild 3.3

Aus diesen und aus den anderen untereinander sehr ähnlichen
Ergebnissen, die mit gänzlich unterschiedlichen Reglerentwürfen erzielt wurden, wurde bestätigt, daß es eigentlich kein
zu bevorzugendes Entwurfsverfahren gibt. Die zuletzt beschriebene Regelung erbrachte zwar hervorragende Simulationsergebnisse, wurde aber dann wegen der erforderlichen zusätzlichen
Meßwerte in der Anlage doch nicht verwendet.

Den Regelungen mit ausschließlicher Ausgangsrückkopplung von
$p_T$ wurde der Vorzug gegeben. In manchen Fällen lohnt es also
nicht, "um jeden Preis" und aus welchen Gründen auch immer,
Zustandsregelungen einzusetzen. Jedenfalls wurden alle in
dieser Studie entwickelten Algorithmen, insbesondere der Deadbeat Regler, bisher in Wasserkraftanlagen noch niemals eingesetzt.


**4      Bestätigung der Simulationsergebnisse durch Messungen
         im Kraftwerk**

Im Januar und November 1987 konnten Versuche im fertiggestell-
ten Kraftwerk durchgeführt werden. Wie im Abschnitt 1.3.1 angegeben, konnte die Konfiguration der Regelalgorithmen in
kürzester Zeit vorgenommen bzw. verändert werden. Dadurch war
es möglich, die Maschinensätze aufeinanderfolgend mit den verschiedenen Algorithmen problemlos zu regeln.


**4.1    Verifizierung des Simulationsmodells durch
        Frequenzgangmessung**

Als erster Schritt zur Bestätigung der Simulationsergebnisse
wurden bei der damals verfügbaren mittleren geod. Fallhöhe von
646 m Frequenzgangmessungen vorgenommen. Zum Vergleich standen
Simulationsergebnisse von vier verschiedenen Turbinenleistun-
gen bei 650 m Fallhöhe zur Verfügung. Somit konnten die Ergebnisse von annähernd gleichen Betriebspunkten miteinander verglichen werden. Ein Beispiel für die Übereinstimmung zwischen
Simulationsergebnissen (hier nach Gl.(2.23)) und Meßergebnissen im Kraftwerk ist in Bild 4.1 dargestellt.

Bei Betrachtung von Bild 4.1 ist zu beachten, daß die Simulationsergebnisse (o) aufgrund einer rein theoretischen Systemanalyse bzw. Modellbildung erhalten wurden. Die beiden Frequenzgänge in Bild 4.1 mit den Meßergebnissen (+) sowie die
Gln.(4.1) zeigen eine beachtlich gute Übereinstimmung zwischen
Anlagenmessung und Simulation und beweisen deren Verläßlich-
keit. Ähnlich gute Ergebnisse wurden auch in den anderen Betriebspunkten erzielt.

Die Frequenzgang-Meßwerte aus der Anlage wurden auch dazu
verwendet, um für die angenommene Modellübertragungsfunktion
lt. Gl.(2.24) genauso wie in Abschnitt 2.3.1 beschrieben und
mit den gleichen Gütemaßen wie dort, die Parametersätze dieser
Übertragungsfunktionen zu bestimmen. So wurde z.B. für den
Halblastpunkt erhalten:

$$G_M(s) = \frac{1,46 \ (0,62s^2 - 0,04s +1)}{(0,62s^2+0,50s+1)(0,32s^2+0,49+1)} \qquad (4.1 \text{ mess.})$$

Die vergleichbare, durch die Identifikation des Simulationsmodells bestimmte Übertragungsfunktion lautet:

$$G_M(s) = \frac{1,44 \ (0,68s^2 - 0,12s + 1)}{(0,57s^2+0,61s+1)(0,31s^2+0,42s+1)} \qquad (4.1 \text{ simul.})$$

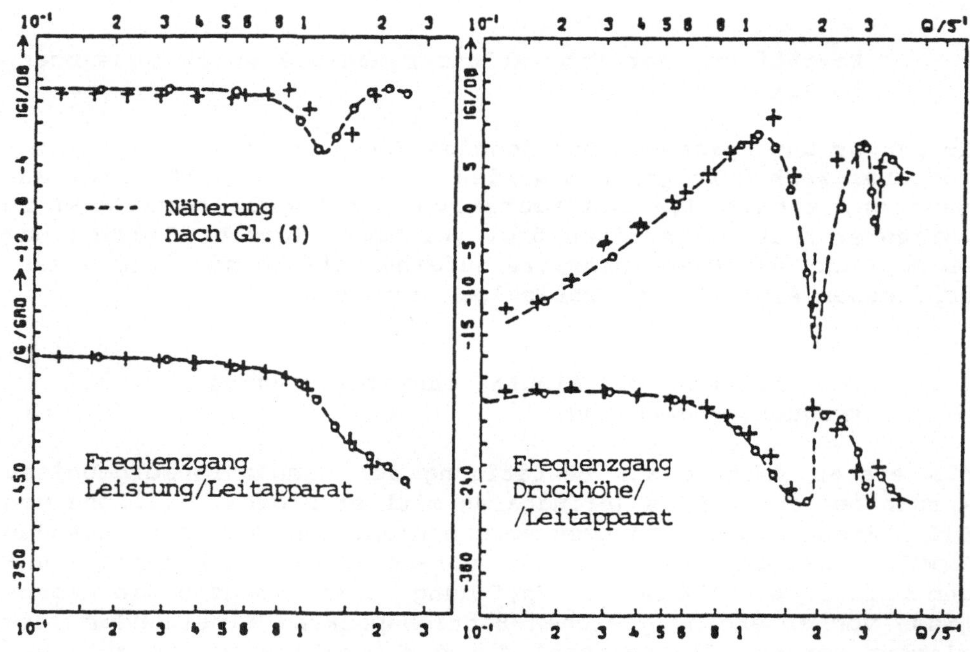


Bild 4.1. Frequenzgänge    o Ergebnisse der Simulation,
                           + Meßergebnisse im Kraftwerk


**4.2      Übergangsvorgänge im Verbundbetrieb;
          Vergleich mit Simulationsergebnissen**

Zur Prüfung der in den Abschnitten 3.1 bis 3.3 beschriebenen
Regelalgorithmen für die Leistungsregelung wurden Sprungantworten und Rampenantworten aufgezeichnet. Wie bei den simulierten Vorgängen wurde der Leistungssollwert einer Maschine

sprungförmig bzw. rampenförmig jeweils um 20 MW oder 30 MW auf
180 MW und zurück verändert. Dabei wurden alle interessierenden Systemgrößen registriert. In den folgenden Bildern sind
Generatorleistung $p_T$ und Druckhöhe $h_T$ dargestellt. Bild 4.2
zeigt einige Sprungantworten und ermöglicht den Vergleich
zwischen dem parameteradaptiven PI-Regler nach Bild 3.1 und
dem robusten Regler dritter Ordnung nach Gl.(3.2).

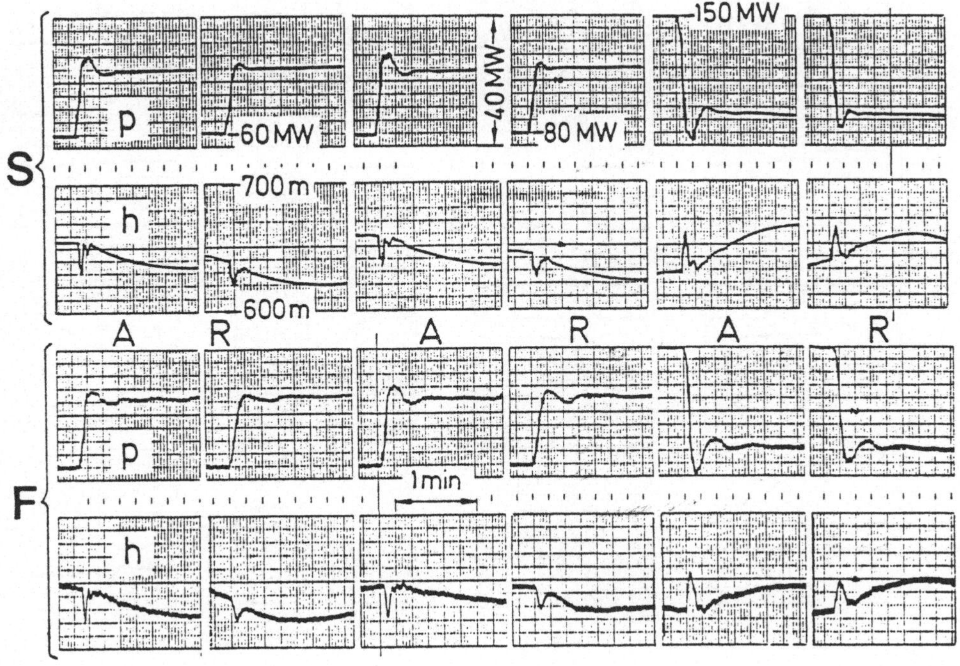


Bild 4.2. Sprungantworten bei Leistungsregelung. **p** Leistung,
**h** Druckhöhe; **S** Meßergebnisse aus der Simulation,
**F** Meßergebnisse im Kraftwerk; **A** Mit dem parameter-
adaptiven PI-Regler, **R** mit dem robusten Regler

Bild 4.3 zeigt einige Sprungantworten bei Regelung durch den
Deadbeat Regler. Auch hier ist, wie bei Bild 4.2, bei Leistungen unter 80 MW eine sehr gute Übereinstimmung mit den Simulationsergebnissen festzustellen. Dieser Regler ergibt hier kein
oder nur ein minimales Überschwingen und ermöglicht, gemäß der
zugrundeliegenden Theorie, ein Ausregeln in 6 s. Bei Leistungen über 100 MW ist die Übereinstimmung mit der Simulation
wegen der Parameterempfindlichkeit nicht ganz so gut; auch
zeigt sich hier ein gewisses Überschwingen. Jedoch sind bei
allen Vorgängen in Bild 4.3 sowohl Überschwingen als auch
Regelzeit günstiger als bei den Reglern in Bild 4.2; der Deadbeat Regler zeigte demnach das beste Ergebnis. Der robuste
Algorithmus erzielte den "zweiten Preis".

In den Arbeiten von Fasol und Pohl (1987) und von  Pohl (1988,
1989) sind auch Vergleiche zwischen gemessenen und simulierten
Übergangsvorgängen im Inselbetrieb vorgestellt.

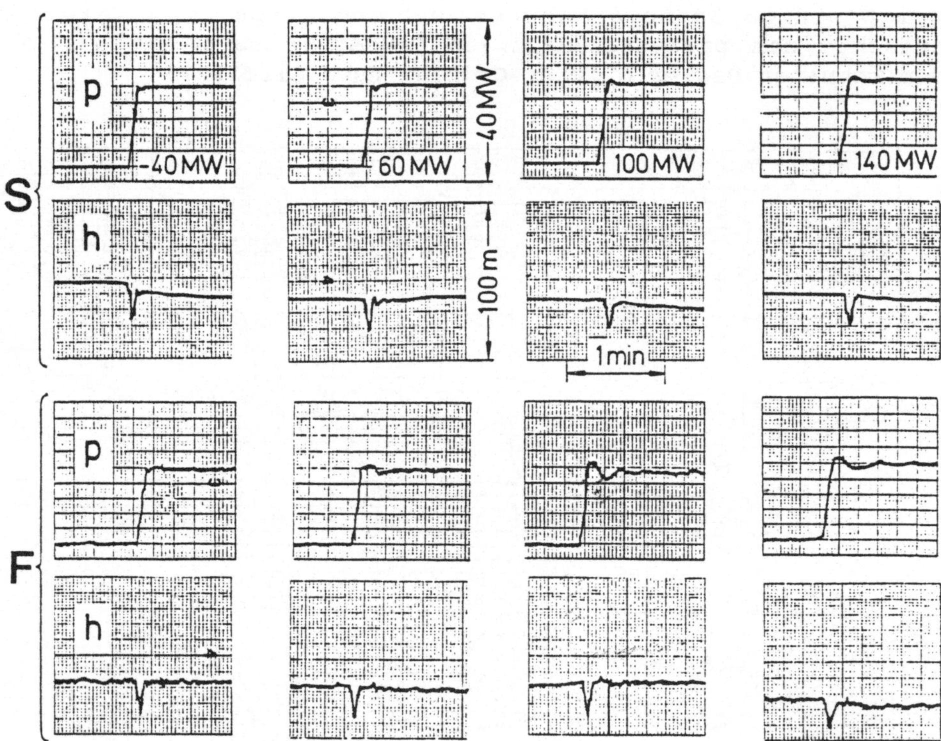


Bild 4.3. Sprungantworten bei Leistungsregelung mit dem Dead-
          beat Regler.   S  Meßergebnisse aus der Simulation,
          F  Meßergebnisse im Kraftwerk


## Literaturhinweise

[ 1] Fasol, K.H., Jörgl, H.P. (1979).   Zur Modellbildung  und
     Simulation instationärer Rohrströmungen. Regelungstechnik
     27. S. 387-393.

[ 2] Fasol, K.H. (1985). Computer simulations to improve hydro
     power control. IFAC Symposium on Planning and Operation
     of Electric Energy Systems. Rio de Janeiro.

[ 3] Fasol, K.H., Huser, L., Westerthaler, W. (1987). Digital
     Control of 180 MW Francies Turbines: Controller Design,
     Simulation, and Operational Results.  Waterpower '87:
     Internat. Conference on Hydropower. Portland. Or.

[ 4] Fasol, K.H., Pohl, M. (1987). Simulation and Controller Design for a Hydro Power Plant Verfified by Field Tests - A Case Study. 10th IFAC World Congress. München. Überarbeitete und erweiterte Fassung in AUTOMATICA, 26 (1990).

[ 5] Gehre, G., Grübel, G. (1987). Ein Verfahren zur Modellapproximation mit unterschiedlichen Zielsetzungen im Zeit- und Frequenzbereich. Automatisierungstechnik (at), 35. S. 310-316.

[ 6] Hoppe, M. (1981). Die Regelung von Systemen mit Alpaßeigenschaften - Dargestellt durch theoretische und experimentelle Untersuchungen einer Wasserkraftanlage. Diss. Schriftenreihe, Lehrstuhl für Regelungssysteme und Steuerungstechnik. Ruhr-Universität Bochum. H.16.

[ 7] Joos, H.-D., Grübel,G. (1988). Die Regelungstechnische Programmbibliothek RASP'87. Automatisierungstechnik (at), 36. S. 313.

[ 8] Pohl, M. (1988). Digitale Regelung von Maschinensätzen einer Wasserkraftanlage mit robusten und gesteuert parameter-adaptiven Algorithmen. Diss. Schriftenreihe, Lehrstuhl für Regelungssysteme und Steuerungstechnik. Ruhr-Universität Bochum. H.30.

[ 9] Pohl, M. (1988a). Digitale Regelung von Maschinensätzen einer Wasserkraftanlage mit robusten und gesteuert parameter-adaptiven Algorithmen. Fortschrittberichte VDI, Reihe 8, Nr.184. (Gekürzte Fassung von Pohl (1988)).

[10] Pohl, M. (1989). Reglerentwurf auf endliche Einstellzeit für die Turbinenregelung einer Wasserkraftanlage. Automatisierungstechnik (at), 36. S.306-310.

[11] Raabe, J. (1985). Hydro Power. VDI-Verlag, Düsseldorf.

[12] SULZER ESCHER WYSS. (1987). DTL - Das digitale Turbinenleitsystem. Firmenschrift.

[13] Wylie, E.B., Streeter, V.L. (1978). Fluid Transients. McGraw-Hill. New York.

# Modellbildung, Simulation und Regelung einer gekoppelten Destillationsanlage

L. Lang, E.D. Gilles

Das bei weitem am häufigsten eingesetzte Verfahren zur Trennung von Stoffen in der chemischen und petrochemischen Industrie ist die Destillation. Die Destillation ist ein Verfahren der thermischen Flüssigkeitszerlegung und beruht im wesentlichen darauf, daß der beim Destillieren eines Flüssigkeitsgemisches erzeugte Gemischdampf im Gegenstrom zum Kondensat dieses Dampfes geleitet wird. Dabei nutzt man den physikalischen Effekt, daß sich Flüssigphase und Dampfphase im Gleichgewicht in ihrer Zusammensetzung unterscheiden. Die Zerlegung des Gemisches wird durch eine innige Vermischung von flüssiger und dampfförmiger Phase gefördert. Zu einer einfachen Destillationskolonne gehören demnach ein Verdampfer zum Erzeugen des Gemischdampfes, eine Trennsäule, in welcher die Gemischauftrennung stattfindet, und ein Kondensator zum Niederschlagen der leichtersiedenden Gemischdämpfe, die die Trennsäule verlassen. Die Lage des Zulaufs ist abhängig von der Zusammensetzung des aufzutrennenden Gemisches. Die Trennsäule oberhalb des Zulaufs bezeichnet man als Verstärkerteil und unterhalb des Zulaufs als Abtriebsteil. Das gebildete Kondensat wird zum Teil als Rücklauf der Trennsäule wieder aufgegeben und dort im Gegenstrom zum Dampf geführt. Der übrige Teil verläßt die Anlage als sogenanntes Kopfprodukt oder Destillatstrom. Das schwerersiedende Produkt wird als Sumpfprodukt im Verdampfer abgezogen. Die Trennsäule selbst ist entweder als Bodenkolonne oder als Füllkörperkolonne ausgeführt. Diese unterscheiden sich in den jeweiligen Einbauten zur Förderung des Kontaktes zwischen Dampf und Flüssigkeit. Während die Füllkörper im allgemeinen den ganzen Kolonnenraum ausfüllen, sind die Austausch- oder Rektifizierböden in bestimmten, meist gleichen Abständen in der Trennsäule untergebracht.

Destillationsanlagen gehören zu den Hauptenergieverbrauchern in der chemischen Industrie. Eine Verbesserung der Regelgüte würde daher ein großes Potential an Energieeinsparungsmöglichkeiten freisetzen. Denn aufgrund der ungenügenden Regelgüte konventioneller Regelverfahren werden Destillationskolonnen häufig so betrieben, daß die geforderten Produktreinheiten im normalen Betrieb stets überschritten werden. Dies stellt das Einhalten der Spezifikationen sicher, selbst wenn gelegentlich Störungen durchschlagen. Die laufende Übertrennung des Gemisches erfordert aber ein höheres Rücklaufverhältnis und damit einen höheren Energieverbrauch als eigentlich notwendig.

Eine weitere Möglichkeit zur Reduzierung des Energieverbrauchs besteht in der Ankopplung einer Seitenkolonne über einen Seitenabzug. Dies kann speziell bei Gemischen, die aus 3 Komponenten bestehen oder zwischensiedende Verunreinigungen enthalten, zu erheblichen Einsparungen führen [1]. Allerdings werden in der Praxis solche Schaltungen meist vermieden, da sie zu stark verkoppelten Systemen führen, die regelungstechnisch schwierig zu beherrschen sind. Im Kapitel 1 wird eine entsprechende Technikumsanlage, die eine Hauptkolonne mit Seitenkolonne umfaßt, vorgestellt.

Als Ziel der Regelung von Destillationskolonnen ist nicht so sehr das Erreichen eines guten Führungsverhaltens zu sehen, sondern die Unterdrückung von Störungen, so daß vorgegebene Produktreinheiten eingehalten werden können. Dazu wurden zahlreiche empirische Schaltungen entwickelt [2,3]. Diese sind aus einschleifigen Regelkreisen, zumeist mit PI-Reglern aufgebaut. Dabei bleibt jedoch die durch den Gegenstromprozeß hervorgerufene starke gegenseitige Verkopplung der einzelnen Regelkreise beim Entwurf unberücksichtigt. Dennoch können die meisten konventionellen Trennungen damit zufriedenstellend betrieben werden. Schwierigkeiten treten dann auf, wenn durch Verwendung von Seitenabzügen oder durch thermische Kopplung mehrerer Kolonnen einzelne Stellgrößen in ihrer Wirkung nicht mehr in einfacher Weise zu durchschauen sind. Für solche Kolonnenschaltungen erfordern der Entwurf und die Bewertung geeigneter Regelverfahren einen genauen Einblick in das dynamische Verhalten des Systems. Die Dynamik von Destillationskolonnen ergibt sich aus den Wärme- und Stoffübergangsprozessen und den hydrodynamischen Einflüssen. Bei Betriebsversuchen erhält man aufgrund mangelnder Meßinformation meist nur ungenügende Aussagen über die dynamischen Vorgänge und ist deshalb auf Simulationen mit einem geeigneten mathematischen Modell angewiesen. Dies gilt erst recht bei der Konzeption von Neuanlagen. Ein entsprechendes Modell wird im Kapitel 2 aus den allgemeinen Bilanzgleichungen abgeleitet.

Im Mittelpunkt von Kapitel 3 steht das dynamische Verhalten der in Kapitel 1 beschriebenen Destillationsanlage. Daraus resultierende Forderungen an die Regelung werden im Kapitel 4 genauer umrissen und die Regelaufgabe definiert. Insbesondere ergeben sich Kriterien für die Auswahl entsprechender Regelgrößen. Anhand von Simulationen wird schließlich im letzten Kapitel exemplarisch das dynamische Verhalten des geschlossenen Regelkreises für eine robuste Mehrgrößenregelung dieser Destillationsanlage untersucht.

## 1    Anlagenbeschreibung

Als Anwendungsbeispiel dient die Trennung von Methanol/Etha-
nol/n-Propanol in einer am Institut für Systemdynamik und
Regelungstechnik (ISR) aufgebauten Technikumsanlage zur Trennung von Dreistoffgemischen (s. Bild 1). Sie besteht aus zwei
miteinander gekoppelten Destillationskolonnen. Die Hauptkolonne mit einem Durchmesser von 100 mm besitzt 40 Glockenböden.
Das zu trennende Gemisch wird über den Zulauf auf Boden 22
zugeführt. Die Numerierung der einzelnen Trennstufen erfolgt
von oben nach unten. Der Kondensator der Hauptkolonne ist mit
1 bezeichnet, der Verdampfer mit 42 und der Kondensator der
Seitenkolonne mit 43. Die Wärmezufuhr im Verdampfer erfolgt
über eine elektrische Heizung. Als Sumpfprodukt erhält man den
Schwerstsieder n-Propanol. Der Kondensator der Hauptkolonne
wird unter Atmosphärendruck betrieben und der am Kopf der
Kolonne ankommende Dampf total kondensiert. Als Kopfprodukt
gewinnt man den Leichtestsieder Methanol.

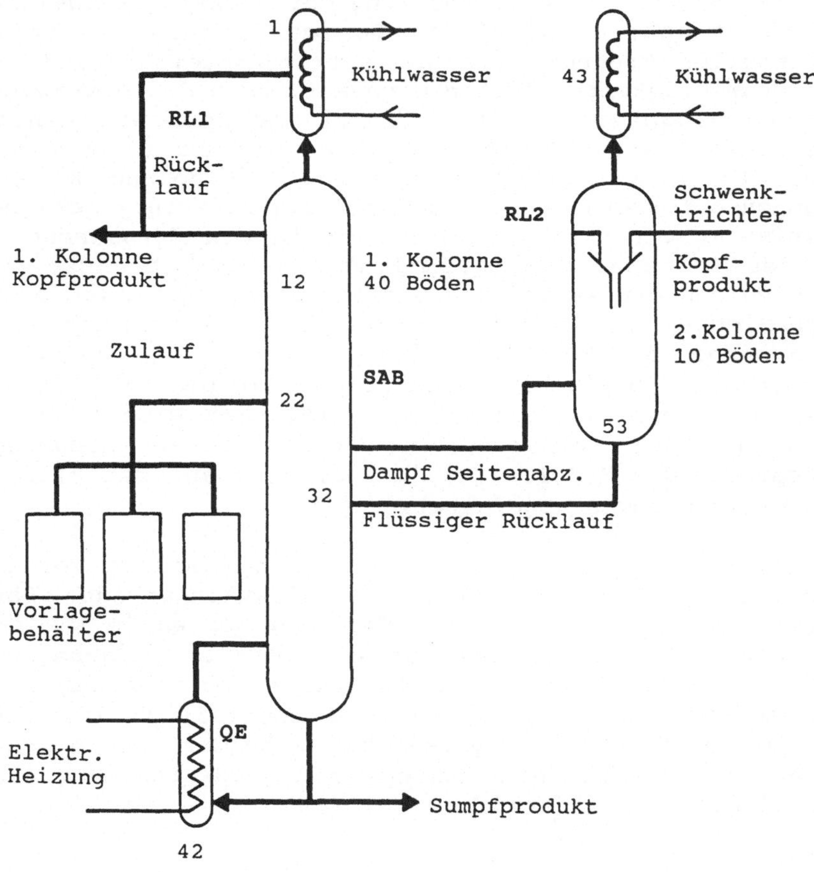


Bild 1. Fließbild der Anlage

Die Abtrennung des Zwischensieders Ethanol erfolgt über den dampfförmigen Seitenabzug auf Boden 32 und die Seitenkolonne. Der Rücklaufstrom aus der Seitenkolonne wird wiederum auf Boden 32 in die Hauptkolonne zurückgeführt. Die zweite Kolonne ist somit eine reine Verstärkersäule mit einem Durchmesser von 50 mm. Der Betriebsdruck der Seitenkolonne liegt bei 800 mbar.

Als Stellgrößen stehen an der Anlage zur Verfügung: die Heizleistung im Verdampfer (QE), die Seitenabzugsmenge (SAB), das Rücklaufverhältnis in der Hauptkolonne (RL1) sowie das Rücklaufverhältnis in der Seitenkolonne (RL2). RL1 ist das tatsächliche Rücklaufverhältnis, definiert als Verhältnis von Rücklaufstrom zu abgezogener Destillatmenge. Es wird über eine kaskadierte Verhältnisregelung eingestellt. Aufgrund des wesentlich geringeren Durchsatzes in der Seitenkolonne wird der Rücklauf in dieser Kolonne über einen Schwenktrichter eingestellt. Damit ist RL2 definiert als das Verhältnis von Rücklaufmenge zu gesamter Destillatmenge.


## 2    Mathematisches Modell einer Destillationskolonne

Zur Herleitung des mathematischen Modells geht man im Falle von Bodenkolonnen von einem einzelnen Boden aus. Die meisten Modelle zur Auslegung von Destillationskolonnen basieren auf dem sogenannten Gleichgewichtsmodell. Dabei wird vorausgesetzt, daß die Ströme, die eine Trennstufe verlassen im Gleichgewicht zueinander stehen. Im tatsächlichen Betrieb stellt sich jedoch auf den einzelnen Trennstufen kein Gleichgewicht ein. Abweichungen vom Gleichgewicht versucht man üblicherweise durch die Einführung eines Bodenwirkungsgrades zu berücksichtigen. Nun gibt es verschiedene Ansätze zur Definition des Bodenwirkungsgrades [4], die zudem exakt nur für Zweistoffsysteme gelten. Die Übertragung auf Mehrstoff-Systeme führt daher zu weiteren Schwierigkeiten. Aus diesem Grunde wird hier mit dem sogenannten Stoffaustauschmodell ein anderer Ansatz gewählt, bei dem die etwas willkürliche Einführung eines Bodenwirkungsgrades entfällt. Unter Vernachlässigung der Dispersion der Phasen betrachtet man jeden Boden als offenes heterogenes Zweiphasensystem, das aus den zwei ideal durchmischten Phasen Flüssigkeit und Dampf besteht, die miteinander über die Phasengrenze im Stoff- und Wärmeaustausch stehen (Bild 2) [5,6]. Besitzt das zu trennende Gemisch Mischungslükken, so zerfällt die Flüssigkeit unter Umständen ihrerseits in zwei Phasen. Ein Modell für diesen Fall wurde in [7] angegeben; im folgenden ist stets vorausgesetzt, daß keine Mischungslücken auftreten. Weiterhin sollen keine chemischen Reaktionen im System ablaufen; solche Kolonnen sind in [8] behandelt.

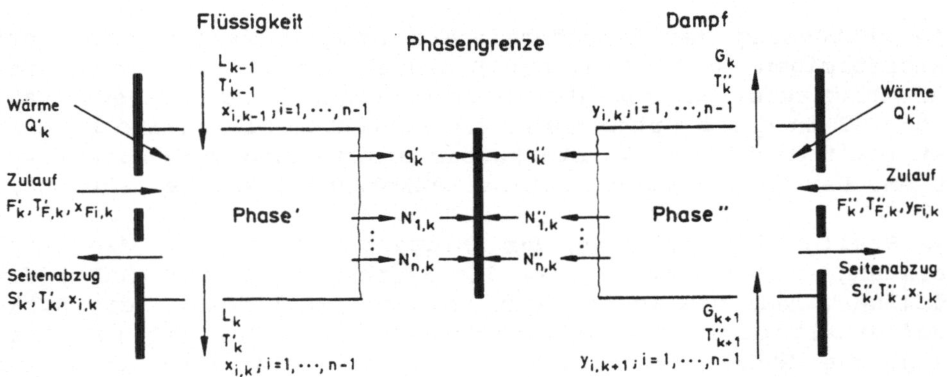


Bild 2. Modell eines Bodens

Zur Herleitung des Modells werden die folgenden Annahmen getroffen:
- mechanisches Gleichgewicht auf jedem Boden
- konstantes Bodenvolumen V
- vernachlässigbare Speicherfähigkeit in der Dampfphase
- Stoffaustauschwiderstand nur in der Dampfphase
- Siedetemperatur des jeweiligen Gemisches auf jedem Boden
- Gleichgewicht an der Phasengrenze

Damit lautet die Bilanz der gesamten Bodenflüssigkeit einer
Stufe k:

$$0 = (L_{k-1} - L_k - \sum_{i=1}^{n} N_{i,k} + F_k' - S_k')(\sum_{i=1}^{n} x_{i,k}v_i)^2 + V \sum_{i=1}^{n} v_i \frac{dx_{i,k}}{dt}$$

$$(1)$$

Entsprechend ergibt sich für die Dampfphase:

$$0 = G_{k+1} - G_k + \sum_{i=1}^{n} N_{i,k} + F_k'' - S_k'' \tag{2}$$

Die Größe $N_i$ beschreibt den zwischen beiden Phasen strömenden
Austauschstrom der Komponente i. Er ist als positiv definiert,
falls der Strom von der Flüssigphase in die Dampfphase gerich-
tet ist. Zur Beschreibung des Verhaltens der i-ten Komponente
ergibt sich für Flüssig- und Dampfphase jeweils eine Materialbilanz. Für die flüssige Phase gilt:

$$0 = (L_{k-1}x_{i,k-1} - L_k x_{i,k} - N_{i,k} + F_k'x_{Fi,k} - S_k'x_{i,k}) \sum_{j=1}^{n} x_{j,k}v_j +$$

$$+ V\left[(x_{i,k} / \sum_{j=1}^{n} x_{j,k}v_j) \sum_{j=1}^{n} v_j \frac{dx_{j,k}}{dt} - \frac{dx_{i,k}}{dt}\right] ; \quad i = 1,..,n-1$$

$$(3)$$

Für die Dampfphase erhält man:

$$0 = G_{k+1}y_{i,k+1} - G_k y_{i,k} + N_{i,k} + F_k''y_{Fi,k} - S_k''y_{i,k} ;$$

$$i = 1,...,n-1 \tag{4}$$

Da es nur jeweils n-1 unabhängige Komponentengleichungen pro
Phase gibt, werden noch folgende Summenbeziehungen zur Berechnung des Molanteils der n-ten Komponente in Dampf- und Flüssigphase benötigt:

$$0 = 1 - \sum_{i=1}^{n} x_{i,k} \quad , \qquad 0 = 1 - \sum_{i=1}^{n} y_{i,k} \cdot \qquad (5),(6)$$

Die Dampfkonzentrationen an der Phasengrenze $y_i^{I}$ berechnen
sich aus den Gleichgewichtsbeziehungen:

$$0 = \frac{\Gamma_{i,k}(T_k)\,p_{i,k}(T_k)}{p_k}\, x_{i,k} - y_{i,k}^{I}; \quad i = 1,\ldots,n \qquad (7)$$

Zur Berechnung des Druckes steht die folgende Druckverlustbe-
ziehung zur Verfügung:

$$0 = p_{k-1} - p_k + \beta_0 + \beta_1 G_k^2 \qquad (8)$$

Die Bodentemperatur berechnet sich aus dem Siedegleichgewicht:

$$0 = 1 - \sum_{i=1}^{n} \frac{\Gamma_{i,k}(T_k)\,p_{i,k}(T_k)}{p_k}\, x_{i,k} \qquad (9)$$

Die Wärmeströme zur Phasengrenze $q_k'$ and $q_k''$ ergeben sich aus
der Gesamtenergiebilanz beider Phasen:

$$0 = \sum_{j=1}^{n} x_{j,k} v_j \left[ L_{k-1} h_{k-1}' - L_k h_k' + G_{k+1} h_{k+1}'' - G_k h_k'' + \right.$$

$$+ \sum_{i=1}^{n} N_{i,k}(h_{i,k}'' - h_{i,k}') - (q_k' + q_k'') + Q_k + F_k' h_{F,k}' +$$

$$\left. + F_k'' h_{F,k}'' - S_k' h_k' - S_k'' h_k'' \right] - v\left[ \sum_{j=1}^{n-1} (h_{i,k}' - h_{n,k}')\frac{dx_{i,k}}{dt} - \right.$$

$$\left. - (\sum_{i=1}^{n} x_{i,k} h_{i,k}' / \sum_{i=1}^{n} x_{i,k} v_i )\sum_{j=1}^{n-1} (v_j - v_n)\frac{dx_{j,k}}{dt} \right] \qquad (10)$$

Im Zusammenhang mit den Bilanzgleichungen wird vorausgesetzt,
daß Gleichungen für die thermischen und kalorischen Zustands-
funktionen $v_i(p,T)$ und $h_i(p,T)$ aus Stoffdatensammlungen bekannt sind. Für die Phasengleichgewichtsberechnungen (Gln.7,9)
werden noch Ansätze zur Berechnung der Sättigungsdampfdrücke
$p_i(T)$ und der Aktivitätskoeffizienten $\Gamma_i(x,T)$ benötigt. Den
Sättigungsdampfdruck berechnet man z.B. mit der ANTOINE-Glei-
chung:

$$p_i = \exp(A_i - \frac{B_i}{C_i + T}) \qquad (11)$$

Die Aktivitätskoeffizienten berücksichtigen das reale Verhalten des verwendeten Stoffsystems. Unter den empirischen Ansätzen für die Aktivitätskoeffizienten haben sich diejenigen bewährt, die von physikalischen Vorstellungen über die mikroskopische Zusammensetzung des Gemisches ausgehen. Beispiele hierfür sind die Ansätze von Wilson [9], Renon und Prausnitz (NRTL) [10] sowie der UNIQUAC-Ansatz [11].

Zur vollständigen Modellierung fehlen somit nur noch Beziehungen für die Stoffaustauschströme $N_i$. Da die Stoffaustauschströme über die Phasengrenze von vielen Faktoren wie Temperatur, Zusammensetzung, physikalische Eigenschaften der Fluide, Systemgeometrie und Hydrodynamik abhängen, benötigt man zur Berechnung zusätzlich einen Satz von phänomenologischen Gleichungen, der mit den Methoden der Thermodynamik irreversibler Prozesse aufgestellt werden kann [12,13]. Voraussetzung ist allerdings, daß die Ausgleichsprozesse in der Nähe des thermodynamischen Gleichgewichts ablaufen; eine Annahme, die bei Stoffaustauschprozessen gut erfüllt ist. Zusammen mit den Bilanzgleichungen der Phasengrenze ergibt sich:

$$0 = N_{i,k} + \sum_{l=1}^{n-1} k_{i,l}''(y_{l,k} - y_{l,k}^I) + y_{i,k}\sum_{i=1}^{n} N_{i,k} \; ; \qquad i = 1,..,n-1 \quad (12)$$

$$0 = \sum_{i=1}^{i_o} N_{i,k} - N_{t,k} \qquad (13)$$

$$0 = q_k' + q_k'' - \sum_{i=1}^{n} N_{i,k}(h_{i,k}'' - h_{i,k}') \qquad (14)$$

Die notwendige Bestimmung der phänomenologischen Koeffizienten muß über Messungen erfolgen, die jedoch bei technischen Prozessen im allgemeinen nicht durchführbar sind. Eine andere Möglichkeit zur Bestimmung der Stoffaustauschkoeffizienten $k_{i,l}$ in Gl.(12) ist die Lösung der gekoppelten Diffusionsgleichungen für Mehrkomponenten-Systeme [14]. Aber auch hier stehen die zur Berechnung notwendigen binären Diffusionskoeffizienten oft nicht zur Verfügung, so daß man Gl.(12) weiter vereinfachen muß, indem man die Stoffströme entkoppelt ansetzt. Um die Materialbilanz an der Phasengrenze zu erfüllen, müssen dann die verbleibenden Stoffaustauschkoeffizienten gleich groß sein. Somit erhält man schließlich für Gl.(12):

$$0 = N_{i,k} + D(y_{i,k} - y_{i,k}^I) + y_{i,k}\sum_{i=1}^{n} N_{i,k} \; ; \qquad i = 1,...,n-1$$

$$(15)$$

wobei

$$k_{1,1}'' = k_{2,2}'' = \cdots = k_{n-1,n-1}'' = D \qquad (16)$$

ist.

Dieses Modell gilt für alle Böden und - mit zusätzlichen Voraussetzungen bezüglich einzelner Ströme - auch für die Randsy-
steme Kondensator und Verdampfer. Bekannt sein müssen die
Zustände aller Zulaufströme, die Durchflüsse aller Seitenabzü-
ge, und die zu- oder abgeführten Wärmemengen. Man erhält dann
pro Boden einen Satz von 4n + 6 verkoppelten dynamischen und
algebraischen Gleichungen. Die Nichtlinearitäten ergeben sich
aus den Phasengleichgewichts- und Enthalpieberechnungen. Das
abgeleitete Modell läßt sich auch auf Füllkörperkolonnen und
Absorptionskolonnen übertragen.

Zur Lösung der Gleichungen des Differential-Algebra-Systems
wird das am ISR entwickelte Simulationsprogramm DIVA benutzt
[15,16]. DIVA ist als dynamischer Flowsheet-Simulator konzipiert, in dem in einer Modellbibliothek mathematische Modelle
verschiedener verfahrenstechnischer Apparate und Anlagenteile
dem Anwender zur Verfügung gestellt werden. Die Modelle aller
Grundelemente einer Anlage bilden unter Beachtung der Topologie des Gesamtprozesses das dynamische Anlagenmodell. Die
Generierung des Gesamtgleichungssystems und der Jakobimatrix
erfolgt automatisch. Im Fall des hier betrachteten Anwendungs-
beispiels ergibt sich ein System von 921 gekoppelten nichtlinearen gewöhnlichen Differentialgleichungen und algebraischen
Gleichungen. Die Zeitkonstanten der dynamischen Zustände sind
sehr unterschiedlich. Die algebraischen Größen lassen sich als
dynamische Zustandsvariable mit sehr kleinen Zeitkonstanten
interpretieren. Das Gleichungssystem ist also nicht nur von
hoher Ordnung, sondern auch steif.

Als Simulationsstrategie wird die gleichungsorientierte Paral-
lel-Simulation der sequentiellen modularen Simulation vorgezo-
gen. Die Modelle aller Prozeßstufen werden zunächst zum Gleichungssystem der Gesamtanlage zusammengefaßt. Die Integration
dieses vollständigen Modells erfolgt dann simultan. Die Vorteile der parallelen Simulation sind [17]:

- ein hohes Maß an Flexibilität bei intelligentem Koordina-
  tionsprogramm,
- keine Konvergenzprobleme durch Iteration über aufgetrennte
  Rückführungen,
- keine störende Beeinflussung der numerischen Standardverfah-
  ren durch Probleme der Zeitsynchronisation,
- keine Festlegung von Stromvektoren.

Dem stehen als Nachteile gegenüber:
- großer Speicherplatzbedarf,
- Notwendigkeit eines universellen numerischen Verfahrens, das
  nicht auf die strukturellen Eigenschaften der einzelnen Prozeßstufen abgestimmt werden kann.

Die numerische Lösung des Gleichungssystems erfolgt mit dem
Lösungsverfahren DASSL [18].

## 3  Dynamische Simulation der gekoppelten Anlage

Das im vorherigen Kapitel hergeleitete Modell ist wesentlich
komplexer als die für einen Reglerentwurf üblichen Ein-, Aus-
gangsmodelle vergleichsweise niedriger Ordnung. Deshalb ist
die Frage zu stellen, für welche Aufgaben solche umfangreichen
Modelle in der Regelungstechnik erforderlich sind. Die Anforderungen an die Güte von Kolonnenregelung sind in den letzten
Jahren ständig gestiegen. Ohne ein vertieftes Prozeßwissen ist
es daher nicht mehr möglich, diesen Ansprüchen gerecht zu
werden. Liegt das Wissen über das dynamische Verhalten der zu
regelnden Anlage nicht in Form langjähriger Betriebserfahrung
vor, kann man auf gezielte dynamische Simulationen von Prozeßstörungen oder Lastwechseln zurückgreifen. Bei Neuanlagen oder
Anlagen, die auf neue Produkte umgestellt wurden, ist dies
sogar die einzige Möglichkeit, um Informationen über das dynamische Verhalten des Prozesses zu erhalten. Vor dem eigentlichen Reglerentwurf müssen noch Ziele und Struktur der Regelung
festgelegt werden. Dabei sind die aus der dynamischen Simulation gewonnenen Erkenntnisse eine notwendige Voraussetzung.
Mit ihrer Hilfe lassen sich geeignete Regel- und Stellgrößen
auswählen und anschließend die Struktur der Regelung festlegen. Beim heutigen Stand der Regelungstechnik sind natürlich
für den Entwurf und insbesondere die Parametrierung einer
Kolonnenregelung lineare und in ihrer Ordnung stark reduzierte
Modelle unverzichtbar. Bei der Ableitung vereinfachter linearer Prozeßmodelle niedriger Ordnung ist die dynamische Prozeßsimulation ebenfalls äußerst hilfreich. Entweder ergeben sich
Anhaltspunkte für eine Ordnungsreduktion, die sich durch Beschränkung auf die wesentlichen physikalischen Phänomene
durchführen läßt, oder die entsprechenden linearen Ein-, Aus-
gangsmodelle lassen sich durch die Simulation von Sprungantworten ermitteln.

Nach Reglerentwurf und Überprüfung der Entwurfskriterien am
nominellen linearen Modell, ist eine weitere wichtige Aufgabe
der dynamischen Prozeßsimulation, den Regler aufgrund der
Nichtlinearitäten des realen Prozesses zunächst Offline an
einem Prozeßmodell zu testen. Denn bei vielen Prozessen kann
die Stabilität des geschlossenen Regelkreises bei der Übertragung vom Linearen ins Nichtlineare nicht garantiert werden.
Ebenso läßt sich dadurch das Einhalten von Entwurfskriterien
wie Stellgrößenbeschränkungen und gutes Führungs- und Störverhalten leicht überprüfen.

Diese Überlegungen sollen nun anhand der Dreistoff-Destilla-
tion mit Seitenabzug und Seitenkolonne verdeutlicht werden.
Das in Kapitel 2 abgeleitete mathematische Modell beschreibt
die experimentellen Ergebnisse mit hinreichender Genauigkeit.
In Tabelle 1 sind die nominellen Betriebsbedingungen der Anla-

ge und des nichtlinearen Modells aufgelistet. In Bild 3 sind gemessenes und simuliertes Temperaturprofil sowie die simulierten Konzentrationsprofile für die stationäre Auslegung aufgetragen. Zwei Parameter wurden durch experimentelle Identifikation ermittelt, und zwar der Stoffaustauschkoeffizient D und der hydrostatische Druckverlustkoeffizient $\beta_0$. Dabei hängt die Genauigkeit des Modells hauptsächlich von der Güte der Schätzung des Stoffaustauschkoeffizienten ab. Im Bereich oberhalb des Seitenabzugs und in der Seitenkolonne zeigen gemessenes und simuliertes Temperaturprofil eine gute Übereinstimmung. Man kann davon ausgehen, daß dort auch die simulierten Konzentrationsprofile der Realität entsprechen. Dagegen ergeben sich größere Abweichungen im Abtriebsteil der Hauptkolonne unterhalb des Seitenabzugs. Diese lassen sich dadurch erklären, daß von einem entkoppelten Stoffübergang ausgegangen wird. Diese Annahme kann in Bereichen, in denen mehrere Komponenten signifikant am Stoffaustausch beteiligt sind, den Stoffaustausch nur unvollständig beschreiben. Darüber hinaus wurde auch der "trockene" Druckverlust vernachlässigt.

### Tabelle 1: Nominelle Betriebsdaten

|  | Anlage | Modell |
|---|---|---|
| Zulaufmenge | 12.6 l/h | 200 Mol/h |
| $x_{F,1}$,Methanol | 0.3 | 0.3 |
| $x_{F,2}$,Ethanol | 0.1 | 0.1 |
| $x_{F,3}$,n-Propanol | 0.6 | 0.6 |
| Zulauftemperatur | 340 K | 340 K |
| $x_{1,1}$,Reinheit Kopfprodukt Kol.1 | 0.984 | 0.988 |
| $x_{3,42}$,Reinheit Sumpfprodukt Kol.1 | – | 0.996 |
| $x_{2,43}$,Reinheit Kopfprodukt Kol.2 | – | 0.930 |
| $Q_E$ | 5.23 KW | 5.23 KW |
| RL1 | 5.38 | 5.38 |
| RL2 | 0.8 | 0.798 |
| Seitenabzugsmenge | 2.9 m$^3$/h | 100 Mol/h |
| Kopfdruck Kol.1 | 0.95 bar | 0.95 bar |
| Kopfdruck Kol.2 | 0.8 bar | 0.8 bar |
| Volumen Verdampfer | 8.5 l | 8.5 l |
| Volumen Kondensator 1 | 0.17 l | 0.17 l |
| Volumen Kondensator 2 | – | 0. l |
| Bodenvolumen Kol. 1 | 0.07 l | 0.07 l |
| Bodenvolumen Kol. 2 | 0.012 l | 0.012 l |

Die bei der Destillation am häufigsten auftretenden Störungen sind Variationen in der Zulaufmenge und in der Zulaufzusammensetzung. Meist ist dies durch Schwankungen der Produktqualität oder Betriebsstörungen in vorgeschalteten Apparaten, wie z.B. Reaktoren, bedingt. Dabei sind Änderungen der Zulaufzusammensetzung oft schwieriger zu beherrschen als Zulaufmengenänderungen, da sie zum einen meßtechnisch sehr schwierig zu erfas-

sen sind und zum anderen zu einer starken Verschiebung des
Arbeitspunktes führen können. Deshalb wird im folgenden eine
Erhöhung des Anteils an Zwischensieder Ethanol im Zulauf betrachtet. Die neue Zulaufzusammensetzung beträgt $x_{F,1}$=0.29,
$x_{F,2}$=0.13 und $x_{F,3}$=0.58; dies entspricht einer relativ starken
Zunahme des Zwischensieders um 30 %. Zur Analyse des dynamischen Verhaltens bietet sich eine Darstellung nach Bild 4 an.

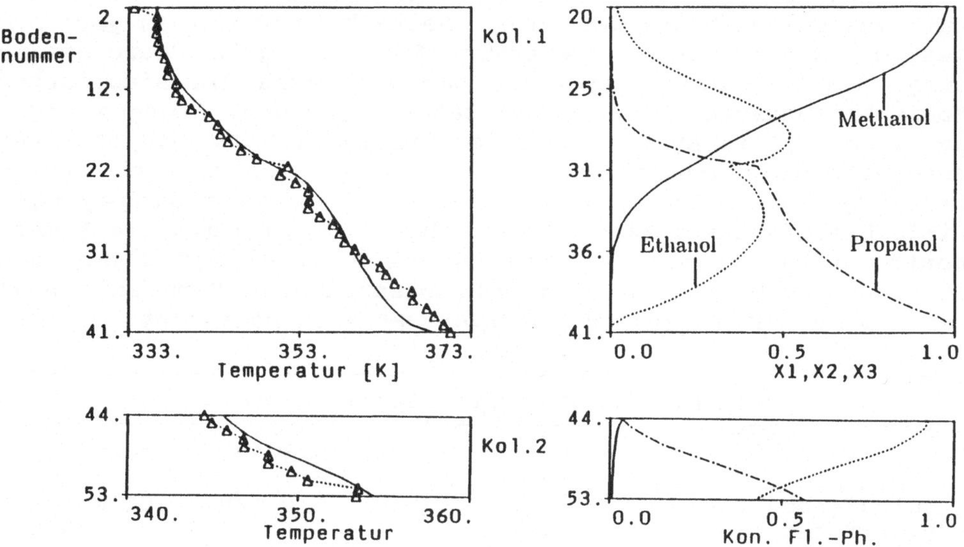


Bild 3. Stationäre Temperatur- und Konzentrationsprofile;  $\Delta$ = Messung

Im Bild 4 sind die dynamischen Profile der Temperaturen und
Konzentrationen in Haupt- und Seitenkolonne dargestellt. Die
zeitlichen Abstände der Profile sind gleich groß. Es ist deutlich zu erkennen, wie sich der Zwischensieder in der Hauptkolonne in Richtung Kondensator und Verdampfer hin ausbreitet.

Dies führt dazu, daß das Temperaturprofil im Verstärkerteil
nach oben wandert, während es sich im Abtriebsteil nach unten
bewegt. Diese wandernden Temperaturfronten kennzeichnen die
Gebiete innerhalb der Kolonne, in denen ein hoher Stoffaustausch stattfindet. Weiterhin ist zu sehen, daß die Wande-
rungsgeschwindigkeit dieser Stoffaustauschzonen verschieden
ist. Die untere Austauschzone bewegt sich wesentlich schneller, kommt aber auch schneller zum Stehen, während sich die
obere langsamer in Richtung Kondensator bewegt. Ein weiteres
Weglaufen der Stoffaustauschzonen wird durch die Randeinflüsse
von Kondensator bzw. Verdampfer und Seitenabzug verhindert.
Bedingt durch die Anreicherung des Zwischensieders im Abtriebsteil verändern sich über den Seitenabzug die Zulaufbe-
dingungen in der Seitenkolonne, so daß es auch dort zu einer

Verschiebung des Temperaturprofils und einer entsprechenden
Wanderung der Stoffaustauschzone Ethanol/n-Propanol kommt.

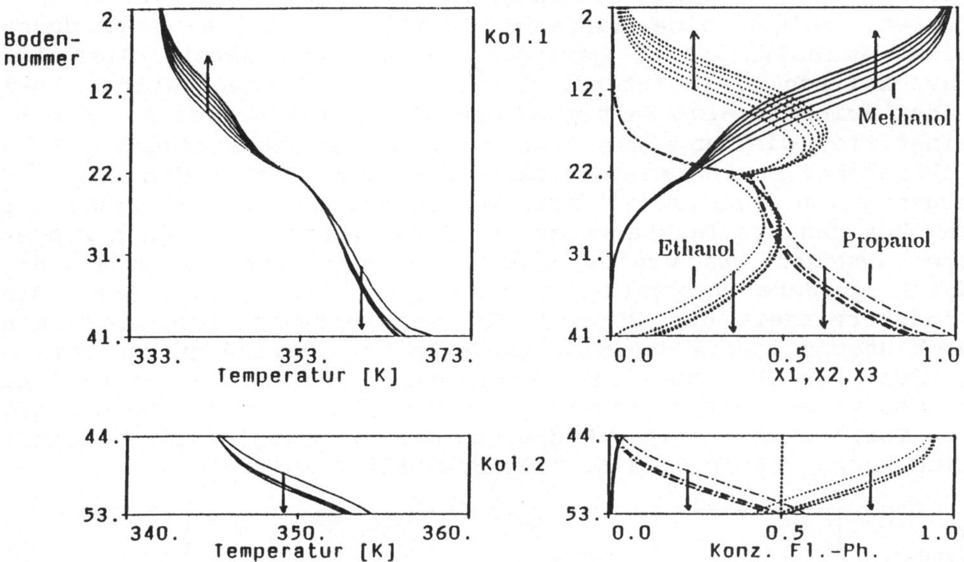


Bild 4. Dynamisches Verhalten nach Änderung der
        Zulaufzusammensetzung

Die Zulaufstörung bewirkt also in der Seitenkolonne eine Erhöhung der Produktqualität, da dort der Zwischensieder abge-
trennt wird. Dagegen werden in der Hauptkolonne sowohl Kopf-
als auch Sumpfprodukt durch die Erhöhung des Ethanol-Anteils
im Zulauf verunreinigt.

Ein weiteres Ergebnis dieser Simulation ist die zutage tre-
tende starke Verkopplung der beiden Kolonnen. Störungen in der
Hauptkolonne wirken sich sofort auf die Seitenkolonne aus.
Dies gilt etwas abgeschwächt auch umgekehrt. Die Wirkung der
Verkopplung von Seiten- auf Hauptkolonne ist nicht ganz so
ausgeprägt, da die Seitenkolonne einmal einen wesentlich geringeren Holdup aufweist. Zum anderen besitzt sie keinen weiteren Zulauf, so daß Störungen immer über die Hauptkolonne
induziert werden. Ein dezentrales Regelungskonzept läßt sich
auf Grund dieser Überlegungen bereits ausschließen.

Das typische nichtlineare Verhalten der Anlage soll Bild 5
verdeutlichen. Dargestellt ist der zeitliche Verlauf der drei
Produktqualitäten an Kopf  und Sumpf der Hauptkolonne und am
Kopf der Seitenkolonne sowie von 4 Bodentemperaturen bei posi-
tiver und negativer Änderung des Destillatabzugs. Im linearen
Fall müßte der Verlauf der Sprungantworten unabhängig vom

Vorzeichen sein. Betrachtet man die Produktqualitäten, so ist
das mitnichten der Fall. Insbesondere bei hohen Produktreinheiten sind die Nichtlinearitäten stark ausgeprägt. Stellein-
griffe, die zu einer Erhöhung der jeweiligen Produktreinheit
führen, zeigen eine langsame Dynamik, gekennzeichnet durch
einen verhältnismäßig geringen Verstärkungsfaktor. Dies ist
physikalisch einleuchtend, da die Produktkonzentrationen bei
hoher Reinheit eine Sättigungscharakteristik aufweisen. Stell-
eingriffe, die zu einer Verringerung der entsprechenden Produktreinheiten führen, bewirken eine Verminderung des Randein-
flusses von Kondensator bzw. Verdampfer auf die Bewegung der
zugehörigen Stoffaustauschzonen. Diese können sich dann wieder
frei bewegen. Es ergibt sich eine schnellere Dynamik, die
durch größere Verstärkungsfaktoren gekennzeichnet ist. Die
Produktreinheit des Ethanols in der Seitenkolonne zeigt ein
noch ungünstigeres dynamisches Verhalten. Verändert man Stellgrößen, die über Kopf bzw. Sumpf der Hauptkolonne eingreifen,
in positiver oder negativer Richtung, so führt das unabhängig
vom Vorzeichen zu einer Minderung der Produktqualität. Zusätzlich kann, wie in Bild 5, Allpaßverhalten auftreten.

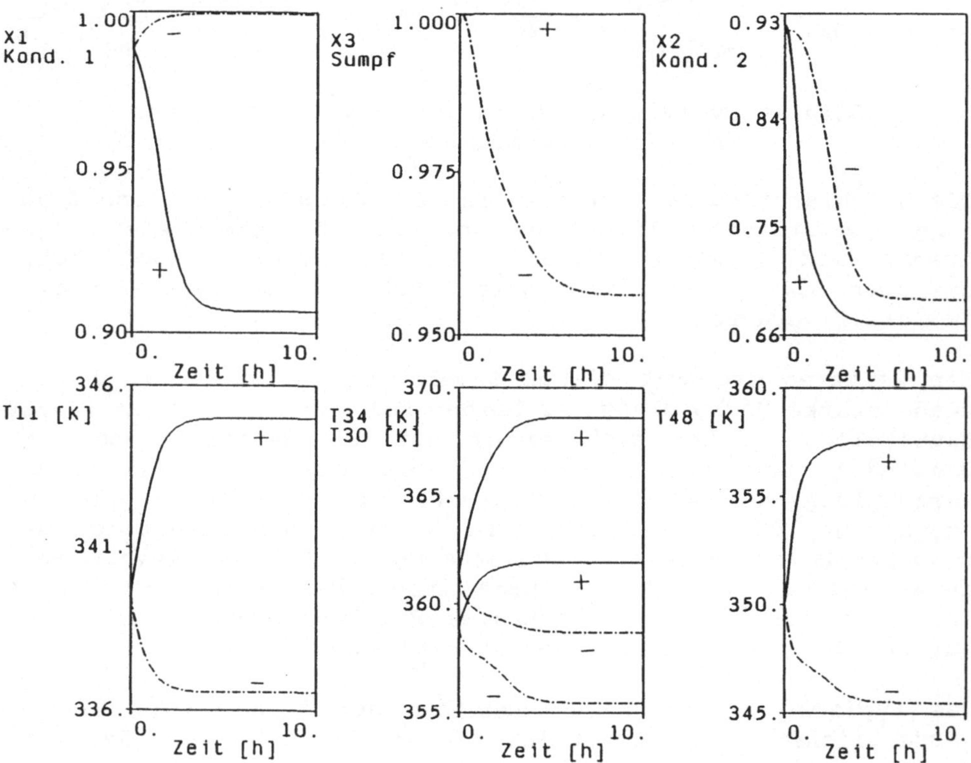

Bild 5. Zeitverläufe von Bodentemperaturen und Produkt-
        einheiten bei positiver und negativer Sprung-
        antwort (±10% Destillatabzug)

Der zeitliche Verlauf der 4 ausgewählten Bodentemperaturen, die sich im Innern der Kolonne und nicht in Randnähe befinden, zeigt im Vergleich zu den Produktkonzentrationen weniger stark ausgeprägte Nichtlinearitäten. Bis auf Unterschiede in den Verstärkungsfaktoren ist das Übertragungsverhalten, besonders für kleine Zeiten, durch Linearität gekennzeichnet. Für große Zeiten beobachtet man bei den negativen Sprungantworten der Bodentemperaturen 30 und 48 einen zweiten Übergangsvorgang. Dieser wird dadurch verursacht, daß sich eine weitere Stoffaustauschzone am Meßpunkt vorbeibewegt. Für den Reglerentwurf ergeben sich daraus allerdings keine Auswirkungen, da im geschlossenen Regelkreis nur kleine Abweichungen vom nominellen Betriebspunkt auftreten sollen.


**4    Regelaufgabe**

Als Hauptanforderung an eine Kolonnenregelung ist die Unterdrückung von Störungen zu sehen. In dem Anwendungsbeispiel bedeutet dies, die Produktqualitäten in Haupt- und Seitenkolonne beim Auftreten von Störungen innerhalb vorgegebener Spezifikationen zu halten. Der Leichtestsieder Methanol sollte also möglichst immer über den Kopf der Hauptkolonne, der Schwerstsieder n-Propanol über den Sumpf und der Zwischensieder Ethanol über den Kopf der Seitenkolonne abgezogen werden. Diese Aufgabe wird erleichtert, wenn man die Kolonne so auslegt, daß der Zwischensieder in Höhe des Seitenabzugs genügend angereichert wird. Es bietet sich nun an, neben den Produktqualitäten an Kopf und Sumpf der Hauptkolonne sowie am Kopf der Seitenkolonne, die Ethanol-Konzentration am Seitenabzug als Regelgröße heranzuziehen. Diese Wahl besitzt jedoch den gravierenden Nachteil, daß sich mit den Produktreinheiten als Regelgrößen auch Nichtlinearitäten des Prozesses auf die Regelgüte auswirken. Zudem lassen sich Konzentrationen oft nur mit sehr hohem Aufwand und verhältnismäßig großen Totzeiten meßtechnisch erfassen. Die zuletzt genannten Nachteile lassen sich zwar durch den Einsatz eines Beobachters zur Schätzung der Konzentrationen umgehen [19]; aber auch dann ist zu erwarten, daß aufgrund der ausgeprägten Nichtlinearität in den Produktkonzentrationen die erreichbare Regelgüte nicht den gestellten Anforderungen entsprechen wird. Ein Ausweg besteht in der Verwendung von logarithmischen Konzentrationen, deren Übertragungsverhalten näherungsweise linear ist. Ein weiterer Ausweg ist der Einsatz geeigneter Ersatzregelgrößen. Hierfür bieten sich nun Bodentemperaturen an. Dabei stellt sich die Frage, welche der verfügbaren Temperaturen zweckmäßig zur Regelung herangezogen werden sollen. Die Auswahl der entsprechenden Bodentemperaturen unterliegt den folgenden Kriterien:

- möglichst lineares Verhalten,
- schnelle Reaktion auf Störungen
- gutes Maß für die entsprechende Produktqualität.

Der erste Punkt läßt sich anhand von nichtlinearen Simulationen überprüfen (s. Bild 5). Es erweist sich als zweckmäßig, Meßstellen, die zu nahe an den Kolonnenrändern liegen, von vorneherein auszuschließen. Zu den beiden anderen Kriterien läßt sich folgende Überlegung anstellen: die sensitivsten Zonen in einer Destillationskolonne liegen jeweils dort vor, wo ein hoher Stoffaustausch stattfindet. Daher sollten, um eine schnelle Reaktion auf Störungen zu erhalten, die zu regelnden Bodentemperaturen in die entsprechenden Zonen gelegt werden. Um darüber hinaus eine gute Aussage über die Produktqualität zu erhalten, ist darauf zu achten, daß die jeweilige Meßstelle in einer Stoffaustauschzone liegt, in der möglichst jeweils nur zwei Komponenten am Stoffaustausch beteiligt sind. Die Stoffaustauschzonen sollten sich im Bereich der Messung also möglichst nicht überlappen. In Bild 6 sind für die im vorigen Kapitel betrachtete Zulaufstörung die entsprechenden dynamischen Profile der Stoffaustauschströme aufgetragen. Aufgrund obiger Ausführungen bieten sich folgende Bodentemperaturen als Ersatzregelgrößen an:

- die Temperatur auf Boden 11 (T11) als Ersatzregelgröße für die Kopfproduktqualität in Kolonne 1, da sich hier der Stoffaustausch auf die Komponenten Methanol und Ethanol beschränkt;
- die Temperatur auf Boden 39 (T39) als Ersatzregelgröße für die  Sumpfproduktqualität, da sich hier der Stoffaustausch auf die  Komponenten Ethanol und n-Propanol beschränkt;
- die Temperatur auf Boden 48 (T48) als Ersatzregelgröße für die Kopfproduktqualität in Kolonne 2, da sich hier der Stoffaustausch auf die Komponenten Ethanol und n-Propanol beschränkt;
- die Temperatur auf Boden 34 (T34) als Ersatzregelgröße für die Ethanol-Konzentration am Seitenabzug, da sich auch hier der Stoffaustausch vorwiegend auf die beiden Komponenten Ethanol und n-Propanol beschränkt.

Als Stellgrößen stehen, wie in Kapitel 1 beschrieben, die Heizleistung im Verdampfer, die Seitenabzugsmenge und die beiden Rücklaufverhältnisse zur Verfügung. Der Reglerentwurf selbst soll allerdings nicht Gegenstand dieser Betrachtungen sein. Prinzipiell kann man jedoch so vorgehen, daß man für jede der vier Bodentemperaturen einen Einzelregler auslegt. Dazu muß man eine geeignete Zuordnung zwischen den einzelnen Stellgliedern und Regelgrößen vornehmen [20]. Aufgrund der starken Verkopplungen im System kann man allerdings kaum erwarten, bei allen Störungen eine zufriedendstellende Regelgüte

zu erhalten. Denn die Wechselwirkung der einzelnen Stellgrößen
auf die Regelgrößen wird bei dieser Vorgehensweise nur schwach
berücksichtigt. Deshalb erscheint es sinnvoller, mit einem
Mehrgrößen-Reglerentwurfsverfahren die Verkopplung so zu berücksichtigen, daß sich eine ansprechende Regelgüte ergibt.

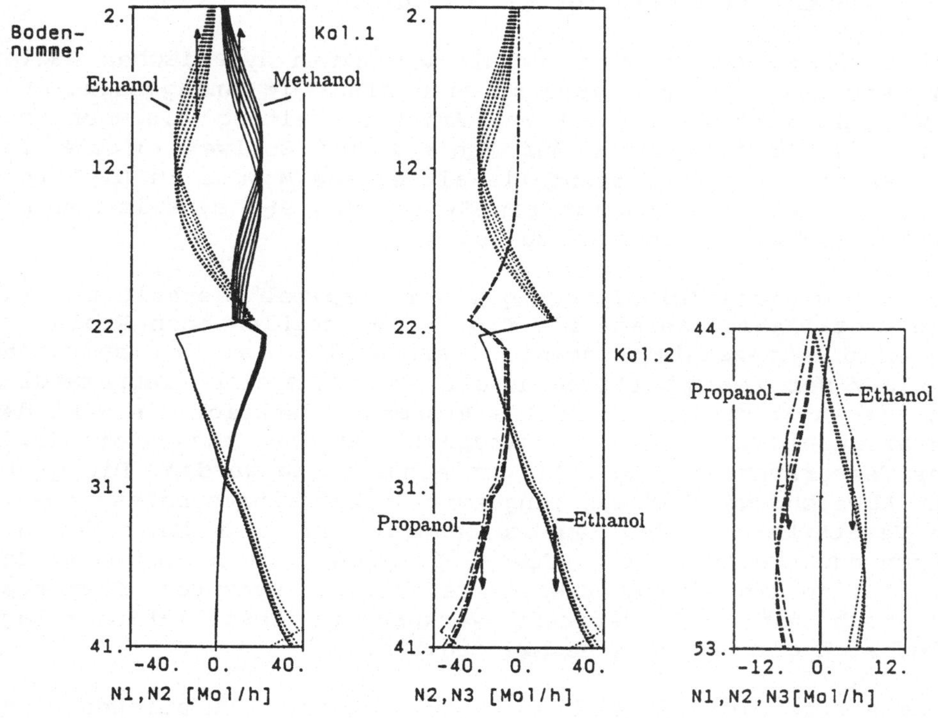


Bild 6. Dynamische Profile der Stoffaustauschströme
        bei einer Zulaufstörung

Das für den Entwurf benötigte lineare Ein-, Ausgangsmodell
ließe sich durch nichtlineare Simulationen ermitteln, in diesem Beispiel liegen jedoch bereits experimentell ermittelte
Sprungantworten vor [20].

Natürlich ergeben sich größere Unterschiede zwischen realem
Prozeß und dem für den Reglerentwurf benutzten nominellen
linearen Modell. Diese Abweichungen resultieren z.T. aus Para-
meterschwankungen und nicht modellierten Störungen. Die Haupt-
ursache ist jedoch in der Nichtlinearität des Prozesses zu
sehen. Um die Modellunsicherheiten einigermaßen berücksichtigen zu können, bietet sich ein robuster Regler-Entwurf, z.B.
eine $H_\infty$-Minimierung [21,22], an. Entwurf und Wahl der entsprechenden Gewichtungen sind in [23] beschrieben. Nach Reglerentwurf und Test der Entwurfskriterien am nominellen linearen

Modell müssen Stabilität und Regelgüte noch anhand von nichtlinearen dynamischen Simulationen des geschlossenen Regelkreises überprüft werden.


## 5    Dynamische Simulation des geschlossenen Kreises

Als Ergebnis des Entwurfs erhält man einen dynamischen Regler
24. Ordnung, der als zusätzlicher Block im Anlagensimulator
DIVA realisiert ist, und zur Anlagenschaltung hinzugenommen
wird. Durchgriffsmatrix des Reglers und Sollwert-Blöcke für
die Regelgrößen sind ebenfalls als eigene Module in DIVA realisiert. Letztendlich ist ein System von 953 dynamischen und
algebraischen Gleichungen zu lösen.

Für die gleiche Zulaufstörung wie in Kapitel 3 erhält man für
die Destillationsanlage mit Regler im geschlossenen Kreis das
in Bild 7 gezeigte Ergebnis. Dargestellt ist der zeitliche
Verlauf der vier Stellgrößen, der vier geregelten Temperaturen
und der Produktreinheiten. Das Ergebnis bestätigt die Wahl der
Ersatzregelgrößen: die Produktspezifikationen können mit Hilfe
der Temperaturregelung sehr gut eingehalten werden. Die größten Abweichungen und das langsamste Einschwingverhalten treten
im Verstärkerteil der Hauptkolonne für T11 und damit für die
Kopfproduktreinheit auf. Dies läßt sich bereits aufgrund der
Simulation des offenen Kreises (s. Bild 4) vermuten. Charakteristisch für eine derartig verkoppelte Destillationsanlage
sind auch die langen Einschwingzeiten.

Dieses Ergebnis läßt sich aufgrund linearer Simulationen nicht
voraussagen. Anhand dieses Anwendungsbeispieles soll deutlich
gemacht werden, daß ein leistungsfähiges Programmpaket zur
nichtlinearen Simulation komplexer Prozesse unabdingbare Voraussetzung ist, um gehobene Regelalgorithmen auf verfahrenstechnische Anlagen anwenden zu können. Die nichtlineare Simulation ermöglicht einen Einblick in das dynamische Prozeßverhalten und darauf aufbauend eine Auswahl geeigneter Regel- und
Stellgrößen. Zusätzlich läßt sich über nichtlineare Simulationen mit geringem Aufwand ein lineares Prozeßmodell erhalten,
das für einen entsprechenden Reglerentwurf benötigt wird.
Schließlich muß vor dem Einsatz am realen Prozeß die Übertrag-
barkeit der linearen Entwurfsergebnisse anhand von nichtlinearen Simulationen überprüft werden können. Der Mangel an nichtlinearen Simulationsprogrammen zur Überprüfung der entworfenen
Regler im geschlossenen Regelkreis ist oft ein Grund, daß
gehobene Regelalgorithmen in verfahrenstechnischen Anlagen,
die durch große Nichtlinearitäten und Parameterunsicherheiten
gekennzeichnet sind, nicht eingesetzt werden.

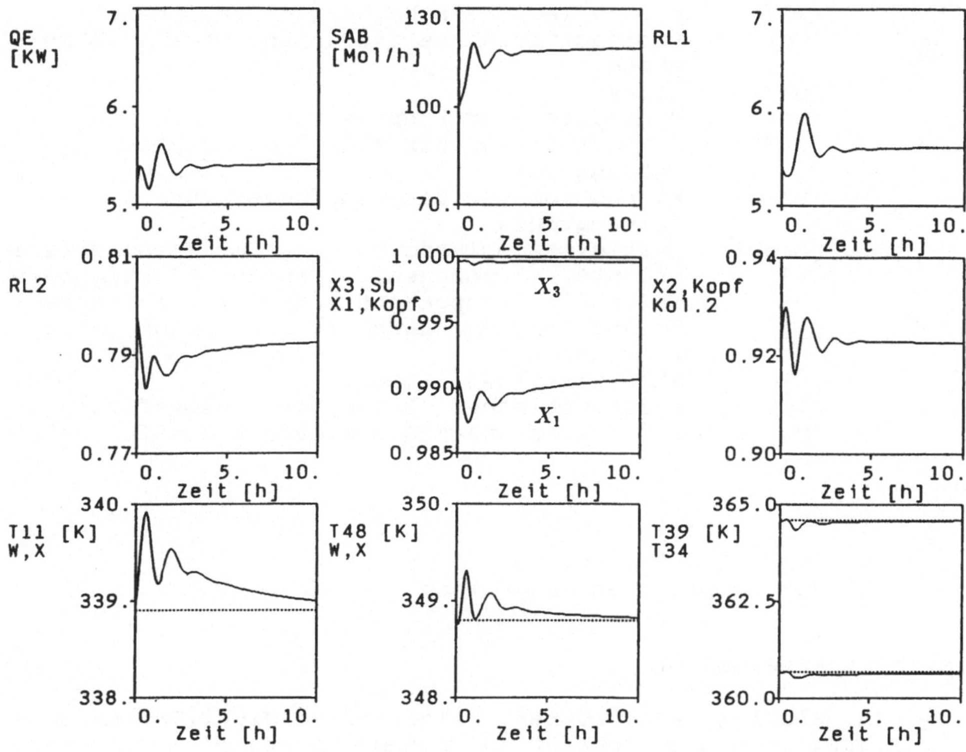



**Bild 7.** Dynamische Simulation des geschlossenen Kreises
bei einer Zulaufstörung

## Formelzeichen

| | | |
|---|---|---|
| $A_i, B_i, C_i$ | [-] | Antoine-Konstanten |
| D | [Mol/h] | Stoffaustauschkoeffizient |
| F' | [Mol/h] | Zulaufstrom flüssig |
| F'' | [Mol/h] | Zulaufstrom dampfförmig |
| G | [Mol/h] | Dampfstrom |
| L | [Mol/h] | Flüssigstrom |
| $N_i$ | [Mol/h] | Stoffaustauschstrom der Komponente i |
| $N_t$ | [Mol/h] | Molarer Gesamtaustauschstrom |
| Q | [KJ/h] | Wärmestrom aus der Umgebung |
| QE | [KW] | Heizleistung im Verdampfer |
| RL1 | [-] | Rücklaufverhältnis Kolonne 1 |
| RL2 | [-] | Rücklaufverhältnis Kolonne 2 |
| S' | [Mol/h] | Seitenabzug flüssig |
| S'' | [Mol/h] | Seitenabzug dampfförmig |
| SAB | [Mol/h] | Seitenabzugsmenge |
| T | [K] | Temperatur |
| V | [L] | Volumen |
| h' | [KJ/Mol] | partielle molare Enthalpie Flüssigphase |

| | | |
|---|---|---|
| $h''$ | [KJ/Mol] | partielle molare Enthalpie Dampfphase |
| $k_{i,1}''$ | [Mol/h] | Stoffaustauschkoeffizienten in der Dampfphase |
| $p$ | [bar] | Druck |
| $p_i$ | [bar] | Dampfdruck der Komponente |
| $q^\dagger$ | [KJ/h] | Wärmestrom von der Flüssigphase zur Phasengrenze |
| $q''$ | [KJ/h] | Wärmestrom von der Dampfphase zur Phasengrenze |
| $v_i$ | [L/Mol] | partielles molares Volumen der Komponente i |
| $x_i$ | [-] | Molanteil Komponente i in der Flüssigphase |
| $y_i$ | [-] | Molanteil Komponente i in der Dampfphase |
| $y_i^I$ | [-] | Molanteil Komponente i im Dampf an der Phasengrenze |
| $\Gamma_i$ | [-] | Aktivitätskoeffizient |
| $\beta_0$ | [bar] | hydrostatischer Druckverlust-Koeffizient |
| $\beta_1$ | [bar h$^2$/Mol$^2$] | "trockener" Druckverlust-Koeffizient |

**Indizes**

F  Zulauf
k  Laufvariable für Bodennummer
n  Anzahl der Komponenten im Gemisch


**Literaturhinweise**

[ 1] I.M. Alatiqi, W.L. Luyben. "Alternative distillation con-
     figurations for separating ternary mixtures with small
     concentrations of intermediate in the feed," Ind. Eng.
     Chem. Process Des. Dev., vol.24, pp.500-506, 1985.

[ 2] O. Rademaker, E. Rijnsdorp, A. Maarleveld. Dynamics and
     Control of Continous Distillation Units. Amsterdam: Else-
     vier, 1975.

[ 3] F.G. Shinskey.  Distillation Control. New York: McGraw-
     Hill, 1984.

[ 4] C.J. King. Separation Processes.  New York: McGraw-Hill,
     2. ed., 1980.

[ 5] R. Krishnamurthy, R. Taylor, "A nonequilibrium stage mo-
     del of multicomponent separation processes," AIChE Jour-
     nal, vol.31, pp.449-465, 1985.

[ 6] B. Retzbach.  Mathematische Modelle von Destillationsko-
     lonnen zur Synthese von Regelungskonzepten.  Düsseldorf:
     VDI-Verlag, 1985.

[ 7] U. Block, B. Hegner.  "Development and application of a
     simulation model for three-phase distillation," AIChE
     Journal, vol.22, pp.582-589, 1976.

[ 8] G. Kaibel, H. Mayer, B. Seid.  "Reaktionen in Destilla-
     tionskolonnen," Chem.Ing.Tech., vol.50, pp.586-592, 1978.

[ 9] M. Holmes. "Prediction of theory vapor-liquid equilibria from binary data," Ind. and Eng. Chem., vol.62, p., 1970.

[10] H. Renon, J. Prausnitz. "Local compositions in thermodynamics excess functions for liquid mixtures," AIChE Journal, vol.14, p.135, 1968.

[11] D. Adams, J. Prausnitz. "Statistical thermodynamics of liquid mixtures," AIChE Journal, vol.21, p.116, 1975.

[12] S.D. Groot, P. Mazur. Grundlagen der Thermodynamik irreversibler Prozesse. BI-Hochschultaschenbuch, 1969.

[13] S.D. Groot, P. Mazur. Anwendung der Thermodynamik irreversibler Prozesse. BI Wissenschaftsverlage, 1974.

[14] R. Krishna, G. Standart. "Mass and energy transfer in multicomponent systems," Chem. Eng. Commun., vol.3, pp.201-275, 1979.

[15] W. Marquardt, P. Holl, D. Butz, E.D. Gilles. "DIVA - A flow-sheet oriented dynamic process simulator," Chemical Engineering and Technology, vol.10, pp.164-173, 1987.

[16] P. Holl, W. Marquardt, E.D. Gilles. "DIVA - A powerful tool for dynamic process simulation," in XVIII Chemical Engineering Fundamentals Congress, Giardini Naxos/Italy, pp.585-590, 1987.

[17] E.D. Gilles, P. Holl, W. Marquardt. "Dynamische Simulation komplexer chemischer Prozesse," Chemie-Ingenieur-Technik, vol.58, pp.268-278, 1986.

[18] L. Petzold. "Sandia report sand 82-8637", 1982.

[19] L. Lang, E.D. Gilles. "Nonlinear observers for distillation columns," in Computer Application in the Chemical Industry, (R. Eckermann, ed.), pp.237-243, Weinheim: VCH, 1989.

[20] L. Lang, E.D. Gilles. "Multivariable control of two coupled distillation columns for multicomponent separation on a pilot plant scale," in IFAC-Symposium DYCORD '89, (Maastricht/The Netherlands), 1989.

[21] B.A. Francis. A Course in H Control Theory. Berlin: Springer-Verlag, 1987.

[22] B.A. Francis, J.C. Doyle. "Linear control theory with an $h_\infty$ optimality criterion," SIAM Journal on Control and Optimization, vol.25, pp.815-844, 1987.

[23] L. Lang, E.D. Gilles. "A case-study of multivariable control for a multicomponent distillation unit on a pilot plant scale," in American Control Conference, (Pittsburgh, PA), 1989.

# Adaptive und prädiktive Regelung einer Spritzgießmaschine

H.P. Jörgl,   R. Haber

## 1     Einleitung

In der Plastifiziereinheit von Spritzgießmaschinen wird das
Kunststoffgranulat mit Hilfe mehrerer Heizkörper erwärmt und
gleichzeitig mittels einer Schnecke zur ebenfalls beheizten
Düse befördert. Im untersuchten Fall wird die Plastifizierein-
heit mit drei und die Düse mit einem Heizkörper beheizt (siehe
Bild 1).

Die **Anforderungen an die Plastifizierzonen-Temperaturregelung**
können wie folgt zusammengefaßt werden:
- Selbsteinstellung der optimalen Reglerparameter
- Maximaler Regelfehler von ± 1°C im stätionären Zustand
- Aperiodischer Temperaturverlauf beim Anfahren der Anlage
- Kurze Aufheizzeit
- Minimierung  der Temperaturdifferenzen zwischen  den  Heiz-
  zonen während des Anfahrvorganges.

Die letztgenannte Anforderung an die Regelung verhindert, daß,
bedingt durch zu große Temperaturdifferenzen, Wärmespannungen
entstehen, welche die mit höchster Genauigkeit gefertigte
Schnecke unbrauchbar machen können. Der Regelalgorithmus, der
die Temperaturdifferenzen zwischen jeweils zwei Zonen minimiert, muß aber trotzdem ein möglichst schnelles Aufheizen
ermöglichen.

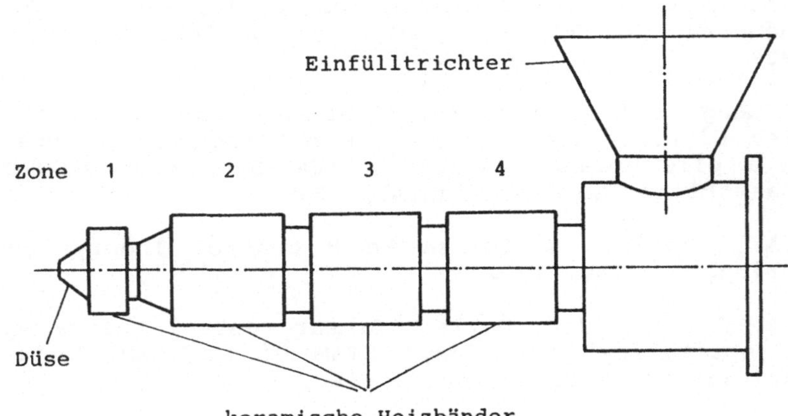


Bild 1. Schematische Darstellung der vier Heizzonen
        der Plastifiziereinheit

**Stand der Technik bei der adaptiven Temperaturregelung an Spritzgießmaschinen:**
Kofahl und Peter [1] fassen in einem Bericht die kommerziell erhältlichen adaptiven Regler zusammen. Die meisten Kompaktregler bieten die Möglichkeit einer einmaligen Einstellung der Reglerparameter und eventuell eine auf Benutzereingriff initialisierbare Nachadaption. Eine dauernde Adaption ist oft nicht möglich und bei Prozessen, wo die Streckenparameter sich kaum ändern, besteht auch kein Bedarf dafür.
Bei Plastifizierzonen-Temperaturregelungen ist nur die einmalig selbsteinstellende Regelung gebräuchlich (Teusel [2], Hüppe [3], Hoffmann und Wiesner [4]). Es werden fast immer die einzelnen Zonen autonom geregelt. Im allgemeinen werden PID-Regler verwendet, deren Parameter automatisch eingestellt werden können. Die Adaption erfolgt anhand einer Streckenidentifikation, die meist während des Anfahrens durchgeführt wird (Teusel [5], Gawthrop, Nomikos und Smith [6]). Da die Parameterschätzung einen sehr großen Rechenaufwand mit sich bringt, wurde von Gawthrop, Nomikos und Smith [6] eine Einstellmethode ohne Parameterschätzung entwickelt und über deren erfolgreiche Anwendung an Spritzgießmaschinen berichtet. Eine prädiktive Regelung der Plastifizierzonentemperaturen wurde von Hoffmann [7] bzw. Hoffmann und Wiesner [4] vorgestellt. Die Selbsteinstellung mittels Parameterschätzung während des Anfahrens ist auch hier möglich.

In den dieser Arbeit zugrundeliegenden Untersuchungen erfolgte in einem ersten Schritt die Modellierung und Simulation der Regelstrecke, wobei für die Modellbildung experimentell gemessene Sprungantworten herangezogen wurden. Das solcherart erhaltene Simulationsmodell diente in der Folge als Hilfsmittel bei der Erprobung verschiedener Regelalgorithmen. In Kapitel 2 wird dieser Modellbildungsprozeß kurz beschrieben. Das Ziel der Untersuchungen war einerseits die Erprobung bereits bekannter Algorithmen zur selbsteinstellenden Regelung, andererseits aber auch die Entwicklung neuer Algorithmen. So konnte ein Algorithmus für die Adaption der Reglerparameter entwickelt werden, welcher keine Streckenidentifikation erfordert. Des weiteren wurde ein Algorithmus entwickelt, der ein Anfahren der Temperaturregelung mit Temperaturdiffferenzenminimierung erlaubt. Die Ergebnisse dieser Untersuchungen sind in Kapitel 3 dargestellt.


**2     Beschreibung der Regelstrecke und Modellbildung**

Das Ziel der Modellbildung ist es, eine geeignete Modellstruktur und dazugehörige Parameter zu finden, wobei die gemessenen Daten und die mittels eines Simulationsprogramms berechneten Daten möglichst gut übereinstimmen sollten.

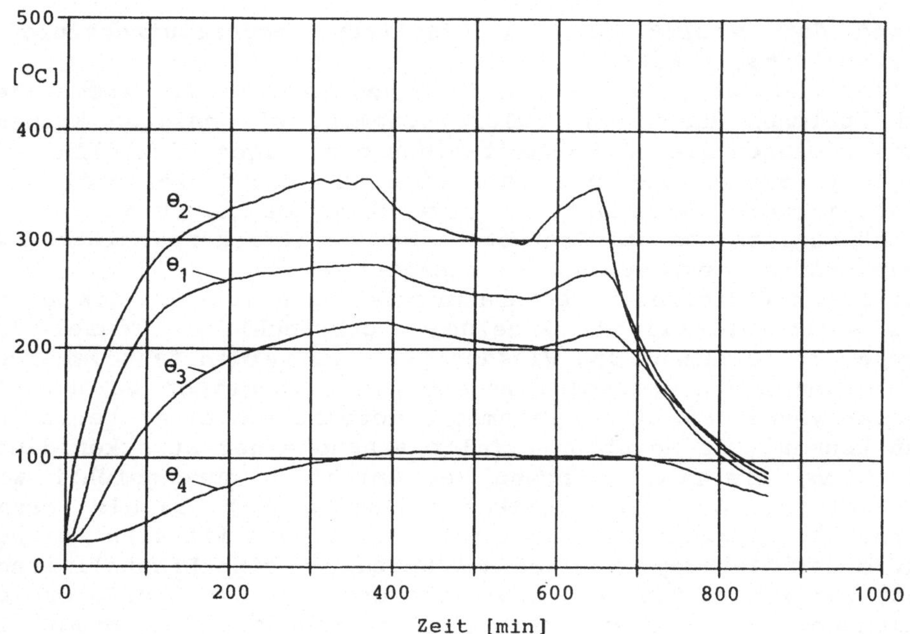



Bild 2. Gemessene Temperaturverläufe, Zone 2 beheizt

Die gemessenen Daten wurden wie folgt ermittelt: Jede der 4 Heizzonen (Bild 1) wurde mit einer sprungförmigen Heizleistungsänderung beaufschlagt, während die anderen drei Zonen nicht beheizt wurden. Der erste Heizleistungssprung erfolgte von 0% auf 40% der maximalen Heizleistung. Nach Erreichen eines stationären Zustandes wurde die Leistung auf 30% abgesenkt, später wieder auf 40 % erhöht und schließlich auf 0 % abgesenkt. Bild 2 zeigt exemplarisch die Temperaturverläufe, wenn nur Zone 2 beheizt wird.

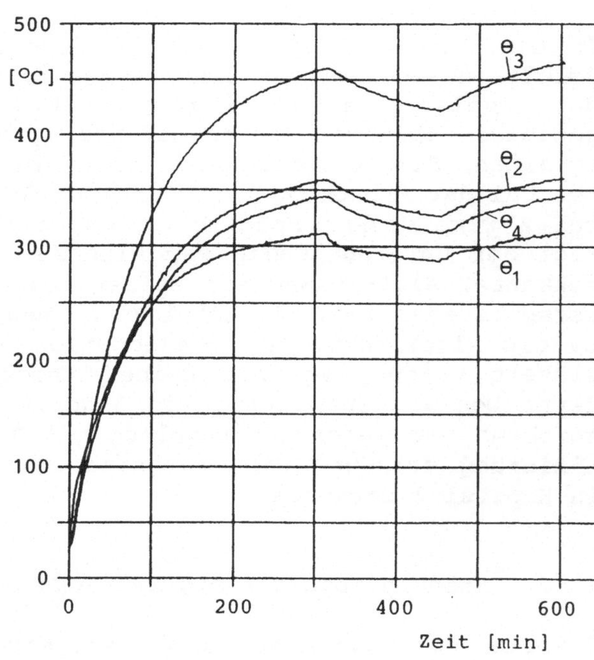



Bild 3. Gemessene Temperaturverläufe,
alle Zonen beheizt

In einem weiteren Versuch wurden alle vier Zonen mit 25% der jeweiligen maximalen Heizleistung gleichzeitig beheizt. Sodann wurden alle Leistungen auf 20 % abgesenkt, wieder auf 25% angehoben und schließlich auf 0 % abgesenkt. Die Temperaturverläufe sind aus Bild 3 ersichtlich.

Das Blockschaltbild des verwendeten Modells ist in Bild 4 dargestellt. Die verwendeten Bezeichnungen bedeuten:

$u_i$      :  Heizleistung [%]
$y_i$      :  Zonentemperatur $\theta_i$   [°C]
$G_{ii}(z)$ :  Direkte Einflüsse der Heizungen auf die Zonentemperaturen
$G_{ij}(z)$ :  Wärmeübertragungseffekte zwischen benachbarten Zonen

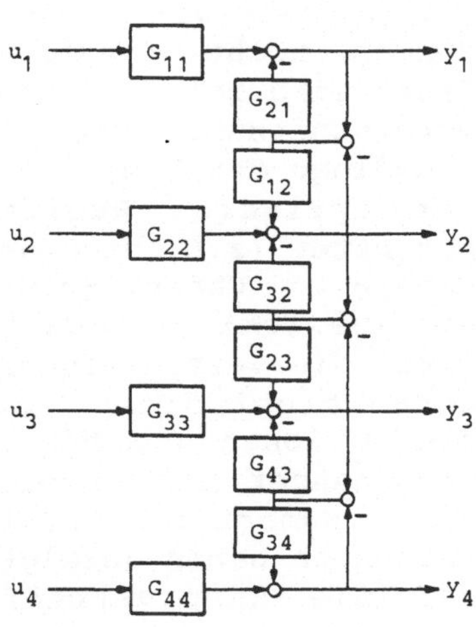



Die z-Übertragungsfunktionen $G_{ii}(z)$ und $G_{ij}(z)$ wurden nach geeignet erscheinender Annahme ihrer Struktur und durch nachfolgende Schätzung der Parameter aus den Einzelheizversuchen ermittelt. Auf die detaillierte Vorgangsweise wird an dieser Stelle nicht eingegangen. Die Daten des Versuchs mit gleichzeitiger Beheizung aller Zonen wurde zur Verifikation des Modells herangezogen.

Bild 4.   Blockschaltbild der Plastifiziereinheit

Bild 5 zeigt die Temperaturverläufe der simulierten Regelstrecke. Die Übereinstimmung mit den Verläufen in Bild 3 kann dabei als gut bezeichnet werden.

Das auf die beschriebene Art erhaltene Modell der Viergrößen-Regelstrecke wurde im weiteren Verlauf der Arbeit als Grundlage für die Erprobung und Entwicklung der verschiedenen Regelalgorithmen verwendet.

## 3      Algorithmen zur Zonentemperaturregelung

Um die Anforderungen an die Regelung:
- Selbsteinstellung der optimalen Parameter,
- kein Überschwingen beim Anfahrvorgang,
- Temperaturdifferenzenbegrenzung zwischen benachbarten Heizzonen beim Anfahren,

erfüllen zu können, wurden die im folgenden beschriebenen
Regelalgorithmen verwendet.

## 3.1 Selbsteinstellender PID-Regler

Eine on-line-Identifika-
tion des gesamten Mo-
dells nach Bild 4 ist
für industrielle Anwen-
dungen nicht möglich.
Daher wird bei der Para-
meterschätzung, die als
Grundlage der Ermittlung
der optimalen Regler-
parameter (z.B. nach den
Regeln von Chien, Hrones
u. Reswick) verwendet
wird, die vereinfachende
Annahme getroffen, daß
die 4 Zonen unabhängig
voneinander (entkoppelt)
sind. Numerische Unter-
suchungen haben gezeigt,
daß die Hauptverstär-
kungen um eine ganze
Größenordnung höher als
die Koppelverstärkungen
sind. Dazu kommt noch,
daß lediglich Tempera-
turdifferenzen und nicht
Absoluttemperaturen Ein-
gangsgrößen in die Kop-
pelglieder $G_{ij}(z)$ sind.

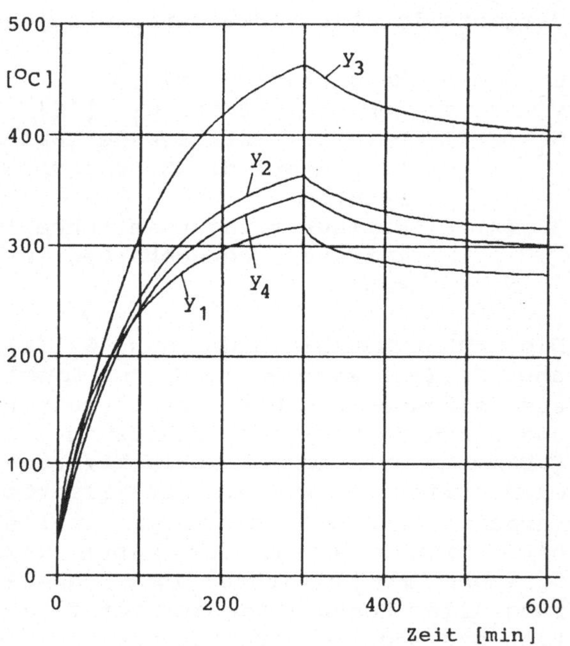



Bild 5. Temperaturverläufe in
der Simulation, alle
Zonen beheizt

Die Identifikation erfolgte jeweils während des Anfahrvorgangs
bis 10°C unter den jeweiligen Sollwert. Aus den geschätzten
Streckenparametern wurden die Kennwerte Verzugszeit $T_u$, Ausgleichszeit $T_g$ und Streckenverstärkung $K_s$ berechnet. Mit diesen Werten wurden in jedem Abtastschritt die Reglerparameter
nach Chien, Hrones und Reswick berechnet.

**Stellgrößenbeschränkung:** Bei der Stellgrößenbeschränkung wurde
folgendermaßen vorgegangen: Es sei

$$u(k) = u(k-1) + q_0 e(k) + q_1 e(k-1) + q_2 e(k-2)$$

die Reglergleichung. Ferner gilt für die Regeldifferenz:

$$e(k) = w(k) - y(k) \ .$$

Führt der geforderte Sollwert w(k) auf einen betragsmäßig hohen Regelfehler e(k), so wird der PID-Algorithmus möglicherweise ein u(k) außerhalb des Stellbereichs liefern. Ist $u^*$ eine Bereichsgrenze, so gilt:

$$u^* = u(k-1) + q_0(w^* - y(k)) + q_1 e(k-1) + q_2 e(k-2)$$

wobei $w^*$ die Führungsgröße ist, welche auf die Stellgröße $u^*$ führt. Löst man nach $w^*$ auf, so erhält man:

$$w^* = \frac{u^* - u(k-1) + q_0 y(k) - q_1 e(k-1) - q_2 e(k-2)}{q_0} .$$

Befindet sich u(k) außerhalb des Stellbereichs, so wird $w^*$ anstelle von w(k) als Sollwert angenommen und auch später im Gedächtnisvektor $\underline{w}$ weiterverwendet. Dieser Vorgang wird als Führungsgrößenkorrektur bezeichnet.

In dem in Bild 6 dargestellten Anfahrvorgang wurden die Startwerte der Reglerparameter schlecht gewählt. Mit der Führungsgrößenkorrektur werden alle Zonen so schnell aufgeheizt, daß der mittels on-line Identifikation ermittelte optimale Regler nicht mehr korrigierend eingreifen kann. Es kommt daher zu einem relativ starken Überschwingen aller vier Zonentemperaturen.

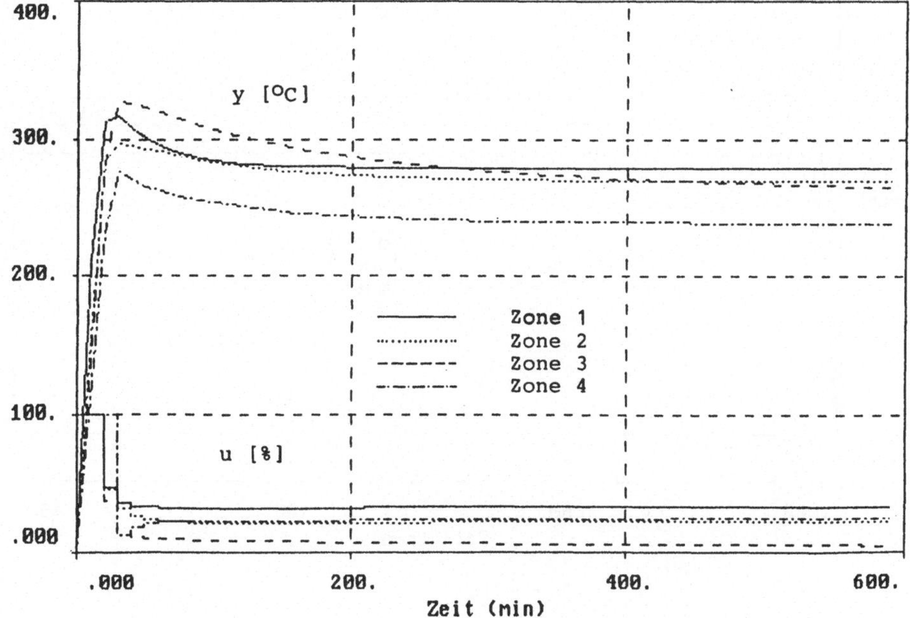


Bild 6. Simulation der Zonenbeheizung mit
Führungsgrößenkorrektur

Da die Ausregelung einer Störung schnell erfolgen soll, ist
die Stellgrößenbeschränkung mit Führungsgrößenkorrektur aber
unbedingt erforderlich. Außerdem muß besondere Sorgfalt bei
der Parameterwahl der Startregler angewandt werden. Verwendet
man die Reglerparameter wie sie sich aus der Identifikation in
Bild 6 ergeben und führt damit eine Simulation ohne Selbsteinstellung durch, so erkennt man, daß die ermittelten Parameter sehrwohl auf einen nahezu aperiodischen Regelvorgang führen (Bild 7).

Es hat sich gezeigt, daß der klassische PID-Regler für die
Plastifizierzonen-Temperaturregelung verwendet werden kann. Da
vor dem ersten Anfahren die Reglerparameter unbekannt sind,
muß durch einen Vorversuch, bei welchem die Identifikation
durchgeführt wird, ein geeigneter Startregler ermittelt werden. Es kann jedoch auch davon ausgegangen werden, daß diesbezüglich günstige Erfahrungswerte vorliegen. Während des
Betriebs kann dann eine Nachidentifikation zur Anpassung der
Reglerparameter an geänderte Bedingungen vollzogen werden,
wobei natürlich die Strecke entsprechend angeregt werden muß.
Eine Temperaturdifferenzbegrenzung wird vom PID-Regler nicht
gewährleistet.

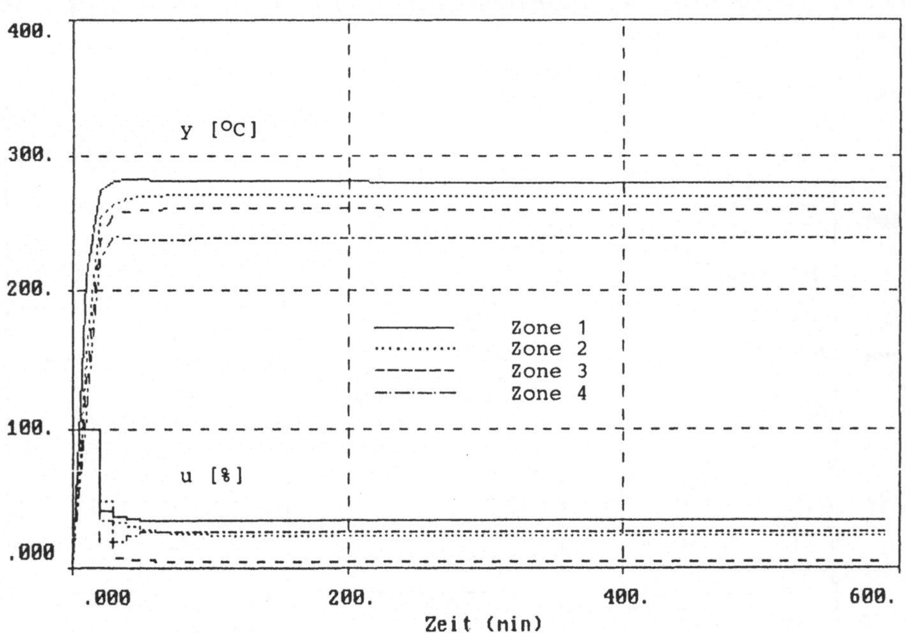


Bild 7. Simulation der Zonenbeheizung mit
optimalen Reglerparametern

## 3.2  Identifikation durch Auswertung periodischer Schwingungen

Zur Parameterbestimmung nach den Einstellregeln von Chien, Hrones und Reswick sind nur die Kennwerte $T_u$, $T_g$ und $K_g$ der Strecke notwendig. Der rekursive UDV-Algorithmus liefert jedoch nur die Parameter der z-Übertragungsfunktionen der Strecke, aus denen die Kennwerte erst berechnet werden müssen. Dies kann in industriellen Anwendungen zu Rechenzeitproblemen führen. Im folgenden wird eine Methode beschrieben, mit der $T_u$, $T_g$ und $K_S$ direkt bestimmt werden können.

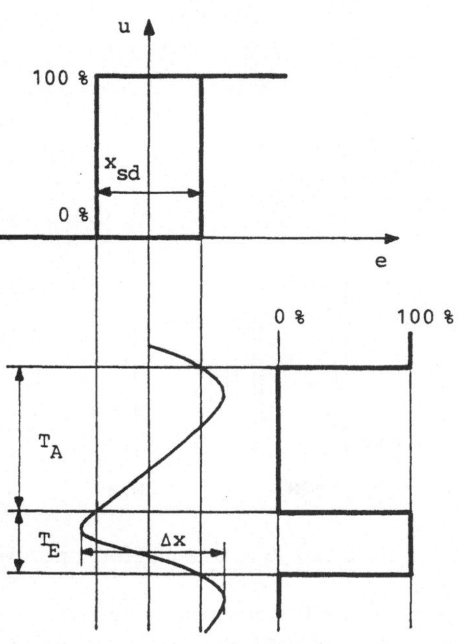



Bild 8. Kennwerte des Schwingversuchs

Wird in einem Regelkreis ein Zweipunktregler mit Hysterese verwendet, so kommt es zu im allgemeinen unerwünschten Dauerschwingungen. Da man bei der Regelung der Zonentemperatur einen schaltenden Regler verwendet (50% Stellgröße bedeutet, daß während 50% der Zykluszeit die volle Heizleistung wirkt), kann man diesen Regler auch als Relaisregler einsetzen. Der Schwingversuch macht sich die Tatsache zunutze, daß Grenzzyklen entstehen. Man betrachte dazu Bild 8.

In Bild 8 sind:
u       die Stellgröße (Heizleistung)
e       der Regelfehler
$x_{sd}$     die Hysteresebreite
$\Delta x$      die Amplitude der Dauerschwingung
$T_E$      die Zeit während der das Relais eingeschaltet ist
$T_A$      die Zeit während der das Relais ausgeschaltet ist

Aus den oben definierten Größen sowie mit dem Sollwert w und $x_{max}$, dem stationären Endwert für den Fall, daß das Relais immer eingeschaltet ist (100% Heizleistung), können für eine Strecke erster Ordnung exakt sowie für Strecken höherer Ordnung näherungsweise die Verzugszeit $T_u$, die Ausgleichszeit $T_g$ und die Streckenverstärkung $K_S$ berechnet werden. Damit erfolgt wiederum die Berechnung der Reglerparameter nach den Formeln von Chien, Hrones und Reswick. Bild 9 zeigt die Durchführung des Schwingversuchs am Simulationsmodell mit einer Abtastzeit $\Delta T = 2$ min.

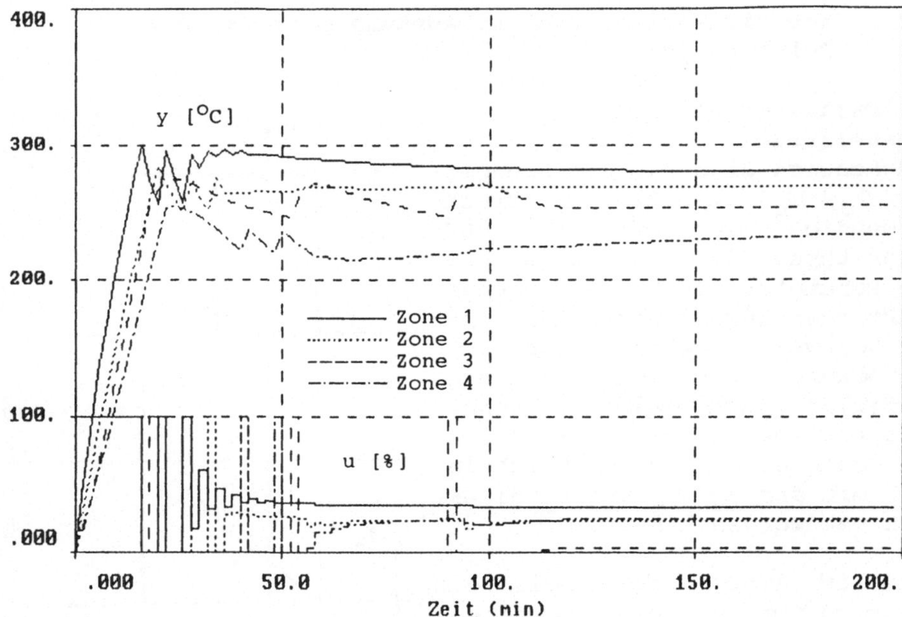


Bild 9. Durchführung des Schwingversuchs am Modell

Der Anfahrvorgang mit den aus dem obigen Versuch erhaltenen
Reglerparametern ist in Bild 10 gezeigt.

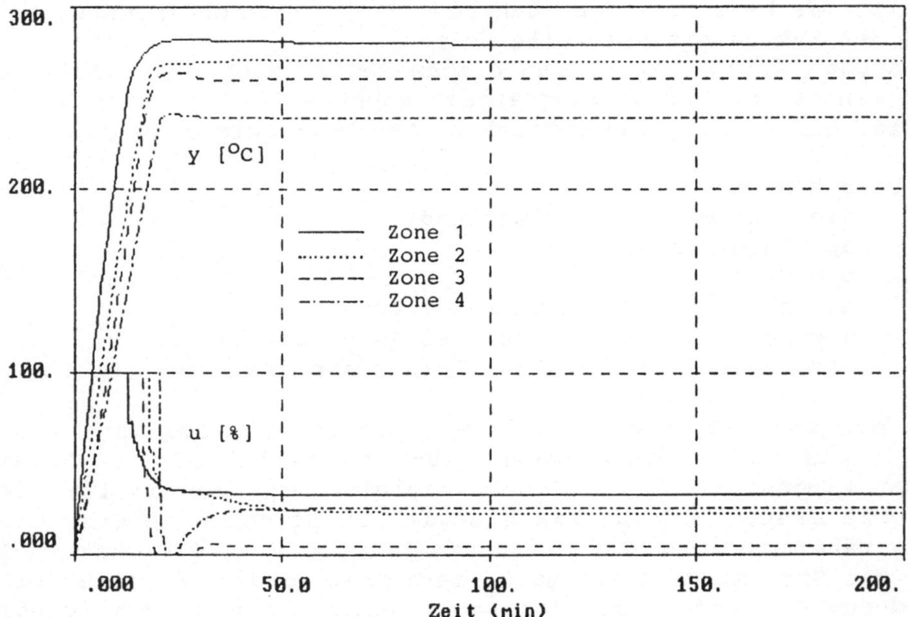


Bild 10. Anfahrvorgang mit PID-Regler. Reglerparameter
aus dem Schwingversuch

Zur Adaption der Reglerparameter kann der Schwingversuch auch
für die einzelnen Zonen nacheinander durchgeführt werden.
Schwingversuche der oben beschriebenen Art sind sehr zeitaufwendig. In der Simulation wie auch in der praktischen Anwendung hat sich gezeigt, daß es genügt, eine volle Schwingungs-
periode zu verwenden.

### 3.3    Prädiktive Regelung und Temperaturdifferenzminimierung

Die grundlegende Idee wurde von Hoffmann [7] beschrieben. Sie
sei an dieser Stelle kurz wiedergegeben. Da die Heizkörper der
Plastifizierzonenbeheizung nur zwei Zustände (eingeschaltet
oder ausgeschaltet) besitzen, kann die prädiktive Zweipunktregelung hier gut angewendet werden. Sind die Streckenparameter (z.B. durch on-line-Identifikation) ermittelt worden, so kann für eine gegebene Stellgrößenfolge $u_i$ der Verlauf
des Ausgangssignals berechnet werden. Das Bild 11 zeigt schematisch alle möglichen Stellgrößen- und Ausgangssignalfolgen
bei einem Prädiktionshorizont von drei Schritten.

Bei einem Prädiktionshorizont von n Schritten ist die Zahl der
möglichen Folgen $2^n$. Diejenige Folge ist die optimale, welche
das Funktional

$$V = \sum_{j=1}^{n} f(w(k+i+d) - \hat{y}(k+i+d))$$

minimiert, worin f üblicherweise die quadratische Funktion
ist. Ausgegeben wird u(k) der optimalen Folge $u_i$. Die hier
beschriebene Vorgangssweise wird auch als Auswahlstrategie
bezeichnet.

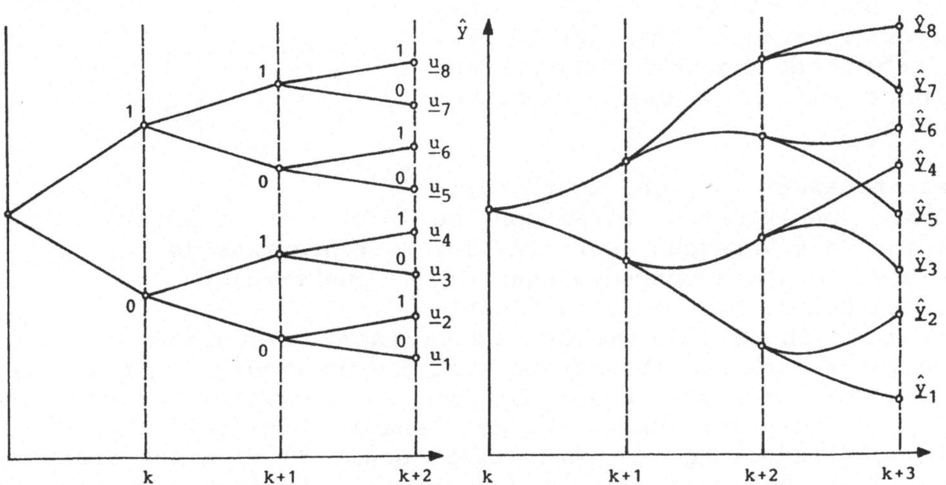

Bild 11. Prädiktive Auswahlstrategie für Zweipunktregler.
         Prädiktionshorizont = 3 Schritte

Eine wesentliche Forderung an die Regelung ist, daß das Aufheizen bis zum Sollwert möglichst schnell und aperiodisch erfolgt. Schnellstmögliches Aufheizen wird durch ständiges Beheizen der Zone erreicht, allerdings besteht die Gefahr des Überschwingens. Die Auswahlstrategie könnte zwar benutzt werden, doch kann der Prädiktionshorizont im allgemeinen nicht so groß gewählt werden wie es notwendig wäre, um das Überschwingen rechtzeitig zu erkennen. Die Anwendung der Auswahlstrategie, die alle möglichen Stellsignalfolgen überprüft, ist aber nicht erforderlich, da es im Zeitpunkt k nur von Interesse ist, ob durch das Einschalten von u(k) = 100% irgendwann in der Zukunft der Sollwert überschritten wird oder nicht. Die Stellgrößenfolge 100%, 0%, 0%, .... ist die einzige, die überprüft werden muß (siehe auch Bild 12).

Wird im Zeitpunkt $t_1$ eine Vorausberechnung mit u(k) = $u_{max}$ und u(k + i) = 0 (i ≥ 1) durchgeführt, so erhält man $y_{max,1}$. Ist dieser Wert kleiner als w so darf u = $u_{max}$ ausgegeben werden. Wird die Berechnung z.B. im Zeitpunkt $t_2$ durchgeführt und der Wert $y_{max,2}$ ist größer als w, dann muß die Stellgröße u = 0 betragen.

Der Prädiktionshorizont bei dieser sogenannten Anfahrstrategie kann wesentlich größer gewählt werden als bei der Auswahlstrategie.

Den Temperaturverlauf bei der Simulation der Plastifizierzonenbeheizung zeigt Bild 13. Die Abtastzeit ist hier 0,3 min, der Prädiktionshorizont der Anfahr- bzw. Auswahlstrategie beträgt 20 bzw. 4 Schritte und die Umschaltung findet bei 95 % des Sollwertes statt.

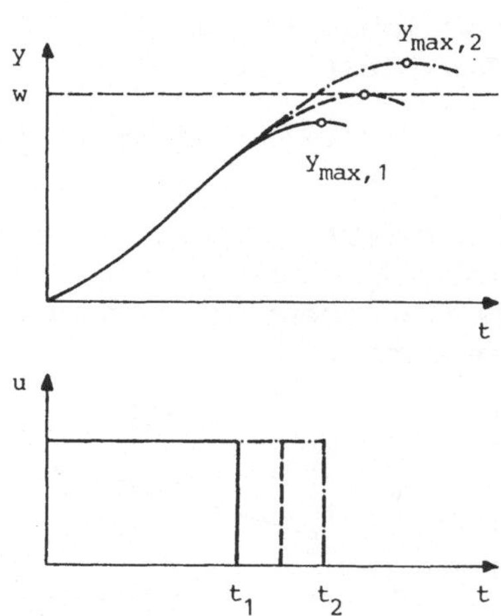

Bild 12. Prädiktive Anfahrstrategie für Zweipunktregler

Beachtenswert ist, daß trotz vollkommen unbekannter Parameter zu Beginn des Versuchs, nur in der dritten Zone ein Überschwingen von 6% auftritt. Die on-line-Identifikation läuft während des gesamten Anfahrvorgangs. Durch geeignete Wahl der Abtastzeit kann die übermäßig große Amplitude der Dauerschwingung in Zone 1 reduziert werden. Das Überschwingen der Temperatur der Zone 3 kann ebenfalls durch eine Verkleinerung der Abtastzeit sowie durch einen größeren Prädiktionshorizont, sowohl der Anfahr- als auch Auswahlstrategie, erreicht werden.

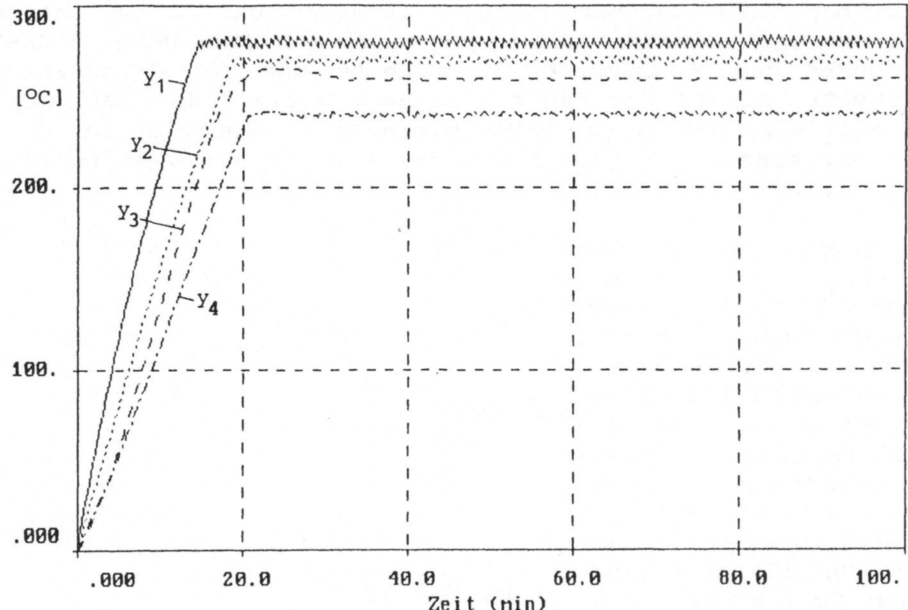



Bild 13. Temperaturverlauf bei prädiktiver Zweipunktregelung

**Temperaturdifferenzminimierung:** Ein Problem, das mit einem konventionellen PID-Regler nicht lösbar ist, ist die Temperaturdifferenzbegrenzung. Mit Hilfe des prädiktiven Zweipunktreglers ist diese Aufgabe jedoch zu lösen und es ergibt sich bei geschickter Anwendung noch der Nebeneffekt, daß das Überschwingen weiter reduziert werden kann. Zwei Ziele - die Differenzminimierung und ein möglichst schneller Anfahrvorgang - sollen erreicht werden. Die Dauer des Anfahrvorgangs jeder einzelnen Zone wurde durch die Anfahrstrategie bereits minimiert, und so müssen diejenigen Zonen, die einen größeren Temperaturanstieg pro Zeiteinheit aufweisen, weniger beheizt werden als die langsamste Zone, die - gemäß der Anfahrstrategie - dauernd beheizt werden muß.

Das gestellte Problem läßt sich in zwei Teilprobleme zerlegen. Zum einen muß festgestellt werden, welche die langsamste Strecke ist und wie deren Verlauf y aussieht, zum anderen müssen die schnelleren Strecken entlang dieses Verlaufs geführt werden. Die Führung entlang eines Sollwertes wurde bereits durch die Auswahlstrategie gelöst und auch der Verlauf von y kann durch die Gleichung

$$y(k) = \Sigma\ b_i\ u(k-i-d) - \Sigma\ a_i\ y(k-i-d)$$

berechnet werden. Darin sind $a_i$ und $b_i$ die Streckenparameter. Die Stellgröße u beträgt dabei immer $u_{max}$.

Führt man die Berechnung für alle Strecken und für mehrere Abtastschritte vorwärts durch und sucht man für jeden Abtastzeitpunkt das Minimum der vier Werte und der (konstanten) Sollwerte, so ist der damit gefundene Verlauf der Sollwert w für alle vier Zonen. Durch die Minimumbestimmung ist im Idealfall sichergestellt, daß keine der vier Stellgrößen überfordert wird.

Das Bild 14 zeigt einen simulierten Anfahrvorgang mit Differenzminimierung. Da angenommen wurde, daß die Streckenparameter zu Beginn des Anfahrvorgangs unbekannt sind ($a_i$=$b_i$=0), konnte die Minimumbestimmung nicht sofort begonnen werden. Bis zum Erreichen von 10% des jeweiligen Sollwertes wurden daher alle vier Zonen dauernd (100%) beheizt. Innerhalb dieses relativ kurzen Zeitraums wurden die Parameter bereits so gut geschätzt, so daß die Minimumbestimmung zufriedenstellend durchgeführt werden konnte. Da die vier Zonen verschiedene Sollwerte besitzen, dürfen bei der

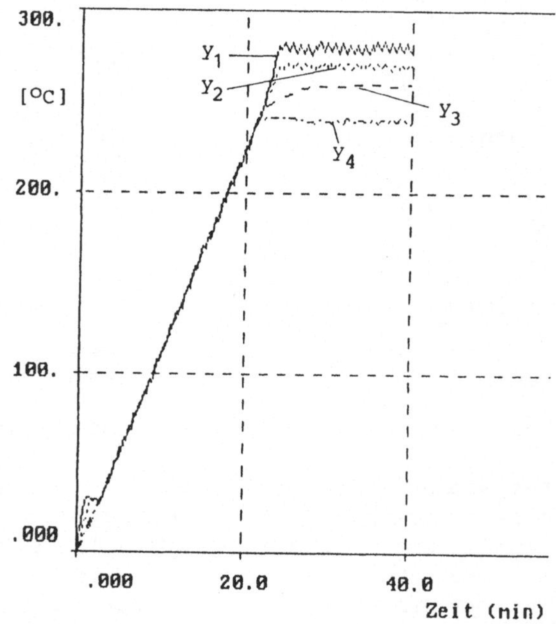

Bild 14. Anfahrvorgang mit Differenzminimierung

Minimumbestimmung nur diejenigen Strecken berücksichtigt werden, deren Ausgangsgrößen kleiner sind als der Sollwert, da sich sonst alle Ausgangsgrößen dem niedrigsten Sollwert nähern. In Bild 14 wurden bei der Minimumbestimmung nur diejenigen Werte berücksichtigt, die kleiner als 90 % des zugehörigen Sollwertes waren.

Um Überschwingen zu vermeiden, läuft parallel zur Auswahlstrategie die Anfahrstrategie mit. Wurde mit der Anfahrstrategie festgestellt, daß das Einschalten der Heizung im folgenden Abtastschritt innerhalb des Prädiktionshorizonts zum Überschwingen führen würde, so wurde u = 0 ausgegeben. Besteht allerdings keine Gefahr, so wird die Auswahlstrategie (mit dem aus der Minimumbestimmung ermittelten Sollwertverlauf) angewendet.

Bemerkenswert ist noch folgende Tatsache: Obwohl das untersuchte Viergrößensystem auch Koppeleffekte aufweist, die jedoch bei der Parameterschätzung überhaupt nicht berücksichtigt werden, ist die Schätzung dennoch hinreichend genau, um ein sehr gutes Führungsverhalten zu ermöglichen.

Wie schon kurz angedeutet ergibt sich bei der Temperaturdifferenzminimierung ein interessanter Nebeneffekt: Das Überschwingen wird kleiner oder verschwindet sogar vollständig (vergleiche dazu Bild 13 und 14). Dies läßt sich folgendermaßen erklären: Die Beheizung der gefährdeten Zone wird aufgrund der Führung entlang einer langsameren Zone nicht während 100% der Zeit durchgeführt, sondern während einer wesentlich kürzeren Zeit. Da sich die Auswirkung der aufgewendeten Energie erst mit einer gewissen Verzögerung (Verzugszeit $T_u$) zeigt, kommt die Erkenntnis, daß das Ausschalten zu einem früheren Zeitpunkt hätte stattfinden müssen, wegen eines zu kleinen Prädiktionshorizonts zu spät. Die Temperatur steigt über den Sollwert. Wird jedoch während des Anfahrvorgangs weniger Energie in die gefährdete Zone hineingesteckt, so wird auch kein oder nur geringes Überschwingen auftreten.

**Störverhalten der prädiktiven Zweipunktregelung:** Bei dem in Bild 15 simulierten Vorgang wurden, ausgehend vom stationären Zustand, pulsförmige Störungen auf die Regelgrößen aufgebracht, um das Störverhalten der Prädiktivregelung mit dem der konventionellen PID-Regelung (Bild 16) vergleichen zu können. Abgesehen von den algorithmusbedingten Dauerschwingungen, ist der prädiktive Zweipunktregler bezüglich der Ausregelung von Störungen geringfügig besser. Die Differenzbegrenzung beim Anfahren schafft jedoch nur der Zweipunktregler. Die daraus zu ziehende Konsequenz wäre daher, während des Anfahrvorganges oder bei großen Sollwertänderungen den prädiktiven Zweipunktregler mit Differenzminimierung zu verwenden, ansonst jedoch auf den PID-Algorithmus umzuschalten.

**Kombination von PID-Regler und prädiktivem Zweipunktregler:** Diese Kombination ist nicht nur zeitlich hintereinander (Anfahrvorgang mit prädiktivem Zweipunktregler und sodann Regelung mit PID-Regler), sondern auch parallel möglich. Dies zeigt das Bild 17. Die Zonen 1, 2 und 4 wurden mit einem PID-Regler betrieben und Zone 3 wurde entlang des Verlaufs von Zone 4 mit einem prädiktiven Zweipunktregler geführt.

Man erkennt, daß die Führung einer überschwingungsgefährdeten Zone (hier Zone 3) entlang der Temperatur einer nicht oder weniger gefährdeten Zone (hier Zone 4) sinnvoll ist. Außerdem wird die Rechenzeit nicht für Zonen verschwendet, bei denen die Gefahr des exzessiven Überschwingens nicht besteht. Vielmehr wird nur die kritische Zone mit dem zeitaufwendigen prädiktiven Regler zum Sollwert geführt.

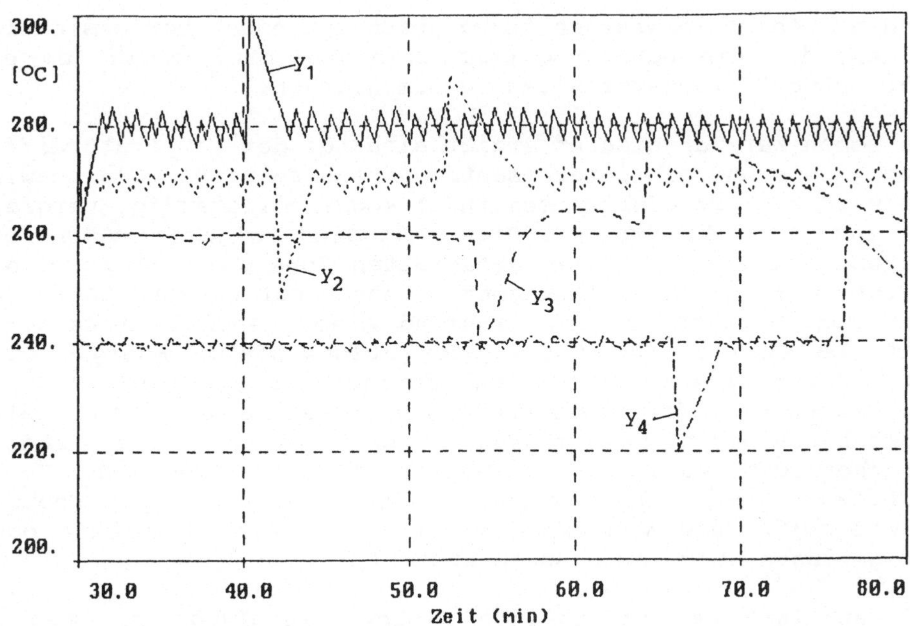

Bild 15. Ausregelung von Störungen mit dem
prädiktiven Zweipunktregler

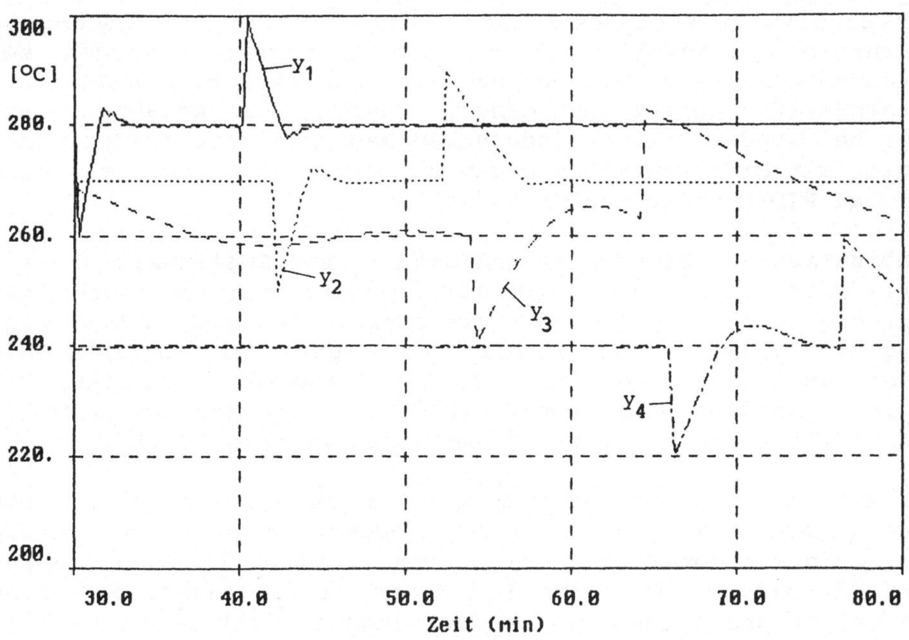

Bild 16. Ausregelung von Störungen
mit dem PID-Regler

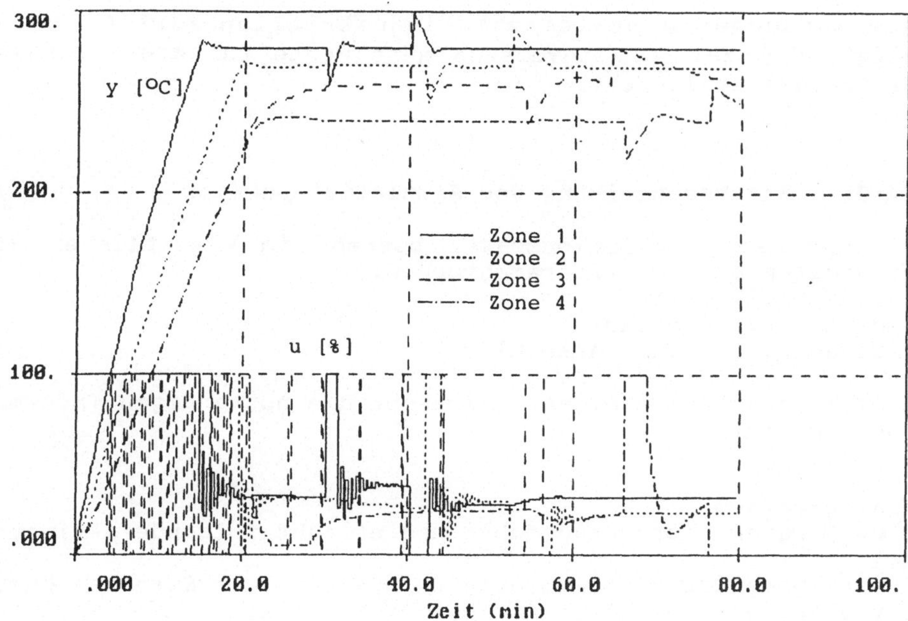

Bild 17. Kombination von PID-Regler und
prädiktivem Zweipunktregler


## 4 Zusammenfassung

Die Selbsteinstellung bzw. Adaption der Reglerparameter für
die untersuchte Plastifizierzonen-Temperaturregelung ist sowohl mit der on-line Least Squares Schätzung als auch mit
Hilfe des vorgestellten Schwingversuches möglich. Letztere
Methode ist besonders wegen ihrer Einfachheit gut für die
beschriebene Anwendung geeignet.

Die Anfahrstrategie mit Hilfe des prädiktiven Zweipunktreglers
mit dem neuen Konzept der Temperaturdifferenzminimierung führt
zum geforderten aperiodischen Anfahrvorgang, wobei gleichzeitig maximale Aufheizgeschwindigkeit garantiert wird. Der geforderte maximale Regelfehler wird vom PID-Regler erfüllt. Der
prädiktive Zweipunktregler ist dazu nur bei extrem kleiner Abtastzeit in der Lage.

Zum Aufheizen auf die Solltemperatur bzw. bei großen Sollwertänderungen kann der prädiktive Zweipunktregler vorteilhaft
eingesetzt werden. Nach Erreichen des Arbeitspunktes sorgt der
adaptive PID-Regler für einen minimalen Regelfehler.

Erste Versuche im praktischen industriellen Einsatz haben
gezeigt, daß der Schwingversuch gute Werte für die optimalen
Reglerparameter liefert.


**ANHANG:     Kurzbeschreibung des Simulationspaketes**

Das verwendete Simulationspaket besteht im wesentlichen aus
drei Programmen bzw. Programmgruppen:
- Eingabe (Pascal)
- Berechnung (Fortran)
- Ausgabe (Fortran + Assembler)

Die drei Programme übergeben einander die notwendigen Informationen in Dateien.


**Eingabeprogramm**
Dieses Programm ist menügeführt und erlaubt folgende Aktivitä-
ten:
- Festlegung des zu simulierenden Systems (der Strecke) durch
  Struktur und Parameter im s- oder z-Bereich
- Falls erwünscht, Umrechnung der Parameter vom s-Bereich in
  den z-Bereich
- Festlegung des Reglertyps und der Reglerparameter
- Definition der Führungs- und Störgrößen
- Einstellung der Abtastzeit
- Festlegung welche Daten, die in der Simulation anfallen,
  archiviert werden sollen
- Festlegung von Parametern, die für eine on-line Least-Squa-
  res Identifikation sowie für die Simulation von adaptiven
  Reglern notwendig sind.


**Berechnungsprogramm**
In diesem Programm wird die eigentliche Simulation durchgeführt und die berechneten Daten für die Ausgabe bereitgestellt.


**Grafikpaket**
Das Grafikpaket besteht aus 3 Teilen:
- Eingabeprogramm
- Zeichenprogramm
- Druckprogramm für Hardcopies


Alle Simulationen und Berechnungen sowie ein Großteil der
Grafiken wurden mit den oben beschriebenen Programmen auf
einem IBM PC durchgeführt bzw. erstellt.

## 6 Literaturhinweise

[1] Kofahl, R.K., Peter, K.:   INTERKAMA'86: Adaptive Regler, Automatisierungstechn. Praxis 29(1987), H.3,S.121-131.

[2] Teusel, A.:   Adaptiv regeln in der Kunststoffverarbeitung, Fa. Gossen, Sonderdruck aus IEE 11, 1985.

[3] Hüppe, R.: Entwicklung der Meß-, Steuerungs- und Regelungstechnik beim Spritzgießen, Kunststoffberater 7/8, 1987, S.16-21.

[4] Hoffmann, U., Wieser, N.: Einsatz eines adaptiven schaltenden Reglers an Temperaturregelstrecken, Automatisierungstechnische Praxis 29(1987), H.1, S.23-28.

[5] Teusel, A.: Adaptive Regler:  Erwartungen contra Realität, Fa.Gossen, Sonderdruck aus IEE 1, 1986.

[6] Gawthrop, P.J., Nomikos, P.E., Smith, L.: Adaptive Temperature Control  of Industrial Processes - A  Comparative Study, Control'88, S.42-48, Oxford, U.K.,April 1988.

[7] Hoffmann, U.: Entwurf und Erprobung einer adaptiven Zweipunktregelung, Dissertation, 1984, Fakultät für Maschinenbau, RWTH-Aachen,BRD.

**Modellbildung, Simulation und Regelung eines durch
ein Schneckengetriebe bewegten Manipulatorgelenks** [+)]

S. Jayasuriya,   D. May


## 1      Einleitung

Ein wichtiges Kriterium bei Entwurf und Planung von Handhabungsgeräten ist die Wahl der Art des Getriebes, durch das die
Kraft vom Gelenkmotor auf den Gelenkarm übertragen wird. Aus
geometrischer Sicht ergeben sich durch die Verwendung eines
Schneckengetriebes einige Vorteile. So kann im Vergleich zu
typischen mehrstufigen Getrieben, wie konventionellen Stirn-
rad- oder Kegelradgetrieben, mit einem einzigen Schneckengetriebesatz auf kleinstem Raum ein größerer Bereich in der
Übertragung der Geschwindigkeit und der Drehmomente ausgenutzt
werden. Für den Antrieb können auch Hochgeschwindigkeitsmoto-
ren eingesetzt werden, ohne daß langsame Bewegungen bei der
Momentenübertragung durch ein komplexes Getriebe umgelenkt
werden müssen. Die orthogonale Umlenkung des Drehmoments, die
aus der Geometrie des Schneckengetriebes folgt, ist in vielen
Entwürfen auch gewünscht.

Bei einigen Handhabungsgeräten konnte gelegentlich aber festgestellt werden, daß der Gelenkmotor, das Schneckengetriebe
und der Gelenkarm eine instabile Einheit bilden, was ein An-
wachsen der Schwingungsbewegungen des Arms bewirkt. Schwin-
gungsfähiges Verhalten kann zwar generell auftreten wenn
Schneckengetriebe in Positioniersystemen unter Schwerkraftsbe-
lastung eingesetzt werden, doch unter bestimmten Bedingungen
und Konfigurationen wird die Schwingungsamplitude relativ
groß. Dieses Phänomen ist unerwünscht und führt dazu, daß
Schneckengetriebe im allgemeinen nicht eingesetzt werden.
Ausnahmen gibt es nur in einigen speziellen Anwendungen für
leichte Lasten.

Diese Problematik wird in der Literatur nur unzureichend dis-
kutiert. Es gibt zwar zahlreiche Arbeiten, die sich mit der
Getriebekinematik, dem Getriebeentwurf und der Analyse des
dynamischen Verhaltens von Handhabungsgeräten beschäftigen.
Die dabei durchgeführten Untersuchungen über Getriebeschwin-
gungen beschränken sich jedoch vornehmlich auf Störungs- und
Hochfrequenzschwingungen, die durch das Ineinandergreifen der
Zähne verursacht werden (z.B. Smith, 1983). Veröffentlichungen

---

[+)] Übersetzt und bearbeitet von K.Diekmann und K.H.Fasol

die sich mit der dynamischen Kopplung der Kragarmlast und des
Stellmotors bei einer Kraftübertragung durch ein Schneckengetriebe beschäftigten, konnten nicht gefunden werden. Bislang
wurde auch nicht über Schwingungen berichtet, die bei der
Kraftübertragung durch das Schneckengetriebe selbst erzeugt
werden.

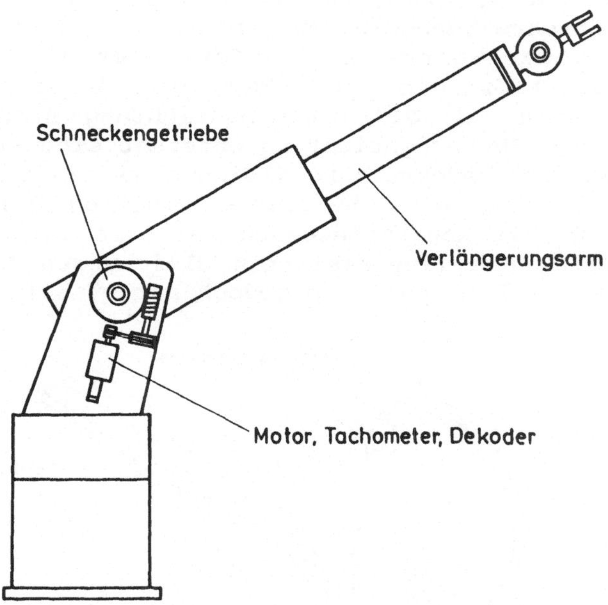


Bild 1.1. Roboter mit Schneckengetriebe

In diesem Beitrag wird eine Regelung beschrieben, die ein
stabiles Verhalten in den Bewegungen des Manipulators erzeugt.
Die Untersuchungen basieren auf einem nichtlinearen Modell für
einen einfachen Roboter mit einem Freiheitsgrad (Bild 1.1),
das von Mooring et al.(1989) entwickelt und verifiziert wurde.
Der mit einem Schneckengetriebesatz ausgestattete Roboter kann
einen Kragarm in der vertikalen Ebene unter Gravitationsein-
fluß bewegen. Das nichtlineare Modell für diesen Manipulator
wird im zweiten Kapitel zunächst für die Normaltrajektorie
linearisiert und danach zeitlich so gemittelt, daß man einen
Satz von linearen, zeitinvarianten Differentialgleichungen
erhält. Der im dritten Kapitel beschriebene Reglerentwurf
basiert auf diesen linearen, zeitinvarianten Differentialgleichungen. Mit Hilfe von klassischen Methoden der Regelungstechnik wurden zwei verschiedene digitale Regler entworfen, deren
Funktionsfähigkeit in einem Experiment mit rückgeführter Geschwindigkeit nachgewiesen wurde. Die erzielten Versuchsergebnisse werden im vierten Kapitel vorgestellt.

## 2    Die Modellbildung für den Manipulator

### 2.1    Das nichtlineare, zeitvariante Modell

Das untersuchte physikalische System und die darin enthaltenen
wichtigsten Kenngrößen werden in den Bildern 2.1 bis 2.3 dargestellt. Mooring et al.(1989) haben gezeigt, daß für einen
auskragenden Roboter mit einem Antrieb über ein Schneckengetriebe die Beschreibungsgleichungen davon abhängig sind, an
welcher Seite der Zahnräder die Getriebekraft aufgebracht
wird. Bei gleichförmigen Bewegungen gilt diese Abhängigkeit
entsprechend auch für die Bewegungsrichtung nach oben oder
unten. Durch die Bewegungsrichtung entsteht eine starke Nichtlinearität in den Beschreibungsgleichungen. Es wurde nachgewiesen, daß die um eine bestimmte Position linearisierten
Gleichungen für die Abwärtsbewegung des Arms instabile Eigenwerte enthalten. Die linearisierten Gleichungen für die Aufwärtsbewegung des Arms besitzen jedoch nur stabile Eigenwerte.

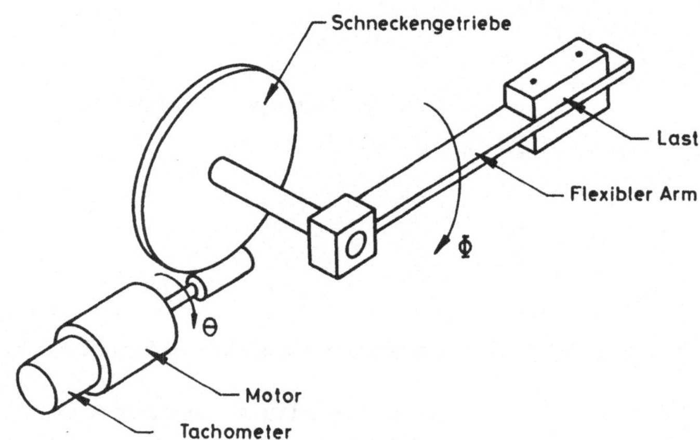


Bild 2.1. Untersuchtes System

Für das in den Bildern 2.1 bis 2.3 gezeigte System wurden von
Mooring et al. (1989) folgende Beschreibungsgleichungen für
die Armbewegung aufgestellt:

$$\dot{\underline{x}} = \underline{A}\,\underline{x} + \underline{b}\,V + \underline{f}(\underline{x}) \tag{2.1}$$

wobei $\underline{x}$, $\underline{A}$, $\underline{b}$ und $\underline{f}(\underline{x})$ nachfolgend definiert werden:

$$\underline{x}^T = [i \quad \Theta_g \quad \dot{\Theta}_g \quad \Theta_a \quad \dot{\Theta}_a] \;; \tag{2.2}$$

$\Theta_g$ ist die Winkelstellung der Getriebewelle und $\Theta_a$ ist die
Winkelstellung des Arms. V ist die Eingangsspannung, i der
Motorstrom.

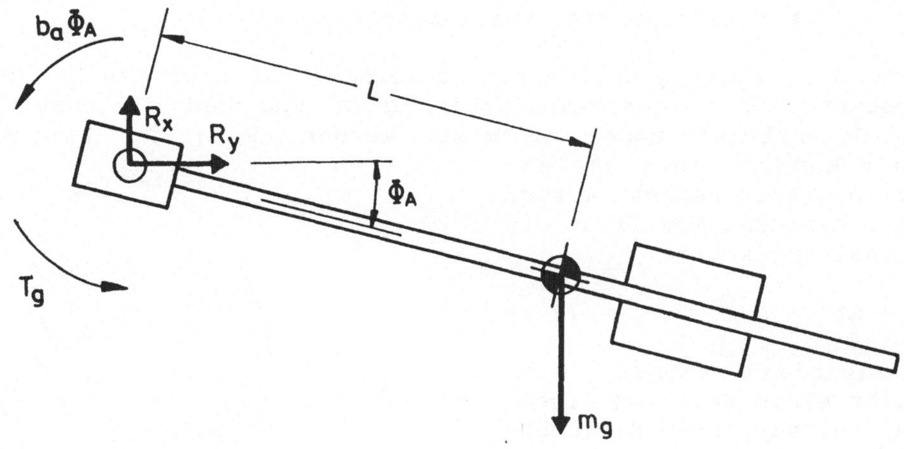



Bild 2.2. Kräfte bzw. Momente am Arm

$$\underline{A} =$$

$$= \begin{bmatrix} -R_m/L_m & 0 & -k_v(n_g/n_w)/L_m & 0 & 0 \\ 0 & 0 & 1 & 0 & 0 \\ \dfrac{k_t}{(n_g/n_w)J_m} & \dfrac{\eta K}{(n_g/n_w)J_m} & \dfrac{\eta b_a - b_m n_g/n_w}{(n_g/n_w)J_m} & \dfrac{-\eta K}{(n_g/n_w)J_m} & \dfrac{-\eta b_a}{(n_g/n_w)J_m} \\ 0 & 0 & 0 & 0 & 1 \\ 0 & K/J_a & b_a/J_a & -K/J_a & -b_a/J_a \end{bmatrix},$$

$$(2.3)$$

$$\underline{b}^T = [1/L_m \quad 0 \quad 0 \quad 0 \quad 0] , \qquad (2.4)$$

$$\underline{f}(\underline{x})^T = [0 \quad 0 \quad -\Gamma T_f/(n_g/n_w)J_m \quad 0 \quad m_a gL\cos\Theta_a/J_a] . \qquad (2.5)$$

$\underline{f}(\underline{x})$ ist nichtlinear; der Parameter $\eta$ berechnet sich aus

$$\eta = \frac{d_w}{d_g \sin\beta} \left[\cos\beta - \left(\frac{1}{\cos\beta \pm \Gamma\mu\sin\beta/\cos\Phi}\right)\right] \qquad (2.6)$$

und kann zwei unterschiedliche Werte annehmen. Durch diesen
Parameter werden die unterschiedlichen Eigenschaften in der
Auf- und Abwärtsbewegung des Manipulators beschrieben.


Die in den Gleichungen verwendeten Parameter werden im Anhang
definiert.

## 2.2   Das linearisierte, zeitvariante Modell

Durch die Regelung soll erreicht werden, daß sich der Arm mit
konstanter Winkelgeschwindigkeit dreht und daß gleichzeitig
die Gelenkschwingungen minimiert werden. Wenn der Arm mit
einer konstanten Winkelge-
schwindigkeit gedreht werden
soll, kann das Modell um die
Nominaltrajektorie

$$\theta_a = \Omega t \qquad (2.7)$$

linearisiert werden. Dies
ergibt einen Satz von linearen, zeitvarianten Gleichungen:

$$\frac{d\,\delta\underline{x}}{dt} = \overline{\underline{A}}\,\delta\underline{x} + \underline{b}\,\delta V \qquad (2.8)$$

wobei $\delta\underline{x}$ die Abweichungen
des nominalen Zustandsvek-
tors $\underline{x}^n$, $\delta V$ die Veränderungen um die nominale Ein-
gangsspannung $V^n$ sind.

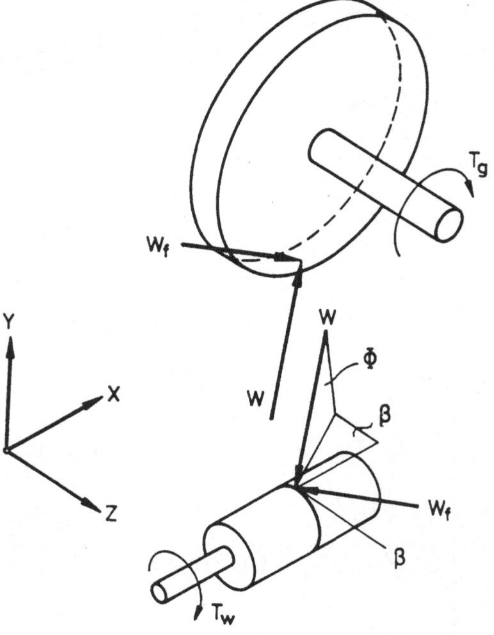


Bild 2.3. Kräfte am Getriebe

Die Matrix $\overline{\underline{A}}$ lautet:

$$\overline{\underline{A}} =$$

$$= \begin{bmatrix} -R_m/L_m & 0 & -k_v(n_g/n_w)/L_m & 0 & 0 \\ 0 & 0 & 1 & 0 & 0 \\ \dfrac{k_t}{(n_g/n_w)J_m} & \dfrac{\eta K}{(n_g/n_w)J_m} & \dfrac{\eta b_a - b_m n_g/n_w}{(n_g/n_w)J_m} & \dfrac{-\eta K}{(n_g/n_w)J_m} & \dfrac{-\eta b_a}{(n_g/n_w)J_m} \\ 0 & 0 & 0 & 0 & 1 \\ 0 & K/J_a & b_a/J_a & -(K+m_a gL\sin\Omega t)/J_a & -b_a/J_a \end{bmatrix} .$$

$$(2.9)$$

## 2.3   Das linearisierte, zeitinvariante Modell (LTI)

Das zeitvariante Element in der Matrix $\overline{\underline{A}}$ ist begrenzt. Unter
der Annahme, daß das variierende Element nur wenig Einfluß auf
die Systemeigenwerte hat, kann das variante Modell durch ein
lineares zeitinvariantes Modell approximiert werden. Ist dies

der Fall, können klassische Methoden der linearen Regelungstechnik für den Entwurf und die Realisierung eines geeigneten
Regelalgorithmus angewandt werden.

Setzt man die experimentell ermittelten Parameter (siehe Anhang) des in den Bildern 2.1 bis 2.3 dargestellten Versuchs-
aufbaus in die Systemmatrix $\underline{A}$ ein, dann erhält man

$$
\underline{A} = \begin{bmatrix}
-368,60 & 0 & -834,79 & 0 & 0 \\
0 & 0 & 1 & 0 & 0 \\
33,678 & -230,32 & -1,563 & 230,32 & 0,480 \\
0 & 0 & 0 & 0 & 1 \\
0 & 426,85 & 0,890 & -(426,85+24,01\sin\Omega t) & -0,890
\end{bmatrix}
$$

$$(2.10)$$

wenn sich Arm entgegen der Schwerkraft nach oben bewegt und

$$
\underline{A} = \begin{bmatrix}
-368,60 & 0 & -834,79 & 0 & 0 \\
0 & 0 & 1 & 0 & 0 \\
33,678 & 113,83 & -0,846 & -113,83 & -0,237 \\
0 & 0 & 0 & 0 & 1 \\
0 & 426,85 & 0,890 & -(426,85+24,01\sin\Omega t) & -0,890
\end{bmatrix}
$$

$$(2.11)$$

wenn sich der Arm nach unten bewegt. In beiden Fällen lautet
der Eingangsvektor:

$$\underline{b}^T = [155,52 \quad 0 \quad 0 \quad 0 \quad 0] \,. \tag{2.12}$$

Betrachtet man die Größe des zeitvarianten Elements $\overline{a}_{5,4}$ in
den Systemmatrizen Gln.(2.10) und (2.11), so erscheint die
obige Annahme gerechtfertigt, das lineare zeitvariante Modell
durch ein lineares zeitinvariantes Modell zu ersetzen. Untersucht man nämlich die Lage der Systemeigenwerte für die Auf-
wärts- und Abwärtsbewegung, wobei $\Omega t$ zwischen 0 und $2\pi$ variiert wird, dann erkennt man, daß sich für beide Bewegungsrichtungen ein reeller Eigenwert stets nahe dem Ursprung bewegt
und dabei kleine positive und negative Werte annimmt. Für
Aufwärtsbewegungen liegt ein Paar sich wenig ändernder komplexer Eigenwerte in der linken s-Halbebene, während sich dieses
Paar bei Abwärtsbewegungen in der rechten s-Halbebene befindet. Real- und Imaginärteil dieser Eigenwerte ändern sich nur
gering. Ebenso bleiben die Nullstellen in der linken Halbebene
für beide Bewegungsrichtungen nahezu unverändert. Die beiden
weiteren Pole liegen sehr weit links und sind nicht relevant.
Die Mittelwertbildung  scheint daher geeignet zu sein, eine

gute zeitinvariante Systembeschreibung zu erzeugen. Da der
Mittelwert von sin($\Omega$t) über eine Periode verschwindet, werden
die gemittelten dynamischen Anteile des linearisierten Systems
durch Nullsetzen der zeitvariierenden Elemente bestimmt.

Um die Gültigkeit des gemittelten Systems zu beweisen, wurden
Sprungantworten des linearisierten zeitinvarianten Modells mit
Sprungantworten des nichtlinearen, zeitvarianten Systems in
einer Simulation verglichen. Diese Simulationen zeigten, daß
die linearisierten, zeitinvarianten Gleichungen eine angemes-
sene Beschreibung der aktuellen Systemdynamik ermöglichen. Es
ist allerdings anzumerken, daß die für einen gegebenen Zeitpunkt gültige Systembeschreibung nur dann aus der Bewegungsrichtung bestimmt werden kann, wenn es sich um eine gleich-
förmige Bewegung handelt. Die gemessenen Sprungantworten zeigten aber, daß eine sprungförmige Änderung der Eingangsspannung
nicht zu einem monotonen Übergangsverhalten führt, so daß für
das lineare, zeitinvariante Modell und das nichtlineare System
über eine eigene Logik entschieden werden muß, welche Systembeschreibung bezüglich der Bewegungsrichtung für den gegebenen
Zeitpunkt relevant ist. Von Mooring et al.(1989) wurde diese
Logik ausführlich diskutiert.

Aus dem linearisierten, zeitinvarianten Modell erhält man die
Übertragungsfunktion zwischen der Eingangsspannung und der
Geschwindigkeit am Getriebe für die Aufwärtsbewegung des Arms
entgegen der Schwerkraft

$$G_p(s) = \frac{5238\ (s+0,445+20,66j)(s+0,445-20,66j)}{(s+1,931+20,83j)(s+1,931-20,83j)(s+260,3)(s+106,9)}$$

(2.13)

und für die Abwärtsbewegung des Arms:

$$G_p(s) = \frac{5241\ (s+0,445+20,66j)(s+0,445-20,66j)}{(s-0,264\pm20,54j)(s-0,264\pm20,54j)(s+259,8)(s+111,1)} \cdot$$

(2.14)

Da hier als Ausgangsgröße die Geschwindigkeit und nicht die
Position betrachtet wird, reduziert sich die Ordnung gegenüber
den Gln.(2.10) bis (2.12) um Eins.


**3      Reglerentwurf**

**3.1    Aufbau des Regelkreises**

Die Regelung eines Roboters wird häufig als Kaskadenregelung
aufgebaut, wobei dem Positionierregelkreis ein Geschwindig-
keitsregelkreis unterlagert ist. Die Winkelgeschwindigkeit als

Regelgröße des unterlagerten Regelkreises wird durch ein Ta-
chometer am Motor und die Winkelstellung als Regelgröße des
Positionierregelkreises wird über einen Drehgeber an der Getriebewelle gemessen. Das vereinfachte Blockschaltbild der
Kaskadenregelung ist in Bild 3.1 dargestellt.

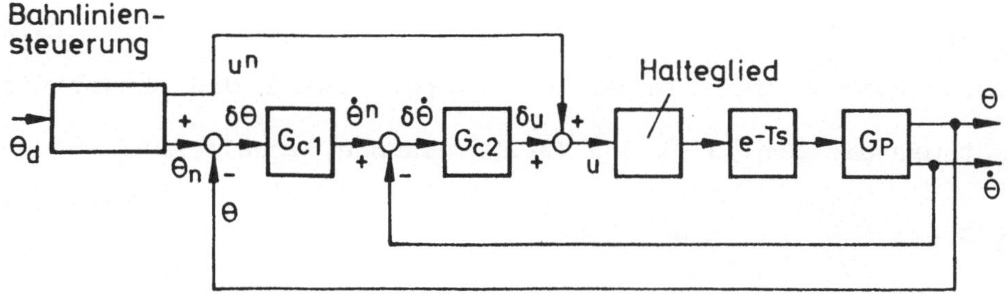


Bild 3.1. Blockschaltbild des Positioniersystems

Für die diskrete Systembehandlung müssen in den Regelkreis ein
Halteglied nullter Ordnung und ein Übertragungsglied mit einer
Totzeit von einem Abtastschritt T eingefügt werden. Die Bahn-
linie für einen bestimmten Sollwertwinkel $\Theta_d$ wird durch einen
Stellalgorithmus vorgegeben, der eine Signalfolge für den
Nominalwinkel $\Theta^n$ und eine Signalfolge für die Nominalstell-
größe $u^n$ berechnet. Während der Roboterbewegung werden die
Signale in jedem Abtastschritt in inkrementeller Form ausgegeben. Der erste Regler $G_{c1}$ dient zur Regelung der Winkelstellung und der zweite Regler $G_{c2}$ regelt die Winkelgeschwindigkeit.


## 3.2    Abbildung vom kontinuierlichen in den diskreten Bereich

Beide Regler sollen im kontinuierlichen Bereich entworfen und
anschließend in diskreter Form auf einem Mikrorechner implementiert werden. Aufgrund des dynamischen Einflusses bei der
digitalen Filterung müssen Einschränkungen bei der Behandlung
der Systembeschreibungen zugelassen werden. Wie bereits erwähnt, wurden in den Regelkreis ein Halteglied nullter Ordnung
und ein Übertragungsglied mit Totzeit eingeführt. Das Halteglied hält die Stellgrößen, die vom D/A-Wandler ausgegeben
werden, zwischen den Abtastzeitpunkten konstant. Da zwischen
der Datenerfassung und der Stellgrößenausgabe erst eine Stell-
größenberechnung durchgeführt werden muß, wird ein Übertragungsglied mit einer Totzeit von einem Abtastschritt in den
Regelkreis eingebaut. Dadurch erreichen die vom Regler ausgegebenen Stellgrößen den D/A-Wandler erst einen Abtastschritt
später.

Für den Reglerentwurf soll das Halteglied durch die Übertragungsfunktion

$$Z_1(s) = \frac{1}{s}(1 - e^{-Ts}) \qquad (3.1)$$

und das Übertragungsglied mit der Totzeit durch

$$Z_2(s) = e^{-Ts} \qquad (3.2)$$

beschrieben werden. In den Gleichungen ist T die Abtastzeit.

Faßt man die Gln.(3.1) und (3.2) zusammen, erhält man

$$Z_1(s)Z_2(s) = \frac{1}{s}(1 - e^{-Ts})\,e^{-Ts}\ . \qquad (3.3)$$

Für den transzendenten Ausdruck $e^{-Ts}$ existieren verschiedene lineare Padé Approximationen. In dieser Analyse sollen folgende Ausdrücke verwendet werden:

$$e^{-Ts} \approx (1 + Ts/n)^{-n} \qquad (3.4)$$

und

$$e^{-Ts} \approx 1 - Ts + (Ts)^2/2 - (Ts)^3/3! +\ldots+(-1)^n(Ts)^n/n!\ . \qquad (3.5)$$

Setzt man Gln.(3.4),(3.5) in Gl.(3.3) ein, dann erhält man

$$Z_1(s)Z_2(s) \approx \frac{T - T^2s/2 + T^3s^2/3! -\ldots-(-1)^nT^ns^{n-1}/n!}{(1 + Ts/n)^n}\ . \qquad (3.6)$$

Der Vorteil dieser Vorgehensweise besteht darin, daß die Approximation des Haltegliedes und der Übertragungstotzeit durch ein Übertragungsglied n-ter Ordnung die Ordnung des Systems auch nur um die Ordnung n erhöht. Für den Entwurf der Regler wurde die Ordnung n = 3 gewählt.


## 3.3    Entwurfsgrundlagen

Für die Geschwindigkeitsregelung wurden zwei Entwürfe implementiert und miteinander verglichen. Beide beruhen auf dem linearen, zeitinvarianten Modell, das ein instabiles Polpaar in der Nähe der imaginären Achse besitzt. Die Stabilisierung eines solchen Prozesses kann durch einen Regler mit großer Verstärkung erreicht werden. Neben den bekannten Problemen bei Störeinflüssen können jedoch auch Probleme durch die digitale Realisierung des Regelalgorithmus entstehen. Bei der Approximation des Haltegliedes und des Übertragungsgliedes mit Totzeit nach Gl.(3.6) entstehen in der Übertragungsfunktion des

geschlossenen Regelkreises nicht-minimalphasige Nullstellen.
Wenn die Äste der Wurzelortskurven für große Verstärkungen in
diese nicht-minimalphasigen Nullstellen laufen, führt dies zu
instabilem Verhalten des Regelkreises. Da in den beiden folgenden Entwurfsverfahren die Stabilisierung des Regelkreises
durch eine große Reglerverstärkung erreicht wird, müssen zur
Vermeidung einer Instabilität die Reglerparameter sorgfältig
eingestellt werden.

Um für die Reglersynthese die Abtastzeit T abzuschätzen, wurde
eine schnelle Fourier Transformationsanalyse (FFT) mit den
Signalen der Sprungantwort des offenen Regelkreises durchgeführt. Für die FFT wurde der von Brigham (1974) angegebene Algorithmus verwendet. Die Ergebnisse Bild 3.2 zeigen, daß eine
Frequenzbandbegrenzung bei ungefähr $\Omega_C$ = 100 rad/s gegeben
ist. Daraus folgt aus dem Abtasttheorem, daß als minimale Abtastfrequenz für dieses System $2\Omega_C$ gewählt werden muß, was
einer Abtastzeit T = 0.0157sec entspricht. Um Probleme bei der
Realisierung zu vermeiden, soll nach einer von Ogata (1987)
angegebenen Faustformel die Abtastfrequenz jedoch möglichst
das 8- bis 10-fache der Frequenz $\Omega_C$ betragen. Daraus ergibt
sich für diese Anlage ein Bereich der Abtastzeit von 0.0079sec
bis 0.0063sec. Diese Abtastzeiten liegen an der unteren Grenze
der mit der verwendeten Hardware erreichbaren Abtastzeit.

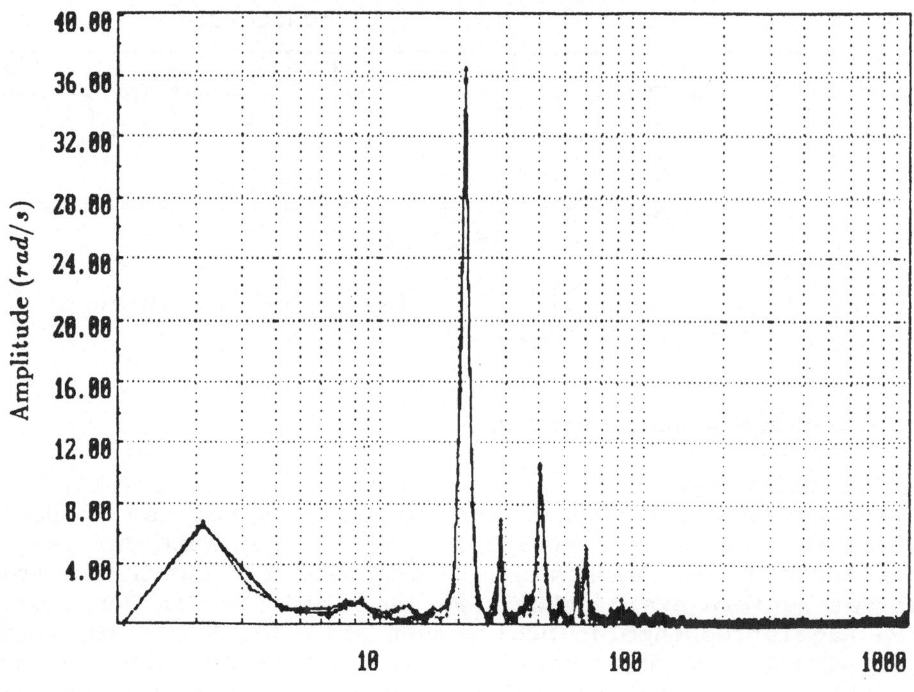

Bild 3.2. FFT des geregelten Systems

Damit die erreichbare Abtastzeit nicht wesentlich erhöht wird,
muß der Regler so schnell wie möglich arbeiten. Die Rechenzeit
des Reglers ist von seiner Struktur und der verwendeten Programmierung abhängig, so daß sie nur experimentell und nicht a
priori ermittelt werden kann. Man muß den Reglerentwurf und
die Implementierung mehrmals wiederholen, um die kleinstmögliche Abtastzeit herauszufinden. In den folgenden beiden Reglerentwürfen konnten unterschiedliche Abtastzeiten realisiert
werden, wobei im ersten Reglerentwurf eine kleinere Abtastzeit
als im zweiten Reglerentwurf erreicht werden konnte. Die
Blockschaltbilder für beide Reglerentwürfe werden im Bild 3.3
gezeigt.   Die gerätetechnische Realisierung wird im vierten
Kapitel beschrieben.

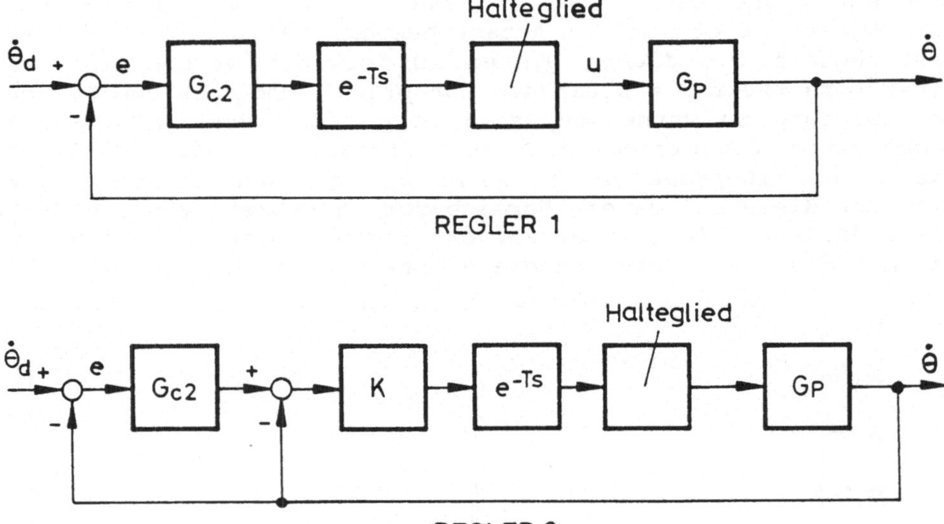


Bild 3.3. Blockschaltbilder der beiden Reglerstrukturen
          für die Geschwindigkeitsregelung

## 3.4    Der erste Reglerentwurf

Die Übertragungsfunktionen der Regelstrecke Gln.(2.13) und
(2.14) besitzen minimalphasiges Verhalten, wobei das komplexe
Nullstellenpaar $s_{1,2}$ = -0.445 ± 20.66j in der Nähe der imaginären Achse liegt. Dieses Nullstellenpaar muß durch ein Polpaar des Reglers exakt gekürzt werden, damit die in den instabilen Regelstreckenpolen beginnenden Äste der Wurzelortskurve
nicht direkt nach Überschreiten der imaginären Achse in den
Regelstreckennullstellen enden. Der dritte Pol des Reglers
wird in den Ursprung der s-Ebene gelegt, um eine bleibende
Regelabweichung zu vermeiden.

Durch die Wahl der Reglernullstellen soll im weiteren Verlauf
des Reglerentwurfs der Stabilitätsbereich des Regelkreises
vergrößert werden. Dies erreicht man, wenn die in den instabilen Polen beginnenden Äste der Wurzelortskurven durch die
Nullstellen weit in die linke s-Halbebene gezogen werden.
Aufgrund der Realisierbarkeitsbedingung können maximal drei
Reglernullstellen eingeführt werden. Die Lage der Nullstellen
und die Größe der Reglerverstärkung müssen über einen numerischen Suchalgorithmus so festgelegt werden, daß die klassische
Zielsetzung des Reglerentwurfs nach dem Wurzelortskurvenver-
fahren erfüllt wird. Hierbei wird unter der Bedingung, daß die
Realteile aller reellen Pole des geschlossenen Regelkreises
rechts von einer definierten Grenze liegen, die Dämpfung des
geschlossenen Regelkreises maximiert.

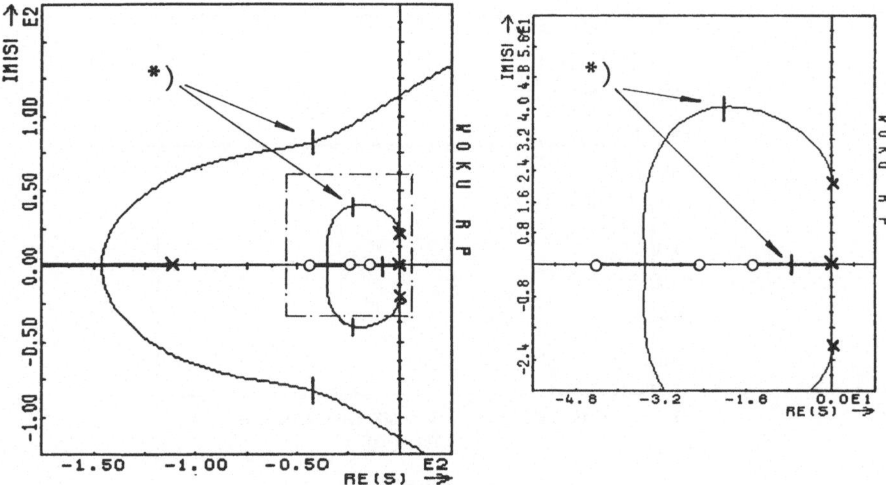

Bild 3.4. Ausschnitte aus den Wurzelortskurven für den
          ersten Reglerentwurf.
          *)  Pole des geschlossenen Systems

In Bild 3.4 wird der Verlauf der Wurzelortskurven für diesen
Entwurf gezeigt. Auf den Ästen sind die für den geschlossenen
Regelkreis gewählten Pole besonders gekennzeichnet. Die Übergangsfunktionen des linearen, kontinuierlichen Zeitbereichsmo-
dells und des nichtlinearen hybriden Modells wurden für eine
sprunghafte Veränderung der Geschwindigkeit in Bild 3.5 aufgezeichnet. Für das hybride Modell wurde der entworfene Regler
unter Verwendung der bilinearen Transformation mit vorhergehender Frequenzanpassung (Ogata, 1987) diskretisiert. Die No-
minalfrequenz ist 100 rad/s. Diese spezielle Methode der Diskretisierung erzeugte im Vergleich zu einigen anderen Verfahren die besten Ergebnisse in den Übergangsfunktionen (May,
1989). Die Übertragungsfunktion des Reglers lautet

$$G_C(s) = 4,094 \; \frac{(s + 15,1)(s + 24,9)(s + 44,3)}{s \; (s+0,445+20,66j)(s+0,445-20,66j)} \qquad (3.7)$$

und im z-Bereich

$$G_C(z) = \frac{5,443 \; (z + 0,899)(z + 0,839)(z + 0,729)}{(z-1)(z-0,986+0,144j)(z-0,986-0,144j)} \; . \qquad (3.8)$$

Mit diesem Entwurf konnte eine Abtastzeit von $T = 7,02 \cdot 10^{-3}$ sec realisiert werden, wodurch die Gl.(3.6) zu

$$Z_1(s)Z_2(s) \approx 4,5 \; \frac{(s-214+276j)(s-214-276j)}{(s + 427)^3} \qquad (3.9)$$

bestimmt werden kann.

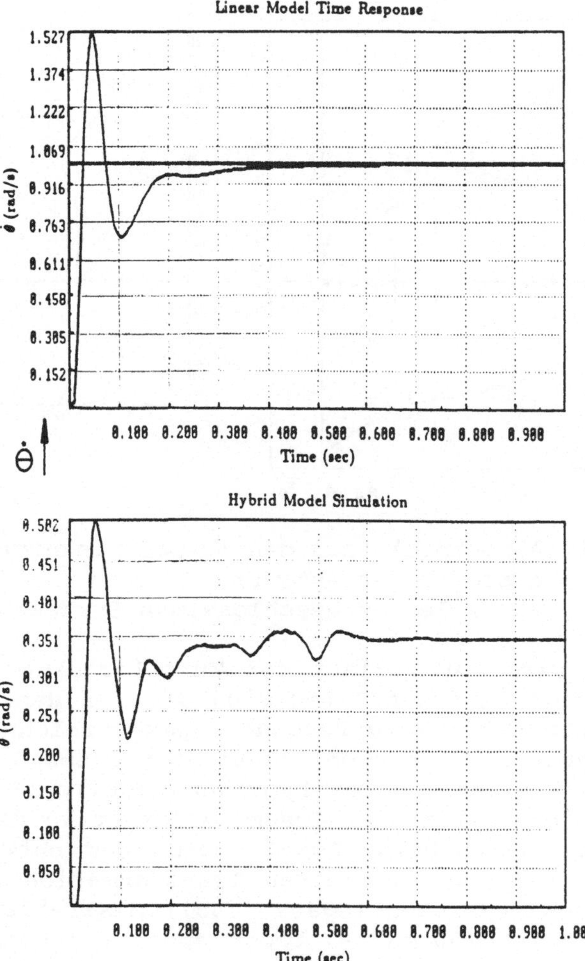


Bild 3.5. Simulation der Sprungantworten beider Modelle
         mit dem Regler 1

## 3.5    Der zweite Reglerentwurf

Das zweite Entwurfsverfahren basiert auf der Tatsache, daß
eine instabile Regelstrecke in einem geschlossenen Regelkreis
durch einen P-Regler mit hoher Verstärkung stabilisiert werden
kann. Die in den instabilen Polen beginnenden Äste laufen in
die Nullstellen in der linken Halbebene. Auf den Wurzelortskurven in Bild 3.6 sind die Pole des geschlossenen Regelkreises für den Verstärkungsfaktor K = 9 besonders gekennzeichnet.

Durch die Einführung
eines äußeren Regel-
kreises nach Bild 3.3
soll auf die Dynamik
des inneren Regel-
kreises zusätzlicher
Einfluß genommen wer-
den. Der Regler im
äußeren Kreis kürzt
durch seine Nullstel-
len die stark oszil-
lierenden, aber sta-
bilen Pole des inne-
ren Kreises und kom-
pensiert durch seine
Pole die Nullstellen
des inneren Kreises.
Der dritte Reglerpol
wird wiederum in den
Urspung gelegt, um so
eine bleibende Regel-
abweichung zu vermei-
den. Die Verstärkung
wird so festgelegt,
daß die schnellen und
.die langsamen Anteile
in der Sprungantwort
gleichmäßig bewertet
werden. Die im Bild
3.7 gezeigten Wurzel-
ortskurven des äuße-
ren Regelkreises ver-
verdeutlichen die Be-

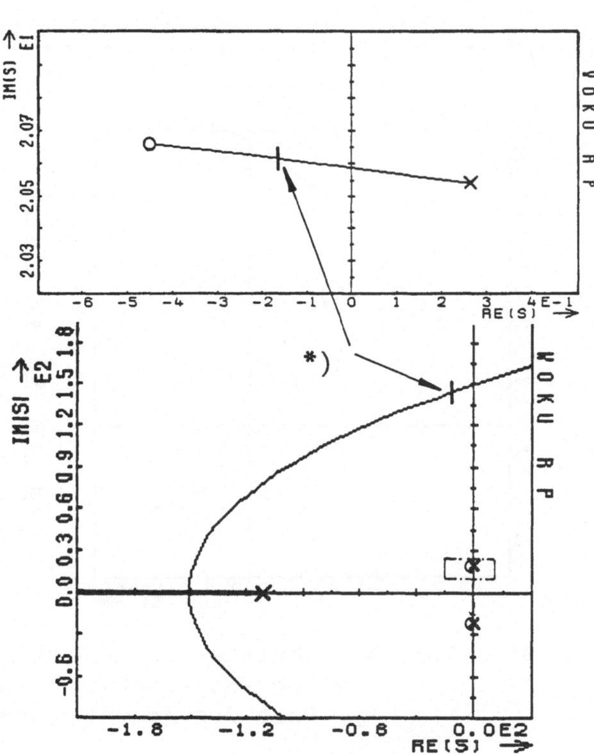

Bild 3.6. Ausschnitte aus den Wurzelortskurven für den zweiten
Reglerentwurf (unterlagerter
Regelkreis).      *) Pole des
geschlossenen Kreises

dingungen unter denen dieser Entwurf durchgeführt werden mußte. Die Sprungantworten des linearen, kontinuierlichen Zeitbe-
reichsmodells und des nichtlinearen hybriden Modells werden
für eine sprunghafte Erregung der Geschwindigkeit in Bild 3.8
gezeigt. Unter Verwendung der gleichen Diskretisierungsmethode
wie im ersten Reglerentwurf, erhält man für die kontinuierliche Reglerübertragungsfunktion

$$G_C(s) = 15 \; \frac{(s+0,164+20,70j)(s+0,164-20,70j)}{s\,(s+0,445+20,66j)(s+0,445-20,66j)} \tag{3.10}$$

die diskrete Übertragungsfunktion

$$G_C(z) = 5,85.10^{-2} \; \frac{(z-0,987+0,153j)(z-0,987-0,153j)}{(z-1)(z-0,985+0,153j)(z-0,985-0,153j)} \; . \tag{3.11}$$

Mit der Abtastzeit $T = 7,449.10^{-3}$ geht Gl.(3.6) über in

$$Z_1(s)Z_2(s) \approx 4,5 \; \frac{(s-201+260j)(s-201-260j)}{(s + 403)^3} \; . \tag{3.12}$$

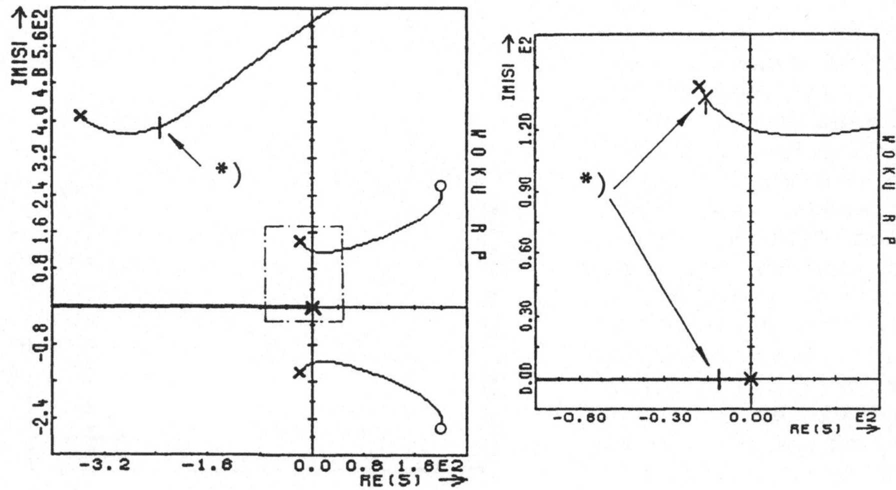

Bild 3.7. Ausschnitte aus den Wurzelortskurven für den
zweiten Reglerentwurf (äußerer Regelkreis).
*) Pole des geschlossenen Systems

## 4    Versuchsergebnisse

Der Regler wurde auf einem IBM PC kompatiblen Rechner (8 MHz
8088-2 CPU, kein Coprozessor) implementiert. Eine 12 bit Da-
tenerfassungskarte wurde für die D/A- und A/D-Wandlungen benutzt. Das Ausgangssignal wurde durch einen invertierenden
Operationsverstärker mit der Verstärkung K = 2 geleitet. Der
Regelalgorithmus wurde in FORTRAN geschrieben. Das übersetzte
Programm wurde mit einigen Assemblerroutinen zusammengebunden,
so daß schnelle mathematische Operationen mit reduzierter
Genauigkeit durchgeführt werden konnten. Das Blockschaltbild
des konfigurierten Regelkreises ist in Bild 4.1 dargestellt.

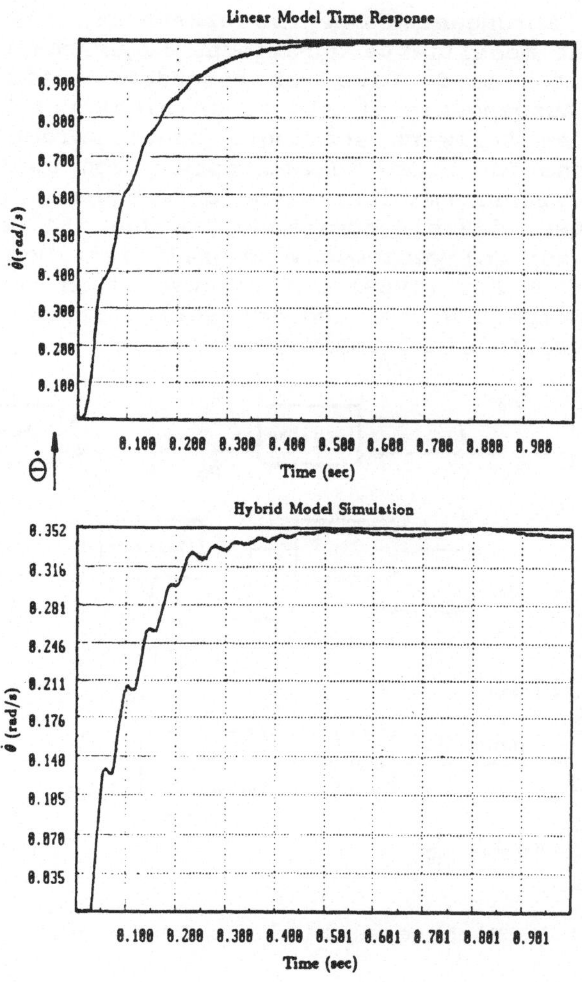



Bild 3.8. Simulation der Sprungantworten beider Modelle
mit dem Regler 2

Ausgangspunkt der Untersuchungen war jeweils die vertikale
Ruhelage des Roboterarms. Aus der Ruhelage heraus wurden drei
verschiedene Sollwerte für die Geschwindigkeit (0.20, 0.35
0.50 rad/sec am Getriebe) sprunghaft aufgegeben. Für jeden
Sollwert wurden vier Versuche durchgeführt. Die aufgenommenen
Sprungantworten bei Verwendung des ersten Reglers sind in Bild
4.2 und bei Verwendung des zweiten Reglers in Bild 4.3 dargestellt. Im oberen Teil der Bilder ist das Übergangsverhalten
während der ersten Sekunde vergrößert aufgezeichnet worden.

Anhand aller Sprungantworten ist erkennbar, daß während der
Versuche nicht modellierte dynamische Eigenschaften des Roboters aufgetreten sind. Dies ist besonders auffällig in Bild
4.2, wo das Ausgangssignal mit einer nicht unerheblichen Amplitude um den Sollwert schwingt. Daher wurden die Signale
dieses Versuchs für einen Sollwertsprung von 0.35 rad/s einer
Fast Fourier Transformationanalyse unterzogen. Diese Untersuchungen zeigten, daß die dominante Frequenz in der Schwingung
proportional zur Sollwertgeschwindigkeit ist. Der Schwingungs-
effekt kann nach May (1989) auf Eigenschaften der Tachometer-
welle zurückgeführt werden und ist somit für die durchgeführten Reglerentwürfe nicht relevant.

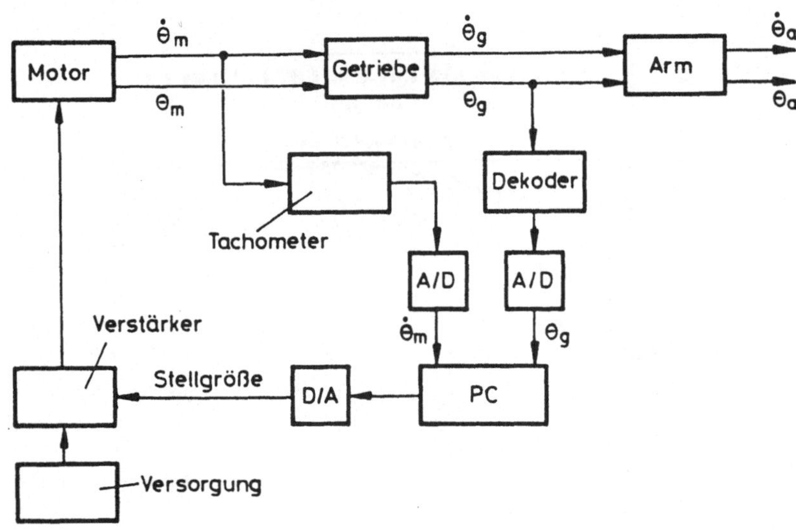


Bild 4.1. Blockschaltbild des Regelungssystems

Aufgrund des prinzipiellen Übergangsverhaltens ist der erste
Reglerentwurf dem zweiten Reglerentwurf unterlegen. Die langsamere Armbewegung bei Verwendung des zweiten Reglers kann
eventuell auf nicht modellierte dynamische Einflüße zurückgeführt werden. Es entsteht nämlich ein nicht vernachlässigbarer
Einfluß durch die longitudinale Federung in der Schneckenwelle
und im Tragegestell. Diese Federung wirkt vergleichbar wie das
Spiel im Getriebe. Die vorgestellte Modellierung berücksichtigt diese Einflüße nicht und nimmt an, daß die Motor- und die
Getriebegeschwindigkeit proportional zueinander sind. Ferner
sei nochmals herausgestellt, daß in diesem Experiment nur eine
Beobachtungsgröße über das Motortachometer aufgenommen wurde.

Die Versuche haben gezeigt, daß das Verhalten eines durch ein
Schneckengetriebe bewegten Roboterarms stabilisiert werden
konnte. Dabei konnte die Regelung der Motorgeschwindigkeit mit
dem zweiten Reglerentwurf besser durchgeführt werden.

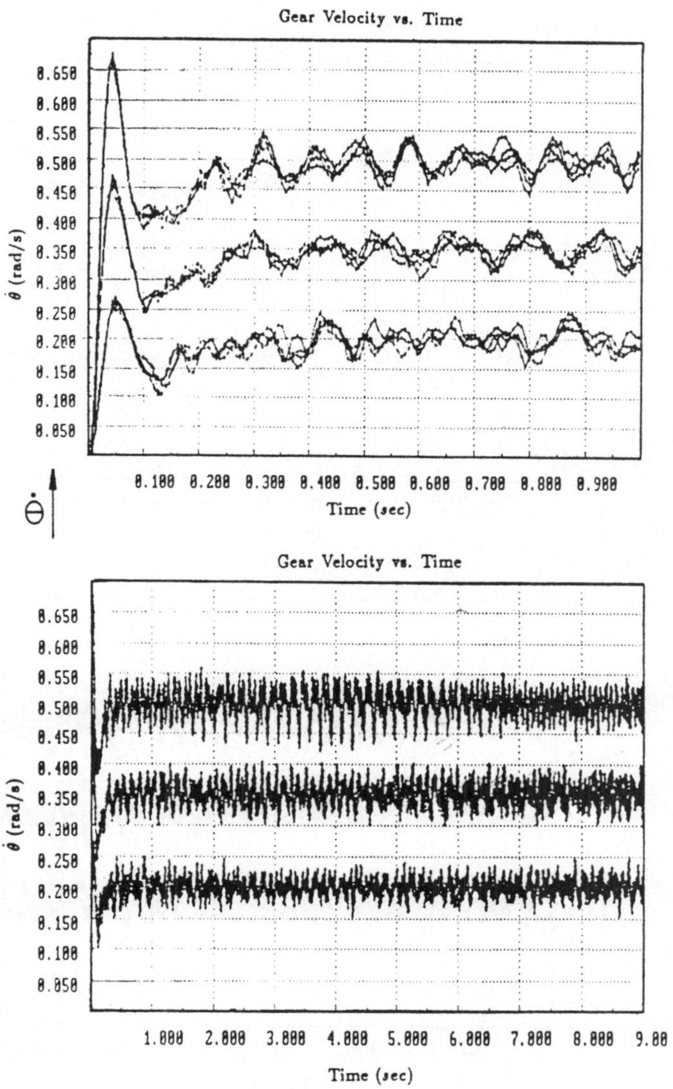



Bild 4.2. Versuchsergebnisse: Sprungantworten mit dem Regler 1. Oberes Diagramm: Verläufe in der ersten Sekunde.

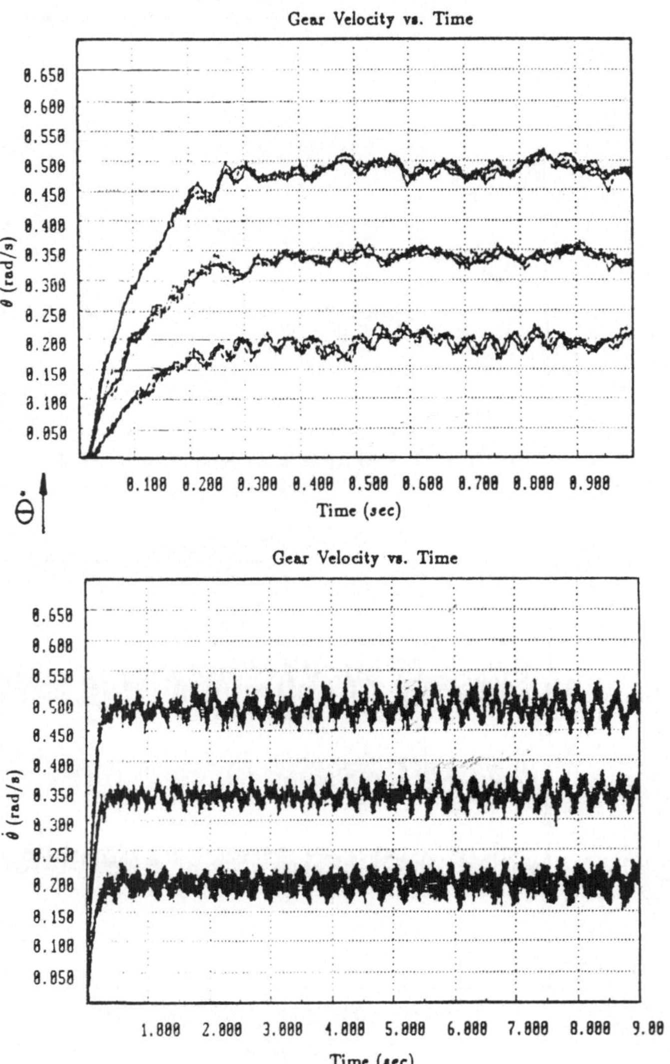


Bild 4.3. Versuchsergebnisse: Sprungantworten
mit dem Regler 2.  Oberes Diagramm:
Verläufe in der ersten Sekunde.


## Literaturhinweise

[1]   Brigham, O.E. (1974).  _The Fast Fourier Transform_. Pren-
      tice-Hall, New Jersey.

[2]   May, D.C. (1989). _Modeling and Control of a Robot Manipu-
      lator Driven Through a Worm Gear Transmission_. M.S.The-
      sis. Texas A&M University, College Station, Texas.

[3]   Mooring, B.W., May, D.C., Schulte, M.S. (1990). Modeling
      and Analysis of a Manipulator Joint Driven Through a Worm
      Gear Transmission. Journal of Mechanics, Transmissions &
      Automation in Design. (to appear).

[4]   Ogata, K. (1987). Discrete-Time Control Systems. Prentice
      Hall, New Jersey.

[5]   Schulte, M.S. (1988). Modeling, Simulation, and Analysis
      of a Servo-Motor and Worm-Gear Transmission. Diplomar-
      beit. Ruhr-Universität Bochum und Texas A&M University,
      College Station, Texas.

[6]   Smith, J.D. (1983).   Gears and Their Vibration.   Marcel
      Dekker, New York.

## A N H A N G

### Parameter und Definitionen

| | | |
|---|---|---|
| $R_m$ | Motorwiderstand | 2,370 $\Omega$ |
| $L_m$ | Motorinduktivität | 6,430 H |
| $b_m$ | Motordämpfung | $2,387.10^{-4}$ lbf.s.rad$^{-1}$ |
| $k_v$ | Spannungskonstante des Motors | 0,06709 V.s.rad$^{-1}$ |
| $k_t$ | Drehmomentkonstante des Motors | 0,59383 in lbf.A$^{-1}$ |
| $n_g$ | Zähneanzahl des Getriebes | 80 |
| $n_w$ | Zähneanzahl der Schnecke | 1 |
| $d_g$ | Getriebedurchmesser | 1,25 in |
| $d_w$ | Schneckendurchmesser | 0,5 in |
| $\beta$ | Schneckenvorhaltewinkel | 1,7899$^{\mathrm{O}}$ |
| $\phi$ | Schneckendruckwinkel | 14,5$^{\mathrm{O}}$ |
| $J_m$ | Trägheitsmoment von Motor, Schnecke und Getriebe | $2,219.10^{-4}$ in lbf.s$^2$ |
| $J_a$ | Trägheitsmoment des Arms und der Last | 0,19094 in lbf.s$^2$ |
| K | Torsionsfederkonstante | 81,5 in lbf.rad$^{-1}$ |
| V | Motoreingangsspannung | variabel |
| $m_a$ | Masse des Arms und der Last | 0,3125 lbm |
| L | Abstand der Getriebeachse vom Schwerpunkt des Arms | 14,668 in |
| $T_f$ | Reibung in der Drehrichtung | 0,118 in lbf |
| $b_a$ | Dämpfung des Arms | 0,17 in lbf.s.rad$^{-1}$ |
| $\mu$ | Gleitreibung | 0.09 |
| $\Gamma$ | $\Gamma=+1$ für positive Drehung, $\Gamma=-1$ für negative Drehung | |

Anmerkung:   1 lbf    = 4,45    N
               1 in     = 25,4    mm
             1 in lbf = 0,113   Nm
             1 lbm    = 0,4536  kg

# Modellbildung und Simulation des menschlichen Blutkreislaufsystems

P.M. Frank,  X. Ding,  D.P.F. Möller

## 1    Einleitung

Modellbildung und Simulation des menschlichen Blutkreislaufsystems sind die Grundlage zur Entwicklung optimaler technischer Regelungen künstlicher Blutpumpen. In diesem Beitrag wird ein pulsatiles Kreislaufmodell vorgestellt, in dem körpereigene Anpassungsmechanismen bei Belastung enthalten sind. Anhand von Simulationsstudien wird das vorgestellte Modell verifiziert. Basierend auf diesem Modell wurde ein pulsfrequenzmodulierter Regler für die Blutpumpen entwickelt.

Anfang der 60er Jahre begann eine stürmische Entwicklung im Bereich der Untersuchung implantierbarer Blutpumpen und Kunstherzen, in deren Verlauf D.Cooley 1969 einem Menschen den ersten Totalherzersatz einpflanzte (Akutsu, 1975). In den letzten Jahren hat die Unterstützung des Herzens sowie dessen Ersatz durch Blutpumpensysteme einen Stand erreicht, der hohe Überlebenszeiten der Versuchstiere ermöglichte. Das Kernproblem der Untersuchung, das bis heute noch ungelöst ist, beinhaltet die Realisierung der bedarfsadaptierten Regelung des Pumpensystems. Mit dem heutigen Stand der Rechner- und Regelungstechnologie ist es jedoch möglich geworden, Regelmechanismen des natürlichen Blutkreislaufsystems durch entsprechende technische Regelansätze on-line zu realisieren, mit denen sich eine künstliche Blutpumpe unterschiedlichen Belastungen physiologisch anpassen kann (McInnes et al.,1985; Wang et al., 1987).

Eine wesentliche Voraussetzung für die Anwendung klassischer und moderner Entwurfsverfahren für Regelkreise ist bekanntlich die Kenntnis von mathematischen Modellen für das statische und dynamische Verhalten der Systeme. Ein erster Schritt zur Entwicklung eines Regelungskonzeptes für Pumpensysteme ist daher die Modellbildung des menschlichen Blutkreislaufsystems. Es gibt eine Reihe von Veröffentlichungen, in denen Teile des Kreislaufs modelliert wurden. Eine Übersicht darüber gibt Möller (1981). Neben dem Mittelwertansatz von Möller (1981) sind auch einige pulsatile Modelle des gesamten Kreislaufs vorhanden (Avanzolini et al.,1988; McInnes et al.,1985; Sikora et al.,1987).  Im Gegensatz zu Mittelwertmodellen beschreiben pulsatile Modelle das pulssynchrone Verhalten des gesamten Kreislaufs. Basierend auf dieser Klasse von Modellen konnte ein pulsfrequenzmodulierter (PFM-)Regler hergeleitet werden, der sich zur Regelung des Pumpensystems als geeignet erwies (Altenhoff, 1989). Damit auch kurzzeitregulatorische Änderungen in Ruhe und unter Belastung berücksichtigt werden können, wurde ein modifiziertes, geschlossenes pulsatiles Kreislaufmodell von Altenhoff et al.(1989) entwickelt.

In der vorliegenden Arbeit wird ein physiologisch geschlossenes, pulsatiles Blutkreislaufsystemmodell vorgestellt. Bei der Modellbildung wurden sowohl die Änderungen von Herzfrequenz, Kontraktionskraft, Strömungswiderstand bei Belastung als auch die Nichtlinearität der Gefäßdehnbarkeiten und als wichtigster Kurzzeitregulationsmechanismus der Barorezeptorreflexbogen berücksichtigt. Anhand von Simulationsergebnissen läßt sich dieses Modell, im Vergleich mit vorhandenen Meßdaten, verifizieren. Schließlich wird das Modell zur Entwicklung einer PFM Regelung angewandt. Aufgrund der Berücksichtigung der körpereigenen Anpassungsmechanismen bei Belastung im Modell zeigen die geregelten Pumpensysteme gute Anpassung des Fördervolumens an den Perfusionsbedarf bei verschiedenen Belastungen.

In diesem Beitrag werden für physikalische Systemgrößen genormte Formelzeichen verwendet. Alle verwendeten Abkürzungen und Symbole befinden sich in Anhang A.


## 2       Modellbildung des menschlichen Blutkreislaufsystems

### 2.1     Problemstellung

Das Blutkreislaufsystem ist das Haupttransportsystem des Körpers. Seine wichtigste Aufgabe ist die Nähr- und Sauerstoffversorgung der Organe unter verschiedenen physiologischen Bedingungen. Die Blutzirkulation wird dabei durch das Herz aufrechterhalten.

Der Kreislauf besteht mechanistisch betrachtet aus einem geschlossenen Gefäßsystem, in dem die Blutflüssigkeit zirkuliert, angetrieben von zwei pulsförmig arbeitenden Pumpen (rechtes und linkes Herz), die in Reihe geschaltet sind. Das Herz besteht aus vier Hohlräumen, von denen jeweils ein Vorhof und eine Kammer eine funktionelle Einheit bilden; man spricht auch von linker und rechter Herzhälfte. Die Pumpwirkung des Herzens beruht auf der rhythmischen Kontraktion (Systole) und Erschlaffung (Diastole) der Herzkammern, wobei die vier Herzklappen für eine gerichtete Blutströmung sorgen.

Ein Blockdiagramm des gesamten Kreislaufs ist in Bild 1 dargestellt.

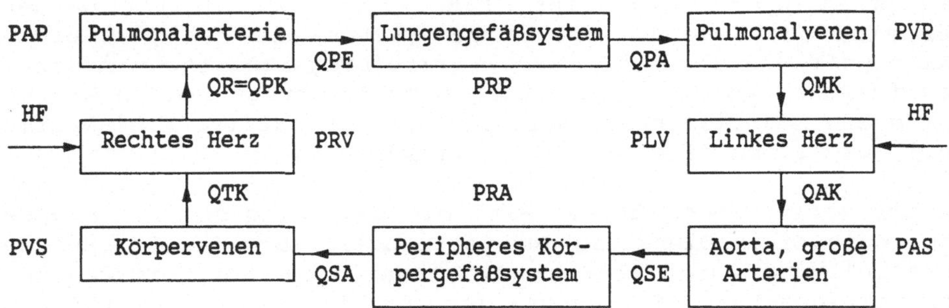


Bild 1. Blockdiagramm des Blutkreislaufsystems

Es gibt im natürlichen Kreislauf eine Vielzahl von Regelmechanismen, um eine adäquate Blutversorgung der Organe sicherzustellen. Die wichtigsten davon werden im folgenden beschrieben.

Der sogenannte Frank-Starling-Mechanismus sorgt dafür, daß bei
erhöhter diastolischer Füllung des Herzens automatisch ein
größeres Blutvolumen pro Herzschlag (Schlagvolumen) ausgewor-
fen wird. Dies ist bedeutsam für die Schlagvolumenabstimmung
zwischen Körperkreislauf und Lungenkreislauf. Ein weiterer
wichtiger Regulationsmechanismus ist der Barorezeptorreflex,
welcher wesentlich zur Aufrechterhaltung des Blutdruckes als
treibender Kraft der Perfusion bei plötzlichen Funktionsände-
rungen im Kreislauf (z.B. Muskelarbeit, Körperlageänderung
etc.) beiträgt. Über Barorezeptoren im arteriellen System wird
die druckabhängige Wandspannung der Gefäße gemessen und bei
einem Druckabfall reflektorisch die Herzfrequenz gesteigert
und der Strömungswiderstand R  der Arteriolen erhöht. Damit
wird starken Blutdruckschwankungen entgegengewirkt, was aus
der dem Ohmschen Gesetz analogen Beziehung

$$P = R.V = R.SV.HF$$

evident wird. Zusätzlich zu den oben erwähnten Mechanismen
kommt es bei körperlicher Belastung zu erheblichen Umstellun-
gen im Kreislauf. Über eine erhöhte sympathische Erregung
steigen sowohl die Schlagfrequenz und die Kontraktionskraft
des Herzens als auch der venöse Tonus der Kapazitätsgefäße.
Darüber hinaus sinkt der Strömungswiderstand in der Muskulatur
stark ab, womit eine Umverteilung des Blutflusses erreicht
wird.

Wie bereits einleitend erwähnt, ist das Ziel zur Modellierung
des menschlichen Blutkreislaufsystems ein mathematisches Modell, mit dem eine bedarfsadaptierte Regelung des Pumpensystems nachgebildet werden kann. Dies fordert, daß das zu ent-

wickelnde Modell sowohl die in Bild 1 dargestellten Struktur-
eigenschaften als auch die oben erwähnten Auswirkungen der Regelmechanismen enthält. Darüber hinaus soll das Modell leicht
in Programme umsetzbar und auf einem Rechner implementierbar
sein. Dies sind Kernaufgaben der vorliegenden Arbeit.

Es gibt bekanntlich zwei grundsätzliche Verfahren für die
Modellierung: die experimentelle und die theoretische Systemanalyse (Isermann, 1974). Bei dem Verfahren der experimentellen Systemanalyse  wird der eigentliche Prozeß als "black box"
aufgefaßt. Durch geeignete Testfunktionen wird dann das Ein-
und Ausgangsverhalten und damit auch das Modell des Prozesses
bestimmt. Im Gegensatz dazu werden beim Verfahren der theoretischen Systemanalyse in der Theorie zugängliche physikalische
Daten und Gesetzmäßigkeiten des Prozesses verwandt. Wie bereits in Bild 1 gezeigt, ist das Blutkreislaufsystem ein kompliziertes dynamisches System höherer Ordnung. Soll zusätzlich
noch eine Reihe von Regelmechanismen berücksichtigt werden,
bedeutet dies für den Einsatz der experimentellen Systemanalyse große Schwierigkeiten. Da das dynamische Verhalten des
Kreislaufsystems durch langjährige Untersuchungen schon hinreichend bekannt ist, wurde die Methode der theoretischen
Systemanalyse gewählt.

Ausgehend von der in Bild 1 dargestellten Struktur wird zunächst ein sogenanntes ungeregeltes pulsatiles Modell eingeführt, in dem keine Einflüsse der verschiedenen Mechanismen
auf das Kreislaufsystem berücksichtigt werden. Dieses Modell
läßt sich dann adäquat modifizieren und erweitern.

Zur Anschaulichkeit werden im folgenden elektrische Schaltungen und Schaltzeichen statt mathematischer Darstellungen wie
Differentialgleichungen verwendet, wobei folgende Notationen
gelten:

Spannung               = Blutdruck (P),
elektrischer Strom     = Volumenstrom (Q),
elektrische Kapazität  = Dehnbarkeit (C),
Widerstand             = Strömungswiderstand (R).

Das Herz ist als zeitvariable Compliance nachgebildet.


## 2.2    Ungeregeltes pulsatiles Modell

Ein ungeregeltes pulsatiles Modell gibt nur das Kreislaufver-
halten ohne Belastung wieder; es sind keine Änderungen von
Herzfrequenz, Schlagvolumen oder peripherem Widerstand vorgesehen. Auch ist der Einfluß der Massenträgheit im arteriellen
System nicht berücksichtigt. Ein solches Modell ist in  Bild 2
dargestellt (Möller und Pohl, 1985; Sikora et al.,1987).

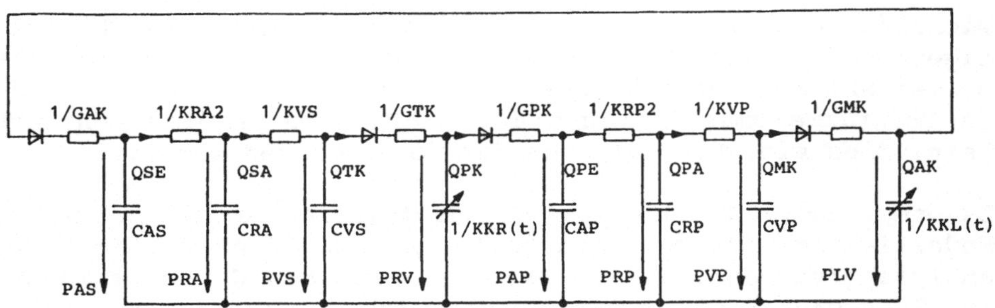


Bild 2. Ungeregeltes pulsatiles Kreislaufmodell

In diesem Modell (die Zahlenwerte der Parameter sind dem An-
hang B zu entnehmen) wird der Kreislauf in Gefäßabschnitte mit
kapazitivem bzw. elastischem Verhalten aufgeteilt, die durch
Gefäßregionen mit größerem Strömungswiderstand verbunden sind.
Das Herz ist durch zwei dehnbare Kammern modelliert, deren
Dehnbarkeit sich bei jedem Herzschlag rhythmisch ändert. Die
Kammern sind durch Klappen mit den herznahen Gefäßen verbun-
den, so daß sich ein gerichteter Blutvolumenstrom ergibt.

Bild 2 zeigt, daß das Modell trotz der vorgenommenen Ideali-
sierungen die Struktur und wesentliche Wechselwirkung des
Blutkreislaufsystems enthält. Unter Zugrundelegung dieses
Modells wird ein geschlossenes pulsatiles Modell des Kreislaufsystems hergeleitet.


## 2.3   Geregeltes pulsatiles Kreislaufmodell

Das ungeregelte pulsatile Modell wird in mehreren Schritten
erweitert und die Regelungseinflüsse als Transformation des
Mittelwertansatzes (Möller, 1981) übertragen.  Im einzelnen
werden folgende Erweiterungen vorgenommen:

- die Auswirkung der Massenträgheit des Blutes,
- die Einflüsse des Barorezeptorreflexbogens bzw. einer ergometrischen Belastung auf den peripheren Widerstand und die
  Herzfrequenz,
- die Änderung des Schlagvolumens bei ergometrischer
  Belastung,
- Gefäßnichtlinearitäten,
- die Druckabhängigkeit der Gefäßdehnbarkeiten,
- eine Modifizierung des Herzmodells.

Im ungeregelten pulsatilen Modell wird das arterielle System
nur durch ein einfaches elastisches Blutreservoir dargestellt.
Die Untersuchung (Altenhoff et al.,1989)  zeigte jedoch, daß
ein gutes physiologisches Verhalten nur erreichbar ist, wenn

das System in die Aorta und das
restliche arterielle System unterteilt wird. Das erweiterte Modell ist in Bild 3 dargestellt.

Die Massenträgheit LM des Blutes
ist dabei als konzentriert zwischen den Blutspeichern angenommen und die Dämpfung des Systems
ist über einen durch die Viskosi-
tät der Gefäßwände erzeugten Widerstand RQAS in den peripheren
Arterien eingeführt.

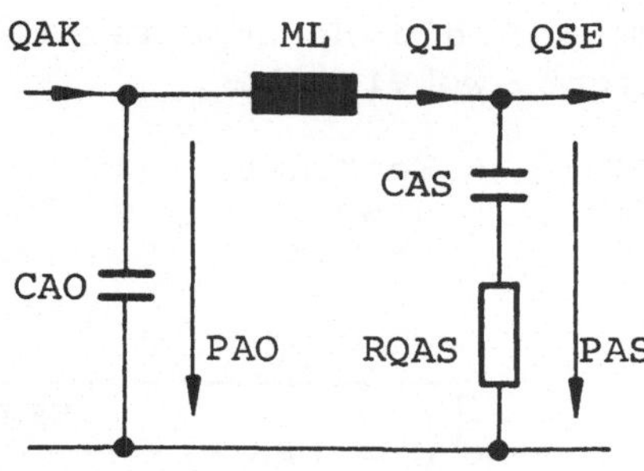


Bild 3.  Erweitertes
Modell des arteriel-
len Systems

Die Verstellung des peripheren Widerstandes bei Aortendruckän-
derung (Barorezeptorreflex) bzw. bei Belastung geschieht über
eine Variation des Strömungswiderstandes der Arteriolen. Diese
aus dem Mittelwertmodell prinzipiell bekannte Regelung wird
für das pulsatile Modell angepaßt. Für den Strömungswiderstand
RA der Arteriolen ergibt sich folgende Reglerstruktur (Altenhoff et al.,1987):

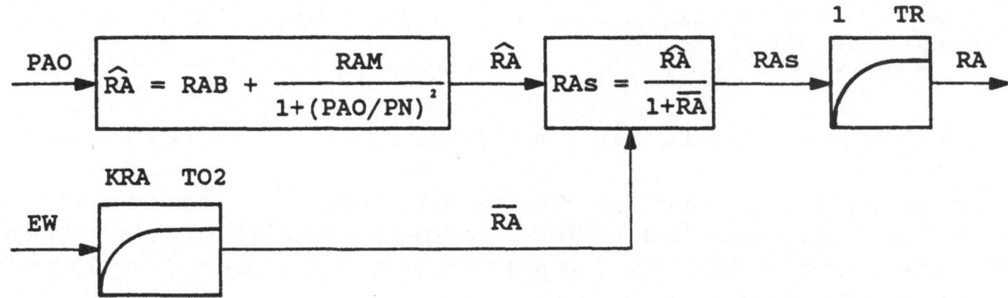


Bild 4. Regelung des Strömungswiderstandes RA

Die Regelung von Herzfrequenz HF wird durch die in Bild 5 dargestellte Struktur charakterisiert (Altenhoff, 1987), mit den
Randbedingungen  HFB = 10/min,  HFM = 130/min.

Aus Bild 4 und 5 ist ersichtlich, daß der Barorezeptorreflex
bei einem Blutdruckabfall für eine gegenregulatorische Erhöhung der Herzfrequenz HF und des peripheren Strömungswiderstandes RA sorgt.

Die Anpassung des Schlagvolumens an den aktuellen Belastungs-
zustand muß im pulsatilen Modell durch eine Kontraktilitätssteigerung des Herzens berücksichtigt werden (Altenhoff et
al.,1989). Dabei nimmt das Verhältnis von Kammerdruck zu Kam-
mervolumen in der Systole zu, während es in der Diastole unverändert bleibt. Dieser Einfluß der ergometrischen  Belastung

EW auf die Herzkontraktilität KK ist in Bild 6 veranschaulicht, wobei gilt:

KKD     = Kontraktilität in der Diastole,
KKO(t)  = ursprünglicher Kontraktilitätsverlauf,
FK      = Faktor der Kontraktilitätssteigerung.

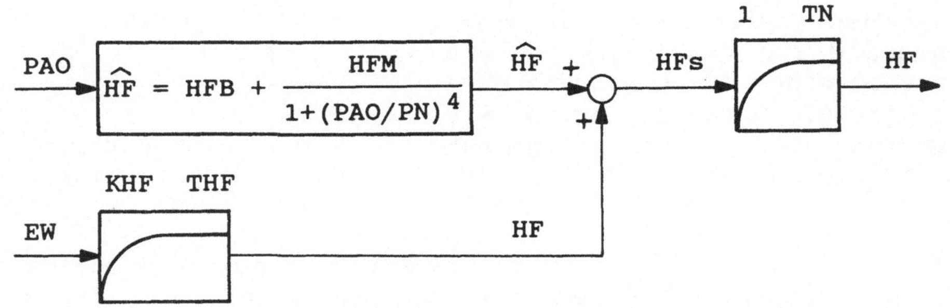

Bild 5. Regelung der Herzfrequenz

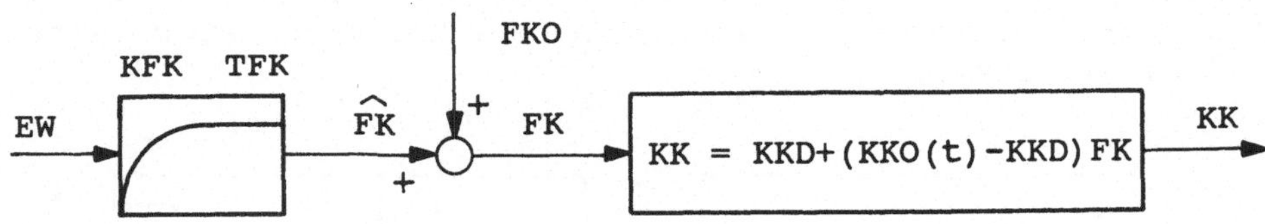

Bild 6. Abhängigkeit der Kontraktilität von der Belastung

Das ungeregelte pulsatile Modell wird darüber hinaus um die
von Möller und Barnikel (1982) angegebenen Nichtlinearitäten
von Venen und Arterien (Druckabhängigkeit der Compliance)
erweitert. Es gilt

$$CAO = 1.5 \ (1 + (PAO/100)^3)^{-1}, \quad CVS = 371.25/PVS,$$

$$CAP = 34.361/PAP \quad und \quad CVP = 43.486/PVP.$$

Bei körperlicher Belastung erhöht sich der als venöser Tonus
bezeichnete Spannungszustand der Körpervenen, so daß in diesen
Gefäßen der Druck PVS zunimmt, während gleichzeitig das Blutvolumen VVS sinkt. Dieses Verhalten kann durch folgendes
Strukturbild dargestellt werden, mit den Randbedingungen

$$PO = 0.00637 \ mmHG, \quad KCVS = 371.25 \ ml.$$

Im ungeregelten pulsatilen Modell ist das Herz als zeitveränderliche Compliance modelliert. Die bei körperlicher Arbeit
auftretende Erhöhung der Kontraktionskraft wird daher durch
eine Erhöhung der Elastizität bzw. Verminderung der Dehnbarkeit des Ventrikels in der Systole berücksichtigt, die propor-

tional zu EW ist. Bild 8 zeigt das verwendete Herzmodell unter
Berücksichtigung eines zusätzlichen, kontraktilitätsabhängigen
Widerstandselementes

RK(t) = RKO.KK(t),

wobei gilt: GTK, GPK = Klappenleitwerte (Durchlaß- bzw. Sperr-
richtung).

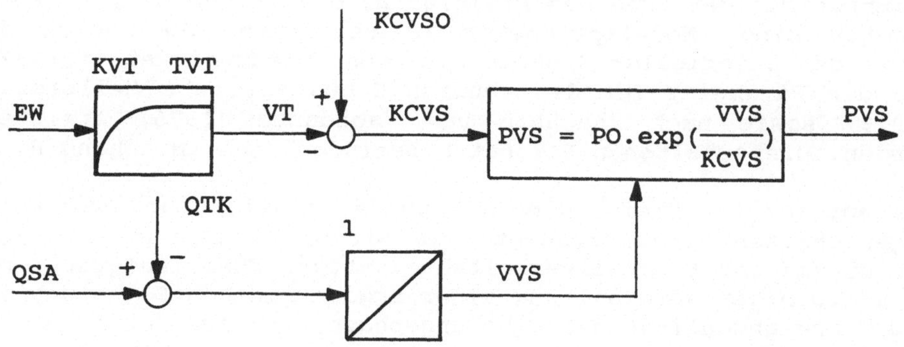


Bild 7. Modellerweiterung um den venösen Tonus

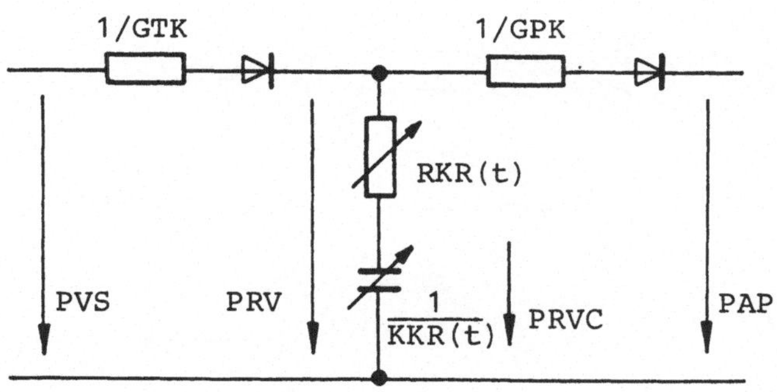


Bild 8. Modell einer Herzhälfte (hier: rechtes Herz)

Faßt man das ungeregelte pulsatile Modell und dessen Erweiterungen zusammen, ergibt sich ein neues Modell, in dem sowohl
die Belastungsabhängigkeit als auch körpereigene Regelungsmechanismen des menschlichen Kreislaufs berücksichtigt werden.
Inwieweit das Modell mit dem natürlichen Kreislauf übereinstimmt, wird anhand nachfolgender Simulationen gezeigt.


**3      Simulation des Modells und Ergebnisse**

Bevor das im letzten Abschnitt vorgestellte Modell simuliert
wird, sollen die Modellparameter bestimmt werden. Viele Mo-

dellparameter können dem geregelten Mittelwertmodell (Möller,
1981) entnommen werden, in dem die Zeitkonstanten und Verstärkungsfaktoren der natürlichen Regelungen angegeben sind. Die
in den Bildern 4 und 5 beschriebenen nichtlinearen Kennlinien
des Barorezeptorreflexes lassen sich aus Messungen des natürlichen Kreislaufs ermitteln (Altenhoff, 1987). Da im verwendeten Kreislaufmodell die Zustände eine physikalische Entspre-
chung haben, ist es darüber hinaus möglich, aus Messungen bestimmter Teilbereiche des Kreislaufs, die in der Literatur angegeben sind, Modellparameter zu bestimmen. So können die
Werte des arteriellen Systems z.B. aus Trautwein et al.(1972)
und die Parameter für den venösen Tonus z.B. aus Mellerowicz
(1979) sowie nach Shepherd und Vanhoutte (1975) ermittelt
werden. Die erhaltenen Parameter befinden sich im Anhang B.

Das entwickelte Kreislaufmodell wurde simuliert und auf seine
Eigenschaften hin untersucht. Die Bilder 9, 10 und 11 zeigen
das dynamische Einstellverhalten wichtiger Kreislaufgrößen bei
sprungförmiger Aufschaltung einer ergometrischen Belastung von
100 W und anschließender Erholungsphase nach 100 Sekunden.

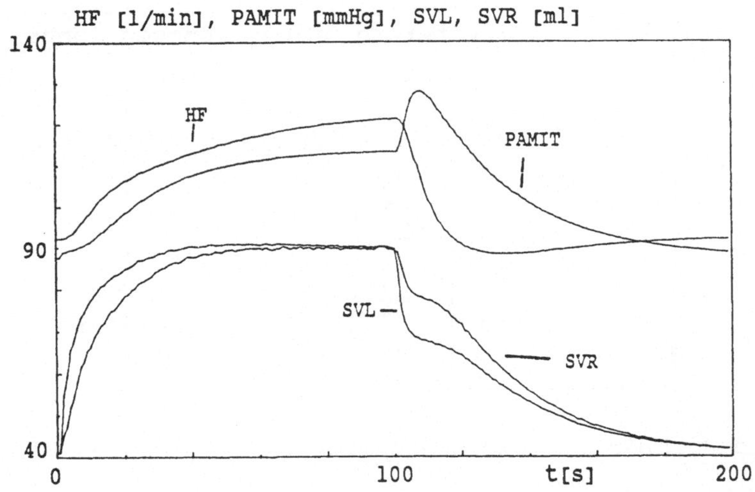


Bild 9. Einstellverhalten der Schlagvolumina SVL, SVR,
der Herzfrequenz HF und des arteriellen Mittel-
druckes (Aortenmitteldruck) PAS bei sprungförmiger Be- und Entlastung von EW = 100 W

Der Widerstand der Arteriolen RA fällt um über 50% ab, so daß
der arterielle Mitteldruck kurzzeitig leicht absinkt. Durch
die Anpassung der Kreislaufregulation steigt der Druck anschließend jedoch wieder an und überschreitet dabei den ursprünglichen Ruhewert. Dies wird durch eine bedarfsadäquate
Erhöhung sowohl der Schlagfrequenz als auch der Schlagvolumina
des Herzens erreicht. Bei Belastungsende kommt es wegen des

schnellen Anstiegs von RA zu einem initialen Druckanstieg, der auch bei Messungen am Menschen zu beobachten ist. Anschließend gehen die Kreislaufgrößen langsam wieder auf die Ruhewerte zurück. Wie zu sehen ist, erhöhen sich auch die Capillardrücke PRA, PRP und die venösen Drücke PVS, PVP im Körper- bzw. Lungenkreislauf, was mit den natürlichen Kreislaufreaktionen übereinstimmt. Die stationären Zustände der wichtigsten Kreislaufgrößen werden bei ansteigender Belastungshöhe bestimmt und ihr Verlauf mit Ergebnissen des Mittelwertmodells und Messungen am Menschen verglichen, wobei sich ein analoges Verhalten von Modell und natürlichem Kreislauf zeigte.

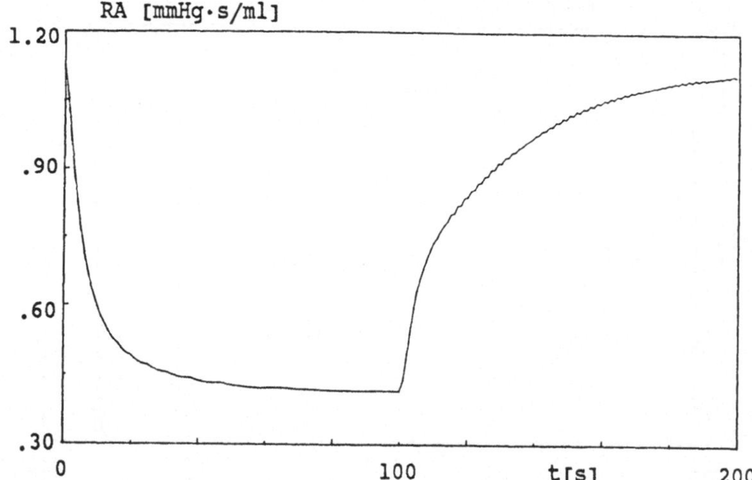

Bild 10. Einstellverhalten des Strömungswiderstandes der Arteriolen RA bei sprungförmiger Be- und Entlastung von EW = 100 W

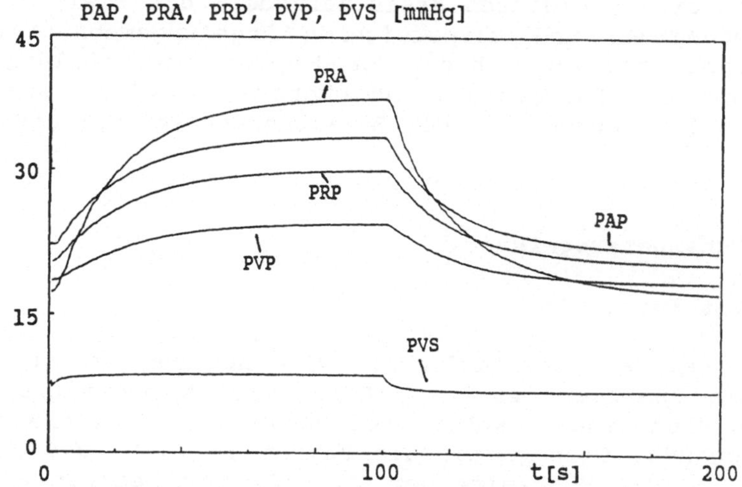

Bild 11. Verhalten der Blutdrücke PRA, PVS, PAP, PVP bei sprungförmiger Be- und Entlastung von EW = 100 W

Insbesondere nimmt der Strömungswiderstand der Arteriolen
reziprok zur Belastung ab, während die Herzfrequenz linear
zunimmt und das Schlagvolumen einen gewissen Maximalwert erreicht. Weiterhin ist zu erwähnen, daß die Anpassung des Füll-
und Restvolumens der Herzkammern sowie der Frank-Starling-
Mechanismus und damit die Abhängigkeit des Herzzeitvolumens
vom Venendruck im Modell implizit enthalten sind.

Schließlich zeigen die Bilder 12 und 13 sowohl für die Volu-
menströme als auch für die Blutdrücke einen physiologischen
Verlauf.

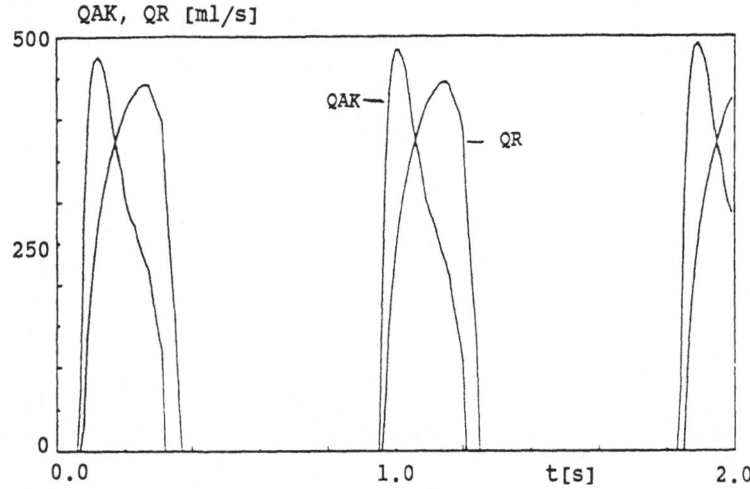


Bild 12. Volumenstrom durch die Aortenklappe (QAK)
bzw. durch die Pulmonalklappe (QR)

Insgesamt erreicht dieses Kreislaufmodell das Ziel, die bela-
stungsabhängigen und körpereigenen Regelungsmechanismen des
natürlichen Kreislaufs hinreichend genau nachzubilden. Damit
ist es für die Entwicklung und Überprüfung eines technischen
Reglers bei unterschiedlichen Belastungsstufen verwendbar.


**4      Kunstherzregelung**

**4.1    Das Kunstherz**

Im vorgestellten Kreislaufmodell wird nun das natürliche Herz
durch ein Kunstherz ersetzt. Dabei werden pneumatisch ange-
triebene Blutpumpen gewählt, bei denen eine flexible Membran,
das sogenannte Diaphragma, die Kammer in Luft- und Blutseite
unterteilt. Die Blutseite der Pumpenkammer besitzt eine Ein-
laß- und eine Auslaßöffnung, die jeweils mit einer Klappe
versehen sind. Durch rhythmische Druckänderung auf der durch

einen Schlauch mit dem Druckantrieb verbundenen Luftseite der
Pumpe wird eine Füllung und Leerung der Blutkammer bewirkt.

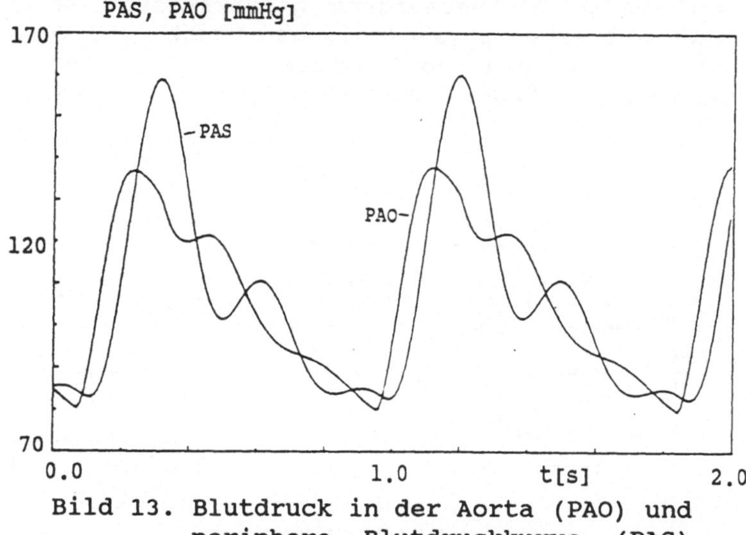


Bild 13. Blutdruck in der Aorta (PAO) und
periphere Blutdruckkurve (PAS)

Das Modell dieser Blutpumpenart wurde von McInnes et al.(1982)
und McInnes et al.(1985) entwickelt. Damit das eingeschränkte
Schlagvolumen des Kunstherzens berücksichtigt werden kann,
wurde von Altenhoff et al.(1989) eine in Bild 14 dargestellte
Erweiterung des Modells vorgenommen.

L, C und R sind dabei Parameter des Treibdruckschlauches, während die Herzklappen durch zwei nichtlineare Blöcke dargestellt werden, mit den zu- bzw. abfließenden Volumenströmen
QIN und QOUT als Ein- und Ausgangsgrößen. Der Membraneinfluß
ist durch ein Kennlinienglied mit der Druckdifferenz PD am
Diaphragma als Funktion des Kammerblutvolumens VB modelliert.

Bei nicht gespannter Membran enstpricht das Blutpumpenmodell
damit der Ursprungsstruktur. Erreicht die Membran ihre An-
schläge, so wird sie gedehnt und die auftretende Druckdifferenz PD wirkt dem weiteren Volumenfluß entgegen.


## 4.2    Regelungskonzept

Bei der Regelung von Kunstherzen sind eine Reihe von Vorgaben
und Nebenbedingungen zu beachten.

Ein wesentlicher Punkt ist die Abstimmung der Fördervolumina
zwischen rechtem und linkem Herzen, da es sonst zur unerwünschten Volumenverteilung zwischen großem und kleinem Kreislauf kommt. Auch muß vermieden werden, daß unzulässig hohe

Drücke im Venensystem oder im Lungenkreislauf auftreten, da
hierbei Ödeme entstehen können. Darüber hinaus muß auch eine
belastungsabhängige Blutversorgung gewährleistet sein. Über-
dies ist auch auf einen physiologischen Druck- und Volumenverlauf während der Systole und Diastole zu achten, um die Zerstörung von roten Blutkörperchen (Hämolyse) zu vermeiden.

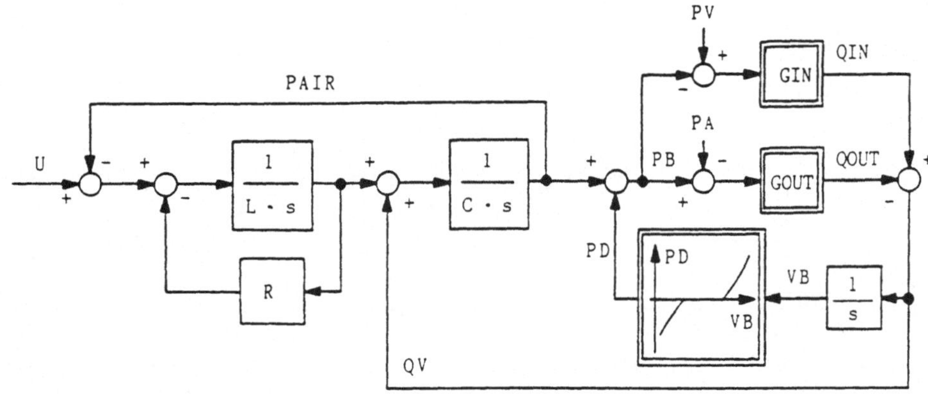


Bild 14. Blutpumpenmodell  unter Berücksichtigung der Membran-
          dehnbarkeit.
          PU = Antriebsdruck,  PB = Kammerdruck blutseitig,
          PAIR = Kammerdruck luftseitig, PD = Druckdifferenz am
          Diaphragma (Membran), VB = Blutvolumen in der Kammer,
          PV = Venendruck,  PA = Druck in den Arterien

Die Untersuchung von Altenhoff et al.(1989) zeigt, daß das
Konzept der PFM-Regelung (Frank und Wiechmann, 1985) für die
Kunstherzregelung geeignet ist. Bild 15 stellt die Struktur
einer PFM-Kunstherzregelung dar.

Die Schlagvolumina der Blutpumpen werden durch zwei unterlagerte Regler geregelt. Die Sollwerte SVRs bzw. SVLs sowie FHs
lassen sich vom PFM-Regler so einstellen, daß mindestens eine
Pumpe im full-empty Mode arbeitet. Dies verhindert die Throm-
bosegefahr und es wird gleichzeitig eine gewisse Materialscho-
nung der Pumpenmembran erreicht, da bei Auswurf des maximalen
Schlagvolumens die Schlagfrequenz entsprechend niedrig sein
kann.

Der PFM-Regler erhält zwei Eingänge: QCORs bzw. QCOLs. Diese
Größen werden für eine erste Regelung aus der Differenz zwischen dem jeweiligen Vorhofdruck und seinem Sollwert ermittelt. Aus den geförderten Blutvolumen errechnet der PFM-Regler
dann die Frequenz, bei der eine Blutpumpe im full-empty Mode
und die andere Pumpe mit entsprechend gesenktem Schlagvolumen
arbeiten kann. Damit wird die Herzzeitvolumenabstimmung zwi-

schen den Pumpen erreicht. Darüber hinaus sorgt der PFM-Regler
dafür, daß sich ein physiologischer Druck- und Volumenverlauf
ergibt.

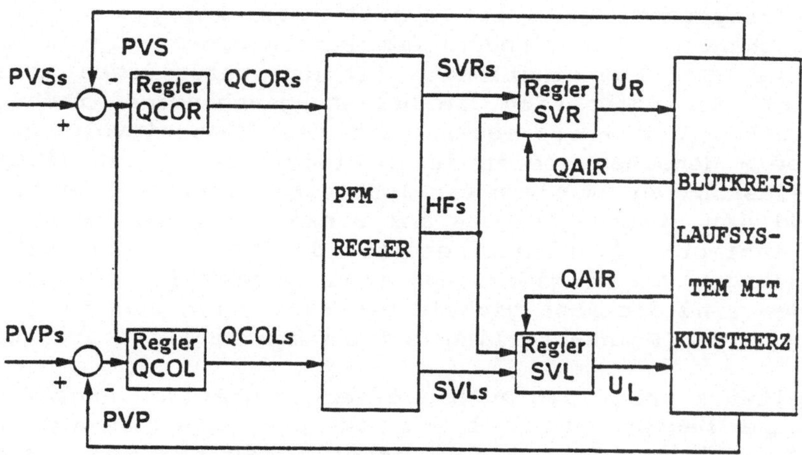


Bild 15. Struktur der PFM-Kunstherzregelung

Basierend auf dem im letzten Abschnitt vorgestellten Kreislaufmodell mit Kunstherz läßt sich ein Schlagvolumenregler
unter Verwendung von Methoden der modernen Regelungstheorie
entwerfen. McInnes et al.(1982) und McInnes et al.(1985) haben
ein adaptives Regelungskonzept entwickelt, während Altenhoff
et al.(1989) durch eine Modellreduzierung einen auf Rechnern
leicht implementierbaren Regleralgorithmus gefunden haben. Im
Prinzip kann die Struktur des Volumenreglers wie in Bild 16
dargestellt werden.

Da die Systemgrößen im Kreislauf wie Schlagvolumen und Herz-
zeitvolumen der Messung nur schwer zugänglich sind, ist ein
Beobachter erforderlich. Zur Vermeidung möglicher Komplikatio-
nen mit den Drucksensoren als auch zur Redundanz werden diese
Systemgrößen aus den Antriebsdrücken und dem Luftmassenstrom
der Blutpumpen ermittelt.

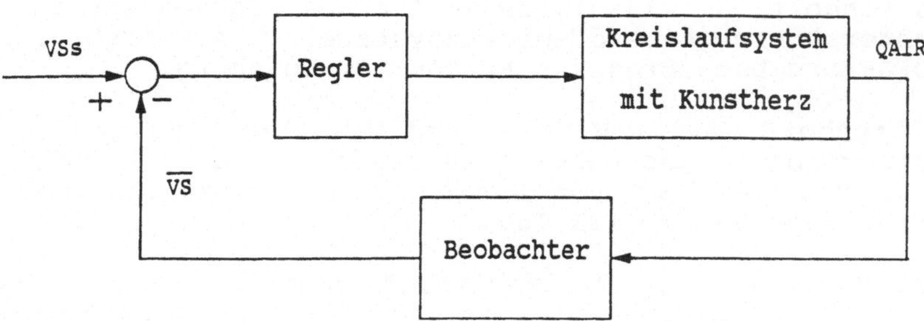


Bild 16. Struktur des Volumenreglers

**5        Zusammenfassung**

Ausgehend von einem ungeregelten pulsatilen Ansatz des Herz-
kreislaufsystems wurde ein Modell entwickelt, welches belastungsabhängige und körpereigene Regelungsmechanismen enthält
und eine gute Übereinstimmung mit dem natürlichen Kreislauf
aufweist. So ergibt sich die belastungsabhängige Erhöhung der
Blutdrücke, der Herzfrequenz und des Herzzeitvolumens. Wie
auch beim Menschen steigt das Schlagvolumen nicht linear mit
der Belastung an, sondern erreicht einen gewissen Maximalwert,
während der Strömungswiderstand annähernd reziprok zur Belastung abnimmt. Die Nichtlinearität der Gefäßdehnbarkeit sowie
die Änderung vom venösen Tonus sind im Modell berücksichtigt.
Außerdem sind die Abhängigkeit des Herzzeitvolumens vom Venendruck und der Frank-Starling-Mechanismus implizit erhalten.

Als weiteres wurde der Aufbau einer pneumatisch angetriebenen
Blutpumpe beschrieben und ein entsprechendes Modell vorgestellt. Mit dem Ersatz des natürlichen Herzens durch das
Kunstherzmodell kann nun die Regelung von Blutpumpen an einem
geschlossenen Kreislaufsystem überprüft werden. Ein Konzept
für eine pulsfrequenzmodulierte Regelung wurde zum Schluß
vorgestellt.

Die Autoren danken Herrn Dipl.-Ing. G. Altenhoff für wertvolle
Hinweise und Diskussionsbeiträge.

**6        Literaturhinweise**

[ 1] Akutsu, T. (1985).        Artificial heart. Excerpta Medica,
     Amsterdam.

[ 2] Altenhoff, G. (1987). Entwurf eines PFM-Reglers für Herz-
     unterstützungs- und -ersatzsysteme. 1. Arbeitsbericht des
     DFG-Forschungsprojekts Fr 365/10, Duisburg.

[ 3] Altenhoff, G. (1989). Entwurf eines PFM-Reglers für Herz-
     unterstützungs- und -ersatzsysteme. 2. Arbeitsbericht des
     DFG-Forschungsprojekts Fr 365/10, Duisburg.

[ 4] Altenhoff, G., P.M.Frank und D.Möller (1989). Ein bela-
     stungsabhängiges pulsatiles Kreislaufmodell als Grundlage
     für die Regelung von Kunstherzen. Biomedizinische Tech-
     nik, Band 34, S. 101-106.

[ 5] Avanzolini, G., P. Barbini, A. Capello und G. Cevenini
     (1988). CADS simulation of the closed-loop cardiovascular
     system. Int. J. Biomed. Comput., 22, pp. 39-49.

[ 6] Frank, P.M. und H. Wiechmann, (1985). Analytischer Ent-
     wurf von pulsfrequenzmodulierten (PFM) Regelkreisen. Au-
     tomatisierungstechnik, 33, S. 148-154.

[ 7] McInnes, B.C., J.C. Wang und G.C. Goodwin (1982). Adap-
     tive control system for the artificial heart. IEEE Fron-
     tiers of engineering in health care, pp.121-124.

[ 8] McInnes, B.C., Z. Guo, P. Lu und J. Wang (1985). Adap-
     tive control of left ventricular bypass assist devices.
     IEEE Trans. on Automatic Control, Vol. AC-30, pp.322-329.

[ 9] Mellerowicz, H. (1979).    Ergometrie. Urban & Schwarzen-
     berg, München, Wien, Baltimore.

[10] Möller, D. (1981). Ein geschlossenes nichtlineares Modell
     zur Simulation des Kurzzeitverhaltens des Kreislaufs und
     seine Anwendung zur Identifikation. Springer-Verlag,
     Berlin, Heidelberg, New York.

[11] Möller, D. und W. Barnikel (1982). Ein nichtlineares ma-
     thematisches Simulationsmodell des kardiovaskulären Sy-
     stems zur nichtinvasiven Bestimmung der Gefäßdehnbarkeit.
     Funkt. Biol. Med. 1, S. 183-187.

[12] Möller, D. und V. Pohl (1985). Simulation eines ungere-
     gelten pulsatilen Modells des Kreislaufsystems. Fachbe-
     richte Informatik, Band 109, S. 346-349, Springer-Verlag,
     Berlin.

[13] Ranft, U. (1978).    Zur Mechanik und Regelung des Herz-
     kreislaufs. Springer-Verlag, Berlin.

[14] Rost, R. (1979).    Kreislaufreaktion und -adaption unter
     körperlicher Belastung. Osang-Verlag, Bonn.

[15] Shepherd, J.T.  und  P.M. Vanhoutte (1975).    Veins and
     their control.  W.B. Saunders Company, London, Philadel-
     phia, Toronto.

[16] Sikora, T., D. Möller,  V. Pohl  und E. Hennig (1987).
     Simulation of the human blood circulatory system with the
     help of an uncontrolled pulsatile model and its valida-
     tion. In: Advances in System Analysis, Vol.2, S.165-172,
     Vieweg-Verlag, Braunschweig.

[17] Trautwein, W., O. H. Gauer und H. Koepchen (1972). Herz
     und Kreislauf. Physiologie des Menschen, Band 3, Urban &
     Schwarzenberg, München.

[18] Wang, J. C., P. C. Lu und B. C. McInnes (1987). A micro-
     computer-based control system for the total artificial
     heart. Automatica, Vol. 23, pp. 275-286.

**A N H A N G   A :**   <u>Verwendete Abkürzungen und Formelzeichen</u>

CAO    Dehnbarkeit Aorta
CAS    Dehnbarkeit arterielles System
CRA    Dehnbarkeit periphere Gefäße

CVS    Dehnbarkeit venöses System
CAP    arteriell pulmonale Dehnbarkeit
CRP    Dehnbarkeit pulmonale Austauschgefäße
CVP    Dehnbarkeit venös pulmonal
PAO    Druck Aorta
PAS    Druck arterielles System
PRA    Druck periphere Gefäße
PVS    Druck venöses System
PLV    Druck linker Ventrikel
PAP    Druck arteriell pulmonal
PRP    Druck pulmonale Austauschgefäße
PVP    Druck venös pulmonal
PRV    Druck rechter Ventrikel
PRVC   Druck rechter Ventrikel, Dehnbarkeitsanteil
QPE    Volumenstrom pulmonal, Einfluß
QPA    Volumenstrom pulmonal, Ausfluß
QMK    Volumenstrom durch Mitralklappe
QAK    Volumenstrom durch Aortenklappe
QL     Volumenstrom hinter linkem Ventrikel
QSE    Volumenstrom systemisch, Einfluß
QSA    Volumenstrom systemisch, Ausfluß
QTK    Volumenstrom durch Trikuspidalklappe
QPK    Volumenstrom durch Pulmonalklappe
QR     Volumenstrom hinter rechtem Ventrikel
GAK(KAK/KAKZ)  Strömungsleitwert Aortenklappe (offen/zu)
GPK(KPK/KPKZ)  Strömungsleitwert Pulmonalklappe (offen/zu)
GMK(KLV/KLVZ)  Strömungsleitwert linker Ventrikel, Mitralklappe
               offen/zu)
GTK(KRV/KRVZ)  Strömungsleitwert rechter Ventrikel, Trikuspi-
               dalklappe (offen/zu)
KRA2   Strömungsleitwert Widerstandsgefäße (= 1/RA)
KVS    Strömungsleitwert venös systemisch
KRP2   Strömungsleitwert pulmonale Widerstandsgefäße
KVP    Strömungsleitwert venös pulmonal
KKL    Kontraktilität, linker Ventrikel
KKR    Kontraktilität, rechter Ventrikel
HF     Herzfrequenz
SV     Schlagvolumen
EW     ergometrische Belastung
RQAS   Widerstand gegen Dehnung, arterielles System
RA     Strömungswiderstand der Widerstandsgefäße (= 1/KRA2)
ML     Massenträgheit im arteriellen System
THF, TO2, TVT, TFK  Zeitkonstanten für die Auswirkung von
                    EW auf HF, RA, VT und FK
TN, TR    Zeitkonstanten des Barorezeptorreflexes
HF, RA    Einfluß von EW auf HF und RA
KHF, KRA, KVT, KFK  Proportionalitätsfaktoren zwischen ergome-
          trischer Belastung und deren Auswirkungen auf HF, RA,
          VT und FK

**A N H A N G   B:**   <u>Parameter</u>

Leitwerte [in ml/mmHg.s]:
KAKZ = KRVZ = KPKZ = KLVZ = 0
KAK = 300         KVS = 6.071        KRV = 748
KPK = 500         KVP = 31.515       KLV = 276.6
KRP2 = 50

Widerstände [in mmHg.s/ml]:
RQAS = 0.05
RAB  = 0.1        RAM = 1.8

Compliance  [in ml/mmHg]:
CAS  = 0.5        CRA = 14.29        CRP = 53.33
CAON = 1.5

Gefäßparameter [in ml]:
KCAP = 34.361   KCVP = 43.486    KCVSO = 371.25

Zeiten [in s]:
TVAK = TVPK = TVMK = TVTK = 0
THF  = 28        TO2  = 1           TFK = 26
TN   = TR = 5

Sonstige:
KHF  = 0.6/W.min      KRA  = 0.01204/W
HFB  = 10/min         HFM  = 130/min           FKO = 0.64
PN   = 100 mmHg       POVT = 0.006376 mmHg     ML  = 0.0124
RKLO = RKRO = 0.1s

Aus ungeregeltem  pulsatilen Modell übernommene Anfangsbedin-
gungen  (Volumen  [in ml],  Drücke [in mmHg]):
VAO = 172              VRA = 449.024
VVS = 2513.44          VRV = 214.829        VAP = 39.9252
VRP = 1050.57          VVP = 341.317        VLV = 213.516

PAO = 86               PRA = 31.43
PVS = 5.555            PAP = 7.985
PRP = 19.85            PVP = 14.85

# Fachberichte Simulation

Herausgeber: B. Schmidt, D. Möller

---

Band 1

**B. Schmidt**

## Systemanalyse und Modellbildung

**Grundlagen der Simulationstechnik**

1985. VIII, 248 S. 93 Abb. Brosch. DM 74,– ISBN 3-540-13784-X

Band 2

**B. Schmidt**

## Der Simulator GPSS-FORTRAN Version 3

1984. VIII, 336 S. 48 Abb. Brosch. DM 84,– ISBN 3-540-13782-3

Band 3

**B. Schmidt**

## Modellbildung mit GPSS-FORTRAN Version 3

1984. IX, 307 S. Brosch. DM 78,–. ISBN 3-540-13783-1

Band 4

**H. Bossel, W. Metzler, H. Schäfer** (Hrsg.)

## Dynamik des Waldsterbens

**Mathematisches Modell und Computersimulation**

1985. VII, 265 S. 94 Abb. Brosch. DM 68,– ISBN 3-540-15475-2

Band 5

**E.-H. Horneber**

## Simulation elektrischer Schaltungen auf dem Rechner

1985. XII, 401 S. Brosch. DM 98,– ISBN 3-540-15735-2

Band 6

**J. Biethahn, B. Schmidt** (Hrsg.)

## Simulation als betriebliche Entscheidungshilfe

**Methoden, Werkzeuge, Anwendungen**

1987. XI, 282 S. 82 Abb. Brosch. DM 78,– ISBN 3-540-17353-6

---

Band 7

**B. Schmidt**

## Transportmodelle

1987. X, 294 S. Brosch. DM 78,– ISBN 3-540-18186-5

Band 8

**B. Page, R. Bölckow, A. Heymann, R. Kadler, H. Liebert**

## Simulation und moderne Programmiersprachen

Modula-2, C, Ada

1988. XI, 275 S. 26 Abb. Brosch. DM 68,– ISBN 3-540-18982-3

Band 9

**A. Laschet**

## Simulation von Antriebssystemen

Modellbildung der Schwingungssysteme und Beispiele aus der Antriebstechnik

1988. XIX, 440 S. 268 Abb. Brosch. DM 78,– ISBN 3-540-19464-9

Band 10

**K. Feldmann, B. Schmidt** (Hrsg.)

## Simulation in der Fertigungstechnik

Unter Mitarbeit von R. Rimane

1988. IX, 450 S. 197 Abb. Brosch. DM 74,– ISBN 3-540-50250-5

Band 11

**H.B. Keller**

## Echtzeitsimulation zur Prozeßführung komplexer Systeme

Entwurf und Realisierung eines Systems zur interaktiven graphischen
Modellierung und zur modularen/verteilten Echtzeitsimulation verkoppelter
dynamischer Systeme

1988. XIV, 286 S. 112 Abb. Brosch. DM 68,– ISBN 3-540-50256-4

Band 14

**B. Hornung**

## Simulation paralleler Roboterprozesse

*Ein System zur rechnergestützten Programmierung komplexer
Roboterstationen*

1990. Etwa 160 S. Brosch. DM 54,– ISBN 3-540-53046-0